淡水养鱼生态技术

刘 超 著

中国农业出版社
农村读物出版社
北 京

内 容 提 要

本书收编了灯光诱饵、增殖放流、生物絮团、生物浮床、种草养鱼等鱼类生态养殖技术方法，结合最新科研成果，对渔业生态养殖的涵义与方法、集约养殖与生态养殖的关系，以及养殖水体质量监测的技术方法进行了整理。在总结渔业研究成果的基础上，提出了鱼类饲料消化率测定的瘘管收粪法、增殖放流的打孔赋值标记法、养殖水体质量测评的标识污染功能指数法、鱼类鳍条面积测定的方法和鳍条指数与生长增重的关系，系统整理了养殖水体质量评价的定量定性方法，收录了部分鱼类有毒植物和常用牧草，供渔业生产和水环境保护工作者参考，冀对渔业生态养殖和水域生态环境保护有所启示。本书附录部分包含涉渔法律及国家标准、行业标准和技术规程等，可供大专院校师生、科研单位和基层水产工作者参考。

目　　录

附录

第一章

生态渔业的基本特征

淡水是指含盐量小于0.5克/升的水，地球上水的总量为14亿立方千米。但是，淡水储量仅占全球总水量的2.53%，而且其中的68.7%又属于固体冰川，分布在难以利用的高山和南极北极地区，还有一部分淡水埋藏于地下很深的地方，很难进行开采利用。

从广义上说，能生活在盐度为5‰以下的淡水中的鱼类就可称之为淡水鱼类。从狭义上说，一般将整个生活史中的某一阶段生活在淡水中的鱼类称之为淡水鱼类，如降海产卵型鱼类的鳗鲡、溯河产卵型鱼类的大麻哈鱼和鲥鱼等，都属于淡水鱼类。鱼类在脊椎动物中占据的种类最多，大约为脊椎动物总数的48.1%，已知有26 000多个品种，狭义上的淡水鱼类有8 600多种。我国现有鱼类近3 000种，其中淡水鱼类有1 000余种，常见的有鲫鱼、鳙鱼、鲤鱼、白鱼、鲈鱼、鳝鱼、草鱼、鲢鱼、鲟鱼、刀鱼、金鱼、锦鲤鱼、泥鳅、鲶鱼、黑鱼、河鲀鱼、河鳗鱼、银鱼、罗非鱼、鲮鱼、胡子鲇、石斑鱼、真鲷、大麻哈鱼、虹鳟、太平洋鲱、香鱼、大银鱼、牙鲆、大菱鲆、黑鲳、大眼狮鲈等，分布在淡水江河湖泊及水库水域中，为我国水产品消费提供了40%多的份额。

第一节 现代渔业与生态养殖技术

狭义的渔业是指水生动物植物的采捕产业，广义的渔业是指水生动物植物的采捕和养殖产业。狭义的水产业是指水生动植物的采捕、养殖、加工产业，广义的水产业是指水生动物植物的采捕、养殖、加工和流通产业。我国传统的渔业可以追溯到尧舜时代，起源于水产品的采捕，专门进行鱼类养殖的当属东汉末年的稻田养鱼，稻田养鱼是现代渔业的始祖，稻田养鱼一说起源于陕西汉中勉县，一说起源于浙江青田县。

一、现代渔业的基本特征

现代渔业传承历史的采捕，追加产品加工功能。现代渔业是指以现代发展理念为指导，以保障渔业可持续发展、水产品安全、渔民增收为主要目标，运用现代物质装备，应用现代科学技术、现代产业体系及现代管理方式经营的生产要素高度集中的渔业形态。现代渔业具有动态演进、可持续发展、国际公认、设施装备、科技先导、产业升级和管理先进的特征，其中的可持续发展是现代渔业的生态属性。

1. 动态演进型

现代渔业具有动态演进的属性，其内涵随着时代进步和渔业生产力的发展不断变化。20世纪50～70年代，我国曾用机械化、电气化、化学化等概括现代渔业发展特征；20世纪80～90年代，用区域化、标准化、产业化、市场化等概括；20世纪后期，现代渔业强调用现代信息技术装备渔业，用现代科学技术改造渔业，用现代产业体系提升渔业，用现代经营理念推进渔业，培养高素质农民发展渔业。21 世纪初叶，由于环境问题成为世界性话题，现代渔业增加了生态保护的内涵，日益关注水产业对环境要素中水域生态的影响，对现代渔业的认识也随着生产实践和时代的变化而不断地深化和提高。

2. 生态持续型

现代渔业在强调生产资源合理利用的同时，注重生态养护，保持资源的再生和人工修复，实现资源的可持续利用。

3. 设施装备型

加强或者改善渔业基础设施装备是先进渔业的显著特征。首先是渔港建设，能将渔获物从库区水域直接提升到库岸的现代升降机，可平稳安全地将产品输送到销售市场。其次是池塘、网箱、围栏、堤坝、泵站、涵闸、防波堤、工厂化养殖区、苗种繁育场等设施一应俱全，采用当今最先进的设施装备。最后对养殖区饮水、道路、电网等基础设施进行投资，使从事渔业的群众成为职业的渔民，养鱼捕鱼是这些从业者主要的生产生活方式。

4. 科技先导型

渔业生产受资源和环境的双重压力，需要从资源节约并永续利用、环境养护并得到修复几方面综合分析，寻找约束条件下的最大公约数，使经济效益与生态效益及社会效益得到有机结合，各个生产要素得到充分利用，综合效益最大化。

5. 产业升级型

渔业除了具有食物保障功能外，还有增加就业、休闲旅游、提供工业原料等功能。现代渔业应该使鱼类的各种功能得到充分利用，除了构建水产品保障供给的市场，还要扶持龙头企业的发展，促进渔业的产业化进程，积极推进栽培渔业、设施渔业、生态渔业、休闲渔业的集约化经营，加深产业纵向横向的深度融合，为渔业的生态化集约养殖提供资金支持。

6. 管理先进型

现代渔业要求管理思想现代化，积极吸收传统渔业的合理成分，将传统的生态养殖技术融合到现代渔业中，统筹生产要素的优化配置和集约利用，以较少的投入获得高额的回报，在保障水质较少损害的前提下，提高渔业的综合效益。生产要素优化配置和集约利用是现代渔业的基本前提。

现代渔业包括生态渔业、可持续发展渔业、无公害产品渔业。养殖过程达到两个最低：对自然环境的依赖程度最低，养殖自身对环境的污染达到最低。

二、生态养殖的基本含义

生态养殖简称 ECO，ECO 是 Ecological - breeding 的缩写，指根据不同养殖生物间的共生互补原理，利用自然界物质循环系统，在一定的养殖空间和区域内，通过相应的技术和管理措施，使不同生物在同一环境中共同生长，实现保持生态平衡、提高养殖效益的一种养殖方式。这一定义，强调了生态养殖的基础是根据不同养殖生物间的共生互补原理，条件是利用自然界物质循环系统，结果是通过相应的技术和管理措施，使不同生物在一定的养殖空间和区域内共同生长，实现保持生态平衡、提高养殖效益目标。其中“共生互补原理”“自然界物质循环系统”“保持生态平衡”等几个关键词，明确了“生态养殖”的几个限制性因子，区分了生态养殖与人工养殖之间的根本不同点。鱼类的池塘套养混养等模式，都是生态养殖的典型范例，鱼鸭混养、生物浮床等，也是循环利用水体和水体中的营养物质进行生态养殖的例子。

立体养殖也是生态利用光能的循环养殖模式，能够促进农业的生态化发展，实现挖潜降耗、降低污染的目标，有利于保护生态环境。如：“鸡-猪-蝇蛆-鸡（猪）”养殖模式，即以鸡粪喂猪，猪粪养蝇蛆后肥田，蝇蛆制粉，用来喂鸡或养猪。蝇蛆蛋白质含量高达63%，饲养效果与豆饼相同，更重要的是，蝇蛆含有甲壳素和抗菌肽，可以大幅度提高猪、鸡的抗病力。这种模式，既节省了饲料和日常药物投入，又使鸡粪做了无害化处理，经济效益和环境效益十分明显。在渔业养殖中有“鸡-鱼-藕”模式，即架上养鸡，架下鱼池，池中养鱼、种植藕；“水禽-水产-水生饲料”模式，即坝内水上养鹅鸭，水下养鱼虾，水中养浮萍，同时，坝上还可养猪鸡；还有“猪-沼-果（林、草、菜、渔）”等模式，都是非常好的立体养殖模式。

生态养殖是我国农村大力提倡的一种生产模式，其最大的特点就是在有限的空间范围内，人为地将不同种类的动物群体以饲料为纽带串联起来，形成一个循环链，目的是最大限度地利用资源，减少浪费，降低成本。例如利用无污染的水域湖泊、水库、江河，以及天然饵料，或者运用生态技术措施，改善养殖水质和生态环境，按照特定的养殖模式进行增殖、养殖，生产无公害绿色食品和有机食品。相对于集约化、工厂化养殖来说，生态养殖是让动物在自然生态环境中按照自身原有的生长发育规律自然生长，而不是人为地制造生长环境，或者用促生长剂让其违反自身原有生长发育规律快速生长。

使用配合饲料是现代生态养殖与农户散养的根本区别，如果仅是在合适的自然生态环境中散养而不使用配合饲料，畜禽的生长速度难以得到提高，经济效益也就很低，这不仅影响饲养者的积极性，而且也不能满足消费者对产品的消费需求。因此，现代生态养殖仍然要使用配合饲料，但所使用的配合饲料中不能添加促生长剂与动物性饲料。因为添加促生长剂虽然可加快畜禽的生长速度，但其在畜禽产品中的残留却降低了畜禽产品的品质，改变了产品的天然性状，降低了畜禽产品的口感，满足不了消费者的消费需求。配合饲料中添加动物性饲料同样影响畜禽产品的品质和口感。因此，进行现代生态养殖所用的配合饲料不能添加促生长剂与动物性饲料。

随着人们生活水平的不断提高，用集约化、工厂化养殖方式生产的产品，其品质、口感较差，不能满足广大消费者对绿色健康消费品的需求。不投喂饲料的散养方式因其产量低、数量少，也满足不了消费者对消费品数量上的需求。因而将现代养殖业与生态养殖技术结合，高效生产有机产品或者绿色产品成为养殖业生产的发展方向。

现代养殖业的显著特征是集约养殖，采用集约化、工厂化养殖方式可以充分利用养殖空间，在较短的时间内饲养出栏大量的肉、蛋、奶和水产品，以满足市场的需求，从而获得较高的经济效益。这种养殖方式在操作层面上有时间、空间可以控制的特点，是生态养殖与集约技术的有机结合点，为生态养殖的集约化生产创造了条件。

现代养殖与生态养殖相结合，要求生产环境的协约化，强调为养殖对象创造适宜的生活生产环境，使养殖对象在符合自身生活习性和生理需求的条件下自然生产，包括增重和繁殖等。它强调的是生产过程的合理性，包括环境控制和饲料供给制度的改善等，表现了生态养殖的基本特征。

三、生态渔业的内涵与实质

生态渔业的英文名称为 Ecological Fishery，是通过渔业生态系统内的生产者、消费者和分解者之间的分层多级能量转化和物质循环作用，使特定的水生生物和特定的渔业水域环境相适应，以实现持续、稳定、高效的一种渔业生产模式。

生态渔业的内涵包括三点：一是生态渔业作为渔业持续发展的一种战略思想，它强调维持渔业高额生产的基础是对生态环境的保护与建设。二是生态渔业作为一种协调渔业全局发展的生态工程，它要求按照生态经济学原理和系统科学方法，综合应用生物科学与渔业科技成就，对区域性渔业进行整体优化及层层优化设计与管理，在保证渔业产品质量和产量的前提下，使渔业协调发展，把自然-社会-经济复合生态系统建立在高效、低耗、和谐和稳定发展的基础上。三是生态渔业作为一套经济的渔业实用技术，适合我国人多地少的国情，在因地制宜地充分提高生态系统潜在生产力的基础上，促进渔业经济综合发展，实现生态、经济的两个良性循环。其本质涵义可简释为生态与经济协调发展的渔业，这里的生态是渔业生态系统，经济是渔业经济系统。

生态渔业的本质特点表现为综合性、适应性、高效性、可持续性。生态渔业将现代高新技术综合应用到传统渔业生产中，优先配置各生产单元和生产要素，使物质流和能量流在系统中良性循环，构成一种渔业综合生产体系。由于我国地域发展的不平衡，结合当地自然资源条件和产业实际，采用适应当地情况的生态渔业模式，才能彰显生态渔业的生命力和活力。生态渔业的生产模式，应当是各种投入要素尽可能发挥最大效能，提高劳动生产率和资源利用率，并能保持较好的生态平衡，减少废弃物的生成和排放，不对环境造成污染，使渔业生产获得较高的生态效益、经济效益和社会效益。可持续性是指生态渔业能够兼顾环境、资源保护和产业发展，实现渔业经济的稳定和持续发展。

传统养殖模式下，水体不仅是水产品的生长场所，也是饵料、粪便等的分解场所，更是浮游生物的培育场所，因此，容易出现水质的下降或者污染。生态养殖的实质是指在不违背动物正常生理机能和生长繁育规律下，以保护环境为目标，将养殖业对环境的污染降到最低。它的技术要点包括：健康优质的苗种选育、符合渔业用水标准的养殖水域水质、氨氮及重金属元素残留最小的饲料和高效治疗效果、鱼体水质低残留的渔业用药药物。生态养殖可改善环境、保证产品质量、提高经济效益。

鱼塘或者湖库是一个复杂的生态系统，水面以上有阳光、空气；塘基上有陆生植物；水中有鱼、水生植物、昆虫、蚤类、藻类、真菌、细菌、病毒等，还有有机物和无机盐；池底有淤泥，同样也包含着上述生物及有机物和无机盐。它们之间存在着相养、相生、相帮、相克等极其复杂的关系，合理利用池塘或者江河湖库中水生生物之间的关系，组成与环境协调发展的生物种植养殖群体。在获得经济效益的同时，使养殖群体所处的环境得到保护或者改善，这就是渔业的生态养殖。

第二节　生态渔业的策略与水产健康养殖

一、生态渔业的主要形式与策略

从目前的研究和应用情况看，生态渔业主要采用低密度、不投饵或者少投饵的养殖方式，在鱼种的生长繁育过程中不刻意施加人为因素的影响，主要依靠天然饵料喂养，由鱼类苗种自由采食，如农户在生产实际中创造的鱼-猪、鱼-鸭、鱼-草、鱼-菜等养殖方式。利用水生动物间的食物链，将鱼与河蚌、河蟹、河虾等混养，也属于生态渔业的研究范畴，这是将吃食性鱼类的粪便，通过水体中的浮游生物，转化为滤食性鱼类的饵料来源，从而减少滤食性鱼类饵料投饲的养殖方式。通过水生动物的套养或者鱼-菜等混养模式，建设水面生物浮床，立体利用库区水面进行养殖，也是生态渔业的养殖方式。

生态渔业强调的是渔业生产的过程，在生产过程的各个环节采用生态养殖技术方法和措施，以期得到无公害的绿色产品。在应用策略上，应因地制宜，选择合适的养殖模式，一味地追求“人放天养”式的生态养殖并不是生态渔业的全部内容。生态渔业并不是追求养殖水体污染物的零产量和零存量，而是这些污染物在水体中的产生与消亡达到动态平衡，或者逐步减少污染物在水体中的累积效应。传统意义上的江河湖泊，实质上就有“藏污纳垢”、降解污染物的功能。在工业化以后，人们对水体增加了过多的消减污染物质的功能，加重了水体降解物质有害性的负担。一个年径流量基本恒定的江河，处理工业废水和生活垃圾的数量基本稳定，处理有害元素的种类也是有限的。成倍增加江河湖泊处理污染物的数量、扩大有害元素的种类，就会对水体产生不可逆转的危害，使水体丧失处理污染的能力。大量的工业废水需要江河湖泊处理，铜、铁、锰、锌、镍、镉、铬等工业盐类化合物，也需要在江河湖泊降解，这些物质加重了江河湖泊处理污染的工作量，形成水体不可逆转的污染累积，导致水域污染。

江河湖泊的水体在天然鱼产力的基础上，有一个生态载鱼量，生态载鱼量是江河湖库人工养殖水产动物的基础。在生态载鱼量范围内，人工养殖水生动物不足以对水体产生不可逆转的污染，合理地利用水体，可以达到净化水质的作用。在以滤食性鱼类为主体的养殖结构中，水体中的有机物杂质，可以以饵料的形式，通过微生物的消化作用成为菌体蛋白质被鱼类利用。生态载鱼量是以江河湖库的天然鱼产力为基础测算的，这个测算的条件是水质的标准化，即以地表水标准中的饮用水范围（Ⅰ～Ⅲ类）标准为基础，在水质标准不被降低的条件下进行测算。应用这个测算结果，可以进行江河湖库年产量的规划，测算池塘、网箱等集约养殖方式下的养殖面积或者单位面积产量，规划生态渔业的总产量和规模面积。以水体生态载鱼量为基础，控制水域养殖量，合理规划水体的“藏污纳垢”功能，消减污染物在养殖水体中的生成量和存留量，是生态渔业的中心内容。

二、水产健康养殖的内容

根据养殖对象的生物学特性，运用多个科学原理，对特定养殖系统进行有效控制，保持系统内外物质和能量流动的良性循环和养殖对象正常生长，产品符合人类的需要，并使经济效益、生态效益和社会效益相统一的渔业综合技术，就是健康养殖。与生态养殖的区别在于，健康养殖所生产的水产品也应该是健康的，概念包含了养殖环境和养殖对象及产品，而生态养殖是通过养殖对象间相互关系的协调，使其组成的养殖群体对水域环境的胁迫达到最小。

水产健康养殖的概念起源于1972年的负责任水产养殖，联合国《负责任渔业行为准则》，要求对国家管辖内发展水产养殖、涉及环境水生生态系统的水产养殖、利用生物遗传资源、基层水产行为与产品质量负责，这就是水产健康养殖的起源。水产业与渔业的概念差异在于，渔业强调采捕，水产业强调养殖、加工和流通。因为健康养殖是生产健康产品的前提，也是加工和流通健康产品的前提，所以水产健康养殖成为健康水产业的基础工作，也是生态渔业的首要目标。

我国科学技术名词审定委员会公布的水产健康养殖（Healthy aquaculture）的概念为：为防止暴发性水生养殖生物疾病发生而提出的从亲本选择、苗种生产，到养成阶段水质管理、饲料营养诸方面均有严格要求的养殖方式。详细说来，水产健康养殖就是选育优良水产养殖品种，繁育无疫病苗种，在可控养殖环境下，可循环利用资源的一种科学养殖模式。它包括对养殖水域环境影响的评估，养殖系统水质调控，优质饲料使用，病害的综合防治，水生生物多样性保护等关键技术，这些关键技术的使用能让养殖系统内部各种资源循环利用，最大限度地减少养殖过程中废弃物的产生和增强对水域环境的保护。水产健康养殖要求，在取得良好养殖效果和经济效益的同时，也能取得最佳环境生态效益，为人类提供优质安全的水产品。

水产词典给出水产健康养殖的定义为，选育优良水产养殖品种，繁育无疫病苗种，在可控养殖条件下，可循环利用资源的一种科学养殖方式。

《水产养殖质量安全管理规定》对水产健康养殖的定义是，指通过采用投放无疫病苗种、投喂全价饲料及人为控制养殖环境条件等技术措施，使养殖生物保持最适宜生长和发育状况，实现减少养殖病害发生、提高产品质量的一种养殖方式。水产健康养殖是一个综合概念，微生物生态技术、生态养殖、良种选育技术、绿色药物、绿色饲料等均包括在内。它是根据养殖对象正常活动、生长、繁殖所需的生理生态要求，采取科学的研制模式和系统的规范化管理，使其在人为控制生态环境下健康快速生长。

比较而言，有代表性的定义是，水产健康养殖应该是根据养殖品种的生态和生活习性建造适宜养殖的场所，选择和投放品质健壮、生长快、抗病力强的优质苗种，并采用合理的养殖模式和养殖密度，通过科学管水、科学投喂生态优质饲料、科学用药防治疾病和科学管理，促进养殖品种健康、快速生长的一种养殖模式。这个概念与动物福利有许多相同之处，动物福利由五个基本要素构成，包括生理福利，使动物无饥渴之虞；环境福利，也就是要让动物有舒适的或者适当的居所；卫生福利，主要是减少动物的伤病；行为福利，应保证动物表达天性的自由空间和环境；心理福利，即减少动物恐惧和焦虑的心情，使动物体内激素平衡产生和释放。

三、生态养殖与水产健康养殖的关系

水产健康养殖是一种理想化的养殖模式，在逻辑上，包含了生态养殖的概念或者成分，生态养殖是水产健康养殖的重要组成部分。可以看出，生态养殖强调养殖的过程，水产健康养殖注重的是结果，又特别强调以生态养殖为手段，生产健康的水产品。健康养殖需要根据和围绕特定养殖对象的生物学特性进行作业，对所进行的养殖系统能够进行有效的控制。这个养殖系统包括养殖设施、养殖品种和养殖环境，其中养殖环境包括水域理化环境和生物环境。所谓控制就是具体的养殖操作和系统动态监控，即对系统内部动态变化及进出系统的物质、能量加以科学管理，转化或消除养殖过程伴生的负资产，包括种质优化和品种改良，尽可能使养殖动物减少或避免发生疾病，生产出来的动物产品无药物残留，符合人类需要，在获得经济效益的同时，产业能持续发展，与生态效益和社会效益相协调。

在水产健康养殖的品种、设施和养殖环境三大系统中，养殖环境是最难控制，也是对鱼类机体及其产品产量和品质影响最大的因素（表1-1），这些环境因素，导致鱼体机体生理状态发生改变对外界环境变化做出反应。养殖品种经过杂交选育后进入健康养殖系统是一个固定的参数，饲料供给大多采用工业生产的配合饲料。在养殖环境中，养殖设施的建设可以采用工业化手段人为改造，但水体的温度、质量等是养殖环境控制的困难所在，影响养殖环境的因素是一个多维的、连续变动的数量参数，需要不断调整控制方式和方法，以适应养殖对象的生理和生长发育需要。

关于设施渔业，从概念提出的时间来看，设施渔业依然是从“设施农业”的概念引申而来。所谓设施渔业，就是将生物技术、工程技术、机械装备、自控技术等现代工业技术相结合用于渔业生产，使水产养殖的产品生产实现高密度、高品质、高产值、高效益、低污染的标准化、工业化养殖模式，这样不但可以增加养殖产量，提高经济效益，而且可以有效地控制水质，减少养殖用水对环境的污染，是健康养殖的具体体现。

表1-1　环境胁迫种类及鱼体内的生理变化

胁迫种类	鱼体的生理反应	胁迫种类	鱼体的生理反应
物理因子	激素释放到血液中	**过程因子**	组织水分的变化
温度	肾上腺素	捕获	自主神经控制下的反应变化
盐度	去甲肾上腺素	运输	心率变化
光照	皮质类固醇激素	饲养密度	呼吸频率变化
声音	代谢紊乱	麻醉	鳃血流量变化
溶解气体	碳水化合物代谢	强制运动	黑色素细胞收缩变化
化学因子	血糖、血液乳酸含量增高	个体竞争	血液指标的变化
农药	肝脏重点肝糖原加速消耗	**其他**	血液沉降率变化
杀虫剂	脂质代谢	电击等	血液血红蛋白量变化
工业废水	游离脂肪酸含量变化		血液红细胞数目变化
氨氮	蛋白质代谢		血液白细胞数目种类变化
重金属	蛋白质分解加快		血液凝固时间变化
生物因子	渗透压调节机能紊乱		其他
致病微生物	血液中无机盐含量变化		黏液分泌变化
寄生虫	体重变化		行动协调性变化

设施渔业的概念源自设施农业。设施农业是指在环境相对可控条件下，采用工程技术手段，进行动植物高效生产的一种现代农业方式。设施农业涵盖设施种植、设施养殖和设施食用菌等。我国设施农业面积已占世界总面积85%以上，绝对数量优势使我国设施农业进入量变到质变转化期。设施渔业是设施农业的重要组成部分，其中又吸收了生态养殖的概念，将生态技术与设施养鱼结合，成为现代生态渔业的时代特征。

四、集约养殖在生态渔业中的作用

集约（Intensive）一词的原意是指在农业生产中，在同一面积投入较多的生产资料和劳动，进行精耕细作，用提高单位面积产量的方法来增加产品总量的经营方式。现代意义的“集约化经营”内涵，是从苏联引进的，1958年苏联经济学家第一次引用“集约”一词，解释其义为：指在社会经济活动中，在同一经济范围内，通过经营要素质量的提高、要素含量的增加、要素投入的集中以及要素组合方式的调整来增进效益的经营方式。简言之，集约是相对粗放而言，集约化经营是以社会效益和经济效益为根本，对经营诸要素进行重组，实现最小的成本获得最大的投资回报。这里的最小成本是相对于投资额度而言，不是产品社会成本的相对最小，是指投入与产出之比的最小化，当产出的产品市场价值升高时，它的生产成本也可能高于社会平均生产成本，但它的销售价格远高于产品的社会平均销售价格，使产品的销售价格与生产成本的比值远高于社会平均值。

集约化经营本意是指在充分利用一切资源的基础上，更集中合理地运用现代管理手段与生产技术，充分发挥人力资源的积极效应，以提高工作效率和效益为目标的一种经营形式。集约养殖（Intensive farming），即集约化养殖（Intensive culture），前者相对于生产单元而言，后者相对于社会化生产而言，当集约养殖成为社会生产普遍方式（社会文化性生产方式），社会产品绝大多数依靠集约生产而来时就是集约化养殖。集约养殖需要采用先进仪器设备和管理技术，实施高密度、高产量、高经济效益的生产经营，它要求养殖业从以“外延扩大”和“争地盘、壮块头”为主的经营思路转向以“强化内涵”和“练内功”为主，在资产质量、负债质量、管理质量、服务质量等方面上档次、上台阶。

生态渔业的要害在于经济效益与生态效益的协调，基本要求是在保障水域生态安全的前提下，获得渔业的养殖效益。集约养殖的显著特点是单位面积的高投高产，它依靠提高单位面积生产要素的投入获得超额利润，生产要素水平的提高增加资金投入的风险，单位面积产量的提高增大污染产生的风险。但是，由于集约养殖单位面积生产要素的投入加大，生产过程的可控制性增强，可以将养殖过程中的生态技术结合到生产过程中，控制生产过程中污染物的产生和累积，达到水域生态环境的污染控制。

现代企业制度要求资本投资的利润最大化，水产养殖企业在完成产业的基本投资后需要回收资金并获得利润，生态渔业的本质也是经济效益与生态效益的有机结合，没有经济效益的生态渔业就会失去产生和存在的物质基础。因此，在控制生态养殖规模、保持水质安全的目标下，获得一定的经济效益才能保障生态渔业的健康可持续发展。

集约养殖是生态渔业可持续发展的重要选择，在养殖单元单位面积产量一定的条件下，通过建立养殖水域的生态载鱼量，可确定这个养殖水域的养殖面积，在所确定的养殖面积内，采用集约养殖技术，提高养殖经济效益，既能保障水体的质量安全，也能获得相应的经济效益。

主要参考文献

包特力根白乙，孙怡，杨洁涵，2009. 水产经济学若干基本概念之研究 [J]. 中国渔业经济，27（1）：66-70.

包特力根白乙，2011. 现代渔业的概念界定、特征探究及体系设计 [J]. 沈阳农业大学学报（社会科学版），13（5）：540-545.

常建依，王杰，方思辰，2013. 饮用水水源地保护区鱼类生态养殖模式构建思路 [J]. 农业与技术，33（8）：154.

陈国新，崔献忠，2012. 水产健康生态养殖技术要点 [J]. 河南水产（1）：17-20.

李明锋，1995. 生态渔业论 [J]. 渔业经济研究（4）：5-10.

秦海明，王子牧，胡旭仁，2014. 中小型水库淡水鱼类生态养殖标准初探 [J]. 水产养殖（11）：32-33.

魏宝振，2012. 水产健康养殖的内涵及发展现状 [J]. 中国水产（7）：5-7.

严正凛，2008. 水产健康养殖内涵的探讨 [J]. 中国水产（12）：33-35.

杨正勇，潘小弟，2001. 生态渔业的主要模式 [J]. 生态经济（3）：25-27.

叶乃好，庄志猛，王清印，2016. 水产健康养殖理念与发展对策 [J]. 中国工程科学，18（3）：101-104.

HECKRATH C，BROOKES P C，POULTON P R，et al，1995. Phosphorus leaching from soils containing different phosphorus concentrations on the Broad balk Experiment [J]. J Environ Qual，24（3）：904-910.

ONDER O，ARIF H，LEYLA O，2007. A parametric study on the exergoeconomic assessment of a vertical ground - coupled（geothermal）heat pump system [J]. Building and Environment，42（3）：1503-1509.

第二章

生态养鱼技术

传统的养鱼特色是在同一水体中进行多种鱼类混养，既投喂一定量的人工饲料，又充分利用水体本身的食料资源，同时又把水生生态系统与陆生生态系统相衔接，起到互补互利的作用，已经具有生态渔业的成分。生态养鱼属生态农业的分支，它是以水体为依托，以养鱼为核心组织起来的生态经济系统，生态养殖技术是这种渔业生态经济系统平稳运行的支撑因子，也是生态渔业的基本内容。

第一节　生态养鱼技术在生态渔业中的应用

一、生态养鱼的内涵与意义

生态养鱼是利用水产养殖生态系统内生物与环境因素之间，以及生物与生物之间的物质循环和能量转换关系，加以有目的的人工调控，建立起新的生态平衡，使自然资源得到有效利用，以充分发挥其水产养殖生态效益、经济效益和社会效益。生态渔业的实质是根据鱼类与其他生物间的共生互补原理，利用水陆物质循环系统，通过采取相应的技术和管理措施，实现生态平衡、提高养殖效益的一种养殖模式。生态渔业可充分利用当地资源，循环利用废弃物，节约能源，提高综合效益，实现渔业的可持续发展。

生态养鱼是对生态渔业理论的基本阐述和诠释，也是生态渔业的核心内容。在生态养鱼中，物质流和能量流联结了动物、植物和环境，使动物与植物、动物与环境、植物与环境之间形成二级生态食物链，构成彼此相依的营养级，可以表达渔业资源量与环境的关系。生态养鱼对生态渔业和养殖环境的贡献包括：

（一）充分利用废弃物，净化环境，减少病害，实现可持续发展

生态养鱼通过不同种类和规格的鱼类、鸡、猪、鸭、蚌等动物合理的搭配，使养殖过程中产生的废弃物及时在系统中得到降解和利用，减少对环境的污染。如每头成年黑白花奶牛年产粪便10.4～11.8吨，每头肉猪年产粪便3.5～4.1吨，每只水鸭年产粪便30～50千克，这些粪便不利用或不处理会造成养殖环境的污染，臭气污染环境，蚊蝇滋生传播病害。这些粪便如果全部用做养鱼，大约每40千克可生产1千克鲜鱼。养草鱼的池塘不套养鲢鱼、鳙鱼，草鱼粪便会大量漂浮水面，很容易造成水体缺氧。排泄物进入养鱼水体沉积到淤泥中如果不利用，会造成池塘中有害微生物的滋生，还减少池塘养殖空间。采用生态养鱼，养鱼池塘的底泥可以用作种草的有机肥料，提高种草土地的肥力，增加牧草的产量。鱼鸭混养或者池塘中套养肉食性鱼类，可吃掉水体中的野杂鱼及体质差和病态鱼种，提高种群质量，减少病害发生。生产中常用的鲢鱼、鳙鱼、草鱼、鲤鱼套养技术，就是利用草鱼、鲤鱼的粪便滋生浮游生物以供鲢鱼和鳙鱼利用。池塘中肥料

增加得合理，可促进浮游植物的繁殖，浮游植物的繁殖生长所进行的光合作用产生的氧气，可改善水体的供氧条件，浮游生物自身又是滤食性鱼类的饵料，提供了滤食性鱼类的营养物质需要。

（二）降低成本，增加收入

生态养鱼通过废弃物利用，减少了饲料、肥料投入。如果利用池塘淤泥种草，可减少化肥投入。由于环境条件较好，降低了发病率，从而减少用药成本，鱼体色泽光亮、肉质鲜美、易于销售，也降低了销售成本。

（三）提高水体利用率

通过混养套养技术，可将不同规格、不同种类的鱼类养在一个池塘或养殖单元内，或者通过鱼鸭混养、鱼蚌混养等，立体利用水体空间和水体中不同层次的饲料，使水体中的营养物质得到充分利用。

（四）提高劳动生产率

生态养鱼由于减少了劳动要素的投入，也就提高了劳动生产力。在鱼类品种混养中，由于滤食性鱼类可以利用吃食性鱼类的粪便所滋生的微生物自养，这就减少了养鱼的饵料投饲和所需的劳动力，而生产所获产量并未减少。在采用鱼-菜生物浮床的养鱼场，蔬菜增加了渔业的经营收入，而增加蔬菜生产的劳动要素投入很少，这就相应提高了劳动生产力。采用灯光诱饵技术既能减少饵料消耗也能减少劳动投入，提高了劳动生产率。

二、生态养鱼技术的应用

生态渔业是现代渔业的一种生产方式，集合了集约养殖的技术要素，它在生态规模控制下从事渔业的集约生产，兼顾了经济效益与生态效益。生态养鱼技术是生态渔业的技术手段，是在现代渔业生产过程中采用生态手段从事渔业生产，在生产的各个环节控制养殖污染，降低养殖对象生长发育过程中的副产品对水域生态的污染。

生态养鱼技术作为生态渔业的技术手段，可以应用到淡水养鱼和海水养鱼等养殖方式中。灯光诱饵养鱼技术可以在海水和淡水养鱼中应用，减少饵料投饲和粪尿排泄量。生物浮床中的植物可以降解鱼类排泄物中氨氮等污染物质，增加水体溶氧量。增殖放流可以调整鱼类养殖结构，改变水体利用结构，使养殖水体向生态利用方向发展。稻田养鱼既能增加稻米的生态价值，也能增加鱼产品的生态价值。生物絮团充分利用水体中的氨氮物质、生产鱼类饵料，这既净化了水质，也获得了鱼类含氮有机营养物质。

在工厂化养鱼中，生态养鱼技术贯穿于整个养殖过程，在苗种培育、饲料生产、环境控制、成鱼养殖、产品初加工等各个环节应用生态养殖技术手段，使产品的生态价值和环境保护得到协同发展。在规模较小的鱼类养殖单元，往往整个养殖作业单元就是一个小型生态圈，除了嵌合生态养殖技术手段外，还需要从养殖品种的技术结构出发，合理配置净水鱼类和杂食性鱼类的数量结构，通过增重速率的协同，在生产过程中以不同捕捞强度调整水体利用结构，可以对生长增重较快的鱼类，在投饵养殖后不断强化捕捞强度，减少饵料投饲以保护水质。这种生产过程的动态水体利用结构和养殖结构的调整，也属于生态养鱼技术。

第二节　生态养鱼的主要模式

鱼类生态养殖模式是根据鱼类的生理特征和消化代谢产物的营养物质含量特点，结合非鱼类动物和植物的代谢产物和生长特性，构建鱼类与环境生物相互利用、相互滋养的养殖系统。在这个系统中，环境生物为鱼类提供饵料，鱼类为环境生物提供有机营养物质，或者通过摄食净化环境，减少水体污染物质的累积。鱼类在整个系统中处于主导地位，系统在滋养鱼类和环境生物生长的同时，保持物质循环的动态平衡，使系统的经济和生态协调发展。

一、鱼与动物套养配养模式

（一）鱼类品种套养与混养

鱼类的品种按照采食方式可分为吃食性鱼类和滤食性鱼类等。不同食性的鱼类利用饵料的方式和饵料的种类也不相同：吃食性鱼类可对团块饵料进行咀嚼吞咽后进入消化道，经消化代谢后排出粪便；滤食性鱼类对饵料缺少咀嚼过程，仅能利用微粒状态的饵料，经口腔筛耙过滤后吞咽微粒饵料进入消化道，消化代谢吸收营养物质后排出糟渣（粪便）。由于吃食性鱼类的粪便已经成为微粒状态，而其中含有未消化的营养物质，其粪便的主要消解途径是滋养水体生物，形成微小的浮游生物，这些浮游生物中的浮游植物可以被鲢鱼等食植性滤食鱼类食用，其中的浮游动物成为食肉性滤食鱼类如鳙鱼的饵料（图 2－1）。

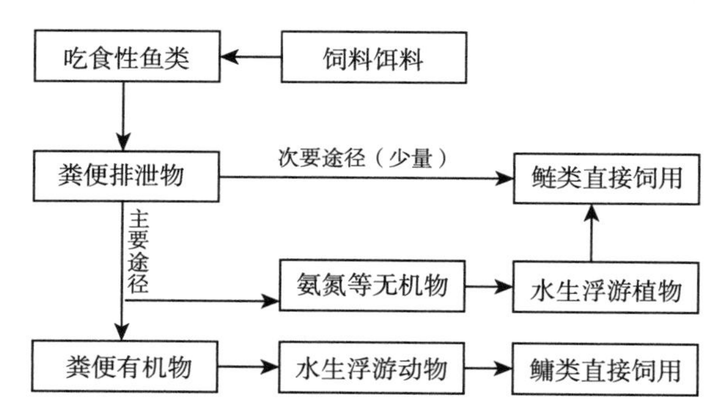

图 2－1　滤食性鱼类与吃食性鱼类的饵料关系

在生态养鱼模式中，滤食性鱼类是重要的水体净化鱼类，它的营养级处于吃食性鱼类之下，是水体的清道夫。江河湖泊的鱼类生态养殖，基本上都要套养或者配养滤食性鱼类。在河流水库的鱼类养殖中，由于干流和支流的水体自净能力不同，滤食性鱼类的套养比例也不相同，而吃食性鱼类在渔业经济中的市场价值往往高于滤食性鱼类，所以在常规渔业生产中，为提高经济效益，在保障水体净化能力的基础上，干流支流滤食性鱼类的套养比例并不相同。陕南某市以保护水质和鱼类养殖增效为目标，在汉江流域推广滤食性与吃食性鱼类套养技术（表 2－1），其中汉江干流滤食性鱼类套养比例不低于20%，支流滤食性鱼类套养比例不得低于 30%，并将吃食性鱼类区分为草食性、杂食性和肉食性鱼类，按比例套养（表 2－2）。

表 2－1 汉江流域鱼类养殖结构（%）

养殖水源	汉江大水面网箱养殖		汉江干流支流池塘养殖	
	滤食性鱼类	吃食性鱼类	滤食性鱼类	吃食性鱼类
干　流	≥20	≤80	≥25	≤75
一级支流	≥30	≤70	≥30	≤70
二级支流	≥40	≤60	≥35	≤65
三级支流	≥50	≤50	≥40	≤60

注：网箱养殖按尾数计算比例，池塘养殖按重量计算比例。

表 2－2 汉江流域鱼类套养品种结构（%）

养殖水源	汉江库区大水面网箱养殖				汉江干流支流池塘养殖			
	滤食性鱼类	吃食性鱼类			滤食性鱼类	吃食性鱼类		
		草食性	杂食性	肉食性		草食性	杂食性	肉食性
干　流	≥20	≥35	≤40	≤5	≥25	≥40	≤35	少许
一级支流	≥30	≥30	≤30	≤10	≥30	≥35	≤30	≤5
二级支流	≥40	≤25	≥25	≤10	≥35	≥30	≤25	≤10
三级支流	≥50	≤20	≥15	≤15	≥40	≥25	≤20	≤15

注：网箱养殖按尾数计算比例，池塘养殖按重量计算比例。

鱼类混养的品种结构（表 2－2）按照干流支流区分套养比例，非滤食性鱼类干流不大于 80%（尾数），支流不大于 70%（重量），滤食性鱼类在鱼群中的养殖不小于 20%。鱼种放养密度（表 2－3）根据水流速度、水体微生物含量及溶氧量等指标确定，根据主养套养模式、鱼类食性，以及体重大小和尾数计算。网养区域环境按照 GB/T 18407.4 规定执行，结合汛期网箱的安全，网养区域的宽度不大于江河垂直横向宽度 10‰，净网面积不超过养殖水域总面积的 2‰，每个养殖单元面积不小于 20 平方米，不大于 1 000 平方米。

表 2－3 汉江流域鱼类养殖鱼种水面放养密度

单位：尾/米^2

养殖种类	单养（主养）		套　养		备　注
	网箱	池塘	网箱	池塘	
滤食性鱼类	≥10；≤30	≥2；≤5	≥20；≤40	≥3；≤6	套养中主养滤食≥70%
吃食性鱼类	≥20；≤40	≥3；≤5	≥30；≤50	≥4；≤6	套养中主养吃食≥70%

注：按体重 100 克标准计算，非标体重按实际体重乘以表内数据除以 100 计算。

滤食性鱼类与吃食性鱼类套养可以充分利用饵料营养价值，利用了吃食性鱼类对饵料一次性消化不完全而从粪便中丢失的营养物质减少饵料营养物质的废弃流失。

（二）鱼鸭混养模式

鱼鸭混养是大多数水体都能运用的一种生态养殖模式，特别是零散山塘水库，可以用水中养鱼、水面养鸭的方式进行鱼鸭混养。在这种养殖模式中，水鸭粪便中未完全消化的营养物质可以被鱼类摄食利用，喂食水鸭过程中泼洒的残饵进入水体也可以被鱼类直接利用。

水鸭等禽类由于消化道短、体内缺少粗纤维分解酶等因素，对饲料的利用率较低，粪便中常含有很多未完全消化的营养物质，这些营养物质能被鱼类再次利用，成为鱼类体组织和体蛋白质。水鸭能摄食水体中的死鱼和水生昆虫，在摄食水中动物的时候，翻动塘泥促进有机质分解，加速物质循环，又能增加水体溶氧、打破热分层现象。这种水体搅动，加速水鸭的粪便降解，促进水体浮游生物对无机物和有机物的利用，增加浮游生物的现存量和生成量，为鱼类提供更多的饵料。每只水鸭年产生鲜粪便 30～50 千克，这些粪便可干制成 3～5 千克的鱼类饲料，按照其中所含的营养物质计算，能生产鲜鱼 0.8～1.5 千克，是鱼类养殖不可忽视的饲料资源。

鱼鸭混养的方式有两种，一种是在距离池塘较近的地方建设养鸭棚，并将鸭棚与池塘连成一体搭建，形成养鸭区，利用棚边塘埂基面与斜坡及部分水面构成鸭群活动场所。也有的将面积不大的整个池塘搭棚，直接将鸭养殖在池塘岸基塘埂上。利用岸基＋池塘进行鱼鸭混养的养殖模式，如果养殖的是蛋鸭，岸基部分要设置产蛋区，也有利用养殖区兼做产蛋区的，无论是专门的产蛋区还是兼用的产蛋区，在水鸭达到成年产蛋前，应当在产蛋区铺设软沙或垫草，并放置几枚鸭蛋引诱成鸭产蛋。如果鱼鸭混养养殖的是肉鸭，在岸基部分应当设计一定面积的运动场，在运动场放置一定厚度的细沙，在运动场内设置固定的排便区，放置一定的鸭粪引诱水鸭到此排便。

鱼鸭结合能起到互利作用，一般以每亩*水面饲养 50～100 只鸭为宜，网箱养鱼混养水鸭以每平方米 0.01～0.10 只为宜。无论是网箱养殖还是池塘养殖，在体格过小的鱼种养殖单元，放养水鸭有可能伤害鱼种，只有体格达到能逃避水鸭伤害和啄食的鱼类养殖单元才能放养水鸭，原则上是小鱼套小鸭、大鱼套大鸭，鱼种养殖池塘可套养鸭苗，成鱼养殖池塘可套养产蛋鸭或者肉鸭种苗。品种选用以适合圈养的水鸭品种为宜，如北京鸭、绍兴鸭、江南 1 号鸭和江南 2 号鸭等，都可作为鱼鸭混养的水鸭品种。养殖区域的岸基部分与池塘水面部分应建设便于水鸭进入池塘水中觅食的通道，这种通道的斜坡坡度一般不大于 30°。养殖蛋鸭的，可以在 4 月至 5 月上旬套养早春鸭，也可在 6 月初套养晚春鸭，或在 8 月套养秋鸭；养殖肉鸭的，可采取循环轮养模式，及时销售鸭群中达到上市体重的肉鸭。

在鱼鸭混养的池塘，春季要保持岸基鸭舍干燥、通风，勤添加垫料，做好消毒及清洁卫生工作，每天人工补充光照 4～5 小时。夏季要做好防暑降温工作，岸基鸭舍打开天窗顶棚，以利空气流通，并坚持早放鸭，迟关鸭，让水鸭在池塘或网箱水体中充分觅食。秋季应施行人工补充光照，保持每天光照 16 小时，同时在岸基鸭棚适当补饲动物源蛋白质及青饲料，对已停产的蛋鸭应剔出、提前淘汰或强制换羽，对达到上市体重的肉鸭应及时出售。冬季应搞好防寒保暖，及时将岸基鸭舍四周草帘挂上，严防贼风侵入，勤添加干燥垫料或软沙，以利保温。早上水鸭应迟放，傍晚早关鸭，平时少下水，可上午、

* 亩为非法定计量单位，1 亩≈666.7 平方米。——编者注

下午气温高时各下水 1 次，每次 10～30 分钟。鸭放出鸭舍前要在舍内自然干燥鸭体 5～10 分钟。中午适当开窗通风透气。冬季还应补充人工光照，保持每日光照 16 小时。

鱼鸭混养的鱼类养殖，由于鸭粪等肥水饵料养分的增加，一般在常规养殖技术的基础上，减少饵料投饲 20%～50%，具体视水鸭放养的数量和水体中微生物的含量而定。一般可根据水体的透明度大体掌握，透明度很大时表明饵料不足，透明度很小时表明水体过肥，可增加鱼类放养量、减少水鸭放养量或者减少饵料投饲，以增加池塘水体透明度，减少饵料密度。

另一种鱼鸭混养方式是当塘埂足够宽、池塘面积不大于 1 000 平方米时，直接在池塘上搭建围栏和遮阳网，将水鸭圈养在池塘上，塘埂作为水鸭的栖息地。觅食时，水鸭直接通过搭建在池塘塘埂的斜坡滑板进入池塘水面，摄取水中的饵料。这种方式适宜于肉鸭养殖，可快速催肥上市前的肉鸭。

（三）鱼鸡猪牛配养模式

该模式是在鱼池边空地建设畜圈、禽舍，利用禽粪喂猪，畜禽粪便肥水养鱼。鱼-猪-鸡结合的养殖方式，每亩水面可配养生猪 3～5 头，养鸡 50～80 只。鱼-牛-鸡结合的方式中，每亩水面可养牛 1～2 头，养鸡 30～50 只，种草 1～2 亩。据测定，40 千克畜禽粪便可生产 1 千克鱼。

由于畜禽粪便中含有未消化的营养物质，这些营养物质有的可以直接为吃食性鱼类利用，有的经过水体微生物的转化，成为水体中的浮游生物，这些浮游生物是鱼类的蛋白质饲料。据张辉等（2014）报道，畜禽鲜样粪便中的氮素含量 0.38%～2.38%（表 2－4），按照粗蛋白质氮含量 16%计算，畜禽鲜样粪便中的粗蛋白质含量为 2.38%～14.84%。以蛋鸡类粪便为例，鲜样氮素含量为 1.76%，相当于含粗蛋白质 11%，粪便的干物质含量是 36.3%（100%－63.7%＝36.3%），蛋鸡类粪便干物质中粗蛋白质的含量为 30.3%。一只蛋鸡一昼夜产鲜粪便 90 克，一个存栏万只蛋鸡的养殖场，年产鲜鸡粪达到 456 吨，折算粪便干物质为 165.52 吨，相当于排泄粗蛋白质 50.15 吨，是数量可观的蛋白质饲料资源。

表 2－4　畜禽粪尿营养元素含量（%，鲜样）

项目	水分	氮素	总磷	钾元素	钙	镁元素
蛋鸡类鸡粪	63.7	1.76	2.75	1.39	—	0.73*
肉鸡类鸡粪	40.4	2.38	2.65	1.76	—	0.46*
猪粪	68.7	0.55	0.24	0.29	0.49	0.22
猪尿	97.5	0.17	0.02	0.16	0.01	0.01
猪粪尿	85.4	0.24	0.07	0.17	0.30	0.01
牛粪	74.3	0.38	0.10	0.23	1.84	0.47
牛尿	94.4	0.50	0.017	0.91	0.06	0.05
牛粪尿	79.8	0.35	0.082	0.42	0.40	0.10
羊粪	50.7	1.01	0.22	0.53	1.31	0.25

资料来源：张辉，王二云，张杰，2014. 畜禽常见粪便的营养成分及堆肥技术和影响因素 [J]. 畜牧与饲料科学，35（3）：70－71。* 为氧化镁含量，其余为镁元素含量。

直接测定畜禽粪便干物质的营养成分含量（表 2－5），粗蛋白质含量在 11%～31%，鸡粪和兔粪粗蛋白质含量较高；畜禽粪便的干物质粗脂肪含量在 1.0%～9.0%，猪粪和兔粪含量较高；畜禽粪便的粗纤维含量在 10%～46%，兔粪和牛粪含量较高；畜禽粪便的无氮浸出物含量在 13%～52%，猪粪和兔粪含量较高；畜禽粪便的钙含量在 0.09%～5.6%，以鸡粪含量最高。

表 2－5　畜禽粪便营养物质含量（干物质，%）

畜粪类别	粗蛋白质	粗脂肪	粗纤维	无氮浸出物	钙
鸡粪	15～30	2.0～2.6	10～16	13～52**	5.6
牛粪	10～20	1.0～3.5	15～30	20～30	
猪粪	11～31	2.0～9.0	30.1*	31.81～40.65**	0.95～1.57
兔粪	18～27	3.9～4.3	36～46	40.6	1.9
蚕沙	13.0～15.5	2.5～2.8	10.1～19.6		3.4

注：除注明外，数据来源于李志强，2004. 畜禽粪便的营养价值与利用 [J]. 当代畜禽养殖业（12）：20－21。＊来源于吕凯等（2001），＊＊来源于王金花等（2012）。

这种养殖方式将畜禽粪便作为肥水物质，在水体中生产浮游生物，用作鱼类的饵料。有的地方将畜禽粪便用做沼气生产，用沼液及沼渣肥水养鱼。畜禽粪便养鱼的饲用方式主要是直接投入池塘或者湖库水体，也有将畜禽粪便风干或者烘干投入水体、或者加入混合饲料中投饲的，一般根据养鱼场的劳动强度和劳动力情况酌情而定，最经济的方式是稍加晾晒即投喂。畜禽粪便投饲养鱼，方法是将粪便均匀撒饲在养鱼水体内，防止局部堆积过多引起水体富营养化、氨氮和硫化氢等有害气体蓄积引起鱼类死亡。一次的投饲量也不宜过多，一般每亩池塘日投饲量不超过 1 200 千克，分 2～3 次投饲。

二、鱼与草本植物配养模式

草食性鱼类及杂食性鱼类具有摄食植物饵料的功能，特别是草食性鱼类以草本植物为基本饵料，采食草本植物的叶、茎、根等植物体，而自身所产生的粪便又是植物的滋养原料，可形成动物与植物的循环利用共生系统。利用鱼类与植物的这种共生关系，可以构建鱼-草结合型、鱼-菜结合型等鱼类生态养殖模式。

（一）鱼-草结合型养殖模式

鱼-草结合型养殖模式是一种较为普遍的生态养殖模式，一般每亩养鱼水面配有 0.4～0.5 亩塘埂或池边青饲料生产地，种植苏丹草、黑麦草、串叶松香草、杂交酸模、紫花苜蓿、岸杂狗牙根等高产优质青饲料，为草食性鱼类和杂食性鱼类提供青绿饲料。单养草鱼的养殖场，鱼类营养需要量的 70%～80%可以由青绿饲料提供，补充少量的蛋白质饲料和矿物质饲料添加剂，即可满足鱼类生长繁殖的营养所需。草鱼＋杂食性鱼类养殖场，鱼类营养需要量的 40%～60%可以由青绿饲料提供。这可大幅减少精料用量，降低养殖成本，增加经济效益。

在有的地方，还可以利用塘坝外围沟渠水域种植芜萍、浮萍等水生植物，既净化了水体，又为鱼类提供优质适口草料。有关鱼-草结合型鱼类养殖模式详见本书的“种草养鱼技术”章节。

（二）草-牛-鱼综合种养模式

在草-牛-鱼综合种养模式中，禾本科套种豆科作物的牧草地，一般每亩土地可产苏丹草5 930千克、大豆37千克、豆秆粉250千克，可喂养犊牛1.3头，每头牛年增重199千克，产鲜粪2 850千克，可沤肥水质1～2亩。主养鲢鱼、鳙鱼（按4∶1比例），两者占总放养量的72%，其余28%可放养吃食性鱼类，这种模式每亩年净产商品鱼265千克。塘泥返田培肥土壤1亩，相当于每亩施用尿素50.7千克，可满足牧草生长的需要。据测试，每亩牧草地可产粗蛋白质776千克，是牛增重199千克所需蛋白质的19.5倍，是265千克商品鱼所需蛋白质的22.7倍；产生能量278×10^{9}焦，是鱼增重所需的14.5倍。牧草属于生态系统中的生产环节，牛、鱼属于生态系统中蛋白质、能量的转换环节。系统生产的蛋白质和能量，可以满足牛、鱼摄食需要，所以该系统中的营养级可构成生物链。

套种豆科牧草的牧草地，一般每亩土地可产苏丹草5 930千克，苜蓿草4 920千克，黑麦草1 800千克。牛需用饲料草地配比数＝饲养时间（天）×日粮青草需要量（千克/天）÷每亩牧草产量（千克）。例如，1头犊牛配比牧草地＝360（天）×14千克/天÷5 930千克/亩＝0.85亩＝567平方米苏丹草（或667平方米苜蓿草）。据测定每头家畜年排泄鲜粪量，犊牛为2 260千克，肉牛为2 737千克，耕牛为4 562千克，奶牛为5 100千克。每亩鲢鳙鱼配比牛数＝每亩施鲜牛粪（3 000千克）÷犊牛年排粪（2 260千克）≈犊牛1.3头（或肉牛1头、耕牛0.7头、奶牛0.6头）。

在这种养殖模式中，投放鱼种前，鱼塘清塘后采用生石灰消毒，每亩水面施用牛粪1 000千克，鱼种的放养，按照鲢鱼、鳙鱼72%，草鱼、鳊鱼（5∶1）15%，鲤鱼、鲫鱼、三角鲂13%套养，每亩投放50千克鱼种共684尾。到5～9月，每亩再施用牛粪2 000千克。保持池水深度0.8～1.0米，每隔15～20天注新鲜水1次，每次注水深度15～20厘米。保持池水肥而爽，透明度保持22～32厘米。坚持巡塘制度，严防鱼缺氧浮头。采取外消毒、内服药、免疫法防治鱼病。

在这种养殖模式中，牛的饲草供给制度为：早春苜蓿草或黑麦草，春季夏季刈割苏丹草喂，冬季供给干草及少量豆秆粉，每天每头牛补喂精饲料0.1～0.2千克。3月底或4月初条播苏丹草，播种深度3～5厘米，行距25厘米，每亩播种量2千克。播后35天内及时除草、浇水。株高100厘米开始分蘖，可收割青饲，刈割后保留茬口高度8厘米（即分叉处）。收割后每亩施尿素5千克，每年刈割6次，每次收割后都按此用量追施尿素。土质池坝穴播大豆，解决喂牛所需的精饲料。田坡、池坡散种的紫花苜蓿、意大利多花黑麦草等，可用作苏丹草尚未收割期的接茬牧草。

（三）鱼-菜结合型养殖模式

鱼-菜结合型养殖模式也称作鱼菜共生系统，是一种比较经济的生态养殖模式，也是一种新型的复合耕作体系，它把水产养殖（Aquaculture）与水耕栽培（Hydroponics）两种农耕技术结合，通过生态设计达到科学协同共生，从而实现养鱼不换水而无水质污染忧患、种菜不施肥而蔬菜正常成长的生态共生效应。

在传统的水产养殖中，随着鱼的排泄物积累，水体的氨氮增加，毒性逐步增大。而在鱼菜共生系统中，水产养殖的废水被输送到水体培栽系统，由细菌将水中的氨氮分解成亚硝酸盐，然后被硝化细菌分解成硝酸盐，硝酸盐可以直接被植物作为营养吸收利用。该模式使动物、植物、微生物三者达到生态平衡关系，维持渔业生产的循环型零排放低碳生产，缓解渔业生产对水域环境的生态胁迫。

在鱼-菜结合型养殖模式中，鱼和蔬菜处在同一水域环境，不使用农药和化肥，是一种自证清白的生态养殖方式。同时，系统中的鱼类和蔬菜脱离了土壤栽培，避免了土壤中的重金属污染，系统生产的蔬菜和水产品重金属残留低于传统土壤栽培。在市场消费中，鱼-菜结合型养殖系统生产的蔬菜带有水生根系，容易识别蔬菜来源。

鱼-菜结合型养殖模式的主要方法有直接漂浮法、滤床连接法、养殖水体回流利用法、水生蔬菜田块套养法。其中直接漂浮法也叫作生物浮床法，是用泡沫板等浮体，直接把蔬菜苗固定在漂浮的定植板上，放入水面进行蔬菜水培，依靠蔬菜吸收消化鱼类排泄物中的氨氮等污染物质。需要注意的是，养殖杂食性鱼类的水体直接漂浮栽种蔬菜，鱼类常常将蔬菜根茎当做饵料蚕食，需要对根系进行围筛网保护。同时由于可栽培的面积小，一般栽培市场价值较高的蔬菜和花卉，水体中鱼的放养密度也不宜过大（详见本书“生物浮床技术”章节）。

鱼-菜结合型养殖模式的第二种方法是将养殖水体与种植系统分离，两者之间通过砾石硝化滤床设计连接，养殖排放的废水先经由硝化滤床（槽）的过滤，硝化床上通常可以栽培一些生物量较大的瓜果植物，加快有机滤物分解硝化。经由硝化床过滤而相对清洁的水，再循环进入水培蔬菜或雾培蔬菜生产系统作为营养液，用水循环或喷雾的方式供给蔬菜根系吸收，经由蔬菜吸收后又再次返回养殖池，以形成闭路循环养殖系统。也有的将养殖系统与种植系统分离，通过水泵回抽实现两个系统的结合，从而形成鱼类养殖系统、水体净化系统和作物种植系统的水体循环利用，这种模式可用于大规模生产，效率高、系统稳定。这种养殖系统也叫做循环水养殖系统（参见本书“循环水养鱼技术”章节）。

鱼-菜结合型养殖区排放的废液，直接以滴灌的方式循环至基质槽或者栽培容器，经由栽培基质过滤后，又把废水收集返回养殖水体，这种模式设计更为简单，用灌溉管直接连接种植槽或容器形成循环即可，多用于瓜果等较为高大植物的基质栽培。需注意的是，栽培基质的颗粒直径大小决定养殖废水的过滤质量，一般选择豌豆大小的砾石或者陶粒，这些基质过滤效果好，不会出现过滤超载而影响水循环。不宜用普通无土栽培的珍珠岩、蛭石或废菌糠基质，这些基质排水不好容易导致系统的生态平衡破坏。

在蔬菜栽培上，一种是基质栽培，将蔬菜种植在如砾石或者陶粒等基质中，基质起到生化过滤和固态肥料过滤的作用，硝化细菌生长在基质表面，适用于各类蔬菜栽培。二是深水浮筏栽培，将蔬菜种植于水槽上，通过泡沫等漂浮材料将其托起，蔬菜的根向下通过浮筏的孔延伸到水中吸收养分，适用于叶类蔬菜。三是营养膜管道栽培，通常用PVC管作为种植载体，营养丰富的水被抽到PVC管道中，植物通过定植篮固定于PVC管道上方的开口内，根系水分和吸收营养物质，这也适用于叶类蔬菜栽培。四是气雾栽培，直接将养鱼的水雾化后喷洒到植物的根系滋养蔬菜生长，在喷雾之前需要对水进行充分过滤净化，以免堵塞喷雾装置，主要用于叶类蔬菜。

鱼-菜共生技术原理简单，实际操作性强，适合规模化的农业生产，也可用于小规模的家庭农场或者城市家庭的休闲农业，可将家庭的蔬菜生产和鱼类观赏养殖结合在一起。在具体的实践操作中，需注意鱼及菜之间比例的动态调节，普通蔬菜与常规养殖密度情况下，一般1立方米水体可年产20千克鱼，同时供应10平方米的瓜果蔬菜的肥水需求。家庭式的鱼菜共生体系，一般只需2～3立方米水体，配套20～30平方米的蔬菜栽培面积，就可基本满足3～5人家庭蔬菜及渔产物的消费需要，是一种适合庭院生产的农耕模式。鱼-菜共生系统可用于栽培茭白、水芋、慈菇、水芹菜、水蕹菜等水生蔬菜。

（四）鱼-粮结合型养殖模式

这种方式最明显的例子是稻田养鱼，与鱼-菜结合型养殖模式比较，不同之处在于养殖与种植分离式共生，即在栽培水稻的田块建设鱼类养殖通道和鱼窝，提供鱼类觅食和栖息的场所。按照水稻栽培季节放养鱼种，达到上市体重的及时捕捞销售，未达到上市体重的在水稻收获前回捕到寄养的池塘继续养殖，直到上市体重。新繁殖的鱼种再放养到来年的稻田，轮回养殖。

三、桑基鱼塘养殖模式

桑基鱼塘系统起源于我国春秋战国时期，是一种“塘基上种桑、桑叶喂蚕、蚕沙养鱼、鱼粪肥塘、塘泥壅桑”的生态养殖模式，最终形成了种桑和养鱼相辅相成、桑地和池塘相连相倚的江南水乡典型的桑基鱼塘生态农业景观。除了在塘基上栽种桑树外，也有栽种甘蔗、果树的，形成了蚕桑文化，分别称作桑基鱼塘、蔗基鱼塘和果基鱼塘等。我国珠江三角洲、浙江湖州等地就有这种池塘，其中浙江湖州桑基鱼塘系统被联合国粮食及农业组织（FAO）授予“全球重要农业文化遗产”（简称为GIAHS）。

桑基鱼塘（Mulberry Fish Pond）是池中养鱼、塘埂种桑的一种综合养鱼方式。从种桑开始，通过养蚕而结束于养鱼的生产循环，构成了桑、蚕、鱼三者之间密切的关系，形成池埂种桑，桑叶养蚕，蚕茧缫丝，蚕沙、蚕蛹、缫丝废水养鱼，鱼粪等肥泥肥桑的比较完整的能量流系统（图2-2）。在这个系统里，蚕丝为中间产品，不再进入物质循环，鲜鱼才是终级产品，提供人们食用。系统中任何一个生产环节的好坏，也必将影响到其他生产环节。

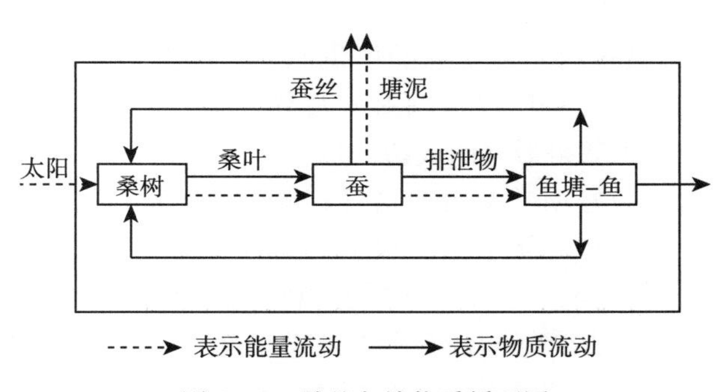

图2-2　桑基鱼塘物质循环图

（一）桑基鱼塘的建设

建设桑基鱼塘，要遵循“高标、低耗、好管、丰产”的原则。规格要求为，塘基比为1：1或者1：0.3，即水面1亩的鱼塘配备1亩或者0.3亩的塘基；塘基用于栽种桑树或者甘蔗等；鱼塘应为长方形，长60～100米，宽30～40米，深2.5～3米；塘埂的坡度比1：2.5，就是说，当池塘塘埂高1米时，塘基的底部宽度要达到2.5米，斜坡与水平面的夹角大约是66°～75°。集中连片的桑基养鱼池塘，最好挖成并列式鱼塘，每个塘0.67～1.0公顷，总面积视具体地域条件而定，使鱼塘之间既相通又相隔，桑基相连，并建好进水总渠、出水总渠及道路（宽2～3米），以利于调节塘水、投放饲料、捕鱼、运输和挖掘塘泥等作业，也利于桑树培育、采叶养蚕。

桑基鱼塘的结构一般有鱼塘四周栽种桑树的、在长方形鱼塘的长边两侧或者一侧栽种桑树的，鱼塘两个短边一般用作出入鱼塘的作业通道，不栽种桑树，也有的在鱼塘短边留出2～3米的道路后再栽植桑树的。每年池塘清淤所产生的污泥直接用做桑园的肥料。

（二）提高桑基鱼塘经济效益的措施

桑基鱼塘栽种的桑树一般选用桑叶产量高的品种。我国自己培育的农桑10号、大农10号、农桑12等品种具有产叶量高、植株矮等优点，适宜于桑基鱼塘模式的栽种。桑树品种可以区分为果桑和叶桑，在养鱼中常用的是叶桑，这种桑树的叶子比较大，一般叶子不圆润，叶子发芽时没有果穗发出，桑叶可直接投饲于草食性、杂食性鱼类池塘。

提高桑基鱼塘经济效益的主要措施有，一是优化桑-鱼结合模式，桑基鱼塘的模式一般分为桑-蚕-鱼、桑-蚕-青草（绿肥、蔬菜）-鱼、桑-蚕-猪-鱼、桑-蚕-果（药、葡萄、草莓、食用菌）-鱼四种，各种模式有着自己的特点，也可将食用菌与原来的桑、蚕、鱼、畜等合理搭配，还可把桑-蚕-鱼传统结构改造成桑-蚕-沼气-鱼模式。桑基鱼塘的平面结构模式，实际上就是陆水结构，即鱼塘和塘基的布局，要建设高标准桑基鱼塘，桑基与鱼塘须按一定的比例配套，一般以“三基七水”居多，但若把桑基鱼塘作为一个循环生态系统，做到互相促进、相互平衡，则桑基与鱼塘的面积比例达1：1，其综合效益最佳。

二是在养鱼技术上，要严格遵循成鱼高产的“八字”精养法，即水（水量、水质、水温）、种（健壮鱼种种质）、饵（优质饵料饲料）、混（生态型混养套养）、密（合理养殖密度）、轮（适时销售的轮养轮捕）、防（健全的防病治病措施）、管（科学的管理体系）。根据桑基鱼塘生态系统内和系统外的可供肥料、饲料条件，采用相应的放养模式，运用综合增产措施，在放养鱼种、投喂饲料、调节水质、防治鱼病和日常管理等方面下工夫，争取在有限的条件下获得最高的成鱼产量。

三是种好塘基桑园、做好塘基桑树的培育。增加产叶量，是提高桑基鱼塘整体效益的关键。挖掘鱼塘时，大多将肥沃疏松的表土耕作层变为底土层，而将原底土层填筑在塘基表面成为新的耕作层，虽然有机质含量有所增加，但还原性物质也在增多。因此，在栽桑前应当将塘基上的泥土全部翻耕1次，翻耕深度为10～15厘米，不予破碎，让其在冬季冰冻风化，以增加土壤通透性，提高保水、保肥能力。若干年后，因桑基随着逐年大量施用塘泥而增高，基面不断缩小，桑树生长受到影响，所以塘基要实施第二次改土，将塘基挖低，把窄基扩宽，整修鱼塘，使基面与鱼塘常年最高水位相差约1米，并更换衰老桑树。

四是桑园施肥应掌握增施农家有机肥料和间作绿肥的原则，施足栽桑的基肥。每亩施入拌有30～40千克磷肥的土杂肥1 000～2 000千克，再施入人粪尿500～1 000千克，或经堆放腐熟的城市垃圾肥4 000～5 000千克，或饼肥150～200千克，并配合施用生石灰25～50千克，以改良酸性土壤。桑树成活、长根后，于4月下旬至5月上旬施用1次速效氮肥，每亩施入尿素20千克或碳铵50千克，最好施用腐熟的人粪尿2 000～3 000千克。7月下旬再施用1次，肥料用量比上次酌增，促进桑树枝叶生长，利于采叶饲养中秋蚕或晚秋蚕。在桑树生长发育阶段，要求每养一季蚕施1次肥，并实行合理间种，多种豆科绿肥，适时翻埋。在冬季，结合清塘挖一层淤泥铺于桑基，这是为桑树来年生长施足基肥。在塘基栽桑，应选用优质高产品种的嫁接苗，如农桑12、团头荷叶白等品种，还应栽植15%的早中生桑品种。塘基经过人工改土，土层疏松，挖浅沟栽桑即可。

鱼塘塘基地下水位高，桑树根系浅，宜实行密植。栽桑时采用宽行密株，株行距为33厘米×132厘米，或50厘米×100厘米，每亩栽植桑树1 000～1 300株。也可采用行距200厘米、株距50厘米，每亩栽植662株的模式。栽桑处须距离养鱼水面70～100厘米，桑树主干高20～40厘米，培育成低中高树型。塘基栽桑后，桑树的中耕、除草、施肥、防治病虫害、合理采伐等都必须按技术规程进行，确保塘基桑园高产稳产，提高桑叶质量。

最后，要加强蚕的饲养，应推广小蚕共育技术，以克服蚕室条件差，农户之间养蚕技术水平不一致的问题，也有利于消毒防病。对大蚕应推广条桑培育，既可克服蚕室蚕具不足的矛盾，又可节省劳力，提高桑叶利用率，促进蚕生长发育，实现蚕与桑的双丰收。

四、生态养鱼的综合管理

以渔业为主，在水域生态和环境生态允许的范围内，充分利用水体、池塘及塘基等渔业资源，种植业、养殖业综合开发，是生态养鱼提高综合效益的主要方法。如在桑基鱼塘中，塘基上种植果树，树下种蔬菜、花生；修建圈舍养鸡、养猪，鸡粪拌料喂猪，猪粪培育果树、蔬菜；池塘养鱼，塘泥填还塘基种植花生、蔬菜和果桑等，形成生物链和良性循环，以种促养，提高鱼塘产量和综合效益。

生态养鱼在管理上，一是要合理安排种养结构，对于养殖的鱼类，适当调整品种结构，以鲤鱼为主的，需要适当投喂人工颗粒饲料，合理搭配投放鲢鱼、鳙鱼和白鲫，以充分利用水体。在2月底以前，选用优质鱼种投放，鱼种下塘前用5%食盐水浸浴消毒，投放量按高产鱼塘常规标准操作。不套养草鱼的桑基鱼塘，无须投放大量的草料，可投放幼嫩的青绿饲料。配养肉猪的鱼塘，在两个塘的间堤（基）上修建40平方米的简易猪舍，上层养鸡，下层养猪。选用优质的蛋鸡或者肉鸡品种，与肉猪同步饲养。肉猪选用生长速度较快的三元杂交猪品种，分2批饲养，第一批11头，第二批21头，并及时出栏肥育的肉猪，具体饲养管理技术参见养猪技术。也可利用鱼塘塘基栽种果树、蔬菜、油料作物等。

二是在鱼类管理上，以投饵养殖为主的鱼类养殖池塘，无须向池塘大量施用商品肥料，可充分利用距猪舍近、施用粪肥方便的优越条件，向鱼塘少量施用有机肥。每半个月冲注1次新水，换水量为池塘水体的1/15，保持池水活而爽，以利于鲢鱼、鳙鱼生长。

从3月下旬（水温12℃以上）开始投喂饲料，随着水温升高、鱼摄食量加大而逐渐增加投喂量和投喂次数。投食时不宜让鱼类采食过饱，每天最后一次投食以达到鱼类八成饱为宜，防止夜间浮头。每天投喂次数：3月为1次，4月为2次，5月为2～3次，6～9月为4次，10月为2～3次，11月为1～2次。投喂时坚持定点、定时、定量、定质“四定”原则，每天第一次投喂的时间不可过早，以免因水中溶氧少而降低鱼的消化吸收率，最后一次投喂不可过迟，以免因水中浮游植物光合作用停止，鱼类摄食后耗氧急剧增加而引起浮头。在晴天中午开启增氧机2小时，阴天清晨也须开机增氧，鱼将要浮头时可提前开机。夏季每隔半个月在晴天下午人工搅动池底，以消除池水底层缺氧，防止鱼浮头。同时，实行分批轮捕，达到上市规格的成鱼及时捕捞销售，减少池塘负载，以利于存塘鱼的生长。

第三节　水域牧场养殖技术

水域牧场的概念来源于海洋牧场，而海洋牧场的概念源自畜牧学中的草原牧场。海洋牧场的构想1971年由日本提出，1973年日本在国际海洋博览会上提出了在人类管理下开发海洋资源，谋求可持续利用与协调发展的思想。1978—1987年日本开始在全国范围内全面推进“栽培渔业”计划，并建成了世界上第一个海上“日本黑潮牧场”，该计划核心是利用现代生物工程和电子学等技术，在近海建立“海洋牧场”，通过人工增殖放流（养）和吸引自然鱼群，使鱼群在海洋中像草原上的牛羊那样，处于可控制状态。

一、水域牧场的概念

草原牧场是将畜禽喂养在一起，形成多种类的畜禽养殖体系，在这个体系内，禽类所产生的粪便可以成为家畜的饲料和草原牧场中牧草的肥料。

在渔业生产中，由于鱼类的肠道较短，对饵料营养的消化吸收时间有限，吃食性鱼类产生的粪便所含蛋白质等营养物质较多，这些营养物质在水体中可以被生物利用，形成自体蛋白质，而滤食性鱼类以这些生物为饵料，形成了吃食性鱼类粪便-浮游生物-滤食性鱼类饵料的食物链。利用这个原理，渔业生产可以在固定的水域范围内，依靠天然的吃食性鱼类的代谢产物，不人工投饵养殖滤食性鱼类。在水体饵料特别是浮游动物饵料丰富的水域，还可以套养部分吃食性鱼类，以吃食性鱼类产生的排泄物滋养浮游生物，形成滤食性鱼类的饵料。

生态渔业的目标是建立生态合理性、经济可行性、功能上良性循环的现代渔业生产体系，其本质是生态与经济的协调发展，实质是渔业生产过程中，养殖水体污染物的产生与水体中生物对这种污染物的消化利用达到动态平衡。准确测算养殖鱼类污染物的排泄量和水体生物对氨氮、总磷等污染物的消耗，可达到水体污染物存量的零增长。这种生产体系在经济上要有可行性，即能维持系统的可持续发展，系统可以自负盈亏，获得一定的经济效益，才能达到养护水域生态的目的，没有经济效益的生态渔业是不完整的渔业，社会效益是完整生态渔业的不可缺少的组成部分，没有经济效益和社会效益的生态渔业难以维持长久发展。

水域牧场是指在水域限定范围内，不投饲饵料，通过牧场培育，人工增加水体单位体积苗种负载量，依靠天然饵料供给滋养人工苗种，增加单位面积产出量的水生动物养殖场所。这种牧场具有索饵场、越冬场、繁殖场三位一体功能，有的水域牧场还具有小规格苗种增殖放流场功能。由于水域牧场饵料来自水域中天然生产，消化了水体中的杂质，净化了水体，减少了氨氮等污染物，被认为是一种渔业生态养殖的重要方式。在渔业产品出现买方市场的时候，水域牧场就成为渔业生态养殖的重要方式，其生态型渔业产品具有较强的市场前景。

水域牧场采用不投饵养殖，与池塘或者网箱集约养殖方式相比，养殖同样数量的鱼种需要更大的水域面积，国内报道的水域牧场年产量一般在每公顷150～200千克，按照池塘每公顷年产量30 000千克计算，市场需要1公顷池塘的鲜鱼产品，改由水域牧场生产，就需要150～200公顷的水域牧场，也就是说，生产同样数量的水产品，水域牧场的生产资料占有量是池塘的150～200倍。因此，水域牧场是一种渔业的粗放生产方式，不是集约生产方式。

水域牧场养殖方式与河道、水库库湾拦网养殖方式在形式上是一致的，不同的是，水域牧场在建成后一般采取粗放式的经营与管理，而拦网养殖需要饵料等投入，管理上需要进行疾病预防等措施。水域牧场与网箱养殖的区别是，网箱养殖首先是一种集约养殖方式，集约养殖显著特征是生产资料的高投入和产量的高产出。网箱养殖的单位面积产量也高于池塘，这样生产同样数量的水产品，如果用水域牧场的生产方式则需要比池塘养殖更大更多的水域面积。

水域牧场生产资料的超额占有主要依靠产品的市场价格差补偿，一般认为，水域牧场生产的水产品，由于人工干预的成分较少，鲜活水产品没有受到外界应激，产品形成完全依赖生物自身的调节和自然环境的禀赋，至少在药物残留、个体应激等方面的阈值最低，是一种天然的有机产品，从而增加了产品安全性和可食用，提高了产品的使用价值，增加了产品的市场销售价格。

二、水域牧场的类型与建设

按照水域牧场建设的目的和功能，可将水域牧场划分为四种主要类型：一是渔业增养殖型水域牧场，这是常见的淡水区域水域牧场类型。这类牧场一般以鲜活成鱼的产出和销售为主体，多建设在交通、电力、通讯比较便利的水域，以水域中的索饵场、产卵场、越冬场为中心，主养的品种多为经济鱼类，产品主要为上市销售的成鱼、鱼种等。由于鱼种的规格大小不一，水域牧场的围网要求也不一。具体做法是，将岸基池塘培育的达到一定规格的鱼种投放到水域牧场养殖，当水域牧场中的鱼类达到上市体重后捕捞销售，清理水域牧场后重新投放鱼种，再次养殖到成鱼上市体重或者规格，牧场形成鱼种循环养殖模式，每年出售成鱼2～3批。有的牧场采用轮捕轮养方式，在牧场存有一定量的上市规格鱼后开始按月捕捞销售，并及时补充牧场的鱼种数量，达到周年生产和上市销售。

二是生态修复型水域牧场。这类牧场以亲本鱼的养殖和苗种繁育为主体，产出的苗种有的经过岸基池塘的培育后放流，有的直接在牧场培育苗种后由苗种自行游出牧场，进入江河湖泊。这种牧场养殖的亲本种鱼品种多以净水鱼类为主体，如鲢鱼、鳙鱼、草鱼等，通过水域牧场的养殖繁育，调整江河湖泊水体利用结构，保护水域水质，修复水域生态，保持生态平衡。

三是休闲观光型综合水域牧场。这类牧场多建设在风景秀丽的湖库水面，养殖鱼类以观赏鱼为主体，一般附近设休闲餐饮娱乐设施。这种牧场与草原牧场一样，有的镶嵌在其他类型的水域牧场中，成为渔业生产与生态旅游的新型产业，有的以垂钓为主，成为健身的活动场所。

四是种质保护型水域牧场。这类牧场一般建设在承担珍稀濒危鱼类物种保护区的湖泊水库或者江河，一些特定品种的牧场只能建设在该品种的适生区，如鸭绿江鲴鱼的水域牧场保种场，适宜的建设地点是鸭绿江流域的云峰水库水系；达氏鲟适宜的保种水域牧场，应当是长江湖北段的干流或者湖北段大型一级支流入江口；滇池金线鲃的水域保种牧场只能建设在滇池，或者与其地理位置、水质气候条件等基本相似的湖库；新疆大头鱼的保种水域牧场只能建设在开都河水系。这类牧场的养殖品种根据保种目标确定，保护物种的地域特点确定了水域牧场的具体位置。

水域牧场的建设可以归纳为5个主要环节，一是生境建设，具体包括对环境的调控与改造工程，以及对生境的修复与改善工程，主要是通过生境建设为人工投放鱼种提供良好的生长、繁殖和索饵环境，并能控制鱼群，防止鱼群逃逸。在渔业增养殖水域牧场，鱼类的生长需要相应的营养支持，需要根据养殖对象对水域牧场进行培育，如以养殖草鱼、鲂鱼等草食性鱼类和以养殖鲴鱼等为主体的水域牧场，牧场的培育措施应当以增加水体浮游植物含量为目标；以养殖鲢鱼、鳙鱼等为主体的水域牧场，养殖水体的培育措施以增加水体浮游生物碎屑为目标。在生态修复水域牧场，养殖对象一般以当地的土著品种为主体，牧场培育措施以增加土著鱼类的繁殖力为目标，在直接放流苗种到江河湖库的水域牧场，注意培养水体的幼苗适用饵料，如桡足类等。

建设河流上的渔业增养殖水域牧场，一是确定上游和下游围网的规格，可根据养殖鱼种的生长速度调整网衣网孔的大小，一般以主养品种不能逃出牧场为原则。网孔大的网衣，水体的通透性较好，有利于鱼类的生长和增重，能够缩短上市销售周期和养殖时间，加快牧场资金周转。

二是目标鱼类的培育和驯化。采取人工育苗和天然育苗相结合，扩大种苗培育数量，通过生物工程提高种苗的质量，建立种苗驯养场，从采卵、孵化直至育成幼体，实现规模繁殖、优化选择、习性驯化和计划放养。人工培育苗种要注意提高鱼种的逆境适应性和群居能力，自我觅食能力也是人工培育苗种在牧场适应性的重要表现，由人工投饵改由自我觅食对鱼种的生存能力也是一种检验。前期的一周内应当通过逐步减少投饵的方式过渡到自我觅食，不能将鱼种放入牧场一放了之。根据牧场放养品种的特性，适当在牧场内增设一些鱼类栖息和觅食的设施，如在牧场建设一些水草团，引诱野杂鱼及引起浮游动物、藻类蓄积，使其成为主养鱼类的饵料和觅食地，这些水草团也被称为渔岛，它既是鱼类觅食的地方，也是黏性卵鱼类的产卵地、授精地和孵化地。

三是监测能力建设，包括对水域生态环境质量的监测和对生物资源的监测。水域牧场建设最重要的目的是解决养殖水体的质量控制问题，一般淡水江河和湖库承担饮用水源地功能，养鱼的目的除了获得一定经济效益外，还有通过养鱼净化水体的要求。引起养殖水体质量变化的主要因素是养殖量和养殖单元的品种结构等。在养殖水体质量控制范围内，通过水体生态环境检测，调整养殖规模和品种结构，使养殖水体质量控制在设定的水体质量等级内。养殖水体水域生态环境检测主要内容是：氨氮、总氮、总磷、高锰酸盐指数、溶解氧、硫化氢等多项指标，其中氨氮、总氮、总磷、高锰酸盐指数等是常规的监测指标，可以基本反映养殖水体的质量状况。

四是水域牧场管理能力建设。水域牧场管理能力建设从国家层面上说，包括水域牧场的政策管理和管理体系建设。由于水域牧场单位面积生产效益较低，是一种生产资料的粗放利用，与集约生产的经济效益无法比拟，对生产资料的社会化占有政策冲击较大，特别是对江河湖库岸边以渔业为生的渔民生产生活方式产生重大影响，需要政策层面的强力支持。这种生产方式往往影响到岸边群众的生产资料确权问题，一家一户占有的养殖水面较少时，不足以维持群众家庭的正常生产生活所需，需要对失去生产资料的岸边群众做出制度性安排，保障群众的正常生产生活所需。在管理体系建设上，由于我国全面实行河长制管理体系，水域牧场属地管理的方式需要做出重大调整，水域牧场需要放大到水系层面管理，由水系管理部门对水域牧场的建设做出规划，在坚持生态优先条件下，确定各个水系水域牧场的建设数量、规模和养殖结构等，制度性规范水域牧场建设者安置岸边群众、产业转移等问题。

五是水域牧场的配套技术建设。水域牧场的配套技术建设包括工程技术、鱼类选种培育技术、环境改善修复技术和渔业资源管理技术等。

水域牧场的工程技术建设包括拦网（围栏）建设、过网船闸建设、灯光诱饵布局建设等。江河型水域牧场一般选择在水流较缓、易于蓄积饵料的河段，水库型牧场一般选择在库湾、库汊等水流较缓、作业区域较大的地方。水域牧场无论建设到什么地方，围网时选取水深最大的地方计算围网网衣的深度，密闭水流冲击后所形成的空间。一般要求网衣达到水底后留有5～10米的预留长度，这样才能在水流速度变化时抵消网衣倾斜水底所留的空间。总之，水域牧场周围的网衣应当在水流速度、风速变化等环境条件和气象条件改变时能防止鱼类逃逸。

水域牧场的围网能够在作业船只进出牧场时防止鱼类逃逸，一般将水域牧场出入口边的网衣建设成具有弹性的网衣。当作业船出入时，网衣依靠弹性紧贴船体底部放行船只通过，鱼类难以随船逃逸。

采用灯光诱饵养殖技术的水域牧场，一般采用点源灯光、线状分布的安装方式。采光灯的行距不小于6米，行距之间的距离足够作业渔船畅行，灯距之间选择适当的地方预留作业船通过的通道，牧场出入口预留作业船出入的距离，在牧场的中间预留作业船的转向空间或掉头空间。由于机械船可以倒车，这种空间可以留得小一些，不能倒车的作业船，预留的倒车区水域面积应大一些。这些灯光可以用水下光源灯，也可以用水面光源灯，水面光源灯可安装在牧场内的浮岛上。如果使用水下光源，应安装在距离水面0.5～1.0米的水面下方。

在水域牧场，鱼类选种培育技术的核心除了繁殖性能外，需要对种鱼的适应性做出选择，对牧场适应性强的鱼种和群居性好的鱼种适宜做种鱼。一般水域牧场的面积在2万～

3 万亩，大型鱼类在水域牧场难以繁殖，可以进行鱼种培育，中小型鱼类可以在牧场内产卵繁殖。对生态修复的牧场苗种培育可以在牧场内进行，用网眼较小的网箱培育，到夏花或鱼种阶段，从网箱放出直接进入江河湖泊，发育生长为鱼种或成鱼。在苗种和鱼种培育养殖过程中，要根据苗种或成鱼的大小调整围栏网衣，防止网衣网眼过大鱼类逃逸。渔业增养殖水域牧场的鱼种，需要由岸基池塘将水花、夏花苗种培育成鱼种后放入牧场内养殖。

水域牧场的环境修复主要是控制氨氮、总磷等指标，防止出现水华，主要通过养殖密度和品种结构的调整，规范水体利用结构，将吃食性水体利用结构转变为滤食性水体利用结构。在实际生产中，由于大多数牧场采用不投饵养殖，这种牧场的水体较瘦，如果养殖的品种结构合理，滤食性或者净水鱼类的比例适当，出现水华的概率很小，氨氮超标的可能性不大。总氮及总磷的超标还是要防范的，特别是总磷，由于所生成的浮游植物多被草鱼、鲢鱼等植食性鱼类消耗，所以这种养殖系统中消耗总磷的浮游植物存量不大，而鱼粪中的总磷在牧场持续增加，容易引起养殖水体中磷元素的蓄积，严重的还会引起水华。

在水域牧场渔业资源管理上，一般不设置休渔期，但要求避开鱼类繁殖季节捕捞，特别是要避开雌鱼的产卵期。捕捞应尽量避开产卵场舍，如人工浮床、人工浮岛集中的区域。严格按照捕捞的目标与个体大小选用网目，并按照计划控制捕捞次数和渔获量，对于培育用于种鱼的鱼类应当保持一定规模和数量。

三、水域牧场的生产管理

鱼种投放是水域牧场的核心管理计划，应当按照主养品种的养殖周期，或者鱼种期到上市期的时间确定鱼种投放计划。假如放养草鱼，该鱼的鱼种到上市时间在不投饵养殖的情况下，需要 3～4 年，其鱼种按照每年放养牧场容量或者计划总量的 1/4，逐年放养，从第 4 年开始捕捞，采用每年 1 次捕捞或者每半年捕捞 1 次的方法都可以，每年坚持投放和捕捞上市，形成循环作业，整个牧场可以周年生产，常规运转。某水域牧场养殖结构见表 2-6，经过 4 年的水域牧场养殖，产出量是投苗量的近 20 倍。

表 2-6　某生态修复水域牧场鱼类养殖品种结构

项　目		草鱼	鲢鱼	鳙鱼	鳜鱼	合计
投苗量	数量（万尾）	18	23	22	11	74
	尾数比例（%）	24.32	31.08	29.73	14.86	100
	重量（千克）	17 000	16 500	17 500	5 400	56 400
	重量比例（%）	30.14	29.25	31.03	9.57	100
产出量	每公顷尾数（个）	90	115	110	55	370
	出栏总产量（千克）	298 100	475 640	306 900	12 545	1 093 185

鱼种投放的品种结构根据水域牧场的养殖目的确定，以增养殖为主体的水域牧场可采用草鱼、鲢鱼、鳙鱼、鲤鱼、鳜鱼（鳡鱼）等套养殖模式，其中草鱼、鲢鱼、鳙鱼可

以净化水体，鲤鱼、鳜鱼提高水域牧场的养殖效益。在这种套养模式中，养殖的肉食性凶猛鱼类的规格不能大于其他鱼类，规格（体长）以小于草鱼、鲢鱼、鳙鱼规格的70%较为适宜，如草鱼、鲢鱼等鱼类的体长规格为10厘米时，套养的鳜鱼、鳡鱼规格不得大于7厘米。凶猛鱼类放养在水域牧场的目的是捕杀进入水域牧场内的野杂鱼和清除病害鱼，防止野杂鱼与养殖鱼类争食饵料，防止病害鱼传染疾病。

水域牧场的疾病管理也是一项重要内容，特别是对于病毒性疫病和细菌性传染疾病要严格防控。在实际生产中，水域牧场养殖的鱼类品种多数来源于岸基池塘的人工培育，对野生环境和大水面疾病的抵抗能力较差，投放这类鱼种应首先进行盐水消毒、在岸基寄养池塘观察无病后投放。在日常的预防中，可在水域牧场水流方向的上游吊袋中投放草药及水体消毒药预防疾病。

水域牧场的看护是提高经济效益的重要环节，实践中一般采用船舶巡场制度。一个巡护员定额1 000公顷，巡护的内容主要是鱼病观察，如果发现水面出现了或者网衣拦截了死鱼，要捕捞后及时送疾病诊断室会诊，研究采取相应的防控措施。巡护员的另一个任务是防止偷捕偷钓，更要防止霉变带病垂钓饵料进入牧场。水域牧场的巡护员还兼有观察水体颜色、采样非常规水色区域的水样等任务，及时将这些水样送水质监测室检测。在采用灯光诱饵的水域牧场，巡护员需要经常检查供电线路，老化供电电线及时报维修组更换。

第四节　非常规饲料在生态养鱼中的应用

一、非常规饲料与非传统饲料的种类及营养特点

（一）非常规饲料与非传统饲料的概念与演变

非常规饲料原料是指在饲料配方中较少使用，或者对其营养特性和饲用价值了解较少的饲料原料。它是一个相对概念，不同地域、不同畜禽及鱼类日粮所使用的饲料原料是不同的，对某一地区或某一日粮是非常规饲料原料的，在另一地区或另一种日粮中可能是常规饲料原料。非常规饲料原料是一类对畜禽及鱼类可饲用的物质资源以非常规饲料原料为主配制的日粮叫做非常规饲料，非传统饲料是指应用区域还不普遍、应用历史不太长的饲料，如蟾蜍、蚯蚓、黄粉虫、大麦虫等。

早期的非常规饲料包括农作物秸秆、食品厂的渣液、屠宰厂下脚料、畜禽粪便等。由于秸秆焚烧和畜禽粪便堆积造成空气污染，食品厂排出的废渣、废液带来土壤和水体污染风险，非常规饲料的概念已经向环境保护的方向发展，同时这些饲料廉价易得，带有处理其他产业废弃物的功能。在传统的养殖业中，这部分饲料往往作为畜禽的补充料，随着对这些饲料营养价值的深入研究，部分饲料的属性被改变，如菜粕、豆粕等已经具有明显的常规饲料的含义。有的非传统饲料或者非常规饲料的某一营养成分，在配合饲料工业中有重要的应用价值，如肉骨粉、蝇蛆粉、大麦虫粉、蚯蚓等的蛋白质含量较高，可以补充配合饲料对蛋白质的需要，降低配合饲料成本；有的非常规饲料中的某一物质具有增强动物抗病能力的功能，如黄粉虫和黑水虻的甲壳素、几丁质等，被动物采食后具有提高抗病性能的作用，这使非常规饲料、非传统饲料的应用价值受到了学者的关注。

开发这些饲料的特殊功能，补充配合饲料的营养价值和应用价值，成为非常规饲料和非传统饲料研究和应用的重要内容。

非常规饲料和非传统饲料来源广泛，成分复杂，它们的共同特点是：①营养成分不平衡，一般作为动物的单一饲料补充料，如蛋白质补充料多用来补充常规的和传统的饲料原料配制动物日粮时，蛋白质或者氨基酸不足的问题。②有的饲料含有多种抗营养因子甚至毒物，不经过处理不能直接使用或必须限制用量，如蛋鸡日粮中使用菜籽粕、鱼类饲料中使用胡麻饼含有抗营养因子，鱼类饲料使用昆虫类含有对醌等有毒物质。③适口性差，饲用价值较低。④营养成分变异很大，质量不稳定，容易受到产地来源、加工处理以及贮存条件等多方面因素的影响。⑤营养价值评定不太准确，没有较为可靠的饲料数据库，增加了日粮配方设计的难度。

常规饲料与非常规饲料、传统饲料与非传统饲料的概念实质上是一个量变指数的集合体，代表着一个量变到质变的过程，当非常规饲料和非传统饲料的营养价值被广泛认知、应用技术达到成熟的时候，非常规饲料也就转变为常规饲料，非传统饲料也就转变为传统饲料，这两个概念仅仅表示该饲料在动物日粮配合中的使用价值大小和应用频率高低而已。

（二）非常规和非传统饲料的分类与营养特点

非常规饲料和非传统饲料也分为植物性非常规饲料、植物性非传统饲料、动物性非常规饲料、动物性非传统饲料，分别包括农作物秸秆、林业副产品、糟渣废液、植物饼粕类及海藻等，如玉米秸秆、果渣、酒糟、菜粕、棉粕、稻壳等；屠宰场下脚料的血粉及骨粉、皮革厂下脚料肮粉等。动物性非常规饲料中昆虫类饲料如黄粉虫、大麦虫、黑水虻、蚯蚓、蚂蟥等，在鱼类养殖中应用广泛，是鱼类饲料的重要蛋白质补充料，可以直接饲喂，作为幼鱼、鱼种的开口饵料和诱食饵料，也可以作为原料加工生产水产养殖用的配合料。还有一类是单细胞蛋白质饲料资源，这类饲料是单细胞或具有简单构造的多细胞生物的菌丝蛋白的统称，如酵母、真菌和非病原性细菌等，其中饲料酵母是常用的单细胞蛋白质饲料，蛋白质含量在40%～60%，氨基酸组成与鱼粉相似，富含赖氨酸、苏氨酸、蛋氨酸等必需氨基酸。最后一类是动物粪便，这类饲料在水产养殖中常用作肥水的基肥，是水体中浮游生物的饲料，发酵后滋生浮游生物供鱼类采食，主要用于滤食性鱼类的养殖中，以肥水方式生产滤食性鱼类的饵料。

植物性非常规、非传统饲料粗纤维含量较高，主要用于草食动物或反刍动物的日量配合，如牛羊和草鱼等。用于配合饲料原料的菜粕、棉粕等是蛋白质含量较高的非传统饲料，一般需要经过降低粗纤维含量、提高蛋白质含量的处理，这类饲料鱼类养殖用量十分有限，因为鱼类体内缺少纤维素分解酶。动物性非常规、非传统饲料主要特点是蛋白质含量较高，有的氨基酸和必需氨基酸含量较高，可作为配合饲料的蛋白质补充料使用，在单胃动物及鱼类饲料中应用广泛，对降低养殖饲料成本、提高养殖经济效益有重要意义，特别是这类饲料的消化率较高，能够有效减少动物的粪便排泄、降低粪便不溶性氨氮含量，对生态养殖意义重大。

（三）非常规饲料和非传统饲料在生态养鱼中的应用

在生态养鱼中，为了减少鱼类排泄物对养殖水域环境的污染，人们总是希望提高饲料的消化率、减少鱼类粪便的排泄，降低粪便中氨氮等物质对水体的污染，因此常常选用动物性非常规、非传统蛋白质饲料进行鱼类配合饲料生产，降低鱼类养殖饲料成本，提高鱼类养殖经济效益。由于动物性饲料的细胞壁较薄，消化率高于细胞壁较厚的植物性饲料，同时鱼类对饲料的蛋白质需要量较高，所以，选用动物性蛋白质含量较高的饲料是降低养殖成本的关键措施。常规的和传统的动物性蛋白质饲料，如鱼粉等市场售价较高，用作养鱼时增加养殖成本，降低经济效益，所以养殖者寻求非常规的和非传统的动物性高蛋白质饲料，替代传统的动物性蛋白质饲料以降低养殖成本，这是非常规饲料和非传统饲料应用于鱼类养殖的目的。

在鱼类养殖中，常用的非常规的、非传统动物性蛋白质饲料主要有蝇蛆、大麦虫、黄粉虫、黑水虻和蚯蚓等。这些昆虫能够利用污染环境的废弃物合成自身的蛋白质，虫体经过风干加工或直接投饲，成为鱼类的饵料。

昆虫饲料资源在生态养鱼上的意义是，这些饲料原料都是动物性蛋白饲料资源，消化利用率较高，在鱼体内的残留较少，鱼体的排泄物减少，氨氮等污染物质在水体的存留降低，水体的污染降低。

（四）淡水养鱼中的高蛋白质饲料

蛋白质饲料是指自然含水率低于45%，干物质中粗纤维低于18%、粗蛋白质含量达到或超过20%的饲料，如豆类、饼粕类、鱼粉等。在饲料中，所有的含氮化合物被叫做“粗蛋白质”，除了完全意义上的蛋白质外，还含有多肽、氨基酸、酰胺、硝酸盐等化合物。饲料工业上所用的蛋白质饲料，一般是指成熟了的籽实以及籽实的加工产物，动物性蛋白质饲料在配合饲料中主要用作蛋白质调剂作用，补充常规饲料原料（如玉米、小麦等）蛋白质含量的不足。过量使用蛋白质饲料既增加饲料成本，也容易引起养殖对象的蛋白质代谢障碍和中毒。在动物养殖中，蛋白质中毒是难以矫正的代谢病。蛋白质饲料的另一个制约条件是粗纤维含量在18%以下，这意味着粗脂肪等其他非纤维性物质含量较高，蛋白质饲料一般含有较高的可利用能量。

按照来源，蛋白质饲料可分为植物性蛋白饲料、动物性蛋白饲料、单细胞蛋白饲料和非蛋白氮饲料四大类。由于鱼类具有“水温驱动、为蛋（蛋白质）而食”的特性，而且鱼类体内缺少纤维素分解酶，鱼类饲料的第一限制性营养因子就是蛋白质。在选择非常规饲料和非传统饲料时，主要是对蛋白质及其氨基酸构成的选择，植物性和非蛋白氮类饲料难以为鱼类所利用；单细胞蛋白质饲料的细胞壁较厚，且含有木质素、纤维素等难以降解消化的物质，这类饲料鱼类也难以利用。所以，在非常规饲料和非传统饲料中，能够为鱼类容易利用的是动物性蛋白质饲料，其中昆虫类动物蛋白质饲料是鱼类常用的蛋白质饲料补充料。

高蛋白饲料的概念是在蛋白质概念的基础上形成的，对不同的动物，高蛋白饲料的概念有所不同，一般的做法是，以饲料所饲喂的动物全价配合饲料所需蛋白质含量的2倍来定义高蛋白饲料，如产蛋家禽的配合饲料蛋白质最低含量14%，则蛋白质含量超过28%的单一饲料即为产蛋家禽的高蛋白质饲料。鱼类全价饲料的蛋白质含量要求最低的是草鱼饲料，一般在21%左右，对草鱼来说，高蛋白饲料一般是指粗蛋白质含量在42%以上的单一饲料。因此，鱼类高蛋白质饲料是指粗蛋白质含量在42%以上的饲料。按照这个标准，非常规饲料和非传统饲料中的菜粕（干物质粗蛋白质含量45%）、谷朊粉（干物质粗蛋白质含量70%以上）、皮革粉（干物质粗蛋白质含量70%以上）都是鱼类的高蛋白质饲料。昆虫类的蝇蛆、大麦虫、黄粉虫及环节动物的蚯蚓等（干物质粗蛋白质含量一般在44%以上），都是鱼类的高蛋白质饲料，其干制粗粉可用于鱼类配合饲料的生产。

高蛋白饲料的粗蛋白质含量高，营养丰富，利于饲养动物的消化吸收。此外，这类饲料还有一种特殊的营养作用，即含有一种未知的生长因子，它能促进动物提高营养物质的利用率，减少氨氮的生成量，降低鱼类代谢产物在水体的残留，减少水体环境污染，提高鱼类的生长繁殖性能。

二、蝇蛆的养殖与应用

蝇蛆是苍蝇的幼虫，主要出生在人畜粪便堆、垃圾、腐败物质中，取食粪便及腐烂物质，也有的生活于腐败动物尸体中。在土壤表层下化蛹，以蛹越冬，越冬蛹在土中深度可达10厘米左右。生长繁殖极快，人工养殖无须很多设备，室内室外、城市农村均可养殖。苍蝇包括家蝇和大头金蝇，家蝇（*Musca domestica*）属昆虫纲，双翅目，环裂亚目，蝇科，是我国大部分地区最常见、数量最多的一种蝇类动物。家蝇的生活周期短，在适宜的温度条件下每隔14～18天完成1个世代。大头金蝇是苍蝇中的重要品种，别名红头蝇、绿（虫）蝇，成虫体长8～11毫米，绿蓝色、有明显光泽；头部宽，顶部黑色，复眼大，深红色，额中条纹褐红色，咽和颊部橙黄色；触角和小颚须呈褐色；胸腹部绿色偏蓝，有紫色光泽；幼虫成熟时，身体蛆形，为黄白色，前端尖细，末端截平；成虫和幼虫均体分14节，头部1节，胸部3节，腹部10节，体表有小棘形成的环；蛹呈桶状，为围蛹（蛹的体外有一层坚实不透明的外壳包围叫做围蛹），即蛹壳为第3龄幼虫皮收缩而成。蛹的颜色由白逐渐变深，最后为栗褐色。

（一）形态特征与生物习性

家蝇成蝇体长5～8毫米，眼红褐色。雄蝇两眼距离近，雌蝇两眼距离相对较远。触角芒的上下侧有较长的纤毛，口器吮吸式。胸背有4条明显的黑色纵纹。腹部两侧带黄色，最后腹节黑褐色，腹背中央有一直的暗黑纵纹。翅透明，基部稍带黄色。足黑褐色，末端有爪1对，扁形扑垫1对和刺状爪间突1个。爪垫上有浓密微毛，微毛渗出黏性物质，使成蝇能在光滑物面上（如玻璃）或倒悬在天花板上行走。家蝇幼卵较小，白色，长椭圆形，长约1毫米。在卵的壳面有2条脊。卵粒多互相堆叠；幼虫灰白色，无足，体后端钝圆，前端逐渐尖削。3～4日龄幼虫体长8～12毫米，体重20～25毫克，幼虫口呈钩爪状，前气门呈扇形，后气门呈“D”字形；蛹椭圆形，长约6.5毫米，初化蛹为黄白色，后逐渐变为棕红或深褐色，有光泽，蛹为围蛹，其体外有一层坚实不透明的外壳包围。

家蝇是家蝇属（*Musca*）完全变态昆虫，其生活史包括卵、幼虫（蝇蛆）、蛹、成虫（苍蝇）四个阶段，完成一个生活史共需12～15天。成年雌蝇刚排出的卵很小，1克卵有13 000个左右，当温度25℃、相对湿度70%时，孵化期为12小时。刚孵出的幼虫为灰白色、怕光，在饲料表层下2～10厘米处活动、采食，生长速度极快，4～5天长至1厘米长、重约30毫克，开始化蛹。在温度22～30℃、相对湿度60%～80%的条件下，蛹经过

3 天发育，蛹体由软变硬、由黄变棕红色，再变为黑褐色有光泽。蛹壳破裂、羽化成虫，1 小时后开始吃食、饮水、飞翔。3～5 天后性成熟，雌雄蝇交配产卵。1 只雌蝇每次产卵 100～200 粒，每对家蝇一年内可繁殖 10～20 代，按生物学统计测算可产 1 亿～2 亿个蝇蛆或后代。

成蝇一般喜欢白天在室外活动，偶尔飞入室内，善飞行。夜间多栖息于树上或室内天花板上，气温低时喜群集在温暖的地方。蝇类喜食甜的瓜果、植物汁液、发酵产物，更贪食新鲜人畜粪便及腥臭物质；幼虫主要滋生在人畜粪便堆、垃圾、腐败物质中，取食粪便及腐烂物质，也有的生活于腐败动物尸体中。幼虫老熟后潜入茅厕及粪坑附近的土表下化蛹，以蛹越冬，越冬蛹在土中深度可达 10 厘米左右。蝇类在一般地区一年可繁殖 10 代以上，在温暖地区可达 20 代以上。在终年温暖地区，家蝇的孳生可终日不绝，但在寒冷的冬季，则以蛹期越冬。成蝇每年的 6～8 月为盛发期，性成熟后 6～8 日龄为产卵高峰期，以后逐日下降，到 15 日龄失去繁殖力。雌蝇一生的产卵期为 12 天，可产卵 1 500 粒。多数苍蝇种类宜在气温 25～30℃生产繁殖，12℃以下则停止发育，也不交配产卵。若温度超过 35℃，种蝇骚动不安，39℃时不能产卵，40℃时种蝇逐渐死亡。蛆有避光性，当强光照射时，就会钻到粪堆底部。温度及饵料养分对蛆的生长发育有很大影响，温度愈高消耗养料愈多，蛆的生长发育越快，蛆就越大，化成蛹也越大。一般室温控制在 22～23℃，相对湿度 60%～80%。

（二）蝇蛆的养殖

养殖苍蝇的目的主要是应用苍蝇所生产的蝇蛆。这种蝇蛆可干制直接投喂鱼类，也可与苍蝇一道加工成蝇蛆粉应用于鱼类配合饲料，有的地方也用鲜蝇蛆直接投喂成鱼。

苍蝇的种蝇有飞翔力，必须笼养。采用木条或直径 6.5 毫米钢筋制成 65 厘米×80 厘米×90 厘米的长方形框架，在架外蒙上塑料窗纱或细眼铜丝网，并在笼网一侧安装纱布手套，以便喂食和操作。每个蝇笼中配备 1 个饲料盆和 1 个饮水器。1 个笼可养成蝇 4 万～5 万只。种蝇用 5%的糖浆和奶粉饲喂；或将鲜蛆磨碎，取 95 克蛆浆，5 克啤酒酵母，加入 155 毫升冷开水，混匀后饲喂。初养时可用臭鸡蛋，放入白色的小瓷缸内喂养。饲料和水每天更换 1 次。可将蝇蛹洗净放入种蝇笼内，待其羽化到 5%时开始投食和供水。种蝇开始交尾后 3 天放入产卵盘。盘内盛入 2/3 高度的引诱料。引诱料由麦麸、鸡饲料或猪饲料，加入适量稀氨水或碳酸铵水调制而成。每天接卵 1～2 次，将卵与引诱料一起倒入幼虫培养室培养。种蝇室的温度要控制在 24～30℃，空气相对湿度控制在 50%～70%。

家蝇的养殖可分为无菌种蝇的养殖及普通培育两种方法。无菌蝇蛆的产量高、营养价值高、无菌、无臭味、实用，但需要一定的技术。普通野蝇的养殖成本低、方便、易行，但产量低，须经过七代的驯化养殖才能提高产量，且污染环境。蝇蛆的养殖也需要用蝇笼饲养。一般笼高 1.5 米（其中笼脚 50 厘米），宽 60 厘米，长 100 厘米。笼的底面可用三合板，四周用 12 目的铝纱窗封闭。在长方形的一面开 10 厘米×10 厘米大的洞口，缝上 1 个裤脚，作为换料进出口。接着建设育蛆平台，砌成 10 厘米一个斜坡的平台作为育蛆平台，平台内用水泥抹光滑，由于成熟的蛆习惯往高的一侧爬行，可在平台高的一端安装一个接蛆装置，这个接蛆装置要求四面光滑、深度不低于 70 厘米，底部铺有集卵原料。

育蛆原料可用80%鲜猪粪或者鸡粪+10%麦麸+10%花生渣或者油渣，每天用EM（复合光合菌或者叫做有效微生物群）1∶10调水喷洒于育蛆原料，这样可除去育蛆原料的臭味。集卵原料由80%鲜猪粪或者鸡粪+10%麦麸+9.5%花生渣或者油渣+0.5%碳酸氢铵构成，搅拌均匀后呈稍湿的粉状。为提高种蝇的产卵能力，需要在笼内放置种蝇饮料，种蝇饮料的构成是5%黄糖+5%奶粉+5%鲜鸡蛋+0.2%维生素C+0.2%蛋氨酸+84.6%水。

粪料需要发酵后使用，用EM按1∶10的比例加水稀释发酵，湿度在70%～80%，混合发酵1～2天使用，这样可消除粪料在育蛆过程中有毒有害气体。铺好粪料后，把集卵原料放进育蛆平台的粪料上，次日即可见到幼蛆。2天后可见成熟的蛆虫爬出粪堆，向平台稍高的一侧爬。将收集到接蛆装置的蝇蛆取出，用1/5 000的高锰酸钾溶液漂洗10分钟即可用于饲料生产或者直接投喂。

种蝇饮料可不定时投喂，观察吃完便投，注意每次投料不可太多。集卵原料早上放入笼内，晚上取出后再放入育蛆平台。接蛆装置中的蝇蛆达到整个装置高度的60%时应重新更换新的接蛆装置，防治蝇蛆出逃。

按此法养殖，每天每个笼可产出10千克的蝇蛆。每批粪原料中生产出1～3批蝇蛆后，该育蛆原料不再用于蝇蛆生产，但可用于养殖蚯蚓。在蝇蛆生长适温范围内，温度偏高或偏低均影响出蛆时间的长短。因此，生产计划要根据气温变化随时调整，以保证鲜蛆产量稳定、平衡供应。

育蛆原料以鸡粪和猪粪按一定比例混合，出蛆效果较好，使用牛粪效果较差，使用麸皮效果更好，但生产成本较高，一般麸皮与蝇蛆的产能比为4∶1，结合养殖试验，在经济上不如采用猪鸡粪养殖。

（三）农村土法养殖蝇蛆

农村饲养蝇蛆作畜禽和特种动物饵料，可就地取材简易生产，常用的方法有塑料盆（桶）繁殖法、室外地平面养殖法等。

塑料盆（桶）繁殖法：少量生产可用此法，每个塑料盆生产蝇蛆1～1.5千克，可喂山鸡50～75只，养鱼种500～1 000尾，成鱼养殖阶段作为饵料补充料。将新鲜动物内脏、死鼠等放在苍蝇较多的地方，让苍蝇在上面产卵，早放晚收，将收集的蝇卵放入直径60厘米的大盆里（或直径30厘米的塑料桶）。向塑料大盆里洒水保持湿润，加盖。经过2～3天蛆虫就会长出来。这一方法可在野外养殖蝇蛆，不必引种。饲养蝇蛆，由少到多投喂，即将新鲜鸡粪、猪粪按1∶1投入盆里，一个直径60厘米的塑料盆日投料1千克（桶养投料减半），再喷洒3%糖水100毫升（或糖厂的废液、糖蜜），经4～5天长出的蛆用来饲喂动物。取喂方法：将水注入盆里，用木棍轻轻搅动，将浮于水面的鲜蛆捞出，洗净消毒后直接饲喂动物。渣水倒入沼气池或粪坑发酵，灭菌消毒。若用来喂龟鳖、鳝鱼，可连粪渣一起倒进池塘饲喂。

室外地平面养殖法：本方法适合养殖场较大规模养殖。蝇蛆养殖地点应选择在远离住房和靠近畜禽舍的地方，选一块地平整、夯实，以不积水为宜，作为培养面，一个培养面面积约4平方米。根据饲养规模来确定培养面的数量。用铁或木做一个能覆盖培养面的支架，高50厘米，在支架上面及两侧盖一层牛皮纸，遮挡直射阳光。支架四周围一层塑料布（东西两侧能掀开），做成一个罩，利于保温保湿。支架同培养面一样大，是活动的，能随时搬开，便于投料和取蛆。在培养面上铺粪，用新鲜鸡猪粪，按1∶1拌匀后铺放。铺前先用水拌湿，湿度以不流出粪水为宜，然后把粪疏松均匀摊在培养面上，厚度5～10厘米，天热时薄，天冷时厚，最后把支架移到培养面上盖住粪层，把东西两侧塑料布掀开，在入口处粪面投入几只死鼠或0.5～1千克的动物腐尸、内脏、鱼肠等，引诱苍蝇进来产卵。铺粪后24小时内，根据湿度要求喷水，保持粪层表面潮湿，以利苍蝇产卵以及蝇卵孵化。如果用鸡粪喷水即可；如果单独用猪粪，可在水中加万分之三的氨水或碳酸氢铵，以招引苍蝇飞来产卵。苍蝇在粪层产卵一昼夜后，可把支架东西两侧塑料布放下来，周围压紧，保持罩内温度，使蝇卵在粪层中孵化。蝇卵在25℃时经8～12小时即可孵化出蛆虫。蛆虫孵出后，仍要根据水分蒸发情况向粪层喷水，但不使粪层中有积水，以防蛆虫窒息。利用启闭支架东西两侧塑料布来控制罩内温度在20～25℃。蛆虫生长后期、粪层湿度要降低，以内湿外干为好。蛆虫孵化6～9天就可利用。原则上不能让大批蛆虫化蛹。因为蛆虫怕阳光直射，所以取蛆时可把支架移开，让阳光照射粪层，蛆虫就钻到粪层底部，把表层粪铲去，再把底层的粪和蛆扒开，放鸡进去啄食，这是最简便的收蛆方法。鸡吃完蛆后，再把粪扒拢成堆，加入50%的新鲜粪拌均匀，浇水摊平后又重新育蛆。此法温度在5℃以上即可进行，气温10℃以下加入20%的猪粪发酵升温。若按每平方米产500克蝇蛆，按每只鸡日需20克计，4平方米培养面生产1个周期可供100只鸡饲喂1天。用作养鱼，待粪便颜色由黄褐色全部转变成黑色后，冲洗出蝇蛆喂鱼。

豆浆血水单缸繁殖法：此法适合城镇特种养殖，种苗市场或食品加工厂兼营养殖，生产少量蝇蛆时也可采用。先将1只大缸放置在苍蝇较多的地方，将500克黄豆磨成豆浆倒入缸内，再加10千克水拌匀，然后倒入2.5～3千克新鲜猪血或牛血，再加入洗米水5千克拌匀，让苍蝇来缸里采食产卵，捞取蝇蛆喂动物，一次投料可连续使用2～3个月。这一育蛆法的要求是，缸内要保持40～50千克豆浆血水，当豆浆血水挥发减少时要注意添加；另外缸必须放置在苍蝇较多的地方。

多缸粪尿循环繁殖法：此法适合小型饲料养场、小鱼塘和种苗场采用。取能装30千克水的瓦缸12个，放在苍蝇较多的地方分两行排好，按顺序编好1～12号。第1天在1号缸投放新鲜鸡粪1千克，新鲜猪粪1千克，人尿500克，死鼠（蛙）2只或动物腐肉、内脏250克，以后每天加尿水保持湿润。第2天按照第一天方法和数量投放2号缸，第3天投放3号缸，依此类推，这样投放完12个缸后，到第13天就把第1号缸的成蛆连同粪渣一起倒入池塘喂鱼。若是饲喂畜禽，可将水注缸内，使蛆虫浮到水面，捞出饲喂。然后倒掉粪水，将缸洗净，按照第1天做法重新投料。第14天取第2缸，第15天取第3缸，这样依次轮换下去周而复始，不断获取新鲜蝇蛆作为畜禽饲料和鱼类动物活体饵料。

平台引种水池繁殖法：此法适用于小规模养殖场。第一建1平方米的正方形小水泥池若干个，池深5厘米。在池边建1个长2米与池面持平的投料台，然后向池内注水，水位要比投料平台略低，池上面搭盖高1.5～2米的遮阳档雨棚。第二在投料平台上投放屠宰场丢弃的残肉、皮、肠或内脏500克，也可投放死鼠、兔等动物尸体300克，引诱苍蝇来采食产卵。第三将放置在平台上2～3天的培养料放到池水中搅动几下，把附在上面的幼蛆及蝇卵抖落到水中，然后把培养料放回平台上再次诱蝇产卵。第四每池投放新鲜猪、鸡粪各 2 千克，或 4 千克人粪，投料 24 小时后，待蝇蛆分解完漂浮粪后再次投料。第五在池内饲养 4～8 天，见有成蛆往池边爬时，及时捕捞，防止成蛆逃跑。用漏勺或纱网将成蛆捞出、清水洗净、趁鲜饲喂。第六清池。当池底不溶性污物层超过 5 厘米，影响捕捞成蛆时，可在一次性捞完蛆虫后，将池底污物清除，另注新水。

采用此法，建池 24 个，每天投料 2 池，采用循环投料法，可日产鲜蛆 6 千克，供养 12 头肉猪或 300 只小鸡，也可用于 2～5 亩成鱼池塘蛋白质饲料供给。

塘边吊盆饲养法：在离塘岸边 1 米处，支起成排的支架，间隔 1～2 米远，将 1 个直径 40 厘米的脸盆成排吊挂在特种经济动物的养殖塘面上，盆离水面 20 厘米左右。把猪鸡粪按等量装满脸盆，加水拌湿，洒上几滴氨水，在盆面放几条死鱼或死鼠，引诱苍蝇来产卵。家蝇或其他野蝇会纷纷飞到盆里取食产卵，一个星期之后就会有蝇蛆从盆里爬出来，掉入水中，直接供塘中动物食用。采用这一方法设备简单，操作简便，2 千克粪料可产出 500 克鲜蛆。具体操作要注意几点：一是盆不宜过深，以 10～15 厘米为宜；二是最好采用塑料盆，在盆底开 2～3 个消水洞，防止下大雨时盆内积水；三是盆加满粪后，最好能用荷叶或牛皮纸加盖 3/4 盆面，留 1/4 盆面放死动物引诱苍蝇，这样遮住阳光有利蝇蛆生长发育；四是夏日高温水分蒸发快，要经常检查，浇水，保持培养料湿润。

室外土池饲养法：此法适合在林区、水库边的耕作区，在地头的肥堆、粪坑中结合养殖进行。选择背风向阳、地势较高、干燥温暖的地方挖土池，规格为长 2 米、宽 1 米、深 0.6 米，放入畜禽粪便、稻草、甘蔗渣，浇水拌湿发酵后，投入死鱼、死动物内脏等腥臭物。上面用木板盖好，木板上设置有 1 个 0.3 米见方活动玻璃窗让成蝇飞进后采食产卵。注意在池外周围挖排水沟，池内不能积水。放料后每 7～10 天掀开木板盖，扒开表面粪层，赶鸡鸭去坑里采食，或连粪和蛆一起铲进桶内，倒进池塘或水库喂鱼。

室外塑料棚育蛆法：在室外果树行间或林荫下，开挖 1 个 5 米长、0.8 米宽、0.25 米深的浅坑，在坑里铺放厚料膜，注入 15 厘米深的粪水，每坑投放鸡粪 100 千克、猪粪 100 千克、牛粪 50 千克，死鼠或动物腐肉、内脏 1.5 千克。沿坑边撒一些生石灰和草木灰，防止成蛆逃跑。然后在坑上用竹条制成 1 米高的半圆形支架，覆盖塑料膜，周边塑料膜用土压实。中侧和两端掀开一个 20 厘米×30 厘米的孔，让苍蝇飞进采食和产卵，经 5～7 天可掀开塑料膜捞成蛆洗净后作饵料。

果树施肥兼育蛆：此法是将育蛆与果树施肥结合起来，适合在果林间养禽采用。具体操作是：幼龄果园中，在离树基部 40～50 厘米处挖环状沟，沟宽 20～30 厘米，深 30 厘米，每条沟内放新鲜猪鸡粪各 50 千克，再放些死鼠、动物内脏或猪毛血水等引苍蝇来产卵。每天注意浇水保持湿润，3 天后用草皮将粪盖住，一星期后掀开草皮，放鸡进园扒粪吃蛆。然后再覆盖好，一星期后再扒开喂鸡。如此重复 4～5 次后，蛆虫减少，可盖土填平育蛆沟，即完成果树施肥。成林果园测沿着树冠下开挖 3～4 个对称点状育蛆坑，规格为长 0.8 米、宽 0.4 米、深 0.35 米。

（四）蝇蛆养殖的限制因素

首先，蝇蛆养殖对环境温度，特别是育蛆原料的温度要求较高。20℃以下，蝇蛆就停止繁殖或进入冬眠状态，不食不动，不能进入羽化阶段，塑料棚养殖也只能是季节性的。深秋、严冬、初春的温度都达不到要求。如果构筑防寒保温室，可进行常年养殖，但养殖成本大大增加。其次，要解决蝇蛆的饲料来源问题。蝇蛆生产性养殖的饲料必须是廉价的废弃物，最好是养鸡、养猪自产的畜禽粪便，这样才能降低生产成本。

蝇蛆养殖还没有形成大规模产业的另一个制约因素是，蝇蛆分离设备的机械化程度不高，大规模采用液体饲料饲养蝇蛆也正处于试验阶段。目前市场上还无全自动化的成型设备出售，许多工厂都是半手工操作。

（五）蝇蛆的营养价值及在养殖业中的应用

蝇蛆营养成分全面，高蛋白质、低糖且低脂肪（表 2－7），并含有丰富的矿物质元素、维生素、微量元素及抗菌活性物质，无抗营养因子和有毒物质，是一种极其丰富的宝贵资源。胡金伟等对蝇蛆的营养成分做了测定分析，结果烘干蝇蛆粗蛋白质含量达到60％以上，必需氨基酸含量占总氨基酸的 47.72％，必需氨基酸与非必需氨基酸总量的比值为 0.91，根据联合国粮农组织以及世界卫生组织提出的优质蛋白质饲料标准，必需氨基酸占氨基酸总量的 40％，必需氨基酸总量与非必需氨基酸总量之比超过 0.6，就是可以利用的蛋白质饲料。按此标准，蝇蛆是畜禽鱼蟹的优质蛋白质饲料。而且蝇蛆的必需氨基酸含量是鱼粉的 2.3 倍，蛋氨酸含量是鱼粉的 2.21 倍，其饲用价值与鱼粉、豆粕相当。

鲜蛆的粗脂肪含量比较低，仅为 5.4％，与肉类相比，只高于鸡肉和鲤鱼，但烘干蝇蛆粉的不饱和脂肪酸含量丰富，高达 68.2％，必需脂肪酸也高达 36％，脂肪酸中的不饱和脂肪酸和必需脂肪酸比例较高（表 2－8）。鲜蛆的总糖含量仅 0.9％，除明显低于大豆外，与其他食物的糖含量相当，属于低糖资源。

表 2－7　烘干蝇蛆的基本营养成分（％）

组　别	粗蛋白质	粗脂肪	粗灰分	水分
烘干蝇蛆 1	47.96±3.96	29.73±1.43	11.50±6.64	5.06±3.58
烘干蝇蛆 2	61.04±1.04	22.07±0.22	7.57±0.12	7.58±0.22

蝇蛆粉还含有多种无机盐和维生素，且含量丰富，每 100 克风干蝇蛆中维生素 A、维生素 D 和维生素 E 含量分别为 727.8 毫克、131 毫克和 10.04 毫克，每千克风干蝇蛆铁、锌和硒含量分别为 268 毫克、159 毫克和 8.9 毫克。

蝇蛆粉中蛋白质含量明显高于植物蛋白质原料，但稍低于鱼粉，氨基酸含量比豆粕高，接近于鱼粉。除肉骨粉外，蝇蛆的粗灰分较其他原料稍高，水分与动物原料相当，比植物原料稍低。从概略养分角度分析，蝇蛆的营养价值高于植物源饲料原料，接近于动物源饲料原料。

表 2－8　烘干蝇蛆的脂肪酸组成（％）

样品	肉豆蔻酸 C14：1	棕榈酸 C16：0	棕榈油酸 C16：1	硬脂酸 C18：0	油酸 C18：1	亚油酸 C18：2	亚麻酸 C18：3	备　注
1	1.8	23.4	12.0	2.7	31.9	22.2	2.2	胡金伟等（2009）
2	1.7	0.3	23.9	0.2	2.5	34.1	19.12	
3	—	24.65	14.30	4.70	19.31	24.21	0.68	白钢等（2010）

蝇蛆不仅蛋白质含量高，氨基酸种类齐全，已测定的有16种之多（表2-9），含有动物生长所需的10种必需氨基酸中的9种，缺少色氨酸的测定资料。蝇蛆鲜样的必需氨基酸占氨基酸总量的44.40%，必需氨基酸与非必需氨基酸的比值达到0.80，鲜味和甘味氨基酸占氨基酸总量的37.12%。在蝇蛆干物质中，必需氨基酸含量为19.07%～26.67%，占氨基酸总量的41.49%～56.91%，必需氨基酸与非必需氨基酸的比值为0.85～0.92，显示蝇蛆中必需氨基酸的含量较高。值得注意的是，在王达瑞等的测定资料中，蝇蛆干物质中鲜味及甘味氨基酸在氨基酸总量中的比例达到66.08%，在白钢等的测定资料中，这个比例也达到44.10%，这显示蝇蛆干粉饲料的口味优质，用作配合饲料原料可以提高饲料的适口性和动物的采食量。

表2-9 蝇蛆幼虫的氨基酸含量（%）

氨基酸	王达瑞等（1991）		吴建伟等（2001）	斯琴高娃等（2008）	胡金伟等（2009）		白钢等（2010）
	蝇蛆鲜样	蝇蛆干粉			干蝇蛆1	干蝇蛆2	
赖氨酸	0.94	4.30	2.69	4.24	3.12	3.77	4.10
蛋氨酸	0.30	1.25	1.30	3.06	1.14	1.37	2.24
苯丙氨酸	0.72	3.51	2.60	2.66	2.63	3.34	3.89
亮氨酸	0.75	4.05	2.66	3.29	2.84	3.20	3.75
异亮氨酸	0.47	2.54	1.60	1.98	1.38	1.60	2.11
缬氨酸	0.64	3.23	2.09	2.82	2.28	2.63	3.87
苏氨酸	0.66	2.03	3.57	1.82	1.92	2.20	2.49
组氨酸	0.44	1.96	3.12	1.15	1.29	1.53	1.49
精氨酸	0.51	3.70	3.17	1.95	2.47	2.90	2.74
必需氨基酸总量	5.43	26.57	22.80	22.96	19.07	22.54	26.69
天门冬氨酸*	1.32	6.18	4.44	3.55	4.26	5.01	5.86
谷氨酸*	1.85	8.20	6.08	6.94	6.46	7.57	8.58
甘氨酸*	0.58	3.84	3.36	2.55	1.77	2.02	2.43
丙氨酸*	0.79	2.49	1.66	4.19	3.37	3.70	3.34
半胱氨酸	0.16	0.67	2.66	2.95	0.29	0.34	0.32
酪氨酸	0.81	3.22	3.10	2.72	2.47	3.20	4.14
丝氨酸	0.67	1.58	2.04	1.35	1.94	2.22	2.32
脯氨酸	0.62	4.16	3.24	1.70	1.90	2.33	2.14
非必需氨基酸总量	6.80	30.34	26.58	71.86	22.42	26.39	29.13
氨基酸总量	12.23	56.91	49.38	48.90	41.49	48.93	45.82
EAA/TAA	44.40	46.69	46.17	46.95	45.96	46.07	58.25
EAA/NEAA	79.85	87.57	85.78	88.49	85.06	85.41	91.62
DAA/TAA	37.12	66.08	31.47	35.23	38.23	37.40	44.10

注：*为鲜味氨基酸，DAA代表其总量；TAA代表氨基酸总量；EAA代表必需氨基酸总量；NEAA代表非必需氨基酸总量。

蝇蛆饲料转化率高，营养丰富，是畜禽及鱼类优质动物蛋白质饲料。试验证实，用蝇蛆部分代替或全部代替鱼粉作饲料效果明显，可提高动物产品品质、降低饲养成本，提高效益。同时，苍蝇可以将畜禽的粪便转化为动物蛋白质。经测算，每吨猪粪饲养家蝇幼虫能够转化为250～300千克鲜幼虫，折合成60～70千克幼虫干体，每4.2千克的幼虫原料可转化为1千克的高蛋白质饲料原料，产值是所用猪粪价格的300～400倍。许多食品加工企业中所产生的工业废料，如啤酒糟、过期变质食品及其他下脚料等，都能被家蝇及蝇蛆利用，减少了这些废弃物对环境的污染。

蝇蛆还含有凝集素、溶菌酶、抗菌肽、抗菌蛋白和几丁质等活性物质，其中的抗菌肽等成分可高效杀灭多种病原体，也是一种新型天然抗生素，能够增强机体免疫力。蝇蛆中含有特效的蛋白几丁质、甲壳素、抗菌肽等，是良好的药用原料。用蝇蛆喂养畜禽能够抵御疾病入侵，在春秋疾病多发性季节，用蝇蛆喂养家禽在抗禽流感、新城疫上有一定作用。利用蝇蛆养殖水产中的小龙虾、甲鱼、牛蛙、黄鳝等，可以减少水产病害发生、降低鱼类粪便中的不溶性氨氮、无机磷等污染物质对水体产生的污染，生产绿色水产品。蝇蛆幼虫的生命力活力极强，繁殖速度快、生产成本低，生产的蝇蛆干粉饲料无毒无污染，推广使用蝇蛆活性饲料和传统常规饲料配合投喂鱼、虾和蟹等水生生物，具有饲料流失少、生长速度快、成活率高、成本低、经济和生态效益好的优点。

三、大麦虫的养殖与应用

大麦虫（Barley pest）又被称为超级面包虫或超级黄粉虫，属节肢动物门、昆虫纲、鞘翅目、拟步甲虫科，是由母黄粉虫与公黑麦虫杂交培养出来的一种爬行虫的幼虫，一般体长5厘米左右，老熟幼虫体长可达6厘米，用激素喂养出来的虫体体长可达7厘米，但这种虫基本上是不能繁殖的，一般作为商品虫直接用于饲料生产或者动物养殖。我国2005年从东南亚国家引进，作为宠物及名贵鱼类的饲料应用于动物养殖中，在畜禽养殖中，一般作为蛋白质饲料添加剂使用，或者作为鱼类的蛋白质饲料补充料使用。在观赏鱼的养殖中，大麦虫是常用的饵料。

（一）形态特征与生物习性

大麦虫属全变态昆虫，一生要经历卵、幼虫、蛹、成虫4个虫态，整个生命周期为6个月或更长。

卵：大麦虫的卵为长圆形，乳白色，长1.5～2毫米，宽0.6毫米。卵外表为卵壳，卵壳薄而软，极易受损伤。外被有黏液，可黏附一层虫粪和饲料，起到保护作用。卵期一般7～10天。

幼虫：大麦虫虫体大，幼虫一般体长40～60毫米，宽5～6毫米，单条虫重1.3～1.5克，呈圆筒形。其体壁较硬，黄褐色，有光泽，有13节，各节连接处有黄褐色环纹，腹面黄色。幼虫在生长过程中，体表颜色先呈白色，蜕第一次皮后变为黄褐色，以后每4～6天蜕皮1次，幼虫期共蜕皮6～10次，生长期为60天。幼虫从头开始蜕皮，蜕皮前活动开始减少，刚蜕皮的幼虫呈乳白色，十分脆弱，最易受攻击。幼虫30日龄体时在饲料中化蛹，化蛹时将头部倒立在饲料中，左右移动头部摩擦进行化蛹，室温20℃以上时，蛹经一周时间蜕皮变为成虫。刚羽化后的虫翅白色、较软薄，1～2天后变硬转黑褐色。

大麦虫幼虫每千克 700～800 条，雌雄比例一般 6∶4。

蛹：当大麦虫幼虫准备化蛹时，会爬到培养物表面，在经过几天的蛹前期后才能化蛹。初化蛹时虫体长 20～30 毫米，宽 7 毫米左右，呈乳白色，体壁较软，长时间后逐渐变为淡黄色，体表也变得坚硬。蛹只能靠扭动腹部运动，不能爬行。大麦虫具有比黄粉虫更强的互相残伤取食的习性，正在化蛹的幼虫和正在蜕皮的幼虫一样，常受到同类伤害，幼虫有时也会把蛹咬伤，使大麦虫放弃化蛹，长期以幼虫的状态存活而不能脱皮变蛹产卵。为使大麦虫能够化蛹产卵，需要饲养人员对那些即将化蛹的大麦虫进行分离，分离时主要要看大麦虫的行为和形态。要化蛹的幼虫不爱活动，蜷缩，皮肤光泽度差。

成虫：大麦虫成虫具有生殖能力，成虫阶段为繁殖期，繁殖期雌雄虫比例为 1∶1。刚刚蜕皮出壳的成虫为乳白色，头橘色，甲壳很薄，1～2 天后背部变为黑褐色或黑色，腹部黄褐色，椭圆形，长 25～30 毫米，宽约 8 毫米，虫体分为头、胸、腹三部分，足 3 对，爬行速度快。雌性成虫体形比雄虫个体明显偏大，具有持续交配和产卵的习性。交配时，雄性个体爬于雌性个体上，产卵管和受精管伸出，接触完成交配。雌虫交配 2～3 天后产卵，并可多次交配产卵，雌虫可连续产卵 250～1 000 余粒。产卵期 90～120 天，产卵高峰为交配后 10～30 天，饲料质量对产卵量影响较大。成虫喜在夜间活动，爬行迅速，不喜飞行，羽化后一周产卵。每个雌虫产卵以最少 300 粒计算，经半年饲养可产幼虫 12 万条，约 170 千克，考虑到养殖中的死亡和其他因素，以保守的方法计算也可得幼虫 100～120 千克。

群居性和自相残杀习性：大麦虫喜群居，适合高密度饲养。但大麦虫具有自相残杀习性。自相残杀习性是指成虫吃卵、咬食幼虫和蛹，高龄幼虫咬食低龄幼虫或蛹的现象。自相残杀习性影响产虫量，此现象多发生于饲养密度过高，成虫和幼虫不同龄期混养更为严重。因此，要将同龄的虫、卵、蛹、成虫筛出，放在各自的容具中饲养。

大麦虫对光和温度的反应：大麦虫长期适应黑暗环境生活，喜暗怕光，夜间活动较多，故大麦虫适合多层分盘饲养，以充分利用空间。大麦虫喜干燥，耐饥耐渴，生命力强，全年都可以生长繁殖，以卵-幼虫-蛹-羽化为成虫的生育周期约为 180 天。大麦虫在环境温度 13℃时活动取食，其生长发育的最适温度为 24～30℃，以 25～32℃的温度生长最快，5℃以下和 35℃以上可致死，6℃以下时进入冬眠；空气相对湿度要求在 60%～75%较适宜。在 30℃下成虫产卵最多，每只成虫最高可以产卵 1 000 粒左右，低于 14℃很少交配产卵，低于 10℃不交配产卵。孵化周期因温度条件不同会有很大变化，当环境温度 25～30℃时，卵期 8～12 天；当环境温度 19～22℃时，卵期 15～20 天；当环境温度在 15℃以下时，卵很少发育和孵化。

（二）大麦虫的养殖

大麦虫虫体大，生长周期及速度与黄粉虫相似，食性杂，适应性广，以麸皮、蔬菜、瓜果为主，饲料来源广泛，饲养成本低廉，适合我国各地居民饲养。其产量是黄粉虫的 3～4 倍，大麦虫的幼虫干物质含蛋白质量在 50%以上，并含有多种糖类、氨基酸、维生素、激素、酶及矿物质磷、铁、钾、钠、钙等，加上它外皮较软且易于消化，适口性好，是养殖各种观赏鱼、观赏鸟、棘胸蛙、鳖、蛇等稀有动物的高等级饵料，也是淡水养鱼的优质蛋白质饲料源。

大麦虫养殖的主要设备是网筛和饲养容具。网筛盒是供成虫产卵用，又是分离虫卵、虫体及饵料的工具。可用木盒框装上纱网，网孔孔径3毫米。饲养容具有柜、箱、池、盒等。容具规格大小，依虫量多少而定，最大为70厘米×45厘米×18厘米。容具内壁四周要求光滑，避免大麦虫爬出和防止蜘蛛、壁虎、螳螂等进入危害大麦虫。

饲养大麦虫的场所应选择在背风向阳、冬暖夏凉的屋里，光线不宜太强，保持温暖即可，最适宜温度是18～30℃，相对湿度70%。夏季气温高时，洒水在地上降温；冬季要保温，以保证大麦虫正常生长发育的环境条件。

成虫的饲养管理：成虫羽化后6～11天开始产卵，会有连续长达50天的时间产卵，直至死亡。先在饲养筐中底部放一个特制的筛子（筛子采用3目不锈钢丝制作，面积与筐底相等，主要的作用是快速分离成虫和卵块），在筛子上洒上成虫的食物，成虫产卵3天后，将筛子提起，轻筛一下，虫卵和麦麸等就全部掉下去，筛子上面剩下的就是成虫，马上将筛子连同成虫放入另外一个养殖筐中，加入成虫的饲料继续让成虫产卵，如此循环。一周后孵出幼虫，把幼虫倒在盛有麦麸的饲养容具中饲养。也可将成虫放在一张白纸上，撒些糠麸在纸上，任成虫产卵，每隔2～3天换纸1次，成活率一般可达90%以上。这种操作方法7～10天应给成虫换料1次，换下的料中可能有卵料，不要马上倒掉，应集中存放，待卵块孵化出来后，采用饲料引诱的方式集中收集到另外的饲养框中饲养。每次取卵后要适当地给成虫添加青料和精料，及时清理废料或蛹皮。成虫喜欢晚间活动，所以晚上多喂，青料可直接投放在饲养容具中，让大麦虫自由采食。

幼虫的饲养管理：夏季气温高，幼虫生长较快，蜕皮多，要多喂青料，供给充足的水分，可喂些菜叶、瓜果等。气温高时多喂，气温低时少喂。幼虫初期，精料少喂，蜕皮时少喂或不喂，蜕皮后随着虫体长大而增加饲喂量。也可把精料用水拌成小团，切成小块放在网筛上让其自由摄食。一天的投饵量以晚上箱内饲料吃净为限。采用早、晚投足，中午补充的办法。在幼虫饲养期投料要注意精、青料搭配，前期以精料为主，青料为辅，后期以青料为主，精料为辅。未成龄幼虫要多喂青菜，对蛹和成虫的生长发育有利。有的老龄幼虫在化蛹期以后，食欲表现较差，可加喂鱼粉，以促进化蛹一致。幼虫因生长速度不同，出现大小不一的现象，按大小分箱饲养，一箱可养幼虫3 000～4 000只，老龄幼虫2 000～3 000只。饲养过程中要根据密度及时分箱饲养，降低饲养密度，因为密度过高就会引起大麦虫的相互残杀。当幼虫化蛹时多投青料，有利于化蛹及蛹后的羽化。每天要及时把蛹拣到另一盒里，再撒上一层精料，以不盖过蛹体为宜，避免幼虫蛟伤蛹，同时保持温度和气体交换。

幼虫的饲料配方：麦麸35%，中猪全价饲料（或大鸭全价饲料）35%，豆饼10%，发酵后的统糠或秸秆20%，另外添加饲用复合维生素50克，猪用预混料80克，饲用混合盐250克。

成虫的饲料配方：麦麸50%，鱼粉4%，中猪全价饲料（或大鸭全价饲料）15%，发酵的秸秆或统糠26%，食糖4%，混合盐1%。另外添加饲用复合维生素50克，猪用预混料80克，饲用混合盐250克。此配方适用于产卵期的成虫，可延长成虫寿命，提高产卵量。

以上2种饲料配方的加工方法是，将各种成分拌匀，如果添加的发酵秸秆是湿料，直接拌和即可饲喂，拌完的料要马上饲喂完；也可以添加适量的水搓成团，压成小饼状，晾晒后即可使用。有条件的养殖者，可以用饲料颗粒机膨化成颗粒使用。以上饲料为精饲料，饲养的大麦虫除了需要精饲料外，还需要大量的青饲料，如瓜果皮、蔬菜叶等，还可以用黑麦草和皇竹草做青饲料，这需要简单打碎后饲喂。精饲料和青饲料一般各自占的重量比例为1∶2左右。饲养1千克大麦虫幼虫的成本大约需要1.5千克精饲料，3千克青饲料。

（三）大麦虫的繁殖技术

幼虫的繁育技术：幼虫生长期一般为120～180天，在适宜温度、湿度条件下，生长期可缩短为90～120天，平均生长期为100天，一般蜕皮10～15次。幼虫初期生长很快，2～3周可达5～10毫米长，4～5周便可达50～60毫米长。饲养过程中要根据虫体密度及生长速度及时分箱饲养，以免相互残杀。夏季气温高，空气干燥时，需少量多次投放菜叶、瓜果等，以保证饲养盆内的湿度。

蛹的繁育技术：大麦虫具有比黄粉虫更强的互相残伤取食的习性，因此需将化蛹的幼虫（不爱活动、蜷缩、皮肤光泽度差）挑出，单独放在1个饲养盆中；也可将每个要化蛹的幼虫单独饲养，使之更快地化蛹。挑出的蛹，可按不同日龄分别放在撒有1厘米厚粗麸皮的不同羽化箱里羽化，放蛹厚度以铺平1～2层为宜，过厚会引起蛹窒息死亡。放蛹后每天要检查，随时除去变黑、变红和软化的死蛹，以防止蛹感染病毒。蛹的羽化适宜温度为25～30℃，湿度为65%～75%。在20℃以上时，经过6～7天后就羽化为成虫，羽化过程中要及时挑除死虫、伤残虫和羽化皮。对羽化后的成虫，在虫体体色变成黑褐色之前，就要转到成虫产卵箱饲养。

成虫的繁育技术：成虫阶段为大麦虫的繁殖期，饲养成虫的目的是使其生产大量的虫卵。雌、雄成虫的投放比例为1∶1。成虫饲养密度为每平方米1千～1.2千只。成虫羽化后6～11天开始产卵，蛹羽化为成虫后2个月内是大麦虫产卵盛期，要注意加强营养和管理，每天喂养1～2次。先均匀撒上厚约1厘米的麸皮或混合饲料，再撒上拌有碎青菜的麦麸，以提供水分和补充维生素，随吃随放，保持新鲜，切忌过量，以免湿度过大、瓜菜腐烂、麸皮受潮霉变等，致使成虫生病，降低产卵量。

卵的繁育技术：大麦虫卵主要利用产卵筛收集。在饲养盆上先放白纸，白纸上撒一薄层麸皮，再放置产卵筛。成虫有向下产卵的习性，产卵时产卵管穿过铁纱网孔，将卵产到纸上或纸与网间的饲料中。接卵纸一般每3天更换1次，产卵盛期或产卵适温季节最好每天更换1次，次序是先换接卵纸，再添加饲料。成虫产卵盛期后，部分雌成虫逐渐衰老死亡，剩余的雌成虫产卵量也显著下降，所以应适时淘汰，以免浪费饲料和人工，占用产卵盒。换接卵纸时，要将同一天收集的纸叠放在同一个幼虫盒（孵化箱）内，让卵自然孵化，7～10天即可全部孵出幼虫，然后将接卵纸逐一抽出抖掉幼虫，让其在孵化箱继续生长发育。

（四）大麦虫的营养价值及在养殖业中的应用

大麦虫体形较大，体壁甲壳质所占比例较小，利于饲喂对象的消化，是养殖珍稀畜禽和特种水产动物的高级饲料，对养殖观赏鱼如金龙鱼和银龙鱼、保护性水产动物如鲑鱼等有不可替代的优势。它不单可以直接为动物提供高档蛋白饲料，也可以为人类提供蛋白质食品。大麦虫的老熟幼虫最大体长达到6厘米左右，其营养价值超出同科目的其他昆虫。由于大麦虫个体大，社会养殖量少，早期主要是作为名贵金龙鱼、银龙鱼等高级观赏鱼类的专用饵料。

大麦虫在幼虫、蛹、成虫三个发育时期，鲜虫肌体蛋白质含量都在22%以上（表2-10），其中雄性成虫的蛋白质含量最高，达到27.19%，脂肪含量以幼虫最高，达到16.85%，碳水化合物含量以雌性成虫最高，为5.33%。

表2-10 大麦虫发育的3个形态营养成分含量（%，$n=5$）

发育阶段	水分	碳水化合物	蛋白质	脂肪	粗灰分
幼虫	58.048±0.074	1.527±0.011	22.280±0.061	16.850±0.013	1.159±0.010
蛹（雌性）	60.590±0.052	1.149±0.008	22.313±0.068	14.673±0.011	1.257±0.011
蛹（雄性）	60.673±0.088	1.403±0.021	22.071±0.085	14.568±0.008	1.275±0.013
成虫（雌性）	58.448±0.081	5.327±0.033	24.522±0.069	10.141±0.021	1.501±0.020
成虫（雄性）	58.427±0.050	2.502±0.015	27.198±0.064	10.338±0.029	1.513±0.019

在大麦虫机体中共检测出18种氨基酸（表2-11），含有动物发育和生长所需的10种必需氨基酸，属于全蛋白质饲料。机体的氨基酸含量较高，均在53%以上，以雄性成虫的含量最高，达到65.42%；必需氨基酸（EAA）的含量也达到21.37%～31.35%，占总氨基酸的40.24%～47.92%，以雄性成虫含量最高，幼虫最低；必需氨基酸与非必需氨基酸的比值达到0.74～0.92，这个比值以雄性成虫最高，幼虫最低。这些比值除幼虫外，其他均超过FAO/WHO标准的推荐值，属于优质蛋白质饲料源。

表2-11 大麦虫发育的3个形态氨基酸含量（干物质，%）

氨基酸	幼虫	蛹（雌性）	蛹（雄性）	成虫（雌性）	成虫（雄性）
赖氨酸	2.931	3.275	3.112	3.065	3.203
蛋氨酸	2.884	2.892	2.904	3.941	4.660
苯丙氨酸	2.149	2.363	2.279	2.221	2.236
亮氨酸	1.005	4.130	4.087	5.099	5.614
异亮氨酸	0.455	0.540	0.559	0.563	0.540
缬氨酸	3.410	3.432	3.419	3.858	4.823
苏氨酸	2.195	2.397	2.378	2.409	2.612
色氨酸	1.670	1.981	1.994	1.939	2.198
组氨酸	1.728	2.014	2.027	1.992	2.223
精氨酸	2.943	3.016	2.969	3.097	3.240
必需氨基酸总量	21.370	26.04	25.728	28.184	31.349
天门冬氨酸	4.437	4.704	4.668	5.026	5.300
谷氨酸	7.193	8.272	8.108	6.986	7.398
甘氨酸	2.838	2.948	2.904	5.015	6.029

（续）

氨基酸	幼虫	蛹（雌性）	蛹（雄性）	成虫（雌性）	成虫（雄性）
丙氨酸	4.204	3.759	3.813	4.442	5.300
胱氨酸	0.362	0.415	0.405	0.417	0.389
酪氨酸	4.029	5.087	5.040	2.701	2.650
丝氨酸	2.429	2.510	2.509	2.429	2.625
脯氨酸	3.246	2.881	2.947	3.816	4.383
非必需氨基酸总量	28.738	30.576	30.394	30.832	34.074
氨基酸总量	53.108	56.616	56.122	59.016	65.423
EAA/TAA	40.24	45.99	45.84	47.76	47.92
EAA/NEAA	74.36	85.16	84.65	91.41	92.00
DAA/TAA	35.16	34.77	34.73	36.38	36.73

大麦虫的呈鲜味氨基酸（天门冬氨酸、谷氨酸）和呈甘味氨基酸（甘氨酸、丙氨酸）占氨基酸总量的34.73%～36.73%，其中谷氨酸不仅是最主要的呈鲜味氨基酸，也是脑体组织生化代谢的重要氨基酸，其含量占氨基酸总量的11.31%～14.61%。

由氨基酸分（AAS）和化学分（CS）可知（表2-12），大麦虫3个发育阶段的第一限制性氨基酸均为异亮氨酸，其含量偏低，AAS和CS均不到30，以雄性成虫得分最低，AAS只有20.64，CS只有16.80；色氨酸得分最高，AAS为314～355，CS为249～274。除第一限制性氨基酸含量低于FAO/WHO标准推荐含量外，其余必需氨基酸含量均接近或者高于该标准推荐含量，这提示在使用大麦虫饲料时，应注意补充异亮氨酸。大豆粕、羽毛粉的异亮氨酸含量较高，可与大麦虫配合使用，补充饲料中异亮氨酸的不足。大麦虫3个发育阶段的蛋白质必需氨基酸指数（EAAI）均在92.05%以上，说明大麦虫蛋白质必需氨基酸质量较高。

表2-12 大麦虫发育的3个形态阶段必需氨基酸构成评价

FAO/EHO模型（毫克/克，百分数）		苏氨酸	异亮氨酸	亮氨酸	赖氨酸	苯丙氨酸＋酪氨酸	蛋氨酸＋胱氨酸	缬氨酸	色氨酸	EAAI
		40	40	70	55	60	35	50	10	
幼虫	EAA	41.34	8.58	75.42	55.19	116.31	61.13	64.20	31.44	92.05
	AAS	103.34	21.44	107.74	100.34	193.86	174.65	128.41	314.42	
	CS	82.02	17.01	85.51	79.64	153.85	138.61	101.91	249.54	
蛹（雌性）	EAA	42.34	9.54	72.95	57.84	131.58	58.44	60.62	34.98	92.24
	AAS	105.84	23.85	104.21	105.17	219.31	166.96	121.25	349.83	
	CS	81.37	18.34	80.11	80.85	168.59	128.35	93.21	268.93	
蛹（雄性）	EAA	42.37	9.96	72.82	55.45	130.42	58.96	60.91	35.53	92.84
	AAS	105.92	24.89	104.03	100.81	217.36	168.46	121.83	355.33	
	CS	81.75	19.21	80.30	77.81	167.77	130.02	94.03	274.26	

（续）

FAO/EHO模型（毫克/克，百分数）		苏氨酸	异亮氨酸	亮氨酸	赖氨酸	苯丙氨酸+酪氨酸	蛋氨酸+胱氨酸	缬氨酸	色氨酸	EAAI
		40	40	70	55	60	35	50	10	
成虫（雌性）	EAA	40.81	9.54	86.40	51.94	83.39	73.85	65.37	32.86	95.04
	AAS	102.03	23.85	123.42	94.44	138.99	211.00	130.74	328.62	
	CS	82.70	19.33	100.03	76.55	112.65	171.02	105.97	266.35	
成虫（雄性）	EAA	39.93	8.25	85.81	48.95	74.68	77.17	73.72	33.60	93.63
	AAS	99.83	20.64	122.59	89.01	124.46	220.50	147.44	335.96	
	CS	81.29	16.80	99.82	72.47	1010.35	179.54	120.05	273.56	

大麦虫3个发育阶段的脂肪酸含量最高的为油酸，达到30.85%～39.10%，以雌性虫蛹含量最高（表2-13）；其他脂肪酸含量与发育阶段有一定的相关性，幼虫和成虫的亚油酸均高，达到26.76%～27.46%，虫蛹的亚油酸含量仅有20.41%～20.86%。不饱和脂肪酸（UFA）含量均高，占总脂肪酸的60%以上，以幼虫含量最高，达到69%，雄性成虫含量最低，为61.85%；单不饱和脂肪酸（MUFA）的含量为34.14%～44.82%，雌性虫蛹含量最高；多不饱和脂肪酸（PVFA）含量为20.89%～28.73%，以幼虫含量最高。大麦虫的饱和、单不饱和、多不饱和脂肪酸的比值（S/M/P）变化较大，但均优于常用的动物油脂，如猪油和牛油，说明大麦虫的油脂有较高食用和营养保健作用，开发利用价值较高。它不但可以作为高蛋白质鲜活饲料，用于饲养金龙鱼、蛙、鳖、蛇和珍稀畜禽等，还可以当做高级菜肴供人类食用。

表2-13　大麦虫发育的3个形态阶段脂肪酸构成（干物质,%）

脂肪酸	幼虫	蛹（雌性）	蛹（雄性）	成虫（雌性）	成虫（雄性）
棕榈酸	24.39	25.79	28.62	26.20	27.33
棕榈油酸	2.74	5.60	3.52	3.28	3.57
硬脂酸	3.82	4.21	4.97	5.93	5.67
油酸	37.30	39.10	37.64	30.86	30.85
亚油酸	27.08	20.41	20.86	27.46	26.76
花生酸	0.19	0.14	0.18	0.18	0.18
亚麻酸	1.65	0.48	0.47	0.93	0.67
二十碳烯酸甘油三酯	0.23	0.12	—	—	—
其他脂肪酸	2.15	2.86	2.68	3.92	3.35
饱和脂肪酸（SFA）	28.85	31.43	34.83	33.55	34.80
不饱和脂肪酸（UFA）	69.00	65.71	62.49	62.53	61.85
单不饱和脂肪酸（MUFA）	40.27	44.82	41.16	34.14	34.42
多不饱和脂肪酸（PUFA）	28.73	20.89	21.33	28.39	27.43
必需脂肪酸（EFA）	27.73	20.89	21.33	28.39	27.43
饱和脂肪酸/单不饱和脂肪酸/多不饱和脂肪酸（S/M/P）	1.0/1.4/1	1.5/2.1/1	1.6/1.9/1	1.2/1.2/1	1.3/1.3/1

大麦虫3个发育阶段的营养成分有一定的差异，总体上，大麦虫的粗蛋白质含量较高，含有动物所需的8种必需氨基酸和2种半必需氨基酸，必需氨基酸指数均高于92%，属于良好蛋白质，其第一限制性氨基酸为异亮氨酸，含量偏低，可通过搭配其他异亮氨酸含量较高的饲料原料来平衡氨基酸营养。大麦虫的呈味氨基酸含量较高，蛋白质的适口性较好，是鱼类及珍稀动物的喜食饵料。

大麦虫可开发的系列产品有：新型特种高蛋白饲料、虫油、食品、甲壳素、绿色保鲜剂、微生态制剂和高档有机肥（用下脚料制作）等，并可带动或促进其他特种养殖业的发展。

（五）大麦虫养殖中存在的问题

首先大麦虫（也叫做超级面包虫）的起源问题，实际上大麦虫完全是个新品种，也就是由黄粉虫和黑粉虫杂交出来的一个新品种。第二是大麦虫的个体大小的误区，一般正常的第一代黑粉虫和黄粉虫杂交出来的大麦虫长3.5厘米左右（指到化蛹前大麦虫幼虫的大小），那些所谓能长到7厘米的大麦虫一般用了2种方法，一是喂了一种女性避孕药，该避孕药可以使大麦虫推迟生长周期从而达到7厘米；二是按照一定的比率将钙磷铜等元素拌在饲料里，促使大麦虫生长发育成超大个体。但是，这种超大个体的大麦虫变成成虫以后是无法产卵繁殖的。第三，从经济角度上说，因为大麦虫对青饲料的要求很高，自相残杀的情况较为严重，导致生长成本较高。一般目前大麦虫的主要用途就是和4代以上黄粉虫杂交防止种虫退化，再就是其皮较薄更适合喂一些经济价值高的宠物，像龙鱼、蜥蜴等。第四，大麦虫的营养成分和黄粉虫基本上是没有什么区别的，反而因为其水分含量较高导致有效物质含量相对较少。

四、黄粉虫的养殖与应用

黄粉虫又叫面包虫，在昆虫分类学上隶属于鞘翅目，拟步行虫科，粉甲虫属（拟步行虫属），原产于北美洲，现今全球均有分布。我国20世纪50年代从前苏联引进饲养，黄粉虫干制品含脂肪30%，含蛋白质高达50%以上，此外还含有磷、钾、铁、钠、铝等常量元素和多种微量元素。因干燥的黄粉虫幼虫含蛋白质40%左右、蛹含57%、成虫含60%，被誉为“蛋白质饲料宝库”。

（一）形态特征与生物学特性

黄粉虫为全变态昆虫，其一生（指一个生长周期）可分为卵、幼虫、蛹、成虫四个阶段。

卵：椭圆形，乳白色，表面有斑纹。卵长1.72（±0.27）毫米，宽0.91（±0.09）毫米，8月份室内饲养所产卵的孵化率为88.24%。卵壳表面带有黏液，因此卵常常会十几粒粘在一起成为一团，或表面粘满了食料碎屑难以被发现。卵壳薄而软，极易受机械损伤。未经触动的卵，孵化率达95%以上，卵期5～15天。

幼虫：身体细长，呈圆筒形，老熟幼虫体长24～29毫米，初孵幼虫为乳白色，后变为黄褐色，各节背面前后缘淡褐色，节间及腹面为黄白色，各龄幼虫体长及头壳宽比较稳定，是幼虫分龄的主要依据。幼虫喜群居，常团聚于潮湿、阴暗处，其食性与成虫相同。对群养的500头幼虫进行食量测定发现，幼虫期共消耗麸皮221克，平均每只0.442

克，按0.8万～1万只老熟幼虫重1千克计算，养成1千克老熟幼虫需麸皮3.5～4.5千克。幼虫大部分为13～16龄，历期为70～156天。

蛹：幼虫长到50天后，长2～3厘米，开始化蛹。蛹头大尾小，头部呈现成虫的基本模样，两足（薄翅）向下紧贴胸部。蛹的两侧呈锯齿状棱角。蛹初为白色半透明，体较软，渐变褐色后变硬。老熟幼虫停食4～5天后多在食料表层化蛹，蛹期5～11天。

成虫：体扁平，长椭圆形，体长13.02（±0.91）毫米，宽4.11（±0.33）毫米，刚羽化成成虫的鞘翅为米黄色，前胸背板为褐色，3小时后鞘翅变为红褐色，3～4天后，成虫鞘翅颜色变为黑褐色，表面斑点很密。触角念珠状，第3节长度小于第1、第2节之和，末节长宽相等，且长于前一节。成虫的产卵前期为3～5天，卵多为散产，既可产在饲料中，也可产在饲料底层的纸上。成虫在经过20目筛筛选的上层疏松麦麸饲料中产卵，有97.4%的卵产于纸上，而在同等厚度（5厘米）条件下，用面粉代替麦麸，只有21.4%卵产于纸上，没有饲料时成虫一般不产卵或产卵很少。

成虫一般的雌雄比为1∶1.05，公羽全天均可羽化，且羽化率90%以上。成虫寿命最短的2天，最长的196天，平均51天。成虫的飞翔能力差，善爬行，喜群栖，常常数十头虫聚集在一处。白天喜躲在阴暗潮湿的间隙或食料中，夜间则十分活跃。成虫交配一般在羽化后的第3天或者第4天后进行，白天黑夜均有交配现象，时间为1～5分钟。成虫喜欢钻到饲养容器的底部产卵，产卵高峰一般在羽化后的30天内。成虫喜食豆皮、黄豆粉、菜叶、瓜皮、果皮等。人工饲养时，喂以豆渣、木薯渣、酒糟渣等，均能正常发育，但发育周期延长，常咬碎落入饲养盆中的软塑料、纸张、棉布、木块等杂物。

（二）黄粉虫的养殖

幼虫饲养管理方法：当肉眼能看清幼虫体形时，要进行加温增湿，促使其生长发育，加温可采取加大密度方法，增湿就是定时（每天6～8次）向饲养盒洒水，但量要小，不能出现明水，在饲料中加大水分也能增湿。给幼虫投喂营养丰富的饲料，并给予大量青饲料。大小幼虫最好分开饲养，以免出现相互蚕食。幼虫期适宜温度为25～32℃，湿度60%～75%，麸皮湿度10%～15%。

幼虫个体间均有差异，表现在化蛹时间的先后和个体能力的强弱。刚化成的蛹与幼虫混在一个木盘中生活，蛹容易被幼虫在胸、腹部咬伤，吃掉内脏而成为空壳。有的蛹在化蛹过程中受病毒感染，化蛹后成为死蛹，这需要经常检查，发现这种情况可用0.3%漂白粉溶液喷雾空间，以消毒灭菌。同时将死蛹及时挑出处理掉。挑蛹时，将在2天内化的蛹放在盛有饲料的同一筛盘中，坚持同步繁殖，集中羽化为成虫。

用长60厘米，宽40厘米，高13厘米的木箱，放入3～5倍于虫重的混合饲料，将幼虫放入，再盖以各种菜叶等以保持适宜的温度。待饲料基本吃完后，将虫粪筛出，再添新料。如需要留种，则要减少幼虫的密度，一般一箱不超过250克幼虫。前几批幼虫化的蛹要及时拣出，以免被伤害，后期则不必拣蛹。

蛹期和成虫期：在幼虫饲养箱撒上麦麸，盖上适量菜叶，将蛹放入待羽化。成虫需镶入铁丝网，网的孔以成虫不能钻入为度，箱内四侧加镶防滑材料，以防逃。铁丝网下垫一张纸或木板，再撒入1厘米的混合料，盖菜叶保湿，最后将孵化的成虫放入，准备产卵。之后每隔7天将产卵箱底下的板或纸连同麦麸一起抽出，放入幼虫箱内待孵化。

黄粉虫的常规养殖密度根据不同的发育阶段确定，一般每平方米成虫5千～8千只、幼虫2万只（大约5千克）、种虫2千～3千只。基本原则是，夏季高温饲养密度要小，冬季密度稍大，虫蛹以单层平摊无重叠挤压为宜。

（三）环境及饲料对黄粉虫的影响

黄粉虫的养殖环境一般要求温暖、通风、干燥、避光、清洁、无化学污染。黄粉虫幼虫活动的适宜温度为13～32℃，最适温度为25～29℃，低于10℃极少活动，低于0℃或高于35℃有被冻死或热死的危险。黄粉虫在0℃以上可以安全越冬，10℃以上可以活动吃食。黄粉虫在长江以南一年四季均可繁殖，虫卵的孵化时间随温度高低差异很大，在10～20℃时需20～25天可孵出，25～30℃时需4～7天即可孵出。为了缩短卵的孵化时间，尽可能保持室内温暖。

不同的饲料产卵量及历期（从幼虫到产卵经历的时间）有差异，人工饲料、麦麸、面粉、黄豆粉饲养的成虫，历期及产卵分别为60～90天。若饲料含水量超过18%或空气湿度大于85%，黄粉虫发育减缓并容易患病。幼虫很耐干旱，最适湿度为80%～85%。在特别干燥的情况下，黄粉虫尤其是成虫有互相残食的习性。人工饲料的配方为麦麸100克，葡萄糖20克，胆固醇0.5克，氯化胆碱0.02克，核黄素0.5毫克，水40毫升。

盆养黄粉虫，可采用旧脸盆等饲养用具，要求这些用具无破洞、内壁光滑。若内壁不光滑，可贴一圈胶带，围成一个光滑带，防止虫子外逃。另外，需要60目的筛子一个。取得虫种后，先经过精心筛选，选择个大、活力强、色泽鲜亮的个体，普通脸盆可养幼虫0.3～0.6千克。在盆中放入饲料，如麦麸、玉米粉等，然后放入幼虫虫种，饲料量为虫重的10%～20%。经3～5天，虫子将饲料吃完后，将虫粪用60目的筛子筛出。继续投喂饲料，并适当加喂一些蔬菜及瓜皮等水分含量高的饲料。

幼虫化蛹时，及时将蛹挑出存放。经8～15天，蛹羽化变为成虫。在盆的底部铺一张纸，然后在纸上铺一层约1厘米厚的精细饲料，将羽化后的成虫放在饲料上。温度为25℃时，成虫羽化约6天后开始交配产卵。黄粉虫为群居性昆虫，交配产卵必须有一定的种群密度，每平方米养1 500～3 000只。成虫产卵期需投喂较好的精饲料，除用混合饲料加复合维生素外，另外可添加适量水分含量高的饲料。

成虫产卵时将产卵器伸至饲料下面，将卵产于纸上面，经3～5天卵纸上就粘满了虫卵，应该更换新卵纸。取出的卵纸按相同的日期放在一个盆中，待其孵化。温度为24～34℃时，经6～9天即可孵化。刚孵化的幼虫十分细软，尽量不要用手触动，以免使其受到伤害。将初孵化的幼虫集中放在一起饲养，幼虫经过15～20天，盆中饲料基本吃完，即可第一次筛除虫粪。筛虫粪用60目的筛子，以后每3～5天筛除一次虫粪，同时投喂1次饲料，饲料投入量以3～5天能被幼虫食尽为准。投喂菜叶或瓜果皮等应在筛虫粪的前1天，投喂量以1个晚上能被幼虫食尽为度，也可在投喂菜叶、瓜果皮前将虫粪筛出，第二天尽快将未食尽的菜叶、瓜果皮挑出。

（四）黄粉虫的病虫害防治

干枯病：黄粉虫的干枯病发病原因主要是空气干燥，气温偏高，饲料含水量过低，黄粉虫体内严重缺水而发病。一般在冬天用煤炉加温时，或者在炎夏连续数日高温（超过39℃）无雨时易于出现此类症状。该病的主要症状是，先从头尾部发生干枯，再慢慢发展到整体干枯僵硬而死。幼虫与蛹患干枯病后，根据虫体变质与否，又可分为“黄枯”与“黑枯”两种表现。“黄枯”是死虫体色发黄而未变质的枯死，“黑枯”是死虫体色发黑已经变质的枯死。该病主要采取预防措施，在酷暑高温的夏季，应将饲养盒放至凉爽通风的场所，或打开门窗通风，及时补充各种维生素和青饲料，并在地上洒水降温，防止此病的发生。在冬季用煤炉加温时，要经常用温湿度表测量饲养室的空气湿度，一旦低于55%，就要向地上洒水增湿，或加大饲料中的水分，或多给青饲料，预防此病的发生。其次是对干枯发黑而死的黄粉虫，要及时挑出扔掉，防止健康虫吞吃生病。

腐烂病（软腐病）：此病多发生于湿度大、温度低的多雨季节。因饲养场所空气潮湿，加上筛虫粪时用力幅度过大造成虫体受伤和日常管理不到位，粪便及饲料受到污染而发病。该病的症状表现为，病虫行动迟缓、食欲下降、产仔少、排黑便，重者虫体变黑、变软、腐烂而死亡。病虫排的黑便还会污染其他虫子，如不及时处理，甚至会造成整盒虫子全部死亡。是一种危害较为严重的疾病，也是夏季主要预防的疾病。该病的预防措施是，发现此状况后应立即减少或停喂青菜饲料，及时清理病虫粪便，开门窗通风排潮，及时挑出变软变黑的病虫。若连续阴雨室内湿度大温度低时，可燃煤炉升温驱潮。对已经发病的养殖盒，每盒可用0.25克氯霉素或土霉素拌豆面或玉米面250克投喂，等情况转好后再改为麦麸拌青料投喂。

黑头病：发生黑头病的原因是黄粉虫吃了自己的虫粪造成的，也与养殖户管理不当或不掌握养殖技术有关。在虫粪未筛净时又投入了青饲料，导致虫粪与青饲料混合在一起，被黄粉虫误食而发病。该病的症状是，先从头部发病变黑，再逐渐蔓延到整个肢体发黑而死，有的仅头部发黑就会死亡。虫体死亡后一般呈干枯状，也可呈腐烂状，因此，也有人认为黑头病属于干枯病。提高工作责任心、熟练掌握黄粉养殖技术即可避免此病发生。对死亡的黄粉虫及已经变色的黄粉虫，要及时挑出扔掉，防止被健康虫吞吃生病。

螨虫侵害：螨虫可说是动物界生命力最顽强、繁殖能力惊人的微小动物，能侵害绝大部分的动物，连人也不能幸免。螨虫的成虫体长不到1毫米，全身柔软，成拱弧形，灰白色，半透明有光泽。一般分为卵、幼虫、前若虫、后若虫、成虫五个时期，螨虫全身表面生有若干刚毛，有足4对。幼螨具足3对，长到若螨时具足4对，若螨与成螨极相似。高温、高湿及大量食物是螨虫生长的环境与物质条件，在这种条件下螨虫每15天左右发生一代，每头雌螨能产卵200粒，可见其繁殖力之强。危害黄粉虫的螨虫主要是粉螨，欲称“糠虱”“白虱”或“虱子”。夏、秋季节，在米糠、麦麸中很容易滋生，使饲料变质。如果把带有螨虫的米糠作饲料投喂时被带入盒内，在高温、高湿的适宜环境条件下，又有丰富的营养，螨虫繁殖力又极强，能在短时间内繁殖发展、蔓延到全部饲养盒中。

螨虫病的病因和症状是，一般在每年的7～9月份高温高湿容易发生螨虫病害，饵料带螨卵是螨害发生的主要原因。螨虫一般生活在饲料的表面，可发现集群的白色蠕动的螨虫，寄生于已经变质的饲料和腐烂的虫体内。它们取食黄粉虫卵，叮咬或吃掉弱小幼虫和正在蜕皮中的幼虫，污染饲料。即使不能吃掉黄粉虫，也会搅扰虫子日夜不得安宁，使虫体受到侵害而日趋衰弱，食欲不振而陆续死亡。

螨虫病的防治措施：①选择健康种虫。在选虫种时，应选活性强、不带病的个体。

②防止病从口入。对于黄粉虫饵料，应该无杂虫、无霉变，在梅雨季节要密封贮存，米糠、麦麸、土杂粮面、粗玉米面等饵料，最好先暴晒消毒后再投喂。掺在饵料中的果皮、蔬菜、野菜湿度不能太大。还要及时清除虫粪、残食，保持食盘的清洁和干燥。如果发现饲料带螨，可移至太阳下晒5～10分钟（饲料平摊开），以杀灭螨虫。加工饲料的原料应经日晒或膨化、消毒、灭菌处理，或对麦麸、米糠、豆饼等饲料，采用炒、烫、蒸、煮熟处理后再投喂。且投量要适当，不宜过多。③场地消毒。饲养场地及设备要定期喷洒杀菌剂及杀螨剂。一般用0.1%的高锰酸钾溶液对饲养室、食盘、饮水器进行喷洒消毒杀螨。还可用40%的三氯杀螨醇1 000倍溶液喷洒饲养场所，如墙角、饲养箱、喂虫器皿等，或者直接喷洒在饲料上，杀螨效果可达到80%以上。也可用40%三氯杀螨醇乳油稀释1 000～1 500倍液，喷雾地面，切不可过湿。一般7天喷1次，连喷2～3次，效果较好。④诱杀螨虫。将油炸的鸡、鱼骨头放入饲养池，或用草绳浸米泔水，晾干后再放入池内诱杀螨类，每隔2小时取出用火焚烧。也可用煮过的骨头或油条用纱网包缠后放在盒中，数小时后，将附有螨虫的骨头或油条拿出销毁即可，能诱杀90%以上的螨虫。把纱布平放在池面，上放半干半湿混有鸡、鸭粪的细土，再加入一些炒香的豆饼、菜籽饼等，厚1～2厘米，螨虫嗅到香味，会穿过纱布进入取食。1～2天后取出，可诱到大量的螨虫。或把麦麸泡制后捏成直径1～2厘米的小团，白天分几处放置在饵料表面，螨虫会蜂拥而上吞吃。过1～2小时再把麸团连螨虫一起取出，连续多次可除去70%螨虫。

（五）黄粉虫的保健作用及药用价值

据《本草纲目拾遗》记载："洋虫……，人食则色红而光泽可爱，入药尤良"。医学研究证明黄粉虫的核黄素和维生素E的含量较高，维生素E有保护细胞膜中脂类免受过氧化物损害的抗氧化作用，是一种不可缺少的营养素和药品。

黄粉虫蛋白质含量高，必需氨基酸种类齐全，并含有丰富的不饱和脂肪酸，可提纯作为医用和化妆品用脂肪，能提高皮肤的抗皱功能，对皮肤病也有一定的治疗和缓解症状的作用，用黄粉虫为原料提取SOD（超氧化物歧化酶，别名奥古蛋白）作为美容养生产品原料，其抗衰老、防皱、美白、养颜效果明显。黄粉虫特有的甲壳素和抗菌肽，有降低血压、提高免疫、活化细胞、预防癌症、降血脂、降血压、调节血糖、抗衰老，调节机体环境等多种功能作用，可用于医药产品和保健产品。

小鼠实验结果表明，黄粉虫具有一定的促进生长、益智、抗疲劳和抗组织缺氧的营养保健作用。黄粉虫幼虫干粉滤液具有较好的抗疲劳，延缓衰老和降低血脂及促进胆固醇代谢的功能，并能提高小鼠外周淋巴细饱转化和降低骨髓微核率；黄粉虫在活血强身、治疗消化系统疾病及康复治疗、老弱病人群的基本营养补充方面有着切实的辅助作用。

用花生仁、莲子、龙眼（桂圆）、红枣、杜仲、红花、槟榔、胡桃仁（核桃仁）等饲养的黄粉虫，可作补气养血之药用，有活血化瘀，温中理气，还可治无名肿毒。用红花、大枣、胡桃仁三种药物饲养，能增强黄粉虫的药性，促进人体充分吸收和利用，调解造血器官的阴阳平衡，达到补肾填精益髓、健脾益气养血、凉血清热解毒、行气活血祛淤功效。黄粉虫可以治疗骨髓增生低下性贫血，继发性贫血，血小板减少症，血小板功能障碍性疾病，凝血因子缺乏症等，疗效甚佳，有效率及缓解率达到100%，治愈率达85%以上。它治疗白血病也有一定效果，能提高白血病的缓解率，延长生存期。黄粉虫的副产物，如虫粪、虫皮等杂质，具有活血祛淤、消肿止痛的作用；治疗挫伤、扭伤所致的皮下充血、肿胀等效果显著。

在治疗肿瘤使用化疗药物的同时，应用黄粉虫，能提高机体免疫功能，降低化疗药物的毒副作用，并还有一定的增效作用。黄粉虫能降低环磷酰胺的毒副作用，对环磷酰胺所致免疫器官萎缩、白细胞减少、体重降低有显著保护作用，并增强对肿瘤的抑制作用。

（六）黄粉虫的食用价值

黄粉虫是一种优质的高蛋白食品，其粗蛋白质含量超过50%以上，脂肪含量超过28%，并且易于消化吸收，是昆虫中蛋白质含量较高的食物。黄粉虫所含高蛋白、游离氨基酸为哺乳动物肌肉的50～100倍、牛奶的11倍；脂溶性维生素（维生素A、维生素D、维生素E、维生素K）和水溶性B族维生素的含量极为丰富，维生素B_1是牛奶的15倍，维生素B_2是牛奶的1 800倍，维生素B_6是牛奶的52倍；另外，具有常量的钙、钾、钠、镁和微量的铁、锌、铜、锰、钴、铬、硒、硼、碘等矿物质元素，含量高于牛奶和肉类，是合理膳食、均衡营养可选食物。黄粉虫口感好、风味独特、易于被消费者接受，可以烘烤、煎炸、加工成具有果仁味的蛋白饮品、精制蛋白粉等多种形式的食品。

昆虫类动物一般含有防御性物质，黄粉虫体内含有少量苯醌等有害物质，一般可通过清水洗涤、蒸汽加热、烘烤工艺等手段处理，能够清除黄粉虫体内90%以上的苯醌物质，使其成为安全的食物。黄粉虫还富含Ento-蛋白质（肠内蛋白质），可作为一种可持续的蛋白源来代替鱼粉，但Ento-蛋白质的脱敏过程复杂，大量食用黄粉虫食品后，少数人有轻微皮肤过敏现象。因此，它的选择性受到限制，用黄粉虫做保健品仍不是最佳选项，研究影响脱敏Ento-蛋白质基因点的因子，或者敲掉Ento-蛋白质过敏基因，食用黄粉虫蛋白质将形成市场。

（七）黄粉虫的饲用价值

黄粉虫的饲用价值在于它的动物性蛋白质含量较高，以干物质为基础的幼虫、虫蛹和成虫的粗蛋白质含量都在41%以上，鲜样粗蛋白质含量在21%以上；干物质基础的粗脂肪含量在19%以上，鲜样的粗脂肪含量在11%以上（表2-14）。

表2-14　黄粉虫粗蛋白质和粗脂肪含量（%）

粗蛋白质			粗脂肪			备　注
幼虫	虫蛹	成虫	幼虫	虫蛹	成虫	
47.70	50.70	53.40	34.10	36.20	30.90	叶兴乾等（1997），干物质基础
49.34	56.22	—	32.20	29.22	—	马彦彪等（2012），干物质基础
41.70	—	—	34.40	—	—	曾祥伟等（2012），干物质基础
54.25	58.70	64.80	33.60	30.40	19.20	赵大军等（2006），干物质基础
54.25	58.70	63.19	28.90	26.86	19.27	谢保令（1994），干物质基础
21.03	24.85	—	14.19	11.60	—	李东等（1999），鲜样

在黄粉虫的脂肪酸构成中，油酸（单不饱和脂肪酸）和亚油酸、亚麻酸（多不饱和脂肪酸）三种不饱和脂肪酸所含的比例较高，它在脂肪酸中达到77%以上（表2-15），

是一种优质的食用油脂，具有抗心脑血管疾病的保健功能。此外还含有磷、钾、铁、钠、铝等常量元素和多种微量元素。

表 2-15 黄粉虫发育的 3 个阶段脂肪酸的构成（%）

发育阶段	棕榈酸 16∶0	十七烷酸 17∶0	油酸 18∶1	亚油酸 18∶2	亚麻酸 18∶3	其他脂肪酸	不饱和脂肪酸总量
幼虫	9.6	0.4	51.5	25.3	1.1	12.1 (5.1)*	77.9
虫蛹	9.8	0.4	51.0	25.6	1.2	11.8 (5.1)*	77.8
成虫	10.3	0.4	52.0	25.9	0.9	10.3 (4.8)*	78.8

注：* 括号内为饱和脂肪酸的量。

黄粉虫体蛋白质含有动物生长所需的 18 种氨基酸，其中赖氨酸、蛋氨酸、苯丙氨酸等必需氨基酸有 10 种，属全蛋白饲料（表 2-16）。

表 2-16 黄粉虫蛋白质氨基酸含量（%）

氨基酸	幼虫			虫蛹		成虫
	李东等 (1999)，鲜样	马彦彪等 (2012)，干物质基础	谢保令 (1994)，干物质基础	杨兆芬等 (1999)，干物质基础	谢保令 (1994)，干物质基础	谢保令 (1994)，干物质基础
赖氨酸	1.14	2.79	3.08～3.45	1.68	3.57～3.65	3.35～3.88
蛋氨酸	0.28	0.18	0.51～0.92	0.72	0.61～0.92	0.50～1.01
苯丙氨酸	0.91	1.85	1.98～2.48	1.49	1.71～2.51	1.31～1.79
亮氨酸	1.84	4.00	2.76～4.72	4.76	3.29～4.63	3.63～5.11
异亮氨酸	1.09	2.27	1.71～3.11	2.32	1.96～3.18	2.27～3.07
缬氨酸	1.26	4.13	2.44～4.16	3.31	2.18～3.85	2.78～4.13
苏氨酸	0.74	2.11	1.68～1.79	2.46	1.69～1.96	1.98～2.02
色氨酸	0.12	0.73	—	0.17	—	—
组氨酸	0.66	1.41	1.82～1.84	1.47	1.88～2.37	1.87～2.12
精氨酸	1.06	2.70	2.07～3.48	3.22	2.99～3.71	2.96～3.11
必需氨基酸总量 (EAA)	9.10	22.17	18.05～20.63▲	21.60	19.88～26.78▲	20.65～26.24▲
天门冬氨酸*	1.60	4.63	3.93～4.86	6.45	3.53～5.82	4.42～5.31
谷氨酸*	2.34	7.15	6.45～9.40	10.0	7.03～11.25	6.73～9.88
甘氨酸*	1.04	2.69	1.98～2.11	3.67	2.06～2.39	3.45～4.40
丙氨酸*	1.39	3.74	3.93～4.30	7.02	2.97～4.34	3.88～4.61
胱氨酸	0.16	0.58	0.39～0.43	0.47	0.42～0.45	0.54～0.56
酪氨酸	1.51	3.58	3.54～4.12	4.55	4.38～4.49	2.06～2.54
丝氨酸	0.85	2.62	2.30～2.49	2.88	2.49～2.74	2.10～2.20
脯氨酸	1.28	2.69	—	2.86	—	2.75～7.64

（续）

氨基酸	幼虫			虫蛹		成虫
	李东等（1999），鲜样	马彦彪等（2012），干物质基础	谢保令（1994），干物质基础	杨兆芬等（1999），干物质基础	谢保令（1994），干物质基础	谢保令（1994），干物质基础
非必需氨基酸总量（NEAA）	10.17	27.68	22.52～27.71▲▲	37.90	22.88～31.48▲▲	25.83～37.14
氨基酸总量（TAA）	19.27	49.85	40.57～48.34	59.50	42.76～58.26	46.48～63.38
EAA/TAA	47.22	44.47	42.68～44.49	36.30	46.49～49.94	41.40～44.43
EAA/NEAA	89.48	80.09	74.45～80.15	56.99	85.07～86.89	70.65～79.95
DAA/TAA	33.06	36.53	40.15～42.76	45.61	36.46～40.85	35.76～38.18

注：* 鲜味和甘味氨基酸。▲为 9 种必需氨基酸之和；▲▲为 7 种非必需氨基酸之和。

关于黄粉虫机体的氨基酸含量，有关学者的测定结果不尽一致。李东等报道，黄粉虫幼虫鲜样的氨基酸含量为 19.27%，谢保令、马彦彪等测定黄粉虫幼虫风干样氨基酸含量为 49.85%、40.57%～48.34%，表明黄粉虫幼虫氨基酸含量超过 40%，其中必需氨基酸占氨基酸总量 42.68%～44.49%，必需氨基酸与非必需氨基酸之比为 0.74～0.80，而鲜样必需氨基酸与非必需氨基酸的比值为 0.89。

谢保令、杨兆芬等以风干样测定黄粉虫虫蛹的氨基酸含量为 42.76%～58.26%，必需氨基酸在氨基酸总量中的比例为 36.30%～49.94%，必需氨基酸与非必需氨基酸的比例为 0.57～0.87。谢保令同时测定的黄粉虫成虫氨基酸含量 46.48%～63.38%，必需氨基酸占氨基酸总量的 41.40%～44.43%，必需氨基酸与非必需氨基酸之比为 0.71～0.80。这些比值除幼虫鲜样外，其他均超过 FAO/WHO 标准的推荐值，黄粉虫属于优质蛋白质源。

黄粉虫的呈鲜味氨基酸和呈甘味氨基酸占氨基酸总量的比例，在鲜样幼虫中为 33.06%，在风干样幼虫中占 36.53%～42.76%，在风干样虫蛹中占 36.46%～45.61%，在风干样成虫中占 35.76%～38.18%，这些介于大麦虫和蝇蛆之间，表明黄粉虫的适口性优于大麦虫，次于蝇蛆粉。

用黄粉虫作饲料喂养的蝎子、蜈蚣、蛤蚧、蛇、鳖、牛蛙、热带鱼和金鱼，不仅生长快、成活率高，而且抗病力强，繁殖力也大大提高。用黄粉虫作为一般畜禽的饲料添加剂应用，可以提高产量和质量，降低成本、提高经济效益。

五、黑水虻的养殖与应用

黑水虻（*Hermetia illucens* L.），为双翅目水虻科昆虫，由 Linnaeus（1738）最早记录，属腐生性昆虫，能够取食禽畜粪便和生活垃圾中的营养物质，生产高价值的动物蛋白质饲料。因其繁殖迅速，生物量大，食性广泛、吸收转化率高，容易管理、饲养成本低，动物适口性好等特点，对其进行了资源化利用，使其成为与蝇蛆、黄粉虫、大麦虫等齐名的资源性昆虫，广泛应用于处理鸡粪、猪粪及餐厨垃圾等废弃物。该昆虫原产于美洲，现北纬 45°和南纬 40°之间均有分布。20 世纪 80 年代我国引入养殖技术，用于畜禽粪便处理和饲料添加剂应用，华北、华中、华南、西北等地都有分布。

（一）形态特征与生物特性

成虫：灰黑翅，口器退化，体长15～20毫米，身体主要为黑色，第二腹节两端各具一白色半透明的斑点，在眼的附近有数量不等的微黄色小点。雌虫腹部略显红色，雄虫腹部偏青铜色。头顶宽阔，具有2个平坦的瘤状凸起。黑水虻雌雄成虫的触角形状一致，2个复眼分开，雄虫体形比雌虫小，可以通过生殖器官区分雌雄。黑水虻个体较大，成熟幼虫个体重是家蝇蛆的10倍左右。

卵：黑水虻的卵以卵块形式产生，1个卵块包含1 062个卵，卵的外形为长椭圆形，初产时呈淡黄色到奶油色，后期逐渐加深，光洁并呈现乳白色，大小约1.4毫米×0.4毫米。卵的历期因季节、地区和温度差异而变化，一般4～14天。阿根廷黑水虻的卵孵化期需要4～6天，在新西兰的室温下，黑水虻的卵在2月份需要5天孵化，在4月需要7～14天孵化。黑水虻的卵在24℃需要4.3天孵化，72小时出现红色眼点，84小时出现胚胎的运动。在孵化前2小时，卵变得柔软和透明，可以清晰地辨认出幼虫的形状，可以看见幼虫的体节、主要器官和着色的头部、单眼等。

幼虫：黑水虻幼虫体形丰满，头部很小，显黄黑色，表皮结实具韧性。初孵化时为乳白色，大约1.8毫米长。幼虫经过六个龄期，通过腹部侧面一排排直立刚毛和牙状突起介导进行波浪状移动。末龄幼虫（预蛹）身体棕黑色。平均18毫米长，6毫米宽，部分个体可达27毫米。在21～28℃的环境里，预蛹可以存活2周至5个月。

蛹：蛹壳为暗棕色，表皮革质较硬，为末龄幼虫蜕皮形成的围蛹，剖开可见蛹体，在室内恒温下蛹期需9～10天。在化蛹前，预蛹垂直排列在培养基中，将头部突出饲料的表面。化蛹后表皮更加坚硬，腹部的末端两节弯向腹面。羽化时，头部和第一胸节的表皮蜕变脱落，并在第二和第三节间裂开，便于成虫爬出，一般产卵后50天可见到第一只成虫羽化。21～23毫米的蛹羽化出的雌虫较多，而17～18毫米蛹羽化出的雄虫较多。

黑水虻幼虫与苍蝇生活习性相似，但没有进入人类居室的习惯。繁殖期的成虫多见于农村的猪栏鸡舍，以及城市的垃圾桶、垃圾场，室外厕所，疏于管理的堆肥场所等附近。

（二）黑水虻的繁殖

黑水虻交配的时候，雄虫在空中从背后抱住雌虫，等落到地面的时候，两虫则变成“一”字形交配。受精过程持续20～30秒，受精完成后交配体分离，交配行为结束，雄性成虫在交配完成后死亡，生命周期只有数天。

黑水虻的雌性成虫通过气味寻找合适的产卵场所，产卵并不直接在食物中进行，而是在附近寻找合适的缝隙产卵，每个雌虫产卵近1千粒。黑水虻的这种繁殖行为为黑水虻养殖户收集卵块提供了方便，在户外堆积一些引诱产卵的有机物，就能培养出一个相当数量的黑水虻种群。通常的做法是在室外砌一个水泥池，池中堆积一些畜禽粪便，然后做一个防雨设施，让黑水虻的成虫自由产卵，大约一个月后就能在池中收获成熟的黑水虻幼虫，然后收集培育成种群繁殖。

黑水虻在华东地区，一年可繁殖3～5代，世代重叠性明显。在适宜的环境中，35天即可完成一个世代。一对黑水虻可产卵近千粒，从卵到成熟幼虫，黑水虻个体增长近4 000

倍。黑水虻幼虫历期长，并且有明显的预蛹期，能够实现较长时间的活体存储，根据环境条件，预蛹期可达一周到数月。而一般的蝇类幼虫缺乏明显的预蛹期，发育较快，活体贮存较难。

（三）黑水虻饲养技术

黑水虻幼虫在自然界以餐厨垃圾、动物粪便、动植物尸体等腐烂的有机物为食，食性与家蝇幼虫相近，可以将食物高效地转化为自身营养物质，是自然界碎屑食物链中的重要一环。黑水虻成虫不取食，只需要补充水分即可，而家蝇、金蝇成虫连续取食，养殖时需要不断补充食物。黑水虻可选择食物种类广泛，从禽畜粪便、动植物残体、餐厨垃圾到食品工业废料，都能轻易利用，作为自身食物来源。

一般的黑水虻养殖方法通过并行的两部分来饲养黑水虻：一部分为种虫的饲养，另一部分为幼虫规模养殖。种虫饲养较为精细，要求生产出的虫体个体大，能够用来产卵繁殖后代，为生产提供不间断的虫源。幼虫规模养殖部分以生产应用为目的，最大限度提高幼虫及预蛹产量。而且大规模生产要控制生产成本最低，并且能产生一定的社会效益和生态效益。

1. 黑水虻养殖场地的选址和准备工作

建立黑水虻养殖场所，应远离居民生活区，最好选择在具有大量禽畜粪便和生活垃圾的地方，如养殖场内、农村菜市场旁边、造酒厂等地方，可以就近获得大量廉价饲料。以养殖场、村落为单位进行饲养，通过提高规模来缩减管理成本。饲养场地最好光线直射充足、通风良好、交通方便，如果采取加温控温周年饲养，应该有成虫产卵室、幼虫饲养室等设备。准备饲料时，餐厨垃圾需用粉碎机粉碎，粉碎后的饲料含水量一般过大，可用锯末调湿度至60%左右。采用畜禽粪便养殖的，准备粪便堆积池，最好用水泥铺底，四周砌高约10厘米的边墙，将畜禽粪便调水到60%～70%的湿度，平铺到水泥池中，引诱黑水虻成虫产卵，生产黑水虻的预蛹。

餐厨垃圾用粉碎机粉碎后，用锯末调和湿度为60%，需要加入益生菌进行有效发酵1～2天，发酵完全后，具有很好的香味。若用培养箱养殖，养殖箱的规格为40厘米×60厘米×10厘米的黄色或蓝色塑料箱，可叠加起来，方便操作，但是湿度和温度控制比较复杂；若用水泥槽，宽1.8～2米，长度视场地情况而定。

2. 虫卵的采集与分离

首先要从室外设置引诱盆采收卵块，作为虫源。黑水虻产卵一定选择缝隙，一般缝隙宽度不大于2毫米，深度不小于7毫米。常用的收卵方法是，在室外选一处遮光、防雨的地方，放置引诱盆，盆内放置鸡粪、发酵好的麸皮等臭味物质；盆上放置多孔收卵板。Booth和Sheppard在1984年发明的瓦楞纸板收卵盒方法较为实用。收卵板用瓦楞纸箱做成，将纸箱剪成长约30厘米，宽6厘米的硬纸条，其中长边为多孔的边。硬纸板大约叠放三层。两天后，将已经带有虫卵的硬纸板放入饲料培养盒上边，孵化后的幼虫自动爬行落入饲料中取食。瓦楞纸板也可以用其他带有缝隙的物块代替如两块木板叠放在一起，由于木板自然弯曲形成缝隙，可供黑水虻产卵。

3. 成虫养殖

黑水虻成虫养殖也就是种虫的养殖，这个阶段大约需要10天，是整个黑水虻养殖配套技术的关键，只有养好成虫才能获得大量的虫卵。首先制作好成虫室及产卵箱。成虫室一般建成长3米、宽2米、高2米立体架子，外面套上尼龙网或铁窗纱，留一个便于饲养员出入的门，内部放一张接卵桌，顶部接装自动喷雾器（手压式也可），桌上放一个或多个诱集收卵盘。收卵盘的湿度以25%～27%为宜，在自然光下（成虫交配需要太阳光的刺激）收卵，阴天可开碘钨灯采光，刺激成虫产卵。黑水虻成虫期不采食，不需要投喂饲料或者培养基，只需要一定的水分即可。其次是准备含水量60%～70%的培养基和产卵工具，可以用畜禽粪便或者餐厨垃圾做培养基，用锯末等调整水分，使培养基的含水量达到要求。产卵工具一般用直径3～4毫米、长7毫米的水泥块或者木块制作，放在成虫室内。黑水虻的卵孵化期一般4天，将卵放在27℃的室温下进行孵化，4天后即可收集预蛹，生产成黑水虻饲料，或者继续养殖成成虫制作饲料。

将预蛹养殖为幼虫需要15天的时间，刚刚孵化的小幼虫体色为乳白色，其后向灰白、褐色、黑褐色等体色变化，到体色变为黑褐色时停止采食，开始往干燥的地方爬行。

成虫会飞，不吃食也不飞进人居空间，生活期只有10天，产卵量高达1 000粒。卵期为4天，幼虫期15天在水里不死，是最理想的水产活体饵料，一只幼虫处理垃圾的能力为2～3千克。蛹期为15天，低湿环境下能活动，初期会爬行。在粪便和餐厨垃圾中，黑水虻幼虫数量多，可以有效抑制苍蝇的滋生和繁殖。

4. 饲养方法

黑水虻卵孵化需要2～4天，孵化后的幼虫自动爬行落入饲料中。在饲养过程中，尽量将同一天产的卵（同龄卵）一起饲养，这样到后期幼虫生长整齐，易于管理。幼虫初期的饲料用发酵一天以上的麸皮即可，饲料的湿度以手握出水（约70%含水量）为宜。麸皮疏松透气，易于幼虫取食，幼虫成活率高。3～4天后，幼虫长到0.6厘米左右，这时幼虫开始大量取食，可以选择用其他饲料，如畜禽粪便、餐厨垃圾等来喂养，并根据盒内虫的密度，可以进行分盒饲养，一般养殖密度以每平方厘米3～4只为宜。

养殖黑水虻幼虫可以用发酵的麸皮、豆粕、玉米粉，还可以用禽畜粪便、剩饭剩菜、腐烂的水果菜叶瓜皮等。实际生产中，多采用生活垃圾及禽畜粪便进行养殖，既降低成本，又减少环境污染。黑水虻幼虫可用盒养、池养以及新式的桶养，盒养及池养近似传统的家蝇养殖方法。桶养可用由美国人发明的黑水虻生活垃圾处理桶（又名生物转化器）饲养，适于农村家庭应用。

黑水虻幼虫养殖过程中需要有一定的环境隔离，以减少臭味对周围环境的影响。所以黑水虻应选择在室内养殖，或者搭建专门的车间。整个养殖过程以不影响周边环境为最佳，以免引起环境投诉。

盒养是比较简单的方法，适合在空间较小的室内进行。可最大限度地利用空间，易于管理。饲养设备包括饲料盒、多层饲养架等。饲料盒高12厘米，长宽适中，便于人工操作。饲养管理的方法是，将4日龄幼虫按合理密度置入盒中，幼虫室应保持较为黑暗的环境，饲料厚度保持在5～10厘米，饲料含水量保持在70%左右。根据幼虫的取食情况添加饲料，并去除已经吃完的残料。

当幼虫长到大约十天以后，个头基本不再变大，这时不需要再添加饲料，饲料取食完后，可以进行人工分虫。将盒子搬到光线充足的地方，这时候虫子畏光会钻到饲料下层，用刮勺将表层饲料铲出，下部幼虫聚集成堆，可轻松收集。经过幼虫摄食后的残渣，可堆肥或干燥后，用塑料袋封装，用作有机肥料。

池养一般采用单层或双层饲养，需要建设大面积的厂房或者简易棚进行生产。池养较为粗放，不需要太多的人力投入，采用鸡粪、猪粪进行饲养，养殖成本低。首先建设2米×2米或者2米×1米的方形水泥池，池身高度约15厘米，在水泥池的一角砌成30°的斜坡，斜坡靠外的一边向外伸出，供预蛹爬出。幼虫养至4日龄后，即放入养殖池进行池养，每池保持在2万只左右。池中饲料可以一次加满，保持饲料厚度在10厘米以上；也可以根据幼虫的取食不断补充添加。池养一般不需要清除残料，只要有足够的料，幼虫能够充分取食即可。当幼虫开始预蛹后，向饲料中加水使饲料饱湿，这时预蛹会大量爬出。在池角斜坡下放置小桶，预蛹爬出之后，自动落入桶中。虫爬完之后，用铁锹铲出处理完的残渣，晾干或者堆肥处理。

桶养指采用美国人制作的黑水虻生物转化器进行养殖，卵块及初孵幼虫培养不必专门饲养。这种生物转化器价格昂贵，也可以制作类似的工具进行处理，适宜农村家庭处理餐厨垃圾应用即可。在这种桶状工具中养殖，操作极为简单方便，只需要将每日餐饮垃圾、瓜菜果皮等倒进桶内，每隔十天左右收集一次预蛹即可。虫体可以作为宠物饲料或者饲养鱼、龟、蛙等。

5. 种虫、预蛹及蛹的管理

黑水虻的大规模饲养，需要大量的虫卵以保证持续性的规模化生产，所以种虫的培养，预蛹及蛹的收集、保存，以及种虫的交配、采卵也极为关键。应根据实际生产规模来确定种虫的数量，一般保证每日一万头左右的成虫，即可达到日生产300千克的成虫生产量。

种虫可以单独饲养，基本方法是添加足量、多样化的饲料，生产出个头大的预蛹。也可在规模生产的产品中挑选个体大、活动能力强的预蛹作为种虫。气候干燥，或者气温过高，预蛹容易失水死亡。如果缺少缝隙，或者无法提供适当的压力，预蛹会一直爬行，消耗体力，不能安分化蛹，对此可以在已经建好的成虫笼室中，铺设厚度约15厘米的细沙，其中底层5厘米为湿沙，上层10厘米为干沙。定期翻沙保持湿度。当底层沙子变干时，在沙土层的一角缓缓注水，一段时间后，沙土下层就会变湿。将黑水虻预蛹倒于沙土上，预蛹即自行钻于沙土中，不再活动，等待化蛹。正常情况下，黑水虻在一周左右化蛹，蛹期无需管理，等待羽化即可。

6. 成虫交配笼室的建造

黑水虻活动和交配需要较大的空间，养殖家蝇所用的笼子太小不能满足要求，因此，需要建造专门的大笼室进行养殖。理论上笼室空间越大越好，但考虑到实际生产成本的控制，笼室以长、宽均为3米左右，笼顶高度2.5～3米为宜，形状设计为拱形，顶部用透明塑料薄膜覆盖，可以防雨，保持较干燥的环境和充足的光照，也可在拱形棚内的顶部安装500瓦的碘钨灯泡备用。黑水虻交配需要阳光的刺激，如遇阴雨天，可以用碘钨灯照射，每天上午开灯4～5小时即能达到效果。

笼室内的黑水虻种虫数量以每平方米100到300只为宜。黑水虻飞行、交配需要休息的平台，如宽大的树叶等，因此在笼室中可种植一些高度在两米左右的大叶植物，如蕉芋等。黑水虻成虫活动需要补充水分，需要每天定时给植物叶面喷水，供成虫吸食。在水分中添加10%左右的白糖，成虫更喜取食，但不易保持植物叶面的清洁，所以在实际生产中不宜采取。成虫只需要补充水分，其产卵量即可满足生产需要。在笼室中放置桶装的臭味饲料，吸引黑水虻产卵，桶上面放置收卵瓦楞纸板。为了保证幼虫生长整齐，收卵板需每天更换，一般选择在下午三点以后更换，这一时期成虫产卵活动结束，与第二天产卵间隔期较长，培育出来的幼虫更为整齐。

（四）黑水虻的开发价值

黑水虻能够有效地减少粪便堆积、粪便臭味，防止家蝇滋生等，是自然界碎屑食物链的重要环节，也是非常值得开发的资源性昆虫和环境型昆虫。同时，黑水虻的营养丰富，幼虫和蛹是较好的饲料原料，幼虫和预蛹干制用作宠物饲料和观赏鱼的饲料。在常规鱼类养殖中，干制粉用作鱼类饲料的蛋白质添加剂，可提高鱼类的免疫能力和生长性能，也可以用作畜禽饲料的蛋白质补充料。除此而外，黑水虻体内含有的生物活性因子具有抗凝、消炎镇痛等作用，可进行药用功能的开发。

黑水虻体内的生物活性因子在体外有较弱的抗凝血酶作用，在体外和体内均有活化纤溶系统的作用。用黑水虻幼虫和预蛹水提取物270毫克给大鼠灌胃，连续7天，均能显著延长大鼠的出血时间，显著减少血浆纤维蛋白原含量；大剂量540毫克组对血小板最大聚集率也有明显抑制作用。用幼虫水浸液（生药），按每千克体重560毫克，或者用预蛹的粗蛋白质提取液，按每千克体重150毫克灌喂家兔，每日1次，连续7天，能显著减少家兔血浆中纤维蛋白原含量，抑制血小板黏附性，降低全血黏度比和血浆黏度比，并能一定程度地降低血细胞比容。这些实验表明，黑水虻用于临床，可通过降低血液的“黏、浓、凝、聚”而发挥活血、逐瘀、破积和通经的效果。

黑水虻幼虫或预蛹水煎剂对小鼠离体回肠运动有明显抑制作用。灌喂给药对小鼠小肠推进功能无明显影响。按千克体重计算，以相当于人用量的200倍，连续2天给小鼠灌服虻虫水煎液，未见稀软便、黏液或腔血便。表明虻虫水煎剂不阻止肠道水分的吸收，也无明显刺激作用，不但无致泻作用，相反使小鼠白天的排便次数明显减少。

黑水虻提取物按每千克体重80毫克腹腔注射，能明显抑制大鼠角叉菜胶性足肿胀。黑水虻提取物灌喂，能明显对抗苯醌（Phenylquinone，一种有强烈刺激味的有害物质）所致的小鼠扭体反应，表明黑水虻提取液有抗炎镇痛作用。

黑水虻对家兔离体子宫有兴奋作用，对内毒素所致肝出血性坏死病灶形成有显著的抑制作用，虻虫醇提取物有明显溶血作用。

（五）黑水虻的饲用价值

黑水虻幼虫能够以餐厨垃圾、畜禽粪便、农副产品下脚料等为食，将其转化为自身物质，如蛋白质，脂肪类等。腐生性取食范围非常广泛，是自然界碎屑食物链中重要环节，也是理想的环保昆虫。

黑水虻幼虫也可以直接用于喂鸡、龟、虾、黄鳝、金龙鱼、鸟、珍禽、林蛙等，还可以提取抗生素、脂肪剂生产化妆品、外用药品。收获的幼虫还可加工成动物蛋白饲料添加剂用于工业饲料生产。

黑水虻属于高蛋白饲料，分别用牛粪和猪粪培养基所产的幼虫和预蛹，其干物质粗蛋白质含量在42%以上（表2-17），最高达47.6%，预蛹的粗蛋白质含量超过幼虫。粗脂肪含量为11.8%～34.8%，幼虫的粗脂肪含量超过预蛹。无氮浸出物含量较低，钙含量超过5%，磷含量较高。利用黑水虻蛋白质、钙、磷含量较高的特点，黑水虻的干制幼虫或预蛹粉可作为饲料蛋白质补充料使用，也可作为配合饲料的钙磷添加剂使用。

表2-17　黑水虻常规营养成分含量（%）

营养成分	干燥幼虫[1]		干燥预蛹		
	牛粪培养基	猪粪培养基	鸡粪培养基	猪粪培养基[2]	陈杰等（2014）
粗蛋白质	42.1	45.2	42.1	43.2	47.6
粗脂肪	34.8	31.4	34.8	28.0	11.8
粗纤维	7.0	6.4	7.0	—	—
无氮浸出物	1.4	4.9	1.4	—	15.1
粗灰分	14.6	8.3	14.6	—	15.9
钙	5.0	—	5.0	5.36	6.5
磷	1.5	—	1.51	0.88	0.7

注：1）数据来源于中国饲料数据库（2014）；2）数据来源于St-hilaire S，等（2007）。

黑水虻的蛋白质氨基酸含量在33.54%～41.30%（表2-18），与常规饲料比较，黑水虻的赖氨酸含量较高，必需氨基酸含量在15.61%～44.02%，必需氨基酸占氨基酸总量的46.54%～49.15%，必需氨基酸与非必需氨基酸之比达到0.87～0.97，是优质的必需氨基酸补充料。甘味和鲜味氨基酸占氨基酸总量的32.96%～36.32%，适口性低于蝇蛆粉。

表2-18　黑水虻蛋白质氨基酸含量（%）

氨基酸	幼虫[1]		预蛹		氨基酸	幼虫[1]		预蛹	
	牛粪	猪粪	猪粪[2]	陈杰[3]		牛粪	猪粪	猪粪[2]	陈杰[3]
赖氨酸	3.4	2.21	2.62	7.12	天冬氨酸	4.6	3.04	3.72	
蛋氨酸	0.9	0.83	0.74	2.18	谷氨酸	3.8	3.99	3.78	
苯丙氨酸	2.2	1.49	2.00	—	甘氨酸	2.9	2.07	2.28	
亮氨酸	3.5	2.61	3.10	8.63	丙氨酸	3.7	2.55	3.02	3.89
异亮氨酸	2.0	1.51	2.03	5.19	胱氨酸	0.1	0.31	—	0.82
缬氨酸	3.4	2.23	2.79	7.21	酪氨酸	2.5	2.38	3.08	
苏氨酸	0.6	1.41	1.78	4.64	丝氨酸	0.1	1.47	1.68	
色氨酸	0.2	0.59	—	—	脯氨酸	3.3	2.12	2.39	
组氨酸	1.9	0.96	1.18	3.34	NEAA	21.00	17.93	19.95	
精氨酸	2.2	1.77	2.65	5.71	TAA	41.30	33.54	38.84	
EAA	20.3	15.61	18.89	44.02	EAA/TAA	49.15	46.54	48.64	
DAA/TAA	36.32	34.73	32.96		EAA/NEAA	96.67	87.06	94.69	

注：1）数据来源于中国饲料数据库（2014）；2）数据来源于St-hilaire S等（2007）；3）数据来源于陈杰等（2014）。

六、蚯蚓的养殖与应用

蚯蚓俗称地龙，又名曲鳝，是环节动物门寡毛纲的代表性动物，营腐生生活，生活在潮湿的环境中，以腐败的有机物为食。蚯蚓生活在充满了大量的微生物的环境中却极少得病，这与蚯蚓体内独特的抗菌株免疫系统有关。在科学分类中，它们属于单向蚓目，身体呈圆筒状（与线形动物的圆柱形区别），两侧对称，具有分节现象，由100多个体节组成，在第十一节以后，每节的背部中央有背孔；没有骨骼，属于无脊椎动物，体表裸露，无角质层。除了身体前两节之外，其余各节均具有刚毛。雌雄同体，异体受精，生殖时由环带产生卵茧，繁殖下一代。

（一）生活习性和环境要求

蚯蚓生活习性上有“六喜六畏”，“六喜”一是喜阴暗：蚯蚓属夜行性动物，白昼蛰居泥土洞穴中，夜间外出活动，一般夏秋季晚上8点到次日凌晨4点左右出外活动，它采食和交配都是在暗色情况下进行的。二是喜潮湿：自然陆生蚯蚓一般喜居在潮湿、疏松而富于有机物的泥土中，特别是肥沃的庭院、菜园、耕地、沟、河、塘、渠道旁、垃圾堆、水缸下以及食堂附近的下水道边等处。三是喜静：蚯蚓喜欢安静的周围环境。嘈杂环境周围的蚯蚓多生长不好或逃逸。四是喜温暖：蚯蚓尽管世界性分布，但它喜欢比较高的温度，低于8℃即停止生长发育，繁殖最适温度为22～26℃。五是喜酸甜：蚯蚓是杂食性动物，它除了不摄食玻璃、塑胶和橡胶外，其余如腐殖质、动物粪便、土壤细菌、真菌等以及这些物质的分解产物都可采食。蚯蚓味觉灵敏，喜甜味和酸味，厌苦味，喜欢热化细软的饲料，对动物性食物尤为贪食，每天吃食量相当于自身体重。食物经过消化道，约有一半作为粪便排出。六是喜独居：蚯蚓具有母子两代不愿同居的习性，尤其高密度情况下，小的繁殖多了，老的就要跑掉、搬家。

蚯蚓的“六畏”是，一畏光：蚯蚓为负趋光性，尤其是逃避强烈的阳光、蓝光和紫外线的照射，但不怕红光，趋向弱光。如阴湿的早晨有蚯蚓出穴活动就是这个道理。阳光对蚯蚓的毒害作用，主要是阳光中含有紫外线。据阳光照射试验，蚯蚓进行阳光照射15分钟66%死亡，20分钟则100%死亡。二畏震：蚯蚓喜欢安静环境，不仅要求噪音低，而且不能震动。靠近桥梁、公路、飞机场附近不宜建蚯蚓养殖场。受震动后，蚯蚓表现不安，逃逸。三畏浸：液体浸洞穴等将引起死亡。四畏盐：盐酸盐、硝酸盐等对蚯蚓有巨大杀伤力。五畏辣：辣椒水灌注蚯蚓洞穴易引起死亡。六畏冷热：蚯蚓喜恒定的生活环境，气候剧烈变化易引起蚯蚓死亡。

蚯蚓对环境的要求如下：

温度：一般来说，蚯蚓的活动温度在5～30℃，0～5℃进入休眠状态，0℃以下死亡，最适温度为20～27℃，这也是蚓茧卵的最适温度，32℃以上时停止生长，40℃以上死亡。因此，蚯蚓养殖，夏秋季要搭遮阴棚降温（桑园有天然的遮阴条件，但桑树在夏伐后到发芽生长密闭前仍需临时用遮阴物遮盖），冬季棚室要加火升温（可利用蚕室已有的设备）或桑园覆麦草保温升温，以利蚯蚓的正常生长繁殖。

湿度：蚯蚓是利用皮肤来呼吸的，所以蚯蚓身体必须保持湿润，蚯蚓体内水分占体重的75%以上，防止水分丧失是蚯蚓生存的关键，因而饲料的湿度应保持在70%左右为宜。

酸碱度（pH）：pH为6～8，蚯蚓生长良好，产叫茧最多。这里的叫茧是指排出蚯蚓体外、进入土壤的卵茧，这个卵茧在土壤中经过2～3周就可孵化出小蚯蚓，在有的文献也将这种叫茧称做蚓茧，蚓茧可以从土壤中分离出来，也有的文献中的蚓茧专指蚯蚓产生卵茧前期的环带腺体分泌黏液将生殖孔或生殖带包围后形成的黏液管。

通气：蚯蚓是靠大气扩散到土壤里的氧气进行呼吸的，土壤通气越好，其新陈代谢越旺盛，不仅产叫茧多，而且成熟期缩短。

食物：投喂食物不足或质量不高会使蚯蚓间相互争食，导致生殖力下降，病虫害蔓延，死亡率增加，部分蚯蚓逃逸或生长缓慢。

（二）种群分布和生理机构

以蚯蚓的习性及其在生态系统中的功能，蚯蚓一般被分为3种生态类群，即表栖类、内栖类和深栖类，不同生态类群的食性和习性迥异。内栖类又常被分为多腐殖质类、中腐殖质类、贫腐殖质类和内-深土栖类等。3种生态类群并没有明显的分类学上的界限，经常有一些过渡类型出现，如表-内栖类和表-深栖类。

在生理结构上，蚯蚓具有体壁和次生体腔，蚯蚓的体壁由角质膜、上皮、环肌层、纵肌层和体腔上皮等构成。最外层为单层柱状上皮细胞，这些细胞的分泌物形成角质膜。此膜极薄，由胶原纤维和非纤维层构成，上有小孔。柱状上皮细胞间杂以腺细胞，分为黏液细胞和蛋白细胞，能分泌黏液可使体表湿润。蚯蚓遇到剧烈刺激，黏液细胞大量分泌包裹身体成黏液膜，有保护作用。上皮细胞基部有短的底细胞，有人认为可以发育成柱状上皮细胞。感觉细胞聚集形成感觉器，分散在上皮细胞之间，基部与上皮下的一薄层神经组织的神经纤维相连。此外尚有感光细胞，位于上皮的基部，也与其下的神经纤维相连。

蚯蚓的肌肉属斜纹肌，一般占全身体积的40%左右，肌肉发达运动灵活。蚯蚓一些体节的纵肌层收缩，环肌层舒张，则此段体节变粗变短，着生于体壁上斜间后伸的刚毛伸出插入周围土壤；此时其前一段体节的环肌层收缩，纵肌层舒张，此段体节变细变长，刚毛缩回，与周围土壤脱离接触，由后一段体节的刚毛支撑即推动身体向前运动。这样肌肉的收缩波沿身体纵轴由前向后逐渐传递。

体腔被隔膜依体节分隔成多数体腔室，各室有小孔相通。每一体腔室由左右二体腔囊发育形成。体腔囊外侧形成壁体腔膜，内侧除中间大部分形成内脏体腔膜外，背侧与腹侧则形成背肠系膜和腹肠系膜。蚯蚓的腹肠系膜退化，只有肠和腹血管之间的部分存在；背肠系膜则已消失。前后体腔囊间的部分，紧贴在一起，形成了隔膜，有些种类在食道区无隔膜存在。

（三）蚯蚓的消化、循环、呼吸、排泄、神经及生殖系统

消化管纵行于体腔中央，穿过隔膜，管壁肌层发达，可增进蠕动和消化机能。消化管分化为口、口腔、咽喉、食管、砂囊、胃、肠、肛门等部分。口腔可从口翻出，摄取食物。咽部肌肉发达，肌肉收缩时咽腔扩大可输助摄食。咽外有单细胞咽腺，可分泌黏液和蛋白酶，有湿润食物和初步消化作用。咽后连接短而细的食道，其壁有食道腺，能分泌钙质，可中和酸性物质。食道后为肌肉发达的砂囊，内衬一层较厚的角质膜，能磨碎食物。自口至砂囊为外胚层形成，属前肠。砂囊后一段消化管富微血管，多腺体，称

胃。胃前有一圈胃腺，功能似咽腺。胃后约自第 15 体节开始，消化管扩大形成肠，其背侧中央凹入成一盲道，使消化及吸收面积增大。消化作用及吸收功能主要在肠内进行。肠壁最外层的脏体腔膜特化成了黄色细胞。自第 26 体节开始，肠两侧向前伸出一对锥状盲肠，能分泌多种酶，为重要的消化腺。胃和肠来源于内胚层，属中肠。后肠较短，约占消化管后端 20 多体节，无盲道，无消化机能。以肛门开口于体外。

蚯蚓很特别，如同它的身体分节而没有明显的归并那样，它的心脏也随身体前部的若干节分成了若干个，一般为 4～5 个，呈环状，好像膨大的血管，所以也有称环血管的。环状心脏的背面接自后向前的背血管，腹面接自前向后的腹血管，腹血管还有分支连通着自前向后的神经下血管。环状心脏比起血管来，肌肉壁比较厚，能搏动，里面还有单向开启的，有保证血从背血管流向腹血管的瓣膜。蚯蚓靠这数个各自独立的环状心脏搏动给血流以动力，血流方向是自后向前（背中血管）、自背向腹（环状心脏）、自前向后（腹血管和神经下血管）运行。

蚯蚓的排泄器官为后肾管，一般种类每体节具一对典型的后肾管，称为大肾管。环毛属蚯蚓无大肾管，而具有三类小肾管：体壁小肾管位于体壁内面，极小，每体节有 200～250 条，内端无肾口，肾孔开口于体表。隔膜小肾管位第 14 体节以后各隔膜的前后侧，一般每侧有 40～50 条，有肾口呈漏斗形，具纤毛，下连内脏有纤毛的细肾管，经内腔无纤毛的排泄管，开口于肠中。咽头小肾管位于咽部及食管两侧，无肾口，开口于咽。后二类肾管又称消化肾管。各类小肾管富有微血管，有的肾口开口于体腔，故可排除血液中和体腔内的代谢产物。肠外的黄色细胞可吸收代谢产物，后脱落体腔液中，再入肾口，由肾管排出。

蚯蚓为典型的索式神经，中枢神经系统有位于第 3 体节背侧的一对咽上神经节（脑）及位于第 3 和第 4 体节间腹侧的咽下神经节，二者以围咽神经相连。自咽下神经节伸向体后的一条腹神经索，于每节内有一神经节。外围神经系统有由咽上神经节前侧发出的 8～10 对神经，分布到口前叶、口腔等处；咽下神经节分出神经至体前端几个体节的体壁上。腹神经索的每个神经节均发出 3 对神经分布在体壁和各器官，由咽上神经节伸出神经至消化管称为交感神经系统。

外周神经系统的每条神经都含有感觉纤维和运动纤维，有传导和反应机能。感觉神经细胞能将上皮接受的刺激传递到腹神经素的调节神经元，再将冲动传导至运动神经细胞，经神经纤维连于肌肉等反应器，引起反应，这是简单的反射弧。腹神经索中的 3 条巨纤维贯穿全索，传递冲动的速度极快，故蚯蚓受到刺激反应迅速。

雌性生殖器官：卵巢 1 对，很小，由许多极细的卵巢管组成，位第 13 体节前隔膜后侧。卵漏斗一对，位于第 13 体节后隔膜前侧，后接短的输卵管。两输卵管在第 14 体节腹侧腹神经索下会合，开口于第 14 体节腹中线，称雌生殖孔。另有纳精翼 3 对，位于第 7、8、9 体节内。纳精囊由坛、坛管和一盲管构成，为储存精子之处，纳精囊孔开口于体节之间腹面两侧。

雄性生殖器官：精巢 2 对，很小，位于第 10 及 11 体节内的精巢囊内。精漏斗 2 对，紧靠精巢下方，前端膨大，口具纤毛，后接细的输精管。2 管位于第 13 体节内合为一条，向后延伸，开口于第 18 体节两侧，为雄性生殖孔。前列腺一对，位于雄生殖孔一侧，前列腺管开口于输精管末端，分泌黏液参与精子的活动，和营养有关。精巢囊与其后第11及12体节内的贮精囊相通，贮精囊内充满营养液。精巢产生精细胞后，先入贮精囊内发育，待形成精子，再回到精巢囊，经精漏斗由输精管输出。

（四）蚯蚓的繁殖

蚯蚓是雌雄同体，但精子与卵不同时成熟，雄性生殖细胞先期成熟。故生殖时为异体受精，有交配现象。交配时副性腺分泌黏液，使双方的腹面相互粘着，头端分向两方，借生殖带分泌的黏液紧贴在一起。各自的雄生殖孔靠近对方的纳精囊孔，以生殖孔突起将精液送入对方的纳精囊内，交换精液后，二蚯蚓即分开。交配后，一般经过1～2天即产卵茧，也有少数立即就能产卵茧的现象。

在产生卵茧过程中，首先是由环带的分泌腺，分泌黏液包围生殖孔或生殖带，形成黏液管（蚓茧），黏液管的形成一般只需要1～2分钟，然后生殖带的微小细胞分泌乳白色的黏液于卵茧内，叫“卵茧蛋白”，这些蛋白质是供应产在茧内的卵发育时所需的营养物质。然后由环带形成的黏液管逐渐向头部运动，当黏液管移至雌性生殖孔时，成熟的卵即由输卵管产入茧内的蛋白质中，再向前移动，精液由受精囊孔射入茧内完成受精。最后茧膜由头部脱落下来，两头自行封闭，变成椭圆形的卵茧进入土中，并迅速在空气中氧化变硬，颜色变深呈棕褐色或红褐色。卵茧的形态与大小因蚓种的不同而有差异，通常为椭圆形、卵圆形、球形、麦粒形等，大小有如黄豆、小豆、麦粒，甚至如小米粒，直径2～7.5毫米。如赤子爱胜蚓的卵茧在适宜的温度、湿度条件下，约2周后开始孵化。一个卵茧能孵出3～4条小蚯蚓。刚孵出的小蚯蚓呈乳白色，2～3天后即变成桃红色，长到1厘米左右时可变为红色。

（五）蚯蚓的采集

蚯蚓的采集可采用四种方法，一是灌水捕捉法：蚯蚓怕积水，可用灌水方法待蚯蚓出穴时捕捉，还可利用春耕时在水田里捕捉。二是堆料诱捕法：把已经发酵熟透的饲料，堆放在要诱取蚯蚓的地方（如田边、菜园），堆高为30～40厘米，宽40～50厘米，长度不限，一般堆置3～5天就有蚯蚓聚集。如果加50%泥土混合发酵作饲料，诱捕的效果更好。三是挖掘法：用翻地钉耙挖土捕捉，方法简单，但效果较差，此法适于小规模养殖。四是化学捕捉法：用15%高锰酸钾溶液每平方米7升，或0.55%甲醛溶液每平方米13.7升洒于采集蚯蚓的地方，蚯蚓很快会爬到地而上来，采集极为方便。

（六）蚯蚓的品种与饲养管理

据统计，地球上有27 000多种蚯蚓，我国大约160种，常见的为粪蚓、菜蚓、水蚓、秸秆蚓等品种。粪蚓包括爱胜属蚯蚓、白茎环毛蚓等，菜蚓主要有威廉环毛蚓，水蚓主要有湖北参环毛蚓，秸秆蚓主要有进农六号。其中适宜人工饲养且有一定应用价值的蚯蚓却很少，常见的养殖品种为爱胜蚓属、白茎环毛蚓、参环毛蚓、湖北环毛蚓等，其中爱胜蚓属中的大平二号蚯蚓饲养最多。大平二号是由日本花蚯蚓和美国红蚯蚓培育成的，属于杂食类。大多数种类的蚯蚓具有生活在暖和、湿润、遮光的环境中，喜食酸甜食物、昼伏夜出觅食的生物学特性，也具有增重快、发育迅速、孵化及产茧数多、适应能力强、寿命长等特点。

蚯蚓的饲料包括植物性饲料，如玉米、小麦、水稻等农作物秸秆，各种野草树叶等；

动物性饲料，包括猪、牛、羊、鸡、鸭等各种畜禽粪便；垃圾性饲料，包括城市生活垃圾中的菜叶、瓜皮、水果、废纸，以及一些工业废弃物，如酒糟、糖渣、木屑等。蚯蚓的饲料配方一般以畜禽粪便为主体，单纯的牛粪、单纯的猪粪、单纯的鸡粪就可以作为蚯蚓养殖的饲料，以猪粪50%、秸秆40%、蚕沙10%，或者以牛粪50%、猪粪35%、秸秆15%，或者以猪粪50%、秸秆或杂草50%，加水发酵都可以制作蚯蚓的饲料。

饲料好坏是养殖蚯蚓成功与否的关键，饲料调制和发酵是蚯蚓养殖的重要物质基础和技术关键，蚯蚓繁殖的快慢很大程度上取决于饲料的配给，配制的关键在于发酵，没有充分发酵的饲料，会使蚯蚓大量死亡。一般有机物经过3～4次的翻堆腐熟后，就可以成为蚯蚓的饲料。方法是：首先把粪料洒水捣碎，秸秆或杂草截成5～15厘米的小段并用净水浸泡透。操作时在10厘米粪料上覆20厘米秸秆或草料，同时加入发酵水（100千克净水中加入1千克EM有效微生物），使所含水分在50%～60%，料堆体积不限，但一次发酵料堆不能低于300千克的重量，以0.6～1.2米的高度为宜，料堆要求松散，以利耐高温细菌的繁殖，用农膜盖严保温保湿，发酵15天左右掀开农膜翻堆，把上面的堆料翻到下面，四周的堆料翻到中间，并把堆料翻松拌匀，添加水分维持在50%～60%，再用农膜盖严继续发酵1～2次，发酵完成后在粪料中，每立方米添加营养促食液25千克，透气2～3天后即可使用。营养促食液的制作方法是：100千克净水，2千克尿素，3克糖精，4毫升菠萝香精，40毫升醋精充分混合。腐熟好的饲料呈黑褐色，无臭味，质地松软，不黏不滞。需要注意的是，建设蚯蚓饲料发酵场，一定要远离桑园、养蚕棚室200米以上，以不影响蚕儿饲养为宜。

蚯蚓的管理包括，①下种：将腐熟好的饲料调节好湿度后，沿着桑园开挖好的沟槽平铺10厘米，然后均匀放入含卵块及幼叫的蚯蚓种，上面再放5厘米厚度的饲料。养殖密度可控制在每平方米2～2.5千克，或每平方米1万～1.5万条，原则上前期密度可稍大，后期密度可逐渐缩小。②遮阴与防护网：蚓种放好后，沟上先覆盖一层塑料防蚊网，再放塑料薄膜、泡沫板等防雨材料覆盖。既可防鼠类、青蛙等的危害又可防雨保湿。③温湿度的调节：蚯蚓的最佳养殖温度在20～27℃，和蚕对温度的要求一样。冬季桑园采用加厚养殖床到40～50厘米，饵料上盖麦秸或稻草，也可把冬季桑树枯叶、剪下的桑枝条加厚平铺，再上盖塑料布保温保湿；冬季大棚、蚕室加温需注意火炉必须通烟筒，以防蛆叫（受精蚓茧）煤气中毒，另外，空气相对湿度应保持在70%～80%，每天通风3～4次，每次30分钟。夏季结合通风每天浇1次水降温，一般情况每周浇1次水即可。④勤除薄喂：除蚯蚓粪、取蚯蚓叫茧或倒翻饲育床，结合喂料每月2～3次，每次厚度10厘米，力求粪料新鲜透气，降低因粪料堆积过厚、除蚯蚓粪不及时增加感染疾病的机会，为蚯蚓的生长创造环境条件。⑤分期饲养：蚯蚓饲养可分成种子群、繁殖群、生产群等，薄饲勤翻，每月给料2次，每次给料厚度10厘米。分期饲养既有利于蛆叫的常规管理，又有利于蚯蚓的繁殖生长，防止病虫害的发生。⑥蚯蚓叫茧及种叫的处理：蚯蚓经过20天的饲养后，异体交配产下大量的蚓茧，此时可以把种蚓和蚓茧分离孵化，把分离出的蚓茧、粪料及蚓粪混合物堆成新的养殖堆，保持好温湿度，蚓茧孵化50%时可在堆上面再覆上10厘米粪料，经过20天即可完全孵化，此时孵化堆中的密度很大，每平方米可孵叫茧5万～6万只，应及时分堆处理，可分成2～3份并覆上新粪料饲喂，经常规管理40

天左右即可全部长大。把从种蚓中分离出的种叫（作培育繁殖用）重新搭配后放入新粪料，20 天后即可再次用于繁殖。⑦适时采收：蚯蚓的采收时期一般掌握在成叫环带明显、生长发育缓、饲料利用率降低时进行，夏季每月采收 1 次，春秋季节每 45 天采收 1 次，采收后及时补料。

蚯蚓采收的方法包括诱集法和筛取法。利用蚯蚓喜食酸、甜、腥类食物的特点，可预设采收时间，并使所投基料在预设时间内基本吃完，此时可在基料表而投喂烂西瓜皮、烂西红柿、烂苹果、撒洗过鲜鱼的水体等措施（早晨和傍晚进行效果最好），诱使蚯蚓爬出觅食，此时可集中采集成叫，采集完毕要及时补充基料。筛取法是，自制 1 个直径 3 毫米的筛子，把饲养床上的蚯蚓，蚓粪倒入筛子中来回振动，使蚓茧、蚓粪撒落到下面的容器里，再将筛子中的成蚓集中采收，幼蚓放回到饲养床上继续饲喂，采收时注意筛子和容器距离不要太远，以免蚓茧受伤，容器里的蚓茧不能堆积过多，应及时摊放到饲养床上，供给新基料孵化饲喂。

种蚓的轮换更新：种蚓要每年更新 2～3 次，养殖床每年换 1 次，以保证蚯蚓的旺盛生长，并防止种群衰退。种用蚯蚓的提纯复壮方法是，种蚓产茧至 15 天（冬季 20 天），把种蚓和基料分开，把不同桑树行中种蚯群（不低于 4 万条以上）所产的蚓茧充分搅拌后孵化饲喂，即可起到杂交提纯复壮的目的。产茧的种蚓加入新粪料饲喂，再让其产茧，15 天后再分离提纯复壮。

蚯蚓在养殖过程中应注意预防毒害，如因毒害原因蚯蚓出现痉挛状结节变粗而短，黏液增多，体色变白的，要转移养殖环境；因养殖环境潮湿而导致蚓体变白，可添加发酵过的干畜粪或精饲料，如发现已有蚓叫死亡，要立即搬入叫床饲养。养殖场避免选择在农药喷施量较大、工厂附近或公路沿线等地方，更应避免饲喂喷施过农药的饲料。

（七）蚯蚓的饲料应用

蚯蚓能够以餐厨垃圾、畜禽粪便、农副产品下脚料等为食物，转化为自身的蛋白质、脂肪类等，食性范围非常广泛，是自然界碎屑食物链中的重要环节，也是土壤疏松、防止硬化板结的有益环节动物。蚯蚓可以直接用于喂鸡、鱼、龟、虾、黄鳝、金龙鱼、鸟、珍禽、林蛙等，特别是鱼类的喜食饵料。将蚯蚓捣成碎末后可作为饲料添加剂，补充饲料蛋白质，增加养殖动物的疾病抵抗能力。大批量的生产蚯蚓，干制后可加工成动物蛋白质饲料用于饲料生产工业。

蚯蚓属于高蛋白饲料，其干物质蛋白质含量在 57%以上（表 2－19），最高的达 64.64%，以赤子爱胜蚓蛋白质含量最高。蚯蚓干粉的粗脂肪含量为 6.53%～12.29%，以赤子爱胜蚓和红色爱胜蚓含量最高，二者均达到 12.29%，属于高蛋高能饲料。蚯蚓的粗纤维、钙、磷含量较低，无氮浸出物以参环毛蚓含量最高，达到 14.06%，背暗异唇蚓的含量最低，为 10.25%。蚯蚓用作蛋白质补充料时，应当注意钙磷的补充和平衡。

蚯蚓干粉的氨基酸含量在 48.93%～64.29%（表 2－20），是蝇蛆、大麦虫、黄粉虫、黑水虻等非常规饲料中氨基酸含量最高的饲料，以日本赤子爱胜蚓含量最高，背暗异唇蚓的氨基酸含量最低。蚯蚓的必需氨基酸含量在 24.96%～30.87%，日本赤子爱胜蚓的必需氨基酸含量最高，背暗异唇蚓的必需氨基酸含量最低。必需氨基酸在氨基酸总量中的占比为 46.47%～51.01%，占比最高的是背暗异唇蚓，占比最低的是林伟民（2015）

所测定的蚯蚓，这个研究资料未表明所用试验测定材料的蚯蚓种类，其次含量较低的是赤子爱胜蚓。必需氨基酸与非必需氨基酸的比值在0.87～104.13，出现必需氨基酸含量高于非必需氨基酸含量的蚓种为背暗异唇蚓，显示该种蚯蚓的总氨基酸含量不高，但必需氨基酸的含量较高，蛋白质的品质较好。蚯蚓中的鲜味、甘味氨基酸（DAA）在氨基酸总量中占比为36.17%～40.94%，以红色爱胜蚓最高、背暗异唇蚓最低，显示红色爱胜蚓的适口性优于背暗异唇蚓。

表2-19 蚯蚓常规营养成分含量（%）

营养成分	参环毛蚓		赤子爱胜蚓		背暗异唇蚓		红色爱胜蚓	
	鲜样[1]	干样[2]	鲜样[1]	干样[2]	鲜样[3]	干样[2]	鲜样[4]	干样[2]
水分	76.45	—	82.85	—	86.36	—	82.31	—
粗蛋白质	8.82	57.96	9.06	64.64	9.74	61.37	10.12	63.71
粗脂肪	0.61	6.53	1.34	12.29	2.11	9.33	2.54	12.29
灰分	8.74	21.09	2.15	10.16	1.08	18.89	1.115	10.66
粗纤维	—	0.36	—	0.27	—	0.26	—	0.21
钙	0.125	—	0.066	—	0.15	—	—	—
磷	0.144	—	0.141	—	0.31	—	—	—
铁	0.035	—	0.045	—	—	—	—	—
无氮浸出物	—	14.06	—	12.67	3.71	10.25	3.97	13.13

注：1）饶育雄等（1985）；2）张洪志等（1984）；3）爱牧（1983）；4）余思桃（1981）。

表2-20 蚯蚓蛋白质氨基酸含量（干粉样，%）

氨基酸	红色爱胜蚓[1]	赤子爱胜蚓[1]	背暗异唇蚓[1]	日本赤子爱胜蚓[1]	蚯蚓[2]
赖氨酸	3.12	3.40	3.71	4.10	5.03
蛋氨酸	1.88	1.86	1.85	1.98	1.09
苯丙氨酸	2.62	2.70	2.30	2.94	2.72
亮氨酸	4.78	5.07	4.00	5.21	5.13
异亮氨酸	3.14	3.32	2.62	3.39	2.84
缬氨酸	3.49	3.69	3.99	3.90	3.14
苏氨酸	2.28	2.55	2.03	2.85	3.24
色氨酸	0.92	0.58	0.53	0.58	—
组氨酸	1.25	1.30	1.00	1.54	1.76
精氨酸	3.88	4.01	2.93	4.38	4.50
必需氨基酸总量（EAA）	27.36	28.48	24.96	30.87	29.45
天门冬氨酸*	6.20	6.74	5.00	7.13	6.64
谷氨酸*	10.13	10.40	7.17	10.28	9.62
甘氨酸*	3.45	3.79	2.54	3.77	3.33

（续）

氨基酸	红色爱胜蚓[1)]	赤子爱胜蚓[1)]	背暗异唇蚓[1)]	日本赤子爱胜蚓[1)]	蚯蚓[2)]
丙氨酸*	4.00	4.01	2.99	4.00	3.70
胱氨酸	1.10	1.15	1.04	1.06	1.34
酪氨酸	2.30	2.47	2.23	2.71	2.22
丝氨酸	1.62	1.67	1.52	2.14	3.36
脯氨酸	1.92	2.23	1.48	2.33	3.72
非必需氨基酸总量（NEAA）	30.72	32.46	23.97	33.42	33.93
氨基酸总量（TAA）	58.08	60.94	48.93	64.29	63.38
EAA/TAA	47.11	46.73	51.01	48.02	46.47
EAA/NEAA	89.06	87.74	104.13	92.37	86.80
DAA/TAA	40.94	40.93	36.17	39.17	36.75

注：1）张洪志等（1984）；2）林伟民等（2015）。*鲜味和甘味氨基酸（DAA）。

（八）蚯蚓的其他应用价值

蚯蚓可以促进铜（Cu）、锌（Zn）、镉（Cd）、镍（Ni）等重金属由稳定态向交换态和水溶态转化，具有活化污泥中Cu、Zn、Cd、Ni等重金属的作用，但对在污泥中形态较为稳定、不易活化的铅（Pb）、铬（Cr）化学形态的影响较小。

蚯蚓能够对决定土壤肥力的过程产生重要影响，被称为“生态系统工程师”。它通过取食、消化、排泄和掘穴等活动在其体内外形成众多的反应圈，从而对生态系统的生物、化学和物理过程产生影响。蚯蚓在生态系统中既是消费者、分解者，又是调节者，它在生态系统中的功能具体表现在，对土壤中有机质分解和养分循环等关键过程的影响，从而对土壤理化性质产生影响，同时与植物、微生物及其他动物间进行相互作用。

蚯蚓活动及其在生态系统中的功能受蚯蚓生态类群、种群大小、植被、母岩、气候、时间尺度以及土地利用历史的综合控制。蚯蚓外来种入侵与生态系统的关系，以及蚯蚓对全球变化的响应和影响是两个值得关注的问题。土壤本身的复杂性，蚯蚓自然历史和生物地理学知识的缺乏，野外控制蚯蚓群落方法的滞后等都限制了蚯蚓生态学的发展。

近些年来，世界上一些开发蚯蚓食品的贸易正在逐步增加，每年正在以20%的速度增长。蚯蚓作为食品富含蛋白质、氨基酸、脂肪、矿物质、维生素和微量元素等。美国、非洲的某些国家，用蚯蚓来做各种菜肴、罐头等食品，在我国台湾蚯蚓食品很流行，有20～30种点心及菜肴；四川等地区也出现了把蚯蚓引入到餐桌的现象，用它制作各种调味料包等。这其中也存在着一些问题，比如蚯蚓体内的一些重金属、药物残留问题，引起人们对蚯蚓食品的疑惑和不安，阻碍着蚯蚓在食品方面的应用发展。但是蚯蚓含丰富的蛋白质，是值得开发的重要营养资源。

蚯蚓粪主要用于生物肥、改善土壤、解毒、吸附剂、预防病虫害等方面。和一般的肥料不同的是，它无臭、无味、呈粒状、吸水渗透性较好。有研究表明，它的矿物质含量高于牛粪，在蛋鸡限饲期加入40%左右的蚯蚓粪来替代全价饲料，有良好的饲养效果。

在肉鸡的饲粮中添加一些蚯蚓粪，可减少鸡舍氨气（NH_3）和肉鸡腹水病的发生，同时还提高了增重，降低饲养成本，增加肉鸡的养殖效益。蚯蚓粪施入土壤，一方面可调节土壤的物理特性，利于植物生长，另一方面可明显地增加土壤里的营养含量，增强土壤的肥力。蚯蚓粪不但可以作为良好的饲料和肥料，还可以是畜禽粪便良好的除臭剂。在日本某钢铁公司，利用蚯蚓粪来净化污水，起到除臭的作用。在蛋鸡舍内加入一些蚯蚓粪可减少鸡粪中的硫化氢和氨气，达到了一定的除臭效果。在土壤中加入一些蚯蚓粪可有效地预防病虫害，减少植物的发病率。

七、非常规饲料应用价值比较

非常规饲料原料是指在配方中较少使用，或者对营养特性和饲用价值了解较少的饲料原料，这个概念具有时空前提的限制，不同生长时期及不同生长地域的同一饲料或者这一饲料的不同部位是此时的常规饲料，也可能是彼时的非常规饲料。在实际应用中，非常规饲料专指广义非传统饲料中的蛋白质含量较高的动物性饲料，而非传统饲料专指秸秆等一些主要提供粗纤维等碳水化合物、蛋白质含量较低的植物性饲料。

非传统饲料的营养价值较低，适口性差，可以直接饲用，如玉米秸秆、糜子秸秆等。非常规饲料的营养成分不平衡，有的甚至含有抗营养因子或毒物，需要限量或者处理后饲用，如黄粉虫虫体含有的防御性苯醌物质是一种有害物质，菜粕中含有的硫葡萄糖苷类化合物、棉粕中含有的酚类物质、蚯蚓中含有的重金属等，都需要在处理后饲用。由于鱼类体内缺少纤维素分解酶，因此非传统饲料在鱼类养殖的使用十分罕见，倒是非常规饲料由于其蛋白质、氨基酸含量较高，在鱼类养殖及鱼类饲料生产中常常使用，还由于鱼类对菜粕中硫苷类物质缺少受体，菜粕等常不用处理就可直接用于鱼类饲料的生产加工。

昆虫中的许多种类属于资源型的非常规饲料，是鱼类的重要蛋白质补充料，许多昆虫兼有食用昆虫、药用昆虫、观赏昆虫、环保昆虫、天敌昆虫和传粉昆虫的属性，这种多用性增加了昆虫开发利用的途径。昆虫类开发利用后的生产下脚料也是鱼类的有益饵料，增加了鱼类的饲料来源，利用这些原料进行渔业生产也是对环境保护的有益贡献。

在鱼类养殖常用的非常规饲料中，蝇蛆、大麦虫、黄粉虫、黑水虻和蚯蚓已有产业生产，也有商品出售，应根据使用目的选用，如用作改善鱼类饲料适口性的应选用鲜味或者甘味氨基酸含量较高的蝇蛆等原料，用作增加饲料蛋白质含量的应选用蚯蚓粉等，用作增添饲料必需氨基酸的应选用蚯蚓粉或者大麦虫粉，用于直接饲喂鱼种的，可选用黄粉虫等（表 2-21）。

表 2-21　非常规饲料营养价值研究资料统计表（干物质，%）

比较项目	蝇　蛆	大麦虫	黄粉虫	黑水虻	蚯　蚓
粗蛋白质	54.50 (47.96～61.04)	54.12* (53.11～56.12)*	53.25 (41.70～64.80)	44.85 (42.1～47.6)	61.30 (57.96～64.64)
粗脂肪	25.90 (22.07～29.73)	35.66* (34.28～37.04)*	27.70 (19.20～36.20)	23.30 (11.8～34.8)	9.41 (6.53～12.29)

（续）

比较项目	蝇　蛆	大麦虫	黄粉虫	黑水虻	蚯　蚓
TAA	49.20 (41.49～56.91)	59.27 (53.11～65.42)	49.42 (40.57～58.26)	36.19 (33.54～38.84)	56.61 (48.93～64.29)
EAA	22.88 (19.07～26.69)	26.36 (21.37～31.35)	21.15 (20.13～22.17)	18.00 (15.61～20.3)	27.92 (24.96～30.87)
EAA/TAA	52.11 (45.96～58.25)	44.08 (40.24～47.92)	39.58 (36.30～44.47)	47.85 (46.54～49.15)	48.74 (46.47～51.01)
EAA/NEAA	88.34 (85.06～91.62)	86.62 (81.23～92.00)	66.60 (56.99～80.09)	91.87 (87.06～96.67)	95.47 (86.80～104.13)
DAA/TAA	48.78 (31.47～66.08)	41.34 (34.76～47.92)	41.65 (36.53～45.61)	35.53 (34.73～36.32)	38.56 (36.17～40.94)
食物种类	餐厨垃圾、动物粪便、瓜果汁液、腐烂尸体等	配合饲料、麸皮、黄豆粉、蔬菜瓜果等	配合饲料、麸皮、黄豆粉、蔬菜瓜果等	餐厨垃圾、动物粪便、瓜果汁液、腐烂尸体等	餐厨垃圾、动物粪便、瓜果汁液、配合饲料等

注：TAA 代表氨基酸总量；EAA 代表必需氨基酸总量；NEAA 代表非必需氨基酸总量；DAA 代表鲜味、甘味氨基酸总量。* 根据杨学圳等（2013）鲜样测定结果推算的干物质含量值。表中数据为括号内数据平均值，括号内数据为研究资料所测结果值的范围。

由表 2-21 可见，5 种非常规饲料粗蛋白质含量最高的是蚯蚓，其次是蝇蛆，含量最低的是黑水虻；粗脂肪含量最高的是大麦虫，最低的是蚯蚓；氨基酸含量最高的是大麦虫，最低的是黑水虻；必需氨基酸含量最高的是蚯蚓，其次是大麦虫，含量最低的是黑水虻；必需氨基酸在氨基酸总量中占比最高的是蝇蛆，最低的是黄粉虫；必需氨基酸与非必需氨基酸比值最高的是蚯蚓，其次是黑水虻，比值最低的是黄粉虫；鲜味、甘味氨基酸在氨基酸总量占比最高的是蝇蛆，最低的是黑水虻。

由于表 2-21 所列指标为单向矢量性状，即含量越高饲料应用价值越好，可以通过单项指标的排列序数累计，综合评价这些原料的饲用价值，就粗蛋白质含量而言，蚯蚓的粗蛋白质含量最高，在该项指标中的排名第一，积 1 分，黑水虻的粗蛋白质含量最低，在该项指标中的排名第五，积 5 分；在粗脂肪指标中，大麦虫的粗脂肪含量最高积 1 分，蚯蚓的粗脂肪含量最低积 5 分；在氨基酸总量指标中，黄虫粉的氨基酸含量在大麦虫、蚯蚓之后列第三，积 3 分。同样办法可标记出这些非常规饲料原料在必需氨基酸、必需氨基酸与氨基酸总量之比、鲜味和甘味氨基酸总量与氨基酸总量比值中的序号数值，将这些数值合计得到排名序数合计，排名序数合计最小的原料为最优原料。按照上述方法，得到蝇蛆、大麦虫、黄粉虫、黑水虻和蚯蚓的饲料开发应用价值排序为，蚯蚓列第一，蝇蛆列第二，大麦虫列第三，黄粉虫列第四，黑水虻列第五（表 2-22）。当然，这个比较表仅从饲料营养角度评价，在饲料开发中，还应考虑黑水虻不进入人的居住室内，不干扰人类生活，蝇蛆常常进入人类居住环境、干扰人类生活等因素。如果对这些非常规饲料进行深度开发，如机榨提取或浸出提取虫油等，进行生物药品生产，应当进行重新评估。

表 2-22　非常规饲料营养成分含量排序表

积分项目	蝇　蛆	大麦虫	黄粉虫	黑水虻	蚯　蚓
粗蛋白质	2	3	4	5	1
粗脂肪	3	1	2	4	5
TAA	4	1	3	5	2
EAA	3	2	4	5	1
EAA/TAA	1	4	5	3	2
EAA/NEAA	3	4	5	2	1
DAA/TAA	1	3	2	5	4
排名序数合计	17	18	25	29	16
排名顺序	2	3	4	5	1

注：TAA 代表氨基酸总量；EAA 代表必需氨基酸总量；NEAA 代表非必需氨基酸总量；DAA 代表鲜味、甘味氨基酸总量。

由于非常规饲料和非传统饲料具有营养价值及适口性等方面的局限，用于鱼类养殖，应根据饲料的特点及当地生产的实际情况进行适当的处理，如进行适当的机械加工处理，改善其物理性状、适口性和消化率，提高在日粮中的添加比例；通过发酵、膨化、粉碎、微波处理、酶制剂处理等，降低饲料中的有害成分和有害成分对鱼类的伤害程度；通过添加或者加喂维生素、矿物质等，增加这些饲料的营养价值和饲用价值；通过鱼类日粮供给制度改革，充分利用这些饲料的蛋白质含量高、氨基酸特别是必需氨基酸齐全的特点降低养殖成本；还可通过饲养试验测定这些饲料的有效氨基酸，如有效赖氨酸、有效蛋氨酸的含量，测定有效磷、有效蛋白质的含量，为鱼类配合饲料加工生产提供基础参数。

第五节　鱼类饲料消化率的测定

饲料消化率的测定是饲料营养价值评定的重要内容，也是配制平衡日粮、提高饲料消化率的基础参数。在鱼类生态养殖上，提高饲料消化率可以减少鱼体粪尿在水体中的排放，降低水体氨氮含量，提高水体纯净度。在经济意义上，提高饲料消化率，以较少的饲料投入获得更多的产品，可以降低鱼类养殖的饲料成本，同时可以增加产品的生态价值。

一、鱼类饲料消化率测定研究进展及测定原则

饲料消化率是饲料生物学效价中的一个概念，生物学效价包括消化、吸收、代谢、同化、有效性、可利用性等多重涵义。鱼类由于生活在水环境中，粪尿排泄物容易受到水体中生物的降解，准确收集排泄物的难度较大。同时，由于鱼类粪尿混合排出体外，一般不易分离，因此，鱼类饲料消化率同时含有消化、代谢等涵义，在测定方法上有体内法、离体法和原位法等。由于不同学者对生物学效价的理解不同，对测定方法进行了

不同程度的改进，各种测定结果难以比较，因此，准确可靠是鱼类饲料消化率测定的基本原则。在测定方法的选择上，由于鱼类的品种较多，食性广泛，测定饲料消化率无疑受到动物自身生理条件和日粮结构及环境条件的影响，如果日粮的适口性影响到动物的采食量，这也影响到饲料消化率测定结果的准确性。各种饲料生物学效价评定方法的测定结果，都是在特定时空状况下，用特定的手段测出的相对值，同一饲料在鱼类不同品种甚至同一品种的不同生长阶段具有不同的消化率，也就是说，处在不同生理时期的鱼类对同一饲料的消化率并不相同，这更增加鱼类饲料消化率测定复杂性。因此，以不同的测定方法测得的消化率往往难以比较和引用。制定适用范围广、能够为众多学者接受的统一的测定方法和技术规程，科研数据才能相互比较和参考。

许振英将饲料中营养成分的生物学效价表示形式概括为绝对生物学效价和相对生物学效价两类，前者是以收支平衡为基础，后者以参照养分为基础，二者按百分含量表示，即：

$$\text{养分绝对生物学效价} = (\text{采食量} - \text{排泄量}) / \text{采食量} \times 100\% \qquad (2-1)$$

$$\text{养分相对生物学效价} = \frac{\text{测试物量化反应}}{\text{参照物量化反应}} \times 100\% \qquad (2-2)$$

在饲料绝对养分生物学效价中，养分排泄量包括排泄粪便中养分的含量，也包括排泄尿中养分的含量。在养分相对生物学效价中，测试物养分的量化反应是指被测饲料养分对某种参照物的消化率，而参照物的消化率按照100%计算的。

从饲料养分的绝对生物学效价公式中看，准确测定鱼类饲料及其养分的摄入量和粪尿中的排泄量是获得饲料消化率的关键。在鱼类饲料消化率测定研究中，桥本芳郎用强制填喂的方法获得鱼类饲料养分的准确摄入量，吴遵霖等用该法准确测定了鳜鱼的饲料养分摄入量，刘超等用该法获得了匙吻鲟饲料粗蛋白质的摄入量，并测定了干物质和粗蛋白质的消化率。看来，鱼类饲料消化率测定中的采食量的获得方法基本成熟。

由于鱼类养殖环境的特殊性，饲料消化率的测定难以脱离水体环境对排泄物质的降解。Smith 等研究证实，鱼粪中含氮物质在水体中前 5 秒的溶解速度最快，1 小时后溶解速度才能稳定，这使得鱼类粪便的采样时间影响到收得粪样中营养物质的含量，从而影响到最终的饲料消化率测值。进一步的研究表明，常用的三氧化二铬外源指示剂与鱼体肠道其他营养物质的移动速率并不相同，并且不能完全回收。这显示外源指示剂测定方法所得的饲料消化率测值仍然是一个相对值。

由于尚未出现为众多学者所接受的鱼类饲料消化率测定方法和技术规程，实际应用中，测定鱼类饲料消化率仍然常用外源指示剂法，Perez 等用该法测定了草鱼（*Ctenopharynodon idellus*）对饲料的消化率，蒋艳华等用该法测定了黄颡鱼（*Pelteobagrus fuluidraco*）对饲料的消化率。林仕梅等多位学者用该法测定了石斑鱼、青鱼、草鱼、吉富罗非鱼对玉米饲料及其副产品的消化率（表 2－23）。值得注意的是，董晓慧等用内源指示剂法测得的吉富罗非鱼对玉米胚芽粕干物质消化率（64.40%）和用外源指示剂法测得的该鱼对玉米蛋白粉的干物质消化率（77.70%）出现较大差异，而粗蛋白质的消化率（99.40%和 95.40%）差异不显著。

表 2-23 鱼类饲料消化率资料比较

饲 料	试验材料	测定方法	投饵方式	干物质（%）	CP（%）	资料来源
黄玉米	石斑鱼	外源指示剂	单一饲料制粒	47.8	41.3	Usman，等
	青 鱼	同上	单一饲料制粒	72.60	80.90	刘玉良，等
白玉米	石斑鱼	同上	单一饲料制粒	48.8	41.7	Usman，等
玉米蛋白粉	石斑鱼	同上	单一饲料制粒	94.0	99.5	Eusebio，等
	草 鱼	同上	（基础+待测）	63.36	68.91	林仕梅，等
	吉富罗非	同上	（基础+待测）	77.70	95.40	董晓慧，等
玉米胚芽粕	草 鱼	同上	单一饲料制粒	63.56	68.91	林仕梅，等
		同上	（基础+待测）	58.69	77.10	林仕梅，等
		内源指示剂	（基础+待测）	58.08	73.39	林仕梅，等
	吉富罗非	外源指示剂	（基础+待测）	64.40	99.40	董晓慧，等
玉米胚芽饼	草 鱼	同上	单一饲料制粒	58.69	77.10	林仕梅，等
鱼粉-淀粉型	鳜 鱼	同上	制粒投饲	—	84.9～92.3	王贵英，等
鱼粉-菜粕型	黄颡鱼	同上	制粒投饲	17.0～81.4	23.8～48.5	蒋艳华，等
鱼粉-豆粕型	青 鱼	同上	（基础+待测）	79.84	92.45	陈建明，等

内源指示剂法常用的指示物质一般是酸不溶性灰分（AIA），这种以化学方法测定饲料和鱼体排泄物中的酸不溶性灰分，与鱼体内并非单一酸性环境的饲料消化机制并不相符，也不能肯定酸不溶性灰分在鱼体内不被降解。这种方法也难以完全收取指示物质，测得的鱼类排泄物营养物质含量难以表达生产现场真实消化率。

二、鱼类饲料消化率的测定方法概述

鱼类饲料消化率测定的常用方法有体外法、体内法和回归法，回归法是在大量的体内法和体外法测定数据的基础上，通过建立某种营养成分与其他营养成分的回归方程，以体内法或者体外法测定该种养分的消化率，估算其他养分的消化率，所得的其他养分的消化率实际上是一种估算值，并非直接测定值。

（一）体外消化试验法

体外消化法是应用酶制剂或者鱼体内消化器官的提取液在试管内进行的消化试验，其测定值可近似反映试验鱼对被测定饲料的消化率。这种方法包括消化液测定法、消化酶提取法、肠隔离法等。

消化液测定法是根据鱼体的胃、肠、肝、胰脏等器官和腺体分泌的消化酶的含量及其活性测定消化能力。此法虽然能说明消化酶的活力，但不能说明在实际消化时各种消化液分泌多少，因而用此法测定出的结果与体内消化的真实性差异较大。

消化酶提取法是从试验鱼胃壁黏膜或肠道黏膜提取消化酶，测定其专一活性，由此推知某种营养成分的消化吸收情况。这种方法仅能测定黏膜被提取酶时刻的酶量，实际消化中所分泌的总量未被考虑，因而仅是一种近似的方法，不能推论体内的实际情况。

肠隔离法是将鱼腹剖开结扎肠道两端，注入一定量的糖液，隔一段时间测定其中的剩余量，从而计算出对糖的消化率。其他营养物质测定方法与糖类消化率的测定方法基本相同。

体外消化法虽然简便，却无法反映体内消化的实际情况，测定数据缺乏可靠性。但是，该法具有快速测定的特点，可用于原料消化率之间的相互比较，选择消化率相对较高的饲料进行日粮配合，提高饲料利用率，降低粪便排泄量和粪便中不溶性氨氮的残留量。薛敏在中国对虾配合饲料离体消化中发现，离体消化结果与大规格对虾（体重1.025～1.525克）的体内消化结果相关性较好，说明两者之间在一定条件下有相关性。

（二）体内消化试验法

体内消化法就是用试验饲料喂养试验动物，测量饲料在体内的消化量，它的计算公式涵义与（2-1）相同。这种方法根据待测饲料中有无指示物质而分为直接法和间接法两种，其中的间接法有内源指示剂法和外源指示剂法两种。

1. 直接法

直接法可用于测定饲料的表观消化率和真消化率，主要区别在于是否用排泄尿中的营养成分含量进行了矫正。一般认为，排泄尿中的营养物质是经过代谢后的产物，应当计算在已经消化的营养物质中，而粪便中的营养物质是没有经过消化的营养物质，是直接从肠道排出的营养物质，不能计算在已消化的营养成分中，由此产生了表观消化率和真消化率。

（1）表观消化率

表观消化率的公式是：

$$表观消化率=（养分摄入量-粪便中养分排泄量）\times 100\% \qquad (2-3)$$

由公式（2-3）可见，表观消化率由养分的摄入量和粪便中的排泄量两部分构成，养分摄入量已有比较成熟的方法测定，通过强饲可准确获得鱼体的饲料养分摄入量，而准确测量鱼类粪便中养分的排泄量就成为获得表观消化率的关键所在。在鱼类粪便中，除了包含未消化的饲料养分外，消化过程体内分泌的消化液、黏液、消化道脱落的上皮细胞以及肠道微生物等，这些营养物质都包含在粪便养分排泄量中，被认为是未消化的营养物质，实际上这些营养物质是已经经过消化、代谢、吸收了的营养物质代谢产物，被计算在未消化的营养物质内就加大了粪便中养分排泄量的测定值，影响表观消化率的计算结果，使表观消化率的测定值变小，低估了鱼类饲料养分的消化率。

由于鱼类生活在水体环境中，采用这种原位试验的方法，全额收集鱼类采食待测饲料后的排泄物非常困难。一是采食饲料后能够完全排出未消化养分的时间不能确定，也不能确定采食待测饲料前肠道原有养分的存留量。二是鱼类粪便排泄后直接进入水体，难以及时将粪便从水体中分离出来，可溶性物质被水体降解后减少粪便排泄物养分含量的测定值，使测得的饲料养分消化率偏高。三是鱼类的粪尿混合排泄，很难分离，而从尿中排出的饲料养分一般是经过代谢的营养物质，这些物质与从粪便中排出的物质性质不同，大多数为易溶性物质，接触水体后迅速降解，直接影响到饲料养分消化率的测定结果，加大测定误差。四是鱼体对摄入饲料的养分消化后并非100%地吸收，也就是说，消化的饲料养分并非全部参与了物质代谢，消化率不等于代谢率，这也增加了鱼类饲料养分消化率或者代谢率测定的困难。例如，测定鱼体对蛋白质的消化率的条件要求至少包括鱼尿中不含有蛋白态氮、鱼粪中不包含非蛋白态氮、排入体外的蛋白态氮都是消化的饲料残渣，在这些条件限制下测得的蛋白质消化率才比较接近实际消化率。

在鱼类饲料养分消化率测定中，全额收集鱼体的排泄粪便是准确测定饲料养分消化率的关键，尽可能减少水体对排出体外的粪便中营养物质的降解是这种消化率测定的技术要点。已经研究的收集方法包括全析法、套袋缝合法、食糜法、结扎法等。全析法是将摄饵鱼放置到专用的排泄池水槽中，24～36 小时后，将试验池水槽的水体浓缩或者待其自然蒸发成风干样粪便（水分含量与投饵饲料的水分含量相同时），测取风干样粪便中饲料养分的含量，作为鱼体未消化养分的含量和投饲待测饵料后的粪便养分排泄量，计算待测饲料养分的消化率。这种方法的试验期较长，也容易受到外界环境气候的干扰，自然风干过程或者烘烤箱蒸发水分过程也可使部分养分损失或变性，影响粪便中养分含量的准确测定。

套袋缝合法是在鱼体的整个后半部套上橡皮袋或者在排泄孔缝上集粪袋，收取完整的鱼体排泄粪便。这种方法在理论上是成立的，但在操作工艺上困难较多。由于鱼体本身呈流线型或纺锤形居多，套袋难以固定，实际操作常常出现脱落现象，而且被鳞鱼体难以克服水体进入套袋对采集的粪便营养物质的影响，无鳞鱼体扎口过紧阻碍鱼体呼吸，影响鱼体的正常生理和采食性能。缝合肛门接口的方法，由于鱼体肛门开裂较小，同时，鱼体肌肉脆弱，韧性不足，缝合的集粪套袋容易脱落。同时，套袋的材质也难以确定，实际试验中难以操作实现。

食糜法是在鱼体采食待测饲料后的一定时间内，剖检鱼体，收取肠道后端的食糜，或者收取整个肠道的存留食糜，测取食糜中的营养物质含量，与摄入饲料量一道计算采食的饲料消化率。这种杀鱼取样的方法也存在一些问题，一是取样的时间问题，正常的取样时间应当是在鱼类粪便即将排出体外的时候，这个时间点很难把握，同时在同一时间点采样大量的鱼体粪便，工作量十分庞大，也增加人为的随机误差，对取样技术要求较高，需要多个实验人员同时采集完整的饲料食糜，且肠道残留量不能差异过大。二是取样的部位问题，一般肠道末端的食糜为消化较为完全的残留食糜，而肠道前端的食糜为消化不完全的食糜，二者的营养成分含量显著不同。全肠道食糜的混合样未消化养分，并不能代表鱼体对待测饲料的真正消化率，混合样养分含量高于肠道后段低于肠道前段，取混合样测定有可能低估饲料的消化率。

结扎法是将鱼体肠道后端的排泄孔用手术的方法结扎，阻止试验鱼体在采样前将粪便排出，在投饲的待测饲料达到要求的消化时间后，解开结扎线，用手按摩挤压肠道下部，把鱼体积存的粪便挤压到粪便收集器中，或者剖检鱼体，分离出粪便，进行测定。这种结扎鱼体肠道排泄孔手术操作困难，结扎的部位很难控制在排泄孔的边缘，采得的食糜并非即将排出排泄孔的粪便。

（2）真消化率

饲料真消化率（TDF）的计算公式是：

$$TDF=\left(\frac{养分}{摄入量}-\frac{粪便养分}{排泄量}+\frac{空腹时粪及}{尿中养分排泄量}\right)\times 100\% \qquad (2-4)$$

式中 *TDF* 是英文 True digestibility feed 的缩写，表示真消化的饲料。养分摄入量采用强饲的方法获得，粪便中的养分排泄量通过收集粪便的方法测定。空腹时粪及尿中的养分排泄量，是指在鱼类绝食情况下，从粪便中及尿中排泄的养分量，这种养分量一般称作代谢粪养分与代谢尿养分。鱼体空腹 24 小时后排泄的粪便中所含的养分称作代谢粪养分，排泄的尿中所含的养分称作代谢尿养分。由于鱼类的粪便排泄道与尿排泄道同在一个排泄孔，粪尿一般混合在一起，很难分离，有时也将这两种代谢养分统称为代谢粪便养分或内源粪便养分。

比较公式（2-3）和公式（2-4），显而易见，二者的差异在于是否经过内源粪便养分的矫正，二者差异的大小取决于内源粪便养分占总粪便养分量的比例大小。鱼类饲料真消化率虽能纠正表观消化率的偏低，同样存在着操作困难、收样甚微甚至收集不到内源粪便养分的缺陷。

以鱼类饲料蛋白质的真消化率测定为例，若要测得饲料中蛋白质的真消化率，就必须测定代谢粪便中的氮含量，然后推算粗蛋白质含量，这种内源代谢氮的测定一般采用饥饿法，即将测试鱼不投饵养殖在清水中，24 小时后收取鱼体的粪便排泄物，测定其中的粗蛋白质含量，然后投喂定量的待测饲料，收集投饵后 24 小时或者 36 小时的粪便排泄物，测定其中的粗蛋白质含量，再按照公式（2-4）计算该饲料中粗蛋白质的消化率。

测定内源粪便粗蛋白质的第二种方法是基础饲料法，这种方法是向试验鱼投饲不含粗蛋白质的饲料，如葡萄糖粉等，24 小时后收取鱼体排泄物测定其中的粗蛋白质含量，这就是内源性蛋白质排泄量。然后对同一条鱼投饲定量的已经测定了粗蛋白质含量的待测饲料，收集 24 小时或者 36 小时后的试验鱼排泄物，测定其中的蛋白质含量，根据公式计算该饲料中粗蛋白质的消化率。但是，应用这种方法，让鱼类充分摄食（饱食）无蛋白质饲料是困难的。

测定内源粪便粗蛋白质的第三种方法是相关分析法，就是利用鱼类粪便排泄物中氮含量与饲料蛋白质的相关性，分析该饲料的内源粪便粗蛋白质含量，计算该饲料中粗蛋白质的消化率。这种方法首先需要做一个蛋白质梯度试验，测定不同蛋白质水平的粪氮排出量，把蛋白质水平与粪氮排出量之间的关系进行回归分析，这样就可求出饲料蛋白质为零时的粪氮排出量，即内源代谢粪氮量。由于这种方法需要进行多次试验和测定，工作量和强度较大。

直接法需要准确测定鱼类的摄食量和粪便排泄量，还要浓缩水体，分析溶于水中的营养物质和排泄物，工作量和工作强度相当大，在实际中的应用较少。特别是在鱼类准确填饲技术还未成熟、粪样收取还没有一套被多数研究者认可的技术规程时，这种直接测定鱼类饲料消化率的方法，在实际中应用并不广泛。

2. 间接法

鱼类饲料养分消化率测定的间接法，是指依靠标记物质在鱼类摄入饲料和排泄物质中的相对含量变化，计算待测饲料中养分消化率。这种方法包括指示剂法、同位素标记法、套算法等，其中的指示剂法包括外源指示剂法和内源指示剂法，以外源指示剂法最常用。

（1）指示剂法

指示剂法一般选用在鱼类体内环境难以消化或者难以降解的物质作为指示物质，将这种物质按照一定的比例均匀混合于待测饲料内，根据这种指示物质在鱼体排泄物中的含量比例相对变化估算出饲料养分的消化率。由此可以看出，这种方法对指示物质的要求是在鱼体肠道内不能降解，在待测饲料中要充分均匀混合，并与饲料中养分在鱼体肠道内同步移动、相伴相随，在食糜成为粪便排出体外时不被氧化分解，能够全部回收。

指示剂法的优点是减少了收集全部粪便带来的烦扰，节省时间和劳力，尤其是鱼类全部粪便收集困难较多，也没有成熟方法和规程，采用指示剂法就显得更有实际应用价值。指示剂法常用的方法是外源指示剂法和内源指示剂法。

外源指示剂法实际上是根据指示剂及营养成分在饲料和粪便中的含量变化计算营养成分的消化率，按养分消化率（%）=$[1-(A_1/A)\times(B/B_1)]\times100$ 计算，其中 A 是饲料中某营养成分的含量（%），A_1 是粪便中相应营养成分的含量（%），B 是饲料中指示剂的含量（%），B_1 是粪便中指示剂的含量（%）。

外源指示剂法测定饲料消化率的关键在于：一是指示物质必须与饲料充分混匀，以保证与饲料养分的恒定比例关系，二是指示物质应当不被鱼类及其体液消化吸收，三是指示物质不溶于水，对鱼类无伤害。常用的指示物质是三氧化二铬（Cr_2O_3），此外还有硫酸钡（$BaSO_4$）、氧化镁（MgO）、氧化锌（ZnO）、5α-胆甾烷、乙酸镱（$C_6H_{17}O_{10}Yb$）、氯酸铬（$CrCl_3$）等。外源指示剂法存在的问题是很难找到理想的指示剂，家畜试验表明，常用的三氧化二铬的回收率也只有 80%。而鱼类连续采集粪便较为困难，一般采集粪样是在某一时刻一次进行，如果待测饲料移动速率发生变化，随着时间空间发生变化，得到的数据也就不同。佐藤测定，鱼类在投饵 5～6 小时后收取的粪样比 2～3 小时收取的粪样消化率高。

内源指示剂法是指用组成日粮饲料本身所含有的不可消化吸收的物质，如盐酸不溶性灰分（AIA）、粗纤维（CF）、色素（CM）等做指示剂。在家畜的试验中，内源指示剂比外源指示剂的测定结果更为准确，测定方法和步骤与外源指示剂法相同。由于这种方法是测定饲料和粪便中含有的盐酸不溶性灰分，所以收集的粪便决不可含有酸不溶灰分的沙粒等杂质，饲料中或粪便中沙粒等杂质过多或者不均匀也同样影响测定结果。

内源指示剂法在操作上要求不得混入酸不溶杂质，在方法上依靠实验室的单纯酸性试剂测定饲料和粪便中酸不溶灰分含量，这与鱼体内非单一酸性环境并不相符，同时，酸不溶灰分在鱼体内不能被降解仍需大量实验数据的支持。

（2）同位素标记示踪法

用放射性同位素标记饲料投喂鱼类，然后测定鱼体内和饲料中放射性强度变化，这种放射性强度的单位是每分钟单位重量的脉冲数，用 CPm 表示。由此计算出某种饲料的消化率。它的计算公式是：

$$\text{饲料消化率}(\%)=(\mathrm{OCPm}-\mathrm{ICPm})/\mathrm{W}/\mathrm{MCPm}\times100 \qquad (2-5)$$

在（2-5）公式中，OCPm 表示鱼体各部分和内脏器官的放射性，ICPm 表示肠道内含物放射性，W 表示鱼体的总重量（克），MCPm 表示平均每克鱼体重量吃进的标记物的放射性。

同位素标记示踪法弥补了三氧化二铬等指示物质不能标记饲料的不足，而且试验可以在小池塘内进行，更加接近鱼类实际的生活环境条件，测定速度快，具有一定的准确性。常用的放射性示踪指标物质有氯化铈（$^{144}CeCl$）、放射磷-磷钼酸铵^{32}P-磷钼酸铵、放射铬-三氧化二铬（$^{51}Cr-Cr_2O_3$）等物质。

（3）套算法

套算法一般应用于不能单一饲用的原料消化率的测定，就是饲料学中的单一饲料，如谷实类、饼粕类饲料，这种方法需要进行两次试验，第一次试验测定全价基础日粮的消化率，第二次试验测定待测饲料（占整个日粮的 15%～30%）和基础日粮（占整个日粮的 70%～85%）共同组成的日粮的消化率，根据两次试验的结果计算出待测饲料各个养分的消化率。这种方法的消化率计算公式是：

$$消化率(\%)=\frac{100[A-(1-a)\times B]}{a} \qquad (2-6)$$

式中 A 代表基础日粮和待测饲料组成的日粮消化率。B 代表基础日粮的消化率，a 代表待测饲料占整个日粮的比例。

应用这种方法测定饲料的消化率一般采用两组鱼交叉试验测定，取两次试验消化率均值作为待测饲料的最终消化率，可以降低饲料消化率测定的误差率。试验过程见表 2-24。

表 2-24　两步法套算法测定鱼类饲料消化率规程

试　验	第一组		第二组
	日　粮	时　期	日　粮
第一次试验	基础日粮	预试期、试验期	基础日粮＋待测饲料
试验空置期	过　渡　期		
第二次试验	基础日粮＋待测饲料	试验期	基础日粮

影响这种测定方法准确性的主要因素是待测饲料取代基础日粮的比例，特别是粗纤维、粗蛋白质、粗脂肪含量较高的饲料，取代比例过大，会导致第一次、第二次试验日粮中养分含量及比例差异过大；取代比例过少，待测饲料的代表性减弱。对于粗纤维含量不超过 8%、粗蛋白质含量不超过 35%、粗脂肪含量不超过 2.5%的日粮，待测饲料的取代比例一般选择 20%。另外就是两组鱼应当使用同一品种、同一生理时期的鱼，由于第一次试验加上试验空置期后的鱼已经经过了 10～15 天的生长，对待测的饲料来说已经不是完全相同试验载体，同时也有试验鱼的数量很难补齐的问题。

（三）回归分析法

应用已经完成的鱼类饲料体内法和体外法测定的消化率数据，可以建立以某种营养成分为自变量的回归方程，估算其他养分的消化率，如利用饲料粗纤维的含量与蛋白质消化率的函数关系，可以建立以粗纤维含量为因变量的粗蛋白质消化率的回归方程。测定了鱼类饲料的粗纤维含量，就可大体估算该饲料的粗蛋白质消化率。

影响回归估测的因素主要是相关因子的选择和原始数据的准确性，当然还有回归模型的构建方法。估测鱼类饲料消化率的相关因子一般是体外酶解法测得的消化率、体内体外营养成分消化率，以及某种养分的含量及其他饲料营养成分等。试验动物、营养因素与抗营养因子、饲料加工特性、测定方法的标准化等，这些原始数据的准确性也影响回归方程建立和最终的测算结果。建立回归模型有简单的线性回归、曲线回归、多元回归等不同模型和方法，采用不同的模型和方法，最终的测算结果有差异。

三、鱼类饲料消化率测定的瘘管收粪法

（一）影响鱼类饲料消化率的因素

1. 测定方法的选择

由于鱼类生活环境的特殊性，应用体内法测定饲料消化率的关键是准确测定鱼类待测饲料的摄入量和收集鱼类排泄物，这是影响饲料消化率准确性的直接因素。应用体外法测定鱼类饲料消化率，消化道酶的采集时间和采集部位影响到消化率测定的准确性。不同的测定方法有不同的特点，在同一规程和方法的指导下得到的测定值才能相互比较，只有不断改进测定方法和规程，才能提高鱼类饲料消化率测定的准确性和精密度，也有利于回归方法的完善，使回归方法在实际生产中得到广泛应用。

在鱼类饲料消化率测定方法中，通过强饲等技术可以解决准确测定鱼类饲料摄入量的问题。如实际研究中，将玻璃管直接插入鱼体消化道，越过咽喉部，就可将待测饲料通过玻璃管完整填饲到鱼类的饲料消化部位。对于口裂较大或者体格较大的鱼类，如大口鲶、匙吻鲟、体重 1 千克以上的鲤鱼等鱼类，可以手工填饲后，冲水将待测饲料送入消化部位。当然，大口裂鱼类的饲料颗粒填饲比较容易，手工分开口裂后，将饲料放入口裂中用软橡胶棒送入消化部位也可完成待测饲料填饲过程。

2. 试验鱼类排泄物的收集方法

在鱼类饲料消化率测定中，完整收集试验鱼类的排泄物是准确测定消化率的关键，收集排泄物的方法不同，消化率的测定值也不相同。鱼类的排泄物收集方法可以分为收集自然排泄物的方法和收集体内排泄物的方法两种。

收集自然排泄物的常用方法有密网捞取法、立即吸移法、连续过滤法、沉淀柱法、倾析法和机械旋转滤膜法等方法。密网捞取法是用孔目较小的网片捞具从试验养殖水体中捞取试验鱼的排泄粪便测定，这种方法显然不能捞取鱼类的尿液；立即吸移法是利用带有洗耳球的鱼类粪便收集器，在试验鱼排出粪便后立即吸出移送到粪便收集器中；连续过滤法是将试验鱼缸的水体，通过网孔大小不同的网片筛过滤，收集每层网筛上的剩余物，然后混合均匀，风干测定重量和营养物质含量，计算排泄总量，作为试验鱼的消化代谢产物；沉淀柱法是将试验缸内的水体分装入柱状玻璃容器中，经过自然沉降后，收取玻璃管内的柱状沉淀物进行测定分析，计算出营养物质含量作为鱼体的未消化物质；倾析法是将试验缸内的水体在特定条件下蒸干，收取残留物作为试验鱼体的排泄粪便，测定鱼类待测饲料的未消化养分；机械旋转滤膜法是将相似于网片的水体营养物质过滤膜制作成离心机械，在微旋转的条件下逐步滤去试验水体的水分，然后风干测定养分，计算鱼体排泄物的总营养物质含量。

上述收粪方法存在的问题是，粪便中营养成分容易受到水体的溶解而流失，同时不能完整收取排泄物，特别是无法对鱼尿中的营养物质回收，即便是粪便中的营养物质也容易受到水体的降解，使消化率测值升高。由于氮在水体中前5秒的溶解速度最快，1小时后才能达到稳定，而在鱼体排出粪便后的5秒钟内完全收取粪便相当困难，这也使得鱼类饲料消化率的测值趋于升高。

收集体内排泄物的方法是，在试验鱼排出粪便前，采用剖腹或者腹部挤压法采集粪便，这种方法采集的粪样实际上混有鱼体本身的生殖产物、黏液、血液以及其他内源性产物，增加粪样测值的不准确性。采用解剖的方法，除了采样较少代表性较差外，粪样的采集时间和部位也影响消化率测值的准确性，消化不完全的食糜降低饲料消化率测值，肠道前端及中端的食糜同样降低饲料消化率的测值。如果采用结扎肛门而在肛门口取样，所得消化率结果可能高于非试验鱼类的实际消化率。

虹鳟试验研究表明，对鱼类脂质消化率测定，挤压法测得的结果低于解剖法和肛门收集粪样法；欧洲鲈鱼试验研究表明，直接从肠道中收集粪便所测得的蛋白质消化率明显低于从水中收集粪便所测得的值，后端肠管的肠上皮细胞可以通过内包作用吸收完整的蛋白质，在肠道中取样时间过早或者取样部位靠前都可能导致消化率降低。由此看来，挤压法、解剖法、肛门收集粪样法所收集的粪样不能代表自然排出的粪样。在自然排泄物出集法与体内收集粪便法中，前者的测值显著高于后者，表明前者水体对营养物质的降解因素不可忽视，后者鱼体体液污染粪样的作用也不可忽略。剖腹法、肛门收集粪样法和沉淀柱采粪法所得结果比较接近。

3. 指示剂的种类及剂量

试验表明，指示剂的种类影响营养物质的利用率。以杂交罗非鱼进行试验，在饲料中添加3种铬制剂，分别是氯化铬（$CrCl_3$）、铬酸钠（$Na_2CrO_4 \cdot 6H_2O$）、三氧化二铬（$Cr_2O_3 \cdot 4H_2O$），试验结果表明，铬制剂能影响葡萄糖的利用率，特别是水合三氧化二铬能够提高葡萄糖的利用率，该试验组具有较高增重、摄食量、蛋白质沉积率和体脂浓度（Shiau等，1994）。如果用5α-胆甾烷和三氧化二铬联合作为对虾饲料消化率测定的指示物质，三氧化二铬和5α-胆甾烷在鱼体消化道内的平均滞留时间并不一致，前者为72小时，后者仅为14.5小时，胆甾烷在消化道内与营养物质的均匀混合比三氧化二铬容易，而且其排泄速度接近营养物质排泄速度，说明二者测定饲料消化率的应用条件并不一致，按照同一技术规程应用，所测结果也不相同。

应用指示剂法测定鱼类饲料消化率，指示剂一般选用惰性物质，应用这种物质作指示剂，剂量不能过大，以在饲料和粪便中能够检测得到为原则，过小的剂量将导致粪便中检测不到指示物质。以杂交罗非鱼为研究对象，分别用每千克饲料均匀混合2～5 000毫克的三氧化二铬，区分为8组，观察测定铬制剂对饲料消化率的影响，结果是，在每千克饲料中添加300毫克的三氧化二铬组罗非鱼的饲料转化率和蛋白质效率较高，而其他各组鱼的干物质、脂肪、蛋白质消化率没有差异。进一步采用线性统计分析，最适合杂交罗非鱼生长的饵料三氧化二铬含量为每千克204毫克。这说明应用指示剂法测定鱼类饲料消化率，指示剂本身也对饲料消化率产生影响，不同种类的鱼和不同生理时期的鱼类，在测定饲料消化率时，同一指示剂的适宜添加量可能不同。

（二）瘘管收粪法测定鱼类饲料消化率的基本原理

测定鱼类饲料消化率时，在能够准确测定日粮摄入量的条件下，完整准确地收集摄入定量待测饲料后的排泄物，是饲料消化率测定的难点。与禽类一样，鱼类消化代谢的排泄物是粪尿混合物，饲料的消化率与代谢率只是概念上的区别，实际测定的结果难以区分。有学者认为，这种消化率与代谢率难以区分的饲料效率可以称之为饲料利用率或者饲料可利用率，这样就可将鱼类的内源粪尿消化代谢排泄物合并计算。鱼类在采食饲料后，实际利用的营养物质包括空腹或者绝食代谢中从粪尿排出的营养物质，用公式（2－7）表示鱼类饲料的利用率：

$$TD(\%)=\frac{I-F_1+F_2}{I}\times 100 \qquad (2-7)$$

式中 TD 代表鱼类饲料养分利用率（%）；I 代表饲料养分摄入量；F_1 代表填饲待测饲料后 24 小时或者 36 小时后，从粪尿中收集的排泄养分量，这部分实际包括从粪便中排泄的养分和从尿液中排泄的养分，有学者也用 F_n 代表从粪便中排泄的养分量，用 U_n 代表从尿中排泄的养分量，即 $F_1=F_n+U_n$，实际应用中 F_n 和 U_n 常常混合在一起，难以分离，测定的数据是二者的混合样养分含量；F_2 代表空腹或者绝食代谢状况下，从粪便和尿液中排泄的饲料养分，称之为内源粪尿养分排泄量，有学者也用 F_m 代表从粪便中排泄的内源养分含量，用 U_m 代表从尿中排泄的内源养分量，即 $F_2=F_m+U_m$，实际应用中 F_m 和 U_m 常常混合在一起，难以分离，测定的数据是二者的混合样养分含量。

在畜禽营养研究中，为了测定禽类的饲料利用率，学者采用肛门缝合术的方法，将用于收集禽类粪尿的容器缝合在禽类的肛门上。一般采用塑料瓶做容器，将瓶盖缝合在肛门上，试验期间一直固定，通过装卸瓶体收集粪尿，当瓶体粪尿装满后，卸下瓶体收集其中的粪尿，然后再装上瓶体，反复收集试验禽类的粪尿。鱼类的排泄物组成与禽类相似，也是粪尿合一，且禽类饲料利用率的研究日趋成熟，借鉴禽类饲料利用率的研究方法，采用瘘管收粪法，可以完整收集鱼类试验期间的粪尿排泄物，准确测定排泄物中的饲料养分含量。

鱼类肌肉脆性强，韧性不足，也由于肛门开裂较小，难以缝合粪尿收集容器，装载的粪尿收集器常常在水体游动中脱落，不能收集到排泄物，并导致拉伤肛门肌肉而感染，使试验终止。从鱼类解剖上看，构成鱼类肛门括约肌的肌肉比较强韧，可以进行瘘管收粪器的安装。

（三）瘘管收粪器的结构

鱼类瘘管收粪器由瘘管、连接钩、橡胶固定圈、橡胶收粪囊、收粪囊固定环 5 部分构成（图 2－3），其中瘘管是收粪器的重要部件，一般总长为 3 厘米。在瘘管收粪器的构建中，连接钩设置在瘘管的前端，瘘管的后端设置有橡胶收粪囊固定环，瘘管的后端直接插入橡胶收粪囊的开口处，用橡胶固定圈将橡胶收粪囊固定在收粪囊固定环的位置上。连接钩在瘘管的前端位置，形成倒刺钩。采样时将瘘管插入鱼体肛门，越过泄殖孔到达膀胱部，然后反向外拉，使连接钩插入泄殖窦上缘，这样鱼在水中活动时瘘管不会脱落下来。后端的橡胶收粪囊可以通过橡胶圈拆卸，取出其中的粪尿排泄物后重新装载，或者更换同样大小和重量的橡胶收粪囊。这样，可以对相同的试验和同一条鱼多次采样，收取橡胶收粪囊中的粪尿样本，通过对比，获得更加准确的试验数据。

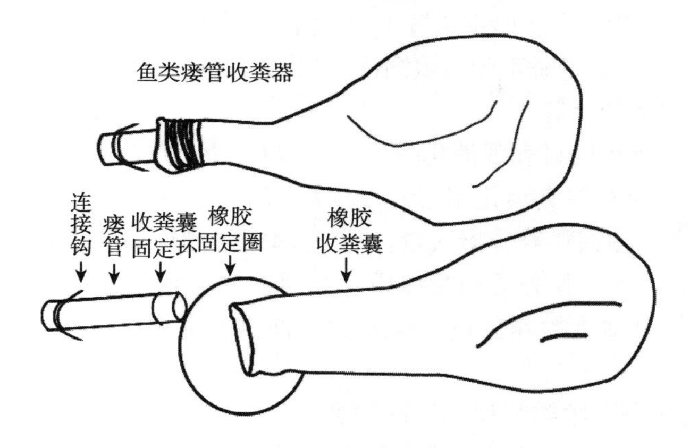

图 2-3　瘘管收粪器示意图

安装橡胶收粪囊时，应排空其中的空气，以便容纳粪尿排泄物。

（四）瘘管收粪法测定鱼类饲料消化率技术规程

1. 瘘管收粪器的安装

用孔径 0.5～0.8 厘米的鱼类瘘管收粪器收集粪样，将瘘管收粪器插入鱼体肛门，越过泄殖孔到达膀胱部，然后反向外拉，使瘘管收粪器连接钩插入泄殖窦上缘，即瘘管插深 1.0～1.5 厘米，将带瘘管的试验鱼放入试验池塘禁食 30 小时，其中 6 小时为术后试验鱼的适应期，24 小时为试验鱼的空腹代谢期，收集术后试验鱼的排泄物作为内源粪尿的排泄物。用已知营养物质含量的定量待测饲料填饲试验鱼类，待测饲料的填饲量按试验鱼的体重计算，体重超过 200 克的试验鱼每尾 5～10 克填饲待测饲料，体重小于 200 克的试验鱼按试验鱼体重的 2.5%计算，但待测饲料的填饲总量每尾不小于 3 克。

填饲待测饲料应人工送达到咽喉以下的消化道，防止试验鱼进入试验池将饲料吐出。填饲待测饲料后的试验鱼放入试验池禁食 24 小时后，解开橡胶固定圈，摘取瘘管收粪器的橡胶收粪囊，测定粪便鲜样重量等数据，风干后用烤箱烘烤到与填饲饲料水分含量相同的干重，如果烘烤的水分含量低于填饲饲料样品，在实验室进行回潮，待水分含量与填饲饲料样品相同后，测定该样品的养分含量。

2. 试验鱼的选取及待测饲料填饲

试验鱼取样池塘停喂 24 小时后，从中选取体重符合试验要求、健康活泼、无明显外伤、品种特征明显、鳞片（有鳞鱼类）无损伤的试验鱼 6 尾，安装瘘管收粪器，放入安装有增氧设备的清水（专用）试验池，禁食 24 小时，摘取瘘管收粪器橡胶收粪囊，收集空腹 24 小时的排泄物 F_2，称重烘干，测定待测养分含量。安装新的橡胶收粪囊，每尾准确填饲已知营养成分含量的待测饲料 5～10 克，分 2～4 次填饲，每次填饲送过咽喉部到达食管部。更换的新橡胶收粪囊应与前面使用过的未充盈粪尿的空橡胶收粪囊重量一致。

3. 待测饲料排泄物的收集处理

填饲了待测饲料的试验鱼，在装有增氧机的清水试验池（专用）禁食养殖 24 小时，解开瘘管收粪器的橡胶固定圈，收集试验鱼的排泄物 F_1，称重烘干，测定待测养分含量。如果橡胶收粪囊已经装满，可通过橡胶固定圈更换新的橡胶收粪囊，累计计算填饲待测饲料后的排泄物 F_1。烘烤排泄物，在实验室放置 12 小时回潮，测定水分含量与待测饲料水分相同时的养分含量，或将养分含量矫正到与填饲饲料相同的含量，计算饲料养分消化率。

4. 待测饲料消化率的计算

$$\text{待测饲料表观消化率}(\%) = (I - F_1)/I \times 100;$$

$$\text{待测饲料真消化率}(\%) = (I - F_1 + F_2)/I \times 100。$$

计算公式中 I 为待测饲料养分摄入量；F_1 为填饲待测饲料后从粪便中排泄的养分量，也叫做粪便外源养分，如粪便外源粗蛋白质、粪便外源氨基酸等；F_2 为空腹或者绝食 24 小时后试验鱼从粪便中排泄的养分量，也叫做粪便内源养分，如内源粗蛋白质、内源氨基酸、内源灰分等。

（五）瘘管收粪法测定鱼类饲料消化率简评

鱼类生活环境和消化器官的特殊性，增加了测定鱼类饲料消化率的困难，虽然研究者提出了各自的测定方法，但尚未有为众多学者接受的鱼类饲料消化率测定技术规程。瘘管收粪法在收集鱼类完整排泄物上有所突破，明显减少水体环境对排泄物养分的降解。同时，由于采用生产现场的日粮饲料，弥补了指示剂法不能完全回收、指示剂与饲料养分在鱼体肠道移动速率不同的不足，也克服了套算法的基础日粮与待测日粮之间的加和互做效应。在饲料消化率测定的环境上，完全采用生产现场养殖动物的消化道，消除了内源指示剂法单一酸性环境难以仿真饲料实际消化过程的缺陷。

周志刚等研究表明，鱼类在填饲待测饲料后，以 6 小时和 12 小时的间隔收取粪样，养分含量明显表现出前高后低的特征，这说明 6 小时采集的粪样处于待消化的食糜状况，而非真正意义上的粪便。与此相似，挤压法所得粪样的养分含量低于解剖法和肛门收粪法，仍然是选择不同采样时间所致。鱼类的昼夜活动规律明显，多属夜伏昼出，以 24 小时为一个消化周期，比较符合鱼类的消化代谢规律。一个消化周期完成后的末端采样，才能完整反映鱼类对饲料的消化性。在禁食采样期间，为收集到足够的粪尿内源养分测试样品量，需要将采样时间延长 12 小时，即 36 小时能后鱼类内源养分排泄完全。

瘘管收粪法还需要在待测饲料填饲量、粪便外源养分的样品收集时间、粪便内源养分的收集时间，以及饲料载荷试验鱼在清水池塘的养殖时间等方面进一步研究并达成统一认识，才能形成完整的技术规程。刘超等（2014）用该法测定了匙吻鲟（体重 200 克）对玉米饲料粗蛋白质的消化率，结果表明，瘘管收粪法测定的匙吻鲟对玉米饲料粗蛋白质的消化率为 87.58%，低于外源指示剂法测定的石斑鱼对玉米蛋白粉的蛋白质消化率，高于内源指示剂法测定的草鱼对玉米胚芽粕的蛋白质消化率；同时测得匙吻鲟对玉米饲料中的 18 种氨基酸的表观消化率为 73.62%～91.34%，真消化率（可利用率）为 85.22%～96.64%。

主要参考文献

爱牧，1983. 蚯蚓养殖 [M]. 北京：中国农业机械出版社：42 - 45.

安新程，吕欣，2007. 黑水虻的生物学特性及营养价值 [J]. 饲料与营养（11）：67 - 68.

白钢，张翼翔，2010. 蝇蛆营养成分的测定与评价 [J]. 包头医学院学报，26（1）：10－13.
陈宝书，陈本建，张惠霞，等，1998. 蚯蚓粪营养成分的研究 [J]. 四川草原（3）：22－24.
陈杰，邝哲师，肖明，等，2014. 畜禽粪便处理的优质昆虫黑水虻 [J]. 安徽农业科学，42（24）：8180－8182.
董昌平，邹桃龙，唐艳梅，等，2016. 大麦虫营养成分分析 [J]. 北方农业学报，44（2）：63－68.
杜明亮，李成会，2014. 蚯蚓抗菌肽的研究进展 [J]. 唐山师范学院学报（2）：49－51.
黄金伟，李猛，陈琰，等，2009. 烘干蝇蛆的营养成分评价及其应用前景 [J]. 饲料工业，30（19）：49－51.
霍桂桃，任文社，谷子林，等，2006. 蝇蛆粉及蝇蛆培养物对夏季产蛋鸡血液生化指标的影响 [J]. 黑龙江畜牧兽医（11）：53－55.
李东，兀珊，陈婕，等，1999. 黄粉虫营养成分分析及黄粉虫应用开发可行性研究 [J]. 食品工业科技（增刊）：114－117.
李志强，2004. 畜禽粪便的营养价值与利用 [J]. 当代畜禽养殖业（12）：20－21.
林仕梅，罗莉，叶元土，2000. 鱼饲料消化率测定方法的研究 [J]. 渔业现代化（1）：7－10.
林伟民，连晓东，霍伟伦，等，2015. 蚯蚓粉的营养成分分析及贮藏性评价 [J]. 广东农业科学（5）：63－68.
刘超，李寒松，成定北，等，2014. 瘘管全收粪法测定匙吻鲟对安玉 2166 玉米的消化率 [J]. 淡水渔业，44（2）：52－56－（61）.
刘超，2003. 可利用氨基酸饲料新技术 [M]. 北京：中国农业出版社，161－186.
刘超. 一种鱼类瘘管收粪器：201521041640.3 [P]. 2016－05－04.
刘王良，朱雅佑，陈慧达，1990. 青鱼对十四种饲料的消化率 [J]. 水产科技情报（6）：166－169.
吕凯，石英尧，高振魁，2001. 猪粪的成分及其利用的研究 [J]. 安徽农业科学，29（3）：373－374.
马彦彪，王汝富，2012. 饲用黄粉虫营养成分评价 [J]. 甘肃畜牧兽医，42（4）：30－32.
饶育雄，章公大，唐秋行，1985. 两种蚯蚓的营养成分分析 [J]. 广州医学院学报，13（3）：21－23.
斯琴高娃，赵改梅，王哲鹏，等，2008. 无菌蝇蛆的营养分析 [J]. 现代农业科技（2）：60－61.
宋高杰，李涵，李瑞珍，等，2017. 猪粪养殖蚯蚓的营养成分测定及作为家禽蛋白质饲料的安全性评价 [J]. 中国家禽，39（8）：20－23.
孙朋朋，宋春阳，2014. 蚯蚓饲料在动物生产中的应用 [J]. 中国饲料（4）：38－40.
汪勇，唐海鸥，李富伟，2008. 非常规饲料资源开发利用的研究进展 [J]. 广东饲料，17（1）：36－37.
王达瑞，张文霞，陆源，等，1991. 家蝇幼虫营养成分的分析及利用 [J]. 昆虫知识（4）：247－249.
王金花，王学梅，杨雨辉，等，2012. 黄粉虫粪和蚕沙的常规营养成分分析 [J]. 安徽农业科学，40（21）：10924－10925.
吴建伟，陈美，彭文峰，2001. 猪粪饲养家蝇幼虫的营养成分研究 [J]. 贵阳医学院学报，26（5）：377－379.
吴龙秀，李仲培，方其仙，2011. 蚯蚓的药用价值及养殖方法 [J]. 现代农业科技（22）：327－328.
吴遵霖，李蓓，1989. 填喂配合饲料对鳜鱼营养的初步研究 [J]. 水产学报，13（4）：360－364.
谢保令，1994. 黄粉虫营养成分的分析研究 [J]. 昆虫知识，31（3）：175－176.
杨学圳，杨伟，杨春平，等，2013. 大麦虫的营养成分分析与评价 [J]. 营养学报，35（4）：394－396.
杨兆芬，林跃鑫，陈寅山，1999. 黄粉虫幼虫营养成分分析和保健功能的实验研究 [J]. 昆虫知识，36（2）：97－100.
叶兴乾，苏平，胡萃，1997. 黄粉虫主要营养成分的分析和评价 [J]. 浙江农业大学学报，23（S）：35－38.

喻国辉，陈燕红，喻子牛，等，2009. 黑水虻幼虫和预蛹的饲料价值研究进展［J］. 昆虫知识，46（1）：41－45.

余思祧，徐晋佑，1981. 蚯蚓的人工养殖［M］. 广州：广东科技出版社：56.

曾祥伟，王霞，郭立月，等 2012. 发酵牛粪对黄粉虫生长发育的影响［J］. 应用生态学报，23（7）：1945－1951.

张洪志，王丽兰，王兰，1984. 蚯蚓中营养成分测定及其评价［J］. 动物学杂志（2）：18－21.

张辉，王二云，张杰，2014. 畜禽常见粪便的营养成分及堆肥技术和影响因素［J］. 畜牧与饲料科学，35（3）：70－71.

张卫信，陈迪马，赵灿灿，2007. 蚯蚓在生态系统中的作用［J］. 生物多样性，15（2）：142－153.

赵大军，2000. 黄粉虫的营养成分及食用价值［J］. 粮油食品科技，8（2）：41－42.

朱绍辉，张国雨，王晓丽，等，2012. 蝇蛆的营养价值及在水产养殖方面的应用［J］. 饲料研究（4）：59－61.

中国饲料编辑部，2014. 中国饲料成分及营养价值（2014 年第 25 版）中国饲料数据库［J］. 中国饲料，（21）：1－10.

Eusebio P S，Coloso RM，2000. Nuturitional evaluation of various plant protein sources in diets for Asian sea bass lates Calcarifer［J］. Journal of Applied Ichthyology，11：56－60.

NICHOLS T L，WHITEHOUSE C A，AUSTIN F E，2000. Transcriptional analysis of a superoxide dismutase gene of Borrelia burgdorferi［J］. Fems Microbiol Letters，183（1）：37－42.

PARSONS C M，ZHANG Y，ARAB M，1998. Availability of amino acide in high－oil corn［J］. Poult Sci，77（2）：1016－1019.

SIBBALD I R，1987. Estmation on balance experiments［J］. Can J Anim Sci，67（6）：221－303.

SMITH D M，TABRETT S J，2004. Accurate measurement of in vivo digestibility of shrimp feeds［J］. Aquaculture，46（232）：563－580.

ST－HILAIRE S，CRANFILL K，MC GUIRE M，2007. Fish offal reeycling by the black soldier fly produces a foodstuff high in omega－3 fatty acids［J］. Journal of the world Aquaculture Society，38（2）：309－313.

USMAN，RACHMANSYAH，LAINING A，et al，2005. Optimum dietary protein and lipid specifications for grow－out of humpback grouper cromileptrs altivelis（valenciennes）［J］. Aquaculture Research，36：1285－1292.

第三章

灯光诱饵养鱼技术

生物趋光性是一种生物对光靠近或远离的习性，水生植物中的各种藻类游走子，如游走性绿藻、鞭毛藻、双鞭藻和红色细菌等，因其中的叶绿体具有游走性，其游走子具有显著的趋光性。没有鞭毛可依靠滑行运动的蓝藻、硅藻和鼓藻，甚至连细胞性黏菌的移动体也具有这种性质。虽然眼虫等可用眼点感光，但缺少眼点的眼虫突变体和本来就没有眼点的双鞭藻仍具有趋光性。动物中的许多种类具有趋光性，如常说的飞蛾扑火就是一个很典型的例子。这种特性对于植物等自养生物十分重要，因为趋光性可以帮助植物获得更多阳光进行光合作用。生物趋光性是生物应激性的一种，是长期自然选择的结果。在有趋光性的生物中，拥有正趋光性的生物会靠近光源，而具有负趋光性的生物会躲避光线的刺激。

第一节　灯光诱饵的技术原理

一、动物趋光性原理

动物界也有趋光性，没有感受器分化的动物如草履虫就有趋光性，多数动物通过眼睛来感光，趋光性已成为影响动物行动的主要因素。有两种光刺激，一种是由光源散射的光刺激，另一种是由不同照度梯度的漫散光刺激。而趋光反应的机制也很不一样，有从不定向趋性到定向趋性等多种形式。在趋光反应的研究中，人们已经获得几种不同的作用光谱，并发现有些次要刺激因素，如温度、亮度和化学物质等，对很多趋光性有一定影响；另外，有许多动物对光刺激表现特有的趋性形态，如目标趋性、保留趋性、光背反应和光腹反应等。有些动物（蜗牛、鼠妇、马陆、赤杨毛虫等）还有趋暗性，即对光呈负趋光性（反向趋性）。某些昆虫或鱼类具有对光刺激产生定向运动的行为习性。

夜行性昆虫的趋光性多数非常明显，如夜蛾、金龟子，其中“飞蛾扑火”最为人们熟知。蛛形纲的蜘蛛也存在趋光性，它会在灯下编织蛛网捕食猎物。夜行性昆虫的趋光性与其导航方式有关。它们通常是以月亮为导航坐标，且飞行时不是垂直于月光，而是呈斜交，因为月亮属于遥远的光源，月光近似为平行光，以斜交固定角度的方式可以实现直线飞行。而灯火会被它们误认为是月亮，但灯火却是近距离光源，形成发散光而非平行光，结果昆虫依然按照斜交固定角度的方式飞行，最后就会以螺旋形渐近线的轨迹飞向灯火（如果飞离灯火则不被人观察到）。

应用行为学与生理学原理研究动物趋光性，两者具有相互补充的优点，所得结论基本一致。关于昆虫趋光性机制的假说较多，其中报道较多的是光干扰假说、光定向行为假说和生物天线假说三种，较为普遍接受的是前两者。光干扰假说是指刺眼作用干扰昆虫的正常活动导致趋光，而光定向行为假说则指昆虫趋光是由于光定向行为所致。

二、鱼类的摄食温度

鱼类属于变温动物，体温随着所处水体环境温度的变化而变化。鱼类进化发展至今，分布在全世界各个水域中的鱼类形成了能够在不同水温环境条件下生存的类型，如温水性鱼类、广温性鱼类、冷水性鱼类/耐低温鱼类和暖水性鱼类/耐高温鱼类。根据对环境温度变化的适应能力不同，可将水生生物分为两种类型，能够适应的温度变幅在10℃以内称之为狭温性水生生物，可适应的温幅在10℃以上则称之为广温性水生生物。广温性水生生物中，适温在25～35℃的种类被称为暖水性水生生物，适温在15～25℃被称为温水性生物。适温低于15℃的生物则称之为冷水性水生生物，温冷水性鱼类即属于此范畴。

鱼类品种不同，其所适宜的环境温度范围不同（表3-1）。在水温一定的范围内摄食强度大，当水温低于或高于一定范围后，其摄食能力迅速减弱甚至消失。如水温低于10℃时，鲤鱼的摄食能力迅速减弱，当水温低于0℃时，草鱼的摄食能力消失，鲢鱼、鳙鱼的摄食能力迅速减弱。在冬季，暖水鱼类和温水性鱼类，以降低基础代谢和自身体温适应外界温度，在外在行为特征上表现为摄食能力降低，对外界的刺激反应迟钝，对饵料的需求减少。

表3-1　鱼类摄食温度

品　种	摄食温度	最佳摄食温度	停止摄食温度	备　注
鲫　鱼	4～32℃	能忍受0℃低温	≤5℃摄食减弱	温水性鱼类
鲤　鱼	6～30℃	15～25℃	≤10℃摄食减弱	温水性鱼类
鳊鱼、鲂鱼	6～25℃	15～25℃	≤10℃摄食减弱	温水性鱼类
草　鱼	20～32℃	25～30℃	≤0℃停止摄食	暖水性鱼类
鲢鱼、鳙鱼	22～32℃	25～30℃	≤0℃摄食减弱	暖水性鱼类
鲶　鱼	18～32℃			暖水性鱼类
罗非鱼	24～35℃	33℃食欲旺盛		热带鱼类
鲮　鱼	15～30℃	≤14℃食欲不振	≤7℃死亡	热带鱼类
虹鳟鱼	10～18℃		≥25℃死亡	冷水鱼类
乌　鱼	25～40℃		≤12℃停止摄食	热带鱼类
哲罗鱼、雅罗鱼、铜罗鱼、法罗鱼、胡罗鱼、细鳞鱼、狗鱼	7～20℃	13～18℃		冷水鱼类

鱼类的第一营养需要为蛋白质，除了供应机体代谢和修补组织外，蛋白质的沉积是增加体重、形成产品的重要营养源，鱼类的维持需要多是以蛋白质的分解转化形成能量物质，满足机体的能量需要。蛋白质含量高的饵料，特别是动物性饵料，可刺激鱼类感觉器官和味觉器官，引起鱼类的采食反应。

三、灯光诱饵促进鱼类摄食的原理

灯光诱饵的基本原理是，利用水中浮游动物及空中昆虫等趋光性原理，聚集这些鱼类饵料在一体，结合鱼类趋光性和“水温驱动、为蛋而食”生理机能，引诱鱼类到动物饵料集中的水体，通过动物饵料蛋白质含量高的特点，刺激鱼类的采食反应，提高鱼类摄食行为，增加或补充鱼类动物性蛋白质饵料的供给。

有研究表明，光波的一定区段是鱼类神经兴奋的刺激点，可引起鱼类摄食神经的兴奋，增加冬季的摄食时间和摄食量。这个光波段在红光段位，波长 460～760 纳米。当夜间人工补充的光源波长在这个区段时，就可刺激鱼类的摄食神经兴奋，引起采食冲动和采食行为发生。因此，鱼类养殖场一般在养殖水域进行夜间人工补光，刺激鱼类采食行为，增加鱼类的摄食量。

第二节　灯光诱饵在渔业生产中的应用

灯光诱饵技术的最早应用当属植物生产中的棉田金龟子诱捕，在水产中的最早应用是渔民在鱿鱼捕捞中，夜间通过海上捕捞船开启的强烈灯光，引诱鱿鱼向捕捞网中集中，达到一定程度的集聚量后，起捕拖网，增加鱿鱼的一次性捕捞量。美国加利福尼亚等地将灯光诱饵技术应用到池塘的野杂鱼清除、野生珍稀种类的捕获等方面。

一、灯光诱饵在匙吻鲟越冬养殖中的试验

黄永川、常秀岭、张德志等将灯光诱饵技术应用到匙吻鲟养殖中，主要作为饵料补充料，帮助匙吻鲟等滤食性鱼类健康越冬、增加越冬期间的体重等。刘超等试验在匙吻鲟越冬期间（5 个月）采用灯光诱饵技术，可使匙吻鲟比对照组增重 105 克/尾，对鱼类养殖中的“冬瘦春乏秋死”有显著缓解作用，试验组的成活率和增重显著高于对照组。在生产实际中，灯光诱饵一般作为滤食性鱼类的养殖方法，进行低密度不投饵养殖，在杂食性鱼类或肉食性鱼类养殖中作为饵料补充料应用，特别是为这些鱼类的安全越冬提供营养补充。

黄永川等将体长 14 厘米、体重 10.88 克的大型滤食性匙吻鲟以每平方米水面 1.5～3.0 尾（每立方米 1.0～1.5 尾）的放养密度，5 米×5 米×2 米的网箱按每口 35～65 尾的量放养，在水库中进行不投饵网箱养殖，经过 6 个月不投饵料养殖，平均体重达到 159.57～190.09 克，单位面积产量达到每平方米 0.18～0.29 千克。常秀岭等按每平方米 3 尾的养殖密度水库网箱养殖匙吻鲟，经过 11 个月的不投饵养殖，灯光诱饵组的增重是常规不投饵养殖体重的 10 倍。张德志等比较了不投饵、投饲鱼块和投饲配合饲料在水库中网箱养殖匙吻鲟的三种养殖模式，结果显示，采用不投饵＋灯光诱饵养殖模式的鱼类期末体重是配合饲料养殖模式组的 1/3，表明这种养殖模式的养殖密度不得超过配合饲料养殖模式的 1/3。王念民等测定水库中自然放养的匙吻鲟，日增重为 4.4 克，生长速度与水体中的天然饵料丰缺和水质状况显著相关。

上述研究表明，灯光诱饵技术是鱼类养殖技术中的增效技术，应用到生产实际中可

以减少饵料投饲和饲料成本开支，但不能作为集约化养殖技术的单一饲料供给制度，只能作为鱼类饵料补充料或者冬季越冬的营养供给补充。采用不投饵养殖，水面养殖密度不能超过每平方米3～5尾。

灯光诱饵养殖技术的经济效益表现在维持鱼类越冬体重加上，刘超等试验表明（表3-2），在冬季，灯光诱饵维持了彫吻鲟的稳定增重，而对照组在冬季体重有下降的趋势，是由于鱼类分解体成分维持体温恒定的作用。

表3-2　网箱养殖灯光诱饵越冬试验结果

测定日期	8月16日	9月16日	10月16日	11月16日	12月16日	1月16日	日增重
灯光诱饵组体重（克）	47±3.0	53±4.5	135±10.5	150±12	146±15	148±17	3.54±1.25
无灯光组体重（克）	47±3.5	50±4.0	55±6.5	53±7.5	53±7.0	50±8	1.72±0.75

灯光诱饵养殖技术的重要意义在于减少了养殖水体的残饵、粪便污染，继而降低了水体氨氮等污染物质的存留。由于人工饲料中的不溶性氨氮含量远高于水体中浮游生物体的含量，人工饵料的消化率也低于水体中浮游动物的消化率，采用灯光诱饵，减少了人工饵料投饲和鱼类粪便排泄，相应降低了水体的氨氮存留，减少了水体污染。

二、灯光诱饵养殖技术的经济效益

灯光诱饵养殖技术主要应用于大水面的网箱养殖中，陕南地区也在池塘养殖中有所应用，主要应用白炽光灯具做诱饵灯光源，也有用紫色光或者褐色光源的，试验结果是，白炽光的诱饵效果好于其他光源。这种技术的成本低、效果明显，在陕南某市的库区网箱养殖中推广面积达到90%以上，技术应用的品种不局限于滤食鱼类，在鲤鱼、草鱼及一些吃食性鱼类中都有应用。

以陕南某市的养殖规模测算灯光诱饵的经济效益，先根据表3-2计算出灯光诱饵所增加的产量占总产量的比例，在日增重中，灯光诱饵产量所占的比例：

$$(3.54-1.72)/(3.54+1.72)\times100\%=34.60\%$$

该市网箱养殖年产鲜鱼量是1.88万吨，灯光诱饵推广的面积是90%，则灯光诱饵年增产的鲜鱼量：1.88万吨×34.60%×90%=0.59万吨。

假定网箱的面积是42平方米，每箱养殖成鱼100尾，具体到单个网箱，扣除灯光诱饵技术增加的成本，技术增效计算如下：

灯光诱饵单箱增产重量：（3.54－1.72）克/（天·尾）×365天×100尾=66.43千克。

按每千克20元计算（彫吻鲟市场价），单箱增收1 328.60元。

灯光诱饵网箱的投资成本为，电费为2排灯管×5（盏/排）×10（千瓦/盏）×10（小时/日）×365日×0.53元/（千瓦·时）=193.45元，用电设备（电线、节能灯等500元）年折旧40%（含维修），单箱净增收为1 328.60元/箱－（193.45＋500×40%）元/箱=935.15元/箱，即采用灯光诱饵养殖技术，一口网箱每年可增加收入935.25元。该市每年养殖网箱量是2.68万口，灯光诱饵单项技术年增收2.68万箱×935.15元/箱=2 506.20万元。

三、灯光诱饵技术的应用原则

从许多试验结果看，灯光诱饵技术是鱼类养殖的增效技术，可用于滤食性鱼类或者吃食性鱼类的养殖，在套养滤食性鱼类的池塘或网箱中应用效果也很显著。用养殖鲤鱼和草鱼的池塘试验，采用灯光诱饵技术，鲤鱼年增重每平方米可提高 60 克，草鱼年增重每平方米可提高 45 克，每平方米网箱养殖水面可增收近 1 元。灯光诱饵技术在实际应用中需要遵从下列原则：

1. 水体有一定量的浮游生物

含有浮游植物的水体适合于养殖花白鲢等滤食性鱼类，含浮游动物多的水体套养一部分肉食性鱼类效果更好，但要注意套养的肉食性鱼类规格不能大于主养的鱼类规格。同时，肉食性鱼类套养的数量不能过多，以不超过 5%（按尾数计算）为宜。

2. 套养滤食性鱼类

采用灯光诱饵的养殖池塘或网箱，主养滤食性鱼类为好，若主养吃食性鱼类而套养滤食性鱼类，套养的比例不得低于 30%（尾数）。

3. 生产中常用光源以白炽光为好

试验表明，采用点状光源、灯光线状排列、1 000～1 500 勒照度、白炽光，效果优于其他方式，鱼类的增重效果好。当然，也有研究表明，可见光部分的 500 微米波长光线对昆虫如棉铃虫等的诱杀效果较好，还有的试验表明，紫外线部分的 333 微米波长对桃小食心虫诱捕效果较好。

4. 鱼种规格要适合

采用灯光诱饵技术，池塘或网箱放养的鱼种体长规格应在 15 厘米以上，体重达到 50 克以上，并要注意疾病预防，提高鱼种时期的成活率，降低养殖成本。

四、灯光诱饵技术的操作

灯光诱饵技术可用于池塘或网箱养殖中，基本目的是引诱水体中的浮游生物聚集在灯光下，然后由鱼类自由捕食，或者引诱环境中的光趋性昆虫撞击灯光而亡，掉落到水面，供鱼类捕食。如何引诱水体中的浮游生物和空中的昆虫聚集，增加浮游生物和昆虫的聚集量，是灯光诱饵在操作上的技术核心。灯光诱饵主要是引诱水体中的浮游动物，如枝角类和桡足类，这些浮游动物的趋光性主要依赖光源强度和波长，受光源诱导做上下垂直的移动，在水体光线变暗的时候向人工光源方向做螺旋形移动。

灯光诱饵在大水面网箱养殖中的应用，一般是按照网箱面积的大小排列灯光，并且要根据所用光源的照度确定位置和安装高度。在实际应用中，一般是将照度折算成所安装的灯泡的功率计算的。按照照度 1 000 勒的要求计算，距离水面 1 米高度处安装 20 千瓦的白炽灯，其垂直向下的中心点，照度大约为 1 500 勒，以该点为圆心，向周围水面 1.5 米的远点，其照度为 1 000 勒，因此安装照明灯的要求就是，在距离水面 1 米的高度处，周围每隔 3 米安装 1 盏 20 千瓦白炽灯，即可达到照度要求。如果距离水面的高度降低或升高，相应的灯泡功率（瓦数）可增加或降低（图 3 - 1），但不低于 10 千瓦。

采用灯光诱饵养殖技术，每天在天黑以后开启照明设备，天亮后关闭，以节约用电，降低养殖成本。日常管理中，要经常检查线路，防止电路风吹雨淋老化漏电，老化的电缆、电线要及时更换，采用水面光源的还要防止灯泡沉入水中击伤鱼，也要防止人身电击事故的发生。

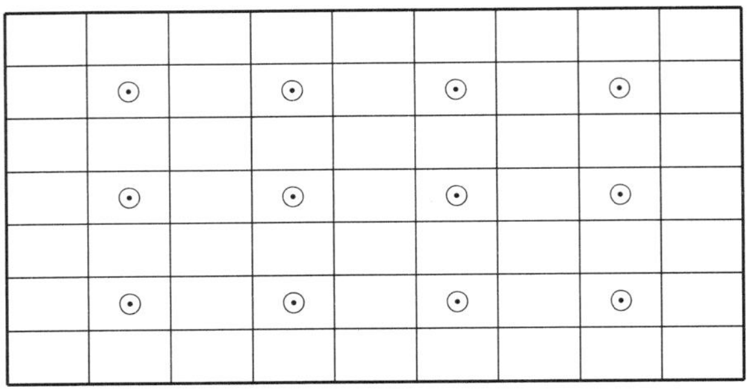

⊙：光源，两列光源中间空格为每格 1.5 米。

图 3-1　灯光诱饵技术光源的安装位置

网箱养殖中应用灯光诱饵时，由于网箱处在流动水体中，病害较少，病害防治的重点是防止上游下来的水体带菌，侵害网箱内的养殖鱼类，需要对进入网箱内的外域水体消毒，特别要预防大水面网箱养殖中常见的水霉病、小瓜虫等，对这些疾病及早采取预防措施。

在生产实践中，群众总结出在网箱上游方向的边角悬挂吊袋药包的方法，这种药包可以用纱布等透水材料制作，在药包里面装入消毒药或廉价的中草药，如生石灰、沸石、白云石、活性炭等，中草药可就地取材，选择当地的野生或生产成本较低的品种，如黄芪、野生瓜蒌、生姜、捣烂的大蒜等，通过水体浸提，使这些物质中的金属离子和生物碱流经网箱养殖区域，达到防病治病目的。

吊袋一般上下两层安装，上层距水面下 0.5～1.0 米，针对中上层鱼类的疾病，相应调整药袋剂型，下层距水面下 1.5～2.0 米，针对下层鱼类的疾病预防，相应增加有害厌氧菌的预防药物。吊袋上部用绳索系于网箱缆绳，下部用铅垂或重物牵引，固定在水体中。

第三节　灯光诱饵在渔业捕捞中的应用

生态渔业日益成为社会的共识，除了环境保护意义外，产品的生态化也日益成为人们健康生活的需要。在工厂化养鱼之外，水域环境的“人放天养”可能成为生态渔业的重要生产方式，普遍开展的鱼类增殖放流实质上是“人放天养”的一种形式，这种“人放天养”的渔业形式，到时通过人工捕捞获得水产品，维持水域资源的平衡，所以，人工捕捞在生态渔业中的作用将逐步显现。

早期的人工捕捞注重捕捞工具的改进和研究，先后研制了刺网、围网、地拽网、张网、箔筌网等捕捞工具，并研究了水库拦、赶、刺联合捕捞方法和电渔法，垂钓工具也在不断改进中。捕捞工具改进的典型是淡水渔船，这种渔船能够在一个作业单元内完成整个捕捞、分拣过程，渔船集中了捕捞所需的所有渔具，这些捕捞渔具考虑了作业水域的地形地貌和渔区渔业资源特点和习性，是一种集约捕捞的作业工具，代表了捕捞渔业的前沿水平。

一、诱鱼网箱的结构和架设方法

利用鱼类趋光性原理，将鱼类引诱到设定区域，集中捕捞是一种新的捕捞方法，这种捕捞方法具有劳动强度小、捕捞效率高的特点。它的基本做法是在设定的捕捞水域中心设置强烈光源，诱惑鱼类进入预先设置好的网内，然后借用滑轮增力作用，快速向水面上方提起网具，捕捞渔获物，一般将这种快捕的网箱叫做诱鱼网箱。

诱鱼网箱一般采用长方形的无盖网箱，材料一般由聚乙烯网片缝合而成，网目根据水域资源和所需捕捞鱼类的规格而定，可用 5 厘米无增减目横目，网片用单死结，网线 3 米×4 米用上下钢索结附于网衣上，网纲用聚乙烯绳索连接，根据水面宽度调整长度。

诱鱼网箱一般选择在水面较宽、灯光照射面积较大的地带，并且要方便起捕，易于操作和节省费用。在已经选择好的水域通道两岸架设 4 根立柱，在 4 根立柱中间设置网箱，通过钢索吊起网箱的四角（图 3－2），在网箱的中上部距离水面约 50 厘米处吊一盏 100 瓦的白炽灯引诱昆虫掉落水面，并吸引鱼类集聚觅食，待鱼集聚后，采用滑轮迅速提起网箱，起捕渔获物。

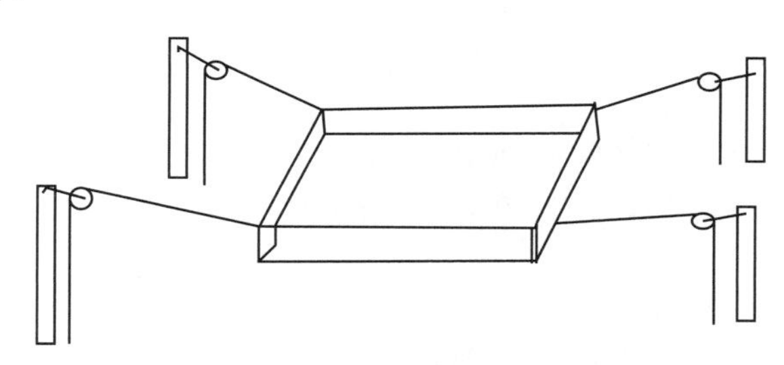

图 3－2 诱鱼网箱架设示意图

二、诱鱼网箱起捕的操作程序和注意事项

灯光诱捕一般在下午天黑前开启白炽灯，第二天早晨起鱼。为了提高上鱼率，可在网箱内放置一些诱鱼的饵料，如豆饼、菜饼等，与灯光诱饵所获得的昆虫等配合使用，将鱼诱食到天亮起捕前。起捕时动作要轻，在网箱离开水面后即可在网箱中分拣鱼类，将不足上市规格的鱼类及时投放到水中，分拣过后的网箱及时放回水中，防止太阳暴晒老化。

夜间灯光诱捕鱼类时，由于鱼类对声波敏感，稍有响动就会影响上鱼率，一般不允许有船舶、垂钓杆等到诱鱼区作业，防止发出响声对鱼类产生干扰，影响捕鱼产量。如果发现箱体浮出水面，可在箱体中投放石块等使网箱全部沉入水中。刮风天气一般不起网捕鱼，防止风力刮倒拉力杆。在日常管理中，应经常检查电源、网箱等，防止漏电、网箱网衣破损逃鱼。

利用灯光诱饵技术诱捕的鱼类均为鲜活鱼，在市场上具有一定的占有率，特别是早晨捕获的鲜鱼在早市上易于销售。每个灯光诱鱼区根据渔业资源的状况起捕到 100～

1 000 千克不等，足够当日的销售需要。况且，这种网箱所捕获的鱼类鱼体无任何损伤，可以取大留小，达到保护水库鱼类资源的目的。

在这种捕捞方式中，诱鱼网箱可以诱捕到一定底层和上层的野杂鱼，可将这些野杂鱼剔出水库，节省库区饵料消耗，将节省的饵料营养悉数用于供给人工养殖的鲢鱼和鳙鱼等，促进人工养殖鱼类的快速生长。这种捕捞方式也适用于各类大中小水库，只是诱捕网箱的固定需要在水库岸基上安装固定的挂绳载桩，面积过大的水库难以应用这种方法，需要用重量较大的铅锤和浮箱在水库中固定。

主要参考文献

常秀岭，黄道明，胡仕栋，2001. 水库不投饵网箱养殖鲇吻鮈试验［J］. 水利渔业，21（2）：1－2.

陈道广，夏忠国，翟文娟，2007. 水库灯光诱捕鱼技术与应用［J］. 水利渔业，27（1）：116.

黄永川，程临英，邹德良，等，2000. 鲇吻鮈不投饵网箱养殖试验［J］. 水利渔业，20（3）：14－15.

靖湘峰，雷朝亮，2004. 昆虫趋光性及其机理的研究进展［J］. 昆虫知识，41（3）：198－204.

刘超，吉红，王涛，等，2012. 基于网箱灯光诱饵技术的鲇吻鮈养殖试验［J］. 家畜生态学报，33（5）：59－62.

刘家寿，胡传林，2000. 论鮈鱼在水库渔业中的地位和作用［J］. 水利渔业，20（1）：24－40.

刘顺会，孙松，韩博平，2008. 浮游动物昼夜垂直迁移机理的主要假说及其研究进展［J］. 生态科学，27（6）：515－521.

陶振铖，张武昌，孙松，2004. 可见光和紫外线对浮游动物行为的影响［J］. 海洋科学，28（9）：56－60.

王念民，孙大江，吴文化，等，2013. 放养在胜利水库中的鲇吻鮈的生长［J］. 水产学杂志，26（4）：15－18.

张德志，肖慧，2006. 水库网箱不同饵料养殖鲇吻鮈试验［J］. 水利渔业，26（1）：24－25.

ENRIGHT J T，HONEGGER W H，1977. Diurnal vertical migration：adaptive significance and timing. Part 2. Test of the model：details of timing［J］. Limnol Oceanogr，22（5）：873－886.

PARKER G A，SMITH J M，1990. Optimality theory in evolutionary biology［J］. Nature，348：27－33.

第四章

淡水库区鱼类增殖放流

增殖放流是指用人工方法直接向海洋、滩涂、江河、湖泊、水库等天然或者人工水域投放或移入渔业生物的卵子、幼体或成体，以恢复或增加种群的数量，改善和优化水域的鱼类群落结构。广义上的增殖放流还包括改善水域的生态环境，向特定水域投放某些装置（如附卵器、人工鱼礁等）以及野生种群的繁殖保护等，还包括间接增加水域种群资源量的措施。增殖放流是补充渔业资源种群与数量，改善与修复因捕捞过度或水利工程建设等遭受损伤的生态环境，也是保持生物多样性的一项有效手段。在淡水库区，增殖放流的目的多为生态修复，保养水体质量，确保水体质量维持在饮用水范围。承担水源供给任务的湖库水体质量通常是限定在一个固定的标准范围内，以保证集中供水的水源质量。针对不同水域特性，补充、修复原水体的水生生物链中缺失的种类和保护水生生物种质资源，同时注重自然原始生态的保护和建设，防止发生外来物种侵袭，以免造成生态环境的失衡和破坏等严重后果。

第一节　增殖放流在生态渔业中的作用

世界上的渔业增殖放流活动始于 19 世纪中叶，从亚洲移植鲤鱼至欧洲、澳洲和北美洲，主要是用以增加内陆江河与湖泊因各种原因而遭受破坏或衰竭的水产资源。目前在国际上已经建立了良好的增殖放流活动机制，在世界范围内有超过 100 个品种被放流，如日本的三文鱼、扇贝、红海鲤鱼、对虾以及比目鱼，美国的红点鲑、斑纹鳎，中国的“四大家鱼”、中国对虾、中华鲟和多种经济性鱼类。我国台湾地区将人工鱼礁也作为一种增殖放流活动。据联合国粮农组织有关机构统计发现，渔业增殖最普遍的形式是资源放流和物种引进，其最终目的是为了增加人类食物种类和数量以及增加收入，而为建立与发展休闲渔业进行的增殖放流则位居第二，目前在全球范围内为增加食物和收入而作为增殖放流对象最重要的种类为莫桑比克罗非鱼。

我国从 20 世纪 80 年代开始，为了恢复天然水域渔业资源种群数量，修复水域生态，首先在黄渤海开展了中国对虾增殖放流，随后在沿海、内陆水域都开展了一定规模的渔业资源增殖放流，增殖品种有中国对虾、长毛对虾、扇贝、梭子蟹、海蜇、海参、银鱼、“四大家鱼”、鲤、鲫、中华绒螯蟹、中华鲟、胭脂鱼、大鲵等。科研部门的研究工作，提高了增殖放流的技术水平。

一、增殖放流在渔业生态养护中的意义

在渔业生产中，由于过度捕捞、水库水坝建设及投饵养殖，溯水洄游繁殖鱼类的继代受

到限制，水域鱼类品种结构趋向单一化，库区鱼类资源减少，生态结构发生改变，需要以增殖放流方式修复生态，增加水域鱼类资源量，调整或恢复水域生态结构（表4-1）。因此，增殖放流担当着水域生态修复的任务，是保持水域生态平衡和水域生物多样性的重要措施。鉴于增殖放流在渔业生产中的重要地位和作用，各国政府多采用法律法规的形式管理增殖放流，对增殖放流的策略做出制度性安排，促进增殖放流工作的开展，降低增殖放流的风险。

表4-1 增殖放流的主要类型

类 型	增殖物种	主要前提	主要目的
生态修复	土著或近缘种	栖息地可选择，鱼的适应性和水域承载力可行，自然增殖受限制	修复补充由于人类活动造成环境变化带来的资源损失
增加资源量	土著种	栖息地自然资源数量小于承载力，野生和增殖种群相容	补充由于过度捕捞带来的资源损失
改变生态结构	外来种	物种能够适应新环境、现存生态容量小于承载力，资源量下降	维持水域达到一定高的产量，保护某种濒临灭绝物种

但是，表4-1中改变生态结构方式的增殖放流，由于使用了外来品种，控制不当，可能引起土著品种的生态胁迫，严重的引起鱼类生态类型甚至品种结构的改变，在增殖放流中一般应谨慎使用。

水、大气、土壤是人类生存自然环境的三大要素，也是动物植物生长发育的基本条件。水又是渔业生产的必需条件，利用水体生产人类所需的生活资料是水体的基本功能，无害化利用水体是渔业生产基本要求，也是生态养护的重要内容。人们在利用水体生产所需产品的同时，需要养护水体使水体保持无害化状态，这就需要在特定水域生产渔获物的同时，补充水域缺失或流失的有益要素，使水体回复到无害化状态。由于渔业生产的过度捕捞和投饵等因子的侵入，水域中生态链的部分生物生态位丧失，需要人工补充该生态位上相应的生物，维持生态链的连续和平衡，这就是增殖放流在渔业生产中的生态地位，具体表现在：

第一，通过增殖放流可以补充和恢复生物资源的群体，为生物资源提供栖息、庇护和产卵场所，保持渔业资源的稳定。鱼类的繁殖是一个间断的周期过程，部分鱼类的繁殖增殖需要较长的时间，如鲟鱼从鱼种到成鱼繁殖需要8～10年的时间，而人类的捕捞是一个连年的生产过程，天然水域中鲟鱼的自然繁殖生产难以同步人类的捕捞。渔业生产中的连年过度捕捞，断江截流的水坝建设，阻断了鱼类洄游通道，占多数的浮性卵繁殖鱼类难以溯流，造成繁殖障碍，使鱼类水生生物资源存量下降，有的种类很少甚至没有了。通过增殖放流，人工补充这些生物资源就增加了资源存量，改善了生物的种群结构，同时也能够维护生物的多样性。濒危的物种，可以通过增殖放流增加它的数量，起到了对这些濒危物种的保护作用。

在有些国家，尤其在亚洲，增殖放流是与栖息地改善结合在一起的，特别是人工鱼礁的建设。人工鱼礁的特殊结构与功能及其生态诱集效应，可以为水域生物（鱼类、贝类和藻类等）提供良好的栖息、庇护和产卵场所，防止对渔业资源损毁程度较严重的捕捞行为的发生，从而更好地保护渔业资源，尤其是保护放流不久的鱼类幼体，这样维持生物多样性，达到修复渔业生态环境的效果。

有关研究表明，投放前对人工鱼礁的结构、建造材料和投放地点进行充分的调研和评估，确定鱼类增殖放流最经济实惠的手段与方式，可以产生良好的功效，为鱼类资源量的增殖发挥极其重要的作用。韩国在其海域沿岸已经进行了40多年人工鱼礁的成功投放，以试图修复其鱼类、贝类和海藻的资源量。监测结果显示，在人工鱼礁区的渔获量是其他自然礁区渔获量的2～13倍。从1998年开始，韩国各地政府在沿岸的暗礁地带和鱼礁附近以及一些村庄的渔场内，重点撒播鲍鱼和海参等固着性水产种苗，并且逐年扩大规模，旨在养护海洋资源，增加生产量和渔民收入，维持资源的稳定。美国在20世纪80年代初期，为了发展游钓渔业，在沿海海域投放了1 299处人工鱼礁，聚集了大量的可垂钓鱼类，全国游钓渔业的人数，每年以3%～5%的速度递增，到80年代中期便获经济效益180亿美元。

建造水域牧场的目的是通过改良生物栖息环境和控制对象生物的行为，促进其生存、生长，增加资源量，提高渔获产量，保持水域生态环境的可持续利用和水产品的可持续生产。通过水域牧场的建设，营造鱼类良好的栖息场所，然后向水域牧场放流经济鱼种苗，制定相关的法规，对放流种苗进行保护，或关闭水域牧场海域，直到鱼苗长到市场需求大小或渔场形成，才能予以捕捞。

早在1974年日本就提出了水域牧场的构想，1977年开始水域牧场及相关领域的研究，每年进行大规模的人工鱼礁和藻礁的投放，并建成了世界上第一个水域牧场，1994年在鹿儿岛县加计品麻岛，利用两个河口湾，兴建金枪鱼水域牧场，用于蓄养海上捕来的幼鱼，养成亲鱼后采卵，以解决人工种苗的来源，将人工育苗的幼鱼向西南海区放流。如今，日本大部分海域已形成了大规模的人工鱼礁和藻礁场，给鱼、贝类提供了良好的栖息场所，有效地保护了资源，取得了明显的经济效益。韩国有关方面为实现水域渔业的可持续发展，已制定了自2000年到2050年在沿海全部建成水域牧场的50年计划。美国于1968年提出建造海洋牧场计划，1972年付诸实施，1974年在加利福尼亚建立起水域牧场，利用自然苗床，培育巨藻，取得效益。美国计划在今后几年时间里，将人工鱼礁的投放海区，由近海逐渐扩展到外海，逐渐将整个大陆架建成“海洋牧场”，进一步改善海底生物栖息环境，使海洋牧场的水产品产量达到750吨以上。

第二，淡水水域增殖放流同时可以净化水质，改善水域生态环境。增殖放流品种不一样，它的作用也不一样，如放流一些滤食性的鱼类、贝类品种，它们可以滤食水中的藻类和浮游生物，通过这种作用可以净化和改善水质。浙江千岛湖养殖花白鲢，水质得到净化，渔产得到丰收，获得了经济、生态、社会效益。

根据生物操纵法的核心理论，对江河或湖泊污染和富营养化的治理应采取以生物治理为主的综合措施，采用原位修复的方式可取得显著效果。在处于富营养化边缘的湖泊放流滤食性鱼类，不仅能有效改良水质，而且可以提高水体鱼产量。增殖放流的幼鱼和贝类，不是靠人工投放饵料生长，而是利用水体中的天然饵料，而这种天然饵料是以含有氮、磷的营养盐为物质基础的，从而减少了水体中的氮、磷，改善了水域环境。

另有研究发现，藻类生长是以氮、磷为基础的，在氮、磷含量高的水域不施肥的藻类增养殖，是降低江河湖库氮、磷污染负荷的有效手段。据统计，我国每年因对虾养殖排入水域中的氮、磷量分别为1万吨和2 000多吨，其中网箱养殖排入水域中的氮、磷量分别为

340多吨和35吨左右。贝类养殖利用水域中的氮、磷量分别为2万多吨和1 800多吨，藻类养殖利用水域中的氮、磷分别为1万多吨和1 200多吨。可见，贝藻的增养殖所利用的氮、磷量远远超过了水产养殖投饵造成的氮、磷排放量。如果按照鱼体氮磷含量测算，我国捕捞业每年从水域捕获粗蛋白质14 000多吨，根据捕捞产量及各捕捞品种所含蛋白质量计算，每年从水域中提取氮为34万吨、磷为3万吨，说明保护渔业资源就是保护水域环境。

有关研究表明，底栖动物群落在底栖-浮游耦合和营养物质的释放过程中起着重要作用，比如底栖贝类作为滤食性动物，能有效降低水体中的悬浮物及藻类，达到净化水体和为其他水域动物提供栖息地与摄食场所的功能。Cloern推算滤食悬浮物的双壳类一天至少能够将南旧金山湾的水体过滤一遍，底栖动物的捕食可能是控制夏季和秋季南旧金山湾浮游生物量的主要原因。Lu等报道，海湾扇贝可在河口完成全部生活史，因此可以采用海湾扇贝来恢复该河口的生物种群，进而恢复河口区生境。双壳类软体动物（如牡蛎）通常在其软组织中累积高浓度的重金属和有机污染物，可有效降低水体中的重金属含量，起到净化水体作用。

第三，增殖放流增加了渔民收入，促进了渔民增收。大规模放流水生生物经济物种后，过一段时间它长大之后渔民再去捕捞，可增加一次性捕捞量，提高经济效益。社会效益表现在增加就业、引导全社会关注水域生态问题和资源问题，提高保护环境的社会意识。

第四，形成区域性牧场，减少捕捞压力。增殖放流时间与天然群体繁育时间不一致，同时通过规范的管理可以形成区域性的渔场，使作业时间得以延长。调查研究表明，内陆江河系统中，可以通过规范性的生物种类移植和增殖放流增加资源量，改善鱼群结构，并形成区域渔场，最终达到减轻捕捞压力，修复渔业生态环境的目的。我国2005—2006年连续2年在长江口进行三疣梭子蟹增殖放流，结果形成了密集的三疣梭子蟹群体，在舟山近海岛礁形成了黑鲷密集群体，在浙江嵊泗海域和江苏吕泗海域形成了海蜇密集群体，使渔民捕鱼的作业范围扩大。陕南某市在大型水库坚持增殖放流鲢鱼、鳙鱼，结果在库区形成了野生和人工放流的滤食性鱼类密集群。

第五，改善饵料生物水平，通过食物链维持生态系统完整。食物链一词是英国动物学家埃尔顿于1927年首次提出的。食物链包括几种类型：捕食性、寄生性、腐生性、碎食性等，不同营养层的物种组成一个链条。例如：浮游生物→软体动物→鱼类→乌贼→海豹→虎鲸。虽然生态系统中的生物种类众多，也在生态系统扮演着不同的角色，但根据它们在能量和物质转换中所引起的作用，可以被分类为生产者、消费者和分解者三个类别。在水域中，最底层是"生产者"，是以阳光行光合作用，自行将水和二氧化碳等无机物合成有机物；再上层是各级"消费者"，要依赖生产者供应物质和能量；当消费者死亡以后，"分解者"会以它们的尸体为食物。

而还有一类"清除者"，是一个生态系统中担任清除性工作的生物。这些生物把生态系统中的"生产者"与"消费者"的遗体或排泄物作为食物，具有将大分子物质转换为小分子物质的能力，却又无法如"分解者"将所摄食的有机物质转变成无机物。与"生产者"可以将小分子无机物合成为大分子有机物的能力更是不相干，在某些定义中接近于"消费者"，却又兼具有"分解者"的某些特质，因此在生态系统中被单独归为一类，称之为"清除者"。

"清除者"可视为"腐食性消费者"，这些生物将大分子有机物转换为小分子有机物，例如秃鹰吃腐尸，蚂蚁吞食昆虫遗骸，而螃蟹、虾等摄食泥土中的有机质碎屑也是一例，这些有机质碎屑除了植物的枯枝落叶之外，还有许多经过其他动物消化过的小分子有机物。这些“清除者”无法清除的部分再交棒给“分解者”处理，减少生态系统中“分解者”的工作量，加速生态环境中的能量与碳循环。若是所有的生物残骸或排泄物皆由“分解者”直接分解，生态系统中从有机物转换为无机物的速率将远小于有机物质的堆积，能量与物质无法顺利传递循环，生态系统就会失去平衡。

增殖放流较高食物链级的渔业品种，能充分利用低食物链级的生物作为索饵生长、育肥和繁衍的饵料基础，这样既不用投放饵料，避免像海水养殖一样造成水域的自身污染而引发各种病害，又可以增殖水域原有资源量。特别是下列几种情形可以通过增殖放流来达到改善饲料生物水平的目的：一是当水域中饵料资源组成中的某个类群不足，不能满足原定居鱼类的饵料需要时，可以引入合适的饵料生物（如适度放流饵料鱼类，在淡水湖库一般采用滤食性鱼类）；二是即便是水域中饵料基础正常，但没有得到充分利用，此时可以人工放流原有鱼类资源，或者引入能够利用该水域剩余饵料的鱼类；三是水域中完全缺乏具有经济价值、可以利用饵料资源的鱼类，此时需要引入新的品种，以建立新的鱼类区系，引进数量应根据水体中饵料的实际蕴藏量确定。

当然，盲目或者无序引进外来新品种，就会与土著品种竞争饵料资源，容易引起水体生物饵料的结构性改变，甚至使土著鱼类的营养级发生改变，土著品种在水域环境中的生态位发生剧烈变动，严重的导致土著品种群体规模减少甚至灭绝。

国内学者对水库的生态系统进行了系统的研究，结果发现，水库一般以放养滤食性的鲢鱼、鳙鱼为主，通过移殖碎屑食性的鲴类和杂食性的鲤、鲫等经济鱼类，可使饵料资源在不同层次上得到充分利用，同时又能改善水库鱼类的品种结构。例如，对于凶猛鱼类，以往都作为敌害和清除的对象，而现有研究表明，利用凶猛鱼类控制非经济鱼类的种群数量，一方面有利于经济鱼类的增殖，实现从低值鱼向高值鱼发展；另一方面可通过营养级的联动效应来调控水库生态系统。如鳡鱼种群强烈的生态作用与种群数量的快速操控性能，在适宜自然环境的大型水库中可用作维护良性水库生态系统的有效操控手段；大型水库适度增殖鳜鱼，抑制底层及沿岸杂食性鱼类种群数量，对延缓水库富营养化进程具有不可替代的作用。另外，有关研究发现，通过水草人工栽培，可以提高水域饵料生物水平，增加草食性及杂食性鱼类的饵料。

二、增殖放流的基本原则与方法

鱼类人工增殖放流活动应遵循水产保护学的观念和原则。人工增殖放流计划的产生，是当鱼类原有生境被破坏甚至不复存在，或生存条件突然变化导致物种数量下降到极低水平，自然种群无以为继时，通过对塘养鱼类的饲养观察研究，深入了解保护鱼类的生长、发育和生殖等生物学特征，探索各种生态因子与鱼类生存的关系，为鱼类重新回归野外生境提供科学依据。

随着社会经济的发展，世界性生物多样性危机问题日益突出，经济活动对环境的污染和过度开发，导致野生物种的生存空间变得越来越小，历史上的鱼类栖息地和繁殖空间成为人们猎取经济利益的场所，水坝建设和围湖造田等破坏了野生种群的生存秩序，野生种群基因频度降低，种群整体质量下降，生存能力变差。由此人们提出了保护水产学，其核心内容是根据保护生物学与水产养殖学的基本理论及原理，采用鱼类繁育计划及野外水域的增殖放流，逐步恢复重要濒危物种的野外种群。这种水产保护学以种群生物学、分类学及生态学等基础生物学理论为基础，研究水产生物资源科学管理的原理和新方法，从应用生态学领域获得研究成果进而影响基础科学研究方向。鱼类繁殖计划是保护和恢复重要鱼类种群的主要方法之一，是保护鱼类资源生物多样性、持续管控和科学利用鱼类生物资源的有效途径。

鱼类人工增殖放流活动应主要从以下几个方面开展工作：一是增殖放流站的设计研究，包括站址选择、工作及生活条件的建设、放流苗种暂养池塘的建设和一些放流回捕鱼种、成鱼的测定设施等。二是野生亲鱼种源收集工作，主要包括设施准备、生活习性观察、疾病防治、繁殖性能的测定、野生苗种的培育等工作。三是鱼类人工增殖放流技术研究，主要包括健康鱼种的培育措施、放流鱼种的标记方法、回捕技术和在野外生境的生长发育性能测定及繁殖技术研究等。四是放流鱼种在野生环境中的管理工作，如人工繁殖放流鱼类在水体中怎样规避敌害，增强与水中鱼类先住居民的群居性等问题。通过这些工作阐明人工繁殖鱼类在增殖放流中的摄食生态，提供人工增殖放流鱼类的驯养繁育技术和苗种饲养技术，提出人工繁殖的增殖放流鱼类疾病防治方案，并提交规范的放流策略。对增殖放流鱼类的种群监测是放流以后的长期工作，需要定期开展回捕测定，进行放流鱼类的遗传管理，选育当地适生的野生品种。

增殖放流实施的原则是，依照濒危、易危及稀有的顺序，依据保护计划的近期、远期目标，选择分布区域狭窄、抗逆能力差但易于驯养繁育种类为优先保护对象，确定保护对象以后，综合分析鱼类的资源现状、生态生物学特点及栖息地变化程度等因素，结合监测信息，设计增殖放流方案。

三、增殖放流的风险分析

增殖放流在恢复自然种群、改善水质和水域生态环境、增加渔民收入的同时，若管理操作不当也会带来一定的风险。李继龙等将增殖放流的风险归结为社会风险和生态风险两个方面（表 4-2），从表中可以看到，不当的增殖放流会导致社会意识的改变，产生社会集团和法人之间利益大调整，使国家资源的管理弱化，增加公共资源冲突。同时，它的影响有的表现为正面效应，如对水域物种的修复，有的表现为正反两方面的效应，如游钓渔业既能增加人们对渔业生态的关心，也增加垂钓者的偏好。

表 4-2　增殖放流存在的社会与生态风险分析

类型	社会风险		生态风险	
	影响	风险描述	影响	风险描述
1	—	弱化的群岛性商业捕捞，会导致长期自然生态知识的丢失	—	增加了总的渔获量，但也增加了对现存野生鱼类种群的威胁
2	—	人工繁育鱼类可能掩盖或导致自然失衡、波动，致使新的生态系统的政策制定以及管理难度加大	—	大规模较低遗传多样性的人工繁育苗种个体会导致生物多样性功能的总体降低和丢失

（续）

类型	社会风险		生态风险	
	影响	风险描述	影响	风险描述
3	－	开放式渔业对手工捕捞从业者来说，会导致其在当地非再生资源种群中资产拥有者之间失去利益	－	对野生资源、混合资源捕捞以及遗传多样性人工繁育个体，会在将来恢复时，生态修复的结果产生功能多样性的总体丢失
4	－	弱化的群岛性商业捕捞，会导致社会与生态系统反馈的弱化，从而使管理与科研机构难以适应	＋/－	由于竞争、捕食、疾病引入或栖息地破坏，生态系统服务功能会被改变，包括食物链构成、营养循环、生态系统联系以及能量转换传输路径的改变
5	＋/－	游钓渔业等协会变化，结果导致其对有关资源恢复与相关措施了解不足	＋/－	养殖设施的建设，包括网箱养殖会导致水体富营养化
6	＋/－	可能影响区域或国家范围层面的资源管理措施改变，促使政策调整	＋/－	会导致新的捕捞模式的出现，从而对岛礁渔业环境产生影响
7	＋/－	新的捕鱼团体出现，会增加公共资源冲突，如洄游性鱼类种群减少	＋	特定物种修复对其他物种补充会产生影响

注：＋为正面效应，－为负面效应，＋/－为正负两方面的效应。

（一）对增殖放流水域野生种群的影响

不当的增殖放流，在生态上也会给野生资源种类的种群结构、遗传多样性、健康状况以及增殖水域生态系统的结构与功能带来风险。增殖放流对野生种群的胁迫：一是通过种群间竞争，影响野生种群的规模；二是通过与野生种群杂交影响其遗传多样性和生态适合度；三是通过疾病传播影响野生种群健康状况。

在影响种群规模上，表现为对放流地域土著品种即野生种群的生态挤压，特别是对放流水域原住居民的生态胁迫，即便放流当地土著品种，由于栖息地的改变和居住密度的改变，必然产生食物竞争，改变原住居民的生存条件，如竞争溶解氧、增加放流水域的氨氮含量等。当大规模增殖放流时，野生种群显现负密度依赖效应，即随着种群密度的增加，个体生长受到可获得性资源比率的限制，种内竞争影响个体的存活、生长和繁殖率。

合理的种群结构是保持种群稳定性的必要条件。不当的增殖放流对野生种群遗传多样性的胁迫有两种类型，一是增殖群体通过与野生种群的种间竞争降低野生种群的规模，进而降低野生种群的遗传多样性水平；二是放流的增殖群体通过与野生种群的遗传交流，对其进行基因渗入，影响其遗传结构，这种基因渗入是影响野生种群遗传多样性的主要方式。

生态适合度是指对生物个体在特定生境中生存力和繁殖成功率的度量。通常情况下，人工繁殖苗种受亲本来源和早期生存环境的影响，在自然生境中的适合度与野生种群存在一定差异。一方面，人工繁殖苗种进入自然水体后生存能力通常较弱，主要表现为摄食成功率低、逃避敌害生物的能力较弱、可完成全部生活史的个体比重较小和繁殖补充能力较弱。另一方面，人工繁殖苗种的生活史节律可能有别于野生个体，人工繁殖苗种的生长速度通常较野生种群快，性成熟早于野生种群，生活史较野生种群缩短，这些差异主要是由二者的遗传差异引起。因此，人工繁殖苗种在自然水体中表现出的较低生态适应性具有可遗传性，具体表现为，同为自然繁殖的个体，亲本源自野生个体的较亲本为人工繁育个体的生态适应性更强。再是人工繁育个体的生态适合度衰退程度随人工繁育代数增加而逐代累积，即人工繁育代数越多，子代在自然水体中生态适合度越弱。

由于人工繁殖苗种与野生种群存在着可遗传的生态适合度差异，若二者繁育增殖交流，人工繁育苗种向野生种群的基因渗入会给野生种群的生态适合度带来负面影响，并通过降低野生种群个体成功完成整个生活史的概率，影响野生种群的种群稳定，同时影响野生种群的繁殖补充能力，减低野生种群对外界环境扰动的应激和调控。

向自然水体放流携带了病毒、细菌、寄生虫、真菌等病原体的人工繁殖苗种后，虽然人工繁殖苗种在自然水体的生存能力较差，存活时间不长，降低了其疫病传染能力。但在特殊水体，如生态衰退水体，在其中放流带病苗种，野生种群的染病概率大幅提升。

（二）对增殖放流水域生物群落的影响

在增殖放流中，人工繁育苗种对放流水域生物群落的影响，首先是通过与处于相同生态位的野生种群，展开对食物、栖息地等环境生态要素的竞争产生影响，直接或者间接影响野生种群的规模和生态习性。其次是通过食物链的层级作用产生影响，放流人工繁殖苗种的营养层级处在高位时可通过下行控制效应对低营养层次生物产生影响，如放流掠食性鱼类可降低水域浮游生物食性鱼类的种群数量和丰度，同时通过食物网进一步向下传递，大粒径浮游生物和浮游植物的生物量得以增加，而放流浮游生物食性鱼类可降低大粒径浮游生物的丰度，增加小粒径浮游生物的生物量和丰度。最后是放流鱼种通过与放流水域中不同营养层野生生物的种间竞争，调节各营养层的相对丰度，影响食物网的结构，特别是大量放流高营养层人工繁育苗种，更可能使饵料生物的相对丰度和物种多样性降低。因此，一般在制定增殖放流规划时，先要根据湖库营养类型的判断标准（表 4－3），对库区或者湖泊的营养类型作出判断或者测定，根据湖库水域营养状况制定增殖放流规划。

表 4－3　我国不同营养类型湖泊的主要指标

营养类型	初级产量（O_2）[克/(米^2·天)]	浮游植物		有机物耗氧量（毫克/升）	总　氮（毫克/升）	无机氮（毫克/升）	总　磷（毫克/升）	活性磷（毫克/升）
		现存量（毫克/升）	优势种群					
贫营养型	＜1	＜1	金藻、硅藻	＜1	＜0.25	＜0.2	＜0.01	＜0.02
中营养型	1～3	1～6	硅藻、甲藻	1～7	0.25～1.1	0.2～0.65	0.01～0.03	0.02～0.05
富营养型	3～7	5～10	硅藻、蓝藻	7～15	＞1.1	0.65～1.5	＞0.03	＞0.05
超富营养型	＞7	＞10	蓝藻、绿藻	＞15				

（三）增殖放流对放流水域生态系统的影响

渔业资源增殖放流可通过改变增殖水域生物群落中不同功能种群的配比组成调整原

有食物网结构，进而对增殖水域生态系统结构和功能产生影响。这些影响都是通过对生态系统的物质循环、能量流动和信息传递的数量和质量的改变而实现的，如果在放流水域大量放流掠食性鱼类，就会影响该水域初级生产者向高营养层生物传递能量的转换效率，这种高营养层控制低营养层的下行效应会使初级生产者-初级消费者之间的物质、能量转换效率降低。

不当的大规模增殖放流，还会影响放流水域的循环过程。长期在湖库放流掠食性鱼类，会导致湖库原有优势地位的浮游动物食性鱼类的丰度降低，通过其排泄物释放的磷营养盐的含量亦随之减少，进而使磷元素循环速率放缓，浮游植物因营养盐限制而丰度大幅度降低，整个效应使生态系统的耐受性降低。特定生态系统耐受性降低的效应是，当系统受到扰动时，生态系统保持结构和功能稳定性能力相应减弱。

无序的增殖放流往往引起水库湖泊的“大鱼塘”效应，打乱水域生态的食物链，甚至导致水库湖泊“藻型化”和流域内水域生态的失衡。在实际应用中，应当根据湖库容积的大小确定鱼类的人工养殖量，这需要明确大型水库、中型水库和小型水库的概念。

通常水利设施建设的水库，也是湖泊，一般称作人工湖泊。这种人工湖泊一般按蓄积水量的多少分为大型水库、中型水库和小型水库。总库容在 1 亿立方米以上的叫做大型水库。总库容在 1 000 万立方米以上、1 亿立方米以下的叫做中型水库。总库容在 10 万立方米以上、1 000 万立方米以下的叫做小型水库，其中 100 万～1 000 万立方米（含 1 000 万立方米）的称为小（一）型水库，10 万至 100 万立方米的称为小（二）型水库。总库容小于 10 万立方米的称为堰塘，不能称为水库，还有总库容小于 1 000 立方米的称为凼凼。

根据水库所在地区的地形地貌、库床及水面的形态，可将水库分为四类。一是平原湖泊型水库，是建设在平原、高原台地或低洼区的水库，形状与生态环境都类似于浅水湖泊。这类水库水面开阔，岸线较平直，库湾少，底部平坦，岸线斜缓，水深一般在 10 米以内，通常无温跃层，渔业性能优良，如山东省的峡山水库、河南省的宿鸭湖水库等都属于这种平原湖泊型水库。二是山谷河流型水库，是建造在山谷河流间的水库。这类水库库岸陡峭，水面呈狭长形，水体较深，但不同部位差异极大，一般水深 20～30 米，最大水深可达 30～300 米，上下游落差大，夏季常出现温跃层。这类水库如重庆市的长寿湖水库、浙江省的新安江水库、陕西省的瀛湖水库等。三是丘陵湖泊型水库，是建造在丘陵地区河流上的水库。形态特征介于以上两种水库之间，岸线较复杂，水面分支很多，库湾多，库床较复杂，渔业性能良好。这类水库如浙江省的青山水库、陕西省的南沙河水库等。四是山塘型水库，是指在小溪或洼地上建造的微型水库，主要用于农田灌溉，水位变动很大。江苏省溧阳市山区塘马水库、宋前水库，句容的白马水库都属于这种类型，安徽广德和郎溪这种类型的水库较多。根据水质的肥度可将水库分为贫营养型、中营养型和富营养型三类（表 4－4）。

各类水库的营养性不同，结合水库的生产用途，可采取不同的养殖原则（表 4－5），以鱼类的食性调节水库水体的利用结构，使水库水体逐步向生态养殖方向发展，养殖过后的水体可以直接用于规划的用途。如平原湖泊型的贫营养型水库，可以进行投饵的肉食性鱼类养殖，但必须套养一定数量的滤食性鱼类，以消解残饵和鱼类粪便的残留，净化养殖水体；山谷河流型中营养型水库由于水面面积较小、水体体积较大，可主养杂食性鱼类，套养滤食性鱼类和肉食性鱼类；山塘型富营养型水库由于水位变化较大，养殖过后的水体主要用于农田灌溉，可放养滤食性鱼类和杂食性鱼类，充分利用水体的营养物质，进行不投饵养殖，净化水体，还可栽培水生植物，生产滤食性鱼类的饵料。

表 4-4　我国湖库浮游生物和营养物质基本参数

项　目	贫营养型	中营养型	富营养型
初级产量（O_2）[克/(米^2·天)]	0.449（0.174～0.963）	1.701（0.534～5.501）	4.507（1.970～10.42）
浮游植物量（毫克/升）	0.622（0.008～1.230）	3.856（0.690～21.0）	14.06（3.70～49.58）
浮游动物量（毫克/升）	0.059（0.153～2.193）	2.103（0.280～17.60）	3.591（0.587～9.530）
有机物耗氧量（毫克/升）	1.506（0.82～3.65）	5.710（1.30～13.58）	10.847（2.55～53.70）
总氮（毫克/升）	0.447（0.22～0.84）	1.224（0.27～4.12）	1.751（0.645～4.770）
无机氮（毫克/升）	0.282（0.07～0.656）	0.643（0.05～2.057）	0.532（0.056～3.374）
总　磷（毫克/升）	0.085（0.03～0.25）	0.212（0.000 3～1.358）	0.262（0.008～1.870）
活性炭（毫克/升）	0.046 4（0.000 2～0.141）	0.043 2（0.003～0.380）	0.067 4（0.006～0.390 7）

表 4-5　不同营养类型水库的鱼种套养原则

营养类型	平原湖泊型水库	山谷河流型水库	丘陵湖泊型水库	山塘型水库
贫营养型	投饵肉食性+滤食性鱼类	投饵肉食性+滤食性	投饵肉食性+滤食性	可投饵养殖杂食性
中营养型	肉食性+杂食性+滤食性	杂食性+滤食性+肉食性	杂食性+滤食性	滤食性+杂食性鱼类
富营养型	滤食性为主，兼养杂食性	滤食性+杂食性+肉食性	滤食性+杂食性	滤食性+杂食性鱼类

第二节　增殖放流的基本管理与技术策略

增殖放流的目的不同，采用的放流策略也有不同（表 4-6）。一般采用水下牧场的方式进行增殖放流，通过放流使鱼类在放流地形成群居性较好的水下牧场，各种各类鱼种共处同一水域。供给增殖放流鱼类可以分为人工繁育苗种和野生捕捞苗种两类，根据不同的放流目的选用不同的放流生物。因大坝建设、桥梁迁移或者因过度捕捞进行生态修复的，或者增加资源量的可选用人工繁育土著苗种或捕捞野生土著苗种放流；属于改变生态结构的增殖放流可选用人工繁育土著种类或者直接捕捞野生土著种类培育后，获得所繁殖的子代进行增殖放流。在改变生态结构的增殖放流中，进行鱼类栖息地调整的，可将人工繁育的土著鱼类和野生捕捞的土著鱼类混合放流。这里的人工繁育土著鱼类是指当地品种志中既有的品种所繁苗种，而捕捞野生土著品种是指品种所在流域内的异地之间的调整，捕捞野生外来种是指为改变当地生态结构而引入流域外异地的种群。

各种干预目的下的增殖放流，都要进行品种结构的测算，根据增加资源量、生态修复或者改变生态结构的需要，进行品种比例的搭配放流。

表 4－6　增殖放流可利用的策略

人工干预目的	人工繁育苗种放流		野生捕捞种群放流	
	土著种	外来种	土著种	外来种
增加资源量	人工繁育土著苗种放流	—	捕捞野生土著种群放流	—
生态修复	人工繁育土著苗种放流	—	捕捞野生土著种群放流	—
改变生态结构	（人工繁育＋野生捕捞＋外来品种）放流	—	捕捞野生外来种群放流	—

一、放流地点的选择

放流地点选择关系着放流鱼类的生境好坏，是放流鱼类成活率高低的环境因素。在生物养殖中，幼体成活率的高低决定着整个养殖周期的经济效益，选择适合的放流地点可以提高放流鱼类苗种的成活率。增殖放流鱼类的鱼种在不同湖库的成活率和生长速度并不相同，若放流地点不能满足其特定的环境要求，就会导致放流鱼类苗种产生适应性改变，要么生长停滞，要么死亡。对放流地点的环境要求主要包括食物来源、水体温度、水体酸碱度、水体溶氧量、有害气体含量等，针对濒危鱼类还需要对水域的矿物质含量做出测定，重金属元素含量也是影响放流鱼类成活率的重要因素。

（一）产卵场

在增殖放流的实践中，第一个选择的放流地点常常是库区的产卵场，这种产卵场一般是自然形成的，也有人工划定的。产卵场是指鱼虾贝类等交配、产卵、孵化及育幼的水域，是鱼类生物群集生殖和繁衍的场所，对渔业资源补充具有重要作用。亲本在性成熟后，按其遗传特性和生理要求，在生殖季节，常选择自然环境和水文状况适合排卵、受精、孵化和幼体成长的水域进行繁殖活动。

在库区天然水域自然形成的产卵场，是鱼类最合适的繁殖场所，这里营养供给充足，水质条件适合鱼类的生长发育所需，是理想的鱼种放流地点。实践中常有库区大坝建成后，鱼类的繁殖场所就得迁徙，形成新的产卵场。淡水库区的鱼类产卵场一般位于水体流速较缓、水质污染较轻的库区上游，特别对于浮性卵鱼类，受精卵需要在水体中漂浮5～7天才能孵化出鱼苗，按照水体流速计算，大体可以计算出产卵场的位置。

鱼类过渡到产卵期，需要一定的外界条件，这些条件的综合，就形成产卵场的环境因素，如水温、水流、水质、光线及附着物等。在适宜鱼类繁殖的地点，鱼类大批地群集进行繁殖，就形成了产卵场。各种鱼类对产卵场的要求是比较严格的，许多鱼以水层作为产卵场进行产卵；有的以植物或沙石间作为产卵场；有的生活在海水域中，生殖时克服种种困难和阻碍，到达江河上游的淡水区产卵场去产卵；也有的鱼生活于淡水，生殖时不远千里到深海去产卵。这些产卵场所都是有利于鱼类的繁殖及其后代胚胎发育的场所，也是鱼类在长期生活过程中适应的结果。如果产卵场和产卵条件受到破坏和干扰，将不同程度地影响鱼类的繁殖。成熟雌鱼得不到合适的产卵条件时，就不产卵，卵粒将被逐渐吸收掉。

淡水鱼类的产卵场往往有一定的位置，比较稳定，但范围大小不定。对产卵条件有严格要求的鱼类，产卵场范围常有一定限制；对产卵条件要求不十分严格，而这种条件又普遍存在于水体中的一些区域，则产卵场的分布比较广阔。鱼类产卵除要求一定的产卵环境外，而且还需要一定的产卵条件，如水温变化、水流速度、水底浑浊度、酸碱度等。

鱼类的产卵生态条件也是十分多样化的，根据产卵地点、产卵条件和卵继续发育的环境要求，鱼类的产卵场所大致有如下几种类型：一是敞水性产卵类型，大多数鱼类属于此类型，它们在水层中产卵，卵在水中处于悬浮状态，多为浮性卵，如鳜鱼和鲥鱼，也有半浮性卵，如青鱼、草鱼、鲢鱼和鳙鱼。它们的产卵场的位置比较稳定，那里的地形和水文条件，如水流速度、水体温度、水的深度等适合这类鱼产卵。二是石砾产卵类型，这类鱼在水体底部石砾、岩石间产卵，卵粒沉于水底，许多是黏性卵，粘附于沙砾石块上，如中华鲟、鳇、鲑、鳟等属于此类，鳅科鱼类的鱼卵也具有黏结性，属于普通沉性卵，这两种类型的鱼卵都属于石砾产卵类型。三是水草藻类产卵类型，燕鳐鱼将卵产在库区藻类较丰富的沿岸水域，那里往往是水清流缓，产出的卵粘附在水藻上，这类鱼卵属于黏性卵，如鲤鱼、鲫鱼、团头鲂等都属于此类。四是喜贝性产卵类型，淡水的鳑鲏是最典型的喜贝性产卵鱼类，它将卵产在河蚌的鳃片内。淡水鱼类一般多属于敞水产卵类型。

（二）索饵场及越冬场

增殖放流鱼类第二个选择的放流地点是索饵场或者越冬场。索饵场是指鱼类集群索饵的水域，淡水索饵场一般位于水草茂盛和底栖动物、浮游生物多的地方，一般在河口湾、寒暖流交汇处等有机质和营养盐类含量丰富、饵料生物量高的水域，海水索饵场一般分布在江河入海口附近。渔业养殖中的索饵场指的是水生动物集群觅食育肥的水域，一般索饵场鱼的密度比繁殖产卵场的密度低。

越冬场是指鱼类冬季集群栖息的水域，淡水越冬场一般指距离水面 2 米以内的向阳暖水处，海水越冬场则一般指水温 9～11℃的深水域。越冬场内鱼虾都比较密集，除少数鱼类冬眠不食外，多数鱼类虽食欲减低，但仍吃食。

索饵场和越冬场的饵料供给充足，水体环境适合鱼种的生长，也是理想的鱼种放流地点。与产卵场不同的是，索饵场的水流速度较产卵场快，放流品种若为喜静水鱼类，个体规格应当比产卵场放流规格稍大一些，越冬场放流的品种及规格应当以喜静水鱼类为主，夏花苗种也可以在越冬场放流。

产卵场、索饵场、越冬场并称渔业生产的三大场。在库区，三场往往在同一地点并存，库区的某一位置既是产卵场也是索饵场和越冬场，对于断江截流形成的河道水库或者中小型水库，库区鱼类的洄游通道缩短，产卵场与索饵场或者越冬场相交、索饵场与越冬场相交或者三场交集的情况比较多见，增殖放流区域容易识别，但在这些场舍放流肉食性鱼类时，应避免选择鱼类的产卵季节。

（三）进水口或洄游通道

增殖放流的第三个地点是库区进水口或者鱼类洄游通道。在库区进水口放流，一般选择规格较大的鱼种，因为这里水流湍急，应激反应较大，也有逃逸出库的危险，但对于大规格鱼种，却提供了寻找合适的栖息地和索饵场的有利条件，放流鱼种可以通过洄游通道在整个库区寻找栖息地。洄游通道是建设在水坝上的专门用于鱼类过坝的通道，有的是通过升降机吊鱼翻越水坝，有的是通过闸门调控，在鱼类繁殖洄游季节打开通道，也有梯级过坝通道，通过一个个水氹，逐级抬升，使亲鱼翻越水坝。洄游通道也有供给鱼类过坝索饵、过坝越冬到越冬场的功能。在有水氹的梯级洄游通道中放流鱼种是一种方便快捷的方式，但对于小规格的鱼种，爬越水坝障碍是高耗能的运动，不宜在此放流小规格的鱼种和性情温顺的鱼类。

二、放流品种的选择

放流品种依据增殖放流的目的及放流地区的生态类型确定，不同的区域有不同的环境条件和放流目的，总体原则要体现生态环保、社会经济效显著的目标。

农业部在《关于做好“十三五”水生生物增殖放流工作的指导意见》中，将增殖放流区域内陆水域划分为东北区、华北区、长江中下游区、东南区、西南区和西北区，筛选了230种水生生物作为增殖放流物种，但常规的经济鱼类鲤鱼和鲫鱼没有列入增殖放流物种中。

指导意见中列出珍稀濒危物种64种，经济物种166种。在64种珍稀濒危物种中，有47种为淡水鱼类，另有贝壳类、两栖类等。166种经济物种中，有113种为淡水物种，53种为海水物种。在113种淡水物种中，将具有重要经济价值、可在内陆各个水域进行增殖放流的21种列为广布种，这21种作为常规增殖放流的主要物种，包括一鲇（鲇鱼）二鲴（细鳞鲴、黄尾鲴）三翘鲌（翘嘴鲌、蒙古鲌、青梢红鲌），两个中华（中华绒螯蟹、中华鳖）带草青（草鱼、青鱼），鳊（鳊鱼）赤（赤眼鳟）鲂（鲂鱼）沼（日本沼虾）携颡（黄颡鱼）鳜（鳜鱼），鲢（鲢鱼）鳙（鳙鱼）泥鳅有二鲋（花鲋、唇鲋）。其余92种作为区域性物种，可在特定的生态区域增殖放流。

1. 东北区

本区包括黑龙江、吉林和辽宁，总面积80万平方千米，总人口1.07亿*该区主要流域有黑龙江流域、绥芬河流域、图们江流域、鸭绿江流域、辽河流域、辽西和辽北沿海诸河流域。这一区的适合放流广布物种有12个（表4-7)，分别是鲢、鳙、鳊、鳜、鲂、草鱼、翘嘴鲌、黄颡鱼、细鳞鲴、蒙古鲌、青梢红鲌、中华绒螯蟹，其中适宜江河放流的10个，适合湖泊放流的10个，适合水库放流的7个，鲢、鲂、草鱼、黄颡鱼、翘嘴鲌5个物种同时适合江河、湖泊和水库放流，鳜、细鳞鲴2个物种同时适宜江河湖泊放流，鳙同时适宜湖泊水库放流，鳊和中华绒螯蟹适宜江河放流，蒙古鲌和青梢红鲌适宜湖泊放流，青鱼适宜水库放流。

本区适合放流的区域性物种9个（表4-8)，分别是香鱼、江鳕、斑鳜、怀头鲇、黑斑狗鱼、大马哈鱼、乌苏里拟鲿、滩头雅罗鱼、珠星雅罗鱼，其中黑斑狗鱼同时适宜于江河湖泊放流，江鳕同时适宜于江河水库放流，斑鳜仅适宜于水库放流，其余的6个物种仅适宜于江河放流。

本区珍稀濒危物种有9个（表4-9)，分别是细鳞鲑、达氏鳇、施氏鲟、松江鲈鱼、太门哲罗鲑、黑龙江鲫鱼、马苏大马哈鱼、花羔红点鲑、鸭绿江鲫鱼，其中的细鳞鲑、花羔红点鲑、鸭绿江鲫鱼3个物种可同时用于江河水库放流，其余的6个物种仅用于江河放流。本区湖泊不宜珍稀濒危物种的放流，珍稀濒危物种中无植食性物种。

* 数据来源于2016年人口普查资料。

表 4-7　东北区重要江河增殖放流适宜物种

所属流域水系	重要江河	广布种	区域性物种	珍稀濒危物种
黑龙江流域	黑龙江	鲢、草鱼、翘嘴鲌、鳜	乌苏里拟鲿、江鳕、黑斑狗鱼、怀头鲇	达氏鳇、施氏鲟、太门哲罗鲑、黑龙江鲫鱼、细鳞鲑
	乌苏里江	鲢、草鱼、翘嘴鲌、鲂	乌苏里拟鲿、黑斑狗鱼、怀头鲇、大马哈鱼	施氏鲟、太门哲罗鲑、细鳞鲑
	松花江	鲢、草鱼、翘嘴鲌、鳜、黄颡鱼、细鳞鲴	乌苏里拟鲿、江鳕、黑斑狗鱼、怀头鲇	施氏鲟、细鳞鲑
	嫩江	鲢、草鱼、翘嘴鲌、黄颡鱼、鳜	乌苏里拟鲿、怀头鲇、黑斑狗鱼	无珍稀濒危物种
	牡丹江	鲢、草鱼、翘嘴鲌、黄颡鱼	乌苏里拟鲿、黑斑狗鱼、江鳕	黑龙江鲫鱼、细鳞鲑
绥芬河流域	绥芬河	无广布种	大马哈鱼、滩头雅罗鱼、珠星雅罗鱼	马苏大马哈鱼、花羔红点鲑
图们江流域	图们江	鲢	大马哈鱼、滩头雅罗鱼、珠星雅罗鱼、江鳕	马苏大马哈鱼、花羔红点鲑、细鳞鲑
鸭绿江流域	鸭绿江	鲢、鳙	香鱼、江鳕、斑鳜	细鳞鲑、花羔红点鲑、鸭绿江鲫鱼、松江鲈鱼
辽河流域	辽河	中华绒螯蟹、草鱼、鳊、鲢鱼、黄颡鱼	香鱼	无珍稀濒危物种
辽西和河北沿海诸河流域	大凌河	鲢、鳙、草鱼、鳊	无区域性物种	无珍稀濒危物种

表 4-8　东北区增殖放流区域性物种

物种食性	江河（8个）	湖泊（1个）	水库（2个）
杂食性类	珠星雅罗鱼、滩头雅罗鱼	无	无
肉食性类	江鳕、怀头鲇、大马哈鱼、黑斑狗鱼、乌苏里拟鲿	黑斑狗鱼	江鳕、斑鳜
植食性类（藻类）	香鱼	无	无

表 4-9　东北区增殖放流珍稀濒危物种

物种食性	江河（9个）	湖泊（0个）	水库（3个）
杂食性类	达氏鳇	无	无
肉食性类	细鳞鲑、施氏鲟、松江鲈鱼、太门哲罗鲑、黑龙江鲫鱼、马苏大马哈鱼、花羔红点鲑、鸭绿江鲫鱼	无	细鳞鲑、花羔红点鲑、鸭绿江鲫鱼

适用于本区重要湖泊和水库放流的物种主要为广布种（表 4-10）。值得注意的是，鸭绿江流域的云峰水库承担细鳞鲑、花羔红点鲑、鸭绿江鲫鱼 3 个珍稀濒危物种和斑鳜、江鳕 2 个区域性物种的增殖放流任务，镜泊湖承担黑斑狗鱼区域性物种的增殖放流任务。黑龙江流域嫩江水系的查干湖和花敖泡、鸭绿江流域的水丰水库和浑江水库、黑龙江流

域松花江水系的大顶子山水库和莲花水库、辽河流域浑太河水系的大伙房水库和碧流河水库等，这些增殖放流地点的适宜增殖放流的物种是相同的，黑龙江流域松花江水系的白山水库和哈大山水库主要适宜放流物种基本相同，只是松花湖与石头门口水库相比，松花湖可以放流鲢鱼、鳙鱼、鲂鱼、鳜鱼，而石头门口水库除可以放流鲢鱼、鳙鱼、鲂鱼外，还可以放流草鱼（＋草鱼）、青鱼（＋青鱼），但不能放流鳜鱼（－鳜）；哈大山水库除了可以放流鲢鱼、鳙鱼、鳜鱼外，还可以放流鲂类（＋鲂类）。

表 4-10　东北区重要湖泊水库适宜增殖放流广布物种

所属流域水系	重要湖泊水库	面积（平方千米）	主要适宜放流物种
黑龙江流域乌苏里江水系	兴凯湖	1 080	鲢、鳙、草鱼、翘嘴鲌
黑龙江流域嫩江水系	查干湖＋花敖泡	400＋93	鲢、鳙、草鱼、鲂、鳜、黄颡鱼
	月亮湖	107	鲢、鳙、草鱼、鲂、鳜、细鳞鲴
	库里泡	67	鲢、鳙、草鱼
	五大连池	21	鲢、鳙、草鱼、鳜、翘嘴鲌、青梢红鲌、黑斑狗鱼
黑龙江流域松花江水系	波罗湖	60	鲢、鳙、草鱼、鲂、鳜、黄颡鱼
黑龙江流域牡丹江水系	镜泊湖	127	鲢、鳙、草鱼、蒙古鲌、黑斑狗鱼、鳜
鸭绿江流域	水丰＋浑江水库	360＋86	鲢、鳙、草鱼、青鱼、鲂、黄颡鱼
	云峰水库	70	细鳞鲑*、花羔红点鲑*、鸭绿江鲴鱼*、鲢、鳙、鲂、黄颡鱼、斑鳜、江鳕
黑龙江流域松花江水系	松花湖＋石头口门水库	333＋95	鲢、鳙、鲂、－鳜、＋草鱼、＋青鱼
	白山＋哈大山水库	78＋75	鲢、鳙、鳜、＋鲂
	大顶子山＋莲花水库	240＋140	鲢、鳙、草鱼、翘嘴鲌、鳜、黄颡鱼
黑龙江流域嫩江水系	尼尔基水库	287	鲢、鳙、草鱼、翘嘴鲌、鳜、黄颡鱼
辽河流域浑太河水系	大伙房＋碧流河水库	67＋56	鲢、鳙、草鱼、青鱼、鲂、黄颡鱼
辽河流域东辽河水系	二龙山水库	55	鲢、鳙、草鱼、鲂、黄颡鱼
辽西和河北沿海诸河流域	白石水库	47	鲢、鳙、草鱼、青鱼、鲂、黄颡鱼

注：带*者为珍稀濒危物种。

2. 华北区

本区包括北京、天津、河北、山西、山东和河南 6 省市，总面积 70 万平方千米，总人口 1.07 亿。该区主要流域有黄河流域、海河流域、淮河流域、滦河流域、山东半岛诸河流域和长江流域。

这一区适合放流广布物种有 17 个（表 4-11），分别是鲢、鳙、鲇、鳊、鳜、鲂、草鱼、青鱼、唇䱻、泥鳅、细鳞鲴、黄颡鱼、翘嘴鲌、赤眼鳟、中华鳖、日本沼虾、中华绒螯蟹，其中适宜江河放流的 12 个，适合湖泊放流的 14 个，适合水库放流的 13 个，鲢、鳙、草鱼、青鱼、翘嘴鲌、细鳞鲴、黄颡鱼、中华鳖、中华绒螯蟹等品种同时适合江河、湖泊和水库放流。

表 4-11 华北区重要江河增殖放流适宜物种

<table>
<tr><th>流域水系</th><th colspan="2">重要江河</th><th>广布种</th><th>区域性物种</th><th>珍稀濒危物种</th></tr>
<tr><td rowspan="5">黄河流域黄河中下游水系</td><td rowspan="3">黄河</td><td>山西</td><td>中华鳖、黄颡鱼、赤眼鳟、鲇</td><td>兰州鲇、乌苏里拟鲿</td><td>大鲵</td></tr>
<tr><td>河南</td><td>鲇、黄颡鱼、鲢、鳙、赤眼鳟</td><td>无</td><td>大鲵</td></tr>
<tr><td>山东</td><td>中华绒螯蟹、中华鳖、鲢、鳙、赤眼鳟</td><td>无</td><td>多鳞白甲鱼</td></tr>
<tr><td colspan="2">汾河+洛河</td><td>鲢、鳙、+鲇、+黄颡鱼</td><td>无</td><td>无</td></tr>
<tr><td colspan="2">沁河</td><td>鲢、鳙、鲇、草鱼、唇䱻</td><td>乌苏里拟鲿</td><td>无</td></tr>
<tr><td>黄河流域大清河水系</td><td colspan="2">拒马河+独流减河</td><td>黄颡鱼、细鳞鲴、+草鱼、+鲢、+鳙</td><td>无</td><td>+多鳞白甲鱼</td></tr>
<tr><td>海河流域</td><td colspan="2">海河</td><td>细鳞鲴、草鱼、鲢、鳙、黄颡鱼</td><td>无</td><td>无</td></tr>
<tr><td>海河漳卫南运河水系</td><td colspan="2">淇河+漳卫河</td><td>鲢、鳙、+草鱼</td><td>无</td><td>无</td></tr>
<tr><td>海河流域北三河水系</td><td colspan="2">潮白河</td><td>黄颡鱼、细鳞鲴、草鱼、鲢、鳙</td><td>无</td><td>细鳞鲑</td></tr>
<tr><td>海河流域子牙河水系</td><td colspan="2">滹沱河</td><td>草鱼、鲢、鳙</td><td>无</td><td>无</td></tr>
<tr><td>海河流域永定河水系</td><td colspan="2">桑干河+永定河</td><td>鲢、鳙、+草鱼</td><td>无</td><td>无</td></tr>
<tr><td>山东半岛诸河流域</td><td colspan="2">潍河</td><td>草鱼、鲢、鳙</td><td>无</td><td>无</td></tr>
<tr><td>淮河流域淮河上游水系</td><td colspan="2">颍河+淮河</td><td>黄颡鱼、鲢、鳙、鳜、+中华鳖、+草鱼</td><td>无</td><td>+黄缘闭壳龟、+大鲵</td></tr>
<tr><td>淮河流域沂沭泗河水系</td><td colspan="2">沂河</td><td>草鱼、鲢、鳙</td><td>无</td><td>无</td></tr>
<tr><td rowspan="2">滦河流域</td><td colspan="2">滦河</td><td>黄颡鱼、草鱼、鲢、鳙、细鳞鲴</td><td>无</td><td>细鳞鲑</td></tr>
<tr><td colspan="2">柳河</td><td>黄颡鱼、草鱼、鳜、鲇</td><td>无</td><td>无</td></tr>
<tr><td>长江流域汉江水系</td><td colspan="2">白河、淇河、老灌河</td><td>草鱼、鲢、鳙</td><td>无</td><td>大鲵</td></tr>
</table>

本区适合放流的区域性物种2个，分别是兰州鲇（肉食性）、乌苏里拟鲿（肉食性），主要用于江河增殖放流，仅限于黄河流域中下游水系的干流山西段和一级支流的沁河增殖放流，沁河主要流经山西和河南。兰州鲇适于黄河干流增殖放流，而乌苏里拟鲿仅适于黄河一级支流的沁河流域山西段和河南段增殖放流。本区适于湖泊和水库放流的区域性物种空缺。

本区适于增殖放流的珍稀濒危物种有4个，分别是大鲵（肉食性）、多鳞白甲鱼（杂食性）、黄缘闭壳龟（杂食性）、细鳞鲑（肉食性），主要适宜于江河放流，其中大鲵适宜在黄河中游支流垣曲县、伊洛河上游的山涧溪流、淮河上游支流大别山山区丘陵及丹江上游支流伏牛山山涧溪流增殖放流，多鳞白甲鱼适宜在黄河下游大汶河上游山涧溪流及黄河流域大清河水系的拒马河流域增殖放流，黄缘闭壳龟适宜在淮河上游支流大别山（河南）山区丘陵增殖放流，细鳞鲑适宜在淮河流域北三河水系的潮白河上游支流的山涧溪流及滦河流域增殖放流。本区适宜于湖泊和水库增殖放流的珍稀濒危物种空缺。

适用于本区重要湖泊和水库放流的物种主要为广布种 14 个（表 4-12），分别是鲢、鳙、鲇、鳊、鳜、鲂、草鱼、青鱼、泥鳅、细鳞鲴、黄颡鱼、中华鳖、日本沼虾、中华绒螯蟹，其中适宜于海河流域增殖放流的品种较多，海河是该区广布物种重要放流水域。适宜于该区长江和淮河流域的物种较少，只有鲢、鳙和细鳞鲴三个物种，淮河流域水系有鲢、鳙、鳜、中华绒螯蟹 4 个物种。山东半岛诸河流域的峡山和牟山水库主要适宜放流物种是相同的。该区湖泊水库不进行区域性物种和珍稀濒危物种的增殖放流。

表 4-12 华北区重要湖泊水库增殖放流适宜物种

所属流域水系	重要湖泊水库	面积（平方千米）	主要适宜放流物种
淮河流域 沂沭泗河水系	南四湖	1 266	鳊、细鳞鲴、鲢、鳙、青鱼、中华绒螯蟹、日本沼虾、黄颡鱼
黄河流域 黄河下游水系	东平湖	627	鳊、鲢、鳙、草鱼、黄颡鱼、鳜、中华绒螯蟹、中华鳖
海河流域 大清河水系	白洋淀	336	草鱼、鲢、鳙、草鱼、黄颡鱼、鲇、中华绒螯蟹、日本沼虾、中华鳖、鲂、鳊、细鳞鲴、泥鳅、鳜
海河流域 子牙河水系	衡水湖	76	草鱼、鲢、鳙、草鱼、黄颡鱼、鲇、中华绒螯蟹、日本沼虾、中华鳖、鲂、鳊、细鳞鲴、泥鳅、鳜
长江流域 汉江水系	鸭河口＋丹江口水库	120＋506	鲢、鳙、＋细鳞鲴
黄河流域 黄河中游水系	三门峡＋小浪底水库	70＋272	鲇、黄颡鱼、鲢、鳙、＋鳜、＋中华鳖
黄河流域 大清河水系	大港水库＋团泊水库	150＋52	草鱼、鲢、鳙、黄颡鱼、细鳞鲴、＋中华绒螯蟹
	王快-西大洋水库	111	鲂、细鳞鲴、鲢、鳙、中华鳖、日本沼虾
海河流域 无定河水系	官厅水库	120	草鱼、鲢、鳙、鳊、细鳞鲴、日本沼虾、黄颡鱼
海河流域漳卫 南运河水系	岳城水系	42	鲢、鳙、草鱼、青鱼、鲂、黄颡鱼
	南大港水库	98	鲢、鳙、草鱼、中华绒螯蟹、鳊、细鳞鲴
海河流域 北三河水系	密云水库	91	草鱼、鲢、鳙、青鱼、鳊、细鳞鲴
	于桥水库	68	草鱼、鲢、鳙、黄颡鱼、细鳞鲴、中华绒螯蟹
海河流域 子牙河水系	黄壁庄＋岗南水库	62＋52	草鱼、鲢、鳙、黄颡鱼、中华鳖、鳊、细鳞鲴、日本沼虾
山东半岛 诸河流域	峡山＋牟山水库	144＋55	草鱼、鲢、鳙
	湾头水库＋产芝水库	58＋53	鲢、鳙、一鲂、＋细鳞鲴
滦河流域	潘大水库	93	鲂、鲢、鳙、鳊、细鳞鲴、草鱼、黄颡鱼

（续）

所属流域水系	重要湖泊水库	面积（平方千米）	主要适宜放流物种
淮河流域 淮河上游水系	宿鸭湖水库	88	鲢、鳙、中华绒螯蟹
	南湾＋鲇鱼山水库	46＋51	鲢、鳙、＋鳜
淮河流域 沙颍河水系	白龟山水库	44	鲢、鳙
淮河流域 沂沭泗河水系	跋山水库＋岸堤水库	53＋60	鲢、鳙、鲂、中华绒螯蟹、＋黄颡鱼

3. 长江中下游区

本区包括上海、江苏、安徽、江西、湖北、湖南 6 省市，总面积 81 万平方千米，总人口 3.2 亿。该区主要流域有长江流域、黄河流域、海河流域、山东半岛诸河流域、滦河流域和淮河流域。

这一区适合放流的广布物种有 19 个（表 4－13），分别是鲢、鳙、鳊、鲂、鳜、鲇、青鱼、草鱼、花鲭、翘嘴鲌、蒙古鲌、细鳞鲴、黄尾鲴、黄颡鱼、赤眼鳟、中华鳖、青梢红鲌、日本沼虾、中华绒螯蟹，其中适宜江河放流的 13 个，适合湖泊放流的 12 个，适合水库放流的 16 个。其中长江流域鄱阳湖水系的信江和修水适宜增殖放流的广布种和区域性物种完全相同，珍稀濒危物种的棘胸蛙适合于两江的增殖放流，修水还适合于大鲵的增殖放流。在这 19 个广布物种中，鲢、鳜、鳙、鳊、青鱼、草鱼、花鲭、翘嘴鲌、中华绒螯蟹 9 个物种同时适宜于江河、湖泊及水库放流，细鳞鲴适宜于江河和水库放流，黄尾鲴适宜于江河和湖泊放流，黄颡鱼、中华鳖适宜于湖泊和水库放流，鲂、赤眼鳟仅适宜于江河放流，鲇、蒙古鲌、日本沼虾、青梢红鲌 4 个物种仅适宜于水库放流。

表 4－13　长江中下游区重要江河增殖放流适宜物种

流域水系	江河	广布种	区域性物种	珍稀濒危物种
长江流域 干流	湖北段	青鱼、草鱼、鲢、鳙、鳊、翘嘴鲌、细鳞鲴、黄尾鲴	中华倒刺鲃、瓦氏黄颡鱼、南方鲇、长吻鮠、白甲鱼	岩原鲤、胭脂鱼、中华鲟、达氏鲟
	湖南段	青鱼、草鱼、鲢、鳙	无	无
	江西段＋安徽段	青鱼、草鱼、鲢、鳙、细鳞鲴、鳜、翘嘴鲌、鳊、一黄尾鲴、＋中华绒螯蟹	瓦氏黄颡鱼、＋长吻鮠、＋南方鲇	胭脂鱼
	江苏段	青鱼、草鱼、鲢、鳙、中华绒螯蟹、细鳞鲴	瓦氏黄颡鱼、长吻鮠、暗纹东方鲀	胭脂鱼、刀鲚
长江河口	上海段	中华绒螯蟹、翘嘴鲌、细鳞鲴	长吻鮠、暗纹东方鲀	刀鲚、松江鲈鱼、中华鲟
长江流域 汉江水系	汉江	青鱼、草鱼、鲢、鳙、鳊、细鳞鲴、翘嘴鲌、黄尾鲴	长吻鮠、瓦氏黄颡鱼、南方鲇、中华倒刺鲃、齐口裂腹鱼	大鲵、多鳞白甲鱼

（续）

流域水系	江河	广布种	区域性物种	珍稀濒危物种
长江流域洞庭湖水系	湘江	青鱼、草鱼、鲢、鳙、鳊、鲂、鳜	中华倒刺鲃、湘华鲮、光倒刺鲃	无
	资水	青鱼、草鱼、鲢、鳙、黄颡鱼、鳊、鲂	无	无
	沅水	青鱼、草鱼、鲢、鳙、翘嘴鲌、黄颡鱼	湘华鲮、白甲鱼、湖南吻鮈、南方鲇、光倒刺鲃	无
	澧水	青鱼、草鱼、鲢、鳙、鳊、细鳞鲴、翘嘴鲌	长吻鮠、南方鲇	大鲵
长江流域中游水系	清江	青鱼、草鱼、鲢、鳙、黄颡鱼、细鳞鲴、鳊、黄尾鲴	中华倒刺鲃、南方鲇、长吻鮠、白甲鱼	岩原鲤、大鲵
长江流域鄱阳湖水系	赣江	青鱼、草鱼、鲢、鳙、黄颡鱼、鳜、鳊、黄尾鲴	光倒刺鲃、长吻鮠	胭脂鱼、大鲵
	信江＋修水	青鱼、草鱼、鲢、鳙、鳊	光倒刺鲃	棘胸蛙、＋大鲵
	抚河	青鱼、草鱼、鲢、鳙、中华鳖、鳊	无	棘胸蛙
	饶河	青鱼、草鱼、鲢、鳙、鳊、黄尾鲴	光倒刺鲃	大鲵、棘胸蛙
长江流域长江下游水系	皖河＋水阳江	青鱼、草鱼、鲢、鳙、鳜、翘嘴鲌	光唇鱼、南方鲇、光倒刺鲃	＋黄缘闭壳龟
	青弋江＋秋浦河	青鱼、草鱼、鲢、鳙、翘嘴鲌、鳜、＋鲂	光唇鱼	无
长江流域太湖水系	黄浦江	鲢、鳙、翘嘴鲌、黄颡鱼、中华绒螯蟹、细鳞鲴、花䱻	无	无
淮河流域	颍河＋淮河干流	青鱼、鲢、鳙、＋草鱼、＋鳊、＋黄颡鱼、＋赤眼鳟	＋长吻鮠	无
沿海诸河及钱塘江	新安江	鲢、鳙、黄颡鱼、鳊、翘嘴鲌、鳜、细鳞鲴、中华绒螯蟹	光倒刺鲃、光唇鱼	大鲵
珠江流域北江水系	武水	青鱼、草鱼、鲢、鳙、黄颡鱼、黄尾鲴	无	无

本区适合放流的区域性物种13个（表4-14），分别是斑鳜、长吻鮠、南方鲇、白甲鱼、湘华鲮、光唇鱼、团头鲂、中华倒刺鲃、瓦氏黄颡鱼、暗纹东方鲀、齐口裂鳆鱼、光倒刺鲃、湖南吻鮈。其中团头鲂、斑鳜2个物种仅分别适宜于湖泊和水库放流，白甲鱼、南方鲇、中华倒刺鲃、光倒刺鲃、齐口裂腹鱼5个物种同时适宜于江河及水库放流，其余的长吻鮠、湘华鲮、光唇鱼、湖南吻鮈、瓦氏黄颡鱼、暗纹东方鲀6个品种仅适宜于江河增殖放流。

表 4-14　长江中下游区增殖放流区域性物种

物种食性	江河（11 个）	湖泊（1 个）	水库（6 个）
杂食性类	光倒刺鲃、齐口裂腹鱼、湖南吻鮈	无	光倒刺鲃、齐口裂腹鱼
肉食性类	南方鲇、长吻鮠、瓦氏黄颡鱼、暗纹东方鲀	无	斑鳜、南方鲇
植食性类（藻类）	白甲鱼、中华倒刺鲃、湘华鲮、光唇鱼	团头鲂	白甲鱼、中华倒刺鲃

本区适于增殖放流的珍稀濒危物种有 11 个（表 4-15），分别是大鲵、刀鲚、中华鲟、岩原鲤、棘胸蛙、胭脂鱼、达氏鲟、松江鲈鱼、多鳞白甲鱼、黄缘闭壳龟和背瘤丽蚌。在这 11 个珍稀濒危物种中，胭脂鱼同时适宜于江河、湖泊和水库放流，达氏鲟、岩原鲤 2 个物种同时适宜于江河水库放流。背瘤丽蚌（一说为滤食性类物种，以矽藻、原生动物等为饵料）仅适宜于湖泊放流，主要放流湖泊是长江流域湖南的洞庭湖及江西的鄱阳湖（表 4-16）。其余的刀鲚、大鲵、中华鲟、棘胸蛙、松江鲈鱼、多鳞白甲鱼及黄缘闭壳龟 7 个物种，仅能在江河中放流。长江流域长江下游水系的升金湖和巢湖主要适宜放流物种基本相同，区别在于中华鳖不适宜于在巢湖放流，而在升金湖适宜放流的物种基础上，巢湖可以增加放流翘嘴鲌、鳜和黄颡鱼；菜子湖与武昌湖的主要适宜放流物种完全相同；城西湖、城东湖在女山湖适宜放流物种基础上增加了草鱼。

表 4-15　长江中下游区增殖放流珍稀濒危物种

物种食性	江河（10 个）	湖泊（2 个）	水库（3 个）
杂食性类	大鲵、刀鲚、达氏鲟、胭脂鱼、棘胸蛙、岩原鲤、多鳞白甲鱼、黄缘闭壳龟	胭脂鱼	达氏鲟、胭脂鱼、岩原鲤
肉食性类	中华鲟、松江鲈鱼	无	无
植食性类（藻类）	无	背瘤丽蚌	无

表 4-16　长江中下游区重要湖泊增殖放流适宜物种

所属流域水系	重要湖泊	面积（平方千米）	主要适宜放流物种
长江流域汉水水系	汈汊湖	70.6	青鱼、草鱼、鲢、鳙、鳊、黄颡鱼、团头鲂、南方鲇、鳜、中华绒螯蟹
长江流域洞庭湖水系	洞庭湖	2 625	青鱼、草鱼、鲢、鳙、南方鲇、长吻鮠、中华鳖、胭脂鱼*、背瘤丽蚌*
长江流域长江中游水系	洪湖＋梁子湖	334.4＋304.3	青鱼、草鱼、鲢、鳙、黄颡鱼、团头鲂、中华绒螯蟹、中华鳖、黄尾鲴、－鳜、－翘嘴鲌、－鳊、＋细鳞鲴、＋南方鲶
	长湖＋保安湖	129.1＋51.2	青鱼、鲢、鳙、草鱼、黄颡鱼、团头鲂、翘嘴鲌、鳜、中华绒螯蟹、－细鳞鲴、＋南方鲶、＋鳊、＋中华鳖
	西凉湖＋斧头湖	72.1＋114.7	青鱼、鲢、鳙、中华绒螯蟹、鳜、－黄颡鱼、－鳊、－翘嘴鲌、－细鳞鲴、－中华鳖、＋草鱼、＋南方鲶

（续）

所属流域水系	重要湖泊	面积（平方千米）	主要适宜放流物种
长江流域 长江中游水系	大冶湖＋网湖	68.7＋50	青鱼、草鱼、鲢、鳙、黄颡鱼、鳜、翘嘴鲌、团头鲂、细鳞鲴、黄尾鲴、南方鲶鳊（鳊）、＋中华绒螯蟹、＋中华鳖
长江流域 鄱阳湖水系	鄱阳湖	3 035	青鱼、草鱼、鲢、鳙、中华鳖、鳜、团头鲂、翘嘴鲌、黄尾鲴、黄颡鱼、鳊、胭脂鱼*、背瘤丽蚌*
	军山湖＋内珠湖	213＋53	青鱼、草鱼、鲢、鳙、中华绒螯蟹、鳜、翘嘴鲌、＋团头鲂、＋鳊
长江流域 长江下游水系	龙感湖	316.2	青鱼、草鱼、鲢、鳙、团头鲂、细鳞鲴、中华绒螯蟹、花鲳
	黄湖	118	青鱼、草鱼、鲢、鳙、团头鲂、中华绒螯蟹、花鲳
	升金湖＋巢湖	78.5＋780	青鱼、草鱼、鲢、鳙、团头鲂、中华绒螯蟹、鳊、细鳞鲴、花鲳、一中华鳖、＋翘嘴鲌、＋鳜、＋黄颡鱼
	泊湖	180.4	青鱼、草鱼、鲢、鳙、黄颡鱼、细鳞鲴、鳊、团头鲂、中华鳖、花鲳、鳜
	大官湖＋南漪湖	136.7＋148.4	青鱼、草鱼、鲢、鳙、细鳞鲴、中华鳖、花鲳、＋黄颡鱼
	武昌湖＋菜子湖	102＋96	青鱼、草鱼、鲢、鳙、鳊、细鳞鲴、中华鳖、团头鲂、花鲳、中华绒螯蟹
	石臼湖	213	鲢、鳙、鳊、草鱼、青鱼、细鳞鲴、团头鲂、花鲳、黄颡鱼
	固城湖	81	鲢、鳙、鳊、草鱼、中华绒螯蟹
长江流域 太湖水系	太湖	2 338	青鱼、鲢、鳙、草鱼、中华绒螯蟹、翘嘴鲌、鳜、花鲳、鳊
	滆湖	164	青鱼、鲢、鳙、草鱼、中华绒螯蟹、细鳞鲴
	长荡湖＋阳澄湖	85＋120	鲢、鳙、＋中华绒螯蟹
	淀山湖	62	鲢、鳙、花鲳、黄颡鱼、鳜、翘嘴鲌、中华绒螯蟹、青梢红鲌、细鳞鲴、日本沼虾、蒙古鲌、鳊
淮河流域 淮河中游水系	高塘湖＋瓦埠湖	50＋163	鲢、鳙、鳊、团头鲂、细鳞鲴、＋青鱼、＋草鱼、＋中华鳖、＋鲶、＋鳜、＋黄颡鱼
	女山湖＋城西湖＋城东湖	115＋85＋102	青鱼、鲢、鳙、细鳞鲴、鳊、团头鲂、中华鳖、中华绒螯蟹、＋草鱼、＋草鱼
淮河流域 洪泽湖水系	洪泽湖	2 069	鲢、鳙、鳜、翘嘴鲌、鳊、中华绒螯蟹、青鱼、草鱼、细鳞鲴
淮河流域 淮河下游水系	白马湖＋高宝邵伯湖	120＋852	鲢、鳙、青鱼、草鱼、中华绒螯蟹、＋黄颡鱼、＋细鳞鲴、＋鳊、＋团头鲂、＋中华鳖、＋花鲳、＋鳜
淮河流域 沂沭泗水系	骆马湖	260	草鱼、鲢、鳙、中华绒螯蟹、青鱼

注：带*者为珍稀濒危物种。

在长江中下游的珍稀濒危物种中，国家一级保护动物中华鲟，主要分布在长江干流的湖北段，达氏鲟主要放流地点是长江干流的湖北段和三峡库区。国家二级保护动物岩原鲤主要放流地点在长江干流的湖北段、长江中游水系的清江及三峡水库，胭脂鱼可在长江干流的湖北段、安徽段、江苏段、洞庭湖、鄱阳湖、三峡水库及鄱阳湖水系的万安水库放流（表 4－17）。

表 4－17　长江中下游区重要水库增殖放流适宜物种

所属流域水系	重要水库	面积（平方千米）	主要适宜放流物种
长江流域 长江干流	三峡水库	163	鲢、鳙、中华倒刺鲃、岩原鲤*、齐口裂腹鱼、白甲鱼、达氏鲟*、胭脂鱼*
长江流域 汉江水系	丹江口水库	745	青鱼、草鱼、鲢、鳙、翘嘴鲌、细鳞鲴
	惠亭水库	50	青鱼、草鱼、鲢、鳙
长江流域 长江中游水库	白莲河＋隔河岩水库	50＋72	青鱼、草鱼、鲢、鳙、翘嘴鲌、团头鲂、南方鲶、鳊、＋白甲鱼、＋中华倒刺鲃、＋岩原鲤*
	富水＋陆水＋滝水＋漳河水库	84＋50＋50＋104	青鱼、草鱼、鲢、鳙、＋鳊（仅用于漳河水库）
	东江－凤滩－五强溪－水府庙－双牌水库＋柘溪＋＋涔天河水库	160－55－100－118－51＋220＋＋56	青鱼、草鱼、鲢、鳙、＋鳊、＋＋光倒刺鲃
长江流域 鄱阳湖水系	万安水库	153	青鱼、草鱼、鲢、鳙、长吻鮠、胭脂鱼*
	洪门水库	51	青鱼、草鱼、鲢、鳙、翘嘴鲌、鳊
	柘林水库	207	青鱼、草鱼、鲢、鳙、鳜、翘嘴鲌
	江口水库	50	青鱼、草鱼、鲢、鳙、团头鲂、鳊
长江流域 长江下游水系	万佛湖＋水库	50	青鱼、草鱼、鲢、鳙、中华鳖
	太平湖＋花凉亭水库	88.6＋62	青鱼、草鱼、鲢、鳙、鳊、－斑鳜、＋中华鳖
淮河上游水系	响洪甸＋梅山水库	59.2＋57.8	青鱼、草鱼、鲢、鳙
淮河沂沭泗河	石梁河水库	91	鲢、鳙

注：带＊者为珍稀濒危物种。

4. 东南区

本区包括浙江、福建、广东、广西和海南 5 个省、区，总面积 67 万平方千米，总人口 2.3 亿。该区主要流域有珠江流域、东南沿海诸河流域、琼雷及桂东南沿海诸河流域、长江流域、元江-红河流域、澜沧江-湄公河流域、怒江-萨尔温江流域、独龙江-伊洛瓦底江流域、雅鲁藏布江-恒河流域。

这一区适合放流广布物种有 15 个（表 4－18），分别是鲢、鳙、鳊、鲂、青鱼、草鱼、花䱻、翘嘴鲌、黄尾鲴、细鳞鲴、黄颡鱼、赤眼鳟、中华鳖、日本沼虾、中华绒螯蟹，其中适宜江河放流的物种 14 个，适合湖泊放流的 11 个，适合水库放流的 9 个。在这 15 个广布物种中，鲢、鳙、鳊、鲂、青鱼、草鱼、花䱻、翘嘴鲌、黄尾鲴、赤眼鳟 8 个物种适宜于江河、湖泊和水库放流，鳊、鲂 2 个物种适宜于江河和湖泊放流，细鳞鲴、黄颡鱼、日本沼虾、中华绒螯蟹4个物种仅适宜于江河放流，中华鳖同时适宜于湖泊和水库放流。

表4-18 东南区重要江河增殖放流适宜物种

流域水系	重要江河	广布种	区域性物种	珍稀濒危物种
珠江流域 西江上游水系	柳江	青鱼、草鱼、鲢、鳙、黄颡鱼、细鳞鲴、花䱻	大眼鳜、光倒刺鲃、桂花鲮、胡子鲶	大鲵
珠江流域 郁江水系	郁江	青鱼、草鱼、鲢、鳙、赤眼鳟、黄颡鱼、细鳞鲴、花䱻	大眼鳜、倒刺鲃、胡子鲶、鲮	黄喉拟水龟、山瑞鳖
珠江流域 西江下游水系	贺江＋桂江	青鱼、草鱼、鲢、鳙、黄颡鱼、＋细鳞鲴、＋花䱻	大眼鳜、光倒刺鲃、＋桂花鲮、＋胡子鲶	无
珠江流域 西江干流	广西段	青鱼、草鱼、鲢、鳙、鲮、赤眼鳟、黄颡鱼、细鳞鲴、花䱻	瓦市黄颡鱼、光倒刺鲃、倒刺鲃、大刺鳅、桂花鲮、胡子鲶、大眼鳜	乌原鲤
	广东段	青鱼、草鱼、赤眼鳟、鳊、鳙、鲢	广东鲂、鲮、胡子鲶、桂花鲮	无
珠江流域 北江水系	北江	青鱼、草鱼、赤眼鳟、鳊、黄尾鲴、鳙、鲢	光倒刺鲃、鲮、胡子鲶、南方白甲鱼	鼋、黑颈乌龟、大鲵、山瑞鳖
珠江流域 东江水系	东江	青鱼、草鱼、赤眼鳟、鳊、黄尾鲴、鳙、鲢	光倒刺鲃、鲮、胡子鲶	大鲵
珠江流域珠江 三角洲水系	珠江河口	青鱼、草鱼、鲢、鳙、赤眼鳟、日本沼虾	广东鲂、鲮、胡子鲶	唐鱼、黄喉拟水龟
东南沿海诸河 流域	姚江＋ 钱塘江	青鱼、草鱼、鲢、鳙、赤眼鳟、鳊、黄尾鲴、鲂、中华绒螯蟹、翘嘴鲌、黄颡鱼、花䱻	光倒刺鲃、瓦氏黄颡鱼	＋大鲵
东南沿海诸河流 域浙南沿海水系	灵江＋瓯江	青鱼、草鱼、鲢、鳙、赤眼鳟、鳊、鲂、＋黄尾鲴、＋中华绒螯蟹、＋翘嘴鲌、＋花䱻	＋光倒刺鲃、＋瓦氏黄颡鱼、＋香鱼、＋光唇鱼	＋鼋、＋大鲵
东南沿海诸河流 域闽东沿海水系	交溪	鲢、鳙	香鱼	大鲵
东南沿海 诸河流域	九龙江＋ 闽江	鲢、鳙、鲂、草鱼、青鱼、中华绒螯蟹、翘嘴鲌、赤眼鳟、黄颡鱼、中华鳖、鳊、＋黄尾鲴	光倒刺鲃、半刺厚唇鱼、一大刺鳅、香鱼	＋胭脂鱼、＋棘胸蛙、＋大鲵
东南沿海诸河 流域韩江水系	韩江	青鱼、草鱼、赤眼鳟、鳊、鲮、鲢、黄颡鱼、中华鳖、鳊黄尾鲴	光倒刺鲃、半刺厚唇鱼、大刺鳅、香鱼	无
东南沿海诸河流 域闽西沿海水系	潭江、漠阳江、鉴江	青鱼、草鱼、鲢、鳙、鲮、赤眼鳟	广东鲂	无

（续）

流域水系	重要江河	广布种	区域性物种	珍稀濒危物种
琼雷及桂东沿海诸河流域桂南沿海水系	南流江、钦江、茅岭江	青鱼、草鱼、鲢、鳙、胡子鲶、鲮	黄沙鳖	无
琼雷及桂东沿海诸河流域琼雷沿海水系	九州江、南渡河	青鱼、草鱼、鲢、鳙、鲮、赤眼鳟	无	无
琼雷及桂东沿海诸河流域海南岛诸河水系	南渡河、昌化江、万泉河	青鱼、草鱼、鲢、鳙、鲮	大鳞白鲢、海南红鲌	无
长江流域太湖水系	苕溪	鲢、鳙、花䱻、鳊、鲂、翘嘴鲌、黄颡鱼、青鱼、草鱼、鲮、赤眼鳟	无	大鲵

本区适于增殖放流的珍稀濒危物种有9个（表4-18），分别是鼋、大鲵、唐鱼、山瑞鳖、乌原鲤、胭脂鱼、棘胸蛙、黑颈乌龟、黄喉拟水龟，这些物种仅适宜于江河增殖放流，不能作为湖泊和水库的增殖放流物种。在这9个物种中，鼋是国家一级水生动物保护物种，主要分布在珠江流域的北江水系和东南沿海主河流域浙南沿海水系，这两个地方既是鼋的放流地，也是鼋的保护地。

本区适合放流的区域性物种16个（表4-19），分别是鲮、香鱼、大眼鳜、桂花鲮、胡子鲇、大刺鳅、广东鲂、光唇鱼、黄沙鳖、倒刺鲃、光倒刺鲃、大鳞白鲢、海南红鲌、瓦氏黄颡鱼、南方白甲鱼、半刺厚唇鱼，其中适宜于江河放流的物种16个，适宜于湖泊放流的物种3个，适宜于水库放流的物种3个。在这16个物种中，鲮、光倒刺鲃、海南红鲌3个物种同时适宜于江河、湖泊和水库放流，其余的13个物种仅适宜于江河增殖放流。

表4-19 东南区增殖放流区域性物种

物种食性	江河（16个）	湖泊（3个）	水库（3个）
滤食性类	大鳞白鲢	无	无
杂食性类	大刺鳅、光倒刺鲃	光倒刺鲃	光倒刺鲃
肉食性类	胡子鲇、大眼鳜、广东鲂、黄沙鳖、海南红鲌、瓦氏黄颡鱼	海南红鲌	海南红鲌
植食性类（藻类）	鲮、香鱼、倒刺鲃、桂花鲮、光唇鱼、南方白甲鱼、半刺厚唇鱼	鲮	鲮

适用于本区重要湖泊和水库放流的物种主要为广布种14个（表4-20），分别是鲢、鳙、鲮、鳊、鲂、草鱼、青鱼、花䱻、黄尾鲴、翘嘴鲌、中华鳖、赤眼鳟、光倒刺鲃、海南红鲌，其中草鱼、青鱼、鲢鱼和鳙鱼几乎在所有湖库中可以放流，花䱻、黄尾鲴仅能在

千岛湖放流，鳊鱼和鲂鱼仅能在闽江水系和韩江水系的水口水库和棉花滩水库放流，高州水库和鹤地水库的适宜放流物种相同。

表 4-20　东南区重要湖泊及水库增殖放流适宜物种

所属流域水系	湖泊水库	面积（平方千米）	主要适宜放流物种
东南沿海诸河流域钱塘江水系	千岛湖	595	青鱼、草鱼、鲢、鳙、花䱻、黄尾鲴、翘嘴鲌、中华鳖
珠江流域南北盘江水系	天生桥水库	174	青鱼、草鱼、鲢、鳙、鲮、赤眼鳟、光倒刺鲃
珠江流域西江上下游水系	龙滩＋岩滩水库	535＋112	青鱼、草鱼、鲢、鳙、鲮
	麻石＋长洲水库	152＋173	青鱼、草鱼、鲢、鳙、鲮、赤眼鳟、光倒刺鲃
珠海流域郁江水系	百色＋西津水库	133＋150	青鱼、草鱼、鲢、鳙、鲮、＋赤眼鳟、＋光倒刺鲃
珠江流域北江＋东江水系	南水＋新丰江水库	38＋370	青鱼、草鱼、鲢、鳙、鲮、海南红鲌、＋光倒刺鲃
东南诸河流域闽江＋韩江水系	水口＋棉花滩水库	125＋64	草鱼、鲢、鳙、赤眼鳟、翘嘴鲌、鳊、鲂、光倒刺鲃
东南诸河流域粤西＋桂东水系	高州＋鹤地水库	59＋123	青鱼、草鱼、鲢、鳙、鲮、光倒刺鲃、海南红鲌

5. 西南区

本区包括四川、重庆、贵州、云南、西藏5省区、市，总面积236万平方千米，总人口2亿。该区主要流域有长江流域、黄河流域、珠江流域、元江-红河流域、澜沧江-湄公河流域、怒江-萨尔温江流域、独龙江-伊洛瓦底江流域、雅鲁藏布江-恒河流域。

这一区的适合放流广布物种有7个（表4-21），分别是鲢、鳙、草鱼、青鱼、翘嘴鲌、黄尾鲴、黄颡鱼，其中适宜江河放流的6个，适合湖泊放流的2个，适合水库放流的6个。在这7个广布物种中，鲢、鳙2个物种同时适宜于江河、湖泊及水库放流，草鱼、黄尾鲴、翘嘴鲌3个物种适宜于江河水库放流，黄颡鱼仅适宜于江河放流，青鱼仅适宜于水库放流。

表 4-21　西南区重要江河增殖放流适宜物种

流域水系	重要江河	广布种	区域性物种	珍稀濒危物种
黄河流域黄河上游水系	四川段	无	花斑裸鲤、黄河裸裂尻鱼	厚唇裸重唇鱼、拟鲶高原鳅、极边扁咽齿鱼
长江流域金沙江水系金沙江	云南干流	鲢、鳙	短须裂腹鱼、昆明裂腹鱼、中华倒刺鲃、齐口裂腹鱼、长吻鮠	长薄鳅、细鳞裂腹鱼、岩原鲤

（续）

流域水系	重要江河	广布种	区域性物种	珍稀濒危物种
长江流域 金沙江水系 金沙江	雅砻江＋ 四川干流	草鱼、鲢、鳙	长吻鮠、短须裂腹鱼、四川裂腹鱼、长丝裂腹鱼、白甲鱼、华鲮、＋圆口铜鱼	金沙鲈鲤、胭脂鱼、＋细鳞裂腹鱼、＋达氏鲟、＋岩原鲤
长江流域 岷江水系	岷江	黄颡鱼、草鱼、鲢、鳙	长吻鮠、华鲮、齐口裂腹鱼、重口裂腹鱼	岩原鲤、金沙鲈鲤、胭脂鱼、达氏鲟、大鲵
	沱江	鲢、鳙、草鱼	长吻鮠、华鲮、中华倒刺鲃、南方鲶、白甲鱼、	
长江流域 长江上游水系	重庆干流	黄尾鲴、翘嘴鲌、草鱼、鲢、鳙	中华倒刺鲃、厚颌鲂、白甲鱼、南方鲶、瓦氏黄颡鱼、大鳍鳠、长吻鮠、中华沙鳅、华鲮、齐口裂腹鱼	长薄鳅、细鳞裂腹鱼、胭脂鱼、岩原鲤、达氏鲟、大鲵
	四川干流	草鱼、鲢、鳙	长吻鮠、白甲鱼、华鲮	胭脂鱼、岩原鲤、达氏鲟
	赤水河	黄尾鲴、翘嘴鲌、草鱼、鲢、鳙	瓦氏黄颡鱼、大鳍鳠、白甲鱼、华鲮、圆口铜鱼、中华倒刺鲃、昆明裂腹鱼、黑尾近红鲌	长薄鳅、达氏鲟、胭脂鱼、岩原鲤
长江流域 嘉陵江水系 嘉陵江	四川段	草鱼、鲢、鳙	长吻鮠、中华倒刺鲃、南方鲶、白甲鱼、中华裂腹鱼、华鲮、重口裂腹鱼、大鳍鳠	岩原鲤、大鲵
	重庆段	鲢、鳙、草鱼、黄尾鲴	中华倒刺鲃、厚颌鲂、白甲鱼、南方鲶、瓦氏黄颡鱼、大鳍鳠、长吻鮠、中华沙鳅、齐口裂腹鱼、华鲮	长薄鳅、岩原鲤、细鳞裂腹鱼、胭脂鱼、达氏鲟
长江流域 乌江水系 乌江	贵州段	青鱼、草鱼、鲢、鳙	白甲鱼、中华倒刺鲃、泉水鱼、华鲮	胭脂鱼、岩原鲤、长薄鳅、大鲵
	重庆段	黄尾鲴、草鱼、鲢、鳙	南方鲶、瓦氏黄颡鱼、中华倒刺鲃、厚颌鲂、白甲鱼、长吻鮠、齐口裂腹鱼、大鳍鳠	细鳞裂腹鱼、胭脂鱼、岩原鲤、大鲵
长江流域 沅江水系	沅江	草鱼、鲢、鳙	无区域物种	大鲵
珠江流域 盘江水系	南盘江＋ 北盘江	鲢、鳙、＋草鱼	鲮、＋云南光唇鱼、＋暗色唇鲮	＋乌原鲤
元江-红河流域	元江	鲢、鳙	软鳍新光唇鱼、暗色唇鲮、大刺鳅	鼋、山瑞鳖
澜沧江-湄公河流域	澜沧江	鲢、鳙	叉尾鲶、丝尾鳠、光唇裂腹鱼	巨魾、后背鲈鲤、鼋、山瑞鳖
怒江-萨尔温江流域	怒江	无	保山新光唇鱼、怒江裂腹鱼	巨魾

（续）

流域水系	重要江河	广布种	区域性物种	珍稀濒危物种
独龙江-伊洛瓦底江流域	独龙江、大盈江、龙川江	无	墨脱华鲮、南方裂腹鱼、大刺鳅、胡子鲶、腾冲墨头鱼	无珍稀濒危物种
雅鲁藏布江-恒河流域	雅鲁藏布江	无	异齿裂腹鱼、拉萨裸裂尻鱼、双须叶须鱼	黑斑原鮡、拉萨裂腹鱼、尖裸鲤、巨须裂腹鱼

本区适合放流的区域性物种55个，是全国6个划分区的区域性物种分布最多的区域，也是鱼类区域性物种展示区，由西南区特殊的地质地貌决定了这一区域的鱼类多样性。为方便起见，此将该区的区域性物种按食性分类列入表4-22。由该表可见，在该区55个区域性物种中，适宜于江河放流的区域性物种有38个，其中杂食性9个，占江河类23.68%；肉食性12个，占31.58%；食植性（含食藻类）17个，占44.74%。适宜于湖泊放流的14个，其中杂食性6个，肉食性6个，食植性2个；适宜于水库放流的24个，其中杂食性3个，肉食性8个，植食性13个。

表4-22　西南区增殖放流区域性物种

物种食性	江河（38个）	湖泊（14个）	水库（24个）
杂食性类	大刺鳅、丝尾鳠、胡子鲇、花斑裸鲤、中华倒刺鲃、重口裂腹鱼、腾冲墨头鱼、拉萨裸裂尻鱼、软鳍新光唇鱼	杞麓鲤、小口裂腹鱼、宁蒗裂腹鱼、全唇裂腹鱼、云南倒刺鲃、云南裂腹鱼	丝尾鳠、中华倒刺鲃、重口裂鳆鱼
肉食性类	长吻鮠、南方鲇、叉尾鲇、泉水鱼、大鳍鳠、中华沙鳅、瓦氏黄颡鱼、黑尾近红鲌、四川裂腹鱼、怒江裂腹鱼、双须叶须鱼、保山新光唇鱼	春鲤、星云白鱼、中臀拟鲿、程海白鱼、鳙鲫白鱼、抚仙四须鲃	长吻鮠、南方鲇、叉尾鲇、灰裂鳆鱼、小裂腹鱼、瓦氏黄颡鱼、四川裂腹鱼、黑尾近红鲌
食植性类（藻类）	鲮、华鲮、白甲鱼、厚颌鲂、圆口铜鱼、暗色唇鲮、墨脱华鲮、短须裂腹鱼、昆明裂腹鱼、齐口裂腹鱼、中华裂腹鱼、云南光唇鱼、光唇裂腹鱼、南方裂腹鱼、异齿裂腹鱼、长丝裂腹鱼、黄河裸裂尻鱼	厚唇裂腹鱼、高原裸裂尻鱼	华鲮、白甲鱼、厚颌鲂、圆口铜鱼、暗色唇鲮、短须裂腹鱼、昆明裂鳆鱼、齐口裂腹鱼、中华裂鳆鱼、光唇裂鳆鱼、长丝裂腹鱼、软鳍新光唇鱼、软刺裸裂尻鱼

本区杂食类的丝尾鳠、中华倒刺鲃、重口裂鳆鱼，肉食类的长吻鮠、南方鲇、叉尾鲇、瓦氏黄颡鱼、四川裂腹鱼、黑尾近红鲌，食植性的华鲮、白甲鱼、厚颌鲂、圆口铜鱼、暗色唇鲮、短须裂腹鱼、昆明裂鳆鱼、齐口裂腹鱼、中华裂鳆鱼、光唇裂鳆鱼、长丝裂腹鱼、软鳍新光唇鱼，共21个物种同时适宜于江河及水库放流，实际放流的物种为55个。

本区适于增殖放流的珍稀濒危物种有25个，是珍稀濒危物种分布最多的区域，按照食性分类列入表4-23。由该表可见，巨魾、长薄鳅、岩原鲤、金沙鲈鲤、后背鲈鲤、细鳞裂腹鱼6个物种同时适宜于江河水库放流，长鳍吻鮈、澜沧裂鳆鱼、多鳞白甲鱼3个物种仅适宜于水库放流，滇池金线鲃、大头鲤、阳宗金线鲃 3 个物种仅适宜于湖泊放流，鼋、大鲵、达氏鲟、乌原鲤、尖裸鲤、山瑞鳖、胭脂鱼、黑斑原鮡、巨须裂腹鱼、厚唇裸重唇鱼、拟鲶高原鳅、极边扁咽齿鱼、拉萨裂腹鱼 13 个物种仅适宜于江河放流。一级保护动物鼋在该区的元江-红河流域出现，该流域的元江是鼋的保护地。本区的另外一个一级保护动物达氏鲟出现在长江流域干流的四川段、重庆段和上游的赤水河，这些是达氏鲟的保护地。

表 4-23 西南区增殖放流珍稀濒危物种

物种食性	江河（19 个）	湖泊（3 个）	水库（10 个）
杂食性类	胭脂鱼、拟鲶高原鳅	无	无
肉食性类	鼋、巨鲃、大鲵、长薄鳅、岩原鲤、达氏鲟、乌原鲤、尖裸鲤、山瑞鳖、后背鲈鲤、金沙鲈鲤、黑斑原鮡、巨须裂腹鱼、厚唇裸重唇鱼、细鳞裂腹鱼、拉萨裂腹鱼	滇池金线鲃、大头鲤、阳宗金线鲃	巨鲃、长薄鳅、岩原鲤、后背鲈鲤、金沙鲈鲤、长鳍吻鮈、澜沧裂鳆鱼、细鳞裂腹鱼
食植性类（藻类）	极边扁咽齿鱼	无	多鳞白甲鱼

这一区的湖泊水库适宜放流物种见表 4-24。由表可见，该区湖库承担保护珍稀濒危物种的种类较多，其中金沙江水系的滇池承担滇池金线鲃的增殖放流，珠江流域南北盘江的阳宗湖承担阳宗金线鲃、星云湖和杞麓湖承担大头鲤的增殖放流。珍稀濒危物种的细鳞裂腹鱼、长薄鳅、金沙鲈鲤、岩原鲤、长鳍吻鮈、多鳞白甲鱼（多鳞铲颌鱼）、胭脂鱼、后背鲈鲤、澜沧裂腹鱼、巨鲃等，由长江流域、澜沧江流域的水库承担增殖放流。

表 4-24 西南区重要湖泊水库增殖放流适宜物种

所属流域水系	重要湖泊水库	面积（平方千米） 库容（亿立方米）	主要适宜放流物种
长江流域 金沙江水系	云南滇池	面积 284.5	滇池金线鲃*、鲢、鳙、中臀拟鲿
	程海	面积 77.2	鲢、鳙、程海白鱼、杞麓鲤
	泸沽湖	面积 50.3	鲢、鳙、小口裂腹鱼、宁蒗裂腹鱼、厚唇裂腹鱼
澜沧江-湄公河	洱海	面积 251	云南裂腹鱼、鲢、鳙、春鲤
珠江流域 南北盘江水系	抚仙湖	面积 212	云南倒刺鲃、鱇浪白鱼、抚仙四须鲃、鲢、鳙
	星云湖	面积 34.7	鲢、鳙、大头鲤*、星云白鱼、云南倒刺鲃
	杞麓湖	面积 35.9	鲢、鳙、大头鲤*、杞麓鲤
	异龙湖＋阳宗湖	面积 30.6＋面积 30	鲢、鳙、杞麓鲤、＋阳宗金线鲃*
森格-印度河	班公错湖	面积 400	高原裸裂尻鱼、全唇裂腹鱼
长江流域 金沙江水系	雅砻江二滩水库	面积 101	细鳞裂腹鱼*、长丝裂腹鱼、短须裂腹鱼、四川裂腹鱼、南方鲇、鲢、鳙、草鱼、圆口铜鱼
	雅砻江 锦屏水库	面积 80	长吻鮠、白甲鱼、长薄鳅*、长丝裂腹鱼、短须裂腹鱼、四川裂腹鱼

（续）

所属流域水系	重要湖泊水库	面积（平方千米） 库容（亿立方米）	主要适宜放流物种
长江流域 金沙江水系	金沙江中游 库区总和	库容 67.4	鲢、鳙、短须裂腹鱼、细鳞裂腹鱼*、齐口裂腹鱼、长薄鳅*、软刺裸裂尻鱼、金沙鲈鲤*、小裂腹鱼
	乌东德库区	库容 76	短须裂鳆鱼、小裂鳆鱼、细鳞裂鳆鱼*、白甲鱼、金沙鲈鲤*、长薄鳅*、中华倒刺鲃、岩原鲤*
	白鹤滩＋溪洛渡 库区	库容 206＋ 面积 142.7	鲢、鳙、草鱼、南方鲇、白甲鱼、中华倒刺鲃、长吻鮠、圆口铜鱼、长鳍吻鮈*、厚颌鲂、长薄鳅*
	向家坝库区	面积 95.6	鲢、鳙、草鱼、白甲鱼、中华倒刺鲃、长吻鮠、圆口铜鱼、长鳍吻鮈*、厚颌鲂、长薄鳅*、齐口裂鳆鱼、四川裂鳆鱼、短须裂鳆鱼、昆明裂鳆鱼
长江流域 岷沱江水系	瀑布沟水库	面积 84	鲢、鳙、金沙鲈鲤*、长吻鮠、白甲鱼、重口裂鳆鱼、齐口裂鳆鱼
元江-红河流域	李仙江水库	库容 20	鲢、鳙、暗色唇鲮、软鳍新光唇鱼
珠江流域北盘	万峰湖水库	面积 176	草鱼、青鱼、鲢、鳙
长江流域嘉陵江-乌江水系	亭子口水库	库容 42	草鱼、鲢、鳙、长吻鮠、中华倒刺鲃、白甲鱼、华鲮、岩原鲤*、中华裂鳆鱼、厚颌鲂
	白龙湖＋升钟水库	面积 62＋面积 56	草鱼、鲢、鳙
	红枫湖水库	面积 57.2	草鱼、鲢、鳙、青鱼
长江流域 长江上游水系	三峡库区重庆段	面积 900	南方鲇、瓦氏黄颡鱼、中华倒刺鲃、厚颌鲂、白甲鱼、翘嘴鲌、长吻鮠、黄尾鲴、多鳞白甲鱼*、草鱼、鲢、鳙、细鳞裂鳆鱼*、胭脂鱼*、黑尾近红鲌
澜沧江- 湄公河流域	上游黄登水库 ＋中游库区	库容 14＋173	后背鲈鲤*、光唇裂鳆鱼、＋灰裂鳆鱼、＋澜沧裂鳆鱼*、＋巨魾*、＋叉尾鲇
	下游糯扎渡水库	面积 284.5	鲢、鳙、巨魾*、丝尾鳠、叉尾鲇

注：带*者为珍稀濒危物种。

6. 西北区

本区包括陕西、内蒙古、宁夏、甘肃、青海、新疆 6 省、区，总面积 417 万平方千米，总人口 1.2 亿。该区主要流域有黄河流域、长江流域、澜沧江-湄公河流域、塔里木内流区、伊犁河内流区、准格尔内流区、额尔齐斯河水系、河西走廊-阿拉善内流区、辽河流域西辽河水系、滦河流域滦河水系、海河流域永定河水系、黑龙江流域额尔古纳河水系、黑龙江流域嫩江水系。

这一区的适合放流广布物种有 12 个（表 4 - 25），分别是鲢、鳙、鲇、鳊、草鱼、唇䱻、黄颡鱼、细鳞鲴、赤眼鳟、中华鳖、蒙古鲌、日本沼虾，其中适宜江河放流的 12 个，适合湖泊放流的 4 个，适合水库放流的 4 个。在这 12 个广布物种中，鲢、鳙、草鱼 3 个物种同时适宜于江河、湖泊及水库放流，细鳞鲴、中华鳖2个物种适宜于江河水库放流，蒙古鲌同时适宜于江河湖泊放流，鲇、鳊、唇䱻、黄颡鱼、赤眼鳟、日本沼虾6个物种适宜于江河放流。

表4-25　西北区重要江河增殖放流适宜物种

流域水系	重要江河	广布种	区域性物种	珍稀濒危物种
黄河流域 黄河上游水系	青海段	无广布物种	花斑裸鲤、黄河裸裂尻鱼	拟鲇高原鳅、极边扁咽齿鱼、厚唇裸重唇鱼、骨唇黄河鱼
	甘肃段	草鱼、鲢、鳙	黄河裸裂尻鱼、兰州鲇、花斑裸鲤、嘉陵裸裂尻鱼	极边扁咽齿鱼、厚唇裸重唇鱼
	宁夏段	赤眼鳟、草鱼、鲢、鳙、鲇	兰州鲇	大鼻吻鮈
黄河流域 黄河中游水系	内蒙古段	鲢、草鱼、鳙	兰州鲇	无珍稀濒危物种
	陕西段	鲢、鲇、赤眼鳟、中华鳖、黄颡鱼、花䱻、鳊	兰州鲇、乌苏里拟鲿	无珍稀濒危物种
黄河流域 泾渭水系	渭河甘肃段、+陕西段	草鱼、鲢、鳙、鲇、+赤眼鳟、+黄颡鱼、+中华鳖	+兰州鲇	多鳞白甲鱼、秦岭细鳞鲑
	泾河宁夏段、+陕甘段	草鱼、鲢、鳙、+日本沼虾	无	无珍稀濒危物种
长江流域 岷沱江水系	玛柯河	无广布种	齐口裂腹鱼、重口裂腹鱼	川陕哲罗鲑
长江流域 嘉陵江水系	嘉陵江甘肃段	草鱼、鲢、鳙	重口裂腹鱼、嘉陵江裸裂尻鱼	多鳞白甲鱼、大鲵
	嘉陵江陕西段	草鱼、鲢、鳙、黄颡鱼、唇䱻	无	无
长江流域 汉江水系	汉江陕西段、+丹江陕西段	草鱼、鲢、黄颡鱼、鳙、+细鳞鲴	无	大鲵、秦岭细鳞鲑、川陕哲罗鲑、+大鲵
澜沧江- 湄公河流域	澜沧江 上游扎曲	无广布物种	裸腹叶须鱼、光唇裂腹鱼	无
塔里木内流区	车尔臣河、+塔里木河	无广布物种	叶尔羌高原鳅	扁吻鱼、塔里木裂腹鱼；+新疆裸重唇鱼、+斑重唇鱼
伊犁河内流区	伊犁河	无广布物种	伊犁裂腹鱼	新疆裸重唇鱼、斑重唇鱼
准格尔内流区	奎屯河、额敏河、+精河	无广布物种	+准格尔雅罗鱼	新疆裸重唇鱼
额尔齐斯河水系	额尔齐斯河	无广布物种	河鲈、梭鲈、白斑狗鱼、江鳕、高体雅罗鱼	太门哲罗鲑、北极鲴鱼、细鳞鲑

（续）

流域水系	重要江河	广布种	区域性物种	珍稀濒危物种
西辽河、滦河、＋阿拉善内流区	西辽河、滦河、＋黑河及疏勒河	草鱼、鲢、鳙、＋黄颡鱼	无	＋祁连山裸鲤
海河-永定河水系	洋河	鲢、鳙	无	无
黑龙江流域额尔古纳河水系	哈拉哈河、＋额尔古纳河	蒙古鲌、鲢、鳙、草鱼	＋怀头鲇	太门哲罗鲑、细鳞鲑
黑龙江流域嫩江水系	嫩江	草鱼、鲢、鳙、鲇	无	细鳞鲑

本区适合放流的区域性物种23个，是区域性物种分布仅次于西南区的第二大区域性物种区，为方便起见，兹将该区的增殖放流区域性物种按食性分类列入表4－26。由表4－26可见，在该区23个区域性物种中，适宜于江河放流的18个，其中杂食性5个，占江河类27.78％；肉食性8个，占江河类44.44％；食植性（含食藻类）5个，占江河类的27.78％。适宜于湖泊放流的10个，其中杂食性2个，肉食性6个，植食性2个；适宜于水库放流的有8个物种，其中杂食性1个，食植性2个，肉食性5个，肉食性鱼类（5个）占水库放流型鱼类（8个）的62.5％。

表4－26　西北区增殖放流区域性物种

物种食性	江河（18个）	湖泊（10个）	水库（8个）
杂食性类	花斑裸鲤、伊犁裂鳆鱼、叶尔羌高原鳅、裸腹叶须鱼、嘉陵裸裂尻鱼	丁鱥、瓦氏雅罗鱼	花斑裸鲤
肉食性类	河鲈、江鳕、梭鲈、兰州鲇、怀头鲇、白斑狗鱼、重口裂鳆鱼、乌苏里拟鲿	河鲈、梭鲈、兰州鲇、东方欧鳊、白斑狗鱼、大鳍鼓鳔鳅	河鲈、江鳕、兰州鲇、怀头鲇、白斑狗鱼
食植性类（藻类）	齐口裂鳆鱼、光唇裂鳆鱼、高体雅罗鱼、黄河裸裂尻鱼、准格尔雅罗鱼	高体雅罗鱼、贝加尔雅罗鱼	黄河裸裂尻鱼、准噶尔雅罗鱼

本区增殖放流的23个区域性物种中（表4－27），肉食类的河鲈、兰州鲇、白斑狗鱼3个物种同时适宜于江河湖泊和水库放流，杂食性的花斑裸鲤、肉食性的江鳕和怀头鲇、食植性的黄河裸裂尻鱼和准噶尔雅罗鱼，这5个物种同时适宜于江河和水库放流，梭鲈、高体雅罗鱼2个物种同时适宜于江河和湖泊放流，杂食性的伊犁裂鳆鱼、裸腹叶须鱼、嘉陵裸裂尻鱼、叶尔羌高原鳅，肉食性的重口裂鳆鱼、乌苏里拟鲿，食植性的齐口裂鳆鱼、光唇裂鳆鱼，这8个物种仅适宜于江河放流，杂食性的丁鱥、东方欧鳊、瓦氏雅罗鱼，肉食性的大鳍鼓鳔鳅，食植性的贝加尔雅罗鱼，这5个物种仅适宜于水库放流。

表 4-27　西北区重要湖泊水库增殖放流适宜物种

所属流域水系	重要湖泊水库	面积（平方千米）	主要适宜放流物种
塔里木河内流区开都河水系	博斯腾湖	1 646	草鱼、鲢、鳙、塔里木裂腹鱼*、扁吻鱼*
准格尔内流区乌伦古河流域	乌伦古湖	896	白斑狗鱼、草鱼、鲢、鳙、河鲈、东方欧鳊、梭鲈、贝加尔雅罗鱼、丁鱥、太门哲罗鲑*、高体雅罗鱼
柴达木内流区	青海湖	4 271	青海湖裸鲤*
阿拉善内流区	居延湖	40	草鱼、鲢、鳙、大鳍鼓鳔鳅
鄂尔多斯内流区	红碱淖尔	67	草鱼、鲢、鳙
内蒙古内流区	达里诺尔＋岱海	230＋120	瓦氏雅罗鱼、＋鳊、＋草鱼、＋鲢、＋鳙
黄河流域宁蒙河套水系	乌梁素海＋哈素海	293＋25	草鱼、鲢、鳙、瓦氏雅罗鱼
	沙湖＋星海＋阅海＋乌岛翠鸣湖	109＋56＋56＋55	兰州鲇、鲢、鳙、草鱼、鲇
黑-额尔古纳河水系	贝尔湖＋呼伦湖	610＋2 330	蒙古鲌、鲢、鳙、鲇、细鳞鲑*
黑龙江流域嫩江水系＋内蒙古内流区	尼尔基＋察尔森水库	500＋50	怀头鲇、草鱼、鲢、鳙
	绰勒＋乌拉盖水库	35＋35	草鱼、鲢、鳙
辽河流域西辽河水系	红山水库	90.6	怀头鲇、草鱼、鲢、鳙
黄河流域泾渭水系	党家岔水库	53	草鱼、鲢、鳙、中华鳖
黄河流域中游水系	万家寨＋渤海湾水库	78＋118	兰州鲇、草鱼、鲢、鳙
黄河流域黄河上游水系	刘家峡水库	107	兰州鲇、草鱼、鲢、鳙
	青海段其他水库	108.6	花斑裸鲤、极边扁咽齿鱼*、黄河裸裂尻鱼、厚唇裸重唇鱼*
	龙羊峡水库	380	花斑裸鲤、极边扁咽齿鱼*、黄河裸裂尻鱼、厚唇裸重唇鱼*
长江流域汉江水系	瀛湖水库	57	草鱼、鲢、鳙、黄颡鱼、细鳞鲴
伊犁河-特克斯河水系	恰布奇海水库	80	草鱼、鲢、鳙、新疆裸重唇鱼*、斑重唇鱼*
塔里木-阿克苏河水系	新井子水库	54.6	草鱼、鲢、鳙、扁吻鱼*
塔里木-塔里木河水系	大西海子水库	68	草鱼、鲢、鳙
塔里木-叶尔羌河水系	小海子＋苏库恰克＋红海水库	50＋48＋35	塔里木裂腹鱼*、草鱼、鲢、鳙
塔里木-和田河水系	乌鲁瓦提水库	50	草鱼、鲢、鳙、塔里木裂腹鱼

（续）

所属流域水系	重要湖泊水库	面积（平方千米）	主要适宜放流物种
塔里木-渭干河水系	克孜尔水库	44.6	鲢、鳙、塔里木裂鳆鱼*、扁吻鱼*
	结然力克水库	60	草鱼、鲢、鳙
准噶尔-天山北麓水系	呼图壁河大海子、玛纳斯河新户坪、十肯斯瓦特水库	80、60、+50	草鱼、鲢、鳙、十准噶尔雅罗鱼
额尔齐斯河流域	635及哈拉塑克水库	50	草鱼、鲢、鳙、白斑狗鱼、太门哲罗鲑*、细鳞鲑*、江鳕、北极鲖鱼*、河鲈

注：带*者为珍稀濒危物种。

本区适于增殖放流的珍稀濒危物种有18个，是仅次于西南区的第二大珍稀濒危物种区，为方便起见，将该区的珍稀濒危物种按食性分类列入表4-28。由该表可见，杂食性的塔里木裂腹鱼和肉食性的扁吻鱼2个物种同时适宜于江河湖泊和水库放流，杂食性的新疆裸重唇鱼、肉食性的厚唇裸重唇鱼、食植性的斑重唇鱼和极边扁咽齿鱼，这4个物种同时适宜于江河和水库放流，肉食性的细鳞鲑适宜于江河湖泊放流，青海湖裸鲤仅适宜于湖泊放流，肉食性的大鲵、北极鲖鱼、多鳞白甲鱼、大鼻吻鮈、骨唇黄河鱼、拟鲇高原鳅、秦岭细鳞鲑、川陕哲罗鲑、太门哲罗鲑，食植性的祁连山裸鲤，这10个物种仅适宜于江河放流。

表4-28　西北区增殖放流珍稀濒危物种

物种食性	江河（17个）	湖泊（3个）	水库（10个）
杂食性类	塔里木裂腹鱼、新疆裸重唇鱼	塔里木裂鳆鱼	塔里木裂鳆鱼、新疆裸重唇鱼
肉食性类	大鲵、细鳞鲑、扁吻鱼、北极鲖鱼、大鼻吻鮈、骨唇黄河鱼、拟鲇高原鳅、秦岭细鳞鲑、川陕哲罗鲑、太门哲罗鲑、厚唇裸重唇鱼	细鳞鲑、扁吻鱼、青海湖裸鲤	扁吻鱼、厚唇裸重唇鱼
食植性类（藻类）	斑重唇鱼、祁连山裸鲤、极边扁咽齿鱼、多鳞白甲鱼	无	斑重唇鱼、极边扁咽齿鱼

扁吻鱼也称新疆大头鱼，是国家一级保护动物，一属一种，世界范围该物种仅存在于我国新疆塔里木水系，该物种在最大的产地博斯腾湖已经绝迹，适宜于在新疆塔里木河内流区开都河水系及该水系的博斯滕水库放流。

三、放流季节与放流规格

（一）放流季节和时间

在增殖放流中，除了放流地点和放流品种影响放流鱼类的成活率外，放流时间和季节同样影响增殖放流鱼类的成活率，这可能与库区的水温、饵料、鱼体的变温体质有关。生境的改变需要体能的应激适应，在越冬鱼种体能储存不足时，冬季放流有可能导致鱼种体能不支而死亡，而在早春库区水温及饵料的不足时放流也能致使鱼种死亡。在我国北方地区，多采用秋季或者夏末季节放流，在南方一般是在晚春或者晚秋季节放流，这时放流考虑了鱼种自身的生理状况和放流地点的环境条件，是在长期生产中摸索出的放流策略。但也有在仲春或者仲秋放流的，在这两个季节鱼种的耗氧量较低，便于路途运输。近期研究表明，冬季放流鱼的病害较少，有利于成活率的提高。

无论在什么季节放流，选择晴朗无雨、气温温和的时间放流，鱼种的成活率会显著提高。在阴雨天气放流，由于水体溶解氧含量较低，对放流鱼种会造成伤害，特别是对一些需氧量较高的鱼类或者不耐低氧的鱼类会引起死亡，如胭脂鱼和白鲢等，如果选择的放流季节或者放流时间不对，往往会引起白鲢成片死亡或者放流的第 2 至第 3 天连续死亡。鲑科鱼类在春季放流的成活率显著高于秋季，鳙鱼和白鲢幼鱼在初夏放流的成活率高于早春。

鱼种的放流季节要与回捕测定时间结合，鱼种在库区生长一段时间后，需要回捕测定，为下次增殖放流积累分析资料。

（二）放流规格

在生产实际中，常常将刚刚出膜的鱼类苗种称作乌仔头，稍大一点的叫做黄瓜籽，当体长达到 0.5～5 厘米时叫做水花苗种或者寸片，5～10 厘米的苗种叫做夏花苗种，而体重达到 10～200 克的叫做鱼种，这种笼统粗略的分类在生产中有着现实意义。当然，各类鱼的鱼种概念有所不同（表 4－29），具体的鱼种概念要以具体的放流对象确定，大多以体重或者体长来确定鱼种的概念，一般当苗种的体重达到上市销售体重的 10％～30％时开始称作鱼种，或者当体长达到上市销售体长的 20％～30％时称作鱼种。

表 4－29　鱼类生长发育阶段

鱼　类	幼　鱼	鱼　苗	鱼　种	成　鱼	参考标准
鳗鲡鱼	＜2 克（白仔）	2～9.9 克（黑仔）	10～50 克（幼鳗）	＞50 克（成鳗）	SC/T 1004
草　鱼		＜2.1 克	2.1～150 克	＞150 克（食用）	SC/T 1024
罗非鱼		＜0.3 克；0.3～1.0 克	1.0～1.5 克；1.5～50 克	50～250 克；＞250 克	SC/T 1025
鲤　鱼	≤10 克（苗前）	10～100 克（苗后）	100～250 克（成前）	≥250 克（成后）	SC/T 1026
蛙　类		5～50 克（仔蛙）	50～200 克（幼蛙）	＞200 克（成蛙）	SC/T 1056
罗氏沼虾（按体长）		0.7～4.0 厘米（幼虾）	4.1～8.0 厘米（中虾）	＞8.0 厘米（成虾）	SC/T 1066
鲫　鱼		＜0.3 克；0.3～1.0 克	1.0～1.5 克；1.5～50 克	50～250 克；＞250 克	SC/T 1076
青　鱼（按年龄划）		1 龄鱼种	2 龄鱼种	食用鱼	SC/T 1073
团头鲂		＜0.5 克	0.5～150 克	＞150 克	SC/T 1074

（续）

鱼类	幼鱼	鱼苗	鱼种	成鱼	参考标准
白鲢		<25 克	25～500 克	>500 克	生产应用
鳙鱼		<25 克	25～500 克	>500 克	生产应用
匙吻鲟	<10 克	10～25 克	25～500 克	>500 克	生产应用
大眼鳜鱼		<10 克	10～500 克	>500 克	生产应用
芙蓉鲤鲫	⩽10 克	11～100 克	100～500 克	>500 克	生产应用

注：除特别注明外，其他按个体体重划分。

在以鲢鱼、鳙鱼为主体的增殖放流中，鱼种的概念更加宽泛，为了提高净水效果，也有用体重500克以上的成鱼（生产中仍然称作鱼种）进行放流的，这主要由于花鲢、鳙鱼的上市体重范围很大的缘故。在制定增殖放流规划时，放流鱼种规格应依据具体的重量范围作计划，笼统提供鱼种放流计划可能影响放流鱼种的捕捞规格和成活率。

放流鱼种的规格确定，一般以放流鱼类所能规避放流水域主要敌害生物侵害的最大规格为标准，规避敌害生物对放流鱼类的灭绝性伤害。还要考虑放流水域的饵料生物状况和水域生态环境，规格过小的鱼类易受氨氮、硫化氢等有害气体的伤害，准确掌握放流水域的水质状况，才能确定放流鱼类的规格大小。一般放流鱼种的规格越大成活率越高，回捕率越高，但过大的规格增加路途运输的死亡风险，也降低增殖放流的经济效益。

四、放流苗种的中间培育及放流方式

（一）苗种的中间培育

中间培育有时也叫做暂养或者中间暂养，因鱼种放流前在人工池塘的养殖时间长短而有差异。增殖放流的鱼种，有的来源于专门的增殖放流站，这种增殖放流站是专门从事增殖放流的生产单元，这种生产单元能够独立完成某一品种的整个生产过程，从亲本培育、采卵受精到孵化出乌仔头，再到水花苗种培育、鱼种放流，有的增殖放流站还承担放流鱼种的选育等任务。而仅能完成鱼类某一生长阶段的作业区叫做养殖单元，如成鱼养殖池塘仅能完成鱼类从鱼种到上市销售的生产过程，这叫做成鱼养殖单元。在生产实践中，生产单元往往是由一个个的养殖单元构成的，这个养殖单元仅能完成生产单元中的部分生产任务，如一口池塘或者一口网箱就是一个养殖单元。多个生产单元构成生产体系，如亲本培育场、鱼种繁殖场、商品鱼生产场、鱼药生产厂、渔具生产厂等构成整个渔业生产体系。

在实际生产中，增殖放流所用的鱼种一部分来自增殖放流站的自我生产，大部分来自野生捕捞或者人工繁育的地方品种，这部分鱼种一般需要在增殖放流站养殖观察一段时间才能进行放流。来源于增殖放流站以外的鱼种，在增殖放流站暂养的这一时期，需要进行疫病检测、病鱼分离、疫苗注射等工作，有的还需要进行野外生境的培育训练，用于科研工作的鱼种还需要进行标记等。根据放流鱼类在增殖放流站寄养时间的长短，一般分为暂养、中间培育等，从增殖放流站外引入到站内的鱼种，经过3～5天的观察和监测，无疫病携带、无寄生虫等传播性疾病的即可进行放流，这叫做暂养；检测出疫病或者疾病的鱼群，在彻底清理或者治疗完全康复前，不能直接进行放流。有的引进鱼种已经达到出塘鱼种体重但并未达到放流体重的，需要在增殖放流站培育到放流规格后才能进行放流，这个培育过程一般需1～2周或者以上，这种情况叫做鱼种的中间培育。培育往往间杂野外生境的适应性训练，如敌害的规避、溶氧量波动性变换的适应及野生饵料的捕食性训练，生产中常叫做驯食。

（二）放流方式及方法

由于水库一二级支流对干流水体质量影响较大，网箱养殖在不同支流或干流具有不同技术要求。直接进入水库的水源称为水库干流，为干流提供水源的称为一级支流，为一级支流提供水源的称为二级支流，以此类推，形成不同分级的流域。不同分级的放流流域，需要采取不用的放流方式。

在一个羽状水系中，中上游的大型支流流域常为洄游繁殖鱼类的产卵场，干流是这些鱼类的索饵场，产卵场放流与索饵场放流处在不同级别的流域内，这需要考虑采取不同的放流方式。断江截流的水库，库区水体由于受到人为因素的控制，流速变化平稳，而支流上未建大坝的流域，水体流动速度受自然状况的影响，雨季流速加快，在此采用分点放流、小规模的放流鱼群易受天敌的危害，一般提倡在支流的放流活动采用集中放流，提高放流鱼群的避害能力。库区的干流由于饵料量大，水流比较平缓，适宜采用分点放流方式，这样放入库区的鱼群不因竞争饵料而自残，也不因饵料缺乏而减缓生长。

常规的放流方法是将鱼种直接投入放流水域的过程，一般要求将放流鱼种尽量贴近水面顺风而放，要求距离水面不超过1厘米。当然，将盛放鱼种的鱼框直接放入水中任其自然流出是一种合适的放流方法，此时放流鱼种有一个水温的缓冲适应过程，减少了鱼种对新的栖息地的环境应激，能够提高放流鱼种的成活率。在渔船上采用常规的放流方法进行放流的，放流时的船速应控制在每秒0.5米的范围内，防止因船速过大引起放流鱼种的惊群现象。

大规格鱼种、龟鳖等的放流应采取滑道投放方式。将滑道置于船舷或岸堤，要求滑道表面光滑，与水体平面夹角小于60°，且其末端接近水面。采用这种方式在船上投放的，船速应小于每秒1米。

做好投放记录也是增殖放流工作的重要内容，准确观测并记录投放水域的底质、水深、水温、盐度、流速、流向等水文参数，以及天气、风向和风力等气象参数，才能为准确评估增殖放流的效果提供材料。

五、增殖放流塘养种群的管理

回捕的野生亲本鱼在池塘人工培育期间，初期与野生种群具有许多相似的生物过程。这种种群的饲养管理目标是，尽可能创造与天然野外生境相似的养殖条件，尽可能地保留天然野生种群的遗传多样性，使所产苗种在增殖放流时尽快适应野外生境，保持其生物习性和自繁能力。

（一）池塘管理

由于缺乏长期的人工驯化，珍稀鱼类塘养环境的日常管理与常规养殖品种有所不同，具体表现在池塘环境营造、水环境管理、人工饵料配制与投喂、鱼病防治和越冬管理等方面。由于栖息环境变化，野生鱼类对外界反应（如声音及人类活动等）十分敏感。在池塘驯养过程中，环境营造至关重要，需要详细分析珍稀鱼类分布区天然饵料丰度、野生鱼苗鱼种食性，配制出适用于人工培育鱼种的饵料以减低鱼种死亡率。驯化过程中，野生鱼类患细菌性、真菌性和寄生虫疾病的风险很高，常使驯养种群遭受难以挽回的损失。而且，珍稀特有鱼类疾病种类和发病规律可能与普通养殖鱼类不同，需在实践中探索和寻找相应的治疗措施。

塘养环境下，很难观察到许多珍稀鱼类产卵前相互追逐和自然产卵的现象，难以实现自然繁衍，这可能与珍稀鱼类的生殖功能紊乱有关，而生殖紊乱主要由捕获诱发的压力和繁殖条件的缺乏引起。因此，在亲鱼培育管理中要最大限度降低捕获诱发的压力，尽量提供适合的养殖条件，如池塘大小、水质、光照和产卵基质等。但是，对许多鱼类而言，不可能完全模仿鱼类繁殖阶段的生态环境，常常需要注射高效鱼类催产剂诱导鱼类产卵产精，这是目前大多数江河湖泊鱼类繁殖的主要方法。其次是提供合适的营养全面的饵料，能提高亲鱼催产率，获得高质量鱼卵和精子，这也是鱼苗健康生长的前提。

准确评价卵子和精子的质量，是获得大量高质量鱼卵、仔鱼的基础。池塘繁衍增殖放流鱼种的首要任务就是保证配子的质量，由于生殖功能紊乱多见于雌性鱼，卵子的质量是构建优质合子的关键。实践中常以卵子粒径的大小判断卵子的质量，多认为卵子直径大的卵子质量优于卵子直径小的。影响鱼卵大小的因素很多，如雌鱼食物时空变化、性成熟年龄、捕食能力和自身体长等因素，都能影响卵子的大小。卵子质量的判断应该以卵子的品种特征为前提，特征明显的卵子质量优于品种特征模糊的卵子。精子的质量判断需要以精子密度、活力、寿命、快速与慢速运动时间、形态、内能、膜完整性和DNA状况等指标的优劣进行综合判断。当然，这是一项十分耗时的工作，在基层生产实际中还未普及。

幼稚鱼的质量关乎水产品的数量和质量，一般依据体色、游泳能力、形态学度量和理化分析等来判断。在以放流为目的的鱼苗生产中，降低幼稚鱼的外部畸形非常重要，畸形鱼种在野外生境中生存能力较低，且常常被肉食性鱼类捕食，不能选作增殖放流鱼类的鱼种。造成幼稚鱼形态畸形的因素主要有环境因素、营养条件和遗传因素等，环境因素主要有温度、光照和水体盐度，营养因素主要由养分要素供给不平衡引起，遗传因素多由基因突变引起。产生畸形鱼苗的亲本要采取淘汰措施，已经畸形的鱼苗应退出放流鱼种的计划。

（二）遗传管理

在增殖放流种群的遗传管理中，需要记录亲本鱼的收集方式、人工繁殖模式、苗种的饲养方式和放流模式等问题，并进行亲本的繁殖资质调查。遗传多样性调查是遗传管理的基础，应当应用染色体多态性检测、同工酶检测和DNA多态性分析等技术手段，获得形态水平、蛋白质水平和DNA水平等不同层次的数据，从而建立物种的遗传背景档案，确定动物保护单元，这个保护单元也叫作进化显著单元，根据不同种群在历史上是否具有生态互换性或遗传互换性对种群进行分类，依此分别管理。在增殖放流实践中，应尽可能多地收集不同地区的种群，分别进行饲养管理和环境条件建设，避免种群间杂交，防止种群种质退化。

在鱼类种群恢复计划中，需要明确繁殖用亲鱼的分类地位，根据不同放流区域选择不同繁殖种群，在鱼类增殖放流站内分别饲养，预防种群混交。从放流区域外引种的鱼类放流，要慎重进行。在放流区域内收集到的野生种群中，选择与放流区域属于同一进化显著单元，且亲缘关系最近的种群作为放流的备选繁殖亲鱼。例如，滇池金线鲃（*Sinocyclcheilus grahami*）遗传多样性研究的线粒体DNA结果显示，其具有较高的遗传多样性，形态度量学分析了7个种群的体重、体尺等指数也显示了类聚效果，可将7个种群归为一个显著进化单元，这7个种群都可作为区域放流品种。

对于鱼类塘养种群而言，同一进化显著单元中的不同形态和DNA水平上的差异可能并不显著，而同一物种的不同进化显著单元，可能在长期的塘养条件下随着代数增加而表现出更多的趋同性状。因此，除了遗传上的改变，在养殖实践中应更多关注表型或生活型的改变。

增殖放流的一个重要目的是保护鱼类多样性，首先要保证一定程度上种群的遗传多样性，进而保障物种未来的适应能力、扩散能力以及在自然环境下的种群重建能力。依据动物迁地保护理论，为满足迁地种群维持正常生存和繁衍需要，应按有效种群大小的50/500法则，确定引种数量，最大限度地保存和管理增殖鱼类的遗传多样性。塘养环境下易出现近交衰退、遗传变异丢失等现象，影响有效种群的大小，而种群对塘养环境的遗传适应也可能导致有效种群的改变。

放流苗种的塘养阶段，要努力创造鱼类的塘养条件，提高鱼类在池塘阶段的适合度。塘养环境有利于适合静水环境的个体生存，而这部分个体不一定适宜在野外环境中生存繁衍。一般认为，适合池塘养殖环境的个体不仅在野外的适合度较低，而且杂交使得一些野外适应特征消失，进一步减低野外生存概率。在养殖实践中，要尽量模拟孵化期和鱼苗早期阶段的野外环境，以降低塘养环境对放流个体的影响，并尽量定期从野外捕获一定数量的亲鱼补充塘养种群，这在一定程度上可减缓放流个体遗传适应性的丧失。

放流前的计划安排应充分考虑环境的承载量，从遗传角度上说，放流小规格鱼种的生物多样性保持效果比放流大规格的鱼种效果明显，这是主张放流以小规格为主体的主要依据。但考虑野外的生存需要，将鱼种规格大小与放流地点的具体生境综合考虑，按相似相宜原则处理，并考察放流地点与鱼类规格的适应程度，才能减少野外生境对放流鱼种成活率的影响。

（三）生物技术的应用

增殖放流鱼类在人工繁殖过程中，遗传材料的保存可采用畜牧生产中的常规技术，如超低温冷冻技术、组织培养技术等。对于一时过剩的遗传材料，如精子等，超低温冷冻保存可延长亲本鱼的繁殖年限，避免过度采精缩短雄性鱼的繁殖使用年限。除了保存精子外，超低温冷冻技术还可用于卵子和胚胎的保存。当然，鱼类的胚胎体积较大，完整保存困难较大，现在已有研究进行鱼类囊胚细胞和体细胞等繁殖材料的保存，进行种质资源的早期保存。

细胞培养主要用于濒危鱼类的细胞系和细胞库建设，这种保存办法包括鱼类资源和病害细胞的保存，通过细胞移植和核抑制等，就有可能恢复某个即将消失的种群，丰富鱼类的生物资源。这种技术应用最多的材料是鱼类的鳍条，鳍条的再生能力随着个体年龄的变化而改变，小龄鱼鳍条再生能力高于大龄鱼。

第三节 放流鱼类的标记方法

标记放流鱼是增殖放流的一项基础工作，它是评估增殖放流效果的基本前提，也是研究增殖放流策略的需要。1886年，Petersen等采用给鱼做标志的方法估算封闭水体中鱼类种群的大小和死亡率，标志放流（Tagged releasing）技术由此发展起来。该技术最初用于研究大西洋鲑（*Salmon salmosalar*）的洄游规律，通常是给鱼体做上标记后放流，再根据标志鱼的回捕记录，绘制该鱼的洄游路线图和回捕分布图，用以推测其游动的方向、路线、范围和速度。利用标志鱼类的回捕率以及体长、体重等生物学数据，可以估算标志鱼类种群的变动，评价增殖放流的效果，这成为研究鱼类标志技术的开端。

一、鱼类增殖放流标记方法的分类

增殖放流鱼类标记方法按照鱼体载标部位，分为体外标记法和体内标记法两种。体外标记法的标记识别物或者标记视觉处于鱼体的外表，常常可通过直接目测的方法识别，如体外挂线法、背鳍剪切法、剪尾鳍法等，这种方法进一步区分还可细分为背鳍标记法、尾鳍标记法、腹鳍标记法、侧胸烙印标记法等。体内标记法的标记识别物一般在鱼体内部，不能直接用目测的方法识别，有的需要仪器设备等辅助识别，有的还要通过杀鱼读标或者杀鱼取标，才能完全识别。

标记方法按照使用方式分为群体标记法和个体标记法。群体标记法是一种快速的大规模标记方法，可对大量个体实施一次性标记但不标记个体信息，如荧光浸染标记法、剪鳍法、入墨标记法等。这种方法可将拟标记的个体集中在一起进行标记，这对于水花或者夏花等体格较小的苗种而言，是一种高效快速的标记方法。这种群体标记方法存在的缺陷是不能读取个体信息，不能确保每个个体都能被标记，如荧光标记标记率一般为70%左右；同时容易失标，如荧光标记的保持率一般为30～100天，甚至更低；剪鳍剪背标记因为鳍叶再生而不能辨认，使标记鱼难以分拣出来。

对于规格较大的个体，如育种用的亲本种鱼，一般采用个体标记方法。个体标记的方法一般是一对一的标记方法，即逐一对每个个体进行标记，标记物中可承载个体的信息，并可对每个个体进行编号，主要特点是能够对个体信息进行标记。这种标记方法的优点是可以读取个体信息，标记率可达100%，失标率低，个体载标时间长。个体标记方法的缺点是劳动强度和工作量较大，有的需要专门的仪器设备。群体标记法和个体标记法是从标记法所应用的对象划分的，与体外标记法和体内标记法的关系见表4-30。

二、鱼类增殖放流标记方法的应用

就目前研究的结果，鱼类增殖放流标记方法可以分为体外标记法、体内标记法、自然标记法、化学标记法、生物遥测技术等几种。各种方法所选用的标记部位和标记材料不同，又分别衍生出不同类别的方法（表4-30）。

表 4-30　标记方法区分

标记方法	群体标记法	个体标记法
体外标记法	剪鳍法、挂线法、荧光标记法等	挂牌法、打孔赋值标记法
体内标记法	分子遗传标记	PIT、内藏可视标（微型金属）
自然标记法	耳石标记法、化学标记法	自然鳞片标记法
生物遥测标记法	分子遗传标记	超声波标记、无线电标记

（一）体外标记法

体外标记法主要有剪鳍法、挂牌法、挂线法、微型金属标法、荧光法等，其中剪鳍法包括剪尾鳍法、剪背鳍法、剪腹鳍法等。

1. 剪鳍法

剪鳍法是在被标识的鱼体上剪去全部或者部分鳍条，剪鳍的部位多数以剪去背鳍为主，也有剪去腹鳍或者尾鳍的。一般用消毒过的小剪刀进行操作，在剪背鳍时，有的全部剪去，有的剪去背鳍的前半部分或者后半部分，还有的在背鳍的中央剪出一个三角缺口进行标识。在剪去腹鳍时，多采用剪去腹鳍的后半部分，以避免鱼体在水中的游泳失衡。在剪去尾鳍时，一般只剪去一小部分，保留鱼体的游泳动力和运动方向，全部或者过多地剪去尾鳍，鱼体将在水中失衡甚至失去捕食觅食能力，尾鳍的剪切量不得超过尾鳍总面积的 10%。

剪鳍法的优点是标记成本低，操作简单，无需特殊监测仪器，对鱼体伤害小，可适用于群体标记。剪鳍法的缺点是鱼体过小时难以操作，即便是体格较大的软鳍鱼类，如鲤鱼、草鱼、鳙鱼、鲢鱼等，当鱼体离开水体后，背鳍及腹鳍缩合，需要一人专门张开鳍条，另一人下剪标记，耗费人力。其次是被剪掉的鳍叶容易再生，特别是鱼种阶段的鱼体，鳍条的再生能力较强，一般剪鳍标志的载标时间不超过 30～40 天，这使得标记鱼个体难以识别。当然，也有用拔除一侧腹鳍的鳍脉减缓鳍条的再生，3 年后还可以回捕到较短腹鳍的鱼的案例，但这样的报道仅限于黑鲪的试验成功。再是大龄鱼鳍脉剪掉后容易引起该鳍脉及其附带的鳍条软组织同时脱落，鱼类游泳功能减弱。同时，剪鳍法不适用于个体标记，不能记载标记鱼的历史资料，在鱼类育种中难以推广应用。

应用剪鳍法应注意的是，每次剪鳍条时，不得同时剪掉相邻鳍条的鳍脉（鳍条中的骨质部分），如果同时剪掉相邻的鳍脉，则这两根鳍条将同时脱落，组织坏死。如果是尾鳍则鱼体的游泳变成头向下的游泳方式，游泳敏捷性大为减低。如果是背鳍，则鱼体在转弯时身体倾斜。如果是腹鳍则鱼体游泳时体侧歪斜，出现转圈游泳。全部剪掉鳍条，则鱼体失去平衡，左右歪斜，无法觅食。

2. 挂牌与挂线法

挂牌与挂线法的原理基本一样，就是在鱼体的尾鳍、背鳍等部位利用手术安装一个带有编码的金属或者无毒塑料牌，或者在相应的部位用手术法缝合一条不易被水体老化的线。不同的是，挂牌法是一种个体标记方法，可以通过所挂的牌子读取被标记个体的编码，通过记录在案的编码资料查阅个体的历史资料，并与现行测定资料对比。而挂线法是一种群体标记方法，只能识别该鱼是人工放流个体，不能读取该鱼的历史资料。

挂牌法中的标志牌一般采用塑料制作，也有采用银和其他金属材料制作的，它的形状多样，有圆形的、长方形的、椭圆形的、面条型的、电线型的等。用线、银丝、钢丝、箭头倒刺等穿挂在鱼体的体表适当部位，如背鳍基部的前后部，大批量的鱼类标志可以采用标志枪快速挂牌挂线。所用塑料牌的重量一般为0.1～0.6克，标志牌（线）的颜色有白色、红色、蓝色等多种颜色。

挂牌挂线法的优点是，标记成本低，操作简单，回捕的标记鱼可以通过目测识别，不需要专门的仪器设备，比较适合于大规模增殖放流的标记工作。这种方法的缺点是，挂牌挂线的标体容易脱落，同时，有的牌体标线被水体中的植物等缠绕后会撕裂标记部位，形成局部缺损，发生挂牌挂线处伤口扩大，甚至发生感染，致鱼死亡或引起水域病害污染。

3. 荧光标记法或液体橡浆入墨法

荧光胶体注入标记是在鱼体的外表注入可以识别的荧光胶体，荧光胶体由可与生物兼容的两组特制的荧光胶体组成，将两种液体的胶体混合后，用注射器注入鱼体表皮下，在室温24小时内可以凝固成固体，从而形成可以识别的外部标志。液体的胶体共有9种颜色，其中红色、橙色、黄色、绿色是带荧光的，通过荧光显微镜可以分拣出标记个体。入墨标志法是将着色剂（液体橡浆）注入放流鱼的背部皮下，凝固后形成标志，液体有红、绿两种颜色。

采用荧光标记和入墨标志法，一般注射在鱼体头顶部、眼眶后部，或者背鳍和胸鳍之间靠近胸鳍的部位。实际中有常用茜素络合物浸泡放流鱼群进行标记的，一般水花或者夏花苗种所用的茜素络合物浓度为每升60毫克，鱼种所用浓度为每升100毫克，达到这个浓度，茜素络合物才能在鱼体中沉积，通过荧光显微镜识别标记鱼。茜素络合物的浓度过低不能浸染鱼体，检测到的荧光标记鱼低于15%，标记过的鱼体检测不到荧光，茜素络合物的浓度过高，被标记的鱼苗会大量死亡。茜素络合物标记鱼，还与浸染的时间长短有关，一般要求浸染时间不低于72小时，低于这个时间标记率降低，过长的侵染时间会增加被标记鱼的死亡量。

荧光标记的载标时间长短不一，最短的载标时间只有14天，最长的达到1年，但1年后的标志鱼载标率只有75%。

荧光标记法的优点是，成本低，操作简单，对鱼体伤害减小，有多种颜色可供选择，并可配制自动检测系统，直观的或者通过二极管灯分拣标记鱼个体，可用于水花、夏花等幼小苗种的标记。因为标记效率高，这种方法适合大规模增殖放流。主要缺点是，分拣困难，需要配备专门的仪器才能分拣，如果采用耳石荧光标记法，需要杀鱼识标，也不能进行个体编码标记识别，不能收集放流鱼类个体的历史资料。再就是荧光标记处在色素组织下时，不易识别，常引起标记鱼识别的判断失误，数据记录错误，最终导致成活率、生长速度及繁殖性能等数据的计算错误。这里将常用的增殖放流鱼类标记方法的缺陷列于表4-31供参考，可以看到，各种标记方法都存在着这样或者那样的缺点，选择或者研究容易操作、回捕后易于识别分拣的标记方法，是增殖放流标记的基础工作。

表 4-31 增殖放流标记研究资料统计表

标记方法	试验材料	载标时间（天）	识标率（%）	资料来源	备注
挂牌法	鮸鱼	14	90	孙忠等，2007	体长 7.6 厘米，重 6.4 克
	石斑鱼	30	78	薄治礼等，1999	标志牌脱落
	真鲷	60	0.7	林金錶等，2001	挂牌脱落
	大黄鱼	64.5	13.7	刘家富等，1994	抗力差，挂网脱落
	长臀鮠、白甲鱼等	14	86～95	赵萍等，2014	荧光消失
荧光法	鮸鱼	14	75	孙忠等，2007	荧光消失
	长臀鮠、白甲鱼等	14	90～98	赵萍等，2014	荧光消失
	罗非鱼、草鱼等	110～387	83	Pierson 等，1983	荧光消失
	银大麻哈鱼	7～365	98～99	Phinney 等，1973	荧光消失
剪腹（背）鳍、尾（背）挂线法	鮸鱼	14	100	孙忠等，2007	鳍再生，30 天后完整
	黑鲷	120	0	汤建华等，1998	再生，不易发现鱼
	石斑鱼	40	38～100	韩书煜等，2010	再生，标线脱
PIT 标记法	鲑鱼	360	100	Prentice 等，1990	仪器识别，距 18 厘米
	红拟石首鱼	365	97	Jenkins 等，1990	设备昂贵
	条纹狼鲈	365	97	Hervey 等，1989	仪器识别，距 18 厘米
内藏可视标法	适用加州鲈	125	92	李胜杰等，2008	杀鱼取标

4. 打孔赋值标记法

打孔赋值标记法的基本方法是，在鱼体的背鳍、腹鳍、尾鳍等不同部位，以打孔钳打上直径不同的大小两种标记孔，一般直径（ϕ）取 2 毫米和 4 毫米两种，作为基准孔，代表不同的数值（表 4-32），按照“上小下大、背一尾三”的记数规则标记，ϕ2 毫米标记孔在背鳍和尾鳍代表“1”和“3”；ϕ4 毫米标记孔在背鳍和尾鳍代表“10”和“30”；腹鳍按照“左大右小”记数规则，仅设计 ϕ2 毫米一种标记孔，左侧标记孔每孔代表“100”，右侧标记孔每孔代表“50”。被标记的鱼个体编码为尾鳍、背鳍、腹鳍标记孔的数量与单个标记孔赋值之乘积的总和，即鱼体上所有孔所代表的数值之和代表该鱼的编码。如图4-1所示，基础示例鱼的编码为 194 号，计数方法为背鳍（1×10+1×1）11，加上尾鳍（1×30+1×3）33，再加上腹鳍（1×100+1×50）150，该鱼的编码为 11+33+150=194。其他的标记编码可通过这些数列的组合标记出来（表 4-33）。

表 4-32 鱼体标记孔所代表的数值

项　目	背鳍		尾鳍		腹鳍	
标记孔位置	基部	基部靠上	下部	上部	左	右
标记孔直径（毫米）	4	2	4	2	2	2
基准标记孔	1	1	1	1	1	1
基准标记孔赋值	10	1	30	3	100	50

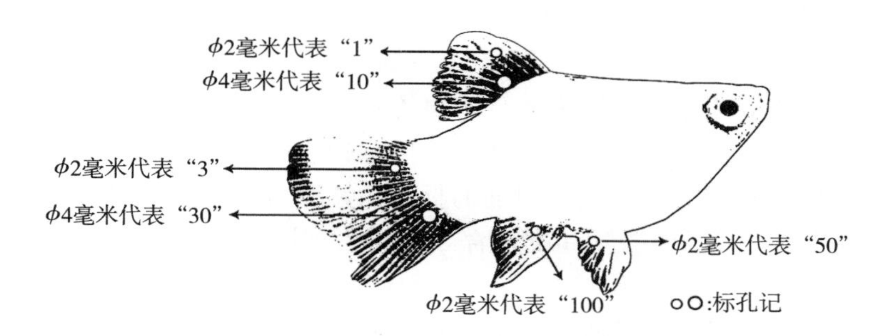

图 4-1　打孔赋值标记法的标记孔位置及其赋值

表 4-33　打孔赋值标记法示例

标记数码	背鳍		尾鳍		腹鳍		标记孔读数（鱼体编码）
	基部	基部靠上	下部	上部	左鳍	右鳍	
1	—	○	—	—	—	—	1
3	—	—	—	○	—	—	1×3=3
4	—	○	—	○	—	—	1×1+1×3=4
10	●	—	—	—	—	—	1×10=10
11	●	○	—	—	—	—	1×10+1×1=11
20	●●	—	—	—	—	—	1×=20
40	●	—	●	—	—	—	1×10+1×30=40
50	—	—	—	—	—	○	1×50=50
100	—	—	—	—	○	—	1×100=100
388	●●	○○	●●	○○	○○	○○	2×(10+1+30+3+100+50)=388

注：○代表直径 2 毫米的标记孔，●代表直径 4 毫米的标记孔。

使用这种方法标记增殖放流鱼类，一般可用手握式打孔钳打孔，由于鱼类的鳍条含有软骨素，对于硬鳍鱼类和硬棘鱼类，打孔动作容易完成，即便是软鳍鱼类，其尾鳍不能进行开张闭合动作，打孔也容易进行。但是，软鳍鱼类的背鳍和腹鳍在鱼体出水后一般成收缩闭合状态，用打孔钳打孔难以进行，在打孔时，需要由辅助人员张开背鳍或者腹鳍进行打孔标记，需要 2 个或者 2 个以上的人员配合工作才能完成。

打孔时，打孔钳的孔锥可在饱和食盐水中蘸涂消毒，孔锥上的饱和食盐水可阻止鱼鳍再生，延长标记孔的载标时间。其次是，鳍条基础孔一般不能打断相连的两根鳍脉，如果打断两根相邻的鳍脉往往会使这两根鳍条脱落，形成残缺不全的烂鳍，不能读取个体的标记编码。

蘸涂饱和食盐水可起到消毒和阻止鳍条再生的作用，一般这个标记孔可以保持 50～90 天不愈合，90 天以后鳍条再生标记孔愈合，仔细观察，可以看到愈合后的标记孔所留的痕迹。如果将饱和食盐水更换为 2%硝酸钾溶液，即打孔标记时打孔钳的孔锥蘸涂 2%的硝酸钾溶液，即便在鳍条 90 天再生愈合后，原打孔标记的打孔处形成明显的肉眼可以直接辨认的标记黑斑（彩图1），在增殖放流回捕物中十分容易发现并分拣出标记鱼，这种黑斑可伴随标记鱼终生。

使用这种方法做群体标记，无论是软鳍鱼还是硬鳍硬棘鱼，都可以在尾鳍处用打孔钳打出一标记孔，一人操作即可很快完成鱼体的标记。在做个体标记时，需要按照标记方案对应的个体信息资料逐一标记，回捕的标记鱼，通过档案资料进行查找，分析测定回捕标记鱼的生长增重情况。按照鱼类选育50/500法则，该方法足够一个核心选育群编码用。

该法的优点是，可以通过目测的方法直接读取标记鱼的编码，再通过档案资料获得该鱼的个体信息；同时在回捕的鱼群中分拣标记鱼十分方便快捷，也不需要杀鱼取标；打孔标记以后不影响标记鱼的正常生长发育。该法兼顾了群体标记和个体标记的需要，不失标，可以作为鱼种亲本和增殖放流鱼类的标记方法。

打孔赋值标记法的缺点是，该法对体格较小的鱼标记困难，特别是软鳍类鱼体的鳍条难以张开，需要2人协助操作完成。这种方法还有一个局限，鳍条的载孔量有限，实际操作中，一般打孔面积的总和不超过整个鳍条面积（特别是背鳍）的10%，否则会影响鱼类的觅食能力和生长性能。

测定鲤鱼的体重、体长等参数后，从鳍条与机体接界处剪下整个鳍条，展开平摊在叶面积扫描仪上，用覆膜覆盖后扫描，测定鱼类的鳍条面积，显示鳍条面积与体重、体长有相关性（表4-34），其中背鳍面积（R^2=0.944 3）、尾鳍面积（R^2=0.9 454）与体重显著相关。因此，打孔标记损伤面积越大，鱼的游泳能力越低，游泳方向难以控制，在水中平衡性降低，影响觅食，减缓生长速度。

表4-34 鲤鱼鳍条面积与体重的关系

体尺（克，厘米）			鳍条重量（毫克）			鳍条面积（平方毫米）		
体重	体长	体全长	背鳍	尾鳍	腹鳍（单侧）	背鳍	尾鳍	腹鳍（单侧）
28.0	4.4	6.7	112.7	157.4	98.7	221.4	297.0	134.4
30.0	4.6	6.9	116.2	189.3	110.2	307.6	350.5	137.6
134.0	16.8	19.6	522.3	498.0	210.2	544.4	618.9	270.4
162.5	17.1	21.7	577.4	524.4	227.8	582.5	630.9	291.7
176.3	18.3	22.6	583.8	531.2	253.2	623.8	681.6	329.4
189.2	19.1	23.5	587.0	565.3	277.0	655.6	721.8	336.9
194.4	21.6	247	590.2	581.9	292.1	694.6	746.8	358.6
209.6	22.1	24.5	598.1	589.6	322.5	745.5	792.3	366.0
245.5	21.5	25.7	611.5	596.8	352.9	825.6	805.4	401.5
255.5	22.8	25.3	638.8	616.6	375.6	836.8	827.1	408.8
260.9	22.4	26.8	676.6	629.6	415.2	891.1	842.4	414.2
288.7	23.8	27.8	708.7	665.8	455.5	964.4	897.8	426.5
321.8	24.0	27.9	728.9	768.7	509.1	1 138.3	938.6	448.9
355.1	24.3	28.7	769.7	829.5	557.8	1 211.0	958.7	486.7

（续）

体尺（克，厘米）			鳍条重量（毫克）			鳍条面积（平方毫米）		
体重	体长	体全长	背鳍	尾鳍	腹鳍（单侧）	背鳍	尾鳍	腹鳍（单侧）
364.7	25.3	29.2	794.2	854.1	607.4	1 235.2	969.4	543.8
394.4	25.6	30.1	826.3	876.3	658.3	1 245.4	974.2	589.4
399.5	25.9	30.8	858.2	893.0	674.6	1 288.6	986.8	623.3
436.4	26.2	31.0	887.5	948.6	728.8	1 297.3	997.4	637.1
468.6	26.3	32.1	924.7	997.2	756.4	1 305.0	1 013.6	636.2
473.8	27.2	31.8	968.3	1 047.2	768.7	1 384.7	1 032.4	684.6
479.3	28.2	31.6	998.8	1 054.8	786.6	1 438.9	1 046.8	689.9
497.7	29.1	32.0	1 247.1	1 364.5	794.1	1 468.6	1 065.8	725.3
550.0	29.2	33.1	1 354.9	1 500.7	806.7	1 477.6	1 177.8	786.0
643.3	29.4	35.3	1 574.7	1 675.4	853.3	1 568.0	1 351.9	798.5
750.0	35.8	40.2	1 784.6	1 812.3	921.2	1 684.6	1 657.8	831.4

（二）体内标记法

1. 微型金属标

微型金属标主要有金属线码标记法（CWT），又称数字式线码标记系统，由美国西北水产技术公司设计和制造，目前广泛应用于苗种孵化、养殖对比试验、野外动物标记等。该系统主要配置包括一个线码标记器和质量控制仪，线码标记器主要用来对鱼体实施金属线码的注入，质量控制仪有矩形管道式线码检测器和手持式线码检测器（或者称之为便携式探测器）两种，主要用来检测鱼体是否标记了线码，对于已经标记的鱼可近距离做出反应。

标记用的金属线码一般用直径 0.25 毫米的磁性金属丝制作，标上有编码（可在解剖镜或者放大镜下读出编码），能区分不同个体的信息。该标有三种大小规格，标准长度 1.1 毫米，最小长度 0.5 毫米，最大长度 1.6 毫米，可视鱼体大小选用。线码标记的鱼体肌肉很少被食用，即便被误食，由于线码标记体极小，没有危害成分，且无毒性，所以对人体基本无影响。金属标志是通过标志枪将标志体注入鱼体内的，标志枪有自动式和手握式两种，标志鱼的检测有专门的设备。线码的标记部位一般为鱼体的吻部，也可以是颊部、颌部、头皮、颈部等。

金属线码标记法的优点是，体积小，可在鱼体的不同部位进行标记，对鱼类的生长、行为等影响小，且标记物有高度的保留性，适用于鱼类如鱼种等亲本鱼的标记，可长期标记观察研究。缺点是，必须依靠专门的仪器设备才能发现，进行不同个体的确认时，需要将标记物从鱼体内取出，并在显微镜下读码，然后对照档案分析测定标记鱼的生长发育情况。需要将标记鱼重新放流观测的，整个工作重新开始埋置，费工费时，标记效率不高，其次是设备昂贵，特别是全自动读码器的销售价是基层单位难以接受的。

2. 被动整合雷达标

被动整合雷达标（Passive integrated transponder tag，简称 PIT 标）是使用电子电路

构建的一个独特的标志系统，这个系统包括标、励磁系统和信号接收与处理单元。标由天线、磁棒和电路组成，密封于玻璃管内。励磁系统通过在空气和水中产生磁场的方式向标发送能量，当标进入磁场范围内时，绕在磁棒上的天线立即产生电流，进而激活电路块，电子电路发射一种特定的预编程序的信号，一般为40～50千赫兹，无线电接收器在收到信号后立即将它转化成相应的数字编码。PIT实际上是一个微型的信号发射站，但其自身不能携带电源，必须通过励磁系统才能产生电能，支持标记系统完成标记功能。

PIT的标志部位一般是体腔，标志时采用12号针头的注射器进行，注射部位是胸鳍后方、腹鳍前方的腹中央区域，针头方向朝后插入并与体轴成45°角。当穿透肌肉后，改变针头方向使之与体轴平行，然后随着针头抽出的同时，将标注入体腔。标志结束后，标志鱼一般需要在试验池塘暂养2～3天，放流前需检测标是否存在，并检查鱼体及标记系统功能是否正常。

现有研究证实，PIT玻璃管的埋植方向与载标时间有关，当长棒体的玻璃管与鱼体的体轴平行埋植时容易脱落，而与体轴方向呈90°角埋植时不容易脱落。埋植方法正确、伤口愈合较好的放流鱼类，PIT的载标时间较长，保持率较高。

PIT标记方法的优点是，处在体内的标签不易损坏，标签可循环使用，对被标记的鱼体是唯一的编码，并可非接触式收集信息，标记物的保留率较高，对鱼类的生长、行为等影响较小。PIT标记方法的缺点是，由于标签很小，发射的信号弱，因此信号的检测范围小，检测器必须离动物很近（一般要求相距2～5厘米，不得超过10厘米），标记鱼分拣效率很低；对于规格较小的鱼体，标识玻璃管难以选择，相对鱼体过大过小都容易脱落。另外，这种标及相关的设备价格昂贵，标签本身也比较昂贵，难以推广应用。操作时，需要专门的专业技术人员进行，设备体积较大，移动或者携带很不方便，它的信号监测范围小，仅适合以较大规格的鱼类标记使用，但可进行长期载标、长期开展科研工作。

3. 内藏可视标

内藏可视标综合了传统的内标和外标的优点，标签完全埋植在体内，但在体外可通过肉眼检视，被标记的鱼类个体可通过目测方法识别。内藏可视标有两种类型，一是内藏可视橡胶标（Visible implant elastomer tag，简称VIE标），是某种橡胶材料和颜料的混合物，有红、蓝、绿、黄等颜色。这种标记物在注入鱼体时呈液态，经历一定时间后变成固态。二是内藏可视字母数字标（Visible implant alphanumeric tag，简称VIA标），由很薄的塑料片制作，长2～4毫米，宽0.5～2毫米，厚0.1毫米，标准规格为长2.5毫米，宽1.0毫米。这种标签分不同的颜色，上面刻有字母数字符号，以便区别不同的个体。

内藏可视标一般植入鱼体比较透明的组织，以便肉眼检视，最常用的部位是脂眼睑、头部薄且色素较少的软组织和脂鳍。内藏可视标的最大优点是不需要处死鱼或者回收标就能识别标志鱼。它的缺点是，信息量不高，可供选择的标记部位不多，此外，由于需要埋植标签，工作量较大，不适合大规模放流标志。

（三）自然标记法和化学标记法

自然标记法主要是依靠鱼体自然形成的一些特征或者有区别于同类的固有特征进行

标记，如选取放流鱼类体表上的一叶鳞片或者眼睑的特征进行标记，回捕后寻找相应的特征作为标记鱼。比较常用的是鳞片标记和耳石标记，特别是耳石标记。耳石本身具有识别鱼龄的作用，通过显微镜检测耳石的年轮，大体就可以判断个体的生理年龄。

自然标记无需加标操作，对鱼类生长、行为等无影响，但鳞片标记往往容易失标，因为随着鱼类的生长，鳞片相应地发生变化，失去读标功能；耳石标记需要杀鱼取标，同时需要进行镜检才能读标，分拣出标记鱼，杀鱼取标后鱼类失去许多生理参数，不能获得生命续存期间的直接数据。所以，自然标记仅能适用于科研，对大规模的增殖放流，这种标记方法意义不大。

化学标志是指可被人们确认的鱼体组织在化学组成上始终如一的差异，这种差异可因水体或食物的化学成分不同或者遗传变异而引起，也可通过人工的方法进行诱导。化学标志包括两种方法，元素标记和荧光标志。元素标记取决于不同金属元素成分及其浓度的检测，最常用的元素是锶，任何组织都可用作分析锶元素，但大多数采用骨骼和鳞片。荧光标志中最常用的是不同类型的四环素（包括土霉素）与钙黄绿素，这些物质可与钙结合，并在鱼体硬组织中沉积，在日光灯下，它们产生可见的绿色或者黄色光，因而可用肉眼检测。

化学标志的优点是，一是能应用于不同大小的鱼类，生活史中各个时期的个体均可标志，甚至胚胎期也可；二是可通过浸泡或者饲喂等方式大批量标志鱼类，因此标志率高，成本低；三是有的标志保留的时间一般较长，一般可保留半年至 2 年，甚至达到 3 年半；四是被标志的组织在解剖后能较长时间地保留标志，有的在解剖 2 年后仍可检测到标志物质。化学标志的缺点是，一是它的检测常需要解剖鱼体，虽然鳞片、鳍条、硬棘或者较小的软组织样本在某种情形下是可以用的，但在大多数情形下，需要使用耳石或者脊椎骨，因此，化学标志不适合于珍稀鱼类的标志；二是随着时间的推移，化学标志有时也会变得难以检测，因而主要用于短期研究，在生产实际中的推广应用意义不大。

化学标志在渔业方面有着较好的应用前景，适用于放养种群的确认与分离、洄游性鱼类产卵场和肥育场的调查以及某些鱼类的卵细胞鉴定，也能应用于鱼类增殖放流和资源评估。

（四）生物遥测技术

生物遥测标（Biotelemetric tag，B－Tag）是一种微型的能够产生波信号的装置，这种标记包含一块电池，电池产生的电能可转换成选定的波长、频率和其他特性的波信号，这种波信号可被远距离的接收器检测到，根据信号的强弱和方向能确定标的位置。生物遥测标包括两类不同技术原理的标，一是超声标（Ultrtasonic tag，U－Tag），二是电磁标（Radio tag，R－Tag）。超声标可产生频率为 20～300 千赫兹·秒的声波（超出人类的听力范围），这种声波能被水听器检测到，并转换成相应的音频或者电子信号。电磁标可产生频率为 27～300 兆赫兹·秒的电磁波，这种波能被水面上的天线接收到，并转换成相应的音频或者电子信号，通过信号查找标记鱼的位置。

现代生物遥测标体积较小，常见的安装部位是鱼体的背部、胃内和体腔。它能连续发送信号，便于持续跟踪监测，监测时不需要回捕，免除了相关的操作压力，同时可以减少收集数据的成本。当鱼处于浑浊、湍急的水体中而无法看到或者无法有效回捕时，这种标志技术显示出其特殊的使用价值。

生物遥测标是研究鱼类在自然水体中行为和生理状况的主要方法。由于标签可以发送与不同环境和生理状况相应的信号，这不仅可用来研究鱼类对生境的选择性，确定领地范围，而且能监测鱼类所处的生境特征（如水深、水温等）、活动节律（如摄食、运动、静止或者死亡等）以及某些生理状况（如体温、心跳、呼吸频率等），还可借助航拍飞机大范围跟踪监测标志鱼类的洄游运动轨迹。

生物遥测标对试验鱼类可能产生的影响是，遥测标安置在鱼体外会增加鱼游泳时的阻力，安装在胃内可能影响鱼类的摄食和消化，通过外科手术移植到体腔，应严格消毒，否则会引起伤口和体腔发生细菌感染，增加死亡率。

第四节　增殖放流效果的评价

一、鱼类资源量的估算

鱼类资源量的估算是对水域鱼类资源存量的数量描述，是渔业资源评估的重要方面，起源于繁殖论、稀疏论、波动学三大学说。相对准确估算水域鱼类的资源存量是计算增殖放流效果的初步工作，鱼群观察是获取鱼群在水域中的分布、数量、群体组成和行为等信息的基础工作，需要长期的经验积累和缜密的基础数据。通过捕捞作业，分析水域鱼类的单位面积密度，根据密度测算整个水域的鱼类资源存量是渔业资源评估的基本方法。由于水域内的生境条件不同，鱼类天然地将水域生境划分为产卵场、索饵场、越冬场等。同一水域内，捕捞作业在不同地点获得的单位面积鱼类密度也不尽相同，有的差异很大。在产卵季节捕捞作业在产卵场进行，获得的单位面积鱼类密度往往大于索饵场的密度，特别在冬季，鱼类的觅食获活动减弱，多在越冬场集中，捕捞作业在越冬场进行，获得的单位面积鱼类密度比索饵场大得多。根据这种单位面积密度计算所得的水域鱼类资源存量，一般不能反映水域的真实鱼类存量。

原始的渔汛观察依靠人的视觉和听觉获得资源信息，如清屈大钧在《广东新语》中记“登桅以望鱼，鱼大至，水底成片如黑云，是谓鱼云”，依此探视鱼群数量，分析鱼群信息。《本草纲目》记载“石首鱼，初出水能鸣”，“每岁四月，来自海洋，绵亘数里，其声如雷。渔人以竹筒探水底，闻其声，乃下网截流取之”，说明观察鱼汛时除听觉外，也开始使用竹筒等简单的工具。1919年，美国利用飞机等观察沙丁鱼和金枪鱼的渔汛信息成功后，海洋环境和生物学参数分析的方法被应用到渔汛分析中，特别是20世纪40～60年代，军事、航海所用的回声音响测深仪和探测潜艇的声呐相继为渔业所改造和应用，出现了垂直探鱼仪和渔用声呐，使水声观察成为现代鱼群观察的主要手段，60年代中期，航天遥感间接观察鱼群渔汛信息技术开始进入实用阶段。

（一）鱼群观察的基本方法

鱼群观察按不同目的分为作业观察、远景观察和鱼类行为观察三类。作业观察是利用渔船，对渔船作业点及其附近水域鱼群的分布、组成、数量等进行的观察，目的在于使渔船准确调度到鱼群集中地点，取得最佳捕捞效果。远景观察是为了开发新渔场、新捕捞对象或对已开发的鱼类资源进行科学管理，取得该水域鱼类资源的种群分布、数量及其变动规律，以及某种捕捞方式的可能渔获效率等信息，从而对开发利用的远景作出判断。鱼类行动观察是为了改进渔具、渔法和进行鱼类资源研究而对鱼类行动规律所进行的观察。

鱼类行为观察的基本方法可分为目视观察、环境因子观察、试捕观察、生物学观察、水声观察等几种。利用某些中上层鱼类如鲐、鲹、沙丁鱼和金枪鱼等在一定时间内起浮于水表层的习性，观察者位于渔船较高部位或飞机上，以视觉进行直接和间接观察。直接观察是通过观察起浮于水表层鱼群的形状、色泽和水花等，根据经验判断鱼群的种类、大小、数量、栖息深度及动向。间接观察是以观察海鸟、海豚的行动和海洋发光生物的发光为指标而判断鱼群。海鸟为了捕食表层鱼类，在有鱼群出现时常形成海鸟群。而海豚群则常追食鱼群或与金枪鱼群同栖，据此可以确定鱼群的大小和数量。夜间，某些发光生物可因鱼群游动的刺激而发光，发光的面积和亮度可以作为判断鱼群大小和数量的依据，这些都属于目视观察。

环境因子观察须根据每种鱼类的分布规律和集群特点，往往受少数环境因子的支配，因此环境因子可作为鱼群观察的间接指标。通过对水深、水温、水色、流速、水底地形、底质、饵料生物等各种因子的测定，可取得鱼群存在与否和结群特点等的信息。环境因子观察一般采用电子仪器做快速实时测定，分析实测数据，获得鱼群渔汛的信息，提供养殖捕捞所需的资料。

试捕观察是利用渔具在预定水域进行探索性捕捞，是一种简便的鱼群观察方法，根据捕到鱼类的品种、大小和数量等分析判断鱼群的可捕价值。试捕时常使用中层拖网、阶梯式分层敷设的刺网或钓渔具等生产性和非生产性渔具。

生物学观察是通过对捕获鱼类进行生物学指标的测定和分析，以取得鱼群信息。如根据渔获物的种类、年龄、体长、体重、雌雄比、摄食强度、肠胃饱满度和饵料组成等，可得出鱼群的变化趋势，掌握中心渔场的位置信息。

水声观察是利用声波在水中遇到障碍物即产生回声的传播特性，对水下目标进行搜索和检测，以发现和识别鱼群，估算鱼群大小和数量，对鱼群进行定位和跟踪。主要的水声观察设备有用于观察船底下方鱼群的垂直探鱼仪、用于观察渔船周围水平方向水域鱼群的渔用声呐以及供底拖网、围网、金枪鱼延绳钓等不同捕捞作业用的专用探鱼仪等。随着电子计算机技术在水声探鱼设备中的应用，还可在终端荧光屏上直接获得整个捕捞过程中水下鱼群的位置（方位、深度）、大小、数量和行动（移动方向和速度），以及同步显示出的网具、船只的位置和动态等信息，彩色显示技术可使这些信息更加直观、清晰，分辨率也更高。

水中观察是养殖人员或探测仪器进入水中直接观察，可获得直观、可靠和精确的观察结果，所用潜水器具有轻潜器、潜水箱、潜水球和专门设计的小型潜艇等。水中遥控观察可将照相机、摄影机、电视摄像机等，安装在渔具的特定部位进行观察。利用遥控水下电视车进行水中电视观察时，可自由灵活地接近鱼群，缩短观察距离，保证取得清晰的水下电视图像；还可在人不能达到的深度或不安全的环境下进行鱼群渔汛侦查，通过图像分析养殖水域的信息参数。

遥感观察是指利用安置于飞机、人造卫星、宇宙飞船等运载工具上的各种传感器观察鱼群。通过对传感器探测到的水中鱼群目标和渔业环境因子（水域表温、水色等）发射和反射的电磁辐射，结合鱼类的生态习性进行判读和分析，即可感知鱼群的现状和动态。遥感观察具有快速、及时、观察范围大的特点，这为海洋渔业资源的开发、利用和管理提供了更有效和经济的手段，是其他观察方法无可比拟的。飞机上使用的传感器一般为航空照相机和多光谱照相机等。人造卫星、宇宙飞船等航天器上使用的传感器有多光谱扫描仪、红外扫描仪等。

（二）鱼类资源量的估算方法

测定鱼类资源量的方法大体可分为两类，一类是用渔业统计资料进行概算，另一类是用调查资料进行概算，这种方法是鱼类资源评估科研工作的主要方法。调查资料包括试捕调查、鱼卵仔鱼调查、声学仪器调查、标志放流调查和初级生产力调查等方面的资料。

进行鱼类资源量的调查，并根据调查资料进行资源量概算，第一种方法是利用渔业调查船试捕来估算，常用于新开发的渔场。这种方法通过作业船的运行速度、水体的流速及拖网在水体中实际扫描面积的大小，通过数理计算获得单位面积的鱼类资源量，然后估算出整个水域面积的鱼类资源量。

影响这种方法估算准确性的因素很多，主要是鱼类的上网率，有的游泳能力较弱的鱼类容易捕获，而游泳能力特强的鱼类不容易被捕捉到，从而影响最终计算结果。其次是选取的调查区域代表性问题，往往在大面积水域，鱼类的产卵场、越冬场等有固定的位置，在产卵场试捕，得到的是剩余群体（经产鱼类）较多，补充群体（初产鱼类）较少，样本的代表性较差，同时得到的单位面积鱼类资源量远高过其他渔场的功能区。如果在渔场的洄游通道试捕，则得到的补充群体比例较高。

第二种方法是根据鱼卵、仔鱼数量估算资源量，这在浮性卵、幼稚鱼调查中比较常用。这种方法一方面是估算未来的种群补充量，另一方面又可从生产这些鱼卵、仔鱼的亲本鱼而估算其他资源量。对于漂浮性鱼卵的鱼类，可以在它的产卵季节，在产卵场采集鱼卵，鉴定分类和统计，计算出捕捞到的鱼卵总数和单位水体体积含有的鱼卵数，从而推算出全水域内总产卵数量，然后根据怀卵量（即亲本的繁殖力）和排卵率的计算，估计每尾雌性鱼的平均排卵量，就可以估算出全水域性成熟的雌性鱼总尾数，再按照这种鱼类在产卵期间群体的雌雄比例和成鱼幼鱼的大致比例，推算出雄鱼和幼鱼的各自尾数，然后将雌性鱼、雄性鱼和幼鱼的总尾数相加，就可大致估算出水域的鱼类资源量。

计算某一水域的鱼类生殖群体的数量可用下列公式表示：

$$N=P/HR \qquad (4-1)$$

式中 N 代表生殖群体的数量（尾数），P 代表调查水域卵子总量，H 代表雌鱼平均怀卵量，R 代表生殖群体中雌鱼的比例。其中的 $P=p/\alpha\times A$，p 代表每网捕捞到的鱼卵数量，α 代表每网捕捞的范围面积，A 代表调查水域的总范围面积。

这种估算办法很粗略，只能得到关于鱼群组成的一般概念，不易计算出比较精确的数据，也无法确定卵子早期发育阶段的死亡率，而且卵子在水体中的分布并不均匀，不了解单位水体中鱼卵数量与进入网具的鱼卵数量比例，也就是不了解网具对鱼卵的捕捞率，因此，很难得到生殖群体的绝对数量，但是，可用于与过去年份或者其他水域的相互比较。更重要的是，在淡水库区断江截流的水库建设，如果水库拦水坝没有预留鱼类的洄游通道，降海溯流繁殖鱼类已经无法产卵，浮性卵鱼类形成繁殖障碍，也就无法统计产卵数量。

第三种方法是根据标志放流的测定资料估算资源量，这种方法需要多次重复捕捞，获得的回捕鱼达到一定的数量，记录资料要详细完善，通过这些增殖放流回捕资料估算出渔获率，再根据渔获率与渔获量的关系，渔获量与标志放流及资源量、重捕尾数之间的相似关系，估算出资源量。这种方法的基本思路是，渔获率与重捕率几乎相等，各种鱼类在渔获物中所占的比例就是资源量中的比例关系，求得资源量中某种鱼的个体数量，从而计算出总的资源量。计算时，一般以标志放流鱼放流后一年内的重捕率作为推测资源量的依据，然后整理第一年内的多次重捕总尾数，用这个总尾数乘以增殖放流鱼类的总尾数与重捕鱼类的总尾数之比，即为增殖放流时所捕捞到的种群尾数。

设标识放流鱼为 X_o，在其后到某一时期前重捕了 X 尾，而且，设这一时期的捕捞尾数为 c 尾，可以估计放流时的种群尾数（N）为：

$$N = (cX_o)/X \quad (4-2)$$

应用这种方法估算水域的鱼类资源量，只有在具备标识鱼和非标识鱼的死亡率相等、标识鱼的标识牌未脱落、标识鱼与原住鱼充分混合、标识鱼与未标识鱼的捕获率相同、可以忽略调查期间的补充数量、重捕全被发现（含岸边群众自行捕捞等）并均有回收报告等条件下，才能取得正确结果。如果所需资料数据比较充分且比较接近所要求的条件，即可推算出资源的状况，并粗略估算资源量，同时也可用来对照并校正其他估算方法的偏差。

第四种方法是根据累计渔获量、累计捕捞努力量和捕捞死亡系数估算资源量。这种方法不考虑渔汛期间的自然死亡，按照各单位时期单位捕捞力量的捕捞尾数的减少趋势来估算初期捕捞种群尾数，在估算过程中，将可捕捞系数设定为常数，也就是将捕捞努力量标准化，这时的单位捕捞努力量的渔获数（CPUE）就等于可捕捞系数与资源量尾数的乘积，而这个捕捞期间的资源量尾数又是初始资源量群体尾数减去捕捞期间的资源量尾数，从而可计算出初始资源量的尾数。

用累计渔获量估算资源量的做法是，当捕捞种群仅因捕捞的影响而减少时，也就是说，当渔汛期极短可以不考虑自然死亡、而且渔获量在资源中占比例很大时，则可将整个渔期分成等间隔的单位时期，按各单位时期单位捕捞量的捕捞尾数减少趋势估算初期捕捞种群尾数。

设 t 时期的渔获尾数为 c_i，捕捞努力量为 f_t，则 c_i/f_t 为 t 时期的单位捕捞努力量的渔获物尾数（CPUE），若可捕捞系数为常数（q），即捕捞努力量已经标准化，t 时期的资源尾数为 N_i，则根据单位捕捞努力量的渔获物尾数和捕捞系数 q 的定义，可建立起如下的关系式：

$$c_i/f_t = qN_i \quad (4-3)$$

即 t 时期的单位捕捞努力量的渔获尾数等于可捕捞系数乘以该时期平均资源尾数。设到第（$t-1$）时期之前总累计渔获尾数为 K_i（即 $K_i = c_1 + c_2 + \cdots + c_{i-1}$），则在 t 期间捕去

K_i 尾后，资源群体数 N_i 等于初始资源群体尾数 N_0 减去 K_i，即：

$$N_i = N_0 - K_i \tag{4-4}$$

由此方程结合 $c_i/f_t = qN_i$ 得到线性方程：

$$c_i/f_t = qN_0 - qK_i \tag{4-5}$$

这个线性方程表明，t 期间的单位捕捞努力量渔获量 c_i/f_t 与累计渔获量 K_i 呈线性关系，该直线斜率为 $-q$，截距为 qK_0。如果能根据渔业统计资料获得各个时期的 CPUE 和累计渔获量的资料，则可利用最小二乘法或线性回归法或图解法估算出上式中的回归系数 q 和回归常数 qN_0，这样，按照下式可求得初期捕捞种群的资源量（尾数），即：

$$N_0 = (qN_0)/q \tag{4-6}$$

如果 c_i/f_t（也叫做资源量指标）由于捕捞减至零时，即：

$$c_i/f_t = qN_0 - qK_i = 0$$

那么，$N_0 = K_i$ 表示 x 轴与直线的交点即为原始资源量 N_0，若以一个渔汛分成许多时期进行分析计算，则 N_0 表示渔汛开始时的资源量。因此，如果用图解法，则可根据目测，在图中的分布点布图上，能仔细刻画出直线的话，就可粗略读出 N_0 的值。如 1953 年，能势幸雄利用该法估算了东京湾虾虎鱼的资源量（图 4-2），期望计算值为 128×10^6 尾，目测也大致接近这个数字。

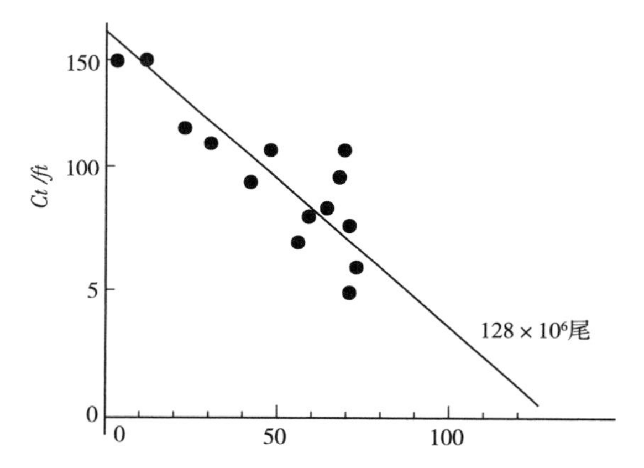

图 4-2　东京湾虾虎鱼累计渔获量与 CPUE 的线性关系

这种用累计渔获量估算资源量的方法是在忽略自然死亡条件下进行估算的，当考虑自然死亡时，用这种方法估算出来的可捕捞系数 q 较实际偏大，因此所估算的原始资源量（渔汛初期资源量）N_0 则偏小，在使用时应根据实际情况调整。

用累计捕捞努力量估算资源量的方法，它的基本模型也是从 c_i/f_t 出发，也是按照自然死亡忽略不计，则：

$$c_i/f_t = qN_i = qN_0\ (N_t/N_0)\ \text{或者：}$$

$$\text{In}(c_i/f_t) = \text{In}qN_0 + \text{In}(N_t/N_0) \tag{4-7}$$

在 t 时期的资源量 N_t 和原始资源量 N_0 之间的关系为：

$$N_t = N_0 e^{-ft} = N_0 e^{-Qft} \tag{4-8}$$

设到第（$t-1$）时期前总累计捕捞努力量为 E_t，（即 $E_t = f_1 + f_2 + \cdots + f_{t-1}$），则：

$$N_t/N_0 = e^{-qE} \tag{4-9}$$

将这个式子代入前式得到：

$$\text{In}(c_i/f_t) = \text{In}(qN_0) - qE_t \tag{4-10}$$

可以看出，这个方程也为线性方程，Y 轴为 In（c_i/f_t），X 轴为 E_t，截距为 In（qN_0），斜率为$-q$。因此，可根据每一时期单位捕捞努力量渔获量自然对数对 t 时期前的累计捕捞努力量的关系，用最小二乘法或回归法或图解法估算得到回归系数 q 和回归常数（截距）In（qN_0）。将 In（qN_0）取反对数并除以 q 就可以推算出渔汛初期的资源群体的资源量 N_0（尾数），即：

$$N_0 = \text{In}^{-1}(qN_0)/q \tag{4-11}$$

用捕捞死亡系数估算资源量的方法，它的计算公式是：

$$Y/F = N_- \times W_- = B_- \tag{4-12}$$

在这个公式中，Y 为年渔获量（重量），N_- 为资源群体的年平均资源尾数，W_- 为资源群体中个体的平均体重，B_- 为资源群体的年平均资源生物量（即年平均资源重量）。由上面的公式可知，只要已经知道年捕捞死亡系数 F 值或年总捕捞努力量 f 和捕捞系数 q（因为 $F=qf$），又有年渔获量的统计资料，即可很方便地求出年平均资源量。当然，这里所估算的资源量并非年初（或汛初）的瞬时资源量，如已知捕捞死亡系数和自然死亡系数 M 值，就可将平均资源量转换推算出初始瞬时资源量。

第五种方法是按照初级生产力估算资源量，依据水域生态系统的生物生产和能量流动的两大功能，按照碳素循环的原理，将水域系统的碳素循环各个环节的不同营养级之间的碳素利用效率测定出来，然后计算从最低营养级到鱼类的碳素蓄积量，根据鱼类体脂的碳含量计算出总的鱼类生产量，再根据个体体重大小推算出尾数。这种以碳素循环原理测算鱼类资源量的方法，也可以估算出捕捞渔获量，它是以营养物质要素的恒定原理进行估算，所以也叫做营养动态法。估算的过程涉及初级生产力、生态效率和营养层级的转换三个参数。

初级生产力需要测定水域的浮游植物、底栖动物等的生产量，依此估算鱼类的生产量。我国对水库初级鱼产力测定制定了行业标准《水库鱼产力评价标准》（SL 563—2011），该标准对不同地区的水域生物生产量与平均生物量的比例进行了规范，规定了水库初鱼产力的测定项目和计算办法，在实际应用时可以采用该标准的数据，并参照其初级鱼产力的测定办法，制定其他淡水水域的鱼类初级产力，本书附录了该标准全文。

生态效率是指生物系统中食物链各环节上的能量转化效率，即由低一级的营养级转化为高一级营养级所消耗的能量大小，在这种营养级的结构中，低层生物是高层生物的饵料，低级生物叫做被食者，高一级的生物叫做捕食者，捕食者每增加单位重量所需要的低一级生物的量，叫做当量比，如草鱼每增加 1 个单位的体重需要大约 30 个单位的水生植物，则叫做草鱼与水生植物的当量比为 1∶30，或者叫做草鱼的水生植物当量比为 30。在这个当量比中隐含着一个水生植物的转化效率，就是多少单位的水生植物可以生产一个单位的草鱼体重，这个比率就叫做水生植物的生态效率，如当量比为 1∶30 的水生植物，其生态效率为 $1/30 \times 100\% = 3.33\%$，这个 3.33%就叫做水生植物转化为草鱼的生态效率。生态效率的原始定义是指增加的价值与增加的环境影响的比值，在水产养殖中可简单定义为单位重量的低级生物转化为高级生物的百分率，它表示低等生物转化为高级生物的能力大小和效率。

在水域中，被食者和捕食者的生物量之比一般为10∶1至20∶1，也就是被食者的生态效率为10%至20%。营养级的转换需要根据水域生态的生物构成确定，一般以浮游植物为第一营养级，以鱼类为最末营养级，各营养级之间的生态效率转换仍然按照10%至20%计算，鱼类的资源生产量是各个营养级之间转换之后的最终结果。当然，鱼类的最终捕食者是肉食性鱼类，在鱼类食物链中，草鱼、杂食性鱼类等又往往成为肉食性鱼类的饵料，成为食物链中的被食者。如水域中的浮游植物转换成草鱼，可按草鱼与浮游植物之间相隔一个营养级计算，而浮游植物转换成肉食性鱼类，则需要先转换为浮游动物（微生物等），再转换成饵料鱼，最后转换成肉食性鱼，经过3个营养级转换，每层营养级的转换效率按20%计算，则浮游植物最终转换成肉食性鱼类的总效率为20%×20%×20%=0.2^3=0.008=0.8%。

这种方法计算出的结果有时差异很大，主要原因是，水域浮游植物初级生产力的试验和测定的基础数据差异很大、各营养级之间的生态效率估计不准、捕捞对象的营养级确定困难（有时同一鱼类在不同水域生态中的营养级是变动的）、从水域生态中提取的资源量很难估计准确（除了鱼类外，其他生物的提取也影响水域生态资源量）。在水产养殖中，将植物性元素转化成动物性食物网中元素时，营养级差异按照2个级别计算，每层营养级的生态效率按照10%～20%计算。若能够准确测定水域生态中食物网相应生物的准确营养级，然后按照生态效率计算，所得结果就比较接近实际。按照这种方法计算终极生产量的计算公式是：

$$P = P_0 \times E^n \qquad (4-13)$$

式中P表示终极生产量，P_0表示初级营养阶层（浮游植物）生产量，E表示生态效率，n表示在同一生态效率情况下的营养阶层转化级数。

上式计算出的结果是按照水域生物量计算而得，实际中存在鱼类的自然死亡、非鱼类对鱼类的捕食、人工捕捞对鱼卵及幼鱼的伤害等活动，减少了鱼类的水域资源存量，一般按照生产量的一半计算其潜在的渔获量，即在计算所得的生产量基础上再乘以0.5，所得结果为最大持续渔获量，也就是说，最大持续渔获量常常是鱼类潜在生产量的一半。

这种测定方法的差异仍然很大，主要原因是，一是初级生产力的实验数据，不同的学者测定结果不尽相同，可能的原因是采样的地点和季节不同；二是生态效率的估计值差异很大，影响最终的测定结果；三是捕捞对象的营养层次估计值直接影响最终测定结果；四是人工捕捞对水体资源存量的影响难以准确估计。

以汉江安康段为例，有资料测定，汉江安康段水体的浮游植物含量（鲜重）为6.33毫克/升，以不同的营养层级和不同的生态效率计算鱼类年产量（表4-35），可以看到，每升水体的年产鱼量在0.000 6～0.569 7毫克，相当于每立方米水体产鱼0.6～569.7毫克。从表中也可以看出，在同一营养层级的条件下，生态效率越高产量越高，在同一生态效率的条件下，营养层级越高产量越低。

表 4-35　不同营养层级、生态效率的相同量浮游植物产鱼量

营养层级	生态效率（%）					备注
	10	15	20	25	30	
2	0.063 3	0.142 4	0.253 2	0.395 6	0.569 7	所得产量乘以 0.5 即为最大持续渔获量。 鱼产量单位：毫克/升
3	0.006 3	0.021 4	0.050 6	0.098 9	0.170 9	
4	0.000 6	0.003 2	0.010 1	0.024 7	0.051 2	

应用上述方法，可粗略计算汉江安康段的鱼产量，如汉江安康段水库及江河总水量（径流量）187.2 亿立方米，按 2 个营养层级（以杂食鱼类为主）、生态效率 20%计算，其年产鱼量为 187.2 亿立方米×253.2 毫克/立方米＝47 399.04 亿毫克＝4 739.90 吨。有研究资料表明，汉江安康段的浮游植物初级鱼产力为每公顷 135.5 千克，安康的全部水面为 3.6 万公顷，按浮游植物测算量年产量为 135.5 千克/公顷×3.6 万公顷＝487.8 万千克＝4 878 吨。这两种计算方法的结果比较接近。

关于鱼类营养层级的确定除了用资源调查的方法外，还可以用同位素的方法测定，这将在后面的章节中叙述。

渔业资源量估算的第六种方法是水声学方法，这是一种水声学仪器的方法，先测定鱼类所占的空间，即所处的水域范围，然后测定其单位空间鱼的数量（鱼群密度或者相对数量，一般用每平方米多少尾或者每平方千米多少尾表示），再测定水域的总面积，然后计算出总的鱼类资源量。

在这种方法中，测定鱼的数量有两种方法，一是测定各个鱼群的数量，计算各鱼群的分布范围和不同点上鱼群的密度，各鱼群的数量之和便是鱼的总数。二是测定某一水域的鱼群数量，再测定鱼群分布水域的面积和相对数量。鱼群大而成片，但群数不多时采用第一种方法，第二种方法在任何情况下都可以使用。

测定过程中，首先测定鱼群的范围和面积，用水平探鱼器测定每一鱼群的水平分布，用垂直探鱼器测定其垂直分布。把鱼群的轮廓画在平板仪上，然后按照此图计算出各鱼群的面积和范围。如果用第二种方法测定鱼群的范围和面积，先测量所调查渔场的鱼群分布面积，根据调查水域的大小确定探鱼仪探察和拖网试捕的站位，按鱼群映象和试捕结果画出这种鱼群的分布范围。

其次要测定鱼群的密度，这是用仪器测定鱼群数量中最重要的一环。一般采用声学法、摄影测量法和目测法以及各种综合方法测定鱼群密度。水声学法是采用水声学探鱼仪进行鱼群数量的探测，定时进行探测是这一方法的特点，能在快速航行中进行。采用声学方法必须了解鱼的反应能力，需要积累大量实验性统计资料，对研究很少的新捕捞对象不宜采用这种方法，这种方法一般用来研究上层集群的捕捞对象；摄影测量法是以所得的水下摄影的鱼群影像为依据，然后在实验室条件下对这些映像进行测量，这种测量的准确性很高。摄影测量法能鉴别捕捞对象的种类，并同时测定几种鱼的密度和相对数量；目测法是以水下目测距离为依据的，由于仪器照明光线的折射，观测人员应当定期进行专门的水下目测练习，使目测距离的误差能下降 5%～10%。因为目测容易，可反复进行多次，这样就可以弥补测定准确性不高的缺陷。目测法的重要优点是能够直接并同时测定不同鱼种的密度，研究其行动与分布。和目测法类似的还有用水下电视装置放射到陆地的荧光屏上的映像估算鱼群的数量，但它必须将水下电视装置直接放置到鱼群中进行观测，也受到观测距离的限制，距离鱼群过远的水下电视装置，观测的鱼群数量准确性较低。这些测定鱼群密度的方法最好配合使用，效果才更好。

在池塘养殖中，鱼群密度的测定常常采用标记法，即捕捞一些鱼，进行标记后放回池塘，等到放回的鱼完全散开，与池塘中未被捕捞的鱼群混合均匀后，重新从池塘中随机捕捞，测定标记鱼所占的比例（尾数），然后以总的标记鱼数量除以标记鱼所占的比例，就可计算出池塘总的数量。如从池塘捕捞出 1 000 尾鱼标记后放回池塘，等均匀混合后再捕捞出 200 尾，其中的标记鱼为 10 尾，则标记鱼所占的比例为 10/200＝0.05，池塘总的养鱼尾数为 1 000/0.05＝20 000 尾。根据池塘的容积计算水体的体积，用 20 000 尾除以池塘的体积（立方米），即为池塘鱼群的密度（尾/立方米）。这种方法也可以在大水面的鱼群密度观测中应用，此外的大水面鱼群密度观测方法还有回声积分仪等方法。

二、标记鱼类的回捕

增殖放流效果评价是检查放流效果的基本工作，通过增殖放流效果评价，可以改进放流策略，避免无效放流现象发生，也可通过增殖放流掌握放流鱼种移动分布的规律。增殖放流效果的评价一般采用标记放流-回捕分析的方法，通过对放流后鱼种的成活率、生长率等的测定，分析增殖放流效果，比较各种增殖放流方法的优点和缺点，提供增殖放流新的研究方向和研究内容。增殖放流的效果评价一般从社会效益、生态效益、经济效益三个方面进行综合评价，采用权重积分的方法，比较各种增殖放流体系的分值，选择合适的放流策略，提高增殖放流的综合效益。因为增殖放流的社会效益和经济效益主要体现在放流鱼类对放流水域的增殖效果上，所以，也有将增殖放流效果的评价分为增殖效果的评估和生态效果的评估两个方面。

采用不同的标志方法，目的是在不影响鱼类生长发育的情况下，获得放流鱼种在放流水域的生长发育情况，测算放流鱼类对水域生态的贡献。借助分子遗传学的手段，在大量的亲本遗传信息基础上，从回捕的渔获物中测定放流鱼类的数据。标志鱼类可以通过专门的回捕程序或者通过库区渔户的回访调查，分析测算放流鱼类的成活率、生长性能。专门的科研调查一般采用大趸船现场捕捞、现场照相或者简单的测量后放回库区水体，通过照相记录和照片分析，区分渔获物的种类、规格大小等；现场测量一般随机抽样进行，在记录渔获物的总重量、个体数量、随机抽样测定的体重、体长、体全长后即将渔获物放生，需要实验室进一步研究的样本采用酒精固定后携带。

在近岸库区鱼类销售市场，群众有清晨出售抬网所得渔获物的习惯，这种渔获物一般来自水域水体的中上层和中下层。为净化水质、保护养殖水体质量，一般淡水库区的增殖放流鱼种为这两个层面的鱼类，如中上层的鲢鱼、鳙鱼、鲈鱼、鲮鱼、鲻鱼等，中下层的草鱼、青鱼、鲂鱼等。在岸边群众渔获物进行现场调查，可以获得库区鱼类结构的基本情况，但这种渔获物一般由群众进行了规格和体重大小的分拣，不能代表水域鱼类年龄结构和体重分布情况。

还有一种方法是，将标志鱼种的标志方式及方法向库区沿岸群众印发，以高于市场的价格收购群众捕捞的标志放流鱼种，通过测量等分析增殖放流效果。对属于增殖放流鱼类的子一代，由于分子遗传方法群众很难掌握，特征标志也不明显，只能依靠专业的捕捞和实验室DNA分析等手段测定。

常规的增殖放流鱼类，如鳙鱼、鲢鱼、鲤鱼、草鱼等，初繁年龄一般在2～6龄（表4-36），测定增殖放流鱼类的回捕率、成活率等参数，需要在鱼种放流后的1～5年内进行，如果放流的是鲤鱼，放流后的首次回捕应在1年内进行，并在2年内完成计划的所有回捕次数。如果放流的是草鱼，我国的南方地区应在3年内完成放流标记鱼类的所有回捕计划，北方地区可在放流后的5年内完成所有回捕测定计划。鲫鱼的初繁年龄为1龄甚至更短，增殖放流标记鱼的回捕应在放流后的1年内完成。表4-36显示，初繁年龄最小的鱼是罗非鱼，这种鱼在营养、水温、溶氧等条件较好的水域2月龄即开始繁殖，以罗非鱼作为增殖放流鱼种，应当在放流后1月内完成回捕，这样才可以减少放流罗非鱼的第二代对标记鱼类繁殖性能测算的影响。当然，从国家“十三五”增殖放流指导意见中可以看到，鲤鱼、鲫鱼、罗非鱼等未列入增殖放流物种中。

表4-36　增殖放流常用品种的雌鱼繁殖性能

品种	初繁（性成熟）时间		产卵水温（℃）	产卵最适水温（℃）	繁殖季节（月份/年）	怀卵量（万粒）	备注
	年龄	体重（克）					
青　鱼	4～5龄	15 000	16～18	22～28	4～6	150～200	长江、珠江
					6～8		东北地区
草　鱼	4龄、3龄	6 000	≥18	20～22	4～7	30	长江、珠江流域
	5～6龄						黑龙江流域
鲢　鱼	4龄、3龄	5 000	≥18	22～26	5～6	60～120	长江、珠江流域
	5～6龄						黑龙江流域
鳙　鱼	5龄	5 000	≥19	19.4～21.2	5～6	100	长江流域
	4龄						珠江流域
鲤　鱼	2冬龄	1 000	≥20	22～25	3～5	0.8～200	
鲫　鱼	1龄	100	≥15	18～22	3～7	2～6	华东、华南
鲮　鱼	3龄	500		22～29	4～9	9～10	
团头鲂	2～3龄	500	≥20	22～27	4～5	30	长江中下游
细鳞鲴	2冬龄	420～1 100	18～27	20～25（孵化）	4～6	20	
真　鲷	5～6龄		16～18	15～17.5	5～7	50～100	辽宁、山东
	1～3龄				10～02		福建、广东
罗非鱼	2月龄		≥20	25～30	5～6	2～20	
鳜　鱼	3～4龄	500	24.5～27.5	22.5～24	5～6		
黄颡鱼	1龄	5～12	18～30	24～28	4～8	0.3～1.2	
大麻哈	3～5龄		5～7		10～11	0.4	
中华鲟	14～16龄	45 000			10～11	30～130	

三、回捕率及其计算

回捕率是衡量增殖放流效果、估算成活率的重要参数，回捕率的计算需要积累5年以上的统计资料。它的计算是，以放流前5年库区该种鱼的年均渔获物中某种鱼的尾数作为自然种群该种鱼的渔获尾数，放流这种鱼后的渔获物尾数减去放流前的数目，所得结果即为增殖放流而增加的尾数，将此数与本次放流尾数作比较即为回捕率。显然这种回捕率包含了本次放流后新繁殖的该种鱼尾数，为避免将新增殖的个体计算在内，一般回捕率在放流鱼类产卵孵化前进行，这对于初繁年龄在2个月以内的鱼类，如罗非鱼等，放流后回捕的时间需在1个月内进行，对于初繁年龄在2年以上的鱼类，需在2年内进行回捕测定，否则很难准确估算放流鱼类的成活率和繁殖力。

回捕率的定义是，放流的水生动物，经过一定时间后回捕的个体数与总放流个体数之比的百分率。由于江河湖库一般在增殖放流前存在着天然的鱼类生物，需要回捕测算成活率、生长性能等指标的放流的鱼类，一般在放流到江河湖库前应进行标记。因此，回捕率一般是指标记放流鱼类在第一个繁殖年限内，经过捕捞得到的标记鱼类占总放流标记鱼类的百分率。标记放流鱼类在第一个繁殖年限内，进行首次回捕所得的回捕率叫作一次回捕率，第二次回捕所得的回捕率叫作二次回捕率，以此类推。多次回捕率之间的相互差异，一般表示放流鱼类的死亡量，这种死亡量包括自然死亡和捕捞死亡，还包括放流操作过程的死亡等。

回捕率是测评增殖放流效果的基本参数，代表放流鱼类在江河湖库的放养密度，过低的回捕率表示放流的数量不足以弥补水域生态所需的放流数量，过高的回捕率表示放流物种可能对库区原有鱼类产生生态胁迫。江河湖泊的增殖放流效果评估的回捕率一般要求达到0.3‰以上，水库水域回捕率一般要求0.1‰以上，这样的样本回捕量对计算回捕率和评价增殖放流效果才有数理意义。对于放流水域面积小于1万公顷、一次性放流尾数不超过20万尾的增殖放流，回捕率超过10‰的，放流生物对生境的影响需要慎重评估。

如某地区本次标记增殖放流鲢鱼45 000尾，放流鳙鱼35 000尾，在鲢鱼鳙鱼第一个繁殖期内进行回捕，得到渔获物1 950千克，鱼类个体数3 077尾，其中捕获标记鲢鱼5尾，捕获标记鳙鱼4尾。已知本次增殖放流前5年的渔获物中鲢鱼尾数占10.79%，鳙鱼尾数占14.45%，本次回捕物中鲢鱼占尾数的11.54%，鳙鱼占尾数的14.72%，渔获物重量比例测定结果列入表中（表4-37），计算有关参数，则：

表4-37 增殖放流后的回捕渔获物

鱼类	本次回捕前5年水库渔获物平均值				本次增殖放流后回捕渔获物分类			
	重量（千克）	重量（%）	尾数（个）	尾数（%）	重量（千克）	重量（%）	尾数（个）	尾数（%）
鲢鱼	405.0	20.96	324	10.79	418.0	21.43	355（5）	11.54
鳙鱼	625.0	32.35	434	14.45	635.5	32.59	453（4）	14.72
鲤鱼	592.5	30.67	395	13.15	612.5	31.41	398	12.93

（续）

鱼类	本次回捕前5年水库渔获物平均值				本次增殖放流后回捕渔获物分类			
	重量（千克）	重量（%）	尾数（个）	尾数（%）	重量（千克）	重量（%）	尾数（个）	尾数（%）
草鱼	84.5	4.37	50	1.67	85.5	4.38	55	1.78
杂鱼	225.0	11.65	1 800	59.94	198.5	10.18	1 816	59.03
合计	1 932.0	100.00	3 003	100.00	1 950.0	100.00	3 077	100.00

注：增殖放流后回捕物中尾数后括号中的数据为放流（标记）鱼类回捕数量。

本次鲢鱼回捕率为 5/45 000×1 000‰=0.111‰

本次鳙鱼的回捕率为 4/35 000×1 000‰=0.114‰

增殖放流后鲢鱼在该库区尾数的增加为 11.54%－10.79%=0.75%

增殖放流后鳙鱼在该库区尾数的增加为 14.72%－14.45%=0.27%

增殖放流后鲢鱼在该库区重量的增加为 21.43%－20.96%=0.47%

增殖放流后鳙鱼在该库区重量的增加为 32.59%－32.35%=0.24%

需要注意的是，这种增加是在库区原有的鲢鱼鳙鱼基础上的增加，不是在库区总重量和总尾数基础上的增加。假设测算该库区原有鲢鱼 380 万尾，鳙鱼 450 万尾，则本次增殖放流增加鲢鱼的尾数为 380 万尾×0.75%=28 500 尾，增加鳙鱼 450 万尾×0.27%=12 150尾。

四、放流鱼类成活率的计算

受生活环境由人工环境转变为野生环境改变的影响，人工养殖的放流鱼种，在放流地的成活率一般低于野生的土著鱼类。为了测算放流鱼种在新环境的成活率，现有的做法是，根据经验公式，通过回归方程计算出该放流鱼种常规的自然死亡率，再测算出放流鱼种的放流过程死亡率，从总的放流数量中减去死亡的就是放流鱼种的成活率。这种常规的死亡率是从实验室测得的该种鱼类死亡率，与天然水体的鱼类生境条件有很大的差异，对增殖放流鱼类的成活率估计也是一个近似值，有的差异很大。如在上例中，本次增殖放流鲢鱼的成活率为 28 500/45 000×100%=63.33%，鳙鱼的成活率为 12 150/35 000×100%=34.71%。

在这种成活率的计算中，应用到库区原有鲢鱼鳙鱼的存量，它的计算是根据总的库区存鱼量（重量）、多次渔获物的每尾平均重量、渔获物的鱼类构成等参数估算的。假设某库区测算的鱼类总存量为 4 800 吨，多次的渔获物重量构成为鲢鱼 20.96%，鳙鱼 32.35%，鲤鱼 30.67%，草鱼 4.37%，杂鱼 11.65%，多年渔获物测定的平均体重分别为鲢鱼每尾 0.264 8 千克，鳙鱼每尾 0.345 1 千克，鲤鱼每尾 0.221 8 千克，草鱼每尾 0.284 2 千克，杂鱼每尾平均体重 0.062 8 千克，该库区鱼类的总平均体重为 0.235 7 千克，通过这些数据可以测算各种鱼类的存量，如鲢鱼的存量为 4 800 吨×20.96%=1 006.08吨，鳙鱼的存量为 4 800 吨×32.35%=1 552.80 吨，同样计算办法可计算出其他鱼类的存量（表 4-38）。

表 4-38　通过多年渔获物计算库区鱼类存量和鱼群构成

鱼　类	多年渔获物参数		估算该库区鱼类存量及构成		
	重量（%）	均重（千克/尾）	重量（吨）	尾数（万尾）	尾数构成（%）
鲢　鱼	20.96	0.264 8	1 006.08	379.94	15.46
鳙　鱼	32.35	0.345 1	1 552.80	449.96	18.31
鲤　鱼	30.67	0.221 8	1 472.16	663.73	27.00
草　鱼	4.37	0.284 2	209.76	73.81	3.00
杂　鱼	11.65	0.062 8	559.20	890.45	36.23
合　计	100.00	0.235 7（总平均）	4 800.00	2 457.89	100.00

完成库区鱼类重量存量估算后，可根据多年渔获物参数的均重估算库区现存量各种鱼的尾数，如鲢鱼的估算尾数为1 006.08吨×1 000千克/吨/0.264 8千克/尾=379.94万尾，鳙鱼的估算尾数为1 552.80吨×1 000千克/吨/0.345 0千克/尾=449.96万尾，同样办法可计算出其他鱼类的存量尾数。各类鱼的尾数估算出来后合计为总的尾数，在用各类鱼的尾数除以总的尾数即为各类鱼在鱼群中所占的比例。如本例合计总的尾数为2 457.89万尾，其中鲢鱼为379.94万尾，则鲢鱼在鱼群中所占的比例为379.94/2 457.89×100%=15.46%，鳙鱼在鱼群中所占的比例为449.96/2 457.89×100%=18.31%，同样方法可计算出其他鱼类所占的比例。

实际上，上述计算方是在每年的捕捞量+自然死亡量=繁殖量+生长量的基础上计算的，没有考虑库区鱼类每年的繁殖增加量+现有存量鱼的体重增加并不等于捕捞量+自然死亡量等因素，实际计算这几个参数，需要做大量的回捕和测定工作，并需要通过一定的数学计算过程才能完成。

五、增殖放流生态效果的评估

渔业增殖放流生态效果的评估，是指对养殖水域组成部分在物质与能量输入输出的数量上、结构功能上的相互适应、相互协调的平衡状态给予评价，使水域自然资源得到合理的开发、利用和保护，促进渔业经济可持续、稳定发展，这种评估一般需要从种群、群落和生态系统等方面进行综合评价。种群评价包含确定增殖放流能否提升放流物种资源量以及是否对自然群体遗传多样性产生负面效应等内容，群落评价应该重点分析增殖放流对生物多样性以及群落结构的稳定性产生的影响，生态系统层面的评价应当涵盖对放流水域生态系统的结构、功能的影响，在淡水养殖区域，对水环境质量的影响成为生态评价的重要内容。

从淡水库区增殖放流的实践看，增殖放流能够修复过度捕捞等人为因素对资源的平衡破坏，补充渔业资源的数量，优化渔业水域生态系统食物链的结构，改善和维持放流水域的生态环境，维持放流水域的生态平衡。在多种鱼类品种的放流中，不同的放流鱼类可以利用自然水域中不同层次的饵料，并且自身也可以成为不同层次捕食者的饵料，从而改善水域生物群落结构和鱼类的种群构成，有利于对水域生态的修复。

在种群层面上，已有的研究资料表明，亚特兰大6个月龄土著鳕鱼与放流的养殖鳕鱼品种之间存在正相关，鲑鱼、鲷科鱼类、龙虾及少数比目鱼的人工养殖品种，在放流到野生环境后已有成功的繁殖。龙虾放流到野生环境后出现适应性变化，由于鱼类的生物多样性高于对虾，对人工环境和野生环境的适应性较高，繁殖性能和生长发育状况优于对虾。养殖品种在环境中的这种适应性变化可增加基因多样性，使遗传材料更加丰富，增强了人工选择优良基因的可能。

在群落层面上，由于部分品种人工养殖转为野生环境后可以繁殖，因而可以形成一定的繁殖群体，产生种群群落，发挥增殖作用，增加野生群落的基因多样性，使水域群落结构的遗传丰度增加，生态系统更加稳定。

六、渔获物营养级在养殖水域生态评价中的应用

（一）营养级与食物网

在淡水养鱼水域，渔获物营养级（Trophic level）常用于水源生态系统的稳定性评价，原意是指生物在食物链之中所处的位置，而食物链是生态系统中各种生物之间由于食物关系形成的一种联系，这种联系有捕食链、寄生链和腐生链三种，捕食链在生态系统的物质循环和能量流动中起到重要的作用。由于动物的食物来源多种多样，食物链常常交织成网，也叫做食物网。在生态系统的食物链中，凡是以相同的方式获取相同性质食物的植物类群和动物类群可分别称作一个营养级。在食物网中，从生产者植物起到顶部肉食动物止，在食物链上凡属同一环节上的所有生物就是一个营养级（图4-3）。

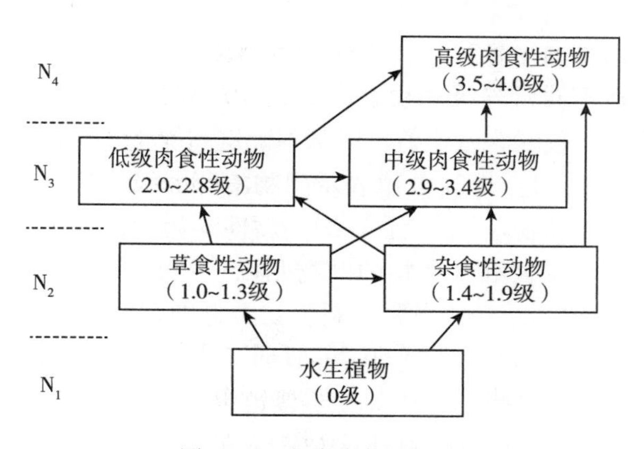

图4-3　鱼类食物网关系

如果将鱼类食物网中的生物从高级到低级按数量多少排列，可得到一个金字塔结构，处在食物链顶端的消费者总是少数，而初级生产者是食物网的基础。在级别食物网中，系统的能量按照逆网的规律由低级向高级传递，由最低级的生物逐级向高级生物传递，这种能量传递的效率一般为10%～20%，也就是说，食植鱼类只能利用植物中能量的10%～20%，以食植鱼类为食物的鱼类对食植鱼类的能量利用率也只有10%～20%。如果需要生产1千克的草鱼，需要提供的水草能量为1/(20%～10%)，为5～10千克水草。

营养级的概念期初由Elton和Lindeman提出，主要用于反映食物网中生物所处的位

置，如初级生产者、初级消费者、次级消费者等，当时并未明确规定测量的规程和估算方法。Odum 将这些初级生产者定为单位 1 级，并提出根据消费者的食物组成来估算其营养级。近年以稳定性同位素作为食性分析方法的补充被广泛应用，通过稳定性同位素含量的测定，可以使这种补充方法将营养级计算到小数部分。

（二）营养级的计算

最初的营养级计算是按照生产者、初级消费者、次级消费者等顺序计算营养级的，如在水藻→水蚤→虾→小鱼→大鱼这个食物网中，水藻的营养级为 1 级，水蚤为 2 级，虾为 3 级，小鱼为 4 级，大鱼为 5 级。一个完整的食物链一定会有生产者，比如草，然后顺着生产者往上找，生产者是第一营养级，往上数，沿着某一个路径到某生物，如果某生物是第 N 个生物，这个生物的营养级就是第 N 营养级，以数字编码代表该生物的营养级。

以初级生产者、初级消费者、次级消费者等级别划分，将初级生产者定为 1 级，初级消费者定为 2 级，次级消费者定为 3 级等，以此类推，构成水域渔业食物网的营养级，一般将生物的营养级分为 5 级。需要注意的是，一个生物可能占据多个营养级，这与选择的路径有关。如在上述食物网中的大鱼，在人类参与的植物→昆虫→小鱼→大鱼→人的食物网中，大鱼可能处于为人类提供能量蛋白质的生产地位，这使大鱼的营养级为 4 级而不是 5 级，也就是说最高消费者的营养级是 5 级，由此向下延伸为 4 级、3 级、2 级、1 级。

按照食物网中的生物所处的位置确定营养级别的方法，受到生物级数的限制，不能对生物营养级做数学描述，客观区分动物的营养级，需要对营养级有数学方法的描述。食物网可以有多种食物链，可以提供多种食物源，食物链中的生物上级和下级之间存在着摄食和被摄食的关系，食物来源并不一致，反映了不同营养级生物之间取食关系，也反映出生态系统营养物质的循环过程，这样就可通过食物网研究预测生态系统结构和功能的变化。营养物质在不同营养级动物之间的迁移，其中的同位素是一种天然的示踪物质，利用生物体中稳定同位素含量比值可以基本确定高等生物在食物网中的营养级。

Odum 和 Heald 用 1、2、3、4 数值表示生物的营养级。其中 1 为草食性动物，2 为摄食草食性动物的肉食性动物，3 为摄食 2 级肉食性动物的肉食性动物，4 为摄食 3 级肉食性动物的肉食性动物，摄食混合食料的动物则以中间数值表示其营养级大小。某种鱼类混合食料的营养级大小＝∑(鱼类各种食料生物类群的营养级大小×其出现频率百分组成％)，当需要确定摄食这种饵料生物的营养级时，需要在饵料营养级的基础上＋1，表示鱼体本身对它的食料高一个级别。例如，军曹鱼摄食 70.8％的鱼类（3.0 级）、25％的头足类（2.5 级）以及 4.2％的短尾类（1.6 级），其混合食料的营养级大小＝70.8％×3.0＋25％×2.5＋4.2％×1.6＝2.8，因此军曹鱼的营养级应为 2.8＋1＝3.8 级。

（三）稳定性同位素在生物营养级测算中的应用

同位素作为一种天然的示踪物质，具有准确灵敏安全的特点，它在追踪不同时空尺度下食物来源、捕食-被捕食关系、食物网连通性、营养生态位宽度和摄食行为的研究中有着重要的工具作用。

稳定性同位素组成通常用同位素比值 δ 表示，其表示样品中两种同位素比值相对于某一标准对应比值的相对千分差，定义为：

$$\delta X = [R_{sa}/R_{st} - 1] \times 1\,000‰ \tag{4-14}$$

式中 X 代表稳定性同位素种类，如碳同位素 13 或者氮同位素 15（一般用符号^{13}C或者^{15}N表示）；R_{sa}代表样品中的重轻同位素比值，如同位素碳 13 与碳 12 的比值（一般用符号$^{13}C_{sa}/^{12}C_{sa}$表示）；R_{st}为国际通用标准物质的重轻同位素比值，如国际通用的同位素碳 12 与碳 13 的比值（一般用符号$^{12}C_{st}/^{13}C_{st}$表示）。每种稳定同位素的 δ 值都是相对各自的标准物而言的，如碳稳定同位素的标准物为 V－PDB，由国际原子能组织同位素实验室制备，氮稳定性同位素的国际标准物是 N_2－atm，也就是大气中的氮气。

由于同位素质量不同，在不同的（物理的、化学的和生物的）过程中以不同的比值分配到两种物质或者物相中的现象，称之为同位素分馏（Isopope fraction）。同位素分馏作用在自然界中普遍存在，在食物网的传递过程中，消费者和其食物的稳定性同位素之间的差异，称之为营养分馏（Trophic discrimination，TDF），在动物取食过程中，$\delta^{13}C$ 值在整个食物链中变化不大，消费者与其食物之间的差值（营养分馏值）为 0‰～1‰，所以碳稳定同位素可用于追溯动物的食物来源。$\delta^{15}N$ 通常在消费者体内富集，随着营养级的升高而升高，相邻营养级间分馏值为 3‰～4‰，因此，可根据氮稳定同位素来计算生物的营养级。在动物营养关系研究中，不同营养级动物之间较为稳定的同位素分馏效应是食物网研究的前提。

稳定同位素用于动物食物源溯源的原理是，动物在取食和同化食物的过程中，稳定同位素营养分馏差异较小，根据动物组织与其所含摄食食物的稳定同位素比值相近的原理来确定食物来源，或者加上动物取食过程中的营养分馏值，通过质量平衡混合型来判断动物的取食关系。当食源只有两种时，可只测定样本和食源的一种稳定同位素的相对含量。如 $\delta^{13}C$，这时的计算公式是：

$$\delta^{13}C_{sa} = \delta^{13}C \times f_1 + \delta^{13}C \times f_2\text{，其中 } f_1 + f_2 = 1 \tag{4-15}$$

当食物源有多种时。可通过测定多种同位素组成来判定食物源的贡献比例。例如，当有 3 种食物源时，可利用同位素质量平衡方程确定 3 种食物源的相对贡献：

$$\delta^{13}C'_i = \sum_{j=1}^{n}[f'_{ij}(\delta^{13}C + \Delta'C)] \tag{4-16}$$

$$\delta^{15}N'_i = \sum_{j=1}^{n}[f'_{ij}(\delta^{15}N + \Delta'N)] \tag{4-17}$$

$$\sum_{j=1}^{n} f'_{ij} = 1 \tag{4-18}$$

式中：$\delta^{13}C_i'$ 和 $\delta^{15}N'$ 分别是消费者碳和氮同位素组成，$\delta^{13}C$ 和 $\delta^{15}N$ 分别是可能的食物碳和氮同位素组成，$\Delta'C$ 和 $\Delta'N$ 分别是碳和氮的营养分馏值；f'_{ij}是各种食物的比例，n 代表消费者全部食物种类，当测定一种稳定同位素值时，只能得到两种食物来源，当测定两种稳定同位素值时，可得到 3 种食物源的贡献，即测定消费者和食物源 n 种稳定同位素可以确定 n＋1 种食物源。当测定 n 种稳定同位素，需要确定大于 n＋1 种食物源时，需要用到更加复杂的混合模型，如线性混合模型（IsoSource、Isoconc）和贝叶氏混合模型来计算食物的相对比例，在这些模型中。一般将 $\delta^{13}C$ 和 $\delta^{15}N$ 的营养富集因子选为 2.2 和 0.4。

在应用过程中一是要选取合适的同位素营养分馏值，二是采用合理的采样方法，选取发育成熟的个体，最好采集整合同位素长期和短期变化的动物组织，如血液和骨骼等，以完善食物来源信息，三是明确消费者取食的食物种类，采样尽量包含消费者食物的全部来源，可以通过直接观察法、胃含物分析、粪便分析或者文献查阅确定食源范围。

（四）以稳定同位素确定生物的营养级

确定鱼类消费者的营养级时，需要合适的同位素基线和营养分馏值来确定生物之间的营养关系，获得合理的同位素基线和营养分馏值是稳定同位素技术应用于生态系统食物网研究的最困难问题之一。一般用于估算消费者营养级（TL_{co}）的最简单模型是：

$$TL_{co}=[(\delta^{15}N_{co}-\delta^{15}N_{ba})/\Delta^{15}N]+\lambda \tag{4-19}$$

式中 $\delta^{15}N_{co}$是消费者的稳定同位素值；$\delta^{15}N_{ba}$是食物链底层生物同位素比率；λ是用于估计 $\delta^{15}N_{ba}$生物的营养位置，也就是基线生物；$\delta^{15}N_{ba}$值可选用初级生产者，也可选用初级消费者；$\Delta^{15}N$ 则是相邻营养级同位素比率的差值，即同位素营养分馏值，$\Delta^{15}N=\delta^{15}N_{co}-\delta^{15}N_{fo}$，$\delta^{15}N_{fo}$为食物的稳定同位素值。

当消费者从多个食物链中获得氮时，每个食物链具有单独的一组初级生产者或者碎屑来源，模型则需要进一步结合 $\delta^{15}N_{ba}$中潜在的空间异质性，所以当食物有两种不同的来源时，计算营养级模型的公式是：

$$TL_{co}=\lambda+\{\delta^{15}N_{co}-[\delta^{15}N_{ba1}\times a+\delta^{15}N_{ba2}\times(1-a)]\}/\Delta^{15}N \tag{4-20}$$

式中：a 是消费者从食物网中最终获得的氮的比例。当碳和氮在食物网中的移动和传递过程相似时，也可根据方差计算 a 的值：

$$a=(\delta^{13}C_{CO}-\delta^{13}C_{ba2})/(\delta^{13}C_{ba1}-\delta^{13}C_{ba2}) \tag{4-21}$$

营养分馏值一般选择食性单一的消费者与其食物间的稳定性同位素的差值，但是野外环境下的生物可能食源多样，一般难以获得食性相对单一的生物测定食物网的营养分馏值，多采用实验室喂养试验确定营养分馏值。多数试验测定结果是，相邻营养级间 $\delta^{15}N$和 $\delta^{13}C$ 的营养分馏值差值为3‰～4‰和0‰～1‰，水生食物网的 $\Delta\delta^{15}N$ 的平均值是3.4‰，$\Delta\delta^{13}C$ 的平均值是0.5‰。当然，有的试验结果与这些数据差异很大，需要做进一步的试验。

在营养级的确定中，营养基线一般选择初级生产者，但是为了评价生态系统中更高营养级生物的营养级或者进行多个生态系统营养关系的比较，初级消费者也是生物营养级计算中常用的基线生物，通常选择水域中无脊椎动物，如腹足纲和双壳类作为基线生物，寿命较长，其稳定性同位素整合了食物网中各种有机质的时间和空间变化过程，是作为基线生物最合适的初级消费者。

基线生物和营养分馏值直接决定了食物网中营养级数量的评价和特定生物在食物网中的营养及位置，不同水域生态系统的营养基线的选择，需要根据水域营养状况、初级生产者组成和动物组成及其时空变化而决定，需要进行室内外试验和野外对比实验结果综合判断。

（五）营养级在渔业上的应用

在渔业上，营养级能够反映增殖放流及人类的捕捞活动对水域生态群落结构的改变，当增殖放流的效果显著时，水域鱼类食物网可处于升级地位，表现为鱼类自然寿命中长寿命的鱼类增多（表 4-39），高营养级的底层种类逐步增多；当人工捕捞过度时，高营养级的底层食鱼种类逐步向短寿命、低营养级的中上层无脊椎动物种类转变，生态系统的生物多样性下降。当然，鱼类的自然寿命还与体型大小和性成熟早晚有关，就个体而言，一般体型越大、性成熟越晚，寿命就越长，如大麻哈鱼一般 3 龄开始初次产卵，产卵即死，但有的个体初次产卵时间可以延迟到 5 龄，所以它的自然寿命为 3～5 年。有的鱼类性别不同其自然寿命也不相同，如鲦鱼的雌性鱼自然寿命为 12 年，而雄性鱼自然寿命为 8 年。虽然不同种属的鱼类的自然寿命差异很大，但绝大多数鱼的自然寿命集中在 2～20 年，其中又有 60%的品种集中在 5～20 年，能活到 30 年以上的鱼类品种不会超过 10%，而 2 年以下自然寿命的品种也只有 5%。

表 4-39　部分鱼类的寿命（年）

自然寿命	品　种	品种属性	自然寿命	品种	品种属性
1	银鱼、虾虎鱼、青鱼	淡水品种	60～100	鲶鱼	淡水品种
2～4	鳘鲦鱼、红鳍原鲌、铜鱼、黄颡鱼、银鲴、沙鳢	淡水品种	267	狗鱼	淡水品种
7～8	青鱼、草鱼、鲢鱼、鲫鱼、鳜鱼	淡水品种	100	白鳍豚	淡水品种
30～55	金鱼、鲤鱼、鳗鲡	淡水品种	13	鳕鱼	海水品种
70	日本锦鲤	淡水品种	♀12，♂8	鲦鱼	海水品种
60～70	比目鱼	海水品种	100	欧鳇	海水品种
3～5	大麻哈鱼	海水品种			

注：♀代表雌性鱼，♂代表雄性鱼。

对淡水水域鱼类进行食物分析和食物网构建，鱼类群落营养结构呈“金字塔”模型（图 4-4），大体可以分为三个营养层次，一是草食性和杂食性鱼类，营养级处在 1.0～1.9，二是低级和中级肉食性鱼类，营养级处在 2.0～3.4，三是高级肉食性鱼类，营养级处在3.5～4.0，各营养级的鱼类数量以营养级的从低到高依次递减。

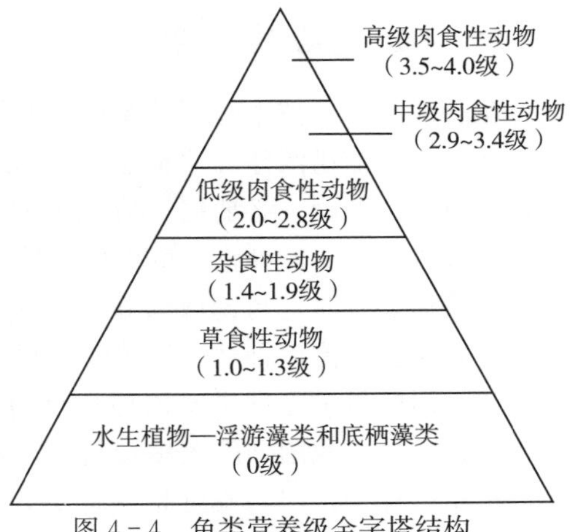

图 4-4　鱼类营养级金字塔结构

（六）鱼类营养级的影响因素

影响鱼类营养级的因素主要有鱼体的个体大小和外力干扰作用，其中外力干扰使鱼类群落在较短的时间内发生较大的变化，从而引起鱼类食物组成和种群结构的变化，最终表现为平均营养级的变动。个体大小对营养级的影响一般表现为高营养级的肉食鱼类往往个体较大，它的食料一般都是高蛋高能类的动物性食料，对促进个体生长发育明显。当水域中的大个体种类占多数时，平均营养级水平也会相应提高。

熊鹰等（2015）研究了鱼类形态特征与营养级位置之间的关系，结果表明，只有植食性鱼类和肉食性鱼类才有特化的功能性形态与之相适应，植食性鱼类有较窄的口裂，而不同生活型的肉食性鱼类拥有各自特化的形态特征，如伏击型肉食鱼类体型呈纺锤形，背鳍靠近头部，眼睛较大且靠上，头部面积较大；追击型肉食鱼类体型成流线型，头部较小，背鳍和腹鳍靠近尾部。植食性鱼类和肉食性鱼类在营养级上往往有被食者和摄食者的关系，肉食性鱼类的营养级高于植食性鱼类的营养级。张忠等用渔获物营养级的研究证实，东南大西洋海洋生态系统保持良好，可以进行渔业资源开发。丁琪等用渔获物的营养级评价了西北太平洋渔业资源的可持续利用性，发现平均营养级出现下降，该域海洋生态系统的结构和功能遭到破坏，营养级的下降是由捕捞过度引起。

由于水域生态环境不同，有时同一物种的同龄个体也会出现体型大小的显著差异，甚至同种鱼类的个体渔获物营养级出现差异。一般通过计算不同水域或者同一水域不同时间的营养级获得水域生态状况的信息，在计算上，一般采用渔获物平均营养级，它的计算公式是：

$$MTL_i = (\sum_{ij} TL_j Y_{ij}) / \sum Y_{ij} \tag{4-22}$$

式中：MTL_i 为第 i 年的平均营养级，TL_j 为渔获物种类 j 的营养级，Y_{ij} 为渔获物种类 j 第 i 年的渔获物量。MTL_i 的计算是基于实际捕捞量，包括上岸渔获量和丢弃的渔获量，在回捕测定过程中应当及时称重测量和记录。

平均营养级不仅能用于评估生态系统资源利用状况和外界干扰程度，还可用于揭示系统或者群落的营养格局和结构组成特征，是揭示生态系统变化的一个有效而且十分重要的指标。

第五节　增殖放流的日常管理和风险防范

一、放流后的日常管理

鱼种放流后，技术管理的要点是观测，特别是放流后的前 3 天，要注意观察放流区域的水面，及时捕捞漂浮在水面上的死鱼，测量死鱼的体重和体长等，与放流前的记录比较，分析死亡原因。必要时，应做病理分析，属于水域病害引起的死亡应采取措施，对放流水域进行必要的处理，减少死亡量。

放流后要及时进行渔政监管，避免出现上游放鱼、下游捕捞的现象；进行必要的宣传教育，防止放流鱼种被过早的渔业利用。

放流后的日常管理主要依靠行政的、法规的方式进行，放流鱼种在放流水域的早期易于捕捞。由于我国湖库大多数规定了相应的休渔期和捕捞作业季节，通过规定网眼大小进行鱼种保护，严防黏网抬网捕鱼，禁止以电网毒网方式进行捕捞，对保护湖库幼鱼起到了重要作用。但多数休渔期为 3～6 个月/年，这在一个休渔期内，多数放流鱼类还未达到繁殖年龄和上市规格，如鲢鱼、鳙鱼等在热带地区的初繁年龄为 2～3 龄，而在寒温带甚至中温带它的初繁年龄为 5～6 龄，如果被捕捞，表示放流的鱼类尚未进行繁殖，没有给湖库进行生物贡献即被渔业捕捞利用。

从繁殖年龄上看，有的放流鱼类的繁殖旺盛期恰是上市销售的适重期，如多用于鱼头火锅的鳙鱼在 5～6 龄旺盛繁殖期，体重多在 2 000～3 000 克，这个体重正是鱼头生物量比重最大的时期，也是捕捞上市的最佳时期。这个问题的解决需要对增殖放流鱼类的利用进行规划，采取必要的行政法规措施，对繁殖旺盛时期的鱼类品种实施禁捕，误捕后应予放生，以便为湖库留下繁殖种鱼。

二、放流鱼类的自繁管理

（一）产卵季节的确定

不同种类的鱼对环境温度的要求不同（表 4－40），它的繁殖也需要一定的环境条件，特别是环境温度达到一定的阈值范围，鱼类才能发情排卵，因此鱼类的产卵季节，也是依种类不同而有差异。在世界范围内，以所有鱼类的排卵条件看，几乎每个季节都有鱼类产卵。一般说来，多数鱼类是在气候温和的春夏季产卵的，在这个季节里，水温高、孵化期短、幼体饵料丰富。淡水鱼类大多数在春夏交界、水温高于 18℃时开始产卵，雄性鱼类的精子开始成熟，一部分鱼类适应于秋冬季节产卵，高纬度地区的冷水性鱼类和海水生活的少数鱼类即如此，如大马哈鱼、玛红点鲑等都是秋季 9～11 月产卵，南方的海水鱼类有不少也是在秋冬产卵的，如真鲷的产卵期在 10 月下旬至 12 月。

表 4－40　按照水温适应性划分的鱼类

类　别	生存温度（℃）	适宜温度（℃）	常见品种举例	备　注
热带鱼类	10～40	20～30	罗非鱼、鲮鱼、胡子鲇、石斑鱼、真鲷、金枪鱼	狭温性鱼类
温水性鱼类	0～38	20～32 22～26（繁）	鲢、鳙、草、青、鲤、鲫、鳊、鲂、鲴、泥鳅、鳗鲡、石首鱼、大黄鱼、小黄鱼	广温性鱼类
冷水性鱼类	0～25	12～18	大麻哈鱼、虹鳟、太平洋鲱、香鱼、大银鱼	狭温性鱼类
冷温性鱼类	1～33	17～23	牙鲅、大菱鲆、黑鲳、大眼狮鲈	狭温性鱼类

同一种鱼，由于分布地区不同，相同的季节，各地的水温有很大的差异，因而同一种鱼在不同地区的产卵季节是有差异的。生活在赤道和热带地区的鱼类，在终年气候暖热的条件下，多数常年可以产卵，一年可以产卵多次。

不少鱼类的生殖季节持续较久，往往始于早春，终于夏末，这与产卵鱼群的年龄组成众多、性成熟的迟早不同有关系，也与产卵时期的自然条件变化有关系。许多鱼类进入产卵场后，往往在适宜的水文等条件下才引起产卵。在生殖期间，并非每天都发生产卵，而是相隔一定时期，在内外条件都具备的情况下，成批产卵。虽然许多鱼的生殖季节持续较长，但产卵盛期往往比较集中。同时，大部分鱼类是雌雄异体，行两性繁殖，并且雄性鱼的性成熟期一般早于雌性鱼 1 年，所以，到了繁殖季节，鱼类也不是集中产卵的。表 4－36 列出了雌性鱼部分繁殖参数，可根据表中所列参数确定本地鱼的繁殖季节。

（二）产卵孵化季节的管理

按照鱼类繁殖规律，推算出放流鱼类的产卵时间，在产卵期间，库区禁止抬网、毒鱼、电鱼等违法违规行为，保护鱼类繁殖。一是将禁渔期设计在放流鱼类的产卵期和苗种孵化期。从表 4－36 看，我国增殖放流鱼类产卵繁殖期一般处在每年的 4～6 月，从产卵到孵化出苗种一般经过 5～7 天的时间。库区禁渔期结束后，通过规定的捕网网眼大小等措施，从时间上规避人为对增殖放流鱼种的捕猎。所以，禁渔期的主要任务是保护亲本安全产卵和受精卵在库区的安全孵化，防止亲本在产卵期间被捕获，防止受精卵在孵化期间被人为捕捞。二是科研回捕放流种鱼所产苗种，通过与亲本的分子遗传信息比较，进行增殖苗种的质量测评，通过对比研究新的放流策略。三是在产卵孵化期间，如果需要进行新的放流活动，禁止在放流鱼类的产卵场增放肉食性鱼类鱼种。

重要放流鱼类产卵孵化期间应当采取防鸟措施，在库区设置巡逻船只看护，防止人为偷捕和鸟类啄食，在孵化出的苗种完全进行水面下营生、鸟类难以啄食后解除安全警报。溯河降海洄游产卵孵化鱼类，如鳗鲡等，在亲本洄游通道和受精卵漂流通道上可开启巡逻船只，防鸟防人危害，保护放流鱼类产卵增殖。

三、增殖放流风险的防范

增殖放流社会风险的防范主要依靠法律法规和行政执法的方式，规范社会意识、控制增殖放流的社会风险，是一个社会性的经常工作，持之以恒的多种形式的宣传教育，可以将增殖放流的社会风险控制在不足以影响生态环境的范围内，也是化解增殖放流社会风险的有效措施。

有效规避增殖放流潜在生态风险，是负责任渔业资源增殖放流的必然要求，也是维护放流水域生态环境的需要，这就要求增殖放流不能仅限于放流种类资源量的提升，还需要考虑野生资源群体的环境适应性和遗传资源多样性的保护问题。同时，对放流水域的承载力作出分析，在不影响放流水域生态结构稳定性和功能作用下进行增殖放流，不以破坏放流水域环境和原生自然生态系统平衡为代价。这需要在增殖放流前，对放流水域的规划进行科学论证。

一是制订科学合理的增殖放流规划。对增殖放流水域资源和生态状况进行摸底调查，按照湖库营养类型分类指导，选择适合当地的增殖放流种类，建立合理的增殖放流目标，确定适当的年度增殖放流规模，同时开展增殖放流风险防控工作。制订规划不应以经济价值为唯一目标，而应综合考虑放流水域生态特点和承载力，在规划增殖放流时，将时效性与动态性相结合，对增殖放流后的资源量和生态状况调查，以降低生态风险为基础，对规划进行及时修订调整。

二是开展增殖放流苗种遗传和健康管理。按照鱼种的初繁年龄，测算放流鱼类的繁殖规模和库区资源补充量，分析库区鱼类的遗传结构和繁殖结构，以野生资源的遗传背景为基础，逐步缩小增殖放流鱼类与野生种群的群体遗传距离。增殖放流苗种的健康管理从苗种生产做起，放流苗种亲本坚持检疫制度，从野生种群的捕捞开始检疫，尽量从放流目标湖库的野生种群选育或者坚持每年从该湖库中捕捞培育，携带传染性疾病的亲本和苗种隔离捕杀，消毒并深埋处理。

三是优化增殖放流策略。对于濒危野生种群，增殖放流的目标应定位于资源修复的增殖放流，采取产卵场集中放流、封闭养护的放流策略，其栖息地应成为禁渔区。对于野生种群规模较大、经济价值较高的种群，增殖放流目标应定位为增加资源量的增殖放流，采取索饵场、越冬场、洄游通道分点放流的策略，其栖息地在非休渔期开放捕捞，增加渔民收入。确实需要引种、进行生态修复的增殖放流，应当在规划了引种数量、放流规模和非保种水域放流地点后进行，并对外来品种的迁徙和最终栖息地进行监测，防止引起遗传混乱和外来物种入侵。

四是构建增殖放流生态风险的适应性管控体系。首先应建立生态风险评估机制，对放流鱼类的融合种群、群落、生态系统等环节进行风险评估，指导增殖放流工作的开展，防控水域生态风险的泛滥。同时积极探索以政府为主导、各部门相互配合、社会各界共同参与的水生生物资源保护长效机制。

主要参考文献

陈丕茂，2006. 渔业资源增殖放流效果评估方法的研究 [J]. 南方水产，2 (1)：1 - 4.

陈卫东，1999. 池塘鱼群密度和个体大小的估计 [J]. 生物学通报，34 (5)：34 - 34.

陈展彦，武海涛，王云彪，等，2017. 基于稳定同位素的湿地食物源判定和食物网构建研究进展 [J]. 应用生态学报，28 (7)：2389 - 2398.

丁琪，陈新军，李纲，等，2013. 基于渔获统计的西北太平洋渔业资源可持续利用评价 [J]. 资源科学，35 (10)：2032 - 2040.

丁琪，陈新军，李纲，等，2016. 渔获物平均营养级在渔业可持续性评价中的应用研究进展 [J]. 海洋渔业，38 (1)：88 - 97.

郭坚，丁明明，汤优敏，等，2015. 水电工程鱼类增殖放流设计若干问题探讨 [J]. 水力发电，41 (4)：5 - 7.

纪炜炜，李圣法，陈雪忠，等，2010. 鱼类营养级在海洋生态系统研究中的应用 [J]. 中国水产科学，17 (4)：878 - 887.

贾晓平，增殖放流对生态环境的修复作用研究报告 [N]. 中国渔业报，2009 - 03 - 02 (7) .

江兴龙，王玮，林国清，等，2015. 影响渔业资源增殖放流效果的主要因素探讨 [J]. 渔业现代化，42 (4)：62 - 67.

姜亚洲，林楠，杨林林，等，2014. 渔业资源增殖放流的生态风险及其防控措施 [J]. 中国水产科学，21 (2)：413 - 422.

焦敏，高国平，陈新军，等，2016. 东北大西洋海洋捕捞渔获物营养级变化研究 [J]. 海洋学报，38 (2)：48 - 63.

李继龙，王国伟，杨文波，等，2009. 国外渔业资源增殖放流状况及对我国的启示 [J]. 中国渔业经济，27 (3)：610 - 617.

李陆嫔，黄硕琳，2011. 我国渔业资源增殖放流管理的分析研究 [J]. 上海海洋大学学报，20 (5)：765 -772.

李胜杰，白俊杰，2008. 鱼类标志技术的研究进展 [J]. 现代农业科技，10 (3)：224 - 226.

梁君，王伟定，林桂装，等，2010. 浙江舟山人工生境水域日本黄姑鱼和黑鲷的增殖放流效果及评估 [J]. 中国水产科学，17 (5)：1075 - 1084.

麻秋云，韩东燕，刘贺，等，2015. 应用稳定同位素技术构建胶州湾食物网的连续营养谱 [J]. 生态学报，35 (21)：7207 - 7218.

祁剑飞，曾志南，宁岳，等，2016. 底栖动物增殖放流生态风险评价 [J]. 水产学报，40 (7)：1009 - 1105.

宋固，胡梦红，刘其根，2014. 运用稳定同位素技术研究千岛湖秋季刺网渔获物的食性和营养级 [J]. 山海海洋大学学报，23 (1)：117 - 122.

唐晟凯，张彤晴，沈振华，等，2010. 太湖鱼类学调查及渔获物分析 [J]. 江苏农业科学 (2)：376-379.
谢山，黄道明，谢文星，等，2000. 红旗湖渔获物分析 [J]. 水利渔业，20 (2)：42-43.
熊鹰，张敏，张欢，等，2015. 鱼类形态特征与营养级位置之间关系初探 [J]. 湖泊科学，27 (3)：466-474.
闫光松，张涛，赵峰，等，2017. 基于稳定同位素技术对长江口主要渔业生物营养级的研究 [J]. 生态学杂志，35 (11)：3131-3136.
杨君兴，潘晓赋，陈小勇，等，2013. 中国淡水鱼类人工增殖放流现状 [J]. 动物学研究，34 (4)：276-280.
杨爽，宋娜，杨秀梅，等，2014. 基于线粒体控制区序列的三疣梭子蟹增殖放流亲蟹遗传多样性研究 [J]. 水产学报，38 (8)：1089-1096.
詹秉义，2000. 渔业资源评估 [M]. 2版. 北京：中国农业出版社：257-269.
张欢，肖协文，王玉玉，等，2015. 鄱阳湖流域饶河鱼类稳定同位素比值和营养级的空间变化 [J]. 湖泊科学，27 (6)：1004-1010.
张其永，林秋眠，林尤通，等，1981. 闽南—台湾浅滩渔场鱼类食物网研究 [J]. 海洋学报，3 (2)：275-290.
张堂林，李钟杰，舒少武，2003. 鱼类标志技术的研究进展 [J]. 中国水产科学，10 (3)：246-253.
张雪，郭艳娜，张虎成，2013. 水电站鱼类人工增殖放流标记方法研究概述 [J]. 环境科学与管理，38 (12)：127-130.
张雅芝，李福振，刘向阳，1994. 东山湾鱼类食物网研究 [J]. 台湾海峡，13 (1)：52-61.
张忠，杨文波，陈新军，等，2015. 基于渔获量平均营养级的东南大西洋渔业资源状况分析 [J]. 海洋渔业，37 (3)：197-207.
赵萍，王从锋，刘德富，等，2014. 北盘江流域增殖放流鱼类的标志方法研究 [J]. 水产学杂志，27 (2)：29-31.
周永东，徐汉祥，戴小杰，等，2010. 几种标志方法在渔业资源增殖放流中的应用效果 [J]. 福建水产，26 (1)：6-11.
朱滨，郑海涛，乔晔，等，2009. 长江流域淡水鱼类人工繁殖放流及其生态作用 [J]. 中国渔业经济，27 (2)：74-87.
BECKMAN D W，SCHULZ R G，1996. A simple for marking fish otoliths with alizarin compounds [J]. Transactions of the American Fisheries Society，125 (1)：146-149.
CABRUTA E，ROBLES V，HERRAEZ P，2009. Methods in reproductive aquaculture：marine and freshwater species [M]. Bpca Raton：CSC Press.
CABRUTA E，SARASQUETE C，MARTINEZ-PARAMO S，et al，2010. Cryopreservation of fish sperm：applications and perspectives [J]. Journal of Applied Ichthyology，26 (5)：623-636.

第五章

生物絮团养殖技术

生物絮团（Biological flocculation）是养殖水体中以一种微生物为主体，经生物絮凝作用结合水体中有机质、原生动物、藻类、丝状菌形成的絮状物，可定义为一种由有机物质组成的大团聚体。生物絮团技术（Biofloc technology，BFT）是通过向养殖水体合理补充微生物和有机碳源物质，保持一定的碳氮比，定向调控养殖系统微生物群落，并且利用微生物转换水体中氨氮为菌体蛋白，增加水体中蛋白质供给，减少饵料投饲和水体氨氮存留，提高水产养殖经济效益的一种新型生态养殖技术。生物絮团不能单独用作鱼类饲料，可作饵料补充料（卢炳国，2013），且由于缺乏蛋氨酸不能构成完整的氨基酸饲料。生物絮团技术是一种在池塘中应用、产生菌体蛋白质，供养殖鱼类食用、替代部分人工饵料，增补鱼类日粮动物性蛋白质的技术手段，可以起到节省饵料投饲、降低养殖饲料成本、净化水质的作用，特别是它的净化水质作用对鱼类的生态养殖有重要意义，一直受到人们的关注。

第一节　生物絮团技术研究进展及基本原理

水产养殖中所应用的生物絮团技术最早起源于酿造工业，1876 年法国人 Louis Pasteur 在研究酵母菌发酵时，发现有一株菌在后期能产生絮凝作用。1879 年，比利时细菌免疫学家 Bordet 发现，从血液中分离出的抗体对细菌细胞产生凝集作用。1935 年，美国科学家 Butterfield 在进行活性污泥中微生物筛选时发现，水体中的微生物具有絮凝能力。1971 年，Zajie 和 Knetting 从煤油中分离出一株对泥水具有絮凝能力的棒状杆菌。1976 年，J. Naknmura 等对能产生絮凝效果的微生物进行研究，筛选出 19 种具有絮凝能力的微生物，其中真菌 8 株、酵母菌 1 株、细菌 5 株、放线菌 5 株。20 世纪 80 年代，日本仓根隆一郎等人，从旱田土壤中分离出红平红球菌 S-1，该菌种在处理畜产废水、膨胀污泥和砖厂生产废水等方面取得良好效果，被认为是最好的微生物絮凝剂，该菌种产生的絮凝剂后来发展成为商业生产的絮凝剂 NOC-1。

一、生物絮团技术的研究进展

20 世纪 70 年代，法国太平洋中心海洋开发研究所提出了生物絮团技术的原型，并在斑节对虾（*Penaeus monodon*）、凡纳滨对虾（*Litopenaeus vannamei*）和细角滨对虾（*Litopenaeus stylirostris*）养殖中应用。Steve Serfling 将生物絮团应用到罗非鱼（*Oreochromis niloticus*）养殖中提高了产量，以色列养殖专家 Avnimelech（1999）通过向水体中添加碳源控制碳氮比（C/N）促进生物絮团的形成，显著提高了罗非鱼的成活率，并发现生物絮团能有效净化养殖水体，从而系统提出来了生物絮团技术的反应机理理论，并将其命名为“生物絮团技术”。生物絮团技术是指通过调控水体营养结构，利用多种糖类调节 C/N，配合益生菌，在最短时间内使益生菌占优势，从而抑制有害菌生长。

生物絮团的粗纤维含量为4%，灰分含量为7%，由此认为它是杂食性鱼类和滤食性鱼类可以利用的饵料。在构成上它是以一种微生物为主体的含有机质、原生动物、藻类、丝状菌等的絮状集合体，一般情况下不具规则的外形，含有大量大小不一的颗粒，易压缩，具有高度渗透性，且随液体渗透而变化。该絮状物以菌胶团、丝状细菌为核心，附着微生物胞外产物聚合体，和胞内产物聚-β-羟基丁酸酯酶、多聚磷酸盐、多糖类以及二价的阳离子，附聚以异养菌、硝化菌、脱氮菌、藻类等形成絮团，直径在0.1～1毫米，含有2%～20%的有机碎屑，微生物附着在有机碎屑上，总有机物占生物絮团的60%～70%，无机物占30%～40%，絮团内活的生物体占10%～90%，其粗蛋白质含量超过50%，粗脂肪含量为2.5%，来源于其中所存在的大量原生动物、轮虫和寡毛类动物。生物絮团属高蛋白高能量类饲料，并且能够在水体中自我繁殖。孙振等（2013）对生物絮团的氨基酸含量进行了测定，Jack Crockett 认为，生物絮团不能单独用作鱼类饲料，它缺乏蛋氨酸，也不能构成鱼类完整的氨基酸饲料。刘超等以鱼类“理想蛋白质”氨基酸（表5-1）计算必需氨基酸指数，所得结果显示，生物絮团是鲑鱼和鲤鱼的优质蛋白源，是虹鳟和鲶鱼的良好蛋白源。赵刚等研究表明，生物絮团能显著促进鳙鱼、鲤鱼生长，对鲢鱼和草鱼的促生长效果不明显。

表5-1 鱼类“理想蛋白质”氨基酸模型（赖氨酸为100）

种类	蛋氨酸	色氨酸	苏氨酸	亮氨酸	缬氨酸	异亮氨酸	苯丙氨酸	组氨酸	精氨酸
鲑鱼	80	10	44	78	64	44	102	36	120
虹鳟	75	25	68	100	73.8	57.5	—	—	111.3
鲤鱼	54.4	14	40	59.7	63.2	40.4	114	36.8	73.7
鲶鱼	46	10	—	70	60	52	100	30	86

二、生物絮团凝絮的基本原理

一般认为，生物絮团的形成是由藻类或是细菌凝絮引起，水体中的藻类会分泌一些高分子物质和大量黏多糖，这些物质参与了絮凝过程。在生物絮团形成过程中，藻类起到双重作用，一方面，衰老或死亡的藻类为水体中的细菌提供生长所需的有机质，另一方面，藻类在进行光合作用过程中，利用水体中的二氧化碳产生氧气，为水体生物提供氧。所以，水体中的藻类与微生物共同作用促进了生物絮团的形成。

细菌凝絮是一个物理过程，许多细菌表面带有负电荷，负电荷相互间排斥，使得细菌分散在水体中，当这些负电荷由于某些原因被中和，细菌就产生絮凝。细菌絮凝的原因还有高分子架桥的因素，架桥包括了盐桥、物理作用、直接化学键作用等。另一个重要原因是，一些大分子物质如纤维素、黏多糖、蛋白质等也参与了这个过程。养殖水体中大量异养菌的存在，加速了絮凝过程。

对絮凝过程在理论上的解释是，水体中的异养微生物，消耗一定的溶氧和碱度，将水体中的氨氮及外源添加的有机碳源转化为自身的成分。在转化量上，与硝化作用比较，异养菌转化氨氮消耗的溶解氧较少，其生长速度却是硝化细菌等自养细菌的10倍，絮团对氨氮的异养氨化明显高于硝化反应，这个反应过程是：

$$NH_4^+ + 1.8C_6H_{12}O_6 + HCO_3^- + 2.06O_2 \rightarrow C_5H_7O_2N + 6.06H_2O + 3.07CO_2$$

实质上，在生物絮团形成过程中，自养生物和异养生物通过碳氮循环实现了转换，从而使得整个养殖系统由自养系统向异养系统进行了转化。所谓自养生物（包括自养微生物）就是以二氧化碳作为主要或者唯一的碳源，以无机氮化合物作为氮源，通过细菌光合作用或化能合成作用获得能量的生物，即自养生物的营养元素特征是无机碳（二氧化碳）和无机氮。异养生物是指必须以有机物作为碳源，无机物或有机物作为氮源才能繁殖生长的生物，有的甚至还需要不同的生长因子才能通过氧化获得能量而生长，也就是说，异养生物的营养元素特征是有机碳和有机氮或无机氮，两种生物在营养元素需求上的主要区别是碳源不同。可以说，自养生物是有机碳氮的生产者，异养生物是有机碳氮的消费者。

自养生物包括能进行光合作用的植物、细菌和能进行化能合成作用的细菌等，在生态系统中是生产者。比如，植物和蓝藻能够通过光合作用利用光能将二氧化碳转化为有机物，故他们是光能自养生物；硝化细菌能够利用化学能（该细菌可将氨气转化为硝酸根，此过程会释放大量的化学能）将二氧化碳转化为有机物，是化能自养生物。

异养生物包括捕食、寄生、腐生的各种生物，在生态系统中是消费者或是分解者，这类生物只能将外界环境中现成的有机物作为能量和碳的来源，将这些有机物摄入体内，转变成自身的组成物质，并且储存能量，如营腐生生活和寄生生活的真菌、大多数种类的细菌等，都是异养生物。属异养生物的细菌有异养需氧型，这类菌是细菌大家族中的主要成员，种类和数量最多，如枯草杆菌（*Bacillus subtilis*）、一般的病原菌等大多数细菌等。根据栖息场所和获取养料的方式，异养需氧型细菌分为腐生细菌和寄生细菌两类，在腐生和寄生之间又存在着既可腐生又可寄生的中间类型，例如噬菌蛭弧菌的生活周期中有寄生和腐生两个阶段。这类菌为好气性细菌，必须在有氧环境中生活，产能代谢过程以分子氧为最终电子受体，进行有氧呼吸。培养时需进行振荡，搅拌或通气，以供给充足的氧气。异养生物的细菌第二类是厌氧菌，即一般以有氧生长为主，有氧时靠呼吸产能，但这类菌兼具厌氧生长能力，无氧时通过发酵或无氧呼吸产能，呼吸类型上属于兼性好氧菌，以厌氧呼吸为主，好氧呼吸为辅。

在传统的水产养殖中，水体中的碳主要来源于光合作用和饲料，这些碳无法满足异养微生物生长所需，水体中的氮经常会由于残饵和养殖动物排泄物的累积处于较高水平状态。若此时添加额外有机碳源，由于异养微生物同时具有同化有机氮和无机氮的能力，当有机氮被自养微生物利用后，异养微生物就只能同化水体无机氮，将无机氮转化为自身蛋白质进行繁殖和生长，然后自身作为食物被水生动物摄食，这就减少了水体无机氮的含量，降低了水体的氨氮污染。

第二节　影响生物絮团形成的主要因素

能够影响细胞壁之间相互作用的因素，都能影响生物絮团的形成，这些因素包括水体搅动强度、溶解氧、有机碳源、温度以及酸碱度等。在水产养殖中，影响生物絮团形成的主要因素是水体的碳氮比等。

一、有机碳源和碳氮比

有机碳源是异养微生物可以利用的物质。异养微生物利用水体中的氮源和提供的有机碳源，将其转化成自身所需的营养物质，促进自身繁殖，同时消耗水体中的其他有害物质，从而使水体中的各类营养物质达到平衡状态。在养殖水体中，一般到养殖后期，水体碳源含量减少，需要从养殖系统外添加碳源，用以满足水体中存在的大量的异养菌生长繁殖对有机碳源的需要。常用的碳源有葡萄糖、蔗糖、红糖和木薯粉、玉米粉、麸皮等，有机碳源的选择在很大程度上决定絮团的组成与稳定性。这些外源有机碳源可以直接均匀撒入水体中，也可以通过调整饲料成分改变有机碳所占的比例，一般要求供给有机碳源后水体中的碳氮比（C/N）达到10以上。按照这个比例要求，可通过检测饲料和水体中的碳氮含量后，计算有机碳源的添加量。当水体碳源含量较低时，丝状菌较非丝状菌更具优势，丝状菌可以延伸到絮团表面吸收营养，而非丝状菌则主要在絮团内部生长。

以甘油、米糠、木薯粉、蔗糖、淀粉、葡萄糖、麸皮等作为水体有机碳源添加物，都能很好地形成生物絮团，并且促进养殖动物的生长，净化水质。在养殖池塘中添加含碳量高的碳水化合物或者投入蛋白质含量较低的饲料，都能有效提高水体中的碳氮比，当水体中的碳氮比大于10以上时，池塘中原以自养细菌为主的养殖系统将转变为以异养菌为主的生物絮团系统，碳氮比是生物絮团技术的核心。一般情况下，异养菌需要吸收外界氮元素同化为自身细胞成分，这取决于异养细菌本身的碳氮比。异养菌的碳氮比大约为4，也就是说，当异养菌同化一份氮，需要消耗约4份有机碳，异养细菌对有机碳的同化率通常为40%，也就是需要外源提供10份碳，这就是所要求的碳氮比为10，这时可按公式计算微生物需碳量：微生物需碳量=碳水化合物量×碳水化合物含碳量（%）×同化（转化）率。微生物同化一份氮的需碳量为4份。如果提供的碳水化合物碳含量为50%，则同化一份氮，微生物需要提供的这种碳水化合物量=4/（50%×40%）=20份。

采用生物絮团养殖技术，需要向水体额外添加碳源，才能使养殖系统由自养型向异养型转变。在异养型养殖系统中，异养菌利用水体中的无机氨氮和残留的有机氮，合成自身的细胞成分，从而消耗了水中的氨氮，减少水体中的氨氮残留。

水体中浮游植物的生长也需要碳，因此，研究既能降低氨态氮又不影响浮游植物生长繁殖的最适合的碳氮比例，是一个重要课题。

二、曝气和搅拌

生物絮团系统中的主要功能单位是生物絮团，其中的大量异养微生物需要消耗大量的氧气。此外，养殖的水生动物及浮游动物需要消耗大量的氧气。所以，采用生物絮团养殖技术，养殖水体中需要有充足的氧气供应，充分的曝气有利于异养微生物的絮凝，而持续的曝气可使絮团悬浮于水体中，有利于减缓絮团的堕化。长时间的停止曝气，絮团会沉积到池塘底部，最终会导致絮团死亡，引起水质恶化，污染养殖水体。

生物絮团中的异养微生物，每同化一份的离子氨氮，需要消耗2.06份的氧气，这就需要在生物絮团形成过程中，向池塘提供充分的氧气，不断地曝气同时要搅动水体，使氧气与水体充分混匀，提高水体的溶氧量。低水平的溶解氧增加絮团中丝状菌的量，高水平的溶解氧会增加絮团中菌胶团细菌的数量，更容易形成体积大、紧密度好的絮团。有试验表明，当养殖池塘中的有机悬浮物颗粒直径在0.5～5毫米时，可以使对虾的生长速度提高53%，当直径大于5毫米时，对虾的生长速度仅提高36%，而直径小于0.5微米的有机颗粒对对虾的生长增速不起作用。当然，也要考虑养殖对象对溶解氧含量的正常生长发育需要。

在搅动水体充氧的过程中，缓慢的搅动可以增加水体中细菌团块的碰撞机会，促进细菌的絮凝；激烈的搅动可能导致湍流，增加水体的剪切力，这不仅会导致絮团尺寸变小，而且也会使已经形成的絮团再次分散到水体中。因此，要根据养殖对象的需要确定絮团的大小，进而确定水体混合强度和搅拌速度。

三、水体温度

生物絮团形成的适宜水体温度是20～25℃，低于或高于这个温度范围，都能影响絮团的形成或生长。当水体温度低于4℃，絮团中的微生物活动量降低，絮团难以形成。但也有例外，4℃是酵母菌的絮凝温度点，聚-β-羟丁酸的温度絮凝范围一般在15～35℃。在较高温度下，异养微生物能大量产生细胞外多糖，使絮团易于形成和膨大。

水体温度影响絮团形成的另一个途径是，通过影响水体中的溶氧量，改变絮团形成过程中的氧气供给，加速或减缓絮团的形成。不同的温度下，池塘水体的溶氧含量是不同的，同时，当水体温度发生改变时，水体中的溶解氧会随着饱和压的改变发生变化，影响絮团异养微生物单位时间内氧气的摄食量，进而影响到絮团的形成速度和产量。

我国采用絮团养殖技术进行室外水产养殖的，一般选择每年的6～8月进行，这与水产品的生产高峰期时间重合，可在养殖水体中直接生产和应用。在北方寒冷地区，这时间还要缩短为7月下旬至8月中旬进行。

四、水体酸碱度和细胞的生长

pH是导致一般水产动物产生生理反应的重要水质环境因素。不同种类的水产动物适应不同的水体pH环境，异常的pH环境会引起水产动物强烈的生理反应，甚至会引起死亡。生物絮团中的微生物同样需要适宜的pH水质环境，这常常与生物絮团所滋养的水体主养动物所适宜的pH环境相一致。一般鱼类的适宜pH范围为4.2～10.2，水体pH低于4.2时，容易导致细胞渗透压降低，增加红细胞压积、血浆蛋白浓度以及血黏度。同时，细胞的絮凝在很大程度上依赖pH。在不同的pH条件下，菌体往往带有不同的电性，并且带电性质随pH的变化而改变，引起絮团的絮凝能力改变。调节池塘水体pH到养殖对象的适宜范围，对絮团的形成有重要意义。

细胞的生理年龄是影响絮团形成的重要因素之一。细胞在指数生长期一般呈现分散状态，在稳定生长期开始出现絮凝现象，此后絮团体积会一直增加，到了平衡体积后，稳定维持大约 8 小时后逐步降低萎缩直到消亡。利用这一特点，准确计算絮团的生成量与养殖对象的采食量，使生物絮团的生成与养殖动物的采食相适应，对净化水质很有必要。

五、水体中的总固体悬浮量与生物量

水体中总固体悬浮物（TSS）增加有利于絮团的形成，但总悬浮物过多会对养殖动物产生影响，总悬浮物的含量多少应视养殖对象的耐受程度而定。一般 TSS 达到每升水体中 200～500 毫克时，水体中的细菌可以很好地絮凝。在多数情况下，随着化学物质（高分子聚合物、离子等）浓度的增加，絮凝速度越快，效果也愈好，最后达到一个峰值而稳定一段时间后开始下降。就养殖对象而言，通常情况下，虾蟹池塘 TSS 可达每升 50～300 毫克，适合的浓度为每升 200 毫克；在鱼塘 TSS 可达每升 1 000 毫克，适合的浓度为每升 400 毫克。

水体中的生物量也影响细菌的絮凝效果，一般当水体中的菌体浓度降低 50%时，絮凝的体积下降 25%，水体中的生物量与絮团的体积有一定的函数关系。

第三节　生物絮团技术在生产中的应用

简单地说，生物絮团有两个重要功能，一是生物絮团作为食物链的前端存在，为虾苗、滤食性鱼类等养殖动物提供优质的天然饵料，从而减少饵料浪费，降低饵料系数，提高养殖对象的消化和免疫能力，抑制致病微生物的生长，进而降低生产成本。二是生物絮团作为生物链的末端存在，可降解转化养殖系统残饵和粪便，降低池塘富营养化程度，促进氮吸收，强化水质稳定性，净化水质。可以认为，生物絮团是一个由菌体蛋白质、有益菌胞外产物和代谢物及浮游动植物、营养盐、有机碎屑和一些无机物质聚集而成的小型生态圈。

一、通过絮团建立生态循环系统

絮团中的益生菌通过降解转化养殖系统中的残饵、粪便等营养废物，成为可供浮游藻类繁殖利用的营养物质，达到变相肥水净水的目的。通过转化氮、磷等养殖废水中的污染物质，成为有益菌自身菌体蛋白质，产生各种胞外产物和代谢物，为对虾、滤食性鱼类等养殖的水生动物提供可以重新摄取的营养来源，使对虾、滤食性鱼类等对饲料氮素利用率提高接近 1 倍。同时还降低了氨氮和亚硝酸盐等有害物质，净化了水体，解决了养殖水体有害物质积累问题。养殖池塘一旦建立良好的絮团生态系统并平衡运转，菌体蛋白质、各种胞外产物和代谢物与浮游动植物、营养盐、有机碎屑以及一些无机物质，经生物絮凝形成团聚物，就可在养殖池塘形成平衡生产的生物絮团。前期菌体本身和生物絮团共同为虾苗、滤食性鱼类等水产动物提供优质天然饵料，降低饵料系数，提高免疫力，后期吸收水体中的氨氮等，净化水质。

二、提高饵料利用率

生物絮团通过氮素的循环利用，可以提高养殖动物对饵料中营养物质的利用率。饵料中的氮素等营养物质，一部分以残饵中的有机氮形式流放到水体中，另一部分经过养殖动物的初次利用，以粪便形式排出体外，被水体中的异养生物和硝化菌等捕食，形成自身的有机蛋白质，构成生物絮团物质。生物絮团被养殖动物捕食，相当于饵料中的营养物质被再次利用，从而提高了饵料中营养物质和营养要素的利用率。

另外，鱼类饵料排泄物中的磷也是细菌的磷壁酸构成成分，也可被生物絮团循环利用，当然这种利用的量很微小。

三、净化水体

生物絮团技术实现对养殖水体自主净化的关键在于絮团对氮元素的循环利用。我国江河湖泊的主要污染因子之一是氮素超标，在全国10大江河水系网络中，氨氮污染几乎在所有的江河湖泊中存在，这些江河湖泊无一例外地进行着网箱养殖。利用生物絮团技术，可以降低氨氮的积累，提高水体质量标准等级，这使得生物絮团技术成为养殖水体原位修复的重要方式。

养殖水体中的絮团可以依靠三种途径同时作用处理氨氮，首先是促进藻类的光合吸收作用，相当于水生植物追施化肥过程，对无机氨氮的处理起主要作用。絮团中的浮游植物依靠这种营养方式获得生长，最终成为滤食性鱼类的饵料。其次是自养微生物的硝化作用，依靠硝化菌转化水体中的无机氮成为自身的菌体蛋白，最终被杂食鱼类捕食。还有一种途径是，异养微生物通过同化作用，将水体中的有机氮同化为自身的蛋白质。在有充足的有机碳源和适宜的碳氮比条件下，异养微生物最先利用氨氮，且异养微生物形成的生物絮团，对氨氮的转化速率高于水体中硝化细菌的同化速率，可以快速降低水体中的氨氮等污染物质的浓度。

四、生物絮团的生物防治作用

与传统的病害防治措施相比，生物絮团可能是一种新的对抗水产病原菌的有效方法。它的生物防治作用是通过外部BFT养殖系统切断病菌的传播途径，内部絮团中的微生物与病原菌竞争生存空间、底物及营养物质，扰乱病原菌的群体感应，产生聚-β-羟基丁酸（PHB）及免疫促进剂等实现的。

传统的养殖模式是一个开放的养殖系统，大多数养殖方式通过大量换水维持养殖水体的溶氧量和浮游生物的供给，致病菌容易通过换水途径进入养殖系统。对虾白斑综合征（WSSV）在大量换水方式下，感染率显著提高；罗非鱼在开放式养殖系统中的成活率显著低于BFT养殖系统的成活率。BFT养殖系统的换水率低，日换水量明显小于传统养殖方法，减少了养殖对象接触外部病原菌的机会，切断了病原菌的传播途径，为对虾、罗非鱼等提供了相对安全的生长环境，使养殖对象的成活率提高。

已有的研究发现，生物絮团中的某些化合物像有机酸一样发挥作用，作为生物防治剂的同时，使养殖对象肠道内的菌群达到平衡。如生物絮团自身即可产生聚羟基脂肪酸酯（PHA），如果碳源不同则产生的 PHA 类型也不一样。生物絮团中的芽孢杆菌属、产碱菌属及假单胞菌属等众多的细菌，能吸收水体中的可溶性有机碳产生聚-β-羟基丁酸（PHB），另一种微生物专门储藏并释放 PHB，PHB 参与细菌的碳代谢与能量储存，保护不同养殖对象免受细菌感染。当养殖动物肠道内的细菌死亡或溶解时，细胞内的 PHB 会释放到细胞外，被细胞外的 PHB 解聚酶降解为β-羟基丁酸，后者与其他短链脂肪酸（$SCFA_S$）或有机酸一样具有抑制某些病原菌的作用，降低了生物絮团养殖系统中养殖对象的感染率和感受性，提高了养殖对象的成活率。

生物絮团中的细菌和藻类可产生某些胞外代谢物，破坏病原菌致病的敏感性，扰乱病原菌的群体感应，使毒性信号失活。这种干扰机制主要来源于絮团产生的群体感应拮抗剂，拮抗剂扰乱了群体感应系统。其次是絮团产生的群体感应信号的分子降解酶，阻断了群体感应系统的信息回路。生物絮团可以降低发光弧菌对卤虫的感染，提高卤虫成活率。用甘油做碳源形成的生物絮团，可显著抑制哈维氏弧菌的繁殖，减少对养殖动物的危害。

生物絮团减少病害的另一种方式是，生物絮团中的微生物与病原微生物竞争生存空间和营养物质，从而抑制了病原微生物的生长和繁殖。生物絮团中有大量的异养菌存在，高达每毫升 100 CFU① 以上，这些异养菌与弧菌等病原菌竞争必需的营养物质如氮源，又可竞争性抑制病原菌粘附到养殖动物体表上，与病原菌争夺生态位点，从而不利于病原菌的生长与繁殖。如生物絮团中的微生物对罗非鱼鱼鳃寄生虫具有竞争作用，可抑制罗非鱼体表寄生虫的生存。

免疫增强剂多数来源于动物相应器官或组织分泌的酶类或营养因子，如复合糖类、细胞因子、凝集素等，也有来源于植物的提取物或者合成药物，如左旋咪唑等。生物絮团中含有多种细菌和细菌产物，这些细菌和细菌产物有的具有免疫促进作用，如絮团中的芽孢杆菌是一种益生菌，能有效提高机体干扰素与巨噬细胞的活性，产生一系列免疫活性因子，增强机体抗病力和免疫力。将添加生物絮团的饲料投饲凡纳滨对虾后，能显著提高对虾的非特异免疫力（即对虾固有的先天性免疫），抵抗哈维氏弧菌感染的能力也得以增强，这从营养免疫学的角度证实了生物絮团对养殖对象的免疫功能有促进作用。

第四节　生物絮团养殖技术的操作

从影响生物絮团形成的因素看，生物絮团养殖技术的关键是调整养殖水体的碳氮比，这是生成絮团的必需条件，同时，碳源的构成和溶解氧含量是一个必要条件。

一、有机碳源的构成

生物絮团的形成首先要提高养殖水体的碳氮比，需要将水体中的碳氮比提高到 10 或者 10 以上，一般养殖或者自然水体中的碳氮比多在 10 以下。实际生产中常采用的办法是

① 注：CFU 是菌落形成单位，是英文 Colony-Forming Units 的缩写，表示单位体积中的细菌群落总数。

向水体添加有机碳源，有机碳源的添加可以采取单个原料的形式添加，也可以采用两种或者两种以上的原料配合添加。掌握的原则是视养殖对象而异，同时要充分考虑养殖成本，过高的养殖成本不符合生物絮团养殖技术应用的初衷，寻求廉价易得的有机碳源是BFT 应用的前提。

养殖对象不同，采用的有机碳源也有差异（表 5－2）。在对虾的养殖中，一般多采用木薯粉、麸皮等，在鱼类的养殖中一般多采用玉米粉或者小麦粉等，这些都是廉价易得的产品。对于种虾种鱼可采用葡萄糖粉、糖蜜等价格较高的商品性有机碳源。

表 5－2 BFT 养殖系统中的常用有机碳源与养殖对象

有机碳源	养殖对象	有机碳源	养殖对象
木薯粉	斑节对虾、凡纳滨对虾、罗氏沼虾	甘油；甘油＋芽孢杆菌	罗氏沼虾、鲢、鳙
玉米淀粉	杂交狼鲈＋奥尼罗非鱼	糖　蜜	凡纳滨对虾＋斑节对虾
醋酸盐	罗氏沼虾	纤维素	罗非鱼
葡萄糖粉	凡纳滨对虾、罗氏沼虾	高粱粉	罗非鱼
小麦粉	尼罗罗非鱼、鲢、鳙	麦麸＋糖蜜	保罗美对虾＋杜拉对虾、鲢、鳙

二、有机碳源添加量的计算

在水产集约养殖中，氨氮是限制产量的重要因素，也是水体污染的主要理化因子。生物絮团通过微藻光合作用、自养细菌的消化作用、异养细菌的合成作用等，将氨氮吸收、转化和利用。当有机碳源充足、碳氮比适合时，异养菌将氨氮转化成自身菌体蛋白；当有机碳源有限时，自养菌通过硝化作用消耗氨氮合成自身蛋白质。自然界中自养菌种类数量较少，异养菌种类数量较多，是转化氨氮的主要种类。向养殖水体供给充足有机碳源，可促进异养菌生长，提高氨氮转化效率。生物絮团的形成，除了需要碳源外，水体应有足够溶解氧。

在生产应用中，一般通过向池塘添加有机碳源提高养殖水体的碳氮比。在投饵养殖的池塘中，有机碳源添加量的计算公式为：

$$CH=(M\times N_1\times N_2)\div 0.05 \qquad (5-1)$$

式中 CH 为池塘中所需要添加的有机碳源物质的量；M 为每日投入池塘中的饲料（饵料）量，根据水产养殖的基本规则，一般按照池塘养殖鱼类总体重的估计值乘以3%所得；N_1 为饲料中氮含量，一般按照饲料中粗蛋白质的含量计算，粗蛋白质的含氮量一般按照 16%计算，如粗蛋白质含量 30%，则这种饲料的氮含量 N_1 为 30%×16%＝0.048；N_2 为养殖生物排泄的氮占投料氮的比例，一般按 50%计算，表示投入饲料总氮量的 50%为动物所利用，50%由粪尿排出体外；0.05 为常数，由 50%×40%÷4＝0.05 所得，其中 50%是所添加的有机碳源的碳水化合物含量，如麸皮、玉米粉中的碳水化合物含碳量 50%；40%是生物絮团中微生物转化碳的效率，表示供给微生物的有机碳源中有 40%的碳素可以被微生物利用；4 是微生物或者细菌自身机体中的碳氮比。

例如，使用粗蛋白质含量为30%的饲料投饲养殖池塘，则所投饲饲料的氮含量为30%×16%=4.8%，即$N_1=0.048$；$N_2=50\%=0.5$；则

$$CH=M\times0.048\times0.5\div0.05=0.48M$$

表示在投饲粗蛋白质含量为30%饲料的池塘中，当需要将C/N提高到10以上时，除了投饲饲料外，还需要向池塘中添加投饲量0.48倍的碳水化合物原料。如果每日投饲料量是20千克，还需要继续投饲20千克×0.48=9.6千克的玉米粉或木薯粉等有机碳源物质，就可使异养细菌同化养殖生物所排放的氮为微生物蛋白质。若池塘投料50千克，需添加50千克×0.48=24.0千克的含碳有机物。

生产实际中常有“肥水养鲢”的做法，就是在专门养殖鲢鱼、鳙鱼或者二者混养套养的池塘，用有机肥或者有机碳源物质肥水，培育水体中的浮游生物和微生物供养殖动物捕食采食，不投饲商品全价饲料，仅依靠有机肥或者麸皮等有机碳源在水中发酵产生的微生物做饵料。特别是养殖户在养鱼中，为节省成本，在池塘水面播撒家庭生活中的小麦麸皮、玉米麸皮等，逐步形成生物絮团，在以鲢鱼、鳙鱼为主，套养鲤鱼的模式中，可以充分利用生物絮团的营养成分，套养的鲤鱼增重效果十分明显。

三、生物絮团养殖系统的试验管理

1. 池塘生物絮团系统养殖试验

以池塘养殖进行的生物絮团养殖试验中，每口池塘面积2.3亩，水深1.5米。选择鲢鱼鱼种400千克，10%随机抽样测量体重为210（±21）克，每口池塘放养200千克约952尾；选择鲤鱼鱼种360千克，10%随机抽样测体重203（±15）克，每口池塘放养180千克约887尾。试验池塘与对照池塘投饲粗蛋白质（CP）含量30%的鲤鱼配合饲料6.5千克/天，试验池塘额外均匀撒投麸皮3.0千克/天，形成易生絮水体。试验进行6个月即184天后清塘捕捞，称重测量。

试验池塘麸皮的添加量按照Avnimelech（1999）公式$CH=(M\times N_1\times N_2)/0.05$计算，式中$CH$为池塘中所需碳水化合物添加量，$M$为饲料量，$N_1$为饲料中氮含量，按CP饲料含氮量15.5%计算，则30%CP饲料含氮为30%×15.5%=4.65%，$CH=(M\times0.046\,5\times0.5)/0.05=0.465\times M$。添加投料量46.5%的碳水化合物，可使异养菌同化养殖生物排放的氮成为微生物蛋白质。现池塘每天投料6.5千克，需添加6.5千克×0.465=3.0千克碳水化合物。

生物絮团在池塘示范应用的试验结果见表5-3。由表5-3可以看出，鲤鱼增重试验池塘高出对照池塘(1 448−1 092)/1 092×100%=32.60%，鲢鱼增重试验池塘高出对照池塘(1 150−1 120)/1 120×100%=2.68%。按照生长势=日增重/期初体重×100%=[(期末体重−期初体重)/养殖天数/期初体重]×100%计算，试验池塘鲤鱼生长势=[(1 448−180)/184/180]×100%=3.83%，鲢鱼生长势为2.58%；对照池塘鲤鱼生长势为2.75%，鲢鱼生长势为2.50%，试验池塘鲤鱼生长势显著高于鲢鱼和对照塘鲢鱼、鲤鱼生长势（$p\leqslant0.05$），试验池塘鲢鱼生长势和对照池塘鲤鱼生长势、鲢鱼生长势相互之间无显著差异（$p\geqslant0.05$）。试验池塘净增收4 385.60元，亩增收1 863.30元，表明在池塘养殖中，应用生物絮团技术经济效益上是可行的。

表 5-3　生物絮团技术示范应用结果分析

生产要素项目	试验池塘			对照池塘		
	鲤鱼	鲢鱼	小计	鲤鱼	鲢鱼	小计
鱼种投放量（千克）	180	200	380	180	200	380
184 天投料量（千克）	1 196	552（麸皮）	1 748	1 196	0	1 196
单价（元/千克）	4.5	1.7	6.2	4.5	0	4.5
饲料成本（元）	5 382.00	938.40	6 320.40	5 382.00	0	5 382.00
鲜鱼产量（千克）	1 448	1 150	2 598	1 092	1 120	2 212
鲜鱼单价（元/千克）	14	8	22	14	8	22
鲜鱼产值（元）	20 272	9 200	29 472	15 288	8 960	24 248
扣除饲料成本收入（元）			23 151.60			18 866.00
试验池塘净增收入（元）	23 151.60－18 866.00＝4 285.60					
试验池塘亩均净增收（元）	4 285.60/2.3＝1 863.30					

在发絮池塘采集鲜样 10 千克，烘干回潮（风干样）称重得到干物质 460 克，鲜样的干物质（DM）含量 4.6%，风干样 CP 含量 20.43%，用 835-50 型氨基酸自动分析仪测定氨基酸含量结果见表 5-4，其中色氨酸用高效液相色谱法测定。生物絮团风干样 16 种氨基酸含量为 12.25%，占 CP 的 59.96%，絮团风干样中总糖含量 29.53%，粗脂肪、粗纤维和粗灰分含量分别是 2.5%、4.0%和 7.0%，据此推测，生物絮团中非蛋白氮的含量较高，这与生物絮团吸附含氮物质的结论一致。

表 5-4　生物絮团中各种氨基酸含量

絮团 AA 含量			鱼类理想蛋白质模型及相对含量							
			鲑鱼		虹鳟		鲤鱼		鲶鱼	
名　称	含量（%）	AA/ΣAA ×100%	蛋白模型	AA/ΣAA ×100%	蛋白模型	AA/ΣAA ×100%	蛋白模型	AA/ΣAA ×100%	蛋白模型	AA/ΣAA ×100%
赖氨酸	0.297	5.03	100	14.75	100	16.65	100	16.77	100	18.05
蛋氨酸	0.761	12.88	80	11.80	75	12.49	54.5	9.14	46	8.30
色氨酸	0.449	7.60	10	1.47	25	4.16	14	2.35	10	1.81
苏氨酸	0.652	11.03	44	6.49	58	9.66	40	6.70	—	—
亮氨酸	0.620	10.49	78	11.50	100	16.65	59.7	10.01	70	12.64
缬氨酸	0.933	15.79	64	9.44	73.8	12.29	63.2	10.60	60	10.83
组氨酸	1.414	23.93	36	5.31	—	—	36.8	6.17	30	5.42
精氨酸	0.163	2.76	120	17.70	111.3	18.53	73.7	12.36	86	15.52
异亮氨酸	0.260	4.40	44	6.49	57.5	9.57	40.4	6.78	52	9.39
苯丙氨酸	0.361	6.11	102	15.04	—	—	114	19.12	100	18.05
10 种 AA 合计	5.910		678		600.6		596.3		554	
生物絮团的 EAAI				0.998 7		0.921 5		0.957 0		0.868 0

将絮团中 10 种必需氨基酸含量转化成必需氨基酸总量相对含量（表 5-4），同时将

鱼类理想蛋白质模型氨基酸含量转化成 10 种氨基酸总量相对值，用絮团（AA/∑AA×100%）/鱼类理想蛋白质（AA/∑AA×100%）计算必需氨基酸指数（EAAI），生物絮团对虹鳟的必需氨基酸指数是 0.921 5，鲑鱼为 0.998 7，鲤鱼为 0.957 0，鲶鱼为 0.868 0。EAAI 的判定标准是，EAAI＞0.95 为优质蛋白源，0.86＜EAAI⩽0.95 为良好蛋白源，0.75⩽EAAI⩽0.86 为可利用蛋白源，EAAI＜0.75 为不适蛋白源。由此看来，生物絮团是鲑鱼和鲤鱼的优质蛋白源，是虹鳟和鲶鱼的良好蛋白源。

2. 养殖系统的管理

普通养殖池塘要实现零换水，大多需要另外配备一套水处理系统，养殖池水经过水处理系统后再回到养殖池才能进行循环利用。生物絮团养殖模式能实现养殖系统与水处理系统合二为一，养殖池水在原位处理，养殖过程中产生的氨氮、亚硝酸盐等有毒有害物质和排泄物在养殖池中及时得到分解转化，无需再经沉淀、过滤、细菌分解等一系列处理环节。

生物絮团养殖系统在池塘中应用时，首先要保证池塘中有充足的溶解氧，采用零换水的池塘，需要每天增氧 6～8 小时，可分时段增氧，一般夜间时间较长，早晨、中午和下午每段增氧 1.5～3.0 小时，最好采用微管增氧机械，可在池塘底部将氧气打入水体，使氧气与水体充分混合；采用叶轮式增氧机可按 15 千瓦/公顷的功率装备增氧机。其次是检测水体 pH，当 pH 低于 5 或者高于 9 时，应通过补充新水或者应用微生态制剂调整水体的 pH，使之回到适宜的范围。最后及时处理蓝藻，水体更换率低的池塘容易形成蓝藻，危害养殖动物健康甚至引起死亡。处理的方法是，打开排水口，用漂浮的竹竿等将蓝藻赶至排水口处清除或排出，也有用硫酸铜等化学物质清理的，但在选择药剂时尽量选择对养殖动物无危害或者危害较轻的药剂，并将用量严格控制在安全范围内，防止因处理蓝藻而引起养殖动物大面积应激或死亡。

在有机碳源添加上，一般每天中午添加，按照水体氨氮含量的测定结果，计算有机碳源的添加量。坚持每天测定、每天添加，才能保证生物絮团的正常生长。

根据池塘投喂饲料蛋白质和有机碳含量，调整水体 C/N，投入 C/N⩾10 的碳水化合物（如麸皮等），保持养殖水体每升溶解氧⩾6 毫克是生物絮团持续产生的必要条件。在滤食性鱼类养殖池塘中，应用低蛋白饲料更易调整水体碳氮比，增加生物絮团的产量。生物絮团是鱼类单一饲料资源，不是完整的氨基酸饲料和全价饲料，但它是鱼类良好的蛋白质饲料源，可用于鱼类养殖的饲料氨基酸补充料，替补部分植物性饲料原料，减少人工饲料的投饲。

主要参考文献

白海锋，袁永锋，贾秋红，等，2015. 生物絮团对养鱼池塘水质净化效果试验 [J]. 水产养殖（9）：32-33.

陈亮亮，董宏标，李桌佳，等，2014. 生物絮团技术在对虾养殖中的应用及展望 [J]. 海洋科学，38（8）：103-107.

邓吉明，黄建华，江世贵，等，2014. 生物絮团在斑节对虾养殖系统中的形成条件及作用效果 [J]. 南方水产科学，10（3）：29-37.

江晓浚，孙盛明，戈贤平，等，2014. 添加不同碳源对零换水养殖系统中团头鲂鱼种生长、肠道生化指标和水质的影响 [J]. 水产学报，38（8）：1113-1122.

李朝兵，王广军，余德光，等，2012. 生物絮团对鳙生长、肌肉氨基酸成分及营养评价的影响［J］. 江苏农业科学，40（11）：242－245.

李乐康，欧阳剑锋，王建民，2015. 生物絮团技术在水产养殖中的应用研究综述［J］. 江西水产科技（4）：46－48.

李志斐，王广军，余德光，等，2015. 生物絮团对养殖水体水质和微生物群落功能的影响［J］. 上海海洋大学学报，24（4）：503－510.

刘超，2004. 可利用氨基酸饲料新技术［M］. 1版. 北京，中国农业出版社：86－144.

刘超，瞿国威，吕亚军，等，2019. 麸皮生物絮团技术在鲢鲤鱼混养鱼塘中的应用［J］. 环境工程技术学报，9（5）：559－565.

龙丽娜，李源，管崇武，等，2013. 生物絮团技术在水产养殖中的作用研究综述［J］. 渔业现代化，40（5）：28－33.

卢炳国，王海英，谢俊，等，2013. 不同C/N水平对草鱼池生物絮团的形成及其水质的影响［J］. 水产学报，37（8）：1220－1226.

罗亮，徐奇友，赵志刚，等，2013. 基于生物絮团技术的碳源添加对池塘养殖水质的影响［J］. 渔业现代化，40（3）：19－24.

聂伟，刘立鹤，刘军，等，2014. 生物絮团的研究进展［J］. 江西水产科技（4）：43－47.

史明明，刘晃，龙丽娜，等，2016. 碳源供给策略对水产养殖废水生物絮团处理效果的影响［J］. 农业机械学报，47（6）：317－323.

孙盛明，朱健，戈贤才，等，2015. 零换水条件下养殖水体中碳氮比对生物絮团形成及团头鲂肠道菌群结构的影响［J］. 动物营养学报，27（3）：948－955.

孙振，王秀华，黄倢，2013. 一种微生物絮团的生化分析及其对凡纳滨对虾免疫力的影响［J］. 水产学报，37（3）：473－480.

汤佩武，李勤慎，刘哲，等，2014. 基于生物絮团技术的糖蜜添加对西北盐碱池塘水质和浮游生物的影响［J］. 淡水渔业，44（2）：83－88.

王仁龙，王志宝，刘立明，等，2017. 生物絮团技术在水产养殖中的应用现状［J］. 水产科技情报，44（6）：330－334.

王志杰，胡修贵，刘旭雅，等，2015. 自生物絮团养殖池分离具有亚硝酸盐去除功能的细菌及其鉴定和特性［J］. 渔业科学进展，36（2）：100－105.

夏耕，郁二蒙，谢俊，等，2012. 基于PCR－DGGE技术分析生物絮团的细菌群落结构［J］. 水产学报，36（10）：1563－1571.

赵志刚，徐奇友，罗亮，等，2013. 添加碳源对松浦镜鲤养殖池塘鱼体生长及水质影响［J］. 东北农业大学学报，44（9）：105－112.

AVNIMELECH Y，MOKADY S，SCHROEDER G L，1989. Circulated ponds as efficient bioreactors for single－cell protein production［J］. Aquac. Bamidgeh，41（2）：58－66.

AVNIMELECH Y，1999. Carbon/nitrogen ratio as a control element in aquaculture systems［J］. Aquaculture，176（3－3）：227－235.

AVNIMELECH Y，2007. Feeding with microbial flcs by tilapia in minimal discharge bio－flocs technology ponds［J］. Aquaculture，264（1－4）：140－147.

CRAB R，KOEHVA M，VERSTRAETE W，et al，2009. Bio－flocs technology application in over－wintering of tilapia［J］. Aquacultural Engineering，40（3）：105－112.

HARI B，KURUP B M，VARGHESE J T，et al，2006. The effect of carhohydrate additiong on water quality and the nitrogen in extensive shrimp culture［J］. Aquaculture，252（2－4）：248－263.

第六章

生物浮床技术

生物浮床又称为人工生物浮床、浮床、生物浮岛、生态浮床、浮床无土栽培等，是将植物种植在浮于水面的床体上，利用植物根系吸收水体营养物质获得生物产量的一种技术，是无土栽培技术在水产养殖中的应用。我国于1991年开始推广该技术，已在城市废水处理、饮用水水源地净化等方面得到广泛应用。

第一节　生物浮床的基本原理

生物浮床技术始于20世纪70年代，德国学者于20世纪80年代设计出现代生物浮床，并通过研究发现，生物浮床能有效净化水质、美化环境。日本研究者在霞浦湖进行的隔离水域试验发现，在生物浮床覆盖率只有25%的条件下，消减了94%的植物性浮游生物和水体50%的化学耗氧量（COD）。1995年的国际湖泊会议后，该技术迅速在日本、欧美等发达国家推广应用，并逐步集合了工程学、养殖学、种植学的学科优势，将水产养殖与水生植物结合起来，形成"鱼菜共生"（Aquqaponics）的经济模式。在我国，经过多年的研究和试验，生物浮床技术已广泛应用于大型水库、湖泊、城市河道、运河等水域的生态修复方面，取得较好的水质净化效果。

一、生物浮床净化水体的原理

生物浮床净化水体原理是利用水面床体上的植物根系吸收水体污染物质，成为自身有机体构成部分，以获得生物产量。生物浮床对水域的修复是一种典型的原位生物修复技术，这种技术是通过植物的吸收、细菌的硝化作用等，将水体中的污染物转化成有益的生物产品，在水体得到修复的同时收获了经济生物。

对氮磷等污染物质的吸收作用。生物浮床所栽培的水生植物根系发达，能吸收水体中的营养物质以满足自身的生长发育需要，直接或间接吸收水体中的溶解性氨氮等营养物质，将其分解，并通过木质化作用使其成为植物体的组成成分，也可通过挥发、代谢或矿化作用，使其转化成二氧化碳和水，或转化成无毒性的中间代谢物，如木质素等，储存于植物细胞中，达到去除污染物的目的。植物吸收同化氨氮等污染物质的速率与其种类有关，如芦苇吸收氨氮的能力高于水花生，观赏植物中的美人蕉吸收污染物的能力高于其他种类。

对污染物的吸收降解作用。水生植物发达的根系与水体接触面积大，可以形成密集的过滤网，当水流通过时，可以截留水体中的污染物质，并在其表面进行离子交换、整合、吸附、过滤等反应，将污染物质转化成植物有用的物质。植物的根系还能分泌大量的酶，从而加速水体中大分子污染物质的分解。

微生态系统的作用。水生植物发达的根系，为微生物的生存及其对营养物质的降解提供了必要的场所，形成了一个生化反应活跃的地带，一般将这个区域称为“根际区”。植物光合作用产生的氧气可以通过根系向水体中释放，在根际区附近形成了许多缺氧和好氧小区，为根际的好氧、兼性厌氧和厌氧微生物的生存提供了适宜的环境，有利于硝化和反硝化反应的进行，促进氮的同化吸收。由于生长在浮床介质中的根系对介质的穿透作用，介质中形成了许多微小的气室或间隙，减少了介质的封闭性，增强了介质的疏松性，使得介质的水利传输得到加强和维持，有利于生化反应的进行。

抑制藻类生长的作用。高等水生植物在竞争吸收水体中的氮磷营养物质时处于优势地位，使浮游藻类因缺少营养源而死亡。有的植物根系能分泌抑制藻类生长的化学物质，破坏藻类正常生理代谢，迫使藻类死亡，防止“水华”发生。

二、生物浮床净化水体的机制

水生植物对水体的净化包括截留、吸收、沉降、吸附等多种形式。水生植物的根系发达，与水体接触面积大，可以截留水体中的大颗粒污染物质，在其表面进行吸附、沉降等，同时通过大气富氧及植物光合作用输送氧气至植物的根部，供植物呼吸作用及根际微生物的生长繁殖。根际区形成的好氧-厌氧区有利于硝化、反硝化细菌的生长，加速氨氮的脱氨基过程。

物理作用及化学沉淀。物理作用主要是指植物根系对颗粒态氮磷和部分有机物的截留、吸附和沉降作用。由于水生植物根系茂盛，与水体接触面积很大，能形成一层浓密的过滤层，当水流经过时，不容胶体就会被根系吸附而沉降下来，同时，附着于根系的菌体在内源呼吸阶段发生凝集，凝集的菌胶团可以将悬浮性的有机物质和新陈代谢产物沉降下来。这种物理吸附在水质净化过程中虽然有作用，但不是主要的作用方式，化学沉淀才是主要的方式。化学沉淀主要由磷酸盐沉淀引起，即磷酸盐与水体中的某些阳离子如二价钙离子、二价镁离子等发生沉淀，从而将其从水体中去除。当然，这个过程受到 pH 和阳离子浓度的影响，受到其中一个因子的高浓度限制性影响。当水体中的二价钙离子含量高时，pH 确定磷酸盐的去向，如果二价钙离子浓度低，则由二价镁离子决定磷酸盐的去除率。一般养殖池塘中，沉淀是磷去除的主要方式，经藻类、芦苇和浮萍等水生植物去除的磷只占总量的 36%，其余都是通过沉淀去除。

植物的吸收作用。水生植物在生长过程中需要大量的营养元素，而污染水体中含有的过量氮磷可以满足植物生长的需要，最终通过收获植物体的方式将营养物质移出水体。植物对营养物质的摄取和存贮是临时的，植物只是作为营养物质从水中移除的媒介，如果不及时收获植物，植物体内的营养物质会重新释放到水体，造成二次污染。植物吸收氮磷的特性与植物自身有关，不同植物种群及植物体不同部位器官的吸收能力不同，如黄菖蒲与水花生的吸收氮磷能力有显著差异，水芹菜的茎、叶、根对生物浮床养殖系统中氮磷的吸收见表 6－1。由于水生植物的根系面积较大，吸收污染物的主要器官是根，水溶性的污染物质通过两种途径到达根部。一种是主动运输，通过植物吸收水分时产生的蒸腾拉力将污染物和水分子吸收至根部。另一种是扩散作用，就是水体中污染离子扩散到达植物的栽种区，但依靠这种扩散作用到达根系表面的污染物，有的并非植物生长所需，不一定被植物根部吸收，因此，植物对通过扩散作用达到植物栽种区的污染物去除能力是有限的。污染物中的无机氮可作为植物生长过程中不可缺少的物质被植物摄取，通过植物收割从水中去除，但这一部分仅占总氮量的8%～16%，并非主要的脱氮过程，如芦苇、香蒲组织中氮积累值最大量为30%，而水体氮去除率为65%～91%，多出的部分主要为细菌的硝化-反硝化去除。磷主要依靠植物的吸收作用，一般占总去除量的51%。

表 6-1　水芹菜植物部位对生物浮床氮磷的吸收效果

单位：克/米²

部位	茎	叶	根
氮	15.74	11.47	14.59
磷	1.846	1.674	0.107

氧气的传输作用。植物能通过枝条和根系的气体传输作用，将光合作用产生的氧气和大气中的氧气输送至根系，一部分供植物进行内源呼吸，另一部分通过浓度差扩散到根系周围缺氧的环境中，在根际区形成有氧状态的微环境，加强了根际区好氧微生物的生长繁殖，并有助于硝化菌的生长，通过微生物对有机污染物、营养盐进一步分解（图6-1）。

藻类的抑制作用。植物对藻类的抑制作用主要包括竞争性抑制、生化性克制和周边生物的捕食抑制三个方面。竞争性抑制是指水生植物与浮游藻类都要利用光能、二氧化碳、营养盐等维持生长，二者相互竞争这些营养物质。通常植物的个体大，吸收营养物质的能力强，能很好地抑制藻类生长。生化性克制是指水生植物在旺盛生长时会向水体中分泌某些生化物质，这些物质在浓度含量达到一定阈值后，可以杀死藻类或者抑制其生长繁殖，如栽种过凤眼莲的水体中的叶绿素a被破坏，细胞还原能力显著下降，藻类难以在其中生长繁殖。捕食抑制是指水生植物的根系中栖息的一些以藻类为食的小型动物，这些小型动物对藻类的捕食，可以起到限制藻类恶性繁殖的效果。

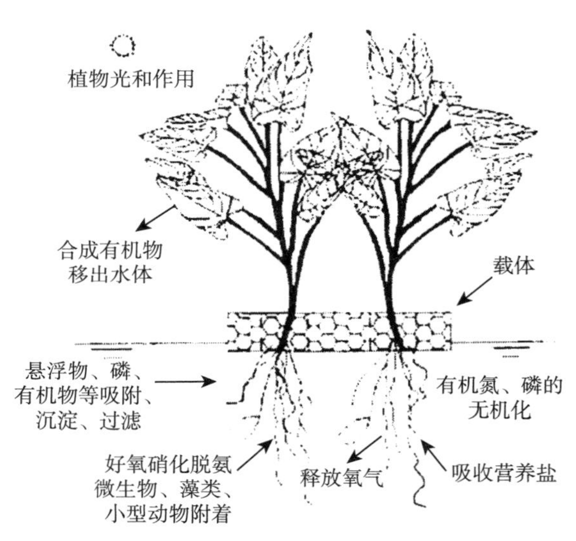

图6-1　浮床根际放氧示意图

微生物降解作用。水生植物根系提供了微生物及微型动物栖息的附着基质和场所，光合作用和根系释放的氧气，既为微生物的活动提供了所需的好氧和厌氧区域环境，也为氧化分解根系周围的沉淀物提供了反应原料，如硝化菌和反硝化菌可以利用好氧和厌氧环境去除水体中的无机氮，芽孢杆菌可将有机磷、不溶性磷降解为无机可溶性磷酸盐，使植物能直接吸收利用，如果接种高效除磷菌效果更加明显。水体的五日生化耗氧量（需氧量）与总磷之比大于20时更有利于高效除磷。

植物与微生物的协同效应。植物发达的根系不仅为微生物的附着、栖息、繁殖提供了场所，还能分泌一些有机物促进微生物的代谢，大量微生物可以在根系表面形成生物膜，使污染物被生物膜中的微生物种群分解利用或者经代谢作用去除。此外，附着在根系的微生物可以加速根系周围有机物的交替转换或悬浮物的分解矿化。很多植物对根基有机分子的降解具有激励作用，特别是水生植物的根系分泌物中含有某些促进嗜氮、嗜磷细菌生长的物质，从而间接提高了水体净化率。根系分泌物也可通过直接作用和间接作用影响植物的生长发育，间接作用是指这些分泌物能减少或者阻止植物病原体组织的有害作用，包括为植物提供生长所需的由微生物合成的硝化物，或者有助于植物从环境中摄取营养物质以促进生长。

生物浮床脱氮除磷机制有所不同，由表6-2可以看出，水体氮素污染主要通过植物吸收和微生物的降解作用去除，其中微生物降解是主要的去除方法，而化学沉淀对水体总氮去除的贡献率似乎为零；对水体磷元素污染的去除主要是依靠化学沉淀和植物吸收，物理沉降和微生物降解的作用很小。

表6-2　生物浮床水体氮磷净化机制所占的比重

净化机制	总氮	总磷	备注
物理沉降	0.64%	0.31%	很小
化学沉淀	无沉淀	44%	化学沉淀和植物吸收的除磷效果取决于水体水质和植物的种类
植物吸收	范围4%～30%，多在8%～16%	5%～51%	
微生物降解	62%	2%	对去除磷的作用很小

植物吸收和物理沉降、化学沉淀几乎可以完全去除农业径流水体中的溶解性磷。当植物组织中磷的含量小，而水体中钙镁离子的含量高时，磷元素污染去除方法的顺序为化学沉淀、植物吸收、微生物降解。当植物组织中的磷含量高且最终生物量积累潜力大，而水体中钙镁离子含量低，则磷元素污染去除方法的顺序为植物吸收、化学沉淀、微生物降解。

第二节　影响生物浮床净化水体效率的主要因素

由于生物浮床处在一个不断变化的外界环境中，承载生物浮床的水体处在经常流动之中，生物浮床上栽种的是植物，因此影响水域生态和植物生长的因素及影响浮床结构和水体通透性的因素等，都能直接或间接影响生物浮床的净化效果，如温度、pH、水体溶解氧、植物覆盖度、收割时间和水力负荷等，特别是直接因素对生物浮床的水体净化效果影响明显。

一、温度对生物浮床的影响

生物浮床对水体的净化主要通过植物吸收和微生物降解作用来完成，而温度影响着植物的生长速率，也影响着微生物的活性和数量，因此夏季浮床植物对氮磷等营养物质的去除率明显高于冬季。短期的温度变化对氮磷的去除率影响不大，这可能是由于微生物的种群结构还未得到彻底改变。但若温度变化时间较长，则微生物群落会适应新的环境而导致种群和数量发生变化，从而影响生物浮床的净化效果。温度对生物浮床净化效果的影响，还表现在异养菌的生成量上，夏季异养菌的生成量显著高于冬季的生成量。

以美人蕉为主栽植物的生物浮床为例，当水温为2～29℃时，生物浮床对总氮和总磷的去除率随温度的增加而明显增加，当水温超过29℃时，系统对总氮和总磷的去除率随温度的增加呈下降趋势，并且温度对总氮去除效果的影响大于对总磷的影响。浮床系统的最佳运行水温为25～29℃。温度过高时植物的光合作用降低甚至被抑制，导致植物萎蔫，这时植物的泌氧能力下降，不利于微生物的硝化过程。温度过低时，植物会枯萎或者死亡，微生物的活性也会降低，这些都不利于氮磷元素的去除。因此，浮床所处的水体温度，对浮床的净化水体效果有着重要影响。

二、pH的变化对生物浮床净水效果的影响

pH的变化会导致微循环系统的变化，从而影响脱氮去磷细菌的活性，进而影响去除效率。在酸性和中性条件下，根区附近的亚硝化细菌和硝化细菌活动增强，其中硝化作用占主导地位，而当pH大于8时，氮气的蒸发作用及可溶性正磷酸盐的化学沉淀作用占主导，从而影响了氮磷等营养物质的去除，如凤眼莲的微生物群落在不同pH环境下其活性有显著差异，生物浮床的净化水体效果也显著不同。

三、浮床植物选型对生物浮床的影响

浮床植物作为生物浮床的主要组成部分之一，应选择生命力顽强、易成活的植物，当然也要考虑到成本、适应性等问题，一般选择本地固有物种作为主要浮床植物。生物浮床工艺是由无土栽培技术发展而来，因此，也有以蕹菜（空心菜）、水芹菜等蔬菜作为浮床植物的，这种生物浮床考虑了蔬菜的经济收入。在实际应用中，常常首选大聚藻、美人蕉、黄菖蒲和鸢尾等观赏性植物作为浮床植物，除了作为观赏植物创造经济收入外，主要利用这些植物对氨氮的吸附和吸收作用能力较强的特点。但就这4种植物来说，在同一浮床内的净增生物量差异较大，产量范围为每平方米313.8～1 214.1克，净增量相差3倍多，作为观赏性花卉的经济植物，应考虑市场需求和产量。

蕹菜（*Ipomoea aquatica* Forsk）也叫空心菜，是番薯属光萼组喜水植物。也称作通菜蓊、蓊菜、藤藤菜、通菜。一年生草本，蔓生或漂浮于水。茎圆柱形，有节，节间中空，节上生根无毛。叶片形状、大小有变化，卵形、长卵形、长卵状披针形或披针形；叶片长3.5～17厘米，宽0.9～8.5厘米；顶端锐尖或渐尖，具小短尖头，基部心形、戟形或箭形，偶尔截形，全缘或波状，或有时基部有少数粗齿；两面近无毛或偶有稀疏柔毛；叶柄长3～14厘米，无毛。聚伞腋生花序；花序梗长1.5～9厘米，基部被柔毛，向上无毛，具1～3（—5）朵花（罕见5朵）；苞片小鳞片状，长1.5～2毫米；花梗长1.5～5厘米，无毛；萼片近于等长，卵形，长7～8毫米，顶端钝，具小短尖头，外面无毛；花冠白色、淡红色或紫红色，漏斗状，长3.5～5厘米；雄蕊不等长，花丝基部被毛；子房圆锥状，无毛。蒴果卵球形至球形，径约1厘米，无毛。种子密被短柔毛或有时无毛。

水芹菜为伞形科植物短辐水芹（*Oenanthe benghalensis* Benth. et Hook）的全草，多年生喜水草本。分布于广东、四川、云南、河北、陕西等地。短辐水芹又名少花水芹。

高17～60厘米，全体无毛。有较多须根。茎自基部多分枝，有棱。叶片轮廓三角形，1～2回羽状分裂，末回裂片卵形至菱状披针形；长1.5～2厘米，宽约0.5厘米；顶端钝，边缘有钝齿。复伞形花序顶生和侧生，花序梗通常与叶对生，长1～2厘米；无总苞片；伞辐4～10个，较短，长0.5～1厘米，直立并展开；小总苞片披针形，多数长2～2.5毫米；小伞形花序有花10余朵，花柄长1.5～2毫米；萼齿线状披针形，长0.3～0.4毫米；花瓣白色，倒卵形，长1毫米，宽不及0.8毫米，顶端有一内折的小舌片；花柱基圆锥形，花柱直立或两侧分开，长约0.5毫米。果实椭圆形或筒状长圆形，长2～3毫米，宽1～1.5毫米，侧棱较背棱和中棱隆起，木栓质，分生果的横剖面半圆形，棱槽内有油管1，合生面油管2。花期5月，果期5～6月。

大聚藻是多年生挺水或沉水草本。植株长度50～80厘米。茎上部直立，下部具有沉水性，细长有分枝。叶轮生，多为5叶轮生，叶片圆扇形，一回羽状，两侧有8～10片淡绿色的丝状小羽片，长度为10～18厘米。雌雄异株，穗状花序；花细小，直径约2毫米，白色；子房下位，分果。花期7～8月。喜日光充足的环境，可每天接受3～5小时的直射日光。喜温暖，怕冻害，在26～30℃的温度范围内生长良好，越冬温度不宜低于5℃。其叶片对昼夜变化敏感，到傍晚叶片并拢，次日清晨重新展开。沉水叶为黄绿色或红茶色，环境不同颜色有所差异。发苗迅速，成形很快，景观以群体效果见长，水体边缘、水体中央均宜。在岸边湿地作为地被效果极佳。大聚藻是生物浮床的观赏性植物。

美人蕉（*Canna indica* L.）为多年生草本植物（彩图2），高可达1.5米，全株绿色无毛，被蜡质白粉。叶片卵状长圆形，长10～30厘米，宽达10厘米。总状花序疏花，红色单生，略超出于叶片之上；苞片卵形绿色，长约1.2厘米；萼片3，披针形，长约1厘米，绿色而有时染红；花冠管长不及1厘米，花冠裂片披针形，长3～3.5厘米，绿色或红色；外轮退化雄蕊2～3枚，鲜红色，其中2枚倒披针形，长3.5～4厘米，宽5～7毫米，另一枚如存在则特别小，长1.5厘米，宽仅1毫米；唇瓣披针形，长3厘米，弯曲；发育雄蕊长2.5厘米，花药室长6毫米；花柱扁平，长3厘米，一半和发育雄蕊的花丝连合。花、果期3～12月。

黄菖蒲（*Iris pseudacorus* L.）为单子叶植物纲、百合目、百合亚目、鸢尾科、鸢尾属、无附属物亚属、菖蒲种、无附属物组多年生湿生或挺水宿根草本植物（彩图3），有的地方也叫做黄花鸢尾、水生鸢尾。黄菖蒲植株高大，根茎短粗。叶子茂密，基生绿色，长剑形，长60～100厘米，中肋明显，并具横向网状脉。花茎稍高出于叶，垂瓣上部长椭圆形，基部近等宽，具褐色斑纹或无，旗瓣淡黄色，花径8厘米。蒴果长形，内有种子多数，种子褐色有棱角。花期5～6月。黄菖蒲是水生花卉中的骄子，花色黄艳，花姿秀美，观赏价值极高。适应范围广泛，可在水池边露地栽培，亦可在水中挺水栽培。原产欧洲，中国各地常见栽培。

另有菖蒲（*Acorus calamus* L.），别称泥菖蒲、野菖蒲、臭菖蒲、山菖蒲、白菖蒲、剑菖蒲、大菖蒲，为单子叶植物纲、天南星目、天南星科、菖蒲属多年生草本。多生于沼泽地、溪流或者水田边，为有毒植物，并具7个变种，1个栽培种。还有叫做石菖蒲（*Acorus tatarinowii*）名的植物，又叫做山菖蒲、药菖蒲、金钱菖蒲、菖蒲叶、水剑草、香菖蒲等，为单子叶植物纲、棕榈亚纲、天南星目、天南星科、菖蒲族、菖蒲属禾草状多年生草本植物，可挺水生长。选用时应予鉴别，特别是菖蒲为全株有毒植物，尤以根茎为甚，用作生物浮床植物，易被鱼类误食，引起中毒。石菖蒲的净水效果未见报道，生物浮床应用无经济价值和观赏价值，选用时要慎重鉴别。

鸢尾（*Iris tectorum* Maxim.），又名蓝蝴蝶、紫蝴蝶、扁竹花等，为单子叶植物纲、百合亚纲、百合目、鸢尾科、鸢尾属、鸡冠状附属物亚属、鸢尾种的多年生挺水草本植物，根状茎粗壮，直径约 1 厘米斜伸；叶长 15～50 厘米，宽 1.5～3.5 厘米；花蓝紫色，直径约 10 厘米；蒴果长椭圆形或倒卵形，长 4.5～6 厘米，直径 2～2.5 厘米。原产于中国中部以及日本，主要分布在中国中南部。可供观赏，花香气淡雅，可以调制香水，其根状茎可作中药，全年可采，具有消炎作用。全株微毒，尤以新鲜根茎为甚，选用为养鱼水域生物浮床栽培观赏植物需慎用。

鸢尾的花多为紫蓝色，但也有黄花品种的鸢尾，在选用生物浮床观赏性栽培植物时应认真鉴别。鸢尾和黄菖蒲同属百合目、鸢尾科、鸢尾属的植物（表 6-3），所以花型十分相似，但它们的亚属和种不同，黄菖蒲为鸢尾属的无附属物亚属的植物，鸢尾为鸢尾属鸡冠状附属物亚属的植物；从植株外形上看，黄菖蒲相对鸢尾显得植株高大，鸢尾相对矮小；在叶片宽度上黄菖蒲相对窄细，鸢尾相对宽厚；从叶子气味上说，黄菖蒲闻之有怪味或浓郁香味，鸢尾无味；黄菖蒲的花瓣为椭圆形，而鸢尾为披针形，黄菖蒲花瓣的颜色多为黄色，鸢尾的多为紫蓝色。当然也有黄花鸢尾，要注意与黄菖蒲鉴别，区别栽种。

表 6-3　黄菖蒲与黄花鸢尾的区别

植　物	亚属及种	植株	叶片宽度	叶子气味	花瓣及颜色
黄菖蒲	鸢尾属无附属物亚属菖蒲种	高大	相对窄	怪味或浓郁香味	椭圆形，黄色
黄花鸢尾	鸢尾属鸡冠状附属物亚属鸢尾种	较小	相对宽	无味	披针形，多紫蓝色

不同水生植物的水质净化能力相差较大，上述 4 种观赏性水生植物的氮去除率为 38.6%～89.9%，磷去除率为 29.3%～75.3%，大聚藻和美人蕉的去氮除磷效果优于黄菖蒲和鸢尾。但是，黄菖蒲和鸢尾的耐寒性是大聚藻和美人蕉所没有的，可以将这 4 种植物组合使用，其中鸢尾作为观赏性点缀使用，不宜大量使用，防止鱼类误食中毒。通过观赏植物的搭配栽种，这样就可以在养鱼水域的季节变化中，常年有净化水体植物的存在，保持植物对水体的去氮除磷作用，达到净化水体、保持水质优良的效果。

四、污染水体对生物浮床系统的影响

浮床植物生长在污染水体中，水体条件的变化对浮床系统的影响较大。由于水体条件受地理条件以及气候变化的影响，也会连带影响生物浮床系统的正常运行。不同流域水体中的污染物浓度、种类以及 pH 不同，而动植物的生长需要一个相对稳定的环境，如果在一段时间内，水体条件发生剧烈变动，会对浮床产生巨大的损害。水体中的溶解氧高低影响浮床系统的功能，植物的根系需要呼吸，若水体中氧含量过低，容易发生根系腐烂。污染水体的水流情况、风浪大小都会对生物浮床系统产生影响。一般说来，大风大浪会对床体系统产生破坏，还会缩短水力停留时间，从而导致处理效果下降。水体植物的根部需要进行光合作用，水体透明度过低或污染物浓度过高，会使水生植物根部呼吸困难，导致植物萎蔫、根部死亡等诸多问题的出现。

第三节　生物浮床的种类及其应用

生物浮床按照床体中的植物是否与水体直接接触，分为湿式浮床和干式浮床，植物和水体不接触的为干式浮床，植物和水体接触的为湿式浮床。湿式浮床还可区分为有框架湿式浮床和无框架湿式浮床两类，有框架的湿式浮床，其框架一般可以用纤维强化塑料、不锈钢加发泡聚苯乙烯、特殊发泡聚苯乙烯加特殊合成树脂、盐化乙烯合成树脂、混凝土等材料制作。据有关部门统计，目前在净化水体方面运用的大多数是有框架式湿式浮床。

干式浮床的植物因为与水面有一定的距离，可以栽种大型的木本、园林植物，构成鸟类的栖息地，成为水上风景。但是，因为生物浮床的净化主体植物与水不接触，对水体没有净化作用，所以，这种浮床一般作为景观布置或防风屏障使用，不作为鱼类养殖净化水体的生物浮床。湿式浮床植物与水体直接接触，植物根系吸收水体中的各种营养成分，降低了水体富营养化程度，还可以利用植物的选择性吸收，去除水中的重金属等有害物质。

但随着生物浮床技术的发展，上述分类方法已不能概括浮床技术的全部，新的分类按照浮床的工艺属性划分。

一、按照工艺属性划分的生物浮床

按照工艺属性，生物浮床可以划分为传统生物浮床、组合式生物浮床和加强型生物浮床，下面对这种分类方法的三种浮床逐一介绍。

（一）传统生物浮床

传统生物浮床就是在浮体上种植植物，依靠植物的吸收、吸附来净化污染水体，这种净化方式的局限性很大，凡是能影响植物生长的因素，都会影响生物浮床对污染水体的净化效果，例如温度、污水浓度、酸碱性、主要污染物等。此外，对漂浮植物来说，只能利用表层水体，对于深度较大的水体，其净化效果很难进一步提高。

植物体系的物理吸附和生物吸收去除氮、磷所需要的时间，往往是几十个小时或者几十天，单纯依靠植物吸收作用对氮、磷等营养物质的去除率小于总氮、总磷量的10%，因此传统生物浮床的净水效果需要进一步提高。

（二）组合式生物浮床

组合式生物浮床是在传统生物浮床基础上改进而来，主要是针对传统生物浮床的单一依靠植物的吸附、吸收净化水体的局限性，在生物浮床系统中新增人工填料、引入水生动物等，形成组合型生物浮床（图 6-2）。

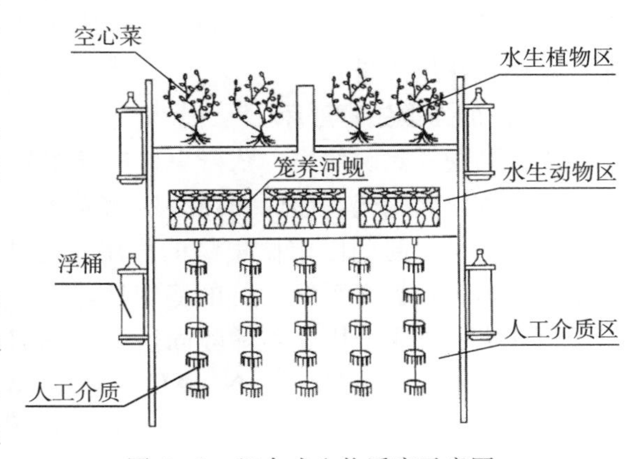

图 6-2　组合式生物浮床示意图

组合式生物浮床通过人工构筑共生生态机制和食物链的“加环”，可以大幅度提高生态效应和生态净化功能。在水生植物的根下养殖水体动物（如河蚬等），然后在水生动物下面挂置人工填料，当填料上微生物挂膜成功后，就形成了植物-动物-微生物的小系统，植物可以通过吸收、吸附作用净化水质，水生动物可以利用植物无法处理的较大有机颗粒，而生物膜中的硝化菌等也可以去除水体中的氮、磷元素。与传统或普通浮床比较，组合式生物浮床对总氮、氨氮等的去除率见表6-4。可以看出，组合式生物浮床对各种污染物质的净化率明显高于普通浮床，其中对总氮的去除率高出普通浮床18个百分点。

表6-4　组合式与普通的生物浮床去污效果的比较（%）

项目	COD	NH_4^+-N	TN	TP	SS
组合式浮床	51.11	79.32	64.14	—	82.15
普通浮床	37.33	74.54	45.95	—	50.99

组合式生物浮床不仅去除水体氮磷元素的效果优于传统的生物浮床，而且还具有提高水体可生化性的能力。有试验表明，利用空心菜-河蚬-微生物之间协同作用组合的生物浮床，可把水库的可生化性（生物可降解性，即水体的生化需氧量与化学耗氧量之比）由0.18提高到0.87，降低了水体无机污染物的相对含量。同时，浮床的植物根镶嵌在水生生物区的介质内，避免了草食鱼类对植物根系的采食，保障了浮床植物的正常生长。

组合式生物浮床的缺陷是，生物膜中硝化菌的数量不占优势，导致浮床的净化效果受到限制。污水中氮的去除方式，一方面是通过植物和基质的吸收，另一方面则是通过微生物的硝化、反硝化作用来完成的。其中通过反硝化作用将硝态氮和亚硝态氮转化为氮气排出是主要的脱氮方式，因此，反硝化细菌在浮床系统中起到重要作用。由于在大多数自然水生生态系统中，反硝化细菌的生长速度缓慢，在浮床和天然湿地系统中，短期的脱氮效果是有限的。

组合式浮床的另一个缺陷是容易受到水体成分的影响。反硝化细菌大多数是异养菌，其生命活动需要外来的碳源，如果水体中可作为反硝化细菌碳源的物质有限，就会大大制约反硝化作用的进程。

（三）加强型生物浮床

为提高脱氮除磷效率，获得更好的净水效果，可以把固相反硝化技术和微型曝气装置引入生物浮床工艺，形成加强型生物浮床，如利用海藻酸钙包埋固定小球藻和活性污泥混合物，可以起到固定微生物的作用。这种固定化微生物技术可以提高微生物浓度，加快反应速率，提高系统运行的稳定性，提高对氮、磷元素的去除效果和微生物的抗冲击负荷能力。如果采用聚乙烯醇固定反硝化细菌修复水体，这种采用固相反硝化技术的生物浮床，对总氮、NH_4^+-N、NO_3^--N、NO_2^--N、COD的去除率分别达到72.1%、100%、75.8%、95.5%、94.6%，而没有运用固相反硝化技术的生物浮床，对上述指标的去除率仅为50.4%、100%、22.4%、5.3%、39.9%。采用淤泥生物浮床处理富营养化水体，对总氮、总磷、NH_4^+ - N、叶绿素 a 的去除率可达到 36.3%、35.7%、44.3%、47.9%。将曝气技术引入生物浮床工艺中，可以解决生物浮床工艺不适合处理缺氧水体的难题，扩展生物浮床的应用范围。

二、生物浮床技术在实际中的应用

植物通过浓密根系生物网吸附水中悬浮物形成生物膜，膜中微生物吞噬和代谢水中有机污染物成为植物无机营养物质，经光合作用转化为细胞成分，无机物经细菌如硝化菌等，将无机物转化为有机营养要素，通过收割浮岛植物、捕获养殖生物剔除水中氨氮等无机污染物。同时，浮岛植物遮挡阳光抑制了水体藻类光合作用，减少浮游植物生长量，防止水华发生。植物根系向水中输氧构建不同氧气含量“根际区”，附着滋生适宜该区的微生物，降解水中各种污染物质，并通过对有机污染物矿化作用为植物提供生长所需无机养料。

生物浮床一般由浮床框架、植物浮床、水下固定装置和水生植物组成（图 6 - 2），浮床植物也有用陆生植物的，如用柳树苗、水稻等。

浮床框架：生物浮床已有商品销售，多为环保型聚乙烯或聚苯乙烯、聚丙乙烯材料，实际生产中有用废弃的泡沫板材（箱）自制的生物浮床，试验研究用的生物浮床，可根据试验目的设计制作双层或多层，各类生物浮床的栽培植物一般处在最上层的水面上。床体槽内可以镶嵌基质，固定植物。生物浮床适用于富营养化养殖池塘或循环水沉淀池等处，浮床结构要求稳定，经久耐用抗老化、无污染，耐腐蚀，所用材料易得且价格合理，同时可扩展，便于运输、易于拼接。泡沫材质浮岛式生物浮床具有使用成本低、操作简便、种植效果好且便于规模化生产与推广等优点。在大水面安装的轻质泡沫材料的浮床，在规避汛期洪水时，可以去掉固定绳索或锚后整体迁移。

植物浮床：植物生长的浮床床体一般叫做植物浮床，多由高分子轻质材料制成。使用较广泛的是聚苯乙烯泡沫板，这种材料具有耐酸碱、抗腐蚀、质轻价廉的优点，可在泡沫板上打孔，孔洞空间栽种水生植物。

水下固定装置：生物浮床的固定一般采用水下固定和河（湖）岸边固定两种方式。利用绳索与岸边或水下的锚连接固定，绳索要留有一定的幅度，防止水位上涨或者下降引起张力过大，拽断绳索，冲走生物浮床。

水生植物：水生植物一般具有三个特征，一是具有发达的通气组织，二是其机械组织不发达，甚至退化，三是水生植物在水下的叶片多分裂成带状、线状等，而且很薄。某种植物在它生命里全部或者大部分时间都生活在水中，并且能够在水中顺利繁殖下一代，我们就将这类植物称之为水生植物。

传统意义上的浮床主要依靠水生植物的截留、吸附、沉降、吸收等作用，净化水体中的污染物，常用于生物浮床栽培的植物有 80 多种，主要为一年生或多年生草本植物和花卉，也有用柳树苗等喜水木本的，这些植物到了冬季大部分会死亡或者休眠，使浮床的净化作用丧失，有的还会带来二次污染。因此，在以植物净化水体的浮床中，水生植物的选择至关重要（表 6 - 5）。

表 6-5 陕南地区常用的生物浮床植物

木本植物	草本植物			
	粮食	蔬菜	花卉	牧草
柳树苗	水稻	丝瓜、水芹菜、水蕹菜（蕹菜）、西洋芹、金针菜、香根草、茭白、空心菜、西洋芹	美人蕉、黄菖蒲、雨久花、海芋、凤眼莲、黄香蒲、鸢尾、旱伞草	黑麦草、荻、芦苇、牛筋草、浮萍、花叶芦竹、水花生

由表 6-5 可以看出，秦岭以南地区的生物浮床常用植物为蔬菜、花卉和牧草，以蔬菜作为生物浮床的栽培植物，可以增加水产养殖场的经济收入，解决员工的食堂水菜供给问题，节约企业的生活福利开支，这在非蔬菜生产区有现实意义。以花卉作为生物浮床的栽种植物，主要选择观赏类植物，在增加生产现场景观效果外，还可以在花卉市场销售，增加养殖场营业外收入。以牧草作为生物浮床栽培植物的，主要是为养殖的草食鱼类生产青饲料，在草鱼养殖池塘或网箱，可以直接投饲青饲料，这对降低养殖成本很有效果。

总之，生物浮床应选择适宜本地区水质条件、有较强抗污治污净化能力，根系发达且个体分株和生长速度快而且生物量大，同时具有一定景观价值或经济价值的水生植物，常用的为美人蕉、水蕹菜、西洋芹等挺水类植物，浮水类水生植物也有应用，漂浮类、沉水类的水生植物较少使用。

三、生物浮床的一般设计

由于水生植物或者花卉、牧草的除磷减氮效率有限，在实际组装生物浮床的过程中，一般采用复合生物浮床净化水质，主要是将浮床中的浮床框架做成凹槽状，在凹槽中填充一些降解氨氮或者去磷效率较高的基质，具体做法是在植物浮床的孔洞底部装上纱网，拖住植株，再填充基质固定植物，植物根须通过生长延伸到水体中，吸附和集聚水中营养物质和微生物，达到净化水体的作用。市场上已经有塑料制品的专用生物浮床，这种生物浮床可以根据水域面积的大小拼接，是由一个一个的凹槽拼接而成，凹槽底部是打孔的塑料板，可以直接将栽种植物放在凹槽中，根部通过凹槽孔伸延到养殖水体中汲取营养。

水生植物＋陶粒基质：组合浮床中的植物对微生物的数量和活性有重要作用，其自身对氮磷的去除仅是构成生物浮床除氮去鳞的一部分，整个生物浮床的除氮去鳞是植物吸收、基质及微生物之间协同作用的结果，这种协同作用可显著提高浮床的清污效果。用美人蕉作浮床植物，在其基部悬挂陶粒基质，基质对整个浮床的清污贡献率在30%以上，而且这种基质可以成为根系微生物的附着材料，增大微生物的集聚效果，提高整个生物浮床的清污功能。

水生植物＋水生动物＋微生物：这种设计是基于食物链物质循环原理和生物强化理论，在生物浮床中引入水生动物，通过食物链的加环作用，增加浮床系统中水生动物对藻类等颗粒性有机物的滤食和排氨氮作用，提高颗粒性有机物可溶化和无机化（氮化）

以及可生化性，改善植物吸收以及人工介质单元生物膜中微生物的基质条件，促进微生物的生长和活性，从而提高浮床的净化效果。李先宁等以空心菜、河蚬为试验材料构建生物浮床，20 天内对总氮、总磷的去除率达到 83.7%和 90.7%，并且水体的透明度也有大幅提高。

植物吸收＋滤料吸附＋生物挂膜：这种设计多以粉煤灰轻质陶粒和漂珠为装载材料，集成植物吸收、滤料吸附和生物挂膜为一体，粉煤灰轻质陶粒对氨氮等有吸附作用，植物本身通过根部可以吸收水体中的氨氮、磷酸盐等。挂膜一般由具有吸附作用的二氧化硅和三氧化二铝构成，多从火力发电厂粉煤灰中选取，这些材料的要求见表 6－6。刘雪梅等应用这种设计净化生活用水，用青菜、空心菜和美国四季青草模拟试验，污染水体的总磷、总氮和氨氮含量 30 天后去除 99.5%、99.0%、99.9%。

强化生物浮床（生物净化槽）：所谓强化生物床是指在普通生物浮床的基础上，在栽种浮床植物时，在植物之间交错相间的填充了生态纤维，这种纤维填料以醛化纤纶为基础材料，模拟天然水草形态加工而成。纤维顶端均匀系在圆形浮盘的周围，垂直悬挂于水面下，一般距离浮盘底部约 0.5 米，这样，浮床植物的根部在填料中交错生长，纤维填料增加了浮床中微生物的数量和种类，水生植物可以为微生物的生长提供适当的氧分子，这就强化了微生物与植物间的协同作用，增强了生物浮床对氨氮等污染物质的去除能力。以茭白作为浮床植物，这种组合浮床对水体总氮的去除率可达到 64.15%，高于普通浮床 19 个百分点。

表 6－6　粉煤灰陶粒和漂珠的物化指标

材　料	粒径（毫米）	堆积密度（千克/米^3）	表观密度（千克/米^3）	比表面积（米^2/克）	抗压强度（千帕）
漂　珠	0.4～0.6	250～265	500～600	0.08～0.12	10～12
陶　粒	3.0～5.0	300～340	900～1 050	4.00～4.58	20～26

生物浮床的其他设计：类似的生物浮床还有微曝气生物浮床系统，即在生物浮床系统中增加氧气供给装置，为系统中的微生物、水生动物等提供溶解氧，增加整个系统的活力。另一种是水生植物-生物绳系统，是在传统的生物浮床基础上，在浮床的底部悬挂麻绳或者聚苯乙烯纤维绳索，通过绳索强化植物—微生物之间的协同作用，提高水体净化效果。

主要参考文献

曹文平，王冰冰，2013. 生态浮床的应用及进展［J］. 工业水处理，33（3）：5－9.
江浩，吴涛，孙怡超，2009. 人工浮床不同植物对水质净化效果试验研究［J］. 海河水利（1）：12－13.
井艳文，胡秀琳，许志兰，等，2003. 利用生物浮床技术进行水体修复研究与示范［J］. 北京水利（6）：20－22.
李先宁，宋海亮，朱光灿，等，2007. 组合型生态浮床的动态水质净化特性［J］. 环境科学，28（11）：2448-2452.

李志斐，王广军，陈鹏飞，等，2013. 生物浮床技术在水产养殖中的应用概况［J］. 广东农业科学（3）：106－108.

马克星，吴海卿，朱海东，等，2011. 生物浮床技术研究进展评述［J］. 农业环境与展望（2）：60－64.

邱竞真，廖晓玲，胡云康，等，2009. 人工生物浮床床体材料的研究现状［J］. 重庆科技学院学报（自然科学版），11（6）：56－58.

屠清瑛，章永泰，杨贤智，2004. 北京什刹海生态修复试验工程［J］. 湖泊科学，16（1）：61－67.

王超，王永泉，王沛芳，2014. 生态浮床净化机理与效果研究进展［J］. 安全与环境学报，14（2）：112－116.

王金辉，丛海兵，柳敏，2011. 原位生物处理技术改善城市断头河水质研究［J］. 水生态学杂志，32（4）：13－17.

王景伟，李大鹏，潘宙，等，2015. 架设生物浮床对池塘养殖鱼类生长和肌肉品质特性的影响［J］. 华中农业大学学报，34（4）：108－113.

王瑜，刘录三，方玉东，等，2009. 生物操纵方法调控湖泊富营养化研究进展［J］. 自然科学进展，19（12）：1296－1301.

吴黎明，丛海兵，王霞芳，等，2010. 3 种浮床植物及人工水草去除水中氮磷的研究［J］. 环境科学，23（3）：12－16.

张毅敏，高月香，吴小敏，等，2010. 复合立体生物浮床技术对微污染水体氮磷的去除效果［J］. 生态与农村环境学报，26（增刊）：24－29.

章文贤，韩永和，卢文显，等，2014. 植物生态浮床的制备及其对富营养化水体的净化效果［J］. 环境工程学报，8（8）：3253－3258.

钟全福，2015. 浮床植物对养殖池塘水质的影响研究［J］. 中国农学通报，31（5）：70－74.

EILER A，BERTILSSON S，2004. Composition of freshwater bacteria communities with cyanobacterual blooms in four Swedish lakes［J］. Environmental Microbiology，16：1228－1243.

HUETTA D O，MORRISB S G，SMMITHA G，et al，2005. Nitrogen and phosphorus removal from plant nursery runoff in vegetated and unvegetated subsrface flow wetlands［J］. Waste Research，39：3259－3272.

KEFFALA C，GHRABI A，2005. Nitrogen and bacterial removal in constructed wetlands treating domestic waster water［J］. Desalination，185（1－3）：383－389.

WOLVERTON B C，MCDONALD R C，1978. Bioaccumulation and detection of trace levels of cadium in aquatic systems by eichhomia craipes［J］. Eviron Mental Health Perspectices（27）：161－164.

第七章

种草养鱼技术

种草养鱼是我国传统的鱼类养殖方法，是一种通过草食性鱼类套养滤食性鱼类，降低饲料投量和养殖成本，提高养殖经济效益的养殖方法。它通过减少人工饲料投饲而减少水体氨氮存留，保护了养殖水体。种草养鱼可以用肥沃的塘泥做为基肥，节省牧草栽种中的肥料成本，以草养鱼，以鱼的排泄物和水体残饵肥塘，形成生态系统的良性循环。我国南方的桑基鱼塘就是由这种方法衍生而来，形成内部循环的人工生态系统，这种桑基鱼塘要求挖深鱼塘，垫高基田，塘基植桑，塘内养鱼，是一种系统内物质能量循环的高效人工生态系统。桑基鱼塘的发展，既促进了种桑养鱼，又为养蚕业和缫丝业提供了桑叶和蚕丝原料。

第一节　种草养鱼的条件准备

采用种草养鱼技术，需要从池塘、饲料肥料、鱼种及青饲料种植几个方面进行准备，池塘的日常管理及疾病防治与常规的养殖方式基本相同。

一、池塘环境准备

单一青草养鱼的池塘要求通风向阳，塘埂不渗漏，水源充足，有完善的进排水系统，注水方便，水深不小于 1.5 米，并且每亩配备增氧机不小于 1.5 千瓦。鱼种放养前应彻底清洁池塘，用生石灰等消毒，空置晾晒池塘 1 周。按照池塘/饲料地＝1/(0.3～0.5) 的比例准备饲料生产地，在每年的 4～9 月能收割到新生野生杂草的地方，可适当降低饲料地配备量，代之以野生青草投饲。

以青草饲料作为鱼类养殖饵料主要营养物质供给源、补充精料或者全价配合饲料的鱼类养殖体系，池塘除了消毒和晾晒外，须将原养殖中存留在池塘的河蚬、螺蛳等淡水贝壳类清除，减少池塘溶解氧的无益消耗。由于投饵型池塘的底泥肥厚，容易引起池塘的富营养化，在采用这种饲料供给体系时，最好在池塘闲置期间进行清淤，挖去池塘沉积的底泥。

以青饲料作为鱼类饵料补充料的养殖体系，池塘以防渗漏为主，及时补充新水、提高水体溶解氧含量。这种投饵为主的供给制度，由于饵料的蛋白质和能量含量较高，容易导致池塘的缺氧和浮头，实际生产中，水源方便的地方可以采用此种养殖方式，使池塘不断有新水补充进来。

二、饲料肥料和青饲料准备

饲料准备要按照饵料系数计算结果，编制饲料生产计划和供给计划。种草养鱼分单一青草养鱼和青草＋精料（配合饲料）养殖两种模式，单一青草养鱼模式的饵料系数一般按30：1～40：1计算。在青草＋精料养鱼模式中，一般青草的饵料系数按（9～10）：1、精料的系数按1.6：1、有机肥的系数按1.6：1、无机肥的系数按0.1：1计算综合饵料系数。如一个家庭渔场计划年产5吨鲜鱼，采用单一青饲料养殖，需要计划生产或购置150～200吨的青饲料；如果采用青饲料＋配合饲料养殖模式，需要计划生产45～50吨的青饲料、生产或购置8吨的配合饲料、准备8吨的农家肥（有机肥）。计划年产10吨的鲜鱼，采用单一青饲料养殖需要年生产300～400吨的青饲料；采用青草＋配合饲料养殖模式，需要准备90～100吨的青饲料、16吨的配合饲料和16吨的有机肥（表7-1）。

表7-1　种草养鱼饲料供给计划

单位：吨

计划年产鲜鱼量		5	6	7	8	9	10
单一青草养鱼	青饲料	150～200	180～240	210～280	240～320	270～360	300～400
青草＋配合饲料	青饲料	45～50	54～60	63～70	72～80	81～90	90～100
	配合饲料	8.0	9.6	11.2	12.8	14.4	16.0
	有机肥	8.0	9.6	11.2	12.8	14.4	16.0

配合饲料可以用市场现购或自己加工生产的全价饲料，根据设计的饲料配方，进一步做出饲料原料采购或生产计划。没有青饲料市场收购条件的家庭渔场，青饲料的生产需要做出专门的生产计划，按照计划栽种青饲料品种的产量，做出青饲料生产计划。

种草养鱼常用的青饲料品种有苏丹草、黑麦草（宿根黑麦草）、紫花苜蓿、三叶草、饲用玉米等。试验表明，种草养鱼栽种多年生牧草为好，可连续刈割，保障均衡供给。多年生牧草中，苏丹草为常用品种，这种牧草产量高、年收割次数可以达到6次甚至以上。陕南地区试验栽种苏丹草、黑麦草，年亩产量可达2吨（表7-2）。如采用单一青饲料苏丹草养鱼，计划年产鲜鱼8吨，需要栽种苏丹草320/19.8=16.16亩，采用单一黑麦草养鱼需要栽种黑麦草320/16.8=19.05亩。

表7-2　陕南栽种苏丹草、黑麦草及野生狗牙根产量试验

单位：千克

名　称	播　期	收获时间	单茬亩产	年刈割	年亩产量	备注
苏丹草	4月	6月	3 300	6次	19 800	人工栽种
黑麦草	4月	6月	2 800	6次	16 800	人工栽种
岸杂狗牙根	4月	8月	1 750	4次	7 000	野生鉴定

刘超等以草鱼75%＋鲤鱼15%＋花白鲢10%不投饵试验青饲料养鱼，并与野生岸杂狗牙根比较，采食顺序是岸杂狗牙根→苏丹草→黑麦草。三草并存狗牙根食尽食苏丹草，苏丹草食尽食黑麦草；足量供给岸杂狗牙根，苏丹草和黑麦草弃食；足量供给苏丹草和黑麦草，黑麦草弃食。苏丹草茎叶分离投饲，采食顺序是叶舌→叶托→叶鞘→茎秆；叶

舌足量供给，其他部位依次弃食。岸杂狗牙根是草鱼、鲤鱼等的喜食牧草，但岸杂狗牙根的产量较低，采用市场收购岸杂狗牙根，养殖成本过高，不如采用苏丹草或黑麦草养鱼。从这个试验结果可以看出，鱼类对牧草的喜食部位并不相同，首先采食的是牧草的幼嫩部分，如牧草的嫩叶部分，在这些幼嫩部分不足以满足营养需要的情况下，采食粗纤维含量较低的部分，最后在牧草投饲不足的情况下采食牧草的茎秆部分。

测定这三种牧草的营养成分（表 7－3），岸杂狗牙根的干物质含量、粗蛋白质含量、粗纤维含量、粗灰分含量等均高于苏丹草和黑麦草，但粗脂肪含量低于苏丹草和黑麦草。引起鱼类喜食的原因可能是它的干物质含量和粗蛋白质含量高于苏丹草和黑麦草，表明鱼类对营养物质的需要首先是蛋白质的需要，且在相同采食量的基础上，优先采食蛋白质含量高的牧草。

表 7－3　苏丹草、黑麦草、狗牙根营养成分（%）

名　称	样品描述	DM	CP	CEE	CF	CA	NFE
苏丹草	播后 30 天	14.60	2.33	0.74	3.90	1.28	6.31
宿根黑麦草	播后 50 天	19.89	2.50	0.78	3.01	1.53	12.04
岸杂狗牙根	20±（5.8）厘米*	21.48	2.52	0.70	5.28	2.30	9.24

注：DM 干物质，CP 粗蛋白质，CEE 粗脂肪，CF 粗纤维，CA 粗灰分，NFE 无氮浸出物。* 地面第一茎长度。

栽种三种青饲料每亩的年生产成本见表 7－4。由表 7－4 可以看出，人工栽种这三种牧草的每亩年生产成本差异并不显著，其中岸杂狗牙根的成本略高于苏丹草和黑麦草，苏丹草和黑麦草和成本几乎相当。结合表 7－2 可以计算出这三种牧草的重量单位生产成本：

苏丹草单位生产成本＝1 098 元/亩÷19 800 千克/亩＝0.055 元/千克

黑麦草单位生产成本＝1 096 元/亩÷16 800 千克/亩＝0.065 元/千克

岸杂狗牙根单位生产成本＝1 119 元/亩÷7 000 千克/亩＝0.160 元/千克

表 7－4　苏丹草、黑麦草、狗牙根亩栽种年成本

名　称	种子费			土地租费（元）	播种收割等费（元）	有机底肥		化　肥		合计（元）
	播量（千克）	单价（千克）	费用（元）			用量（千克）	费用（元）	用量（千克）	费用（元）	
苏丹草	3	26	78	600	200	2 000	200	10	20	1 098
黑麦草	2	38	76	600	200	2 000	200	10	20	1 096
狗牙根	3	33	99	600	200	2 000	200	10	20	1 119

由于这些牧草对土壤的选择不严，也可以用坡地、山地、沟坎等草本植物可以生长的地方生产。土地资源丰富的地区，可以连片生产牧草，那就须进行成本核算，控制牧草生产成本，寻找牧草产量与养殖经济效益的最佳性价比。

用“草鱼 75%＋鲤鱼 15%＋花白鲢 10%”的“清水池塘＋鱼种”进行 90 天的试验，

测定青饲料饵料系数（表 7-5），苏丹草的饵料系数是 38.5，黑麦草的饵料系数是 30.3，岸杂狗牙根是 29.8，三草混饲饵料系数是 33.87。饵料系数也叫做增肉系数，是指饵料用量与养殖鱼类增重量的比值。饵料系数越低，养殖成本越低，养殖效益越高，饵料系数越高，养殖效益越低。鲜鱼体蛋白质含量按 20%计算，结合表 7-3，可以计算出这种池塘鱼的青饲料蛋白质沉积率，苏丹草的蛋白提质沉积率是：1×20%÷(38.5×2.33%) = 22.30%。同样方法计算可得黑麦草的蛋白质沉积率是 26.40%，岸杂狗牙根的蛋白质沉积率是 26.63%。

表 7-5 青饲料与配合饲料养鱼成本比较

饲　料	单价（元/千克）	饲料系数（FC）	饲料费用（元/千克）
苏丹草	0.06（0.30）	38.5	2.31（11.55）
宿根黑麦草	0.07（0.30）	30.3	2.12（9.09）
岸杂狗牙根	0.16（0.30）	29.8	4.77（8.94）
三草平均混合	0.097	33.87	3.07（9.86）
配合饲料	4.5*	1.8	8.10

注：* 取市场草鱼配颗粒饲料实际购买价格，括号内为青草市场收购价。

上述试验结果是“清水池塘＋鱼种”的试验结果，在实际生产中，由于池塘或库区水体含有大量的有机碎屑和浮游生物（有机池塘），这些生物体为鱼类生长提供了饵料，将导致青饲料的饵料系数可能要低一些。

表 7-5 显示，家庭渔场自己栽植牧草养鱼，若用苏丹草养鱼，每生产 1 千克鲜鱼的饲料成本是 2.31 元，而从市场收购苏丹草养鱼，每千克鲜鱼的饲料成本是 11.55 元；用黑麦草养鱼，自己栽植的每千克的鲜鱼饲料成本是 2.12 元，从市场购置黑麦草每千克鲜鱼的饲料成本是 9.09 元；用岸杂狗牙根生产鲜鱼，自己栽培的每生产 1 千克鲜鱼的饲料成本是 4.77 元，市场购置岸杂狗牙根养鱼饲料成本是每千克 8.94 元。显然，自己栽种牧草养鱼的成本低于市场购置，以栽种黑麦草的饲料成本最低。同时显示，从市场购置牧草养鱼每千克鲜鱼的饲料成本（8.94～11.55 元/千克）高于用配合饲料的成本(8.10 元/千克)，这可能是传统种草养鱼技术逐渐退出现代渔业生产的原因。但是，种草养鱼的生态意义明显，特别是草养的鱼类产品的有机性质将逐步被人们所认识。产品的重金属残留低、生产过程无生长添加剂和强效抗菌药物使用的特点，是现代渔业生产的产品所不具备的。

选择青饲料的栽种品种需要考虑养殖品种、土地条件、青饲料生产成本等因素，应因地制宜，分析当地的资源条件和养殖产品的市场情况。总体来说，自己栽种青饲料养鱼比单一用配合饲料和从市场收购青饲料养鱼合算，采用“青饲料＋配合饲料”的饲料供给制度，可以明显降低鱼类养殖的饲料成本。

三、种草养鱼常用鱼种及放养方法

种草养鱼常用的鱼种是以摄食水生高等植物为主，也摄食附着藻类和被淹没的陆生嫩草、树叶（如桑树叶）、果菜叶等的草食性鱼类。常见的草食性鱼类有草鱼、鳊鱼和团头鲂等。部分杂食性鱼类有摄食青草、树叶、果菜叶的习性，如鲤鱼、鲫鱼、鲴鱼、丁桂鱼等，这些鱼常以水中浮游生物、昆虫、藻类、底栖动物、动植物碎屑为食源，在生产中可以投饲幼嫩青草养殖。草食性鱼类、滤食性鱼类和杂食性鱼类有时也统称净水鱼类。无论是草食性鱼类还是杂食性鱼类，要提高增重率就需要投饲一定的精料补饲，才能在计划时间内达到目标体重和上市规格，单纯依靠青草养殖往往增重速度较慢，短时间内难以达到上市规格。

种草养鱼的主养品种是草鱼，也可套养滤食性鱼类和杂食性的鲤鱼等品种，一般主养品种占整个养殖量的60%以上。在饮用水涵养地养鱼的水体中，种草养鱼以净水鱼类养殖为主体。只要对养殖鱼群进行合理的搭配套养，利用滤食性、草食性鱼类，以及以食浮游生物、藻类、水草和有机碎屑为主的鱼类，都可以起到净水的效果，包括青鱼、草鱼、鲢鱼、鳙鱼、鲂鱼、细鳞斜颌鲴等品种。这些鱼类能够最大限度地利用水体中的饵料，净化水质，保障水体质量稳定。杂食性鱼类采用“青草+配合饲料”的模式套养，也可以起到净化水体的作用。滤食性鱼类以外的鱼类也可以统称为吃食性鱼类，也有消解水体中杂质的作用，套养的比例得当，同样可以起到净水的作用，如吃食性鱼类中的肉食性鱼类可以处理水体中的死鱼、阻止其污染水质，可以捕食水体中的野杂鱼，防治野杂鱼过量增长、排泄物污染水质。

为保障水体质量，防止养殖水体污染影响鱼类生长、危害鱼类健康，鱼种的放养量及套养比例应考虑水体的来源和去向。干流是饮用水涵养地的水体，需要对其支流的养殖量做出具体规划，尽量选用生态养殖模式，并对主养套养量的比例进行控制，防止投饵型吃食性鱼类养殖比例过高，污染养殖水体。

一般非滤食性鱼类干流主养比例不大于总量的60%（尾数），支流主养比例不大于60%～80%（重量），滤食性鱼类套养比例不小于20%～40%（表7-6）。套养比例上干流中滤食性鱼类大于40%，杂食性鱼类及肉食性鱼类小于25%，草食性鱼类不小于35%；支流滤食性及草食性鱼类超过65%（表7-7），这种规划主要考虑支流是池塘养殖的主要产区，净水鱼类养殖比例过高会降低养殖效益，同时要照顾现有群众的养殖技术水平，引导群众自觉探索吃食性鱼类的套养比例，积极推进渔业生产逐步向生态养殖方向发展。

表7-6　陕南某库区鱼类养殖推广结构（%）

养殖水源	汉江流域水库大水面网箱养殖		汉江干流支流池塘养殖	
	滤食性鱼类	吃食性鱼类	滤食性鱼类	吃食性鱼类
汉江干流	≥50	≤50	≥40	≤60
一级支流	≥40	≤60	≥35	≤65
二级支流	≥30	≤70	≥30	≤70
三级支流	≥20	≤80	≥25	≤75

注：网箱养殖按尾数计算比例，池塘养殖按重量计算比例。

表 7-7 陕南某市集约养殖鱼类套养推荐比例（%）

养殖水源	汉江流域大水面网箱养殖				汉江干流支流池塘养殖			
	滤食性鱼类	吃食性鱼类			滤食性鱼类	吃食性鱼类		
		草食性	杂食性	肉食性		草食性	杂食性	肉食性
汉江干流	≥50	≤20	≥15	≤15	≥40	≥25	≤20	≤15
一级支流	≥40	≤25	≥25	≤10	≥35	≥30	≤25	≤10
二级支流	≥30	≥30	≤30	≤10	≥30	≥35	≤30	≤5
三级支流	≥20	≥35	≤40	≤5	≥25	≥40	≤35	少许

注：网箱养殖按尾数计算比例，池塘养殖按重量计算比例。

鱼种放养密度根据水流速度、水体微生物含量及溶氧量等指标确定（表 7-8），养殖密度根据主养套养模式和鱼类食性，以体重大小计算，也有以尾数计算套养比例的，这对大规模养鱼的鱼类分拣工作量相当大。实际中的做法是，随机抽样测定放养鱼类的体重，取这个体重测定结果的均值，然后按总重量与鱼的个体平重量的比值计算实际放养的尾数。使用网箱进行大水面养殖的，按月清除网箱附着藻类等，保持网箱内外通透，根据网箱的体积大小确定放养数量，每立方米水体放养鱼种数量不超过 120 尾，并需要根据鱼种的长势不断调整养殖密度，逐步疏解网箱养殖量。

表 7-8 陕南某库区集约养殖鱼种水面放养密度

单位：尾/米^2

养殖种类	单养（主养）		套　养		备　注
	网箱	池塘	网箱	池塘	
滤食性鱼类	≥10；≤30	≥2；≤5	≥20；≤40	≥3；≤6	套养中主养滤食≥70%
吃食性鱼类	≥20；≤40	≥3；≤5	≥30；≤50	≥4；≤6	套养中主养吃食≥70%

注：按体重 100 克标准计算，非标准体重按实际体重乘以表内数据除以 100 计算。

主养滤食性鱼类的网箱和池塘，滤食性鱼类在鱼群中的比例应大于 70%，主养吃食性鱼类的，吃食性鱼类的养殖比例大于 70%。大水面养殖的，流速小于每秒 0.5 米的水体应安装不小于每公顷 6 千瓦的增氧设备；池塘养殖的按照常规的增氧机械配备动力，对重要鱼类或鱼苗的养殖池塘，有条件的养殖单位，可安装 2 部增氧机，1 台工作，1 台备用。

四、池塘和饲料的管理

种草养鱼池塘根据鱼体生长和季节变化，在不同时期可使用不同的青饲料，以栽种的牧草品种收获季节调整青饲料供给制度。池塘管理上要经常观察水体颜色，防止富营养化，特别是大量饲用青饲料后，水体容易老化，注意经常换水，保持池塘水体的新鲜。同时，没有采食完的青饲料应及时捞出，防止腐烂腐败污染水质。在疾病防治上，应当以寄生虫防治为重点，若对草田使用没有发酵成熟的农家肥，更应注意寄生虫病的发生。

一般20天对池塘水体消毒一次，用生石灰或者商品生产的消毒剂均可，在炎热的投饵季节，用生石灰消毒效果较好。种草养鱼在池塘管理上的其他要求与常规池塘养殖要求相同。

在青饲料的供给量上，单一采用青饲料养殖的池塘或网箱，按草食性鱼类总重量的40%～60%计算每天的投饲量，分3次投饲。在采用“青饲料+配合饲料”的网箱或池塘中，按草食性鱼类总重量的20%～40%投饲青饲料，并结合水温水质变化调整投饲量。大体原则是，环境温度在草食性鱼类适宜环境温度范围的，按青饲料的最大投饲量投喂，可按池塘网箱养殖总重量的60%投喂；在适宜环境温度范围外的，按环境温度每增加2℃减少青饲料最大投饲量的5%比例，核减青饲料投饲量；环境温度低于养殖鱼类适宜环境温度的可按青饲料最大投饲量投喂，不核减青饲料用量。

从饲料报酬上说，鱼类幼龄期的饲料报酬高于成鱼期，但鱼类幼龄期的采食量较小，成鱼期的采食量大于幼龄期，所消耗的饵料绝对量远高于幼龄期鱼种。在数理计算上，幼鱼的特定生长率高于成鱼，饲养期间的日增重高于成鱼期。在青饲料投饲上，为提高饲料报酬和幼鱼的日增重量，宜采用少给勤添的供给制度，既能提高饲料报酬也能减少青饲料浪费。

第二节　青饲料的栽培

一、青饲料的茬口安排

牧草栽种的茬口就是指在牧草地栽种季节性牧草的次序和牧草种类，其中前季的牧草叫做前茬，后季的牧草叫做后茬，简单地说，就是栽种牧草的种类和轮作的次序。鱼类的牧草栽种季节比较集中，多在每年的4～5月，而鱼类的采食高峰期一般在每年的6～11月，茬口安排的重点是考虑牧草投饲期间的前后营养和适口性搭配问题，如果能将牧草的生长旺盛期安排在鱼类采食的高峰期，就能够主要依靠青草满足鱼类生长发育的营养需要。所以，应根据草食性鱼类的饵料需求，合理确定青绿饲料的茬口。总的原则是各期青饲料的供应量能满足池塘中所养主要品种鱼类的各个生长期的饲料供给，安排好不同牧草间的茬口衔接，使鱼类在采食季节内都能采食到青饲料。

一般来说，草食性鱼类的青草需求量占全年供应量的大致比例是：3～5月占15%，6～8月占70%，9～11月占15%。根据这一规律，可以这样安排青绿饲料的种植茬口，10月份种植宿根黑麦草，搭配种植一些红三叶、白三叶，大致比例为8∶2，耕作方式以条播为好，行距20～30厘米，播种量按黑麦草籽种每亩2.0～2.5千克，红三叶每亩0.75～1.0千克，白三叶每亩0.5～0.6千克（每个品种实际播种量根据播种面积中该品种所占份额换算来确定）；第2年4月在黑麦草行间套栽杂交狼尾草，单株移栽，行、株距60～70厘米。这样就可以保证草食性的鱼在生长期内都有适口性较好的青绿饲料供应。

在种草养鱼模式中，牧草的茬口安排还要考虑养殖鱼类的品种结构，草食性鱼类一般喜食禾本科牧草，而且禾本科易于栽培和成活，生物产量也高，以草食性鱼类为主的种草养鱼，应当在牧草栽种比例中多安排禾本科牧草。而杂食性的鱼类，如鲤鱼、鲫鱼、鳊鱼喜食豆科牧草，在安排牧草栽种茬口时需要考虑这些鱼类的采食习性。

水体中的水生植物，也提供一定数量的营养物质给草食性及杂食性鱼类，如苦草、眼子菜、轮叶黑藻等都是鱼类喜食的水生饵料植物。草食性、杂食性鱼类能够采食的陆生旱生植物，是种草养鱼的主要饲料的主要来源，如饲用玉米（墨西哥玉米）、狼尾草、冰草、象草、皇竹草、苜蓿等，可根据养殖的茬口安排栽种。

二、牧草栽培的面积比例

青饲料养鱼的饵料系数一般为20～30千克，投饲30千克优质牧草可增重草鱼、鳊鱼1千克，同时带养出0.3～0.5千克的鲢鱼和鳙鱼。在农户家庭农场式的饲料自给系统中，牧草的栽种面积可按照不同的生产条件进行计算。

第一种生产模式是非轮作性栽种。这种模式是常年仅生产一种鱼用牧草，并能被混养的多种草食鱼类摄食，如饲用玉米、苏丹草、岸杂狗牙根、紫花苜蓿等，草食性鱼类都能摄食，可按照池塘计划产鱼量、青饲料的饵料系数、该饲料平均每茬单位面积产量及该饲料连作茬数等参数进行计算。需要注意的是，各种牧草养鱼的饵料系数不同，需要按照不同饵料系数分别计算青饲料需要量。

例如，某家庭渔场计划年度产鱼20吨，其中草鱼15吨、鳊鱼3吨、鲤鱼2吨，牧草栽种的是墨西哥玉米、苏丹草两种，计划用墨西哥玉米投喂草鱼、鳊鱼池塘，苏丹草投喂鲤鱼池塘。已知墨西哥玉米全年平均亩产8吨，养殖草鱼、鳊鱼的饵料系数是30，苏丹草全年平均亩产5吨，养殖鲤鱼的饵料系数是28，各种牧草的栽种面积是，墨西哥玉米（15+3）×30/8=67.5（亩），苏丹草2×28/5=11.2（亩）。

第二种生产模式是轮作型栽种。这种模式是全年采取两种以上饲料作物轮作土地，在前半年收获牧草后进行当年的第二次栽种，可按照饲料需要量=草食鱼类计划产量×该牧草的饵料系数×前半年鱼类采食量占全年摄食量的比例，计算出前半年的饲料需要量，同样方法可计算出后半年的饲料需要量，然后计算出播种各种牧草的面积和栽培时间（季节）。

在生产实际中，养殖户根据水面的满负荷养殖量，总结出大体1亩水面搭配0.2～0.5亩的草地的经验。若管理良好，就可以在不投配合饲料或者少投其他饲料的情况下，实现亩产500千克以上的成鱼。

三、鱼类牧草的刈割方法

牧草刈割的过程是人为干预牧草生长和繁育的过程，这种干预的结果使牧草得到了利用和管理。牧草刈割方法既影响第二茬的产量，也影响种草田块以后的栽种品种。张家恩等以圭亚那柱花草（*Stylosanehes guianensis*）为试验材料，研究表明刈割强度对牧草根区土壤有机质、全磷和全钾含量无显著影响，但土壤全氮、碱解氮、速效磷、速效钾含量及蔗糖酶活性、脲酶活性依刈割强度而显著下降，过氧化物酶活性依刈割强度而升高，土壤微生物总量依刈割强度而下降。张雪等研究表明，刈割可降低牧草根深、根长及根表面积，刈割的留茬高度影响根长的密度。樊江文等研究发现，红三叶在显蕾后、开花前刈割产草量最高，鸭茅牧草在株高30厘米时刈割，其干鲜比、茎叶比比较适宜家畜采食，同时，再生牧草随刈割次数的增加生长到同一刈割时期的时间缩短，植株高度降低。杨健研究测定，紫花苜蓿在株高50厘米时刈割的干草粗蛋白质含量高于30厘米和70厘米时的干草含量。阿依古丽·达嘎尔别克等人用天然草场中混割的豆科和禾本科牧草混样研究，发现 8 月份刈割牧草比 7 月份刈割牧草的叶径比、粗蛋白质含量显著降低，而中性洗剂纤维和酸性洗剂纤维显著增加，表明天然草场的牧草收获期以 7 月份合适。

牧草的合适收获期应当根据牧草本身的生长发育规律及养殖对象的消化特点确定，由于鱼类消化粗纤维的能力有限，牧草的收获主要考虑叶量多、茎秆幼嫩的特点，通过增加年刈割次数提高牧草的幼嫩程度。以苜蓿为例，如果用作家畜的干制冬储料，首次刈割时期应当选择在显蕾期，之后每年在 1/10 花期收割，如果春季播种，首次刈割为中花期或盛花期。其他牧草的刈割方法是：鸭茅、猫尾草、高羊茅的首次刈割为孕穗至抽穗初期，再生草每隔 4～6 周刈割 1 次；白三叶、红三叶、箭三叶、绛三叶（鱼类少用）首次刈割在初花期；燕麦、大麦、小麦首次刈割在孕穗至抽穗初期；大豆首次刈割在初花至盛花期，并在下层叶片脱落之前刈割；岸杂狗牙根首次刈割高度为 30～40 厘米，之后每隔 4～5 周刈割 1 次，或者高度达到 35 厘米刈割；苏丹草、高丹草、美洲狼尾草首次刈割在植株高 75～100 厘米时。

例如，以黑麦草和狼尾草养殖草鱼，其饲料生产可这样安排，10 月份条播宿根黑麦草，至第 2 年 3 月份，黑麦植草株高 20～30 厘米时，可刈割青草投喂草鱼、鳊鱼和团头鲂。刈割时留茬 3～5 厘米，年可刈割 6～8 次，每亩可收获黑麦草 4 000～7 500 千克。为加快草的生长，每 10～20 天需施肥、浇水 1 次，每亩施尿素 15 千克。4 月下旬套栽杂交狼尾草，到 5 月中下旬，杂交狼尾草株高长至 90～100 厘米，就可开始刈割喂鱼。杂交狼尾草留茬 10～15 厘米，刈割后每亩施尿素 20 千克，进行中耕、培土。培土是保证根系发育、促进分蘖和生长的重要措施，一般培土厚度 10～15 厘米，每亩可收获鲜草 5～10 吨。按照这样安排，就可以保证鱼类在当年的整个生长期内都有充足的青绿饲料供给。

四、鱼类牧草的投喂

在池塘中用竹子（绑上泡沫浮球）搭建 2～3 平方米的长方形食场（也叫投饵框），食场的个数视塘口面积而定，放在池塘的上风口，将青绿饲料直接投放在食场中，让鱼类自由摄食。要求现割现投，确保新鲜，投喂量以当天全部食完为宜。剩余的草料要及时捞出，以防因沤制引起水质恶化，诱发鱼病。由于网箱本身就是一个养殖单元，面积小于 1 000 平方米的网箱可不搭建投饵框，直接将饲料投入网箱即可。

以野外刈割陆基杂草投喂养鱼的，在投喂青草前，应当仔细分拣，弃除牧草中的有毒植物，特别是因林业防护，对牧草进行了农药喷洒，或者施用了化肥不久的牧草，有条件的要清洗饲用。在栽种的牧草或野生牧草中，有时也会混杂一些共生或寄生的有毒植物植株，应当认真鉴别，特别是对鱼类毒性较大的牧草或灌木，如大猪草、断肠草等，投饲前应当从投饲青草中分拣出来，防止鱼类误食中毒。

池塘或网箱投饲青草饲料后，鱼类未采食完的青饲料残饵，应及时清除，在池塘或网箱中浸泡超过 2 天的青饲料，不能继续用来喂鱼，防止亚硝酸盐中毒。

第三节　种草养鱼常用的牧草

鱼类按其食性通常分为四种类型，一是滤食性鱼类，如鲢、鳙、沙丁鱼等，以食浮游生物为主，这类鱼也食水体中的植物性碎屑。二是草食性鱼类，以食植物为主，包括水体中的藻类、浮游植物、水生植物和陆生的部分植物，如草鱼、鳊鱼、团头鲂等，这类鱼也食肉类饵料，只不过经肠内容物分析，植物性饵料达到70%以上。三是肉食性鱼类，如鳡、狗鱼、乌鳢、青鱼等，以食浮游动物和肉食饵料为主，偶尔食用浮游植物。四是杂食性鱼类，如鲤鱼、鲫鱼等，既食肉类饵料，也食植物类饵料，日常的肠内容物以所处水域的优势饵料为主体，当所处水域的植物性饵料较多时，肠内容物以植物性食糜为主体，当所处水域动物性饵料较多时，肠内容物以动物性食糜为主体。

有学者认为，淡水鱼类大部分都可以划分为杂食性鱼类，只是不同季节所采食的饵料主体不同而已。草食性鱼类除了摄食水中的浮游植物外，也摄食陆生嫩草及瓜果蔬菜，将这些草本植物的植株投放到养殖水体，就成为草食鱼类的青饲料饵料，有关研究测定，每20～30千克的青饲料可使草鱼增加体重1千克。常用的草食性鱼类青饲料主要分布在禾本科牧草中，豆科和其他科的牧草也有部分可以用作草食性鱼类的青饲料。

一、玉米

玉米（*Zea mays* L.）是单子叶植物纲、禾本目、禾本科、黍亚科、玉蜀黍族、玉蜀黍属、玉米种的一年生草本植物，别名玉蜀黍、棒子、包谷、包米、包粟、玉茭、玉麦、御麦、芦黍、苞米、珍珠米、苞芦、大芦粟等。

玉米是一年生雌雄同株异花授粉植物，植株高大，茎强壮，秆直立，通常不分枝，高1～4米（因品种而异），基部各节具气生支柱根（地表上的根）。叶鞘具横脉；叶舌膜质，长约2毫米；叶片扁平宽大，线状披针形，基部圆形呈耳状，无毛或具疵柔毛，中脉粗壮，边缘微粗糙。顶生雄性圆锥花序大型，主轴与总状花序轴及其腋间均被细柔毛；雄性小穗孪生，长达1厘米，小穗柄一长一短，分别长1～2毫米及2～4毫米，被细柔毛；两颖近等长膜质，约具10脉被纤毛；外稃及内稃透明膜质，稍短于颖；花药橙黄色，长约5毫米。雌花序被多数宽大的鞘状苞片所包藏；雌小穗孪生，呈16～30纵行排列于粗壮之序轴上，两颖等长，宽大无脉具纤毛，雌蕊具极长而细弱的线形花柱。颖果球形或扁球形，成熟后露出颖片和稃片之外，其大小随生长条件不同而差异，一般长5～10毫米，宽略过其长，胚长为颖果的1/2～2/3。夏季生长，花果期秋季。我国各地均有栽培，世界热带和温带地区广泛种植，为重要谷物。

玉米是喜温作物，全生育期要求较高温度，生物学有效温度为10℃。种子发芽要求6～10℃，低于10℃发芽慢，16～21℃发芽旺盛，发芽适温28～35℃，40℃以上停止发芽。苗期能耐短期－2～－3℃的低温。拔节期要求15～27℃，开花期要求25～26℃，灌浆期要求20～24℃。不同玉米品种对温度的要求也不尽相同，早熟品种要求积温2 000～2 200℃，中熟品种2 300～2 600℃，晚熟品种2 500～2 800（3 000）℃。世界玉米产区多数集中在7月份等温线为21～27℃、无霜期为120～180天。

玉米是短日照植物，在短日照（8～10小时）条件下可以开花结实。玉米的植株高，叶面积大，因此需水量也较多。玉米生长期间最适降水量为410～640毫米，干旱影响玉米的产量和品质。一般认为夏季雨量低于150毫米的地区不适于种植玉米，但降水过多，影响光照，增加病害、倒伏和杂草危害，也影响玉米产量和品质的提高。在现代栽种中，由于有人工灌溉条件，缺水已经不能影响玉米产量。玉米对土壤要求不十分严格，土质疏松，土质深厚，有机质丰富的黑钙土、栗钙土和沙质壤土，pH 在 6～8 时都可以种植。

作为牧草使用的玉米，要求在玉米的生物量最大时期收获，如奶牛场做青贮饲料用的玉米一般在乳熟期（玉米棒子适宜煮熟直接食用）收获，做鱼类青饲料也可在乳熟期前的一段时间收割，直接投饲，这两种方法都是在玉米的蛋白质含量最高、生物量最大时期刈割，可以充分利用玉米的牧草特性。

栽种牧草的玉米品种主要为墨西哥玉米（*Euchlaena mexicana*），又名大刍草，为单子叶植物纲、禾本目、禾本科、类蜀黍属、墨西哥玉米种的一年生草本植物，有的地方也称之为饲用玉米（其实饲用玉米是一个专门培育的品种）（彩图 4）。该玉米植株形似粮食作物的玉米，分蘖多，茎直立，高 2.5～4 米，粗 1.5～2 厘米，喜高肥环境。最适发芽温度 15℃，生长最适温度 2～35℃，能耐受 40℃高温，不耐霜冻，气温降至 10℃停止生长，0℃时植株枯黄死亡。需水量大，但不耐水淹。对土壤要求不严，且耐酸、耐水肥、耐热，再生力强，生育期为 200～230 天。种植墨西哥玉米，要求土壤深耕，施足基肥，修好排水沟，每亩播种量 300～500 克，直播行距 60 厘米。播种后 30～50 天内，幼苗生长慢，要注意除草。苗高 40～60 厘米时中耕培土，追施氮肥，干旱时浇水。也可育苗移栽，苗高 30 厘米时移入，每穴 1 苗，植后浇水，育苗产量比直播的高。

墨西哥玉米是遗传稳定的青饲料类玉米新品种，具有分蘖多、叶量大而鲜嫩、再生性和适口性好、高产优质的特点，是草食畜、禽、鱼类极佳多汁青饲料，多用于青饲、青贮。在株高 1～1.5 米时刈割可用作草食性鱼类的青饲料，在适宜的密度和水肥条件下栽培，年刈割 7～8 次，亩产鲜青茎叶 10～15 吨。在开花抽穗后刈割可用做作奶牛、肉牛的青贮料。墨西哥玉米粗蛋白含量为 13.68%、粗纤维含量 22.73%、赖氨酸含量为 0.42%，达到高赖氨酸玉米粒含赖氨酸水平，因而它的消化率较高，投料 22 千克即可养成 1 千克鲜鱼，用其喂奶牛，日均产奶量也比喂普通青饲玉米提高 4.5%。专做青贮时，可与豆科的大翼豆、山蚂蟥等蔓生植物混播，以提高青贮质量。

二、紫花苜蓿

紫花苜蓿（*Medicago sativa* L.）为被子植物门、双子叶植物纲、原始花被亚纲、蔷薇目、蔷薇亚目、豆科、蝶形花亚科、车轴草族、苜蓿属、紫花苜蓿种草本植物，别称紫苜蓿、牧蓿、苜蓿、路蒸。原产于小亚细亚、伊朗、外高加索一带。世界各地都有栽培或呈半野生状态，欧亚大陆和世界各国广泛种植为饲料与牧草。多生于田边、路旁、旷野、草原、河岸及沟谷等地。

紫花苜蓿（彩图 5）为多年生草本植物，高 30～100 厘米，根粗壮，深入土层，根茎发达。茎直立、丛生至平卧，四棱形，无毛或微被柔毛，枝叶茂盛。种子卵形，长 1～2.5 毫米，平滑，黄色或棕色。花期 5～7 月，果期 6～8 月。羽状三出复叶；托叶大，卵状披针形，先端锐尖，基部全缘或具 1～2 齿裂，脉纹清晰；叶柄比小叶短；小叶长卵形、倒长卵形至线状卵形等大，或顶生小叶稍大，长 5～25 毫米，宽 3～10 毫米，纸质，先端钝圆，具由中脉伸出的长齿尖，基部狭窄，楔形，边缘 1/3 以上具锯齿，上面无毛，深绿色，下面被贴伏柔毛，侧脉 8～10 对，与中脉成锐角，在近叶边处略有分叉；顶生小叶柄比侧生小叶柄略长。

花序总状或头状，长1～2.5厘米，具花5～30朵；总花梗挺直，比叶长；苞片线状锥形，比花梗长或等长；花长6～12毫米；花梗短，长约2毫米；萼钟形，长3～5毫米，萼齿线状锥形，比萼筒长，被贴伏柔毛；花冠各色：淡黄、深蓝至暗紫色，花瓣均具长瓣柄，旗瓣长圆形，先端微凹，明显较翼瓣和龙骨瓣长，翼瓣较龙骨瓣稍长；子房线形，具柔毛，花柱短阔，上端细尖，柱头点状，胚珠多数。荚果螺旋状紧卷2～4（6）圈，中央无孔或近无孔，径5～9毫米，被柔毛或渐脱落，脉纹细，不清晰，熟时棕色；有种子10～20粒。种子卵形，长1～2.5毫米，平滑，黄色或棕色。花期5～7月，果期6～8月。

由于苜蓿蛋白质含量较高，使用紫花苜蓿养鱼，要注意因采食过量引起肠道发酵臌气的情况。草食性鱼类特别是草鱼容易出现腹胀鼓气症状，在投饲苜蓿时宜采用少给勤添的投饲方式，并注意随时观察鱼群采食状况，出现采食行为迟缓、抢食动作不敏捷的情况，要停止投饲，等到鱼群恢复日常的采食行为和抢食状况后，再添加饲草。套养白鲢花鲢的草食性鱼类养殖池塘，在出现白鲢花鲢鱼群结对漫游、精神沉郁时，应减少苜蓿饲料的投饲。

三、苏丹草

苏丹草［*Sorghum sudanense*（Piper）Stapf.］为单子叶植物纲、莎草目、禾本科、黍亚科、高粱族、高粱属、苏丹草种一年生草本植物。原产于非洲的苏丹高原，世界各国均有引种栽培，是一种优质青饲料。

苏丹草为圆锥花序狭长卵形至塔形，较疏松，长15～30厘米，宽6～12厘米；主轴具棱，棱间具浅沟槽，分枝斜升展开，细弱而弯曲，具小刺毛而微粗糙；下部的分枝长7～12厘米，上部者较短，每分枝具2～5节微毛。无柄小穗长椭圆形，或长椭圆状披针形，长6～7.5毫米，宽2～3毫米；第一颖纸质，边缘内折，具11～13脉，脉可达基部，脉间通常具横脉，第二颖背部圆凸，具5～7脉，可达中部或中部以下，脉间亦具横脉；第一外稃椭圆状披针形，透明膜质，长5～6.5毫米，无毛或边缘具纤毛；第二外稃卵形或卵状椭圆形，长3.5～4.5毫米，顶端具0.5～1毫米的裂缝，自裂缝间伸出长10～16毫米的芒。雄蕊3枚，花药长圆形，长约4毫米；花柱2枚，柱头帚状。颖果椭圆形至倒卵状椭圆形，长3.5～4.5毫米。有柄小穗宿存，雄性或有时为中性，长5.5～8毫米，绿黄色至紫褐色；稃体透明膜质，无芒，花果期7～9月。

苏丹草喜温，为春季发育型禾草，在气候温暖雨水充沛的地区生长最繁茂。种子发芽最适温度为20～30℃，最低温度8～10℃，在适宜条件下，播后4～5天即可萌发，7～8天全苗。播后5～6周，当出现5片叶子时，开始分集，生长速度增快，出苗后80～90天开始开花。刈割高度与再生能力有直接关系，一般留茬高度以7～8厘米为宜。生育积温2 200～3 000℃，在温度12～13℃时几乎停止生长。幼苗低于3～4℃时往往招致冻伤，甚至死亡。

苏丹草对土壤要求不严，在弱酸和轻度盐渍土壤能生长，但在过于湿润、排水不良或过酸过碱地的土壤上生长不良，在黑钙土、暗粟钙土上生长良好。其前作最好是多年生豆科牧草或多年生混播牧草。播种时选籽粒饱满、无病虫的种子，播前晒种1～2天，然后用0.2%的磷酸二氢钾或温水浸种6～8小时，以打破休眠，提高种子发芽率。此外，用粉锈宁拌种可预防锈病的发生。一般在4月上旬至6月，当表土10厘米处地温达12～14℃即可开始春播。为保证整个夏季能持续生产青绿饲料，应采取分期播种，每期相隔20～25天，最后一期播种应在重霜前80～100天时进行。多采用条播，播种量主要根据土壤水分条件而定。干旱地区，宜采用宽行条播，行距45～60厘米，播种量每公顷25～30千克。如土壤水分条件好，以采用窄行条播有利，行距30厘米左右，播种量每公顷30～37.5千克，播种深度一般为4～6厘米，如表土过干，应加镇压以利出苗。

苏丹草根系发达，在整个生长期，要从土壤中吸收大量的养分，固应深耕。可在播种前一年深翻耕，并施足底肥。一般每公顷施厩肥1 500～2 250千克，或每公顷施30%的复合肥450～600千克，以养鱼池塘清淤所得的塘泥做底肥效果更好。在干旱地区和盐碱土地带，为减少土壤水分蒸发和防止土壤碱化，可不翻动土层重耙灭茬，翌年早春及时镇耙或于春末直接开沟播种。在田间管理上，早春播种的苏丹草，由于气温低，苗期长，容易受到各种杂草的侵袭，在苗高10～30厘米时应中耕除草一次，其后视杂草出现和土壤的板结情况，再中耕一次。苏丹草出现分蘖以后，杂草因苏丹草遮阳不能生长，草田不再需要除草。苏丹草的根系强大，吸收肥料能力强，对氮磷肥料需要量高，分蘖期、拔节期以及每次刈割后，应及时灌溉施肥。

苏丹草的收获期应考虑到它的产草量、营养价值以及再生力，自抽穗到乳熟期，产草量基本上无多大变化，但营养成分则差别很大。抽穗期刈割的苏丹草，干物质中粗蛋白质含量比开花期刈割的要高出近90%，而粗纤维含量则为开花期的70%多。因此从青饲料的产量和品质考虑，苏丹草在抽穗至盛花期刈割。调制干草以抽穗期刈割最佳，过迟会降低适口性；青饲以孕穗期利用最好，这时营养价值、利用率和适口性都高；青贮可推迟到乳熟期。

苏丹草的刈割高度与再生能力有直接的关系，一般留茬高度为7～8厘米，留茬过低影响再生。在气候寒冷，生长季较短的地区，第一茬刈割不宜过晚，否则第二茬草产量低。苏丹草的产草量，决定于气候和栽培条件。栽培的苏丹草一年能刈割2～6次，青草产量为每公顷45～75吨，以第一茬产草量最高，以后逐次降低。

苏丹草干物质含量较低，但营养价值较高，适口性好，一般每年刈割2～4次，适于青饲，也可青贮和调制干草。供牛、羊、猪、马等家畜放牧采食，无患膨胀鼓气病之虞。一般第一次放牧在拔节初期，第二次在孕穗期，第三次在抽穗期，第四次在霜前或霜后，直至全部吃完。作为青绿多汁饲料可分期刈割饲用，一般株高50～70厘米时可第一次刈割，以后每隔20～30天刈割一次。若用苏丹草幼嫩鲜草喂猪，可占日粮的1/3～1/2，打浆或粉碎喂给；养牛每天每头需喂30～40千克鲜草；对于羊、兔可以整株饲喂或切短饲喂；喂鱼时，可刈割直接投饲池塘自行采食，或将鲜草粉碎后投饵饲喂，养鱼效果更佳。

四、黑麦草

黑麦草（*Lolium perenne* L.）为单子叶植物纲、禾本目、禾本科、黑麦草族、黑麦草属、黑麦草种的多年生草本植物，多生于草甸草场，路旁湿地也常见，是我国各地普遍引种栽培的优良牧草。

黑麦草具细弱根状茎，秆高30～90厘米，具3～4节丛生茎，基部节上生根质软。叶舌长约2毫米，叶片线形柔软，具微毛，有时具叶耳，长5～20厘米，宽3～6厘米。穗形穗状花序直立或稍弯，长10～20厘米，宽5～8毫米；小穗轴节间长约1毫米，平滑无毛；颖披针形，为其小穗长的1/3，具5脉，边缘狭膜质；外稃长5～9毫米，长圆形，草质平滑，基盘明显，顶端无芒，或上部小穗具短芒，具5脉；第一外稃长约7毫米；内稃与外稃等长，两脊生短纤毛。颖果长约为宽的3倍，花果期5～7月。

黑麦草喜温凉湿润气候，宜于夏季凉爽、冬季不太寒冷地区生长。10℃左右能较好生长，27℃以下为生长适宜温度，35℃生长不良。光照强、日照短、温度较低对分蘖有利，温度过高则分蘖停止或中途死亡。黑麦草耐寒耐热性均差，不耐阴。在土壤水分和光照条件适宜下可生长2年以上，国内一般仅作越年生牧草利用。黑麦草在年降水量500～1 500毫米地方均可生长，而以1 000毫米左右为适宜。较能耐湿，但排水不良或地下水位过高也不利黑麦草的生长。不耐旱，尤其夏季高热、干旱对其生长更为不利。对土壤要求比较严格，喜肥不耐瘠，略能耐酸，适宜的土壤pH为6～7。

黑麦草的栽种及播种宜选择土质疏松、质地肥沃、地势较为平坦、排灌方便的土地进行种植。播种前对土地进行全面翻耕，并保持犁深到表土层下20～30厘米，精细重耙1～2遍，并清除杂草，破碎土块后镇压地块，使土壤颗粒细匀，孔隙度适宜。做一排水沟，沟深30厘米，宽30厘米，排水沟的方向依地形确定以便于排灌。施足底肥，亩施1 000～1 500千克的农家肥或40～50千克钙镁磷肥。将整理好的土地以1.5～2米进行开墒待用。黑麦草的播种方法有条播、点播、撒播三种，一般以条播为主，辅以点播和撒播。条播时将开墒土地以行距20～30厘米，播幅5厘米，按每亩1.2～1.5千克的播种量进行播种，覆土1厘米左右，浇透水即可。零星地块用点播的方法播种，按塘穴距离15厘米×15厘米，每亩1千克左右（每塘穴8～12粒）的播种量播种，覆土1厘米左右，浇透水即可。

田间管理及收获：在幼苗期要及时清除杂草，每一次收割后要进行松土、施肥，每亩施入尿素10千克，应特别注意施肥必须在收割后两天进行，以免灼伤草茬。因各种因素造成缺苗的要及时进行补播。播种后40～50天后即可割第一次草，割草时无论长势好坏的都必须收割，第一次收割留茬不能低于3.3厘米，以后看牧草的长势情况，每隔20～30天收割一次，留茬依旧不能低于3.3厘米，同时根据实际情况，可留至拔节期收割。第一茬草适当早割，这样可促进分蘖。饲喂牲畜之余，将用不完的刈割下的黑麦草可用于青贮。

黑麦草含粗蛋白质4.93%，粗脂肪1.06%，无氮浸出物4.57%，钙0.075%，磷0.07%。黑麦草作为牛、羊、马、骆驼放牧利用，常与紫云英、白三叶、红三叶、苕子等混播。青刈舍饲可直接喂养牛、羊、马、兔、鹿、猪、鹅、鸵鸟、鱼等。牛、马、羊、鹿饲用以孕穗期至抽穗期刈割为佳，可采取直接投喂或切段饲喂；用以饲喂猪、兔、家禽和鱼，则在拔节至孕穗期间刈割为佳，以切碎或打浆拌料喂给。青刈舍饲应现割现喂，不要刈割太多，以免浪费。黑麦草还可用于青贮，青贮后发酵良好的黑麦草具有浓厚醇甜水果香味，是冬季的良好饲料。若将黑麦草用于调制甘草和干草粉，一般可在开花期选择连续3天以上的晴天刈割，割下就地摊成薄层晾晒，晒至含水量在14%以下时堆成垛，也可制成草粉、草块、草饼等，供冬春喂饲，或作商品饲料，或与精料混配利用。

五、高丹草

高丹草是根据杂种优势原理，由高粱和苏丹草杂交而成，由第三届全国牧草品种审定委员会审定通过的新牧草，为多年生草本植物，也叫做杂交甜高粱、甜味高粱。高丹草综合了高粱茎粗、叶宽和苏丹草分蘖力、再生力强的优点，杂种优势明显。高丹草形态与苏丹草相似，叶子稍宽。高丹草鲜样糖含量较高，氢氰酸含量低于高粱，适宜青贮，青草可以直接用于饲喂牛、羊、兔、鹅、畜禽和鱼等，干制草可以冬储作为草食家畜的越冬饲料。

高丹草（彩图6）的形态和生物学特征、栽培技术、田间管理及收获利用方式与苏丹草基本相同，种子为椭圆形，成熟植株高180～370厘米。可一次播种多次刈割，每亩年产鲜草总量8～10吨，肥水条件充足，光照强度适合的地方，每亩年产量可达14～20吨。高丹草的干草中含粗蛋白15%以上，粗脂肪高于作为双亲的高粱和苏丹草，含糖量较高。

高丹草为喜温植物，幼苗期不抗旱，较适生长温度为24～33℃，抗病性和再生能力强，一年能刈割3～4茬，鱼类利用可刈割6～7茬，供草期为5～10月，各种畜禽喜食，鲜草投喂鱼类效果较好。

适宜土壤温度15℃，清明至谷雨春播为宜。可条播或穴播。1亩播种量1.5～2.0千克，播种深度3厘米，条播行距15～30厘米。在播种前应精细整地，施足基肥，每亩施有机肥5吨。出苗后根据密度要求进行间苗、定苗，每亩可留苗3万～5万株。第一次刈割应在出苗后35～45天时进行，过早产量偏低，过晚茎秆老化影响再发，以后每隔20天左右即可再行刈割。为了保证鲜草全年高产，每次刈割不能留茬太低，一般留茬高度以10～15厘米为宜，要保证地面上留有1～2个节。每次刈割后都要进行追肥，一般每亩追施尿素8～10千克。出苗后要轻耕1～2次，每次刈割后易生杂草要及时中耕。

六、象草

象草（*Pennisetum purpureum* Schum.），别名紫狼尾草，单子叶植物纲、禾本目、禾本科、黍亚科、黍族、狼尾草属、象草种多年生丛生大型草本植物，常具地下茎。秆直立，植株高度可达4米。叶鞘光滑或具疣毛；叶舌短小；叶片线形扁平，质较硬，上面疏生刺毛，下面无毛，边缘粗糙。圆锥花序，主轴密集生长柔毛，刚毛金黄色、淡褐色或紫色，生长柔毛而呈羽毛状；小穗披针形，近无柄，叶脉不明显；花药顶端具毫毛；花柱基部联合，叶片筒状壁厚。该草原产非洲，引种栽培至印度、缅甸、大洋洲及美洲，我国江西、四川、广东、广西、云南、浙江、陕西等地已引种栽培成功。

一般选择排灌方便，土层深厚、疏松肥沃的土地建植象草。土地深耕翻，并进行平整。按宽1米左右作畦，同时施入充足的有机肥作底肥，一般每公顷施22.5～37.5吨。若利用山坡地种植，宜开成水平条田。

象草行有性繁殖和无性繁殖两种方式，但因象草结实率低、种子发芽率低及实生苗生长缓慢等原因，生产上常采用无性繁殖。一般选择生长100天以上的粗壮、无病虫害的茎秆作种茎，切成2～4节的段，进行插植繁殖。象草对栽培时期要求不严，在平均气温达13～14℃时即可用种茎栽植，每畦2行，株距50～60厘米，种茎可平放，亦可芽朝上斜插，覆土6～10厘米。每公顷需种茎3～6吨，栽植后及时灌水。栽植期以春季为好，两广地区为2月，两湖地区为3月。

象草田间管理上的技术要点是高水高肥，这也是象草高产的关键。生长期间注意中耕除草，适时适量灌水和追肥，以保证苗全苗壮，加速分蘖和生长。每次收割后也应及时松土追肥，以利再生。象草是草鱼、鳊鱼、团头鲂、鲤鱼等鱼类的喜食青饲料，饲喂鱼时多用作青饲，整株或切段投饲均可，一次投饲量不宜过大，采食完后补投效果较好。在家畜养殖中，象草也可用于调制干草和青贮，作为草食家畜的冬季储料。

象草用作鱼类青饲料时宜鲜割鲜喂，当株高100～130厘米时即可收割头茬草，每隔30天左右收割1次，1年可收割6～8次，留茬5～6厘米为宜。割倒的象草稍做风干处理，待草形萎蔫后，切碎或整株饲喂草食家畜和鱼类，可以提高适口性和饲喂效果。

七、串叶松香草

串叶松香草（*Silphium perfoliatum* L.）别名串叶草、松香草，在法国又称香槟草、菊花草，为双子叶植物纲、合瓣花亚纲、桔梗目、菊科、松香草属、串叶松香草种多年生宿根草本植物。因其茎上对生叶片的基部相连呈杯状，茎从两叶中间贯穿而出，故名串叶松香草。一年生串叶松香草当年植株呈丛叶莲座状，不抽茎，根圆形肥大、粗壮，具水平状多节的根茎和营养根，根茎伸出数个具紫红色鳞片的根基芽，第二年每小根茎形成一个新枝，植株形似菊芋。该草原产北美，由朝鲜引入我国，分布比较集中的地区有广西、江西、陕西、山西、吉林、黑龙江、新疆、甘肃等省区。

串叶松香草株高200～300厘米，上部分枝。叶长椭圆形，对生，叶面皱缩，稍粗糙有刚毛，叶缘有缺刻，成锯齿状，基叶有叶柄。根茎肥大，粗壮，水平状多节。茎由头一年根茎上形成的芽发育而成，直立四棱，呈正方形或菱形。茎顶或第6～9节叶腋间发生花序，头状花序，边缘由舌形花数十朵组成，花盘直径2～2.5厘米。中间为管状雄花，雄花褐色，雌花黄色，花期较长。每个花序有种子8～19粒，千粒重20克左右。种子为瘦果，心脏形，扁平褐色，边缘有翅。5月下旬开始现蕾，6月下旬至8月中旬进盛花期，8月初开始，种子陆续成熟，集中于9～10月成熟。

串叶松香草喜温暖湿润气候，是越年生冬性植物，无论春播或秋播，当年只形成莲座状叶簇，经过冬季才抽茎、开花、结实。它耐高温，在夏季温度40℃条件下能正常生长，也极耐寒，在冬季－29℃下宿根无冻害，地上部分枯萎，地下部分不冻死。喜肥沃壤土，耐酸性土，不耐盐渍土。在酸性红壤、沙土、黏土上也生长良好。串叶松香草再生性强，耐刈割。

串叶松香草可以直接播种，也可以育苗移栽。一般以种子繁殖为主，但以育苗移植为好。播种地块要通风向阳，以肥沃壤土作苗床，畦宽1.3米，沟宽0.3米，泥土要敲细，畦面要平整。播前种子要日晒2～3小时，后在25～30℃温水中浸种12小时，晾干后，再用潮湿细沙均匀拌和，置于20～25℃室内催芽3～4天，待种子多数露白后播种。

春播3～4月，秋播8～10月，早播不仅产量高，而且次年分株、花、果实数增多。播前每亩苗床施稀薄人畜粪尿1 000千克左右打底。浇透水肥后，以间距5厘米均匀播种，播种深度1.5厘米，盖上一层焦泥灰和细土，然后用稻草覆盖，要经常喷水，保持湿润。苗出齐后，揭去覆盖物。时常浇水，以水保苗，以肥壮苗，培育出壮苗后按畦宽1.3米，沟宽0.3米，行距0.5米，株距0.3米，每亩2 000～2 500株移栽。春芽未萌发前或秋末叶片稍黄，有5～6片真叶时移栽。

定植后要浇水肥，保持湿润。移栽前每亩施栏肥（厩肥）2 500千克，磷肥50千克，标准氮肥15千克为基肥。每青刈一次，每亩追施标准氮肥10千克。一年后要续施栏肥、磷肥和氮肥，以不断补充和保持土壤中的肥力。在防治病虫害上，串叶松香草抗病能力强，一般病虫害较少。花蕾期有时遭到玉米螟侵害，可用1千倍美曲膦酯驱杀。苗期若出现白粉病，应及时喷洒波美0.5度左右的石灰硫黄合剂防治。7～8月高温潮湿时易发根腐病，防治措施是，增施有机质肥料，结合深耕以改善土壤通气性，减轻发病。对于病株要及时拔除烧毁，在病株处撒上生石灰。

在田间管理上，育苗阶段，要及时除草，适时施肥。移植后，因初期生长较缓慢，也要注意中耕除草。由于留种田的松香草植株高，容易被风刮倒，待苗生长旺盛后，应注意培土起垄，垄高10～20厘米，既利防风，又利排水。如在生长期内，天晴干旱，要经常灌水保湿。为了提高肥力，可在松香草田里套种紫云英、箭舌豌豆等豆科绿肥，春末夏初压青（将绿肥作物刈割后直接翻埋到草田土壤中）。同时适时收割、采种，用于刈割青草的田块，头年育苗，第二年移栽的，一般从6月上旬刈割第一次，后隔20～30天刈割一次，全年可刈割6～8次，亩产鲜草10吨左右；第三年可青刈8～10次，亩产鲜草15吨以上。松香草种子成熟不集中，采种要随熟随收，每隔3～5天采一次，采后要及时晒干去杂，包装贮藏。

串叶松香草产草量高，生物量大，鲜样水分含量为85.85%，干物质中粗蛋白质含量26.78%，粗脂肪3.51%，粗纤维26.27%，粗灰分12.87%，无氮浸出物30.57%。每千克鲜草含可消化能418大卡，每100克粗蛋白质中可消化蛋白质含量33.2克。鲜草因有特异的松香味，为畜禽及鱼类喜食，经过较短时期饲喂习惯和鱼类的驯食后，适口性良好，饲喂的增重效果显著。但串叶松香草的根、茎中的苷类物质含量较多，苷类大多具有苦味；根和花中生物碱含量较多，生物碱对神经系统有明显的生理作用，大剂量能引起抑制作用；叶中含有鞣质，花中含有黄酮类。据国外文献报道，串叶松香草中含有松香草素、二萜和多糖，含有8种皂苷，称为松香苷，属三萜类化合物，过量投饲会引起毒物累积，需要在抽穗前刈割鲜饲，防止久储硝酸盐累积或者长期过量投饲，引起鱼类酸中毒。

八、狗牙根

狗牙根［*Cynodon dactylon*（L.）Pers.］别称绊根草、爬根草、咸沙草、铁线草，是单子叶植物纲、禾本目、禾本科、画眉草亚科、虎尾草族、狗牙根属、狗牙根种的低矮多年生草本植物，秆细而坚韧，下部匍匐地面蔓延生长，节上常生不定根，高可达30厘米，秆壁厚，光滑无毛，有时两侧略压扁。叶鞘微具脊，叶舌仅为一轮纤毛，叶片线形，通常两面无毛。穗状花序，小穗灰绿色或带紫色，小花，花药淡紫色，柱头紫红色。颖果长圆柱形。5～10月开花结果。广布于黄河以南各地，多生长于村庄附近、道旁河岸、荒地山坡，池塘的塘埂上多有生长。

狗牙根是适于各温暖潮湿和温暖半干旱地区，长寿命的多年生草本植物，极耐热和抗旱，但不抗寒也不耐阴。其根茎蔓延力很强，广铺地面，为良好的固堤保土植物，常用以铺建草坪或球场；但生长于果园或耕地时，则为难除灭的有害杂草。根茎可喂猪，牛、马、兔、鸡等喜食其叶，全株鱼类喜食，尤以草鱼、鲤鱼、鳊鱼、团头鲂、鲫鱼为甚，幼嫩草苗、成株都是鱼类的优质易食牧草，各地野生较多。

由于狗牙根的草茎内蛋白质的含量较多，对牛、马、羊等草食家畜和草食鱼类的适口性良好，因此又可作为放牧草地开发利用。狗牙根草质柔软、味淡、微甜，叶量丰富，适口性好，粗蛋白质、粗脂肪、粗纤维、无氮浸出物含量丰富。野生、人工栽种的狗牙根青草都可以刈割直接投饲喂鱼，修剪狗牙根草坪所获青草是鱼类的喜食青饲料，人工栽种的狗牙根每年可刈割3～4次，年亩产可达7吨以上。

狗牙根属暖季型草类，具有根状茎及匍匐枝，匍匐枝的扩展能力极强。叶色浓绿，性喜光稍耐旱，喜温暖湿润，具有一定的耐寒能力。适应的土壤酸碱性范围很广（pH为5.5～7.5），其中在以湿润且排水条件良好的中等到较黏性的土壤上生长最好，在轻沙盐碱地中也可生长。最适宜生长温度为20～35℃，当温度达到24℃时长势最好，当温度低于16℃时停止生长，当土壤温度低于10℃开始褪色并逐渐休眠，华东地区的绿色期一般为250天左右。华东地区狗牙根的播种时间为每年3～9月份较为适宜。如春季播种太早会因温度太低，导致发芽较慢，影响草坪成坪速度；秋季播种太晚会因温度太低，导致草坪生长慢，幼苗不能安全越冬。草坪狗牙根播种量为每平方米10～12克；喷播植草播种量为每平方米15克左右，也可以与其他暖季型或冷季型草种混播。

岸杂狗牙根是改良后的草坪型狗牙根新品种，可以高密度生长，侵占性强，叶片质地细腻，草坪的颜色从浅绿色到深绿色，具有强大根茎，匍匐生长，可以形成致密的草皮，根系分布广而深。刈割喂鱼时，草食性、杂食性及部分肉食性鱼类（如淡水白鲳等）喜食，滤食性鱼类如白鲢也能采食。

狗牙根可以用种子繁殖，也可以进行枝条繁殖。用种子繁殖时，采用播种的方法进行播种。由于狗牙根种子小，土地需要细致平整，达到地平土碎。种子发芽日平均温度18℃时最好，每公顷播种量3.75～11.25千克。播种时可用干细土或者干沙子拌种后撒播，使种子和土壤能良好接触，有利于种子萌发。用枝条繁殖栽培时，按行距为0.6～1.0米挖沟，将切碎的根茎放入沟中，枝稍露出土面，盖土踩实即可。进行分株移栽时，挖取狗牙根的草皮，分株在整好的土地中挖穴栽植，注意使植株及芽向上。块植法是把挖起的草皮切成小块，在要栽植的土地上挖比草皮块宽大的穴，把草皮块放入穴内，用土填实即可。还可将早春狗牙根的匍匐茎和根茎挖起，切成6～10厘米的小段，混土撒于整好的上，这种繁殖方法叫做切茎撒压法。

狗牙根种子发芽率很低，能出苗的种子很少，故要选土层深厚肥沃的土地进行耕翻，每公顷施畜圈粪60～70吨、过磷酸钙150～225千克作基肥。整地分为粗整和细整，整地耕翻深度以20～25厘米为宜，平整坪床面，疏松耕作层，并用轻型镇压滚（150～200千克）镇压1次。为保证狗牙根生长发育良好，在整地前要施足基肥，以有机肥料如腐熟的鸡粪、人粪尿、家畜粪尿为主。

在田间管理中，灌溉是保证适时、适量地满足草坪草生长发育所需水分的主要手段之一，也是草坪养护管理的一项重要措施。由于狗牙根根系分布相对较浅，在夏季干旱时应及时灌溉。灌溉时，要一次性灌透，不可出现拦腰水（表面浇湿，土壤内部干燥无水），使根系向表层分布，降低其抗旱能力。灌水量和灌溉次数依具体情况而定。

通过施肥可以为草坪草提供所需的营养物质，施肥是影响草坪抗逆性和草坪质量的主要因素之一。狗牙根草坪施肥可在初夏和仲夏进行，肥料以氮肥、磷肥、钾肥为主，其施肥量为每公顷250～300千克。施肥后应及时浇水灌溉，使肥料充分溶解渗入土壤，供狗牙根吸收利用，提高肥料利用率。

用狗牙根建设的草坪，日常也应注意修剪、灌溉和施肥。修剪高度要遵循1/3原则，一般每年修剪2～3次。灌溉忌用大水漫灌，最好采用滴管浇透。1～2年施氮肥1次。

病虫害严重影响草坪质量，只要环境条件适宜，病原菌就会侵染草坪草，使草坪发生病害。及时修剪，改善草坪通风透光性能，可减轻病虫害的发生。同时，将剪掉的碎草及时移出草坪。根据狗牙根不同生长时期科学合理施肥，在春季多施氮肥；夏季和秋季多施磷肥和钾肥，以提高狗牙根抗病虫害的能力。对已发生病虫害的草坪要及时喷施杀菌剂和杀虫剂进行防治，防止其扩展蔓延，对无病虫害的草坪可提前预防。狗牙根易发的病害是褐斑病、币斑病、锈病等，可用广谱的杀菌剂防治，如托布津、多菌灵、百菌清等防治；可能发生的虫害有蛴螬、螨类、介壳虫和线虫等，可及时喷一些菊酯类杀虫农药进行有效控制。喷洒农药的草地，1周内不得刈割青草喂鱼，也不能进行放牧。

九、皇竹草

皇竹草（*Pennisetum sinese* Roxb），又称粮竹草、王草、皇竹、巨象草、甘蔗草，为单子叶植物纲、禾本目、禾本科、狼尾草属、皇竹草种多年生草本须根系植物，直立丛生，具有较强的分蘖能力，单株每年可分蘖80～90株，堪称“草中之皇帝”。因其叶长茎高、杆型如小斑竹，故名称皇竹草。皇竹草由象草和美洲狼尾草杂交选育而成，属碳四植物，碳四植物有较强的光合作用，对净化空气、吸收空气中的有毒气体具有较强作用，并可产生大量氧气，有益于环境保护。

皇竹草（彩图7）的优点为产量高，竞争力强，收获期青割适口性良好，适宜热带与亚热带气候栽培，喜温暖湿润气候，生活环境要求年日照时间1 000小时以上，海拔200～1 500米，年平均气温15℃以上，降水量1 000毫米以上，无霜期250天左右。皇竹草为喜水植物，育苗期间需要充足的水源灌溉，土壤为土深肥沃的沙质土或壤土为宜，抗旱力强，抗涝力弱。可耐低温及微霜，但不耐冰冻。对土壤的肥力反应快速，牛粪为最佳肥料。皇竹草具有较强的抗逆性，如耐酸性、耐高温、耐干旱、耐火烧等。以无性繁殖为主，只要是有芽的节，用芽即可繁殖。全国大部分地区都可栽种，适合长江中上游地区的荒山和江河流域，北方地区已有引种和栽种，如新疆、北京、河南、山东等都已成功种植。

在栽培与管理上，皇竹草一般亩栽 2 000～3 000 株；作种节繁殖每亩 600～1 000 株或株距 1～1.5 米；如光照不足，宜稀植，以免倒伏。可重施有机肥和氮肥，皇竹草耐肥性强，为加快生长及提高产草量，可增加施肥次数和数量，并满足其对水分的要求。肥水条件越好，越能发挥高产优势，以宿根草计算全年产量，亩产可达 20 吨以上。栽植时用较粗壮、芽眼突出的节茎、种蔸和分蘖株为繁殖材料，每节（芽）蘖为一个种苗。节（芽）可平放，也可斜放或直插，入土 7 厘米，保持土壤湿润，10～20 天可出苗。用分蘖栽植，深度 7～10 厘米，栽后及时追肥，以促进成活和生长。日常的管理要点是，生长前期加强中耕除草，适时浇水和追肥。若作为鲜草青饲喂鱼，宜在 50～80 厘米株高刈割利用，每年刈割 4～8 次，每刈割一次，施一次肥料，浇水时每亩用 3～5 千克益富源种植菌液，每亩施用尿素 25 千克或碳酸氢铵 50 千克。喂饲大型草食动物，可让植株长得高大一些再刈割；喂饲小型草食动物，可刈割嫩叶或加工成草粉。刈割留茬高度以 8～15 厘米为宜。病虫害防治的重点是防止幼苗期的“老母虫”危害，其办法是每亩用杀虫丹 100 克兑水喷施；小苗生长前期的少量钻心虫可使用水氨硫磷等农药防治，成株病害较少。引种栽培的冬季无霜地区一年四季均可引种，有霜区在 3～8 月份种植，如在 9 月后引种，冬季应有保温措施。

皇竹草的饲用价值较高，叶量较多，叶质柔软，茎叶表面刚毛少，脆嫩多汁，适口性和饲料利用率都比象草高。皇竹草的粗蛋白质比象草高 9.3%～23.9%，随施肥水平增高，植株游离氮含量增加，与象草的粗蛋白质含量差异相对减少。皇竹草、象草植株各茎段的含糖量不同，皇竹草的平均锤度为 5.2，比象草高 8.3%，说明其可溶性糖含量较高，适口性较好。锤度指溶液中所含的可溶性物质的重量占总重量的百分比，在植物中，由于可溶固形物的主要成分是糖分，所以锤度高，说明糖分含量也高。如糖锤度为 60%，即表示 100 千克糖液中含 60 千克固形物，含 40 千克水。皇竹草的平均锤度为 5.2，就是其可加工糖或原酒或乙醇的糖分平均含量是 5.2%。

皇竹草的产草量和蛋白质含量都较象草高，使冬季缺草期缩短。以皇竹草代替象草，每亩每年可多产鲜草 2 000～5 000 千克，多产粗蛋白质 100～150 千克，每亩可产鲜草量 15～30 吨，是牛、马、羊、兔、鱼、鹅、鸭、鸵鸟等草食动物的重要饲料。但皇竹草不同生长阶段的粗蛋白含量差别大，生长 1 个月高 50 厘米时粗蛋白含量 10.8%，而生长 3 个月高 150 厘米时含粗蛋白只有 5.9%，是幼嫩时粗蛋白质含量的 54.6%；幼嫩苗期粗脂肪的含量为 1.74%，无氮浸出物为 41.11%，灰分含量为 9.91%，每 100 毫升汁液总糖含量 8.30 克。在鱼类饲用中，应当充分利用幼嫩时期的植株刈割青饲，切短投饲池塘或网箱，当日刈割当日喂完，过夜青草忌用，防止鱼类硝酸盐或氢氰酸中毒。

十、狼尾草

狼尾草［*Pennisetum alopecuroides*（L.）Spreng.］别称狗尾巴草、狗仔尾、老鼠狼、芮草等，为单子叶植物纲、禾本目、须叶藤亚目、禾本科、黍亚科、黍族多年生草本植物，多生于海拔 50～3 200 米的田岸、荒地、道旁及小山坡上，喜光照充足的生长环境，耐旱耐湿，亦能耐半阴，且抗寒性强，抗倒伏无病虫害。适合温暖湿润的气候条件，当气温达到 20 度以上时，生长速度加快。我国除青藏高原和新疆外，各地均有分布，野生较多。

狼尾草秆直立丛生，高 30～120 厘米。叶鞘光滑，两侧压扁，主脉呈脊，在基部者跨生状，秆上部者长于节间；叶舌具长约 2.5 毫米纤毛；叶片线形，长 10～40 厘米，宽 3～8 毫米，先端长渐尖，基部生疣毛。圆锥花序直立，长 5～25 厘米，宽 1.5～3.5 厘米；主轴密生柔毛；总梗长 2～3 毫米；刚毛粗糙，淡绿色或紫色；小穗通常单生，偶有双生，线状披针形，长 5～8 毫米；第一颖微小或缺，长 1～3 毫米膜质，先端钝，脉不明显或具 1 脉；第二颖卵状披针形，先端短尖，具 3～5 脉，长为小穗 1/3～2/3；第一小花中性，第一外稃与小穗等长，具 7～11 脉；第二外稃与小穗等长，披针形，具 5～7 脉，边缘包着同质的内稃；鳞被 2 片楔形；雄蕊 3 枚，花药顶端无毫毛；花柱基部联合。花果期夏秋季。

狼尾草鲜草中粗脂肪、粗蛋白、粗纤维、无氮浸出物和灰分的含量高，营养丰富，是一种高档的饲料牧草，为牛、羊、兔、鹅、鱼等动物所喜食，鹅及鱼类投饲应鲜割鲜喂，少给勤添，采食未完的剩草应及时清理，不宜饲喂隔夜草。

十一、浮萍及紫萍

浮萍（*Lemna minor* L.），又称青萍（也叫做青背萍）、田萍、浮萍草、水浮萍、水萍草，为被子植物门、单子叶植物纲、槟榔亚纲、天南星目、浮萍科、浮萍属、浮萍种的水面浮生一年生草本植物。浮萍喜气候温和潮湿环境，忌严寒，广布于世界各地水田、湖泊、池沼及养鱼池塘内，人工水库及静水河面也有生长，也能与紫萍混生，形成密布水面的漂浮群落，但不见于印度尼西亚爪哇等地。

浮萍为漂浮植物，叶状体对称，表面绿色，背面浅黄色或绿白色全缘，长 1.5～5 毫米，宽 2～3 毫米，上面稍凸起或沿中线隆起，具 3 根不明显叶脉。背面垂生丝状根 1 条，白色，长 3～4 厘米，根冠钝头，根鞘无翅。叶状体背面一侧具囊，新叶状体于囊内形成浮出，以极短的细柄与母体相连，随后脱落。雌花具弯生胚珠 1 枚，果实无翅近陀螺状，种子具凸出的胚乳并具 12～15 条纵肋。一般不常开花，以芽进行繁殖。

浮萍有种子繁殖和分株繁殖两种方法，采收成熟种子，随采随播将种子用黄泥包成小团，每团包 2～3 颗种子，丢进栽培的水面里，就可以繁殖，这种方法叫做种子繁殖。春夏季节，捞取部分母株，分散丢进栽培的水面里就可以繁殖，这种繁殖方法就叫做分株繁殖。日常的管理要点是，经常清除水面杂草，保持栽培水面静止；注意灌水，防止干旱。

全草可作家畜和家禽的饲料，可以用来喂猪和鸡，是肉牛和奶牛夏季喜食青饲料。浮萍是水禽、鱼类的优良青绿饲料，特别是刚刚学会吃草的小鱼苗，首先是用绿浮萍驯化的，成年鱼也很喜欢吃。但是绿浮萍如果投喂不当，会给鱼带来危害。向鱼池中投喂浮萍，有两点禁忌：

一忌让浮萍覆盖整个鱼池水面。否则会造成鱼池中的水严重缺氧，引起鱼因缺氧而窒息死亡。因此，向鱼池中投喂浮萍，一定要搭好食台，将投喂的浮萍固定在鱼池的一边，应约占鱼池水面的 1/3，倘若水面较小，如仅在 1 亩左右的鱼池，投喂的浮萍更不能过量。

二忌在傍晚向鱼池投喂浮萍。因为鱼在夜间吃饱后，加大呼吸，大量消耗池水中的氧气，所以傍晚向鱼池中投喂浮萍，有可能引起缺氧。因此，向鱼池中投喂浮萍的时间最好是在上午，使鱼在投喂后 2～3 小时内即中午前后吃完为好。

浮萍有时也作为浮萍科植物（含浮萍属、紫萍属等）的统称。

紫萍也是浮萍科的水生草本植物，与浮萍不同属，紫萍属于紫萍属、紫萍种的植物，别称紫背浮萍、水萍、鸭饼草。紫萍的叶状体倒卵状圆形，表面呈紫色，长 4～11 毫米，单生或 2～5 个簇生，扁平深绿色，具掌状脉 5～11 条，下面着生 5～11 条细根。花单性，雌花 1 枚与雄花 2 枚同生于袋状的佛焰苞内；雄花花药 2 室；雌花子房 1 室，具 2 个直立胚珠，果实圆形，有翅缘，花期 6～7 月。

紫萍与浮萍除了在形态上、颜色上不同外，营养成分含量也有较大差异（表 7－9）。从营养成分含量上看，浮萍的粗蛋白质、粗脂肪、无氮浸出物及钙含量高于紫萍，而粗纤维、粗灰分及磷含量低于紫萍，浮萍的饲用价值高于紫萍。

表 7－9　浮萍、紫萍的风干样营养成分含量（%）

名　称	粗蛋白质	粗脂肪	粗纤维	粗灰分	无氮浸出物	钙	磷
浮　萍	20.40	12.00	9.23	13.92	34.02	2.41	0.25
紫　萍	15.92	3.20	15.40	20.40	32.70	0.43	0.44

十二、藻类

藻类植物（Thallophytes）也称作原植体植物，属绿藻门、轮藻门、褐藻门等，是一类比较原始、古老的低等植物，在地球上广泛分布。藻类植物体的构造简单，没有根、茎、叶的分化，多为单细胞、群体或多细胞的叶状体。如小球藻是单细胞藻，团藻属于群体藻，海带呈叶状体。藻类含叶绿素等光合色素，能进行光合作用，属自养植物。目前，已经被人类知道的藻类有 3 万种左右，其中淡水藻类就有 1.3 万多种。

（一）藻类生态

所有藻类缺乏真的根、茎、叶和其他可在高等植物上发现的组织构造，藻类与细菌和原生动物不同之处在于，藻类产生能量的方式为光合自营性。

藻类植物是具有叶绿素、能进行光合作用、营光能自养型生活的无根茎叶分化、无维管束、无胚的叶状体植物，一般生长在水体中。藻类植物有两个特点：一是藻体各式各样，但藻类植物无根茎叶的分化，因而实际上藻体就是一个简单的叶，也因此，藻类植物的藻体统称为叶状体；二是它们的有性生殖器官一般为单细胞，有的可以是多细胞的，但缺少一层包围的营养细胞，所有细胞都直接参与生殖作用。

藻类分布的范围极广，对环境条件要求不严，适应性较强。在只有极低的营养浓度、极微弱的光照强度和相当低的温度下也能生活；不仅能生长在江河、溪流、湖泊和海洋，而且也能生长在短暂积水或潮湿的地方；从热带到两极，从积雪的高山到温热的泉水，从潮湿的地面到不很深的土壤内，几乎到处都有藻类分布。除轮藻门外的藻类各门都有海生种类。

根据生态特点，一般分藻类植物为浮游藻类、漂浮藻类和底栖藻类。有的藻类，如硅藻门、甲藻门和绿藻门的单细胞种类以及蓝藻门的一些丝状的种类，浮游生长在海洋、江河、湖泊，被称为浮游藻类。有的藻类如马尾藻类漂浮生长在海上，被称为漂浮藻类。有的藻类则固着生长在一定基质上称为底栖藻类，如蓝藻门、红藻门、褐藻门、绿藻门的多数种类生长在海岸带上。

温度是影响藻类地理分布的主要因素，光照则决定着藻类在水体的垂直分布，水体的化学性质影响藻类的出现时间和种群组成，由此可将藻类分为冷水性种群、温水性种群和暖水性种群。绿藻一般生活在水体表面，红藻、褐藻能利用绿、黄、橙等短波光线，一般生活在深水中，蓝藻、裸藻容易在富营养水体中大量出现，并时常形成水华，硅藻和金藻常大量存在于山区贫营养的湖泊中，绿球藻类和隐藻类在小型池塘中常大量出现。

此外，生活于同一水域的各藻类相互间的影响，对它们的出现和繁盛也有重要作用，某些藻类能分泌物质抑制其他藻类的形成和发展。

藻类植物体大小悬殊，最小的直径只有 1～2 微米，肉眼看不到，而最大的长达 60 多米。形态上也相差很大，有单细胞群体和多细胞等，单细胞群体由许多单细胞个体群集而成，多细胞个体有丝状体、囊状体和皮壳状体等，也有类似根、茎、叶的外形，但不具备高等植物那样的内部构造和功能。藻类的生殖器官多数由单细胞构成，合子不在母体内发育成胚，主要生活在水里，也有的生活在潮湿的岩石、树干、土壤表面或内部，能在地震、火山爆发、洪水泛滥后形成的新基质上存活，是新生活区的先锋植物之一。

藻类植物细胞含有各式各样的色素，既是藻类分门别类的主要依据，也是构成养鱼水体颜色的主要物质。根据水体颜色判断水体的质量，就是判断水体中藻类的群落组成和藻类的进化方向，继而控制水体的质量变化。

藻类植物的生殖有营养体生殖、无性生殖和有性生殖。营养体生殖方法很多，有特殊的营养枝，如黑顶藻的繁殖枝，掉地后则独立生长为新的个体；有依靠假根的繁殖方式，如海扇藻；也有依靠盘状幼体度过夏季和冬季。无性生殖主要依靠游离孢子，孢子一般具有 1～4 根鞭毛，有叶绿体和眼点，没有细胞壁，有自由游动的能力。因缺少鞭毛而没有游动能力的孢子也不少，如蓝藻门的内孢子，红藻门的四分孢子，绿藻门的厚壁孢子等。有性生殖依靠配子，可以是同配或异配。同配由形状大小一样的配子相互接近，融合形成厚壁的合子，而异配则由大小不同，甚至形状不一样的配子融合形成合子。卵配是一种异配，其雌性细胞较大，一般不能游动，而雄性细胞较小，有两根鞭毛，能自由游动。红藻的卵配尤其特殊，卵囊称果胞，为一瓶状构造，卵在瓶底，瓶颈即受精丝，而精子在精子囊内，不能游动，随水漂流，遇到受精丝则粘着上，精子破囊而出，顺着受精丝进入果胞与卵子结合成为合子，后者立即发育成为一个双倍体的果孢子体，寄生在雌性个体上。果孢子体成熟产生果孢子，发育成独立孢子体。蓝藻中有部分种类进行有性生殖。

（二）藻类的经济价值

藻类在经济上的重要性主要表现在以下方面：

固碳作用：藻类通过光合作用固定无机碳，使之转化为碳水化合物，从而为水域生产力提供基础。在食物链的转换中，1 千克鱼肉需 100～1 000 千克浮游藻，因此浮游藻类资源丰富的水域，都是鱼类的聚集区，成为淡水水域的捕捞场舍。在水域初级鱼产力的评估中，藻类的产量也是一个估算指标。

判断水质：在池塘鱼类养殖中一般根据水色判断水质，而水色是由藻类的优势种及其繁殖程度决定的。如血红眼虫藻占优势种的水体表现红色水华，说明水质贫瘦；衣藻占优势时呈墨绿色水华且有黏性水泡，表示水质肥沃；微囊藻与颤藻、鱼腥藻占优势时池水呈铜锈色纱絮状水华，水体味臭对鱼有害；蓝裸甲藻占优势形成的蓝色水华是养殖鲢鱼、鳙鱼、鲤鱼、鲫鱼、非洲鲫鱼高产鱼池的典型水质之一，但繁殖过盛也会使水质恶化造成鱼类泛塘。

固氮作用：蓝藻是地球上提供化合氮的重要生物，也是可利用的重要生物氮肥资源。现已知固氮蓝藻有 120 多种，在每公顷水稻田中固氮量达 16～80 千克，可增强稻田的氮肥肥力。

食用性能：褐藻门的海带、裙带菜，红藻门的紫菜，蓝藻门的发菜，绿藻门的石莼和浒苔等都是重要的食用藻类。

工业原料：藻类在工业上的用途主要是提供各种藻胶。褐藻门的海带、昆布、裙带菜、鹿角菜、羊栖菜等除供食用外，可作为提碘、甘露醇及褐藻胶的原料，巨藻、泡叶藻及其他马尾藻也可作为提取褐藻胶的原料。褐藻胶在食品、造纸、化工、纺织工业上用途广泛。从石花菜、江蓠、仙菜等藻类中可提取琼胶用作医药、化学工业的原料和微生物学研究的培养剂。从红藻门的角叉藻、麒麟菜、杉藻、沙菜、银杏藻、叉枝藻、蜈蚣藻、海萝和伊谷草等藻类中，可提取在食品工业上有广泛用途的卡拉胶，有的藻类是制药行业的重要原料。

（三）藻类在鱼类池塘养殖上的用途

藻类在池塘养殖中是鱼类的重要饵料，水体中的枝角类和花白鲢等主要摄食藻类，草鱼也以藻类作为饵料的补充料，部分杂食鱼类也以藻类作为食物的重要来源，即便是肉食鱼类，有的种类也以藻类为饵料补充来源。

藻类可以产生溶氧，是池塘养殖的主要溶解氧来源。即便是低等植物，藻类也具有叶绿素，可利用光能和营养盐类进行光合作用，制造有机物质进行自养。它利用水体中的二氧化碳合成自身所需的营养物质，释放出氧气，溶解于养殖水体，供鱼类及水生生物呼吸用。夜间藻类进行呼吸作用，呼吸作用和光合作用相反，呼吸作用需要氧气，排出二氧化碳。

藻类利用水体中的有机质自养，可以减少水体碎屑中的有机质，达到净化水体的目的。有研究表明，利用糖蜜废液进行螺旋藻的培养，当每升废水中的 COD 在 500～3 300 毫克时，螺旋藻对这种废水中的 COD、$NH4^{+}-N$、$PO_4^{3-}-P$ 的去除率分别为 75%、70%～80%、60%～75%。

藻类还可以调节水体的 pH 等理化指标，稳定水体。水体中含有一定数量的藻类可调控水体的透明度，起到保护水生动物的作用。

第四节　鱼类的有毒植物

我国已知的有毒植物有 1 300 多种，分布于 140 科，按照这些有毒植物所含的化学成分分为含苷类（如草本植物的洋地黄等，粮食作物的高粱苗、木薯等，落叶灌木的毒箭木等），含生物碱类（如草本植物的毒芹、夺命草、风信子等，常绿灌木的钩吻及断肠草等），含毒蛋白类（如乔木的巴豆树、木质藤木的相思豆等），含酚类（如常绿木质藤本的毒鱼藤、常青藤，木质植物的栎树、漆树、槟榔等）以及含有其他有毒成分的（如升麻、雷公藤等）植物。

因摄食、接触或误食植物汁液、浸提液等，造成鱼类某些组织、器官等暂时伤害甚至引起鱼类死亡的植物称之为鱼类有毒植物，常见的有醉鱼草、毒鱼藤、箭毒木等，这些植物均含有对鱼类有毒的活性物质，溶解于养殖鱼类的水体，会引起鱼类的一系列病变过程直至死亡。特别是有的草本植物与鱼类牧草有共生关系，常常在栽培牧草中生长，有的有毒植物喜生长在鱼塘边、水溪旁（如麻柳树），容易引起鱼类的误食和人为采撷投喂，有的有毒植物花期美丽鲜艳，易引起人们误投鱼塘导致鱼类中毒，造成渔业养殖的损失。

一、莽草

莽草（*Illicium lanceolatum* A. C. Smith）为双子叶植物纲、毛莨目、木兰科、八角属，生长在海拔 600 至 1 000 米的山谷阔叶林下。莽草又名芒草、葞、春草、石佳、红桂、鼠莽、红茴香、骨底搜、山木蟹、山大茴，为常绿灌木或小乔木，单叶互生或集生，高3～10 米，树皮、老枝灰褐色，果实 9 月成熟，鲜果出种率 3%～13%。莽草多生于沿河两岸、阴湿沟谷两旁的混交林或疏林中，多产于江苏南部、安徽、浙江、江西、福建、湖北、湖南、贵州、台湾。

莽草花红色或深红色，娇艳可爱。蓇葖果 10～14 枚，轮状排列，直径 3.4～4 厘米，呈飞蝶状，十分奇特。叶厚翠绿，树型优美，极耐阴，抗二氧化硫等有害气体。叶与果美丽奇特，有强烈香气。叶柄长 7～15 毫米；叶革质，披针形、倒披针形或椭圆形，长 6～15 厘米，宽 1.5～4.5 厘米，先端尾尖或渐尖，基部窄楔形，全缘。边缘稍反卷，无毛，上面绿色，有光泽，下面淡绿色。花腋生或近顶生，单生或 2～3 朵集生叶腋；花梗长 1.5～5 厘米；花被片 10～15 个，红色至深红色，最大一片长 7～12 毫米，宽 5～8 毫米；雄蕊 6～11 枚；心皮 10～13 片，长 3.9～5.3 毫米；花柱直立，钻形，长 2～3.3 毫米。果柄长 5.5 厘米，有的可达 8 厘米；果实 10～13 枚，木质，先端有长而弯曲的尖头。种子淡褐色，长 7～7.5 毫米，宽 5 毫米。花期在 5～6 月，果期在 8～10 月。

莽草的枝、叶、根、果等均味辛有毒，果实（尤其是果壳）含有莽草毒素，毒性大。鱼类中毒症状主要是惊厥，表现为鱼群惊恐不安、水中快游，常常跃出水面，6 小时后出现死亡。用狗进行毒理试验时，出现痉挛、呕吐、大小便失禁等一系列自主神经系统症状。尸检发现，肺部有出血性梗塞、水肿、浆液膜下溢血和肾、胃、肝、脑瘀血。人服种子 5～8 粒可出现中毒症状，作为中药可祛风止痛、消肿散结、杀虫止痒。

莽草中毒多因其果被误作八角使用而引起。选用八角时可从外形区分，所谓八角，一般有八个角，部分有7～10个角，角尖圆钝；莽草角尖细，一般有11～13个角。八角果柄较长，莽草较短。八角果实外露，莽草果实比较封闭。用嘴品尝八角味甜，莽草味酸。莽草的鱼类饲料添加量（果实果壳干物质）不得超过3‰。

二、芫草

芫草（*Skimmia reevesiana*）为双子叶植物纲、原始花被亚纲、芸香目、芸香科、茵芋属、茵芋种落叶小灌木植物，别称杜芫草，又名杜芫、赤芫、去水、毒鱼、头痛花、儿草、败华等，气味（根茎）苦、有毒。易在苏丹草中野生，其根毒性较大，鱼类容易误食中毒，中毒症状为烦躁不安，后转沉郁而亡，池塘群体中毒后出现浮头。

芫草与芫花易于混淆，应注意区别。芫花（*Daphne genkwa Sieb.* et Zucc.）为双子叶植物纲、原始花被亚纲、桃金娘目、瑞香科、瑞香属、芫花种植物，别名药鱼草、老鼠花、闹鱼花、头痛花、闷头花、头痛皮、石棉皮、泡米花、泥秋树、黄大戟、蜀桑、鱼毒等，全国除青藏高原和东北、新疆外都有分布。为落叶灌木，高0.3～1米，多分枝；树皮褐色，无毛；小枝圆柱形，细瘦，干燥后多具皱纹，幼枝黄绿色或紫褐色，密被淡黄色丝状柔毛，老枝紫褐色或紫红色，无毛。叶对生，稀而互生，纸质，卵形或卵状披针形至椭圆状长圆形，先端急尖或短渐尖，基部宽楔形或钝圆形，边缘全缘，上面绿色，干燥后黑褐色，下面淡绿色，干燥后黄褐色，幼时密被绢状黄色柔毛，老时则仅叶脉基部散生绢状黄色柔毛。花柱短或无，柱头头状，橘红色。果实肉质白色椭圆形，包藏于宿存花萼筒下部。花期3～5月，果期6～7月。生于海拔300～1 000米的温暖气候地带，耐旱怕涝。

芫花幼株易在苜蓿中生长，根可毒鱼，水中浸泡过量出现养鱼水体浑浊起沫，不耐低氧鱼类出现浮头，误食大量引起死亡。

莞草也是易与芫草混淆的毒鱼植物，莞草对鱼的毒性较弱。莞草（*Cyperus malaccensis* Lam. var. *brevifolius* Bocklr.）为单子叶植物纲、莎草目、莎草科植物，多年生耐盐性挺水型的单子叶植物，喜温暖光照充足的环境，多生长在海拔1 600米以下的河边、沟边、湖边及田边近水处，产于福建、广东、广西、四川等地，别名叫做水莎草、三棱草，东莞叫水草、咸水草、短叶茳芏等。

地下走茎发达，具分支，黑褐色，茎节常膨大成球状，甚至形成球状块茎，是药用的主要部分，中药叫做扁秆藨草。秆直立，三角柱状，高有时可达1米多。叶少数，2～4片包裹于秆的基部处，基部呈鞘状，鞘的先端为平截形。花穗自秆的前段处抽出，通常一秆一枚，卵圆形，褐色至黑褐色，外被覆一大两小的三枚叶状苞片。种子倒卵形而前端略尖，扁平而两面微凸，成熟时为红棕色，光滑型。

三、巴豆

巴豆（*Croton tiglium*）为双子叶植物纲、金虎尾目、大戟科、巴豆亚科、巴豆属、巴豆种植物，别称双眼龙、大叶双眼龙、江子、猛子树、八百力、芒子等，分布于浙江南部、福建、江西、湖南、广东、海南、广西、贵州、四川、云南和台湾等省区。巴豆树为常绿乔木，高 6～10 米。

巴豆生于村旁或山地疏林中，喜温暖湿润气候，不耐寒，怕霜冻。喜阳光，在气温 17～19℃、降水量 1 000 毫米、全年日照 1 000 小时、无霜期 300 天以上的地区适应性好，当温度低于 3℃时幼苗全部枯死。巴豆（原变种）灌木或小乔木，高 3～6 米；嫩枝被稀疏星状柔毛，枝条无毛。叶纸质稀疏，卵形或椭圆形，长 7～12 厘米，宽 3～7 厘米，顶端短尖，稀渐尖，有时长渐尖，基部阔楔形至近圆形，稀微心形，边缘有细锯齿，有时近全缘，成长叶无毛或近无毛，干后淡黄色至淡褐色；基出脉 3～5 条，侧脉 3～4 对；基部两侧叶缘上各有 1 枚盘状腺体；叶柄长 2.5～5 厘米，近无毛；托叶线形，长 2～4 毫米早落。总状花序顶生，长 8～20 厘米，苞片钻状，长约 2 毫米；雄花花蕾近球形，疏生星状毛或几无毛；雌花萼片长圆状披针形，长约 2.5 毫米，几无毛；子房密被星状柔毛，花柱 2 深裂。蒴果椭圆状，长约 2 厘米，直径 1.4～2 厘米，被疏生短星状毛或近无毛；种子椭圆状，长约 1 厘米，直径 6～7 毫米。花期 4～6 月。

野生巴豆树幼苗易生长繁殖于岸杂狗牙根草地，主含巴豆素，有毒性，用药须慎用。鱼类误食或养殖水体汁液含量过高，出现水体浑浊（鱼类下泻导致水体粪尿含量增高）、池塘浮头，早期出现鲢鱼死亡等症状，严重下泻鱼类因脱水而死亡。

四、胡蔓草

胡蔓草（*Gelsemium elegans*）为双子叶植物纲、菊亚纲、龙胆目、马钱科、钩吻属、胡蔓草种植物，也称作钩吻、野葛、毒根、黄藤、断肠草、大茶药、大茶藤等，分布于浙江、福建、广东、广西、湖南、贵州、云南等地，主要生长于丘陵、疏林或灌丛中，喜欢生长在向阳的地方。

胡蔓草为木质藤本植物，长 3～5 米，茎圆柱形，光滑带紫色。叶对生、有叶柄、卵状披针形，长 5～12 厘米，宽 2～6 厘米，全缘，两面光滑，折断面边缘很整齐。夏季顶生或腋生喇叭形黄花，成三叉状分枝聚散花序，有香气。生于村旁、路边、山坡草丛或灌木丛中。

胡蔓草全株有大毒，其中的主要毒性物质为葫蔓藤碱，兽医临床上常用作驱虫药物，鱼类中毒症状常表现为神经亢奋，烦躁不安，部分体弱个体因体能耗尽而死亡，塘养大群出现浮头。

五、醉鱼草

醉鱼草（*Buddleja lindleyana* Fortune），又名闭鱼花、痒见消、鱼尾草、樚木、五霸蔷、阳包树、雉尾花、鱼鳞子、药杆子、防痛树、鲤鱼花草、药鱼子、铁帚尾、红鱼皂、楼梅草、鱼泡草、毒鱼草、钱线尾等，为双子叶植物纲、捩花目、马钱科、醉鱼草属、醉鱼草种，喜温暖湿润气候和深厚肥沃的土壤，适应性强，但不耐湿。多生长在海拔 200～2 700 米山地路旁、河边灌木丛中或林缘。主要分布于西南及长三角、福建、广东、广西、湖南、湖北地区。

醉鱼草为落叶灌木，茎皮褐色；小枝具四棱，棱上略有窄翅；幼枝叶片下位，叶柄、花序、苞片及小苞片均密被星状短绒毛和腺毛。叶对生（每节着生两片叶子），萌芽枝条上的叶为互生（每节一叶，各节交互生长）或近轮生（每节着生三片或三片以上的叶子，围绕茎秆排列）；叶片膜质，卵形、椭圆形至长圆状披针形，基部常有宿存花萼。花期4～10月，果期8月至翌年4月。

醉鱼草叶片长3～11厘米，宽1～5厘米，顶端渐尖，基部宽楔形至圆形，边缘全缘或具有波状齿，上面深绿色，幼时被星状短柔毛，后变无毛，下面灰黄绿色；侧脉每边6～8条，上面扁平，干后凹陷，下面略凸起；叶柄长2～15毫米。花穗状聚伞花序顶生，长4～40厘米，宽2～4厘米；苞片线形，长达10毫米；小苞片线状披针形，长2～3.5毫米；花紫色芳香；花萼钟状，长约4毫米，外面与花冠外面同被星状毛和小鳞片，内面无毛，花萼裂片宽三角形，长和宽约1毫米；花冠长13～20毫米，内面被柔毛，花冠管弯曲，长11～17毫米，上部直径2.5～4毫米，下部直径1～1.5毫米，花冠裂片阔卵形或近圆形，长约3.5毫米，宽约3毫米；雄蕊着生于花冠管下部或近基部，花丝极短，花药卵形，顶端具尖头，基部耳状；子房卵形，长1.5～2.2毫米，直径1～1.5毫米，无毛，花柱长0.5～1毫米，柱头卵圆形，长约1.5毫米。果序穗状蒴果长圆状或椭圆状，长5～6毫米，直径1.5～2毫米，无毛有鳞片，基部常有宿存花萼；种子淡褐色，小而无翅。

花和叶含醉鱼草苷、柳穿鱼苷、刺槐素等多种黄酮类。全株有小毒，幼苗易生长于岸杂狗牙根、黑麦草等鱼类牧草地中，盛花期易于辨认清理。全株捣碎投入河中能使活鱼麻醉，便于捕捉，故有“醉鱼草”之称。鱼类轻微中毒症状似神经症状，塘养鱼类浮于水面，呈假死现象；重度中毒引起浮头和死亡。

六、蓼草

蓼草（*Ludwigia prostrata* Roxb.）为双子叶植物纲、桃金娘目、柳叶菜科、丁香蓼属、丁香蓼种植物，又名丁子蓼、红豇豆、喇叭草、水冬瓜、水丁香、水苴仔、水黄麻、水杨柳、田蓼草、红麻草、银仙草、田痞草、水蓬砂、水油麻、山鼠瓜、水硼砂等。主要分布于江苏、安徽、浙江、江西、福建、台湾、湖北、湖南、四川、贵州等地，生于田间、水边、沟畔湿润处及沼泽地。

蓼草为一年生草本，高40～60厘米。须根多数；幼苗平卧地上，或作倾卧状，后抽茎直立或下部斜升，多分枝，有纵棱，略红紫色，无毛或微被短毛。叶互生，叶柄长3～8毫米，叶片披针形或长圆状披针形，长2～8厘米，宽1～2厘米，全缘近无毛，上面有紫红色斑点。花两性，单生于叶腋无柄，基部有小苞片2片；萼筒与子房合生，萼片4片，卵状披针形，长2.5～3毫米，外略被短柔毛；花瓣4枚，稍短于花萼裂片；雄蕊4枚；子房下位，花柱短，柱头单一头状。蒴果线状四方形，略具4棱，长1～4厘米，宽约1.5毫米，稍带紫色，成熟后室背不规则开裂；种子多数，细小光滑，棕黄色。花期7～8月，果期9～10月。

蓼草易在适宜的苜蓿、高丹草等鱼用牧草中生长，鱼类过量误食或者鱼类养殖水体中浸出汁液含量过高，将导致鱼类中毒，出现浮头、精神沉郁等症状，严重者引起死亡。

七、荨麻

荨麻（*Urtica fissa* E. Pritz.）为双子叶植物纲、荨麻目、荨麻科、荨麻属、荨麻种植物，也称作蜇人草、咬人草、蝎子草、藿麻、活麻、火麻草、线麻、鸡麻风、黄蜂草、哈拉海、�草、蜇草等。

荨麻多年生草本植物，有横走的根状茎，茎自基部多出，高40～100厘米，四棱形，密生刺毛和被微柔毛，分枝少。叶近膜质，宽卵形、椭圆形、五角形或近圆形轮廓；托叶草质，绿色。雌雄同株，雌花序生上部叶腋，雄花生下部叶腋，稀雌雄异株；雄花具短梗。瘦果近圆形，稍双凸透镜状，长约1毫米，表面有带褐红色的细疣点；宿存花被片4片，内面二枚近圆形，与果实大小相当，外面二枚近圆形，较内面的短约4倍，边缘薄，外面被细硬毛。花期8～10月，果期9～11月。

荨麻为喜阴植物，生命旺盛，生长迅速，对土壤要求不严，喜温喜湿，生长在山坡、路旁或住宅旁半阴湿处。分布于安徽、浙江、福建、广西、湖南、湖北、河南、陕西南部、甘肃东南部、四川、贵州和云南中部。

荨麻味苦辛，性温有小毒，主要化学成分包括黄酮类、木脂素类、甾体、脂类、有机酸、蛋白质、鞣质、叶绿素、生物碱及多糖类。荨麻科植物之所以能蜇人，是植物体上的一种表皮毛在作用，这种毛端部尖锐如刺，上半部分中间是空腔，基部是由许多细胞组成的腺体。基部腺体分泌的蚁酸等对人和动物有较强的刺激作用，这种腺体充满了毛端上部的空腔。人和动物一旦触及，刺毛尖端便断裂，放出蚁酸，刺激皮肤产生痛痒的感觉。被荨麻蛰咬的皮肤会出现红肿的小斑点，用肥皂水冲洗就可缓解，但红斑消退则需要一段时间。

野生荨麻易在禾本科牧草中繁殖生长，在鱼用牧草的苏丹草、黑麦草、墨西哥玉米等牧草地中也有发现，易于辨认和清理。鱼类在误食过量荨麻叶、汁液及其浸提液后会出现食欲不振、精神沉郁、肠道发炎等症状，养殖水体因粪便大量排泄而浑浊，继而鱼类因水体缺氧而浮头甚至死亡。

八、葛藤

葛藤（*Pueraria lobata*）也叫做葛花藤，为双子叶植物纲、豆目、豆科、葛属、葛种多年生草质藤本植物，俗称野葛、粉葛藤、甜葛藤、葛条、划粉。分布于贵州、广西、陕西南部、云南东部等地区，生长于山涧、树林丛中，寄生缠绕茎。

葛藤块根肥厚，富含淀粉，全株有黄色长硬毛。茎长10余米，常铺于地面或缠于它物而向上生长。小叶3片，顶生小叶菱状宽卵形，长6～20厘米，宽7～20厘米，先端渐尖，基部圆形，有时浅裂，两侧的两个小叶宽卵形，基部斜形，各小叶下面有粉霜，两面被白色毛，托叶盾形，小托叶针状。总状花序腋生，长20厘米，花蓝紫色或紫色，花萼钟状，萼齿5片披针形，上面2齿合生，下面1齿较长，花冠蝶形，长约1.5厘米。荚果条形扁平，长9厘米，宽9～10毫米，种子长椭圆形红褐色。

葛藤（彩图8）喜生于温暖潮湿多雨向阳地方，常见于草坡灌丛、疏林地及林缘，尤以攀附于灌木或稀树上生长更为茂密，也能生于石缝、荒坡、砾石地、卡斯特熔岩上。葛藤不择土质，微酸性的红壤、黄壤、花岗岩砾土、沙砾土及中性泥沙土、紫色土均生长，尤以富含有机质肥沃湿润的土壤生长最好。具有抗旱力，但不耐水淹。葛藤也不耐霜冻，地上部经霜后死亡，幼苗在－6.7℃即失去抗冻力。但地下部分能安全越冬，次年能再生。在温暖地方，一季之内可增长 15～30 米，并有许多枝叶长出，刈割后有较强的再生性。光照充足的地方，可开花结实，花期为 5～10 月，果期为 7～10 月。种子硬粒率达 40%～50%，不经处理难以发芽繁殖。

葛藤中含有黄酮，鱼类大量误食，可导致神经亢奋、摄食暴增等症状，严重者可因心力衰竭而死亡。

九、薯蓣

薯蓣（*Dioscorea opposita* Thunb.）为单子叶植物纲、百合目、薯蓣科、薯蓣属、薯蓣种，也叫做山药、怀山药、淮山药、土薯、山薯、玉延、山芋、野薯、白山药。缠绕草质藤本，根为块茎长圆柱形，垂直生长，茎通常带紫红色，右旋无毛。叶单生，在茎下部的互生，中部以上的对生，偶见 3 叶轮生，叶片变异大，卵状三角形至宽卵形或戟形，幼苗时一般叶片为宽卵形或卵圆形，基部深心形，叶腋内常有珠芽。雌雄异株，雄花序为穗状花序，花序轴明显地呈“之”字状曲折，苞片和花被片有紫褐色斑点，雄花的外轮花被片为宽卵形；雌花序为穗状花序，1～3 个着生于叶腋。蒴果不反折，三棱状扁圆形或三棱状圆形；种子着生于每室中轴中部，四周有膜质翅。花期 6～9 月，果期7～11 月。

薯蓣分布于河南、安徽淮河以南、江苏、浙江、江西、福建、台湾、湖北、湖南、广东中山牛头山、贵州、云南北部、四川、甘肃东部、陕西南部等地。生于山坡、山谷林下，溪边路旁的灌丛中或杂草中，人工栽培较多。

薯蓣性喜高温干燥，块茎 10℃时开始萌动，茎叶生长适温为 25～28℃，块茎生长适宜的地温为 20～24℃，叶蔓遇霜枯死，块茎能耐－15℃的低温。短日照能促进块茎和零余子（叶腋间的珠芽）的形成。对土壤要求不严，但以土质肥沃疏松、保水力强、土层深厚的沙质壤土为好，地下水位在 1 米以下，土壤的 pH 在 6～8。

薯蓣皮中含有皂角素，黏液里含有植物碱，人接触会引起薯蓣过敏而发痒。鱼类误食大量，特别是采食大量生薯蓣会引起精神沉郁，出现过敏性休克症状，严重者会因心力衰竭而死亡。池塘大面积严重中毒会出现浮头甚至泛塘。

十、麻柳树

麻柳树（*Pterocarya stenoptera* C. DC.）为双子叶植物纲、胡桃目、胡桃科、枫杨属、枫杨种植物，别名枰柳、水麻柳、小鸡树、榉柳、枫柳、蜈蚣柳、平杨柳、燕子树、元宝柳、馄饨树等。分布于华东、中南、西南、及陕西、台湾，东北和华北仅有栽培。多生于海拔 1 500 米以下平原溪涧河滩、阴湿山地杂木林中，喜光。

麻柳树（彩图 9）落叶乔木，成年树高 18～30 米。树皮黑灰色，深纵裂，幼树具长柔毛和皮孔，叶痕明显。冬芽细长有柄裸露，被锈褐色毛。髓部薄片状。叶互生，多为偶数羽状复叶（小叶在叶轴的两侧排列成羽毛状，而且总数为偶数），少有奇数羽状复叶，长 8～16 厘米，叶轴两侧有狭翅，小叶 10～28 枚，长圆形至长椭圆状披针形，长 8～12 厘米，宽 2～3 厘米，先端钝圆或短尖，基部偏斜，边缘有细锯齿，表面有细小的疣状突起，中脉和侧脉腋内有 1 簇极短的星状毛。葇荑花序，与叶同时开放，花单性，雌雄同株，雄花序单生于去年生的枝腋内，长 6～10 厘米下垂，雄花有 1 苞片和 2 小苞片，并有 1～2 枚发育的花被片，雄蕊 6～18 枚；雌花序单生新枝顶端，长 10～20 厘米，花序轴密被星状毛和单毛，雌花单生苞腋内，左右各有 1 个小苞片，花被片 4 片，贴生于子房，子房下位（子房全部生于凹陷的花托内，并与花托完全愈合，花萼、花冠、花蕊生于子房上方的花托边缘），2 枚心皮组成，花柱短，头 2 裂，果序长 20～45 厘米，小坚果长椭圆形，长 6～7 毫米，常有纵脊，两侧有由小苞片发育增大的果翅，条形或阔条形。花期 4～5 月，果期 8～9 月。

麻柳树所含毒性物质不明，但用麻柳树叶榨汁可致鱼类昏厥浮出水面，根皮煮水可毒鱼。麻柳树可种子繁殖，幼苗易在禾本科鱼类牧草田中生长，幼苗期容易混入牧草中生长，收割幼嫩牧草分拣不仔细易混入，可导致鱼类误食中毒。

十一、鱼藤（毒鱼藤）

鱼藤（*Derris trifoliata* Lour.），别称白药根、雷公藤、雷公藤蹄，为双子叶植物纲、蔷薇目、豆科、鱼藤属、鱼藤种。分布于浙江、福建、台湾、海南、广西等地，全株有毒性。

鱼藤为攀援灌木，枝叶均无毛。单数羽状复叶，无托叶，叶柄长 7～15 厘米；小叶通常 5 枚，间有 3 枚或 7 枚，具短柄近革质，卵状矩圆形至矩圆形，长 4～8 厘米，先端渐尖而钝，基部浑圆。总状花序腋生或侧生于老枝上，常不分枝，长 5～10 厘米；花柄聚生，稍长于萼；萼钟形，长约 2 毫米，近秃净，有不明显的钝齿；花冠蝶形，粉红色，长约 10 毫米；旗瓣（最顶层的花瓣）近于肾形，顶端圆形，有时微缺，翼瓣（中间层花瓣）顶端圆形，龙骨瓣（最底层花瓣）半圆形，翼瓣及龙骨瓣基部均有一急尖的耳。雄蕊 10 枚，子房无柄，花柱线形内弯。荚果扁平而薄，斜卵形或矩圆形，长 2.5～4 厘米，宽 2～2.5 厘米，秃净无毛，背腹两缝有狭翅，孕育种子 1 粒，近于肾形。花期 8 月，果期 9 月。

鱼藤含鱼藤酮及其衍化物，通称鱼藤酮类，对昆虫及鱼类毒性很强，而对哺乳动物则毒性很轻，犬静脉注射致死量为每千克体重 0.5 毫克，而口服则需加大 600 倍才引起死亡。鱼藤属毛鱼藤（*D. elliptica*）也叫做毒鱼藤，含鱼藤酮量最高（根含 12%），而鱼藤属其他种则较低。

鱼藤口服毒性以鱼藤酮为大，经常接触其尘末，可招致肝损伤（脂肪变）。鱼藤酮中毒能引起呕吐、呼吸抑制惊厥，最后呼吸麻痹而死。人食用中毒后出现阵发性腹痛、恶心呕吐、阵发性痉挛、肌肉颤动、呼吸减慢，因呼吸中枢麻痹而死，也可以通过皮肤引起中毒。

鱼藤幼苗在禾本科、豆科牧草地都有发现，由昆虫或者鸟类粪便将种子带入草地繁殖而生，一般多用枝条繁殖。未处理干净的草地周边所留根系可深入草地内繁殖开花并进入种子繁殖，草地播种前应清理干净。鱼类误食，或者将大剂量鱼藤汁液、鱼藤叶放入养殖池塘水中，鱼类短时间内出现烦躁不安，养殖水体出现浪花，1 小时内出现浮头，2 小时内出现死亡，未采取大量冲新水更换水体的池塘出现浮头，严重者出现泛塘。鱼藤成株有花、藤体较大，容易发现和辨认，方便清理。清理时注意挖根，将草地中的滕根一起挖掉，防止根繁再次蔓延。

十二、油茶

油茶（*Camellia oleifera* Abel.）为双子叶植物纲、山茶目、山茶科、山茶属、油茶种常绿小乔木，别名茶子树、茶油树、白花茶。因其种子可榨油（茶油）供食用，故名油茶。

油茶嫩枝有粗毛，叶革质，椭圆形、长圆形或倒卵形，先端尖而有钝头，有时渐尖或钝，基部楔形，长5～7厘米，宽2～4厘米，有时较长，上面深绿色发亮，中脉有粗毛或柔毛，下面浅绿色无毛或中脉有长毛，侧脉在上面可以看到，在下面不很明显；边缘有细锯齿或钝齿，叶柄长4～8毫米有粗毛。花顶生近于无柄，苞片与萼片约10片，由外向内逐渐增大呈阔卵形，长3～12毫米，背面有贴紧柔毛或绢毛，花后脱落，花瓣白色，5～7片，倒卵形，长2.5～3厘米，宽1～2厘米，有时较短或更长，先端凹入或2裂，基部狭窄，近于离生，背面有丝毛，至少在最外侧的有丝毛；雄蕊长1～1.5厘米，外侧雄蕊仅基部略连生，偶有花丝管长达7毫米无毛，花药黄色，背部着生；子房有黄长毛，3～5室，花柱长约1厘米无毛，先端不同程度3裂。蒴果球形或卵圆形，直径2～4厘米，3室或1室，3爿或2爿裂开，每室有种子1粒或2粒，果爿厚3～5毫米木质，中轴粗厚；苞片及萼片脱落后留下的果柄长3～5毫米，粗大有环状短节，花期冬春之间。

油茶喜温暖怕寒冷，要求年平均气温16～18℃，花期平均气温为12～13℃，突然的低温或晚霜会造成落花落果。油茶树多生长在我国南方亚热带地区的高山及丘陵地带，山区池塘及堰塘边也有野生，主要集中在浙江、江西、河南、湖南、广西五省、区，长江流域到华南各地也有广泛栽种，陕南部分地区已有栽种。

油茶种子含三萜皂苷即油茶皂苷，水解后得山茶皂苷元A，茶皂醇A及B，D-葡萄糖醛酸，D-葡萄糖，D-半乳糖，D-木糖，当归酸，巴豆酸，α-甲基丁酸。茶粕中含有12%～18%的茶皂素，是一种溶血性物质，能使鱼的红细胞破裂溶解，故能毒鱼，鱼类误食后表现为池塘猝死。可用于饲料，但添加量不能超过3‰。轻度中毒症状表现为精神沉郁，鱼群出现浮头，重度中毒可出现泛塘。

十三、小米柴

小米柴（*Lyonia ovalifolia*）为双子叶植物纲、杜鹃花目、杜鹃花科、珍珠花属、珍珠花种有毒植物，又称米饭花、山胡椒（中药名）。分布于福建、台湾、湖南、广东、广西、四川、贵州、云南、西藏等地，多生长于海拔700～2 800米的丛林中。

小柴米是常绿或落叶灌木或小乔木，高8～16米；枝淡灰褐色无毛；冬芽长卵圆形，淡红色，无毛。叶革质，卵形或椭圆形，长8～10厘米，宽4～5.8厘米，先端渐尖，基部钝圆或心形，表面深绿色，无毛，背面淡绿色，近于无毛，中脉在表面下陷，在背面凸起，侧脉羽状，在表面明显，脉上多少被毛；叶柄长4～9毫米无毛。总状花序长5～10厘米，着生叶腋，近基部有2～3枚叶状苞片，小苞片早落；花序轴上微被柔毛；花梗长约6毫米，近于无毛；花萼深5裂，裂片长椭圆形，长约2.5毫米，宽约1毫米，外面近于无毛；花冠圆筒状，长约8毫米，径约4.5毫米，外面疏被柔毛，上部浅5裂，裂片向外反折，先端钝圆；雄蕊10枚，花丝线形，长约4毫米，顶端有2枚芒状附属物，中下部疏被白色长柔毛；子房近球形无毛，花柱长约6毫米，柱头头状，略伸出花冠外。蒴果球形，直径4～5毫米，缝线增厚；种子短线形无翅。花期为每年的5～6月，果期为7～9月。

珍珠花属植物叶中含毒性成分泪木毒A及D，还含有槲皮素，金丝桃苷，槲皮苷，槲皮素-3-O-β-D-葡萄糖醛酸苷，对香豆酸，咖啡酸，β-谷甾醇-β-D-葡萄糖苷，圣草素，落新妇苷，熊果酸，齐墩果酸，马斯里酸。嫩芽中含有金丝桃苷，左族表儿茶精，槲皮素以及微量的木犀草素和芹菜素，从其木质部提取物中检出左旋表儿茶精。

小米柴幼苗易在墨西哥玉米、苏丹草、高丹草、象草等鱼类牧草中野生，刈割牧草应予鉴别。小米柴的根部含毒素较多，将根部捣烂榨汁，鱼类误食汁液可致昏迷直至死亡。水库小溪等养鱼水域，偷捕者常用小米柴根部榨汁药鱼。

十四、金毛狗脊（狗颈藤）

俗称狗颈藤，明朝嘉靖《钦州志·卷二·物产》记载："狗颈藤，色白，覆地而生，取其梗锥烂，伴以灶灰，可药鱼"，明朝崇祯年间编的《肇庆府志》卷十《物产》记载："狗颈藤，用作毒鱼，称为鱼药"。从植物形态上看，狗颈藤（彩图10）疑似狗脊或者金毛狗脊，而狗脊在有的地方（广东、广西、云南、四川等）也被称为金毛狗脊。狗脊和金毛狗脊在植物学上分类不同，金毛狗脊（*Cibotium barometz*）属于蕨类植物门、蕨纲、真蕨目、蚌壳蕨科、金毛狗属、金毛狗种，而狗脊（*Woodwardia japonica*）属于乌毛蕨科、狗脊属。有的文献认为，狗脊是蚌壳蕨科植物金毛狗脊的干燥根茎。狗颈藤今名还需再考证。

金毛狗脊根茎含淀粉量为30%左右，狗脊蕨根茎淀粉含量高达48.5%，根茎含淀粉及绵马酚，根茎的柔毛含鞣质及色素。主要分布在马来西亚西部及我国的云南、贵州、四川南部、广东、广西、福建、台湾、海南、浙江、江西和湖南等地。

金毛狗脊根状茎粗大、卧生，顶端生出一丛大叶，柄长达120厘米，粗2～3厘米，棕褐色，基部被有一大丛垫状的金黄色茸毛，长逾10厘米，有光泽，上部光滑。叶片大，长达180厘米，宽约相等，广卵状三角形，三回羽状分裂；下部羽片为长圆形，长达80厘米，宽20～30厘米，有柄（长3～4厘米），叶互生远离。一回小羽片长约15厘米，宽2.5厘米，有小柄（长2～3毫米），线状披针形，长渐尖，基部圆截形，羽状深裂几达小羽轴；末回裂片线形略呈镰刀形，长1～1.4厘米，宽3毫米，尖头开展，上部的向上斜出，边缘有浅锯齿，向前端较尖，中脉两面凸出，侧脉两面隆起，斜出单一，但在不育羽片上分为二叉。叶质为革质或厚纸质，晾干后上面褐色，有光泽，下面为灰白或灰蓝色，两面光滑，或小羽轴上下两面略有短褐毛疏生。孢子囊群在每一末回能育裂片1～5对，生于下部的小脉顶端；囊群盖坚硬，棕褐色，横长圆形，两瓣状，内瓣较外瓣小，成熟时张开如蚌壳，露出孢子囊群；孢子为三角状的四面形，透明。因它根茎外部有金黄色的茸毛，好像狗的背脊，因此得名金毛狗脊。

狗脊的别称很多，在我国南方称作苟脊、狗青、强膂、扶盖、扶筋、百枝、金毛狗、三面青、狗仔毛、鲸口蕨、金毛猴、猴毛头、金丝毛、金猫咪、金狗脊、金扶筋、猴毛头、老猴毛、黄狗头、毛狗儿、金毛狗脊。而金毛狗蕨、金毛狮子、强毛狗儿等，多指金毛狗脊的根茎部分。

狗脊主要含蕨素 R，金粉蕨素，金粉蕨素- 2’- O -葡萄糖苷，金粉蕨素- 2’- O -阿洛糖苷，欧蕨伊鲁苷，蕨素 Z 等成分，其中蕨素是一种有毒物质，鱼类大量误食后出现视觉消失、神经亢奋等症状，最后心力衰竭而亡。

十五、黄姜

黄姜学名是盾叶薯蓣（*Dioscorea zingiberensis* C. H. Wright）又名火头根，俗称生黄姜，是单子叶植物纲、薯蓣目、薯蓣科、薯蓣属、盾叶薯蓣种多年生草本植物。黄姜是世界上薯蓣皂苷元含量最高的植物，分布于河南、湖北、湖南、陕西、甘肃、四川等地，多生长在冬暖的低山河谷地带。

黄姜喜温暖环境、不耐严寒，最适宜生长气温为 20～25℃，1 500 米以上的寒冷高山很少分布。黄姜对土壤要求不严，在各种类型土壤中均能生长，但主要生长在山地棕壤和山地黄壤等腐殖质深厚的土壤中。水分状况对黄姜的分布和生长发育有重要影响，年降水量在 750～1 500 毫米是适宜分布区，在湿润土壤环境中生长旺盛，分布较多，皂素合成与积累的最适宜水分条件为年降水量 800～900 毫米，以 850 毫米为最佳。黄姜为喜光植物，主要分布在光照充足的向阳坡面，在阴坡或光照条件差的地方分布较少，要求年日照时数为 1 750～2 000 小时。

黄姜是多年生缠绕草本，有地下块茎，含丰富淀粉，缠绕茎可长达 2 米以上。叶对生，三角状心形全缘，具掌状脉。花单性，雌雄异株，穗状花序下垂；蒴果三棱状球形，具种翅。茎左旋，在分枝或叶柄的基部有时具短刺，单叶互生盾形，叶面常有不规则块状的黄白斑纹，边缘浅波状，基部心形或截形。花雌雄异株或同株；雄花序穗状 2～3 朵簇生，花被紫红色，雄蕊 6 枚；雌花序总状穗状。蒴果干燥后蓝黑色，种子栗褐色，四周围以薄膜状翅。花期 5～8 月。根茎类圆柱形，常具不规则分枝，分枝长短不一，直径 1.5～3 厘米，表面褐色粗糙，有明显纵皱纹和白色圆点状根痕，质较硬粉质，断面橘黄色，味苦。

黄姜含有 1.1%～16.15%的薯蓣皂苷元、45%左右的淀粉、40%的纤维素以及一些水溶性苷类、生物碱类、黄酮苷类、强心苷类、生物碱、单宁、色素等化学成分。黄姜皂素的提取主要采用强酸水解法，提取黄姜皂素后的废水直接排入江河湖泊，对鱼类的伤害极大。鱼塘建设应避开黄姜皂素厂排污渠道，不取用黄姜皂素排污河流或湖泊中的废水补给池塘养鱼用水。

需要鉴别的是，日常生产生活中常用到的生姜，在有的文献中也叫做小黄姜，但它与黄姜不是一个属的植物。生姜的别称也叫做姜根、百辣云、鲜生姜、蜜炙姜炎凉小子、因地辛、勾装指、姜等，属于单子叶植物纲、姜目、姜科、姜属、姜种的植物，与黄姜的解毒消肿功效也不同，生姜具有增进食欲、活血驱寒和镇吐的功效。生黄姜却是指黄姜，中药上有时也叫做毛黄姜、宝鼎香、黄丝郁金等，在应用中注意区别。

十六、箭毒木

箭毒木（*Antiaris toxicaria* Lesch.）又名见血封喉，为双子叶植物纲、荨麻目、桑科、见血封喉属、箭毒木种乔本植物，国家三级保护植物，稀有物种，该树乳汁剧毒，被称为“毒木之王”，也是我国热带季雨林的主要树种之一。我国海南、云南、广东、广西有分布，斯里兰卡、印度（包括安达曼群岛）、缅甸、泰国、中南半岛、马来西亚、印度尼西亚等地，也有分布，多生长在海拔 1 500 米以下的热带雨林中。

箭毒木一般高 25～40 米，胸径 30～40 厘米。大树偶见有板根（也叫做板状根，热带雨林植物支柱根的一种形式，支柱根是由下部茎节发出的、支撑茎的不定根，这种不定根是指植物的茎或叶所发生的根）；树皮灰色，略粗糙；小枝幼时被棕色柔毛，干后有皱纹。叶椭圆形至倒卵形，幼时被浓密长粗毛，达缘具锯齿，成树的叶子呈长椭圆形，长 7～19 厘米，宽 3～6 厘米，先端渐尖，基部圆形至浅心形，两侧不对称，表面深绿色，疏生长粗毛，背面浅绿色，密被长粗毛，沿中脉更密，干后变为茶褐色，侧脉 10～13 对；叶柄短，长 5～8 毫米，被长粗毛；托叶披针形早落。雄花序托盘状，宽约 1.5 厘米，围以舟状三角形的苞片，苞片顶部内卷，外面被毛；雄花花被裂片 4 枚，稀为 3 枚，雄蕊（种子植物产生花粉的器官）与裂片同数而对生，花药（花丝顶端膨大呈囊状的部分）椭圆形，散生紫色斑点，花丝极短；雌花单生，藏于梨形花托内，为多数苞片包围，无花被，子房 1 室，胚珠自室顶悬垂，花柱 2 裂，柱头钻形，被毛。核果梨形，具宿存苞片，成熟的核果，直径 2 厘米，鲜红至紫红色；种子无胚乳，外种皮坚硬，子叶肉质，胚根小。花期 3～4 月。果期 5～6 月。

箭毒木多生于热带季雨林、雨林区域，热量丰富，长夏无冬，冬季寒潮影响微弱，年平均气温为 21～24℃，最冷月平均气温在 13 以上，极端最低气温在 0℃以上，年降雨量 1 200～2 000 毫米，空气湿度较大（年平均相对湿度在 80%以上）的区域。在花岗岩、页岩、砂岩等酸性基岩和第四纪红土上，土壤为砖红壤或示红壤，pH 为 6.8～7.7 的地方也能生长。箭毒木可组成季节性雨林上层巨树，常挺拔于主林冠之上。根系发达，抗风力强，在风灾频繁的滨海台地，孤立木也不易因风吹而倒，但生长往往较矮。

箭毒木乳汁含 α-见血封喉苷，β-见血封喉苷，马来毒箭木苷，19-去氧-α-见血封喉苷，19-去氧-β-见血封喉苷，铃兰毒原苷，洋地黄毒苷元-α-鼠李糖苷，铃兰毒苷。种子含有加拿大麻苷，加拿大麻醇苷，毒毛旋花子阿洛糖苷，杠柳阿洛糖苷，萝摩苷元-α-L-鼠李糖苷，铃兰毒苷，见血封喉鼠李糖苷，毒毛旋花子爪哇糖苷，见血封喉去氧阿洛糖苷，见血封喉阿洛糖苷，见血封喉爪哇糖苷，毒毛旋花子苷元，萝摩苷元，见血封喉苷元等多种毒素成分，对各类血液都能危害。

箭毒木树液由伤口进入人体内引起中毒，主要症状为肌肉松弛、心跳减缓，最后心跳停止而死亡。动物中毒症状与人相似，中毒后 20 分钟至 2 小时内死亡。见血封喉的乳白色汁液含有剧毒，一经接触人畜伤口，即可使中毒者心脏麻痹，血管封闭，血液凝固，以至窒息死亡。野生幼苗偶见于稻田及牧草地，多为季风将种子刮入而繁，易混入豆科牧草地生长，应及时清理和焚毁处理，防止混入牧草被鱼类误食，其大剂量汁液（毒液）浸入养殖水体易引起泛塘，鱼类出现缺氧症状后迅速死亡。

第五节　种草养鱼的应用原则

一、水肥管理

种草养鱼时常用的牧草是苏丹草、黑麦草等，岸杂狗牙根是鱼类喜食的草本作物，这些草本作物是喜湿润的草本植物，因此在生产中如遇到干旱季节，一定要适期浇足水分，以防牧草因干旱而导致死亡。杂交狼尾草是喜氮的种类，在生产中一定要施足氮肥，以保证高产；若栽种狗牙根，应施足底肥，底肥以有机的农家肥效果最好，刈割时留茬5～8厘米，追肥可施以农家肥、氮肥和磷肥。

在我国南方遇到梅雨季节，应当及时排泄草田的积水，防止雨涝致使牧草根部缺氧腐烂死亡，同时，在梅雨季节及时防治病虫害，可通过增施磷肥等增强牧草的抗病能力。在高产的鱼类牧草生产地，可采用测土配方施肥，按照以缺补缺、按需培肥、计量补施的原则施肥，满足牧草生长的养分需要。测土配方时，在草地选取土壤取样点应当将牧草生长不良的地块和片区作为测土的重点，选取这些地块的土壤进行测定，特别是牧草叶体发黄、出现霉斑甚至出现根茎腐烂的地块，应当重点选取，采取土样测定，补足所缺营养元素。

二、种养结合

在栽种牧草的同时，要及时采用牧草养鱼。牧草的幼嫩时期蛋白质、维生素等营养物质含量较高，应充分利用这一时期的营养牧草养鱼，待牧草老化后，粗纤维、木质素等鱼类不能使用的物质含量上升，牧草的营养物质损失较多，饲用价值降低。如苏丹草（表7-10）的风干样在营养生长期的粗蛋白质含量达到5.7%，到成熟期粗蛋白质含量是5.0%。一般要求苏丹草在栽种后的15天后即可开始刈割饲用。黑麦草在栽种20天后即可刈割饲用，一边灌溉施肥，一边刈割饲喂，使牧草的饲用价值得到充分利用。用于鱼类养殖的牧草不宜干制后饲喂，不能采用干制牧草养鱼。

表7-10　苏丹草的化学成分（%）

生育期	状态	干物质	粗蛋白质	粗脂肪	粗纤维	无氮浸出物	粗灰分
营养生长期	绝干	100.0	6.5	2.9	31.4	50.1	9.1
	鲜样	20.0	1.3	0.6	6.3	10.0	1.8
	风干	87.0	5.7	2.5	27.3	43.6	7.9
抽穗期	绝干	100	7.0	1.6	37.9	43.6	9.9
	鲜样	20.0	1.4	0.3	7.6	8.7	2.0
	风干	87.0	6.1	1.4	33.0	37.9	8.6
成熟期	绝干	100	5.7	1.8	40.8	42.3	9.4
	鲜样	20.0	1.2	0.4	8.2	8.3	1.9
	风干	87.0	5.0	1.6	35.5	36.7	8.2

降低养鱼的成本在于降低饲料成本，应充分利用自产青饲料成本低廉的特点；进行多种经营型的渔业生产，以制作、储藏、出售青饲料的方式增加营业外收入，也是种草养鱼的内容之一。在草地面积充足、牧草产量持续高产的家庭渔场，还可以发展生态立体养殖，在鱼塘塘埂散养土鸡、放牧土猪，种植的牧草用于喂鱼、喂猪、喂鸡，鸡粪用于喂猪或者用于主养滤食性鱼类池塘的施肥，猪粪可以用来肥田，促进青绿饲料的生长与增产。

三、种子处理

为了促进种子迅速发芽，播种前对一些发芽缓慢的种子，可采取浸种、药物拌种等方法进行适当的处理。

浸种：一般较易发芽的种子可直接播种，对种皮较厚的种子可在播种前进行浸种，如高丹草种子、黑麦草种子等。浸种可分为冷水浸种和温水浸种（温度40℃左右）两种，浸水时间一般以24小时为宜，浸泡时间过长养分容易损失。浸过的种子不能播种在过分干燥的土壤中，因为干燥土壤会夺取种子水分，使种子的发芽中止。

锉伤种皮：对于种壳坚硬、不透水和不透气的种子，可作锉伤种皮处理（注意不能锉伤种胚）。锉伤种皮法常用于美人焦、荷花、黄花夹竹桃等种子直径较大的观赏植物的种子，方法是在播种前用小刀刻伤种皮或用沙纸磨去种皮的一部分，再经温水浸泡24小时。红三叶、白三叶等的种子硬实率占40%～50%，要进行硬实处理，以保证出苗齐全。处理方法是，在种子中加入30%的米糠，用碾米机碾2～3次即可。初次栽培三叶草的土壤最好进行根瘤菌接种，以利于生长。

草木灰拌种：凡外壳有油蜡的种子，都可用草木灰加水混合成糊状拌和种子，利用草木灰中的碱性物质脱去油蜡，如狗牙根种子等。

冻裂：如榆叶梅的种子，在入冬封地前播种并浇透水，冬季土地结冻后，种子外壳破裂，第二年春天即可发芽。鱼类牧草中的多年生牧草多花黑麦草的种子就可以采用这种方法播种。

沙藏：如桂花、蔷薇类的种子，秋末采收后用湿沙拌好，装在花盆里，再放置在深半米左右的沟里，盖上稻草，第二年开春后取出播种，则可迅速发芽。苏丹草在早春播种后可采用覆薄沙盖秸秆的方法促进早发芽。

药物处理：对一些种皮坚硬的种子，也可进行药物处理，以改变其坚硬种皮透性，使其迅速发芽。通常用2%～3%的盐酸浸种，浸到种皮柔软后取出种子，用清水漂洗干净即可保存。除了观赏植物中的芍药、美人蕉等种子可采取此法外，高丹草的种子也可采用这种方法处理。

种草养鱼可减少底泥中淤积和残饵存量，降低水体氨氮。种草养鱼导致的叶绿素a残留引起藻类等浮游植物滋生、水质富营养化问题，可以用流动水缓冲、减少水体中富营养化物质存量的方法解决。还可定期检测水体叶绿素a含量，监控富营养化进程。培植草食性和杂食性鱼类肠道内纤维素分解酶菌群，提高牧草营养物质利用率和纤维素的降解率，是种草养鱼需要研究的重要问题。

主要参考文献

顾洪如，2003. 种草养鱼技术［M］. 1版 . 北京：中国农业出版社：40－54.

李大雄，李科云，龚福春，1997. 开发水库种草养鱼，提高种草综合效益［J］. 草业科学，14（2）：71－73.

李建萍，2016. “有毒植物”在毒鱼习俗上的利用研究［J］. 民族论坛（4）：91－97.

李科云，盛文亮，孙祥贵，1993. 百倍冲水库种草养鱼防淤试验初报［J］. 草业学报，2（3）：47－52.

李科云，盛文亮，孙祥贵，1993. 水库种草养鱼与防治水土流失的研究［J］. 水土保持学报，7（3）：37－41.

李科云，盛文亮，孙祥贵，1994. 水库种草养鱼与防淤的试验初报［J］. 生态农业研究，2（2）：75－80.

李科云，2002. 南方山丘水库种草养鱼防淤减积综合利用的研究［J］. 自然资源学报，17（5）：644－648.

李科云，2002. 水库消落区种草养鱼防淤减积综合效益分析［J］. 草地学报，10（1）：53－58.

李明锋，1994. 种草养鱼的生态经济分析［J］. 生态经济（2）：44－46.

李小龙，金玉英，1994. 杂交狼尾草与苏丹草养鱼效果对比试验［J］. 水利渔业（2）：45－47.

林清佛，李铭凯，1997. 水库消落区种草养鱼试验［J］. 水利渔业（6）：36－37.

倪根金，1998. 中国古代植物药鱼考略［J］. 农业考古（3）：255－257.

倪前干，李恒栋，魏华强，等，1994. 种草养鱼高产高效试验［J］. 科学养鱼（2）：21－22.

汪为均，张喜富，2007. 种草养鱼技术要点［J］. 科学养鱼（9）：16－17.

王德建，徐琪，刘元昌，1993. 草基-鱼塘生态系统中能量转化与经济效益分析［J］. 生态学杂志，12（2）：29－30.

王燕雲，刁治民，曹霞，等，2015. 药用植物荨麻经济价值及应用潜力［J］. 青海草业，24（2）：25－34.

吴大康，2004. 古代毒鱼和环境保护：从安康境内两则碑文谈起［J］. 安康师专学报（16）：83－89.

吴海荣，杨华军，江涛，2011. 种草养鱼高产高效技术［J］. 现代农业科技（23）：339－339.

许重远，陈振德，陈志良，等，1999. 中药狗脊的研究进展［J］. 中药材，22（12）：662－664.

杨建瑜，1996. 中药狗脊沿革考［J］. 兰州医学院学报，22（2）：33－35.

姚志刚，1999. 优质水生饲草：青萍、紫萍、槐叶蘋的开发与利用［J］. 滨州教育学院学报，5（第1～2期）：23－25.

叶良华，1991. 种草养鱼在海涂鱼塘中的应用技术［J］. 饲料研究（2）：26－28.

张友金，蒋松荣，1987. 桑园种草养鱼技术研究初报［J］. 桑蚕通报，18（4）：20－22.

郑卫生，2015. 青饲料养鱼六要点［J］. 农民日报，2015－11－13（2）.

TERRENT J，et al，1980. Iron oxides mineralogy of some soils of two terrace sequances in Spain. Geoderma：23.

第八章

稻田养鱼技术

稻田养鱼是指利用水面培育鱼种或商品鱼，将种稻与养鱼结合在同一块农田中进行的生产方式，属农业经济循环生产模式。由于种稻养鱼在同一田块中得到有机结合，形成稻鱼共生生态系统，所以稻田养鱼也属生态渔业。

第一节　稻田养鱼的历史与现状

一、稻田养鱼的历史渊源

我国稻田养鱼历史悠久，东汉时期的魏武《四时食制》有“郫县子鱼，黄鳞赤尾，出稻田，可以为酱”，在陕西勉县老道寺村1978年发掘的东汉墓群中，出土了疑似陂池稻田的模型，其“出稻田”的鲤鱼疑为野生，非人工放养。确有文字记载的当属明代洪武年间的浙江青田县志“田鱼有红黑驳数色，于稻田及圩地养之”，并在万历年间的广东顺德“垤员廊之田为圃，名田基……圃中凿池养鱼，春则涸之插秧。大则数十亩……”，已不局限于稻鱼兼作，进而开展稻鱼轮作。清朝嘉庆年间湖南已将稻田养鱼的田块称之为“可放鱼之田，量放鱼”。2005年，浙江青田稻鱼共生系统被列入联合国粮农组织（FAO）的“全球重要农业文化遗产”试点。陈介武等认为，青田的稻田养鱼距今已有1200年的历史。

新中国成立后，我国稻田养鱼第一个时期是20世纪50年代，传承传统的稻田养鱼习惯，用稻田中的天然生物为饵料，养殖鲤鱼、鲫鱼和草鱼，多采用平板稻田、稻鱼双元结构养殖方式。到1959年，全国稻田养鱼面积达到67万公顷，单产每公顷达到70千克。

第二个时期为20世纪80年代至90年代，这一时期在理论与技术上都有所创新，由单一的平板稻田养鱼发展到沟凼结合、沟塘结合、宽厢深沟、窄垄深沟等多种稻田养鱼方式，稻田中养殖的品种除了鲤鱼、鲫鱼、草鱼外，增加了鲢鱼、鳊鱼、罗非鱼、革胡子鲶、泥鳅等鱼类，也有稻田养殖青虾、田螺等贝壳类和软体动物的，一并归入稻田养鱼的范畴。这一时期的稻田养鱼饲料已不限于单一的稻田天然生物，往往辅助人工饵料投饲，补充天然饵料的不足，养殖方式多种多样，有水稻＋鱼类（水禽）、莲菜＋鱼类（水禽）、茭白＋鱼类（水禽）等多种方式，还有鱼类＋水生食用菌的养殖方式。到1994年，全国稻田养鱼面积增加到85万公顷，单产达到每公顷243千克。

20世纪90年代后期到21世纪为我国稻田养鱼的第三个时期，这一时期的养殖技术日趋成熟，品种杂交改良多元化，生产模式更加优化，饲料供给工业化的趋势更加明显，以高投高产为特征的集约养殖迅速发展，企业化生产、产业化经营管理成为稻田养鱼的亮点。到21世纪初，全国稻田养鱼面积达到162万公顷，单产达到每公顷648千克。

二、稻田养鱼在现代渔业中的作用

稻田养鱼作为最古老的传统渔业明显带有原始渔业的痕迹，在现代渔业发展的今天，重提“稻田养鱼”已经远远超出“果腹而渔”的意义。它作为生态养殖的渔业方式，具有增加渔业产量、减少农业面源污染的作用。

（一）增加渔业产量，补充鱼类供给不足

稻田养鱼既不需要建设专门的养殖水面，也不需要专门挖塘建池，可就地育种、就地养殖，增强品种的地域适应性，减少苗期的死亡。“十二五”末期，我国稻田养鱼产量达到104.98万吨，占全国水产总产量（含捕捞）的1.95%，占人工养殖总产量的2.74%。按照全国人均年消费鱼类26千克计算，稻田养鱼可供给4 000多万人一年的鱼类消费需要。

（二）减少稻田化肥农药使用，降低农业面源污染

稻田中的杂草、害虫等动植物可作为鱼类的饵料，因此，稻田养鱼可大量清除田中的杂草、害虫，减少饵料投饲量，降低养殖成本，并能促进水稻增产。江苏的试验表明，养鱼稻田比不养鱼稻田的杂草每平方米减少363克，养鱼稻田的剩余杂草主要是鱼类不食的草类，鱼类可食草类基本清除殆尽，不食杂草进行人工清除即可保障稻田无杂草生长。养鱼稻田的三化螟三代卵块减少30%，白穗率降低50%，稻飞虱减少50%以上，纵卷叶虫百株束叶数减少30%，白叶率降低70%，稻叶蝉减少30%。稻田中的杂草清除后，减少了杂草与水稻的争光抢肥，稻田的通风透光能力增强，水稻的光照条件及通风状况得到改善，病害发生率降低；稻田养鱼中的鱼粪可作为有机肥供给水稻养分，增加土壤有机质。每500尾草鱼所产粪便相当于5千克过磷酸钙、2.5千克硫酸铵，整个稻田的化肥农药饲用量减少，面源污染降低。

（三）提高农业资源利用效率，降低了水稻生产成本

稻田养鱼除了降低化肥农药投入、增加土壤有机质外，还可减少中耕费用。稻田中的鱼类具有掘食习性，可起到土壤中耕作用，免除稻田中耕费用，增加稻田净单位面积产量。稻田养鱼的能量产投比提高0.08%，光能利用效率提高0.1%，土壤有机质提高0.24%，纹枯病发病率降低3.8%。在北方寒地，养鱼稻田水温提高0.5℃，10厘米、15厘米厚度的耕作层土壤温度日平均值高出常规稻田0.4℃和0.5℃，稻田水体中溶解氧每升提高0.33毫克，养鱼稻田水体中溶解氧每升超过5毫克。

三、稻田养鱼的基本形式和设施

根据耕作制度及稻田养鱼的形式，稻田养鱼可分为稻鱼兼作、稻鱼轮作和稻鱼间作三种类型和形式，各种作业方式有不同的特点

稻鱼兼作：这种形式是在水稻插秧后3～5天，在稻田中放养适量的夏花鱼种（体长3厘米以上）或一龄鱼种，经3～4个月的饲养管理，养成一龄鱼种或二龄鱼种或者成鱼，随同水稻收获而收获。这种养殖方式，不论是单季稻还是双季稻都可以采用。稻鱼兼作常用的鱼类品种为鲤鱼、草鱼、鲫鱼、鳊鱼等品种，捕捞上市时间与水稻收获时间相同。

稻鱼轮作：这种方式是利用低洼冬闲田块，种一季水稻、养一季鱼，养鱼时间可长

达 7～8 个月。稻鱼轮作常用的鱼类品种为草鱼、鳜鱼、鳙鱼等品种，一般用规格较大的鱼种，经过半年的稻田养殖即可上市销售。

稻鱼间作：这种方式是利用稻田插秧的间隙培育一季夏花鱼种，根据季节和时间，培育苗种到夏花阶段，然后转入池塘，稻田开始插秧，插秧后养殖规格与水稻同步的鱼种，在水稻收获时捕获上市。

无论采用何种稻田养鱼方式，稻田养鱼的基本设施必须同时满足水稻种植和养鱼的需要条件，保障水稻和鱼类正常生长发育的营养供给和环境要求。稻田既能满灌全排，又能保持一定的载鱼水体，并具有防止鱼类逃逸和野杂鱼进入的拦鱼设施，使水稻和鱼类互生共利。

首先要加高加固稻田田埂，使稻田能够蓄积一定深度的水体，并能防止田埂渗漏。养鱼稻田的田埂高度一般根据稻田的原有地势、饲养目的、鱼类品种而定，养殖成鱼、中上层鱼比养鱼种、底层鱼的田埂要高一些。通常的稻田养鱼田埂高度为 45～60 厘米，埂顶宽度 40 厘米左右，加高加宽的田埂要夯实，防止被大雨冲垮或漏水，防止洞栖动物如水蛇、田鼠、黄鳝等在田埂掘洞影响田埂结实程度。丘陵山区的养鱼稻田在田埂外要开挖排水沟，便于雨季山水来临时及时排出，防止大水漫田鱼类逃出。大面积稻田养鱼，需要准备日常稻田排灌设备，旱季用于稻田供水、涝季用于稻田排水，保持稻田水体高度在养鱼需要的范围。

其次是在稻田中开挖鱼窝鱼沟。鱼窝是鱼类在稻田中的栖息地，生长产卵和苗种生产需要在鱼窝中完成，鱼沟是鱼类在稻田中觅食、逃避敌害的通道。在收获季节可通过堵截鱼沟将成鱼集中到鱼窝中捕获，在水稻施肥和用药过程中，鱼类可栖息到鱼窝中规避药害。

鱼沟鱼窝的总面积一般占养鱼稻田面积的 6%～10%，鱼类产量较高的稻田一般鱼沟鱼窝要占到稻田的 10%以上。先整田后挖沟挖窝或先挖沟挖窝后整田都可以，原则是方便插秧，插秧后投放鱼种方便，并方便管理。

鱼沟鱼窝的形状可开挖成“十”字形、“目”字形或“井”字形（图 8-1），一般间隔 20 米开挖一条横沟，每隔 25 米开挖一条竖沟，沟宽 45～50 厘米，沟深 50～60 厘米。鱼窝最好建设在鱼沟的中央，也可在横竖鱼沟交叉处或田边、地头，也可在田外，田外有自然沟塘、滩地的，可将这些沟塘滩地改造成鱼窝，这种鱼窝面积可随这些地块的面积而定，不限制大小。鱼窝的数量、形状等按饲养鱼类的种类和放养数量而定，田块大、

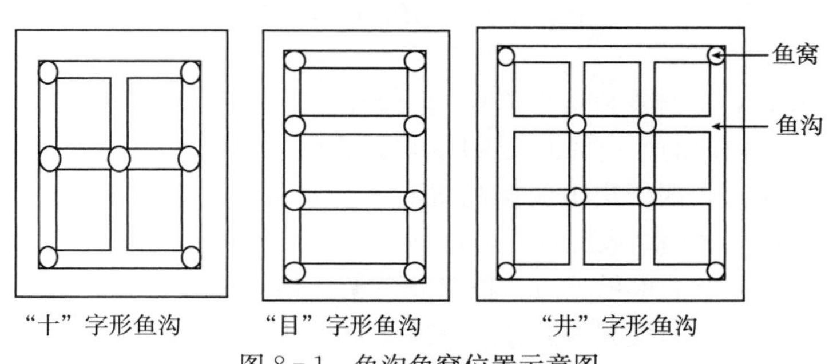

图 8-1　鱼沟鱼窝位置示意图

养殖成鱼、放养数量多的，可开挖多个鱼窝。鱼窝的深度以 1.2～1.5 米为宜。在田头或田外开挖的永久性鱼窝深度应不低于 2 米，永久性鱼窝可用于鲤鱼、鲫鱼、罗非鱼的繁殖，也便于鱼类集中捕捞。

在鱼沟鱼窝准备就绪后，第三件事情是开挖前注水口和后排水口，并设置拦鱼栅。注水口和排水口一般开挖在稻田两边的斜对角，在注水口处和排水口处都要安装拦鱼栅，防止养殖鱼类逃逸和野杂鱼进入，也能起到防止鱼类天敌进入稻田的作用。拦鱼栅可用竹筏、树枝、柳条编成栅帘，呈弧形插紧在进水口和出水口处，其凸面朝向来水方向，这样拦栅就不能被水冲垮。如果用塑料网作拦鱼栅，四边要镶以木框，紧埋在进水口和出水口处，高出埂面，并经常清除淤泥、杂草等杂物，保持水流通畅无阻，防止拥堵漫水逃鱼。

最后还要建设平水缺。这个设施是用来调整稻田水面高低的，可使田间保持一定的水层，特别是暴雨季节，能使多余的给水自由溢出，确保田埂安全，防止逃鱼。平水缺一般建在依傍排水沟的田埂上，其高度依据需要保持的稻田水面的高度而定。水稻移栽后，在排水口的地方用砖砌成一宽度 40～50 厘米，竖放平铺各 2 块整砖，平铺砖始终与田间的水面相平，外侧安装拦鱼栅（图 8－2）。

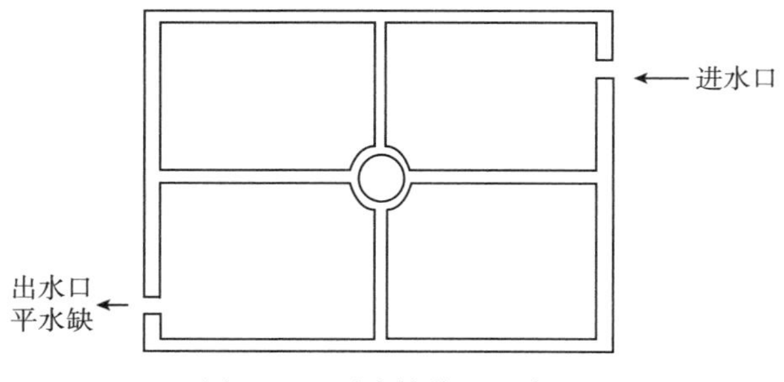

图 8－2　平水缺位置示意图

稻田开挖养鱼沟窝占用一定的稻田面积，但试验表明，这种占用可通过水稻作物的正边际效应得到补偿（处于立体空间边缘的作物，首先得到光、水、气等生态条件的滋养，比作物单元内部的具有生长优势和产量增加的条件，也称作边际优势），对整个作物种植单元的总产量无显著影响。

第二节　稻田养鱼的生态条件及品种

稻田养鱼受水稻生长季节和生育周期的限制，其生态条件和养殖品种与池塘养殖和网箱养殖有所不同，稻田的生态条件限制鱼类的养殖品种，水稻的生长季节和生育周期限制鱼种的饲养时间。我国历史上海南岛曾有三季稻种植，现已基本废止，长江中下游双季稻的种植一般在立秋前结束插秧，经过 90～104 天的生长期后，于 10 月下旬至 11 月初收割完毕，避开了冬季的水稻灌田，稻田养鱼至此结束。在北方，没有三季稻的种植，双季稻的种植也不多见，即便是采用双季稻种植，选用早熟品种基本避开了冬天，与稻田养鱼也不矛盾。

一、稻田养鱼中的水稻栽培

养鱼稻田与单一种植的稻田生态系统不同，养鱼稻田的生态系统具有高等植物、高等动物、低等生物共生的生态结构特点，是种植业与养殖业的结合体，属稻鱼共生的立体种植群体。因此，种稻养鱼田块既要保障养鱼所需的水量，又要有使水稻在生育阶段满足需水与不需水的生态环境。在稻鱼共存期间，为保证鱼类安全，水稻病害防治、中耕施肥的药物选用和化肥施用，首要条件是对鱼类没有伤害或者伤害较小，经过一段时间的流水冲刷稻田没有药物和化肥残留或者残留很小，同时这种药物和化肥又能控制水稻病害、满足水稻对肥料的需要。

稻田养鱼田块的水稻栽培总原则是：稻苗壮个体，整块小群体。水稻品种应选择高产、优质、多抗的类型，单季稻以中稻和晚稻为主；秧苗培育以长龄多蘖大苗栽培为主，插秧方式以宽行条栽为主；稻田用肥应突出增加基肥尤其是有机肥料的比例和用量，稻田灌溉以保持田间水层和鱼沟鱼窝水位为度，一般情况下田间不宜脱水，烤田时间不宜过长，程度不宜过重；病害防治以生物防治和综合农业措施防治为主。烤田是指在水稻分蘖末期，为控制无效分蘖并改善稻田土壤通气和温度条件，排干田面水层进行晒田的过程。通过这一措施，土壤水分减少，促使植物根向土壤深处生长，有利于植物的生长发育。

稻田养鱼中的水稻栽培所需田块条件和栽培技术等，在充分考虑养鱼所需田间条件的基础上，可参考水稻栽培其他技术。

二、稻田的生态条件

稻田养鱼主要是利用水稻灌水季节的时间养鱼，集中在每年的 4～11 月份，共 244 天，如果插秧整田占用时间过多，则养鱼时间不足 240 天。搞好稻田养鱼，要充分利用 200 多天的养殖时间，充分利用稻田的生态条件、选用鱼类速生品种或利用鱼类的速生时期尤为重要，这是保证稻田养鱼产量产值的先决条件。

(一) 水温

稻田水温随日气温的变化而不同，由于稻田水体较小、水的比热较大，除了季节变化外，昼夜温差也会有较大的变化。据测定，稻田水温的零时的温度与中午温度的差异在 4～5℃，这个温差对变温动物的鱼类生长影响甚微，但水稻为喜温作物，各生育期对环境温度的要求不同（表 8-1）。

表 8-1 水稻生长发育期的环境温度（水温）

生育期	幼苗发芽	分蘖期	抽穗期	开花期
最低温度（℃）	10～20	20 以上	—	—
最适温度（℃）	28～32	30	25～35	30

稻田养鱼的品种多为草鱼、鲤鱼、鳙鱼、鲢、鳊鱼和罗非鱼，这几种鱼类属于温水鱼类，水温的适宜范围为 15～25℃，与水稻的适宜水温基本相同。

（二）水体溶解氧

稻田水体的溶解氧是通过大气压原理溶解到水体中的，另有一部分来自水中浮游植物光合作用。由于稻田水体深度不大，水体的水平面和垂直面上各处溶解氧含量基本一致，一般为每升4～8毫克，足够维持温水鱼类的溶解氧需要量。当然要注意，当稻田养殖密度过大时，应在鱼窝上架设小型增氧机。

稻田水体溶解氧含量的昼夜差距较大，最高可达每升4～5毫克（表8-2），一般是凌晨较低，下午较高。架设增氧机的稻田要注意在凌晨开启增氧机，或在凌晨增加稻田换水量，向稻田输送新水，防止高密度养殖（亩产鱼类产量高于150千克）的田块出现“浮头”，鱼类亩产量小于150千克的稻田田块在晴朗天气不会出现浮头现象。

表8-2　稻田养鱼田块水体溶解氧与水温

项　目	5时	17时	温（日）差
气温（℃）	24.4	27.3	2.9
水温（℃）	26.1	29.8	3.7
溶解氧（毫克/升）	1.0	5.57	4.57

（三）光照

稻田中的阳光除了供给水稻光合作用外，还可促使稻田中的浮游生物繁殖生长，成为鱼类生长发育乃至繁殖的饵料。到了7～8月，稻田中的秧苗已经长成孕育稻米的植株，这时植株有遮阴效果，可以起到降低稻田水温的作用，调节水温维持在鱼类适宜的范围内，促进鱼类生长。

（四）水质

水稻生长需要清新并可以常年流动的水体，这种清新的水质一般无污染，溶氧量高，酸碱度（pH）多在7～8，是养殖鱼类的优质水体，可保证鱼类的健康生长。

（五）饵料生物

稻田里的生物包括底栖生物、浮游生物和藻类等，这些都是鱼类的饵料生物，是稻田养鱼的鱼类主要营养物质来源。

1. 底栖生物

底栖生物又有底栖动物和底栖植物之分，底栖动物主要为环节动物的寡毛类，如鳃蚯蚓及一些水生昆虫的幼虫等。这些动物的抗低氧能力强，吞食底泥中的有机碎屑和水底表层的藻类生长，成虫后成为鱼类的天然饵料，是稻田养鱼的重要蛋白质饲料。

底栖植物主要为底栖藻类，底栖藻类主要有水网藻和水绵等，前者呈大型网片状或网袋状绿藻，后者为不分枝丝状绿藻，多生长在稻田中的浅水沟等处，是鲤鱼、罗非鱼的饵料，但过量繁殖会影响鱼类生长。

2. 昆虫及昆虫幼虫

稻田中的螟虫、飞虱、纵卷叶螟、稻螟蛉等都是水稻害虫，但这些害虫却是鱼类的好饵料，为罗非鱼、鲤鱼等杂食性鱼类所喜食，短暂升高田面水位或牵动绳索震动水稻植株使昆虫落水，为鱼类捕食，是增加稻田养鱼饵料供给的好方法。

3. 水生植物

稻田中的水生植物种类很多，它们的种子、嫩茎和枝叶是草鱼、鳊鱼等草食性鱼类的饵料，其中鱼类喜食的有黑藻、小茨藻、苦草、菹草、浮萍、芜萍等（表8-3）。

表8-3　稻田中的水生植物

名　称	俗　称	生物习性	颜　色	茎形状	叶形状	喜食鱼类
轮叶黑藻	黑藻	多年生沉水	暗绿色	细长圆柱	线性或椭圆形	草鱼、团头鲂
小茨藻	—	一年生沉水	黄绿或深绿色	柔软线性	对生线性	草鱼、团头鲂
苦　草	绵条草	多年生沉水	绿色半透明	白色根状	丛生带形	草鱼、团头鲂
菹　草	—	多年生沉水	叶绿褐色	细长植底泥中	在茎节上互生	草鱼、团头鲂
浮　萍	紫萍、青萍	多年生浮水	深绿、黄绿	扁平、尾带细根	倒卵形叶状	草鱼、团头鲂、鳊鱼、鲤鱼
芜　萍	无根萍、瓢沙	水生漂浮	夏浮冬沉；绿色	无根无茎	椭圆形或卵圆形粒状体	鲤、鲫、鳊、团头鲂、罗非鱼

4. 浮游生物

浮游生物包括浮游植物和浮游动物，但稻田水体中的浮游植物极少，对稻田养鱼的饵料供给意义不大。浮游动物是稻田养鱼中鱼类饵料的主要提供者。稻田养鱼的浮游动物中以枝角类为主，占浮游动物总量的80%以上，其种类有秀体溞、裸腹溞、美女溞，还有桡足类的镖水蚤、剑水蚤及无节幼虫等。

三、稻田养鱼的鱼类主要品种

在生产实际中，从鱼卵孵出的嫩苗到下塘前被称为“鱼苗”或“水花”，这一时期的鱼活动能力很弱，发育不完善，鳞片和内部构造未完全形成。当水花经过18～25天的培育、规格达到3.3厘米左右时，鱼的体型与成鱼相似，鳞片出现，鳍条分枝，即称之为“夏花”“火片”或“寸片”，夏花经过3～4个月培育，体长规格达到10～13厘米时，常在10～12个月后分拣出培育池，称之为“秋片鱼种”或“一龄鱼种”。秋片鱼种越冬到第二年春天称之为“春片鱼种”，当体重达到50克以上或生长二年以上时，称之为“斤两鱼种”或“老口鱼种”，老口鱼种达到习惯食用规格时称之为“成鱼”或“商品鱼”。不同地区、不同品种鱼类的商品规格是不同的，通常情况下，草鱼商品规格为1.5～2.5千克，需要养殖3～4年；鲢鱼、鳙鱼的商品规格为1.0～2.0千克，需要养殖2～3年，鲤鱼为0.5～1.0千克，需要养殖1～2年；鲫鱼、罗非鱼0.1千克以上，需要养殖1～2年。鱼种规格还可用长度来表示，即鱼体全长；或用数量、重量表示，即每千克多少尾数。

稻田养鱼由于受到水稻生育时间或者季节的影响，鱼类养殖时间有限，需要选择适应性强、抗病性能好、生长速度快的杂食类品种，通过鱼窝进行隔年养殖，经过2～3年养殖后出栏销售，鱼窝中的鱼可按大小分期销售，达到上市规格的先行捕捞销售。稻田养鱼常用的鱼类品种见表8-4。

表 8-4 稻田养鱼常用的品种及用途

名称（别名）	颜色及外形特征	生活习性	主要饵料	用 途
草 鱼	体呈青黄色；外形长而近圆柱形，俗称“草棒子”	栖息水体中下层，喜清淡水质，性情活泼，游泳迅速，成群觅食	幼食浮游动物、摇蚊幼虫、浮萍和芜萍，体长 5 厘米后转草食	主养品种
鲤 鱼（花鱼、红鱼）	整体多呈暗银色；体型纺锤形，体大侧扁，腹圆头宽，尾多红色	底栖鱼类，低等变温，无需能量维持体温；无胃鱼种，食量较小	杂食性，水生植物碎片、螺、蚬、摇蚊幼虫等底栖类喜食，可饲料养殖	主养品种
罗非鱼（非洲鲫鱼等）	青灰色，外形似鲫鱼	广盐性热带鱼；栖息水体中下层	杂食性，水生植物和碎屑等喜食	主养品种
团头鲂（武昌鱼）	青灰色；体侧扁而高，呈菱形，口端位	栖息于水体中下层，喜静水环境	草食性，水生植物、植物碎屑、陆生嫩草喜食	主养或搭配品种
鳊 鱼（长春鳊）	银白色；体高侧扁	栖息于水体中下层，性情娇嫩	杂食性，藻类、浮游动物、水生昆虫均喜食	主养或搭配品种
鲫 鱼	一般银白色；体型侧扁厚而高，腹部圆	生活在水体下层	幼食藻类，中食浮游植物，大食底栖动物	搭配品种
鲢 鱼（白鲢）	白色，背青灰色；体型侧扁	喜肥水，栖息水底上层，性情急躁，喜跳跃	幼鱼食浮游动物和藻类，成鱼食浮游植物	搭配品种
鳙 鱼（花鲢、胖头鱼）	背及背侧灰黑色，体型似鲢鱼，但头大	喜肥水、栖息水体中上层，性情温和，易捕捞	枝角桡足类及轮虫等浮游动物	搭配品种

四、鱼种质量的鉴别

健苗一般体格健壮，逆水游泳能力强，肉质肥满结实，背宽肌满，近尾柄处肉厚，体型正常，鳞片鳍条完整无损，鱼体光滑，眼睛明亮，体表无寄生虫和伤痕。鱼种放入手中跳动激烈，在网箱中游动活泼密集在一起，头向下尾露水面。离水后鳃盖不张，尾不弯曲。同一鱼种要求规格一致，体重体长相差不大。

利用鱼类健苗具有较强游泳能力的特点，可建斜面仰角 12°～15°的水槽，利用自来水等放入缓缓的流水，将带有鱼苗的水盆放在斜面的下方，开启自来水，这时，游泳能力较强的鱼苗就会自动向来水的方向游动，并且逆流而上，游在前面的就是健苗，连续收取游在前面的鱼苗留作稻田养鱼的苗种，而留在水盆中的没有游出的鱼苗就是弱苗。利用这个原理，就可简单区分健苗和弱苗，特别是留在盆中的弱苗，一般不能作为稻田养鱼的苗种，这种鱼苗在稻田中的觅食能力差，生长缓慢，死亡率较高。弱苗一般养殖在大水面中，依靠宽松的觅食环境和丰富的饵料资源，可以得到逐步恢复生长，当然养殖周期要长一些。也可以养殖在池塘中，在苗种培育阶段提高营养水平，补给高蛋白高能量饵料，尽快恢复体力，提高苗种的觅食能力和生长速度，达到健苗的规格和体能。

五、鱼种的越冬暂养

由于现代水稻栽培的稻苗品种生育期逐渐缩短，当年的稻田养鱼苗种大多难以达到上市规格，需要在水稻收获前将这些鱼移居到合适的地方，并在移居过程中分拣出强弱，分类寄养。健苗单独培育，越冬以后的春季即可出售鱼种或成鱼，弱苗需要加强营养，进行补偿生长，到晚春出售。

鱼种能否安全越冬关系到第二年的商品鱼上市体重，应重视稻田养鱼暂养越冬池塘的基本建设。这种池塘一般选择在背风向阳处，面积2～5亩，要求不渗漏、保水性能及水质良好、水深1.5米以上，有补水补氧条件。越冬池塘的暂养密度一般按鱼种大小确定，体格大的密度稀一些，体格小的密度高一些。与池塘和水库江河养殖密度相比，稻田养鱼鱼种的投放密度，在与岸基池塘面积相同情况下，以不超过池塘密度的25%为宜，过大的密度增加小规格鱼的数量和病害感染的机会。

鱼种越冬池塘要专人管理，严格执行投饵制度，看天气确定饵料投喂量，适当使用农家肥，增加池塘浮游生物量；天寒时要在冰面开凿供氧洞，防止缺氧窒息死亡；还要防控鸟害，有条件的养殖场应搭盖防鸟网等，提高鱼种成活率。

第三节　稻田养鱼的鱼种放养

稻田养鱼一般放养的是鱼苗或者夏花鱼种，这些鱼苗或鱼种是由专门的孵化场孵化销售的商品鱼苗或者鱼种。稻田养鱼户通过市场购买放养到稻田中，养殖到成鱼进入市场，按商品鱼销售，获得经济效益。夏花放养是指夏花养成一龄鱼种的过程，实质上仍然是苗种培育的过程，而鱼种放养则为一龄鱼种养成商品鱼或二龄鱼种的过程，这个过程兼有苗种培育和商品鱼生产的功能。

由于不同品种的鱼类养殖周期并不相同，有的可以当年或者2年养成商品鱼，如罗非鱼、杂交鲤鱼等小品种鱼，而有的品种如草鱼、鲢鱼、鳙鱼、团头鲂等，需要2年或者2年以上才能养成商品鱼。所以有人认为，稻田养鱼的实质是鱼种培育过程，并非绝对意义上的成鱼养殖过程。

一、放养前鱼种的准备

苗种质量的好坏是稻田养鱼成功的一半，选择优质健壮、无病无伤的鱼种放养，是提高稻田养鱼产量的关键环节。优质健康夏花或鱼种的鉴别标准是：鳞片完整、鳍条不缺、体表光滑；膘肥体壮、色泽明显、集群活动、逆水游泳、摄食能力强，一旦受到惊吓，迅速潜入水下；鱼体无带病细菌和寄生虫；同种同批鱼体规格大小整齐。

夏花或鱼种放养前要进行消毒，这是鱼种放养前必须进行的一道工序。消毒常用的方法是药物浸洗鱼体，即将需要放养的夏花或鱼种，暂养在池塘网箱或周转箱中，在网箱或周转箱中放入药液浸泡鱼体一定的时间（表8-5），杀灭鱼体表各种细菌后进行稻田放养。鱼种药浴的常用消毒剂是高锰酸钾，用高锰酸钾消毒时要注意用量和配给浓度，浓度越大，浸泡鱼苗的时间越短。食用盐也可以用作消毒药，这种消毒剂用起来比较安全，但也要注意鱼种的浸泡时间，一般5%的食盐水消毒效果较好，这与鱼体的细胞渗透压相适应，可使药液进入细胞内杀菌。采用美曲磷酯或者漂白粉消毒，也要注意药液的配制浓度，一般浓度不超过20%，浸泡时间不超过20分钟。

表8-5 夏花或鱼种体表消毒常用的药物和用量

药　物	浓度（克/米³）	水温（℃）	浸泡时间（分钟）	可防治鱼病	备　注
食盐水	20～50		5～10	水霉病	水质要清洁
高锰酸钾	20	10～25	15～30	车轮虫、斜管虫	药液当场配制
高锰酸钾	10～20	10～30	90～150	锚头鳋等	避阳光直射下浸泡
美曲磷酯	20～30	10～15	15～20	烂鳃、赤皮、车轮虫、斜管虫、毛管虫	商品为美舒添
漂白粉	10～15	15～20	10～15	细菌性、病毒、真菌性	药液当场配制

在采用上述药物消毒鱼种时，还要根据当地的鱼种主要发病情况选择消毒方案，如水霉病多发的地区或者以水霉病为主要发病的养殖水域，采用食盐水消毒，以锚头鳋等为主要病害的养鱼水域用高锰酸钾消毒，美曲膦酯用于烂鳃、赤皮病、车轮虫、斜管虫、毛管虫等多发地区的稻田养鱼。

二、放养时间及品种搭配

稻田常规养殖鱼类的最适生长温度是20～30℃，每年的5～10月是鱼类生长的适宜时间，这时的稻田养鱼还要结合水稻的栽种时间和季节，并要因地制宜地利用建成的鱼沟和鱼窝。早栽早放是稻田养鱼的基本原则，选用适当晚熟的水稻品种，可以延长鱼类的养殖时间。一般在水稻插秧后的3～5天放养鱼种，多数在5月下旬至6月上旬放养鱼种，充分利用稻田水温适宜、溶氧量高、浮游生物现存量高峰时期，促进鱼类生长。

利用稻田培育成鱼的，可将夏花或乌仔鱼（略大于水花，体长小于1厘米）提早放养在深而宽的鱼窝中暂养，插秧后4～5天打开水凼门，放其自由游出，主动进入稻田觅食。

稻田养鱼放养时间越早，鱼类生长发育越快，同类同批鱼种的体格越大，抗病性能越好，成活率也高；放养过迟不仅影响鱼类生长，而且稻田中极易生长杂草。若稻田中水绵和水网藻类大量繁殖，鱼苗常被缠绕其中，无法游出而死亡。如果利用稻田培育成鱼，需要放养仔口鱼或早夏花，可提前到3～4月份将苗种放养到稻田鱼窝中暂养，到插秧后4～5天进入稻田内生长。

稻田水面是相对流动的水体，饵料生物以底栖动物、丝状藻类和水生维管束植物为主。鱼类在稻田养殖时间受水稻生育周期限制，一般仅能养殖100天左右。养殖品种以杂食性的鲤鱼、罗非鱼和草食性的草鱼为主，最好选择速生品种或这些鱼种的速生期，如鲤鱼的200～300克体重时期，或者草鱼的500～600克体重时期，其他品种如鲢鱼、鳙鱼等肥水鱼和鳊鱼、鲫鱼只能作为少量搭配品种进行养殖。养殖方式可采用以主养品种为主体的套养模式，最好的套养模式是以吃食性鱼类＋滤食性鱼类的模式套养，这种套养模式可以降低水质污染，减少鱼类病害。具体的搭配模式视稻田水体和饵料情况而定，若养殖鱼种，套养品种通常为 3～5 个，若以养殖鱼种和成鱼并重或单养成鱼，搭配品种可增加到 3～7 个，若饵料生物丰富，养殖户有多年养殖经验，同时鱼沟鱼窝或田外沟坑面积较大，套养品种可多一些，面积较小的可少搭配一些品种。

在鱼种阶段，幼鱼的食性基本相同，相近食性鱼类互相抢食，摄食能力差的个体生长发育会受到影响。鱼体长大后食性逐步转化，所以，成鱼品种搭配可多一些，但也要考虑各种鱼类的食性差异。一般吃食性搭配滤食性，草食性也要搭配滤食性鱼类，可净化水质，提高养殖成活率、增加生长速度。有的食性相近的鱼类，也可以相互套养，如鲤鱼和鲫鱼同属杂食性鱼类，但鲤鱼偏食动物性饵料，鲫鱼偏食植物性饵料，且鲤鱼比鲫鱼生长快，所以通常以鲤鱼为主，搭配少量鲫鱼。鲢鱼和鳙鱼都是以浮游生物为食，而稻田中浮游生物数量较少，但由于其他鱼类在稻田中的作用，加之投饲了人工饵料和肥料，浮游生物比不养鱼的稻田多一些，可按鲢鱼鳙鱼 3∶1 的比例搭配。按照上述原则，一般套养搭配比例为，主养鱼类 70%～90%，鲢鱼鳙鱼 5%～10%，主养鱼以外的草食、杂食性鱼类占 5%～30%，主养鱼种可以放养 1～2 个品种，一般以鲤鱼、草鱼为主养品种。

三、放养规格及数量

稻田养鱼的鱼种放养规格一般根据养殖目的确定，以培育鱼种为目的的应放养寸片以上的夏花，规格不能过小。规格过小容易受到敌害威胁，同时由于体质弱、摄食能力差，在稻田中适应能力差，生长基数小，出田销售的规格也小，影响成活率和鱼种的上市规格。利用稻田养殖食用鱼，放养规格应根据鱼类品种确定，若选用罗非鱼、杂交鲤鱼作为当年上市食用鱼，罗非鱼可放养越冬片子（每千克 120～200 尾）和当年早繁夏花（5 月底出的苗子），杂交鲤鱼可放养当年早繁夏花；若用鲢鱼、鳙鱼作为上市鱼，放养的鲢鱼、鳙鱼鱼种规格要达到 13 厘米以上，鳊鱼、团头鲂、鲤鱼可放养每千克 20 尾左右规格的鱼种，但数量不宜过多。

单季稻养鱼时，如果以培育草鱼、鲤鱼鱼种为主，兼养其他品种，在不投食饵料的情况下，依靠天然饵料生物养殖，一般每亩放养 1 500～2 000 尾夏花，比例结构为草鱼占 50%～60%，鲤鱼占 20%～30%，其他品种占 10%左右。在水源充足、长流水的稻田，如果采用精养，每亩可提高到 2 000～2 500 尾。

以养鱼种为主，兼养食用鱼的稻田，视养殖品种而定，若以养殖草鱼、鲤鱼为主搭配仔口鱼种养成食用鱼的，一般亩放养 2 000～3 000 尾，按照仔口鱼放养尾数占总尾数的 10%，草鱼、鲤鱼夏花放养尾数占总尾数 90%的结构放养。若以草鱼、鲤鱼鱼种为主，套养罗非鱼养成食用鱼的，一般每亩放养 1 500～2 000 尾，罗非鱼尾数占总尾数的 20%左右，草鱼鱼种和鲤鱼鱼种占总尾数的 80%以上。按成活率 80%计算，每亩可产出 1 000～1 600尾的鱼种。

以养食用鱼为主、套养仔口鱼鱼种的稻田，食用鱼主养鲤鱼、草鱼、鳙鱼、白鲫鱼等仔口鱼种，混养草鱼、鲤鱼夏花鱼种，一般每亩放养 1 500 尾左右，仔口鱼一般占总尾数的 25%左右。以团头鲂或草鱼为主的养殖稻田，一般每亩放养几百尾大规格鱼种，再套养 1 000 尾夏花，这种方法大规格鱼体重在 50～100 克以上，且在稻田秧苗较小时，食用鱼应在鱼坑中暂养，等待水稻封行后再放到稻田中喂养。

第四节　稻田养鱼的饲养管理

传统的稻田养鱼主要依靠稻田中的天然饵料养鱼，将苗种或鱼种放入到稻田后任其自然生长，达到一定体重后或在水稻收获前捕捞上市，养殖的鱼类规格小、体重轻，收入少。现代稻田养鱼，除了鱼种选育和品种搭配套养等措施外，一般多采用人工投饵，有的在鱼窝中安置增氧机，这种养殖方式增加了稻田养鱼的产量，提高了稻田养鱼的经济效益，其养殖方式已接近集约养殖。

一、稻田养鱼人工投饵的种类

稻田养鱼的饵料包括青饲料、人工饲料、配合饲料和肥料，其中的肥料是对水稻施肥时，产生的浮游生物等一系列可供鱼类食用的饵料。青饲料主要包括种植的苏丹草、宿根黑麦草等，包括水生饲料和旱生饲料，其投饲技术和应用方法详见第七章。

稻田养鱼的商品饲料多为单一的配合饲料原料，如麸皮、酒糟、玉米酒糟及其残液干燥物等，这类饲料可直接投喂稻田中的鱼类。一般豆类饲料提供蛋白质，禾本科作物籽粒提供能量，由于蛋白质为鱼类第一营养需要，蛋白质可分解转化供能。因此，蛋白质含量高的单一饲料是稻田养鱼的重要饲料，豆科籽实和豆科牧草为稻田养鱼的第一选择。

配合饲料是饲料生产商为稻田养鱼专门生产的饲料，这种饲料充分考虑了鱼类的蛋白质、矿物质、维生素和能量等营养要素的需要，研究了鱼类对饲料营养成分的消化率，可足量供给鱼类的营养需要。但在稻田养鱼中，要充分估算稻田水体供给的鱼类营养物质量，相应减少配合饲料的供给量，这样就可减少稻田养鱼的饲料成本开支，提高稻田养鱼的经济效益。

稻田养鱼的增重倍数一般为10～20倍，若套养部分仔口鱼种养食用鱼，其增重倍数就要减少一些。稻田养鱼的配合饲料用量一般按产鱼量×饲料系数＝饲料供给量的公式计算，其中配合饲料的饲料系数按1.6计算，表示生产1个重量单位的鱼需要1.6个单位的饲料量，水草饲料系数一般按40～60计算，旱草饲料系数一般按30～40计算，浮萍类系数按20～30计算，这样就可计算出鱼苗投放后需要准备的配合饲料、青草或者水养浮萍的量，具体计算公式是：

鱼产量＝苗种放养量(重量)×增重倍数

全年配合饲料需要量＝全年鱼产量(净产量)×配合饲料的饲料系数

草类需要量＝草鱼、鳊鱼的产量(净产量)×草类饲料系数

若要计算配合饲料和青饲料的综合用量，就要按照各类饲料的饵料系数加权计算，同时还要核减稻田中的产草料和其他鱼类饵料的产量，从供给饲料中减去这部分营养当量的食物量，剩余的就是需要提供的饲料量。

稻田养鱼投饲饵料的重点月份与池塘养鱼大致相同，一般7～9月投喂量占全年投喂量的70％～80％，尤其是第一次烤田（7月下旬）之前的一段时间，因夏花从密养环境到稀养环境，条件适宜、饵料丰富、水温适中，若饲喂得当，鱼种规格可达8～10厘米。

二、稻田养鱼的日常管理

稻田养鱼的饵料投饲方法采用“三看四定”的投饵措施，“三看”是指看天气、看鱼类活动、看水质，根据气温高低和天气变化情况决定投饵量。基本要求是，天气晴朗多投饵，阴天少投饵；高温季节，天气闷热或雷雨前少投饵。看鱼类活动，若鱼类活动情况正常，未发现浮头或生病，即可正常投饵，否则减少投饵量。水质好坏是决定投饵量的重要依据，水色好，肥而活爽，可正常投饵；若水质青瘦应增加投饵量，并追施少量有机肥；水色过浓，则少投饵、不施肥，还应加注新水，调节水质，改变浮游生物组成，增加适口饵料，防止鱼类浮头死亡。

“四定”即定质、定量、定时、定位。定质是指饵料质量要新鲜适口，不能投喂腐烂变质的饲料；同时，要根据鱼的不同发育阶段，投喂颗粒大小适宜、营养丰富的饲料。夏花进入到稻田后应补饲一定的豆浆或磨细的豆粉，逐步增加紫背萍、鲜嫩水旱草、豆渣等饵料。定量是指投喂饵料数量要均匀，忌讳忽多忽少、时饱时饥。鱼类具有“一天不喂三天不长”的生理习性，应均匀投食。具体投喂数量开始时可参照日投喂计划量，之后视鱼类的情况而定。若投饵后很快吃完，要增加投喂数量，投喂后2～3天未采食完就要减少投喂量。一般草类7～8小时吃完为宜，精料吃食时间要短些。定时是指每日投喂的时间要固定，稻田养鱼一般每天投喂一次，上午9～10时或下午3～4时，但在高温季节可推迟到下午5～6时，等天气凉爽后投喂较适合。定位是指投喂饲料的地点要固定，以便于检查鱼的摄食情况、方便观察、便于用药、方便投饵为原则。通常是在鱼窝（鱼坑）或稻田外进排水沟中搭建草料框或食台，前者漂浮水面用竹竿或草绳拦草，避免草类漂散，后者用竹竿固定草席，沉入水下0.1～0.3厘米，精料投饲在上面不散失沉底为好。草料框和食台一般每3～5亩建一个。

清沟理窝是稻田养鱼的另一项重要工作。鱼沟鱼窝是在对稻田使用化肥、农药、烤田时鱼类的避害场所，也是人工投喂饵料和鱼类躲避高温、觅食的活动场所，还是排水收获鱼的集中地。因此，必须经常清除鱼窝中的淤泥，保持最大的载鱼水体，一般应10～15天清理1次，尤其在使用化肥、农药、烤田和收获鱼种成鱼之前，更要及时清理，防止淤塞，保持沟窝畅通。

稻田养鱼的水质管理重点在烤田期和水稻收获期，这时由于气温高、鱼体增大、水质肥，鱼类经常高度集中在鱼沟和鱼窝里，极易浮头泛塘死亡。所以，此时要清理鱼窝，尽量扩大水体，注意更换鱼窝水体，并酌情减食，以降低氧耗量。实际生产中常在烤田前捕捞部分大规格鱼出售，减少鱼窝鱼沟养殖密度。

勤巡田、勤检查、勤研究、勤记录和防逃、防旱、防害、防偷是稻田养鱼的“四勤四防”。坚持早晚巡塘，检查鱼的活动和精神状况及摄食情况，随时调整投饵施肥方案；检查塘埂是否漏水，平水缺及拦鱼栅是否牢固，防止逃鱼和敌害进入；检查鱼沟、鱼窝，清理堵塞，检查水源水质情况，防止有害污水进入稻田，这些管理措施要经常使用。

敌害防控是提高稻田养鱼经济效益的重要环节，关乎苗种的成活率。稻田为微流水环境，水稻生长初期稻叶稀疏、田面遮盖度不大，稻田中的鱼苗易被敌害发现，加之鱼体较小，逃避敌害能力较弱，容易被鸟类等敌害动物啄食，也容易被从河道来水中的黑鱼、鲶鱼、黄颡鱼及水蛇、黑斑蛙等捕食，必须严加看护，管理好拦鱼栅，经常捕杀驱赶水蛇和鸟类，有条件的田块可搭盖防鸟网，想方设法让鱼苗安全度过幼苗期。

三、稻田养鱼的病害防治

稻田养鱼的鱼类病害较少，成活率一般高于池塘养殖，但如果鱼种在拉网、运输过程中受伤严重，或者鱼体已经带菌带病，放养前未经过药物消毒处理，以及管理不当、饵料不足或腐败变质，都会使鱼体体质下降，从而为病菌繁殖创造条件，致鱼体生病。稻田养鱼常见的病害见表 8-6。

表 8-6　稻田养鱼鱼类常见病害防治

病名	病　因	症　状	预　防	治　疗
水霉病	10～15℃适合水霉菌生长。鱼种运输过程体表受伤，鳞片脱落引起	体表菌丝繁殖，丛状生长呈白色或灰色棉絮；活动失常，食欲减退	稻田 0.04% 食盐和 0.04% 小苏打合剂泼洒	发病稻田排水，注入新水，用 20 千克/亩生石灰化水泼洒，或泼洒每升含量 20 毫克的福尔马林溶液消毒
赤皮病	又叫擦皮病，体表受伤细菌进入引起	体表充血、发炎，鳞片脱落	稻田 0.04% 食盐和 0.04% 小苏打合剂泼洒	将 1 000 千克水用 5～8 克漂白粉化成水溶液浸泡鱼体
肠炎	肠型点状气单胞条件致病菌引起，水质环境恶化、溶氧降低、投喂变质饲料等致病	肛门红肿、肠壁充血，轻压腹部有血和黄色液体流出	改善水质，提高水体溶解氧量，投饵定时定量	诺氟沙星或恩诺沙星或大蒜素等药液泼洒稻田，或按 1 千克鱼用大蒜 10 克和少量食盐拌和饲料，连用 5～7 天
中毒	治疗水稻疾病用的农药直接排入鱼沟或鱼窝引起；工业毒物进入稻田	暴死或精神沉郁，食欲减退，独自出游	使用农药化肥前将鱼群驱至鱼窝 5～7 天	大量更换水体，用新鲜无毒清洁水冲洗稻田，排出有毒水体
浮头	水体缺氧引起	鱼头浮在水面，口不断张合，发出响声	经常清理鱼窝，增大鱼窝水体体量	及时补充新水，增加水体氧含量，直至不再浮头

稻田养鱼主要的病害为水霉病、赤皮病、肠炎、中毒及浮头，其中水霉病和赤皮病主要病因是鱼类在放养过程中受到外伤，为病菌侵入打开了门户、提供了途径，肠炎病主要由稻田水质环境恶化引起，中毒主要由水稻栽种过程的不当农药和化肥施用引起，浮头主要由水田管理不当引起。这些病害都可以通过相应的管理措施得到控制。在病害发生后，应尽快采取相应的治疗措施处理，并在病害得到控制后加注大量清水，预防病害的再次发生。高密度养鱼的稻田应当备用增氧设施，防止浮头发生。

主要参考文献

曹志强，梁知洁，赵艺欣，2001. 北方稻田养鱼的共生效应研究 [J]. 应用生态学报，12 (3)：405-408.
陈介武，吴敏芳，2014. 试析青田稻田养鱼的历史渊源 [J]. 中国农业大学学报（社会科学版），31

(3)：147 - 150.
高洪生，2006. 北方寒地稻田养鱼对农田生态环境的影响初报［J］. 中国农学通报，22（7）：470 - 472.
黄国勤，2009. 稻田养鱼的价值与效益［J］. 耕作与栽培（4）：49 - 51.
黄洪政，黄小柱，2012. 稻田养鱼技术［J］. 现代农业科技（8）：337.
黄太寿，宗民庆，2007. 稻田养鱼的发展历程及展望［J］. 中国渔业经济（3）：27 - 29.
蒋艳萍，章家恩，朱可峰，2007. 稻田养鱼的生态效应研究进展［J］. 仲恺农业技术学院学报，20（4）：71 - 75.
黎玉林，2006. 广西稻田养鱼对农业资源利用效率的宏观影响［J］. 淡水渔业，36（6）：44 - 48.
黎玉林，刘燕丽，2006. 稻田养鱼对农业资源利用效率的影响［J］. 中国农学通报，22（10）：467 - 472.
刘某承，张丹，李文华，2010. 稻田养鱼与常规稻田耕作模式的经济效益比较：以浙江青田县为例［J］. 中国农业生态学报，18（1）：164 - 169.
卢升高，黄冲平，1988. 稻田养鱼生态经济效益的初步分析［J］. 生态学杂志，7（4）：26 - 29.
倪达书，汪建国，1988. 我国稻田养鱼的新进展［J］. 水生生物学报，12（4）：364 - 375.
潘伟彬，庄东萍，1999. 中国稻田养鱼的发展历史和主要模式［J］. 闽西职业大学学报（3）：69 - 71.
钱志黄，1987. 四川稻田养鱼［M］. 成都：四川科学技术出版社.
王华，黄璜，2002. 湿地稻田养鱼、鸭复合生态系统生态经济效益分析［J］. 中国农学通报，18（1）：71 - 75.
吴敏芳，张剑，陈欣，等，2014. 提升稻鱼共生模式的若干关键技术研究［J］. 中国农学通报，30（33）：51 - 55.
吴勤，夏有龙，徐德昆，等，1989. 稻田养鱼［M］. 南京：江苏科学技术出版社.
吴雪，谢坚，陈欣，等，2010. 稻鱼系统中不同沟型边际弥补效果及经济效益分析［J］. 中国农业生态学报，18（5）：995 - 999.
向安强，1995. 稻田养鱼起源新探［J］. 中国科技史料，16（2）：62 - 73.
曾芸，王恩明，2006. 稻田养鱼的发展历程及动因分析［J］. 南京农业大学学报（社会科学版），6（3）：79 - 83.
张丹，闵庆文，孙业红，等，2008. 侗族稻田养鱼的历史、现状、机遇与对策［J］. 中国生态农业学报，16（4）：987 - 990.
FREI M，BECKER K，2005. Integrated rice - fish：Coupled production saves resources［J］. Natural Resources Forum，29（2）：135 - 143.
VROMANT N，DUONG L T，OLLEVIER F，2002. Effect of fish on the yield and yield components of rice in integrated concurrent rice - fish systems［J］. The Journal of Agricultural Science（138）：63 - 71.

第九章

循环水养鱼技术

循环水养殖也叫做工厂化养殖、陆基工厂化养殖、工厂化养殖、工业化养鱼等，一般是指集中了相当多的设施、设备，拥有多种技术手段，使产品处于一个相对被控制的生活环境之中，进行高强度生产，具有生产效率高、占地面积少的特点，在国外一般被称为循环水养殖（Recirculating aquaculture），主要特征是水体的循环利用。循环水养鱼通过机械、电子、化学、自动化信息技术等先进技术和工业化手段，控制养殖生物的生活环境，进行科学管理，从而摆脱土地和水等自然资源条件限制，实行高密度、高单产、高投入、高产出的养殖方式，集装箱养鱼也是循环水养殖的一种形式。

第一节　我国循环水养鱼发展概况及类型

一、循环水养鱼的发展概况

循环水养鱼始终维持鱼类的最佳生理、生态环境，从而达到健康、快速生长和最大限度提高单位水体鱼产量和质量的目标，具有受自然环境影响小、可全年连续生产、经济效益高、操作管理自动化等诸多优点，是一种环境友好的绿色养殖方式，是当今较为先进的养鱼方式。

我国的循环水养鱼也叫作工厂化养鱼，是从流水养鱼逐步演进过来的，大致分成三个阶段。第一阶段是自 1978 年我国开始发展对虾的大规模养殖以来，对虾养殖得到长足发展，初步形成了海水循环养殖的概念。第二阶段是 20 世纪 80 年代末至 90 年代初，以鲍鱼工厂化的养殖为代表的模式，对我国的循环水养殖产生了重要影响，如原大连市水产研究所就进行了工厂化养鲍。第三阶段是步入现代化设施的养殖方式，江苏省海洋水产研究所于 1998 年建立了海水循环式养殖系统，建设模式比较先进，除生物净化外，还设立在线自动监测系统。这一阶段以集装箱养鱼为代表，逐步向智能化养鱼方向发展，对箱内的养殖环境智能化控制，溶解氧、氨氮等水理化指标得到智能控制，养殖环境适合养殖对象的最佳生理需要，保障养殖环境处于养殖对象的最适需要范围，养殖水体经过净化和增氧等措施循环使用，是一种智能化的工厂养殖方式，代表现阶段先进的鱼类养殖方式。

国内工厂化养鱼多属于起步阶段，养鱼工厂的设施配套不完善，科研滞后于生产，工厂化养鱼应具备高溶氧、控温、生态方式防病等条件。另外，我国的水质净化技术还比较落后，养鱼水体质量较差，饲养密度小，饵料系数高，病害频发，直接影响着水产养殖业的发展。但部分先进养殖方式已经出现，以天津市现代渔业技术工程中心为代表的工厂化养殖技术，已经趋于形成配套完善的现代化养鱼工厂，配套设施有生物净化、液态纯氧、臭氧灭菌、高效内循环和水质监控等，可进行高密度养殖生产，在完全封闭式内循环条件下建立了高产高效益的养殖模式。

二、循环水养鱼的基本类型和要求

我国的陆上工厂化养鱼形式多样，主要有普通流水养鱼、温流水养鱼和循环流水养鱼三种类型。普通流水养鱼是利用自然海水经过简单处理后（如砂滤），无需加温，直接流入养鱼池塘中，用过的水直接排放入江海的养鱼方式。这种方式设备简单、投资少，适合于南方适温地区的短期或低密度养殖，为工厂化养鱼的最低级阶段，主养的品种是鲷类、花鲈、石斑鱼、牙鲆、河鲀等海水肉食性鱼类。

温流水养鱼则是20世纪60年代初最早由日本发展起来的一种工业化养鱼方式，它利用天然热水（如温水井、温泉水），电厂、核电站的温排水或人工升温海水作为养鱼水源，经简单处理（如调温）后进入鱼池，用过的水不再回收利用。由于地热水、温泉水资源有限，因此，这种养殖方式主要应用在工厂温排水的综合利用上。温流水养鱼在日本、俄罗斯、美国、德国、丹麦、法国等国较为盛行。我国山东省胶东地区已建有温流水养鱼厂数十家，养殖种类有牙鲆、石鲽、六线鱼、鲷类等。这些养鱼厂的调温方式主要有三种，一是燃煤锅炉升温＋自然海水式，如山东省威海崮山养鱼厂、荣成寻山养鱼厂等；二是电厂温排水＋自然海水式，如青岛黄岛电厂养鱼、威海华能电厂养鱼厂等；三是温水井＋自然海水式，如荣成市丘家渔业公司养鱼场和山东省蓬莱鱼类养殖试验厂等。这种养鱼方式工艺设备简单，产量低，耗水量大，为工业化养鱼的初级阶段。

循环流水养鱼又称封闭式循环流水养鱼，其主要特点是用水量少，养鱼池排出的水需要回收，经过曝气、沉淀、过滤、消毒后，根据养殖对象不同生长阶段的生理需求，进行调温、增氧和补充适量（1%～10%）的新鲜水（系统循环中的流失或蒸发的部分），再重新输入养鱼池中，反复循环使用。这个系统还需附设水质监测、流速控制、自动投饵、排污等装置，并由中央控制室统一进行自动监控，是目前养鱼生产中整体性最强、自动化管理水平最高、且无系统内外环境污染的高科技养鱼系统，是工业化养鱼的最高境界和工厂化养鱼的主流和发展方向。世界上欧洲等发达地区，已进行循环水养鱼（工厂化养鱼）的成套装备输出。

循环水养鱼的基本要求是水体的循环利用，这需要对养殖废水进行净化处理，也是循环水养鱼的关键环节和核心技术所在。一般的养鱼水体废水处理的流程是采用水体自然净化原理，用水泵将养殖过鱼类的水体抽入斜管沉淀池，做物理沉淀或者过滤，再进入生物滤池进行过滤，用生物净化，如水生植物、水生微生物等进行净化（图9－1）后，进入集水廊进行充氧（加热调温）等物理处理，有条件的还可进行二次消毒净化处理，再次进入鱼池用于养鱼，也可以将杀菌消毒后的水体直接排入池塘养鱼。采用植物吸附和根系集聚污染物净化处理水体的，一般需要建设专门的水质净化湿地。增氧的过程也可通过加长明渠排水灌水管道，增大水体与大气的接触面完成增氧过程，在集水廊仅进

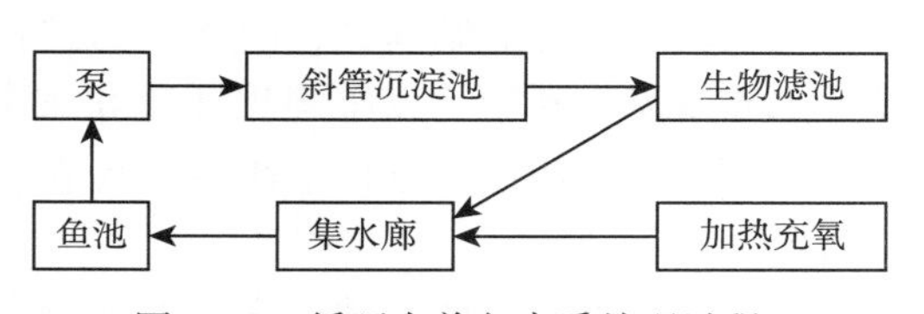

图9－1　循环水养鱼水质处理过程

行增温消毒就可以进入池塘使用。

第二节　循环水养鱼的基本原理和水质检测

一、循环水养鱼的基本原理

循环水养殖的基本原理是模仿大自然的水体自净过程，而所谓的水体自净是指天然水体在受到污染后，在没有人为处理的条件下，借助自身的能力使之得到净化的过程，这种自净过程包括稀释、沉降、扩散等物理化学作用和生物降解作用。水体中大部分有机物是经过生物氧化分解作用得到降解和去除的，在循环水养鱼中对鱼体的危害不大，不是循环水养殖中污染物质的关注重点。循环水养鱼关注的重点是氮素循环，有机物都含有氮素，在多种微生物的作用下，经过一系列的反应，氮素从无机到有机，以氨氮（NH_4^+-N）的形式存在，然后，氨氮转化成亚硝基氮（NO_2^--N），亚硝基氮进一步氧化成为硝基氮（NO_3^--N），这其中的氨氮、亚硝基氮对鱼类毒性很大，毒性原理相当于人类的尿毒症。影响循环水养鱼的水质质量指标还有溶解氧（DO）、温度、pH 等。

自然界的水体总是处于循环状态，地表水的水体通过蒸发、迁移等形式从一种形态转换成另外一种形态，从一个地方迁移到另一个地方，处在不断变化中，这种形态和位置的变化，形成了循环水养殖的基本原理。

在循环水中，完整的脱氨过程是，含氮有机物在微生物的作用下转化成氨氮，氨氮进一步氧化成亚硝基氮，亚硝基氮进一步氧化成硝基氮，硝基氮还原为氨气从水体中溢出。在这个过程中，转化含氮有机物为氨氮无机物的微生物较多，一般由水体中自然含有的微生物完成，而氨氮转化为亚硝基氮、亚硝基氮转化为硝基氮的过程需要亚硝化菌、硝化菌的作用。养殖水体中亚硝化细菌能够达到的最大浓度为每升 2.5×10^6 个，硝化细菌为每升 2.0×10^6 个，这个数量在高密度养鱼的循环水体中是远远不够的。根据理论测算，这个数量水体 1 立方米每小时产生的净化量为 1 克左右，能够完全转化的氨氮浓度在每升 0.2 毫克以内，而高密度循环水养鱼的水体产生氨氮的速度在 1 克以上。同时，硝基氮转化为氨气需要比较严格的厌氧环境，这个厌氧环境在养殖水体中很难做到，因而不能完全脱氨，需要不断换水，使养殖水体经过人工净化处理后循环使用。

在氨氮转化为亚硝基氮、硝基氮的过程中需要消耗氧气，pH 也会产生相应的变化，循环水养殖需要利用滤床等集聚亚硝化细菌、硝化细菌，促进水体中的氨氮转化为亚硝基氮和硝基氮。在这个过程中还需要调节 pH 和溶解氧，使之同时适合养殖需要和氨氮转化需要。

循环水养鱼主要由鱼池系统、水质净化系统、自动监测系统、自动投饵系统等几部分构成。鱼池系统一般由一组池塘组成，彼此之间形成地理位置的梯度差，第一阶梯的池塘养殖吃食性鱼类，下一个阶梯的池塘养殖滤食性鱼类或者套养滤食性鱼类，这个阶梯内的池塘，可以通过调整吃食性鱼类与滤食性鱼类的套养比例，达到合理利用吃食性鱼类的残饵和代谢产物形成滤食性鱼类的营养物质。在实际生产中，常用这一阶梯的池塘降解第一个阶梯内鱼类的代谢污染物，以鱼类的食性调整水体利用结构，为下一阶梯池塘创造养殖条件。第三个阶梯池塘一般养殖杂食性鱼类或者虾蟹贝壳类，以充分利用水体。

水质净化系统一般由湿地池塘、输水渠道等构成，湿地也有用专门修建的蓄水池建成的，一般容积为第一级池塘总容积的10%～30%，湿地内以砾石、水生植物填充和栽植，并接种净水类的光合菌等有益菌。砾石的大小一般为2～5立方厘米，砾石一般由石质材料的大石破碎而成，有棱角，有的地方也有用卵圆形石子的。栽植的水生植物一般由芦苇、美人蕉、黄菖蒲等固氮类水生植物组成，主要用于降解养殖水体中的氨氮。输水渠道内也填充了砾石，有的也栽种了固氮水生植物，还可以接种光合菌等。输水渠道的长短以池塘所在的地理位置和场地的环境容量决定，越长的输水渠道净水效果越好。输水渠道采用开放式地表渠道方式，增大输水过程水体与空气的接触面积。该系统的工作内容是，先除去循环水养殖中的固体废物，再去除养殖水体中的水溶性有害物质，通过湿地接种的微生物杀菌消毒，经过明渠输水管道增氧，再将净化、消毒、增氧过的水体送入养殖池塘。

自动监测系统主要由水质检测系统构成，这个系统在中小型养鱼企业和养殖户养殖过程中常常被省略，这些小型企业和养殖户主要依靠养殖经验监控，通过"观水察色"养殖技术掌握和调控。在大型养鱼企业，自动监测系统主要用于水体理化状况的自动监测，已经有现成的专门设备。在养鱼期间，连续不间断地监测养殖水体的pH、溶解氧、氨氮、硫化物含量等可致死鱼类、出现大面积浮头的理化因子，当某一指标超过警戒水平含量时，设备会发出提示语音或者警报。

自动投饵系统已经成为循环水养鱼的常用工具，在中小型养鱼企业和个体养殖户都有应用，在工厂化循环水养殖中是必备的生产工具。据测算，一台3千瓦的投饵机可节省投饵劳动力3人以上。投饵机在循环水养鱼中应用时，应根据池塘面积大小确定投饵机械的功率，根据鱼类体格大小调整投饵频率。

工厂化循环水养鱼与静水池塘养鱼的主要区别是：池塘面积小，池水持续流动和交换，池水溶氧来源依靠流水带入或机械增氧，天然饵料生物少，鱼类营养完全来源于人工投饵，池塘水体中鱼类排泄物等随水流及时排出，故水质较清新；放养对象为吃食性鱼类，种类较单纯，密度和产量较大。

二、循环水养鱼系统中水质参数间的关系

在循环水养鱼模式中，工厂化循环水养殖系统（Recirculating Aquaculture Systems, RAS）是人们关注的重点，它是依托现代工业建立起来的新型渔业生产方式，具有养殖环境可控、生产不受地域限制、养殖产量高以及社会、生态、经济效益好等优点，被认为是未来渔业生产的发展方向。工厂化循环水养鱼模式的成败依赖于用最少的鱼类生长要素投入获得最佳的生长环境，这种最佳的生长环境是通过控制养殖水体各类水质参数实现的，通过养殖水体参数的最优化组合创造鱼类又快又好的生长环境，集装箱养鱼是一种小型工厂化养鱼的模式。

在水质单项参数中，Wout等通过黄尾鰤（*Seriola lalandi*）实验发现，过低的pH会抑制其生长并降低饲料转化率；杨凯等在研究不同溶解氧条件下黄颡鱼（*Pelteobagrus fluvidraco*）生长情况时发现，溶解氧浓度会直接影响其摄食活动和营养物质利用率；姜

秋俚等在不同碱条件下驯化卡拉白鱼（*Chalcalburnus chalcoides aralensis*）后发现，碱度过高会影响其呼吸代谢和肝的物质合成与转化功能的发挥。这些研究单项水质参数的试验控制了非研究项目的水质参数变化幅度，甚至控制其他水质参数恒定不变，使用的实验设备往往是一个独立的水槽或者单一的水族箱，不能对水质参数间的动态变化进行描述，特别是对多个水质参数的动态变化难以进行定量描述。同时，单一的水族箱实验设备与工厂化循环水养鱼设备的开放程度不同，试验单元的环境控制强度在循环水养鱼系统中难以达到，得出的结论在工厂化循环水养鱼中难以重复，单项水质参数试验研究成果在工厂化循环水养鱼中的利用程度有限。

王振华以罗非鱼（*Oreochromis niloticus*）为实验材料，采用饥饿 24 小时后分组、饱食后饵料递减的投食方法，测定了氨氮与投饲量、碱度与 pH、溶氧与温度的变化规律，按照特征根≥1 的标准，通过累计贡献率接近 90%的 3 个主成分的主成分分析方法，得出溶解氧与温度呈反相关，并且，在循环水养鱼系统中的碱度、投喂量、氨氮、pH、溶解氧、温度这些因子中，起第一主导作用的因子为 pH、碱度和投喂量，这些都是人为可控因子，作为常规指标之一的氨氮浓度仅为第三主导因子，但其与第一主导因子的投喂量相关性非常显著。也就是说，水体中生成氨氮的浓度与循环水养殖系统中的投喂量呈正相关，这意味着控制了第一主导因子的投喂量也就控制了第三主导因子中的氨氮，由此推理，若能控制第一主导因子中的若干水质参数，其余的水质因子将随之稳定，在生产实际中可通过稳定其中几个主要水质因子来控制大多数其他水质指标，从而提高水质管理的工作效率。

三、循环水养鱼氨氮产生量的估算

在循环水养鱼系统中，为促进鱼类生长、提高水产品产量，需要选择高效有机工业饲料进行人工投饵，而投入的饵料中含氮物质，只有部分能被鱼类所摄取，剩余部分直接进入水体。由于鱼类对饲料成分固有的同化效果，同时摄入的相当部分以排泄物的形式进入水体，这将导致养殖水体的氮负荷量增加，养殖水体的水质受到损害。含氮排泄物是蛋白质的终极代谢产物，氨是鱼类主要的氮代谢产物之一，而鱼类代谢受到鱼类品种、体重、饲料、养殖方式、溶解氧、温度等因素的影响。在鱼类蛋白质代谢过程中，氨基酸中的氨基不能被代谢掉，需要经过脱氨基和转氨基排泄。鱼类排泄的含氮物质主要经过肝脏和肾脏中产生的氨氮排泄，真骨鱼类（硬骨鱼纲、辐鳍亚纲中除软骨硬鳞下纲和全骨鱼下纲以外的其他鱼类）的氮排泄主要为氨氮及尿素，氨氮是鱼类的主要排泄物质。当水体中氨氮浓度过高时，鱼体内的酶催化作用和细胞膜的稳定性会受到影响，并破坏排泄系统和渗透平衡，水中亚硝酸盐浓度过高对鱼也会产生毒害，主要表现在影响鱼虾体内氧的运输、重要化合物的氧化和鱼体的器官损伤，因此，氨氮处理是工厂化循环水养殖系统主要考虑的核心问题。

鱼类排出氨氮的主要器官是鱼鳃，少量随尿液排出体外。在这少量排泄物中，氨氮是主要的排泄物，占总氮的 80%～98%，几乎可以认为，养殖水体的含氮污染物质全部转化为氨氮。氨氮在养殖水体中主要以非离子态氨（NH_3）和离子态氨（NH_4^+）两种形式存在，其中水体中溶解性的非离子氨不带电荷，容易穿过生物膜，引起总铵态氮对鱼类胁迫毒害。一般认为非离子氨（NH_3）的毒性比较大。在氨氮浓度（$NH_3+NH_4^+$）一定条件下，非离子态氨和离子态氨的比例会随着温度和 pH 变化而改变。在循环水养殖系统设计中，一般使用氨氮浓度来表示。因此，养殖水体的氨氮浓度是水产养殖中需要控制的重要因素之一，也是循环水养鱼系统设计中的关键点。

鱼类的排泄率主要受摄食率的影响，温度的作用较小，而体重几乎没有影响。因此，氨氮产生量可以用投喂速率和饲料中蛋白质百分比表示。循环水养鱼系统中鱼类的新陈代谢和饲料残饵的生物降解决定了氮污染物的产量。假设循环水养鱼系统设计合理，投喂到池塘中的饲料及时被鱼类采食，而且养殖鱼类产生排泄物能在未被降解前就快速排出循环水系统，这样就可将饲料残饵生物降解的影响因素忽略，就可通过数理方法计算循环水养鱼系统氨氮的产生量，计算公式如下：

$$P_{TAN}=\alpha\times FA\times PC\times 0.16\times M \qquad (9-1)$$

式中 α 为安全系数，一般可以选择 1.2～1.6；FA 为每日投喂的饲料量，单位用千克；PC 为饲料中粗蛋白质的含量，用百分数计算；0.16 为系数，饲料粗蛋白质中氮的含量为 16%；M 为鱼类摄食单位饲料通过代谢产生氮污染物的转化率（%）。

以年产 50 吨罗非鱼工厂化循环水养鱼系统为例，按每年出栏成鱼 2 次、出栏成鱼规格按每尾 500 克计算，每次的系统最大生物量为 25 吨，即循环水养鱼系统的实际存养罗非鱼为 25 吨，一年养 2 茬，设计养殖密度为每立方米 50 千克。所用饲料的粗蛋白质含量为 35%，生长期间的日投料量按期末体重的 2%计算，饲料中含氮物质的转化率按 65%计算，循环水养鱼系统的安全系数取 1.4。由此可知，该养殖系统的日投料量为 25 000 千克×2%=500 千克，按照公式（9－1）计算，该系统每天氨氮产量为 P_{TAN}=1.4×500 千克×35%×0.16×65%≈25.48 千克。

循环水养鱼系统的氨氮产量模型是一个生物模型，一般需要进行模型的精度检验。模型精度是指所设计的估算模型与生产现场拟合度的高低程度，也就是说，由模型估算出来的生物产量值与最终的实际产量值的符合程度。精度可以采用绝对误差、相对误差、方差或者标准差等方式表示，一般这些误差越小，模型的拟合度越高，估算的生物产量也就越接近实际产量，试以相对误差检验模型（公式 9－1）的精度。一般相对误差（BPE）百分数表示，计算式是用检验实验值减去模型估计值后的剩余值除以模型估计值，再乘以 100%。需要注意的是，在计算模型精度时，一般要求扣除安全系数的影响，安全系数根据经验或者试验数据分析，是人为设置的，安全系数的大小人为因素较重，因此对模型的客观性有一定的影响。

在上述案例中，生产实际中得到的每日氨氮产量为 17.70 千克，而模型估算的为 25.48 千克，由于加有安全系数，相对误差为（17.70－25.48/1.40)/17.70×100%=－2.8%。表明模型估算值与实际产量值比较接近，而且，估算值比实际产量值高一些，这个循环水养鱼系统的氨氮在安全范围内。

在循环水养鱼中，安全系数是假定在最恶劣的环境条件下，系统也能保证正常运转，系数大小的选择主要取决于设计人员的经验，还要考虑系统设计时所选用的物理处理工艺。如果系统采用的物理处理工艺比较完整，设有多重过滤措施，鱼类排泄物能够被及时充分地去除，安全系数可以选择小一些，可选用 1.2～1.3，如果系统采用的物理处理的方法比较简单，鱼类排泄物的去除速率较低，安全系数就要选择的大一些，如可选用 1.4～1.6。

模型中的鱼类氨氮代谢率的大小受到鱼类品种、体重、饲料质量、养殖方式及水体溶解氧、温度等因素的影响，已经测得的实验数据差异很大，从 13.3%～93.2%不等。从研究结果看，滤食性鱼类对氮的消化率高于肉食性鱼类，鲤鱼等杂食性鱼类介于二者之间，草食性鱼类对氮素的消化率一般高于杂食性鱼类。对鱼类饲料消化率测定的结果分析，氮素的转化率一般在 65%～85%，对这个范围，可按照滤食类、草食类、杂食类和肉食类的顺序由高到低选择，对循环水养鱼系统中以滤食性为主的，可按 85%的转化率计算，肉质性为主的选择 65%作为氨氮转化率，以一定比例套养的循环水养殖系统，可进行加权计算氨氮转化率，一般的草食鱼类氨氮转化率按 80%计算，杂食性鱼类氨氮转化率按 70%计算。

准确设计循环水养鱼中的氨氮降解率，需要在该系统中现场测定主要品种和主套品种的氮素消化率，这种消化率的测定方法很多，有关研究资料有详细的介绍，各种测定方法有各自的优点和缺点（详见第二章第五节）。

第三节　循环水养鱼的基本模式和结构

工厂化循环水养鱼的基本原理是应用漩涡分离器将鱼池的养殖废水分离出固体悬浮物，液体进入调节池，再经过生物滤过器（生物滤塔）过滤（沉淀）后，进入生物净化、杀菌消毒、纯氧增氧、调温环节，最后再次进入鱼池用于养鱼（图 9－2）。在生产实际中，根据工厂化循环水养鱼的基本原理，将养鱼池塘串联或者并联，根据池塘相互间的高度差，形成“供水池-养鱼池塘组合-净化蓄水池-供水池”的循环水养鱼（图 9－3），部分生产单位蓄水池自带净化功能，在循环水养鱼系统中将净化功能和供水功能合二而一，在一个作业单元内完成。

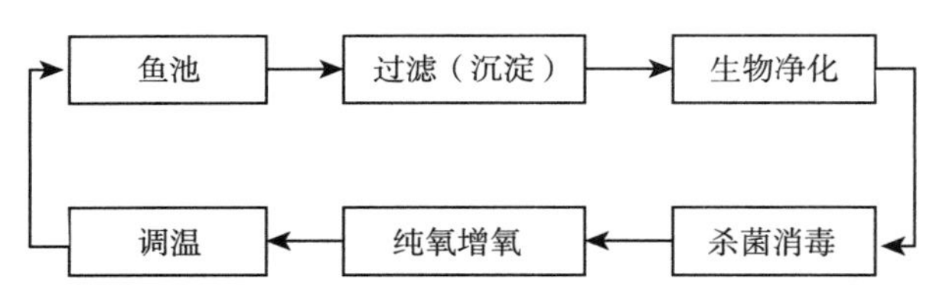

图 9－2　工厂化循环水养鱼工艺示意图

在池塘等陆基循环水养鱼中，已经发展了水处理车间循环水养鱼、高位池塘生物滤池型循环水养鱼、室外大型水池处理与综合利用型、池塘串联共用水处理系统、池塘并联单用水池处理系统等形式，五种循环水养鱼在形式上有区别，实质上仍然是养鱼水体的回收再利用。

水处理车间循环水养鱼是实际意义上的工厂化循环水养鱼，它是将养鱼池塘的废水，经过微滤机、泵体抽提和物质分离器等处理后，再经过二级生化池补氧消毒、经过温度调节后，重新进入池塘用于养鱼。这种方式适合于 1 000～3 000 平方米的养鱼场，它作业单元集中，可进行工厂化管理。

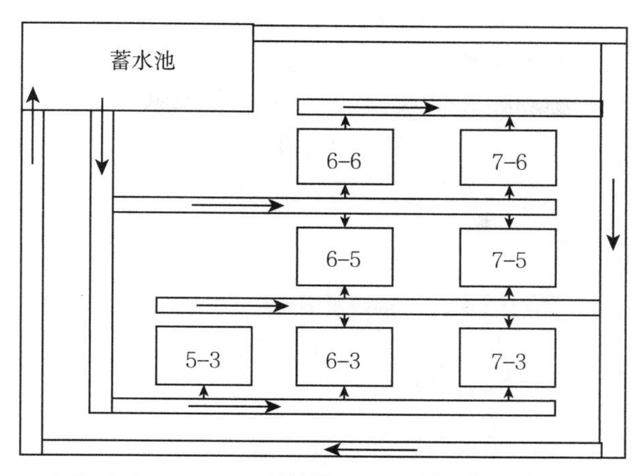

5-3、6-3、…、7-6：池塘号；⟶：循环水流动方向

图 9-3　封闭循环水养鱼池塘系统

高位池塘生物滤池型循环水养鱼，除了须在陆基上建设养鱼池塘外，还须建设一个综合性的生物滤池。在这个生物滤池中，将水体滤过与生物净化功能结合在一起，同时配备杀菌消毒和增氧设备，省去过滤器，有的地方将这个生物滤池也兼作添加清水与过滤沉淀老水的水池，通过生物滤池净化老水，再将净化的复活老水输送到养鱼池塘。高位池塘生物滤池型循环水养鱼适用于0.5万平方米以上养鱼的水面，可以节省土地和水资源，在管理上与陆基池塘养鱼的管理技术相同。当然，这种循环水养鱼也需要经常检测水体溶解氧、氨氮含量等质量指标，防止水质下降致使鱼类死亡。

陆基循环水养鱼的第三种模式是室外大池塘水处理与综合利用型，对于1万平方米左右的循环水养鱼水面，如果大量地使用一些水处理机械设备，在经费上是比较昂贵的。根据国外的经验，在做了一些试验之后，设计应用了室外水处理大池，大池中养殖一些海藻，能在沉淀的同时去除总磷总氨。大池中除了可养殖海藻外还可兼养海参、鲍鱼、海胆等经济品种，实现综合利用。这种类型的循环水养殖模式需要一定的室外土地面积来建设大池。

水处理串联系统的特点是每一排鱼池配一套水处理系统，由微滤机到装有生物滤料的地沟，将水体提升到蛋白质分离器，再到生物净化罐和生物净化槽，然后回流到鱼池。它的特点是管理与生产安排比较准确，适合于1 000～3 000平方米的养殖水面水处理与循环应用。

并联水处理系统是一个小系统大组合的循环水养鱼系统，它将每排池塘并联在一起，作为一个养殖单元参加循环水养殖系统，每个养殖单元配备一个生物滤池，养殖单元与水处理池的比例为1∶1。它的优点是每个池塘都可调控，注重了降低提水高度，节省能源，但水处理系统占地面积较大。

上述五种类型的循环水养殖系统各有特点，应用条件、适用范围和养殖规模各不相同，在选择应用时应当根据养殖场地的具体条件和环境情况有所取舍，优化应用。新建循环水育苗或养成鱼车间从规范化、标准化和科学管理的角度出发，可应用每排鱼池一个水处理系统性或者水处理车间型开始示范应用。

循环水养鱼无论采取哪种养殖模式，基本原理如图 9－2 所示，都是将养殖水体回收处理后再用于养鱼，回收的养殖水体去除养殖过程中产生的氨氮，是循环水养鱼成功与否的关键。现有的循环水养鱼主要依靠生物净化来实现，应用生物膜上的细菌将氨氮转化为硝态氮，同时分解有机物。在陆基池塘养鱼中，可在滤水池栽种水生植物，如美人蕉、空心菜等能够吸收氨氮的植物。

第四节　循环水养鱼的管理

一、鱼种放养及饲养管理

适合工厂化养殖的鱼类，通常为肉食性优质种类，如淡水白鲳、鳜鱼、鲶鱼、鳗鲡、牙鲆、大菱鲆、石斑鱼等，苗种规格一般为 50～150 克，这样当年才能达到食用鱼规格。养殖密度是否合理同样决定着整个工厂化养殖的效益。养殖密度应依据水源、水质、基础设施和养殖技术、管理水平而定。

循环水养鱼的饲养管理包括池水流量的调节、水温的控制、pH 调控、投饲等。投喂策略按定量投喂原则，避免饱食投喂对鱼平均摄食量和饵料利用率造成负面影响。根据实际情况确定投喂量，每月初称取平均鱼重，计算饵料系数，根据总重确定月初基础日粮投饵量，根据饵料系数计算每日投饵增量。同时也要做好检查和护理，平时经常检查进排水闸门和拦鱼栅情况。

二、工厂化循环水养鱼的优势利用

水产养殖业集约化生产方式的发展，经历了池塘养鱼、开放式流水池塘养鱼和网箱养鱼方式等阶段，现在进入工厂化的循环水养殖发展阶段。相比较于前三种方式，工厂化养鱼具有密闭操作的特点，一般意义上的温流水养鱼则是在流水养鱼的基础上增加了调温设备和温排水的预处理设备。

循环流水养鱼的主要特点是用水量少，养鱼池塘排出的水需要回收，经过曝气、沉淀、过滤、消毒后，根据不同养殖对象不同生长阶段的生理需求，进行调温、增氧和补充适量（1%～10%）的新鲜水（系统循环中的流失或蒸发的部分），再重新输入养鱼池塘中，反复循环使用。此系统还需附设水质监测、流速控制、自动投饵、排污等装置，并由中央控制室统一进行自动监控，是目前养鱼生产中整体性最强，自动化管理水平最高且无系统内外环境污染的高科技养鱼系统，是工厂养鱼的主流和发展方向。目前，世界上技术水平最高的地区是欧洲，一些国家已能输出成套的循环水养鱼装备，如水处理设备、锅炉、保温大棚等。

三、循环水养鱼的水质管理

用于养鱼的循环水一般可分为工业循环水和家用循环水，利用这种水体养鱼主要是出于节约用水的目的。无论是用于发电还是用于机械系统冷却的工业用水，多数是利用水比热容较大的特点，达到消除系统废热的目的，可以称作为循环冷却水。循环冷却水处理系统可以分为密闭式处理和敞开式处理系统两种，其中密闭式处理系统冷却水用过后并不是立即排放掉，而是回收和再利用，敞开式循环水处理系统借助水冷却移走工艺水质，或是将换热装置散发的热量蒸发掉，并使大部分水体冷却后得到循环利用。家用循环水主要集中在热水器循环水方面。

养鱼水体的循环利用是对自然界中水体自净过程的模仿，这个过程包括沉降、稀释以及扩散等物化作用与生物降解过程。对于循环水养鱼而言，其污染物质大都来自鱼类的分泌物和排泄物，除此而外残留的饵料也是主要污染源之一。从整体来看，对养鱼水体造成污染的主要元素为四种，分别为碳、氮、磷、硫，其中碳、磷、硫三种元素参与养鱼水体中的物质循环而生成各类产物，在水体中氧气充分的情况下不会对鱼类产生重大影响，即在氮循环与微生物的作用下转化为对鱼类毒性较低或无毒无害的有关物质。因此，碳、磷、硫并不是养鱼水体处理和检测的最终目标，所以循环水养鱼水体质量检测的重点是对水体中氮元素含量的监测和处理。

目前水体处理的主要内容包括污染水体处理、泳池水体处理和养殖水体处理三种，养殖水体处理同污染水体和泳池水体处理的区别在于处理的目的和水质要求不同。与污染水体比较，养殖水体处理过程中污染物种类较少，主要以残饵、鱼类分泌物、排泄物和含有氮元素的各类无机物为主体，主要包括固体物质、有机合成物质、无机化合物以及有毒物质等。这种污染水体的污染物含量变化相对较小，处理过程中，微生物生化过程所需的氧量也较低。养殖水体处理的目的是完成水体的循环再利用。与污染水体和泳池水体的处理比较，养殖水体处理的标准以及水质范围较窄，例如，在主要水质的处理指标方面，污染水处理只对总固体、悬浮固体和总氮含量作出要求，而循环养殖水则需要对水体的 pH、所有含氮无机物以及水质的清洁度和致病微生物的浓度具有较高的要求。

在制定养鱼水体的处理模式中，考虑到循环水养鱼中的 NH_4^+-N 向 NO_2^--N 和 NO_3^--N 的转化，为了确保各含氮无机物的浓度被控制在合理范围内，可通过增加开放式滤地的体积，尽可能就地取材，对养殖地区及其附近地区的相关材料予以选取，并通过一系列加工形成过滤材料。所制作的相关设备以并联方式为主，串联方式往往会因某一设备的停运和故障而导致整个处理系统无法运行。此外，考虑我国渔业的实际发展情况和整体经济水平，在养鱼水体处理过程中，应尽量以低成本和低耗能的设备技术形成对养鱼水体处理的支持，既要对当地渔业生产相关技术的需求进行分析，也要因地制宜选用或者研发生产企业和家庭农场能够承担的材料、设备和技术，通过强化养鱼地区的水质监督管理，为循环水养鱼水体的高效处理奠定良好基础。

四、循环水养鱼水体中的浮游植物及氨氮转化

为了减少循环水养鱼水体中的污染物质，一般在鱼种搭配上套养一定量的滤食性鱼类，淡水养殖区域一般多套养白鲢、花鲢等滤食性鱼类。浮游植物是这类鱼特别是白鲢的主要饵料，由于浮游植物一般具有吸收水体氨氮的功能，对净化循环水养鱼中易产生的氨氮起到一定的控制作用。不同种类的浮游植物具有不同的生理与生物特性，一般说来，蓝藻门浮游植物适口性较差，营养价值也较低，而绿藻门和硅藻门的浮游植物适口

性和营养价值较高，是滤食性鱼类的适宜饵料，也是循环水养鱼中滤食性鱼类的主要营养来源。

王小东等在长江水系的鱼类养殖池塘测定，高位池塘循环水养鱼系统水体在夏季浮游植物细胞密度高达 5.5×10^5 个/毫升，浮游植物湿重每升高达 66.33 毫克。在湿重总量中，硅藻门的针杆藻属和小杆藻属为优势群落，重量分别占总湿重的 29.48%和 54.55%。而在殷大聪等的研究中，汉江水系的鱼类养殖池塘由于投饵和施肥过量，夏季容易出现蓝藻门和绿藻门类浮游植物，类似的情况在长江水系也有出现。这显示，在高温的夏季鱼类养殖池塘，浮游植物群落往往会转变为硅藻类优势水体。

在循环水养鱼中，有机物基本含有氮元素或者氮物质，在微生物作用下，氮元素从最初的有机形态转变为无机形态，继而以铵离子（NH_4^+，也称氨）形式存在，当铵离子遇氧后被氧化生成亚硝基氮（$NO_2^- - N$）和硝基氮（$NO_3^- - N$），形成铵离子、亚硝基氮、硝基氮混合体。在这个混合体中，铵离子（易分解出 NH_3 产生毒性）、亚硝基氮对鱼类的毒性最大。当循环养鱼水体局部铵离子和亚硝基氮浓度较大时，水体中的鱼类会逃离该水域，从而在一定程度上降低局部生物密度并恢复该水域生物链结构的合理性。这种调节机制，对于高密度水产养殖和工厂化水产养殖难以发挥作用，主要是高密度养殖条件下难以确保鱼类逃离该水域，这就需要强化对水体自净脱氮过程的模仿，并辅助相应的人工控制措施，将循环水养鱼水体中的铵离子和亚硝基氮控制在安全范围内。

在循环水养鱼中，完整的脱氮过程是，含氮有机物→铵离子→亚硝基氮→硝基氮→氨气。能够将含氮有机物质中的氮元素转化为铵离子的微生物较多，在池塘循环水养鱼中无需人为控制，而从铵离子中将氮元素转化为硝酸根离子中的氮元素，通常需要亚硝化菌和硝化菌的作用。在循环水养鱼水体中，这两种菌广泛存在，每升水体硝化菌可达 2.0×10^6 个，亚硝化菌 2.5×10^6 个，在池塘循环水养鱼中，这个数量是足够的，这两种菌可通过池塘的底泥腐殖质得到繁殖和补充。但在工厂化和高密度的循环水养鱼中，这个数量级的菌每小时仅能净化水体铵离子 0.2 毫克/升。以我国多数地区的水产养殖密度与投饲量计算，对循环水养鱼特别是工厂化循环水养鱼不施加人工处理，仅依靠水体中的微生物降解，铵离子浓度会迅速达到每升 1.0 克以上，不能将循环养殖水体中的铵离子浓度降低到安全范围，水体中的氮元素持续积累，对鱼类生存和生长产生危害。

在循环水养鱼水体完整脱氮过程中，由铵离子转化为亚硝基氮、亚硝基氮转化为硝基氮中需要消耗一定的氧气，水体的 pH 也会发生变化。因此，除了微生物的自净作用外，还应借助人工滤床培养和生物浮床技术以及相关的微生物聚集技术，进一步促进循环水养鱼水体中的铵离子和硝酸根的转化，并通过水体的 pH 和溶解氧进行调节，为最终氨气的生成和溢出创造条件。

第五节　流水养鱼

流水养鱼属于广义的循环水养鱼，这种养殖方式一般是将泉水、江河流动水等，用池塘或者网箱围隔，经过简单处理后（如砂滤），无需加温，直接流入养鱼池塘中，用过的水直接排放入江河海洋的养鱼方式。这种方式设备简单、投资少，适合于适温地区的短期或低密度鱼类养殖，为工厂化循环水养鱼的最低级阶段，常用于鲷类、花鲈、石斑鱼、牙鲆、河鲀等海水肉食性鱼类养殖，也适合于淡水鱼类“四大家鱼”的养殖。在高纬度山区，这种养鱼方式常常用于冷水鱼类养殖，主要是利用高纬度山区的冷水泉水资源。并且依据山势，在山地建设高低不等的级差池塘，重复利用泉水资源。池塘的第一级处于地势较高的区域，最末一级处于较低区域，在第一级池塘一般养殖肉食性、杂食性吃食鱼类，最末一级一般养殖滤食性鱼类，充分利用水体的食物资源，也有净化养殖水体、使养殖水体达到地表水质量标准控制要求、保护水环境的目的。

温流水养鱼是利用天然热水（如温水井、温泉水），电厂、核电站的温排水或人工升温海水作为养鱼水源，一般适合于温水性鱼类的养殖。温水性鱼类是指分布于温带水域或要求适当温度阈值的鱼类。如在北方地区养殖淡水白鲳等，该鱼的最低水温要求是12℃，低于这个温度的水体会导致该鱼死亡，应用温水养殖，可以将养殖时间延长到冬季。属于温水性鱼类的还有罗非鱼、黄鳝、石斑鱼、鲮、遮目鱼、胡子鲶、卵形鲳鲹等，其中遮目鱼、卵形鲳鲹等为海水鱼类，但也能在低盐度的淡水中生长和繁殖。

流水养鱼的配套措施，可根据不同养殖对象和对水质的要求配备，有的地势差异明显、水质有缺陷的泉水，需要配备专门的水压缓冲设施，并需要配备专门的水质调整药剂。因此，流水养鱼场养殖工艺技术线路的不同，配备的设施也有差异。

由于流水养鱼水体的含氧量较高，一般多用于养殖高耗氧的名贵鱼类，并且以肉食性鱼类为主，配养杂食性鱼类和吃食性鱼类。

主要参考文献

陈昌昕，邱洪奎，卢兰珍，等，1986. 流水养鱼系统设施的研究［J］. 淡水渔业（6）：9－13.

陈志亮，1990. 池塘循环水养鱼技术及其应用［J］. 淡水渔业（2）：17－19.

董兴国，李令国，2016. 西安低碳高效池塘循环流水养鱼技术探析［J］. 科学养鱼（2）：85－86.

郭益顿，顾向军，徐国昌，等，2011. 高位池塘循环水养鱼系统生产性试验总结［J］. 渔业现代化，38（3）：23－27.

孔青，2005. 工厂化流水养鱼工程设计［J］. 宁夏工程技术，4（2）：177－179.

李连春，梁日东，张广海，等，2011. 中国淡水工厂化循环水养殖的发展现状与趋势［J］. 科学养鱼（7）：4－5.

梁程超，宫春光，陈少鹏，等，2003. 循环水养殖的原理［J］. 北京水产（5）：49－51.

刘灿起，张永，林爱杰，1997. 发电厂循环水养鱼回水的处理工艺研究［J］. 山东电力技术（5）：48－54.

刘晃，吴会民，谢刚，等，2008. 滨海型盐碱地封闭循环水养鱼池塘水质变化的研究［J］. 淡水渔业，38（3）：63－67.

刘冉，崔龙波，2014. 藻类在水产养殖中的作用［J］. 水产养殖，35（10）：11－15.

毛叔良，1998. 流水养鱼技术要点［J］. 农村百事通（6）：45－46.

沈国华，傅焕银，1981. 闭合式温流循环水养鱼的研究［J］. 水产科技情报（4）：13－16.

唐玲玲，2011. 皖南山区流水养鱼技术［J］. 现代农业科技（7）：339－341.

王贵，李兴杰，张理亨，1991. 跃进水库流水养鱼技术介绍［J］. 水利渔业（5）：36－39.

王小冬，刘兴国，朱浩，等，2013. 高位池塘循环水养鱼系统的夏季浮游植物特性［J］. 江苏农业科学，

41（5）：222－223.
王振华，2014. 循环水养鱼系统水质参数关系分析［J］. 中国农学通报，30（8）：57－62.
吴凡，刘晃，宿墨，2008. 工厂化循环水养殖的发展现状与趋势［J］. 科学养鱼（9）：72－74.
薛正锐，姜辉，陈庆生，2006. 工厂化循环水养鱼工程技术研究与开发［J］. 海洋水产研究，27（4）：77－81.
杨瑞林，2017. 循环水养鱼的水处理原理及分析［J］. 江西水产科技（3）：40－41.
姚志通，2007. 藻类在养殖水体中的作用［J］. 河北渔业（6）：9－10.
殷大聪，黄薇，吴兴华，等，2012. 汉江水华硅藻生物学特性初步研究［J］. 长江科学院院报，29（2）：6－10.
赵同庆，2005. 高密度流水养鱼技术问答［J］. 内陆水产（5）：21－22.
DIAZA V，IBANEZA R，GOMEZ P，et al，2010. Kinetics of nitrogen compounds in a commercial marine Recirculating Aquaculture System［J］. Aquaculture engineering（50）：20－27.
VAN LOOSDRECHT，2000. Integration of nitrication and denitrication in biolm airlift suspension reactors［J］. Water science technology，41（4－5）：97－103.
VAN RIJN J，BARK Y，2000. Biological phosphate removal removal in recirculating aquaculture system［J］. Aquaculture engineering（22）：121－136.

第十章

净水鱼类的养殖

净水鱼类的概念是以鱼类能够净化水体为出发点，从减少水体中的有形物质方面考虑，将能够减少水体有形物质的鱼类统称为净水鱼类。从这个概念出发，所有的鱼类都能够减少水体中的有形物质，即便是掠食性鱼类和捕食性鱼类也具有净化水体的功能，这些鱼类可以消除水体中的非同类鱼种。提出净水鱼类概念的最终目的是使养殖水体保持无害化状况，引起养殖水体污染的主要物质是氨氮类无机物和无机磷等，释放这些物质到水体的除了养殖的鱼类外，还有浮游生物、藻类、有机碎屑和水生植物的消化代谢产物等。在完成养殖目标的同时，保持这些有害物质在一定的安全含量范围内，是区分净水鱼类的主要目的。

净水鱼类一般是指以浮游生物、藻类、水草和有机碎屑为饵料的滤食类和草食类水生动物等，杂食鱼类也具有清除水体异物的功能，在人工集约养殖中，控制养殖鱼群的比例结构，适当套养鲤鱼等杂食性鱼类对净化养殖水体也有协同作用。按照上述条件，净水鱼类主要包括滤食性、草食性及部分杂食性鱼类，如鲢鱼、鳙鱼、鲟鱼、草鱼、青鱼、鲂鱼、细鳞斜颌鲴及鲤鱼等。

第一节　鱼类的食性及摄食特点

淡水鱼类的种类繁多，生活习性差异很大，它们有的栖居生活水体上层，性情急躁、活泼，行动敏捷，如鲢鱼；有的生活在水体的中上层，如鳙鱼、鲂鱼和鳊鱼，这个层次的鱼类性情温顺，活动迟缓；有的生活在水体的中下层或者有水草的池塘边，如草鱼，这类鱼性情活泼，游泳能力强。青鱼、鲤鱼和鲫鱼则栖息在水体底层，它们喜欢觅食底泥中的螺、蚌、昆虫和水蚯蚓等水生动物。鱼的种类不同，适宜生长的水域不同，摄取食物的水层也不同。水域可分为上、中、下三层。鲢鱼、鲌鱼、鳙鱼等多在水的上层寻找食物，草鱼、鳊鱼等多在水的中层寻找食物，鲫鱼、鲤鱼、青鱼、鲶鱼在水的底层摄食。

一、鱼类的食性

大多数淡水鱼类的幼鱼食性基本相同，从鱼卵中孵出的鱼苗起初都以卵黄囊中的卵黄为营养，幼鱼开食时，仅能觅食小型的浮游生物以及浆液型的豆浆、煮熟的鸡蛋蛋黄水等。随着小鱼的生长，开始觅食大型的浮游生物、无节幼体、小型枝角类水生生物以及人工投饵。到了成年阶段，淡水鱼类的食性发生很大变化，以鱼的种类出现不同方向的分化，根据成年阶段鱼类采食食物对象的形态及性质，可分为以下九种食性类型：

浮游生物食性：以浮游生物为主要食物来源的鱼类。鲢鱼和鳙鱼即属于此类鱼，中上层鱼类和许多小杂鱼以摄食浮游生物为主。鲢鳙是浮游生物食性的典型代表，这两类鱼的特点是口裂大，鳃细长密集，这些器官的特点，有助于鱼类滤食水中的浮游生物。鲢鱼主要摄食浮游植物辅以浮游动物，鳙鱼主要摄食浮游动物辅以浮游植物。浮游生物就是漂浮在水体中的细小物质，如藻类物质，植物的碎屑，小颗粒状的种子，以及小蚊虫，轮虫，桡足类，枝角类等。食浮游生物的鱼类很多，多依靠口中的鳃耙过滤摄取水中的浮游生物，有的小杂鱼则通过咬食方式来摄取水中的浮游生物。

底栖（水底）生物食性：以无脊椎动物为主要食物来源的鱼类。青鱼和鲤鱼即属于此类鱼，青鱼以生活于水体底部的螺蛳、蚌、河蚬等贝类为食，鲤鱼主要以水生昆虫的幼虫和水蚯蚓为食。有些鱼长期生活在水的底层，它们食水底层的水生植物及幼小的软体类动物，如蚬类，蚌类，小鱼、小虾，以及水底层的草，沉入水底的植物籽实、碎屑，如鲶鱼，鲤鱼，青鱼，鳖等就是以水底层的食物为主要食物来源。

草食（素食）性：以水生和陆生植物为主要食物来源的鱼类，这类鱼包括以摄食水草、水藻、蔬菜及某些陆生草木茎叶为主的草食性鱼类，如草鱼、团头鲂等。草食（素食）性鱼类多以谷物类的粉状物为主要食物，有的也食瓜果、蔬菜。

肉食性：以小昆虫、小虾、小鱼、螺蛳肉、蚬肉、蚌肉等为主要食物，这些肉食性鱼大多数是性情较为凶猛的鱼，它的口裂较大、牙齿锋利，鳃耙少。鳜鱼、鲈鱼、狗鱼等属于此类鱼。以其他鱼类或栖生于水体中及水边的小动物为食物的鱼类就是食肉性鱼类，但随着科技的发展及植物性仿生饲料的生产，很多食肉性鱼类也可吃食人工饲料，属于素食肉食可以兼食的类型，成为准杂食性鱼类。

杂食性：杂食性鱼类是指既以动物性饵料为食，又以植物性饵料为食的鱼类，如鲤鱼和鲫鱼等。鲤鱼在自然条件下主要以昆虫幼虫、螺蛳、黄蚬和幼蚌等底栖动物和虾类为食，同时也采食少量的水生植物、丝状藻类、植物种子和有机腐屑。许多鱼绝非单一的食性，淡水中的大部分鱼是杂食性鱼类，杂食性鱼类食性广，荤饵素料皆宜。鲤鱼喜食的饵料虽然具有相对的稳定性，但也并不排斥其他的饵料。鲫鱼主要以硅藻、水绵、水草、植物种子和腐屑碎片为食，同时也采食一定数量的螺类、摇蚊幼虫和水蚯蚓等动物。鳊鱼、鲂鱼的食性也比较杂，鳊鱼爱吃水草、浮游生物、昆虫、小鱼、小虾、蚯蚓等。鲂鱼以水草、植物碎屑为主，也吃小鱼小虾等水生小动物。

人工饵料食性：经人工驯食吃食人工饲料的鱼类。大多数食肉性鱼类经人工驯食也食人工饲料，即便是鳜鱼，从幼鱼阶段开始驯化也能采食人工饵料。绝大多数鱼类经过人工驯化也喜吃人工饵料，就是鲢鱼和鳙鱼也吃人工饵料，但不是吞取咀嚼，而是吸吮其浆汁和碎屑。

变异食性：食性变化为另一种食性的鱼类。鱼的食性有时也会发生变化，即由一种食性变化为另一种食性。造成鱼的食性变异的原因一是生长期的不同，绝大多数淡水鱼在幼鱼阶段以植物的碎屑、浮游生物、藻类为食，有些鱼从幼鱼期到成长期食性才有所改变，由素食改为荤食，或由荤食改为素食。二是气温水温的影响，导致鱼的食性产生变化。

癖食性：偏爱某一种或几种食物的鱼类。经过实践和观察，鱼也有癖食性，会偏爱某一种或几种食物。例如，池塘养鱼经常用颗粒饲料喂鱼，鱼便会对颗粒饲料产生癖性，甚至达到非颗粒饲料不吃的程度。

腐食性：以生物腐屑为食的鱼类。这类鱼主要以水底和泥中的动物和植物尸体为食，同时也采食底栖藻类和无脊椎动物，梭鱼和鲻鱼即属于此类。这类鱼处理了水体中的动物和植物的尸体，也就净化了水质。

总之，鱼类的食性，虽然具有相对稳定性，也可能因所在水域自然饵料资源的变化、或人工长期投放饲料、或季候的变更、或环境的更换，以及鱼类自身年龄的变化而出现食性的变异。

二、鱼类食性特点与采食特征

鱼的食性特点指的是鱼都吃些什么，是荤食还是素食，或是杂食；鱼的采食特征指的是鱼怎样获取、吞食食物。掌握了鱼类的食性特点就了解了不同的鱼类喜欢吃什么，不喜欢吃什么，就可根据鱼类食性特点调配和投喂饲料。

（一）鱼类的食性特点

鱼类是食性广但摄食量不大的低等变温动物。它们一方面消化功能不强，另一方面体温随水温变化而变化，无需消耗能量以维持一定的体温，淡水鱼类肠道细短，有的甚至无胃。鱼类虽然总的饵料需要量不大，但新陈代谢较快，应少饵多餐，少给勤添。

鱼的消化功能同水温关系极大，温度适宜鱼类的摄食量增加，当水温下降到8℃以下或升至32℃以上时，鱼类一般采食迟缓甚至拒食。因此，鱼类的摄食具有明显的季节性，北方冬季，鱼处于半休眠状态，到了春季，鱼体内脂肪消耗殆尽，因此一到春夏之交便食欲大振，随着气温的上升，食欲越来越强。在25～28℃的水中食量最大，入秋后，应抓紧时间投饵喂料，促进鱼类摄食，增加鱼体越冬脂肪等能量物质的储备。

（二）鱼类的采食特征

不同的鱼类有不同的消化器官，有些鱼类长有牙齿，如鳜鱼、淡水白鲳、鳡鱼等；有的鱼没有牙齿，如鲢鱼、鳙鱼、翘嘴红鲌等；有的咽部有牙齿，如青鱼、鲶鱼、黄颡鱼等。因此，鱼类的摄食方式也是不一样的，主要有滤食、捕食和咬嚼方式三种。

滤食：有些鱼类吞食饵料不是像兽类那样用牙齿咬碎食物再吞咽下去，也不是像鸟类那样用嘴啄食，而是张大口去吸取食物。当鱼儿发现了食物后，先是张开鳃盖，然后张嘴，靠肌肉的收缩，将食物吸进嘴里。吞食饵料时，让浮游生物和水一并进入口中，用它们特有的鳃挡住食物，送进食道，然后再把水从鳃孔排出，鲢鱼、鳙鱼及大多数鲟鱼即属于此类。浮游生物食性的鱼类多属于滤食方式。

捕食：凶猛肉食性鱼类多采用捕食方式摄食，它们游动能力强，牙齿锋利，常袭击或追杀其他鱼类和小动物。如鳡鱼、鳜鱼、狗鱼、乌鱼、淡水白鲳等性格凶猛型鱼类，长有锋利的牙齿，它们的捕食方式是吞食。它们常常隐藏在暗处，发现眼前或周围有可食之物时，便猛冲过去，张开大口将食物吞进口中，用牙齿咬碎食物，将咬碎的食物送到肠道消化。

咽部嚼食：青鱼、鲶鱼、黄颡鱼等鱼咽部长有牙齿，虽然并不锋利，但仍可咀嚼捣碎硬壳食物，吐壳吃肉。青鱼可吃螺蛳、河蚌、河蚬等有硬壳的小动物。它们吃食方式是先张开大口，将食物和水喝进口中，让水从鳃过滤出，将食物留在口腔中咀嚼捣碎后吞食。

第二节　滤食性鱼类

在鱼类生态养殖中，通过微生物和水生植物的同化和吸收利用，消解了吃食性鱼类的排泄产物，而这些微生物和水生植物可以被滤食性鱼类采食和利用，进而增加了水体的透明度，减少了水体的悬浮物质和氨氮等有害物质的含量，所以，滤食性鱼类是净水鱼类的主要养殖对象，也是增殖放流的主要鱼类。

一、鲢鱼

鲢鱼（*Hypophthalmichthys molitrix*）又叫做白鲢、水鲢、跳鲢、鲢子、鳔鱼、地瓜鱼、鲢子头等，为脊椎动物亚门、硬骨鱼纲、辐鳍亚纲、鲤形目、鲤亚目、鲤科、鲢亚科、鲢属、鲢种的被鳞鱼类，是我国四大家鱼之一，属典型滤食性鱼类，是净水鱼类主养品种之一。

鲢鱼体形侧扁而稍高，呈纺锤形，鳞片细小而圆，体背侧面暗灰色，下侧银白色，各鳍淡灰色。头为体长的1/4左右，吻短而钝圆，口宽；背部青灰色具背鳍，两侧及腹部白色，眼睛小且位于头侧中轴之下。腹部狭窄，正中角质棱自胸鳍下方直延达肛门。胸鳍尾鳍深叉状，胸鳍不超过腹鳍基部，7～8枚，各鳍色灰白，尾鳍边缘略显红色。鲢鱼咽头齿1行，鳃耙特化，愈合成一半月形海绵状过滤器。侧线鳞108～120，广弧形下臀鳍，起点在背鳍基部后下方。腹腔大，腹膜黑色，鳔2室，前室长而膨大，后室末端小而呈锥形。

鲢鱼属中上层大型滤食性淡水鱼类，春夏秋三季的绝大多数时间在水域的中上层游动觅食，冬季则潜至深水越冬。鲢鱼靠鳃的特殊结构滤取水中的浮游生物为食，在鱼苗阶段主要吃食浮游动物，体长1.5厘米以上时逐渐转为觅食浮游植物，并喜吃草鱼的粪便和投放的鸡粪、牛粪；亦吃豆浆、豆渣粉、麸皮和米糠等，更喜吃人工微颗粒配合饲料；对酸味食物很感兴趣，对糟食也很有胃口。鲢鱼喜食腐烂食物，常与草鱼搭配养殖以消食草鱼粪便，故有“一草养三鲢”之说。鲢鱼的食欲与水温成正比，最适宜的水温为23～32℃，炎热的夏季，鲢鱼的食欲最为旺盛，秋分以后，天气渐凉，鲢鱼食欲有所降低。夏季水位越低，摄食量越大；冬季越冬少吃少动，肠管长度为体长的6～10倍。

鲢鱼性情活泼，喜欢跳跃，有逆流而上的习性，但行动不是很敏捷，比较笨拙。鲢鱼胆小怕惊扰，当受到惊扰或碰到网线时，便纷纷跳出水面越网而逃。鲢鱼喜肥水，个体相仿者常常聚集群游至水域的中上层，特别是水质较肥的明水区，生产实际中有肥水养鲢的做法。但它的耐低氧能力极差，水中缺氧马上浮头，有的很快便死亡，在肥水中养殖需要注意水体增氧。

鲢鱼的性成熟年龄较草鱼早1～2年，体重3千克以上的雌鱼便可达到性成熟，5千克左右的雌鱼相对怀卵量每千克体重可达4万～5万粒，每年4～5月产卵，绝对怀卵量20万～25万粒，属漂浮性卵，可催情自然孵化。在饵料充足的池塘养殖条件下，当年鱼体重可达500～800千克，三龄鱼体重可达3～4千克，在天然河流和大型湖泊中可捕获到体重达30～40千克的亲本鱼。

以鲢鱼为主养品种的净水鱼类养殖，鲢鱼在养殖种群中所占的比例以40%～70%为宜，超过50%的鲢鱼养殖鱼群，需要补充饲喂粉状人工饵料。鲢鱼也是增殖放流常用的鱼种之一，常与草鱼等配合放流。

二、鳙鱼

鳙鱼（*Hypophthalmichthys nobilis*）英文名 Bighead carp，又叫做花鲢、胖头鱼、包头鱼、大头鱼、黑鲢、麻鲢、雄鱼等，为脊椎动物亚门、硬骨鱼纲、辐鳍亚纲、鲤形目、鲤科、鲢亚科、鲢属、鳙鱼种的小鳞鱼类，是淡水鱼的一种，有“水中清道夫”的雅称，是中国四大家鱼之一，属滤食性鱼类，是净水鱼类主养品种之一。

鳙鱼体侧扁而高，被鳞小，腹部在腹鳍基部之前较圆，其后部至肛门前有狭窄的腹棱。头极大，前部宽阔，头长大于体高，吻短而圆钝，口裂较大端位向上倾斜，下颌稍突出，口角可达眼前缘垂直线之下，上唇中间部分很厚无须，眼小位于头前侧中轴的下方，眼间宽阔隆起，鼻孔近眼缘上方。下咽齿平扁，表面光滑。鳃耙数目多而呈页状紧密排列，但不连合。具发达的螺旋形鳃上器。侧线完全，在胸鳍末端上方弯向腹侧，向后延伸至尾柄正中。

鳙鱼背鳍基部短，起点在体后半部，位于腹鳍起点之后，其第1～3根分枝鳍条较长。胸鳍长，末端远超过腹鳍基部。腹鳍末端可达或稍超过肛门，但不达臀鳍，肛门位于臀鳍前方。臀鳍起点距腹鳍基较距尾鳍基为近，尾鳍深分叉，两叶约等大，末端尖。鳔大，分两室，后室大，为前室的1.8倍左右。肠道约为体长的5倍，腹膜黑色。雄性成体的胸鳍前面几根鳍条上缘各具有1排角质“栉齿”，雌性无此性状或只在鳍条的基部有少量“栉齿”。背部及体侧上半部微黑，有许多不规则的黑色斑点，腹部灰白色。各鳍呈灰色，上有许多黑色小斑点。

鳙鱼性温驯，不爱跳跃，生长在淡水湖泊、河流、水库、池塘，多分布在淡水区域的中上层，为温水性鱼类，适宜生长的水温为25～30℃，能适应较肥沃的水体环境。幼鱼及未成熟个体一般到沿江湖泊和附属水体中生长。鳙鱼以轮虫、枝角类、桡足类（如剑水蚤）等浮游动物为主要饵料，也能采食部分浮游植物（如硅藻和蓝藻类）和人工饲料，从鱼苗到成鱼阶段都是以浮游动物为主食，兼食浮游植物，是典型的浮游生物食性的鱼类，采食特征为典型的滤食性。

鳙鱼性成熟时到江中产卵，产卵后大多数个体进入沿江湖泊摄食肥育，冬季湖泊水位跌落，它们又回到江河的深水区越冬，翌年春暖时节则上溯繁殖。鳙鱼产漂流性卵，性成熟年龄为4～5龄，雄鱼最小为3龄。繁殖期在每年的4～7月，产卵场多在河床起伏不一的水域，当栖息水域降雨、水位陡然上涨、流速加大时进行繁殖活动。人工催产季节多在5月初至6月中旬，体重3千克以上的雌鱼即可用于催情产卵，体重5千克左右的雌鱼相对怀卵量为每千克体重4万～5万粒，绝对怀卵量20万～25万粒。

作为净水鱼类，鳙鱼常与鲢鱼、草鱼、鲫鱼等配合养殖，作为主养品种所占的比例（尾数）不低于60%，作为套养品种所占比例一般不低于30%。鳙鱼是增殖放流常用的品种之一，与草鱼配合放流所占比例不低于40%。

鳙鱼常被叫做大头鱼或胖头鱼，实际上这是一种俗称，生物上分类上的大头鱼学名叫做扁吻鱼（*Aspiorhynchus laticeps*），俗称新疆大头鱼，是我国的特产鱼类，也是裂腹鱼类中的珍贵物种，是我国一级保护动物，已经在鱼类分类上具有生态地位，属于鲤科、扁吻鱼属、扁吻鱼种的被鳞鱼类，为世界十大最凶猛淡水鱼类之一。

三、匙吻鲟

匙吻鲟（*Polyodon spathula*）又叫做美国匙吻鲟、匙吻猫鱼（spoonbill cat）、鸭嘴鲟、鸭嘴鱼等，为辐鳍鱼纲、软骨硬鳞亚纲、鲟形目、匙吻鲟科、匙吻鲟属、匙吻鲟种的无鳞鱼类。匙吻鲟的名称源自其独特的吻部，呈扁平桨状，特别长。匙吻鲟被认为使用其桨型吻里的感应器检测猎物，以及在迁徙到产卵地时用以导航。匙吻鲟主要以浮游动物为食，也采食甲壳类和双壳类生物，也能采食人工配合颗粒饲料。一般将匙吻鲟的采食特征归入滤食性鱼类的摄食方式，属于净水鱼类。匙吻鲟是匙吻鲟科仅存的两属两种之一，另一种为白鲟属白鲟种的白鲟，生活在我国长江干流水域，已几近灭绝，是濒危鱼类和国家一级保护野生物种。

匙吻鲟体形上除了吻特别长以外，还具有体表光滑无鳞、体表颜色较深并有斑点镶嵌的特点。大水面养殖的匙吻鲟背部黑蓝灰色，有一些斑点镶嵌在其间，体侧有点状赭色，腹部白色；小型池塘养殖的匙吻鲟体色较浅，一般呈灰白色。匙吻鲟原产美国密西西比河流域，世界各地都有引种和养殖，我国1988年从美国引进，现已成功地进行了人工繁殖和苗种生产，从21世纪初期开始，我国匙吻鲟养殖所用苗种多为国内生产。

匙吻鲟对温度变化的适应能力强，每年春季可在特定流域的浅滩上产卵，产卵数量在300万～600万粒。池塘养殖的雄鱼多在9岁、雌鱼多在10岁性成熟，可人工催产繁育，受精卵在水温18℃以上时即可发育。人工培育雌鱼相对怀卵量占体重的6%～12%，绝对怀卵量400万～1 000万粒。

匙吻鲟终生以浮游动物、甲壳类和双壳类生物为食，仔鱼开口饵料主要为小型枝角类，也吃蛋黄、鱼粉、虾粉等。仔鱼孵出后虽具一定口裂，但不能闭合，只有通过不停地流动以获得氧气和饵料。饵料的大小应与其口裂相适应，如轮虫等，只能被动摄食，对饲料的顺序要求为：轮虫→小型枝角类→大型枝角类与桡足类。人工驯食每天需投饵9至10次，每隔2小时投饵一次，每千尾鱼苗每次投喂红虫或其他小型浮游动物3～5克。幼鱼只有吻长出后才具有主动摄食能力，摄食方式为吞食，吞食浮游动物、小鱼、小虾。鲟鱼鱼苗体长超过12厘米以后，摄食器官发育完善，转营滤食方式，在人工饲养下喜食浮游动物一般大小的浮性饵料。饵料不足时，匙吻鲟幼鱼互相咬食现象严重。

匙吻鲟是重要的广温性净水鱼类养殖品种，它不怕低温，即使水面结冰，只要水中有充足溶解氧，它也能在冰下水中生活；匙吻鲟也能耐高温，能在32℃的水中生存。同时，它的生长速度较快，当年体重可达1千克左右，2龄鱼体重可超过2.5千克。匙吻鲟性情温和，不善于跳跃，可以采用不投饵养殖，不论是在池塘养殖还是在大水面养殖，捕捞费用和饲料成本较低，养殖效益较高。最重要的是，它不破坏水域环境，大水面养殖匙吻鲟不用施肥，不用投喂人工配合饵料，中型水面也可采用不投饵养殖制度，依靠水体中的浮游植物和浮游动物满足营养所需。当然，不投饵养殖生长速度较慢，水面养殖的密度不能过大。

匙吻鲟的养殖分苗种培育（出膜到体长 3 厘米）、鱼种培养（体长 3～12 厘米）、成鱼养殖（鱼种到体重 1 千克以上）三个阶段。苗种培育阶段的技术要点是“三水一饵”，要求水温适宜、水量充足、水质良好，高蛋高能饵料。成鱼养殖可在池塘中进行，也可在大水面进行。池塘养殖采用混养和主养两种方式，混养是在养殖食草性和食肉性鱼类的池塘中少量套养，在养殖肉食鱼类池塘中套养匙吻鲟，其规格必须大于肉食性鱼类的规格，在池塘中主养可套养少量的草食性和肉食性鱼类，如草鱼、青鱼、鲶鱼、鲈鱼等，每亩可放养匙吻鲟 500～800 尾，并套养 150～200 尾的草鱼或肉食性鱼类。在湖泊、水库养殖可采取粗放养殖方式，即在湖泊和水库中放养适量鱼种，首先选择已放养花鲢而且已有良好效果的湖泊和水库。每亩水面放养 50～100 尾匙吻鲟，在不影响水库湖泊原有产量的情况下增产匙吻鲟，提高湖库养殖经济效益。在湖泊水库还可采用网箱养殖的方式，这需要根据生长速度及时分箱，按照定点、定时、定量、定质“四定”原则，依据水温变化确定投饵量，夜间可加载灯光，进行“灯光诱饵”，增补动物性蛋白质饲料，同时还要注意防病。

匙吻鲟在净水鱼类养殖中可作为主养品种，特别是在池塘和大水面网箱养殖中可以养殖到 100%的比例，净水效果明显。在池塘套养中，不论是在杂食性养殖池还是在草食性养殖池塘，套养比例达到 30%（尾数）以上的净水效果就比较明显，50%的套养比例就可控制水体质量维持在Ⅳ类以上。在增殖放流中，匙吻鲟是配合放流的合适鱼种，与草鱼、鲢鱼、鳙鱼配合放流，净化水质的效果更为明显，以鲤鱼进行主导性增殖放流的水域，更需注意配合匙吻鲟的增殖放流。需要注意的是，匙吻鲟增殖放流的苗种规格不能过小，一般要求体长达到 15 厘米以上的匙吻鲟才可进行增殖放流，过小规格的匙吻鲟易在湖库受到肉食鱼类的侵害，其尾鳍、背鳍易被蚕食，降低匙吻鲟的游泳和避害能力。同时，这些受害部位容易受到水中病菌的感染，严重的往往引起死亡。

第三节　草食性鱼类

草食性鱼类是水体中浮游植物、藻类等有机物的消费者，通过清理水体中的附生物增加水体的透明度，减少水体植物的呼吸作用带来的悬浮物和无机物。净水鱼类常用的草食性鱼类是草鱼、鳊鱼、团头鲂等。

一、草鱼

草鱼（*Ctenopharyngodon idellus*）英文名 Grass carp，俗称鲩、鲩鱼、油鲩、草鲩、白鲩、乌青、草苞、草根、厚子鱼、海鲩、混子、黑青鱼等，为辐鳍鱼纲、新鳍亚纲、鲤形目、鲤科、雅罗鱼亚科、草鱼属、草鱼种的有鳞淡水鱼类。以其独特的食性和觅食手段被称做“拓荒者”，因其生长迅速，饲料来源广，是我国淡水养殖四大家鱼之一，也是净水鱼类的主养品种。

草鱼体延长，亚圆筒形，体青黄色，头宽平，口端位无须，咽齿梳状。3～4 龄性成熟，在江河上游产卵，可人工繁殖。常栖息于平原地区的江河湖泊，一般喜居于水的中下层和近岸多水草区域。性活泼，游泳迅速，常成群觅食，是典型的草食性鱼类。草鱼幼鱼期则食幼虫、藻类等，体长达10厘米以上时，完全摄食水生高等植物，其中尤以禾本科植物为多，但摄食的植物种类随着生活环境中食物基础的状况而有所变化。

草鱼在干流或湖泊的深水处越冬，生殖季节亲鱼有溯游习性，与其他几种四大家鱼的生殖情况相类似，在自然条件下，不能在静水中产卵。产卵地点一般选择在江河干流的河流汇合处、河曲一侧的深槽水域、两岸突然紧缩的江段为宜，通常产卵是在水层中进行，鱼体不浮露水面，习惯上称之为“闷产”。但遇到良好的生殖生态条件时，如水位陡涨并伴有雷暴雨，这时雌、雄鱼在水体的上层追逐，出现仰腹颤抖的“浮排”现象。卵受精后，因卵膜吸水膨胀，卵径可达5毫米上下，顺水漂流，在20℃左右发育最佳，30～40小时孵出鱼苗。人工催情繁殖一般在4～7月进行，比较集中在5月间。

草鱼池塘养殖要求池塘面积以10～20亩为宜，水深2～2.5米，淤泥厚度不超过20厘米。每10亩池塘配套功率为3千瓦的增氧机和自动投饵机各1台。投饵养殖以投喂颗粒饲料为主，饲料粗蛋白质含量在28%～32%，辅投青绿饲料。饲料投喂遵循“前粗后精”和“四定四看”的原则，一般每天投喂2次，以2小时内吃完、摄食八成饱为宜。连续投喂颗粒饲料一段时间后，应停喂颗粒饲料1周，间隔期内投喂原粮饲料。平时注意在饲料中适量添加维生素等药物，避免草鱼患肝胆综合症等疾病而造成大量死亡。

草鱼常见病有赤皮病、烂鳃病、肠炎病（俗称草鱼三大病），一般采取内服外泼相结合的治疗方法，外泼主要以漂白粉、二氧化氯等消毒剂为主，连用3天；内服以“三黄粉”药饵效果较好，每50千克鱼体重用三黄粉（大黄50%、黄柏30%、黄芩20%，碾成碎粉后搅匀）0.3千克与面粉糊混匀后拌入饲料中投喂，连用3～5天。注意适时捕捞，将大规格成鱼及时上市销售以降低池塘养殖密度。

草鱼在自然水域主要取食水草，在池塘静水养殖中，幼鱼体长5厘米起就开始吃草，体重250克以上的草鱼，每尾草鱼每天的食草量可以达到125～180克。在选用草料喂草鱼时，多投喂鲜嫩绿色的陆生牧草，陆生牧草的饵料系数可达（20～30）∶1，而水生牧草饵料系数多为（60～80）∶1。投喂的方法要得当，定时、足量、均匀投喂，严禁投喂存放过久和霉烂变质的牧草和饵料，避免草鱼感染疾病。应注意按鱼类口裂大小不同投喂不同的草料，在幼鱼阶段口裂小，不能投喂粗大、坚硬的草料，宜投喂小浮萍、幼嫩的狗牙根等牧草，或将鲜嫩的长叶草铡碎后投喂。以后随着鱼龄增大，口裂也逐渐增大，可过渡到投喂常规鲜嫩牧草。

二、鳊鱼

鳊鱼（*Parabramis pekinensis*）也称作鳊、长身鳊、鳊花、油鳊。我国也有将三角鲂、团头鲂（武昌鱼）统称为鳊鱼的做法。鳊鱼为硬骨鱼纲、辐鳍亚纲、鲤形目、鲤亚目、鲤科、鲌亚科、鳊属、鳊种的被鳞鱼类，主要分布于长江中下游附属中型湖泊，为我国特有淡水鱼类。

鳊鱼体高侧扁，全体呈菱形，呈青灰色，体长约50厘米，为体高的2～3倍。体背部青灰色，两侧银灰色，腹部银白；体侧鳞片基部灰白色，边缘灰黑色，形成灰白相间的条纹。头较小，头后背部急剧隆起。眶上骨小而薄，呈三角形。口小而前位，口裂广弧形，上下颌角质不发达。背鳍具硬刺光滑坚硬，鳍条3～7枚，起点至吻端的距离较至尾鳍基部的距离为小，高度显著大于头长。胸鳍较短，达到或仅达腹鳍基部，雄鱼第一根胸鳍条肥厚，略呈波浪形弯曲；臀鳍基部长，具27～32枚分枝鳍条，无硬刺，起点在背鳍基部末端的垂直线下方。腹鳍仅伸至肛门，基部至肛门间有显著的腹棱。尾柄短而高。鳔3室，中室最大，后室小。上盖有坚硬的角质，但容易脱落。眼侧位，至吻端的距离较至鳃盖后缘的距离为近。下咽齿3行，鳃耙17～22枚，多数为18～21枚，侧线鳞50～60条。尾鳍分叉深，下叶较上叶长。

鳊鱼生长迅速、适应能力强、食性广，比较适于静水性生活。

三、团头鲂

团头鲂（*Megalobrama amblycephala*）英文名Wuchang bream，俗称武昌鱼、缩项鳊等，最早发现于湖北鄂州梁子湖，为硬骨鱼纲、辐鳍亚纲、鲤形目、鲤亚目、鲤科、鲌亚科、鲂属、团头鲂种的有鳞鱼类，为我国特有淡水鱼种类，自然分布于长江中下游附属湖泊，全国各地均有引种养殖。

团头鲂体长165～456毫米，为体高的2倍多。体侧扁而高，呈菱形，口端位，口裂较宽呈弧形，体呈青灰色，背部较厚，自头后至背鳍起点呈圆弧形，腹部在腹鳍起点至肛门具腹棱，尾柄宽短。体呈青灰色，体侧鳞片基部浅色，两侧灰黑色，在体侧形成数行深浅相交的纵纹，鳍呈灰黑色。团头鲂与鳊鱼的区别是，团头鲂有13根半鱼刺，鳊鱼有13根鱼刺。

团头鲂为草食性鱼类，鱼种及成鱼以苦草、轮叶黑藻、眼子菜等沉水植物为食，食性较广。团头鲂比较适合于静水性生活，平时栖息于底质为淤泥、生长有沉水植物的敞水区的中下层中，冬季喜在深水处越冬。

团头鲂池塘养殖水深保持在2米以上，池底平坦，淤泥厚20厘米左右，应配有排灌、饲料加工、运输、增氧等机械，每亩池塘渔机动力应在0.5千瓦以上。要求池塘水源充足，水质清新无污染。池水透明度在30～35厘米，溶氧含量应在每升5毫克左右，不得低于2毫克，pH在7～8。养殖期间要求定期注水，保持水体的新鲜状况，每年的7～9月每半个月注水1次，每次注水量为池塘水面上升20～30厘米高度。

池塘养殖团头鲂以投喂青绿饲料为主，3～5月投喂宿根黑麦草，5～9月投喂苏丹草和苦荬菜，8～10月投喂其他旱草并少量投喂菜饼、麦麸类等商品精料。各月投饲分配百分比如下：12～2月少量投喂，3月为2%，4月5%，5月10%，6月15%，7月23%，8月22%，9月16%，10月5%，11月2%。投饵率（日投饵量/池中鱼总重量）与水温关系如下：低于20℃时，投饵率为0.5%；20～22℃时为0.5%～1%；22～25℃时1%～2%；25～28℃时2%～3%；28～30℃时3%～5%。投喂坚持“四定”原则，每天投喂2～3次，做到少量多餐，提高饲料的利用率，投喂时泼洒要均匀。食台一般建在水下8厘米左右，夏季可适当提高。在水草较丰茂的湖库水面可粗放养殖，也可利用网箱进行集约式养殖。

水深1.5～2米的池塘，每亩可放冬片鱼种600～800尾，配养鲢、鳙鱼种200～300

尾，饲养一年团头鲂个体可达500克左右。它的生长速度在三龄以前较快，以后逐渐减慢。团头鲂的食性和草鱼相似，所以能经济地利用天然水域中的饵料资源，同时也能摄食人工饲料，投喂人工饲料养殖的团头鲂特定增长率显著大于牧草养殖的特定增长率。

日常管理中要切实注意调节水质，做到“肥、活、嫩、爽”。在饲养中后期，鱼类逐渐长大，池塘贮鱼多，夜间鱼群容易浮头，要适时开机增氧，一般做到“三开两不开”，即晴天开机1小时；阴天次日凌晨2～4时开机，直到解除浮头；阴雨连绵有严重浮头危险时，要在浮头之前开机，直到不浮头为止。在一般情况下，傍晚不要开机，阴雨天白天不要开机，而将有限的开机时间安排在夜间。从5月起每月定期抽样测定鱼类生长情况。根据水温、天气等情况，灵活掌握饲料投喂量，防止过量投喂或投喂不足，影响鱼类正常生长。

第四节　杂食性鱼类及肉食性鱼类

杂食性鱼类也叫做“泛食性鱼类”，这类鱼的食谱广而杂，像鲤、鲫、鮰鱼、丁鱥等。它们有的有较强的咽喉齿，能切割和磨碎食物，如鲤鱼。有的咽喉齿不甚发达，如鲫鱼。它们的食物组成较广，水中浮游生物、昆虫、摇蚊幼虫、藻类、底栖动物、动植物碎屑等都可以被它们摄食，因而这类鱼的生存适应能力较强。以鱼类、小昆虫、小虾、小鱼、螺肉、蚬肉、蚌肉等为主要食物的鱼类是肉食性鱼类。肉食性鱼类大多数是性情凶猛的无鳞鱼，具有口裂较大、牙齿锋利、鳃耙少的特点，青鱼、鳜鱼、鲶鱼、鲈鱼、狗鱼等属于此类肉食性鱼。在净水养鱼中，杂食性鱼类和肉食性鱼类可以辅助滤食性鱼类和草食性鱼类清除养殖水体中的颗粒悬浮物和有害生物，从而起到净化水质的作用，但是，这些鱼类的套养受到一定的比例限制，特别是肉食性鱼类还需要在规格上以主养鱼类的规格进行限制，过大规格的肉食鱼类，往往以主养鱼类为饵料鱼。

一、鲤鱼

鲤鱼（*Cyprinus carpio*）英文名carp，别名鲤拐子、鲤子、毛子、红鱼等，为硬骨鱼纲、辐鳍亚纲、鲤形目、鲤亚目、鲤科、鲤亚科、鲤属、鲤种的被鳞鱼类，是淡水鱼类养殖的主要品种之一，属于杂食性鱼类。原产亚洲，现世界各地都有发现，我国各大水系都有养殖，其中的黄河鲤鱼是我国四大淡水名鱼之一。

鲤鱼有从头至尾的胁鳞一道，不论鱼的大小都有36鳞，每鳞上有小黑点。鲤鱼身体侧扁而腹部圆，口呈马蹄形，须2对。背鳍基部较长，背鳍和臀鳍均有一根粗壮带锯齿的硬棘。体侧金黄色，尾鳍下叶橙红色。口腔的深处有咽喉齿，用来磨碎食物。鲤鱼是淡水鱼类中品种最多、分布最广、养殖历史最悠久、产量最高的鱼类之一，常单独或成小群地生活于平静且水草丛生的泥底池塘、湖泊、河流中。

鲤鱼适应性强，耐寒耐碱耐缺氧。平时多栖息于江河、湖泊、水库、池沼的水草丛生的水体底层，在流水或静水中均能产卵，卵粘附于水草上发育。冬天，鲤鱼进入冬眠状态，沉伏于河底，不吃任何东西。春天产卵，雌鱼常在浅水带的植物或碎石屑上产大量的卵，受精卵在3～4天后孵化。鲤鱼生长很快，大约第三年达到性成熟，在饲养条件下，可以活 40 年以上。锦鲤（Mirror carp，具少数大鳞）和革鲤（Leather carp，几乎无鳞）是鲤鱼的两个家养的变种，黑鲫（*Carassius carassius*）是鲤鱼的一个无须的欧洲近缘种。人工培育的鲤鱼品种很多，如红鲤、团鲤、草鲤、锦鲤、火鲤、芙蓉鲤、荷包鲤等，品种不同，其体态颜色各异，是观赏鱼类的大宗品种。

鲤鱼属于底栖杂食性鱼类，荤素兼食，饵谱广泛，吻骨发达，常拱泥摄食。饵料以底栖动物为主，喜欢在平原上的暖和湖泊，或水流缓慢的河川里生活和觅食，鲤鱼掘寻食物时常把水搅浑，增大混浊度，对很多动植物有不利影响。鲤鱼又是低等变温动物，体温随水温变化而变化，无须靠消耗能量以维持恒定体温，养殖期间总的饵料需要量不大。同时鲤鱼与多数淡水鱼一样属于无胃鱼种，且肠道细短，新陈代谢速度快，故摄食习性为少吃勤食。鲤鱼的消化功能同水温关系极大，摄食的季节性很强，水温 18℃以上开始摄食，在低于 12℃的水体中停止摄食，春末至秋初是鲤鱼的正常摄食季节。冬季（尤其在冰下）基本处于半休眠停食状态，体内脂肪一个冬天消耗殆尽，春季一到，便急于摄食高蛋白质食物予以补充。深秋时节，冬季临近，为了积累脂肪，也会出现一个“抓食”高峰期，而且也是以高蛋白质饵料为主。春季过后，随着气温升高，鱼的摄食量变大，饵料的质量已不重要，数量则上升为第一位。因此在暮春、整个夏季、初秋的一个相当漫长的时期里，鲤鱼都以素食为主。

鲤鱼虽属底栖性鱼类，但活动区域并不是一成不变，季候变化、水温冷暖、风力风向、气压高低、朔望（农历每月的初一叫做朔日，十五叫做望日）更替、水质清浊、水流大小、水位涨落、水体溶氧、饵料环境等，都会随时改变鲤鱼的活动区域，使它们常常进行较大幅度的位置移动，若在较大水域，这便叫作“洄游”。

鲤鱼以单养模式养殖不具备净水功能，国家“十三五”增殖放流指导意见未将鲤鱼列入增殖放流物种名录，但鲤鱼可以配合滤食性鱼类和草食性鱼类进行增殖放流和净水养殖，以不超过总重量的 15%为限，这样，鲤鱼的排泄物所滋养的浮游生物可以用来培育滤食性和草食性鱼类。常用的净水养殖和增殖放流模式是，草鱼或团头鲂为主的模式：草鱼或团头鲂 60%，鲤鱼 15%，花白鲢、鲫鱼共 25%；花白鲢为主的模式：花白鲢 50%，鲤 15%，草、鲂、鲫 30%，适合较肥的水体；斑点叉尾鮰为主的模式：叉尾鮰 60%，鲤鱼 10%，花白鲢、鲂 30%；鲫鱼为主的模式：鲫鱼 60%，鲤鱼 10%，草鱼 10%，花白鲢 20%。

二、三角鲂

三角鲂（*Megalobrama terminalis*）又叫做平胸鲂、塔鳊、乌鳊，因顶鳍高耸、头尖尾长，从侧面看近似三角形而得名，属硬骨鱼纲、辐鳍亚纲、鲤形目、鲤亚目、鲤科、鲂鳊亚科、鲂属、三角鲂种有鳞鱼类，是我国特有淡水鱼类。主要分布于黑龙江、松花江、乌苏里江、嫩江等流域，广西、广东、海南、长江中下游及黄河流域也有分布。

三角鲂体侧扁而高，略呈长菱形，腹部圆，腹棱存在于腹鳍基与肛门之间，尾柄宽短。头短侧扁，头长远小于体高，吻短而圆钝，吻长等于或大于眼径。口小端位，口裂稍斜，上下颌约等长，边缘具角质，上颌角质呈新月形，上颌骨伸达鼻孔的下方。眼较大位于头侧，眼后缘至吻端的距离大于眼后头长。眼间宽而圆凸，眼间距大于眼径。鳃孔向前约伸至前鳃盖后缘的下方；鳃盖膜联于峡部，峡部窄，背部及腹部鳞较体侧鳞为小。侧线约位于体侧中央，前部略呈弧形，后部平直，伸达尾鳍基。背鳍位于腹鳍后上方，外缘上角尖形，第三不分枝鳍条为硬刺而尖长，其长大于头长，背鳍起点至吻端距离大于或等于至尾鳍基距离。臀鳍外缘凹入，起点与背鳍基末端约相对。胸鳍尖形，后伸可达腹鳍起点甚至超过，腹鳍位于背鳍的前下方，其长短于胸鳍，末端不达臀鳍起点。尾鳍深叉，下叶略长于上叶，末端尖形。鳃耙短，排列较稀。下咽骨宽短呈弓状，前后臂约等长，有前后角突。主行咽齿侧扁，末端尖弯，最后一枚齿呈圆锥形。鳔3室，中室最大，后室小而末端尖形。肠较长而盘曲多次，为体长2.5倍长。腹膜银灰色。

三角鲂属杂食性鱼类，以水生植物为主，也吃水生昆虫、小鱼、虾和软体动物等，但食性可塑性也很大，从低等的单细胞藻类到高等的无脊椎动物都可做为食物。常栖息于流水或静水水域中下层，喜欢在有泥质和生有沉水植物的敞水区（开阔无遮挡的水域）育肥，清新和较高溶氧是三角鲂对水体的基本要求。气温超过20℃时到上层活动，气温低于5℃行动缓慢而聚集在深水区石缝中过冬。3龄性成熟，春夏之交鱼群集于有流水的场所繁殖。三角鲂体形大肉厚、骨刺比较少、肉质嫩滑，是淡水鱼类中的珍品和贵重经济鱼类。

池塘养殖三角鲂，需要具备水源充足，排注方便，水深不低于1.5米，面积不小于2亩，塘底淤泥不超过20厘米，水体透明度不低于30厘米的池塘条件。具备上述条件的池塘，可以进行三角鲂单养或套养。单养一般分三级轮养，第一级（鱼种体长5～12厘米）密度为每亩1万～2万尾，第二级（鱼种体长12厘米至鱼种体重0.5千克）密度为每亩2 000～3 000尾，第三级（鱼种体重0.5～1.25千克及以上）密度为每亩800～1 000尾。单养三角鲂鱼时，每亩适当套养鳙鱼30尾、鲢鱼60尾。以三角鲂作为套养鱼类的，每亩投放鲂鱼种苗50～100尾。三角鲂也可以用网箱养殖。

三、鲫鱼

鲫鱼（*Carassius auratus*）简称鲫，俗名鲋鱼、鲫瓜子、肚米鱼、鲫皮子、月鲫仔、刀子鱼、土鲫、细头、鲋鱼、寒鲋、喜头、鲫壳、河鲫，有的地方还称之为草鱼板子、喜头、巢鱼、鲫拐子等，属硬骨鱼纲、辐鳍亚纲、鲤形目、鲤亚目、鲤科、鲤亚科、鲫属、鲫鱼种的有鳞淡水鱼类，常见于欧亚地区，我国各地淡水水域都有分布。鲫鱼经过人工养殖和选育，可产生许多新品种，如金鱼、异育银鲫等。

鲫鱼头像小鲤鱼，形体黑胖（也有少数呈白色），肚腹中大而脊隆起，体长15～20厘米。体呈流线型（也叫做梭型），体高而侧扁，前半部弧形，背部轮廓隆起，尾柄宽；腹部圆形，无肉棱。头短小，吻钝，无须。下咽齿一行扁片形，鳞片大，侧线微弯。背鳍长，外缘较平直。鳃耙细长，呈针状，排列紧密，鳃耙数100～200枚。背鳍、臀鳍第3根硬刺较强，后缘有锯齿。胸鳍末端可达腹鳍起点。尾鳍深叉形。体背银灰色而略带黄色光泽，腹部银白而略带黄色，各鳍灰白色。

鲫鱼常生息在池塘、湖泊、河流等淡水水域，栖息在柔软的淤泥中，生长水域不同，体色深浅有差异。鲫鱼是以植物为主的杂食性底层鱼类，维管束水草的茎、叶、芽和果实为鲫鱼所爱食，也采食小虾、蚯蚓、幼螺、昆虫和硅藻等。春季为采食旺季，昼夜均在不断地采食，夏季采食时间为早晚和夜间，秋季全天采食，冬季则在中午前后采食。多群集而行，择食而居，喜居在菱和藕等高等水生植物聚集水域，适应性强，不论是深水或浅水、流水或静水、高温水（32℃）或低温水（0℃）均能生存，在 pH 为 9、盐度 4.5%的强碱高盐水域（如内蒙古达里诺尔湖）仍能生长繁殖。最大体长约 30 厘米，最大体重 1 000 克，多产于黄河、长江、珠江、澜沧江等流域，其中澜沧江流域的洱海鲫鱼较为出名。

鲫鱼以单养模式养殖不具备净水功能，国家“十三五”增殖放流指导意见未将鲫鱼列入增殖放流物种中，但鲫鱼可以配合滤食性鱼类和草食性鱼类进行增殖放流和净水养殖，以不超过总重量的 10%套养模式利用，有利于消解水体中的浮游植物和水生杂草，减少水体中的悬浮物。

四、青鱼

青鱼（*Mylopharyngodon piceus*）英文名 Black carp，是一种颜色泛青的鱼，也称作黑鲩、螺蛳青，安徽俗称“乌混”“黑混”或“螺蛳混”，因其体黑、喜食螺蛳而得名。但我国东北地区常见的“青鱼”并不是青鱼，应该写作“鲭鱼”，是一种深海鱼类。青鱼为硬骨鱼纲、鲤形目、鲤科、青鱼属、青鱼种的被鳞鱼类，主要分布于我国长江以南的平原地区，长江以北较稀少，是我国淡水养殖的“四大家鱼”之一。

青鱼体形长略呈圆筒形，腹部平圆，无腹棱。头宽平，口端位，无须，咽头齿臼齿状，尾部稍侧扁，吻钝但较草鱼尖突，上颌骨后端伸达眼前缘下方。眼间隔约为眼径的 3.5 倍；鳃耙 15～21 个，短小乳突状；咽齿一行 4（5)/5（4)，左右一般不对称，齿面宽大臼状。鳞大圆形，侧线鳞 39～45 枚；背鳍 3 根棘条，与棘条分离的软条 7 枚；臀鳍Ⅲ，8。体青黑色，背部更深；各鳍灰黑色，偶鳍尤深。体长可达 145 厘米。

青鱼习性不活泼，通常栖息在水的中下层，喜微碱性清瘦水质。食物以螺蛳、蚌、蚬、蛤等为主，亦捕食虾、昆虫幼虫和节肢动物，属于肉食性鱼类。在鱼苗阶段主要以浮游动物为食，仔鱼体长 7～9 毫米时进入混合性营养期，此时一面继续利用自身的卵黄，一面开始摄食轮虫和无节幼虫；10～12 毫米时摄食枝角类、桡足类和摇蚊幼虫；体长达 30 毫米左右时食性渐渐分化，开始摄食小螺类。日摄食量通常为体重的 40%左右，环境条件适宜时可达 60%～70%。多集中在食物丰富的江河弯道和沿江湖泊中摄食肥育，在深水处越冬。行动有力，不易捕捉。耗氧状况与草鱼接近，水中溶氧量低于每升 1.6 毫克时呼吸受到抑制，低至每升 0.6 毫克时开始窒息死亡。在 0.5～40℃水温范围内都能存活，繁殖与生长的最适温度为 22～28℃。青鱼生长迅速，个体较大，成鱼最大的个体可达 70 千克。4～5 龄性成熟，在河流上游产卵，可人工繁殖。

青鱼具有一定的净水功能，对消减池塘湖库螺蛳有重要意义，还可摄食水体浮游动物，减少这些浮游动物与养殖鱼类的竞争耗氧。国家“十三五”增殖放流指导意见将青鱼列入增殖放流广布物种中。在净水养鱼中，可以配合滤食性鱼类和草食性鱼类净化水质，尤以配养鲢鱼、鳙鱼、草鱼见长，但套养量以不超过鱼群的 10%为宜，且净水养鱼与增殖放流时，套养青鱼的规格不能大于主养鱼类的规格。

五、鳜鱼

鳜鱼（*Siniperca chuatsi*）又名桂花鱼、桂鱼、鳜花鱼、鳌鱼、脊花鱼、胖鳜、花鲫鱼、母猪壳、季花鱼等，为硬骨鱼纲、辐鳍亚纲、鲈形目、真鲈科、鳜属、鳜鱼种的少鳞鱼类，属凶猛肉食性鱼类，我国各大主要水系都有分布，其中松花江鳜鱼是我国四大淡水名鱼之一。

鳜鱼体高侧扁，背隆起。头大口裂略倾斜，两颌及犁骨（鼻中隔的下半部分）均具绒毛状齿，上下颌前部的小齿呈犬齿状。体色棕黄，腹灰白，圆鳞甚细小。体侧有不规则暗棕色斑块、斑点。有斑鳜、翘嘴鳜、大眼鳜之分。

鳜鱼常凶猛猎捕其他鱼类为食，幼鱼喜食鱼虾，成鱼以吃鱼类为主，冬季停止摄食。常年栖息于静水或缓流水域底层，冬季在水深处越冬，春季天气转暖后常到沿岸浅水区觅食，觅食多在夜间。雨后常在急流处产卵，喜群集。鳜鱼还有成对活动的习性，在一条鳜鱼后面往往还有一条紧随其后。鳜鱼繁殖季节一般在5月中旬至7月上旬。雌鱼两年达性成熟，雄鱼一年可达性成熟。成熟的鳜鱼在江河、湖泊、水库中都可自然繁殖，一般在下雨天或微流水环境中产卵，受精卵随水漂流孵化。

鳜鱼具有一定的净水功能，对消减池塘湖库野杂鱼、病患鱼有作用，经过驯食，可以用植物性饲料养殖，净水养鱼中少量套养可清除水体中的非养殖鱼类，一般套养不超过鱼群重量的10%，且套养规格不能大于主养鱼类的规格。国家“十三五”增殖放流指导意见将鳜鱼列入增殖放流广布物种中。在净水养鱼中，可以配合滤食性鱼类和草食性鱼类净化水质，尤以配养大规格鲢鱼、鳙鱼、草鱼见长。

六、松江鲈鱼

鲈鱼的种类分为海水鲈鱼和淡水鲈鱼两个类型，常见的有四种，分别是海鲈鱼，分布于近海及海水淡水交汇的河口处；松江鲈鱼，属于降海洄游鱼类；大口黑鲈，也称加州鲈鱼，是从美国引进的淡水养殖新品种；河鲈，为淡水品种，原产新疆。除此而外，另外还有尖吻鲈、大眼狮鲈等。

松江鲈鱼（*Trachidermus fasciatus*）英文名 Roughskin sculpin，别名四鳃鲈鱼、淞江鲈、花花娘子、花鼓鱼、老婆鱼、媳妇鱼等，属硬骨鱼纲、鲉形目、杜父鱼亚目、杜父鱼科、松江鲈鱼属、松江鲈鱼种无鳞鱼类，无亚种之分，是我国四大淡水名鱼之一，为国家二级保护动物。

松江鲈鱼为近岸浅海鱼类，一般在与海相通的淡水河川区域生长育肥，性成熟后，降河入海产卵，幼鱼回到淡水河川中生活。2月中旬至3月中旬繁殖，繁殖后雌鱼离去，雄鱼留在巢内护卵。初孵仔鱼全长5.3～6.3毫米，1龄即达性成熟。黄海、渤海和东海均有分布，为名贵食用鱼类。

松江鲈鱼头及体前部宽且平扁，向后渐细且侧扁。头大，其背面的棘和棱被皮肤所盖。口大端位，具上下颌，犁骨和颚骨均有绒毛状细牙。眼上侧位，眼间距较狭下凹。前鳃盖骨后缘有四棘，上棘最大，端部呈钩状，翘向后上方。鳃孔宽大，前鳃盖骨后缘游离突起似一鳃孔，后缘游离突起也似一鳃孔。体裸露无鳞，有粒状和细刺状的皮质突起。背鳍 2 个，在基部稍相连，起点在胸鳍腋部上方，后端近尾鳍基部。臀鳍长而无鳍棘，胸鳍宽大呈椭圆形，腹鳍腹位而狭小，基部相互靠近，尾鳍截形而后缘稍圆。

体背侧黄褐色、灰褐色，腹侧黄白，其体色可随环境和生理状态发生变化。体侧具 4 条暗褐色横带，吻侧和眼下各具 1 条暗带。成鱼头侧前鳃盖骨后缘为橘红色，在鳃盖膜上各有 2 条橘红色斜带，繁殖期尤为鲜艳。臀鳍基底具一纵行的橘黄色条纹。腹鳍灰白色，其余各鳍均黄褐色，并有几行黑褐色的斑条。第一背鳍前部、胸鳍和尾鳍基部各具 1 黑褐色斑块。在繁殖季节，成鱼头侧鳃盖膜上各有 2 条橘红色斜带，似 4 片鳃叶外露，由此得名“四鳃鲈”。两性外形略有区别：雄鱼头部宽大，吻圆钝，具尿殖乳突，体色较深；雌鱼头部狭长，吻稍尖，无尿殖乳突，体色较浅。

池塘养殖松江鲈鱼可采用水泥池或硬质底土池，在池底或池壁铺放一些竹筒，或用砖、瓦等堆成洞穴状以适应松江鲈白天栖息在阴暗处、夜间出来觅食活动的特性。池塘的形状以长方形为好，东西走向，长宽之比为 2∶1，池塘坡度可以大一点，池底要平整，稍有坡斜度，利于排干池水。池塘面积不宜太大，一般以 300～700 平方米为宜，水深不超过 1 米。水源水质要好，鱼池要紧靠水源，水源一定要采用活水，不能是死水，循环水最好。

池塘经过药物消毒并待毒性消失后放入鱼苗，鱼苗暂养期间，池塘每平方米放养 15～20 尾。苗种入池前可在塘中施放基肥（粪肥或绿肥），水质转肥后放入适量的淡水虾类繁殖，幼虾出苗后放入松江鲈鱼苗种，幼虾作为饵料饲用。在松江鲈鱼苗放入鱼池以后，要以培育鲢鱼、鳙鱼鱼种的方法进行饲养，使水中有丰富的浮游动物，但水质绝不能和培育鲢、鳙鱼种一样肥，要以水中虾类于凌晨时不因缺氧而浮头为准，一般水中溶解氧要保持在 5 毫克/升以上。放养松江鲈鱼苗的时间，可以在 4 月底至 5 月底这段时间内进行，从沿海浅海处和江河近海的水闸处，捕捞鱼苗进行暂养，45 天后就应进行分塘饲养直至成鱼。

松江鲈鱼成鱼养殖可分为单养和混养两种，在 700 平方米左右的单养鱼池可投放夏花鱼种 1 000 尾左右，池塘中要适当放些肥料，经常投喂活虾、小型底栖性鱼类或活的蝇蛆。但混养鱼池一般效果较差，不宜提倡。必须注意混养的鱼种，松江鲈鱼适宜与草鱼、鳊鱼混养，而不宜与鲢、鳙鱼种或亲鱼混养。日常池塘管理的要点是保持水体的清新和纯净，保持池塘水体的不断更新养殖效果更好。

大口黑鲈：又名加州鲈鱼。体表淡黄绿色，背部黑绿色，其辨认标志是身体两侧中间各有一条黑色横纹，从头部一直延伸到尾鳍。大口黑鲈体延长而侧扁，稍呈纺锤形，横切面为椭圆形。体高与体长比为 1∶(3.5～4.2)，头长与体长比为 1∶(3.2～3.4)。头大且长，眼大而眼珠突出，吻长而口上位，口裂大而宽，为斜裂，超过眼后缘，颌能伸缩。颌骨、腭骨、犁骨都有完整的梳状齿，多而细小，大小一致。全身披灰银白或淡黄色细小栉鳞，体侧侧线附近常有黑色斑纹，从吻端至尾鳍基部排列成带状，腹部灰白。第一背鳍 9 根硬棘，第二背鳍 12～13 根鳍条，臀鳍Ⅲ-10～12，腹鳍Ⅰ-5。

在自然环境中，大口黑鲈喜栖息于沙质或沙泥质，混浊度低且有水生植物分布的静水环境，如湖泊、水库的浅水区（1～3 米水深）、沼泽地带的小溪、河流的滞水区、池塘等，尤喜群栖于清澈的缓流水中。一般活动于中下水层，常藏身于水下岩石或植物丛中。在水温 1～36℃范围内均能生存，但不耐低温，10℃以上开始摄食，最适生长温度为 20～

30℃。水溶氧量要求每升在1.5毫克以上，耐低氧能力比鳜鱼强。有占地习性，活动范围较小。性情较驯，不喜跳跃，易受惊吓。幼鱼喜集群活动，成鱼分散。

大口黑鲈是以肉食性为主的鱼类，掠食性强，摄食量大，成鱼常单独觅食，喜捕食小鱼虾。当水质良好、水温25℃以上时，幼鱼摄食量可达总体重的50%，成鱼达20%。食物种类依鱼体大小而异，孵化后一个月内的鱼苗主要摄食轮虫和小型甲壳动物，当全长达5～6厘米时，大量摄食水生昆虫和鱼苗，全长达10厘米以上时，常以其他小鱼作主食。当饲料不足时，常出现自相残杀现象。在适宜环境下，摄食极为旺盛，冬季和产卵期摄食量减少，当水温过低，池水过于混浊或水面风浪较大时，常会停止摄食。

河鲈：河鲈是生物学定义上的鲈鱼，只有这种河鲈才能被直接称为“鲈鱼”，在国内新疆北部有自然种群分布，因为其身体两侧各有五道黑色的竖纹，所以俗称“五道黑”，也称作赤鲈。河鲈体表黄绿色，体侧具5～9条黑色竖带，盆腔及臀鳍黄色至红色，腹部白色。体长可达60厘米，体侧扁，长椭圆形，尾柄较细。头小吻钝，口端位。下颌比上颌稍长，上颌骨后端达眼的下方，上下颌及口盖骨上均有细齿。前鳃盖骨后缘有许多小锯齿，后鳃盖骨后缘有1根刺。两背鳍略分离，第一背鳍灰色，后部有1个大黑斑；第二背鳍黄绿色。第一背鳍为8～16根硬棘，其中第4根最长；第2背鳍为3根硬棘和13根软鳍条，以第1、2根鳍条最长。胸鳍浅黄色，侧位而较低。腹鳍、臀鳍及尾鳍为橘黄色，腹鳍胸位。臀鳍Ⅱ-7～10，尾鳍浅叉形，两叶末端圆。

河鲈常常生活于植物丛生的江河、湖泊中，适宜的生长水温为18～24℃，易集群，夜视力极强。河鲈为凶猛肉食性鱼类，习惯在黄昏及清晨觅食，以袭击方式捕食小鱼、小虾。仔鱼以浮游动物为食，体长达40毫米时，则开始捕食小型鱼类，有时亦食些水生昆虫和甲壳类。河鲈在夏季摄食比冬季旺盛，产卵时期通常停止摄食。性成熟的亲鱼平均为5冬龄，早春解冻后，水温达7～8℃时，即在水势平稳的场所进行繁殖，繁殖前会作短暂洄游。

尖吻鲈：又称金目鲈、盲鰽等。尖吻鲈体延长，稍侧扁。背、腹面皆钝圆，以背面弧状弯曲较大。吻尖而短。眼中等大，前侧上位。口中等大，微倾斜，下颌突出，稍长于上颌。上颌骨后端扩大达眼眶后缘下方。鳃盖骨有一扁平小棘。二背鳍基部相连，第一背鳍具7～8枚硬棘，第二背鳍11～12枚软条。体青灰色，吻背面及眼间隔棕褐色。体色上侧部为茶褐色，下侧部为银白色。尾鳍呈圆形。胸鳍无色，其他各鳍灰褐色。主要分布于非洲的河系以及亚洲和澳大利亚的沿海及河口，为温热带近岸肉食性鱼类，生活在海水、咸淡水及淡水中，在沿海水域栖息和觅食，喜缓流清水。剖检体长1～10厘米尖吻鲈，胃内20%为浮游植物，其余为小鱼虾；剖检较大者70%为虾，30%为小鱼。

大眼狮鲈：属鲈形目、鲈科、狮鲈属，原产加拿大，后移殖到美国。大眼狮鲈体细长，呈梭形，被细鳞。全身呈青黄色，有黑色条纹，腹部浅黄色。眼大，眼径占头长的16.1%～26.7%；因其在阳光下呈白色，故又称之为白眼鲈；口端位，口裂较大。尾鳍正尾型分叉较深；背鳍二个，第一背鳍为硬棘，第二背鳍软条。大眼狮鲈为肉食性鱼类，3～5厘米的幼鱼以浮游动物为食，5厘米以上的个体可食浮游动物、摇蚊幼虫、水生昆虫、小鱼、小虾、蛙类及蛾蚁、水蛙，甚至老鼠。饵料不足时会相互蚕食，以大吃小。

大眼狮鲈的适应性较强，对环境的要求不很高。其生存的温度范围为0～30℃，生长最佳水温为20～23℃，一般不在27℃以上的水体中生活，喜欢生活于介于温水鱼与冷水鱼之间的温度。此鱼比较适应较低的透明度，适宜的透明度范围为10～20厘米。喜在浮游植物浓度较高或混浊的水体中生活，也喜欢在色度较深的沼泽中生活。在不同透明度的水体中，其分布情况不同。在清澈的湖中，它集中于河流入口的混浊区；而在透明度较低的水体中，它会集中于透明度稍高的水体中。对于底质方面，它多会避开淤泥而选择较清洁的底质，喜栖息于沙、卵石或岩石的混合地带。适于流水条件，集群于湖泊有微流的区域、小溪入河口区、湖泊的狭窄地段及风浪区。大眼狮鲈对溶氧需要量在4毫克/升以上，室内试验的半致死浓度为2毫克/升，全致死浓度为0.26毫克/升。对pH的适应范围为6～9，若小于5.5，其卵的发育将受到影响。

在自然条件下，春天日照增长、水温回升时，大眼狮鲈离开越冬场向产卵场洄游。产卵场多为水库、湖泊的迎风浅滩处，一般水深0.3～2.0米，石砾或卵石性底质，以使受精卵得到充足的溶氧。生活于河流中的群体则选择水流较稳的地段作为产卵场。产卵的水温因地区所处的纬度而异，最北部的群体可在4.5～7.5℃的水温下产卵，而生活于南部的群体则多产卵于12.5～15.5℃的水温条件下。雌性性成熟年龄为5～6龄，雄性4～5龄。

淡水养殖大眼狮鲈，应当选择水源丰富、水质清新无污染的地方建池。每口池塘5～8亩，呈长方形，南北走向较好。要求池底平坦，沙泥底质，池岸牢固，池深2米。池底要埋设进、排水管道。同时配备1～2台1.5千瓦的增氧机，养殖场要有发电备用机组。临放养时要做好池塘清淤消毒，可在放苗前一周每亩用50千克生石灰或5～10千克漂白粉干池泼洒消毒。放苗前要施肥培养池水的基础饵料，使池水呈油绿色或茶褐色为宜。

日本真鲈（*Lateolabrax japonicus*）：日本真鲈的商品名为海鲈鱼，又称花鲈、华鲈、七星鲈、鲈鲛，地方名有寨花、花寨、鲈板、鲈子鱼、四肋鱼等，为硬骨鱼纲、辐鳍亚纲、鲈形目、鲈亚目、真鲈科、花鲈属、日本真鲈种的小鳞鱼类。主要分布于中国、朝鲜及日本的近岸浅海。在我国，日本真鲈喜栖息在淡海水交会处的河口，亦可上溯江河淡水区，初春在咸淡水交界处产卵。国内以东海舟山群岛、黄海胶东半岛海域产量较多，为经济鱼类之一。

海鲈鱼体延长，背部稍隆起，口端位，下颌稍突出于上颌。上下颔及犁骨皆长有绒毛状齿带。前鳃盖骨后缘具有锯齿，体被小栉鳞，体背部青灰色，两侧及腹部银白色。体侧上部有不规则的黑斑，背鳍Ⅻ～ⅩⅤ-12～14。臀鳍Ⅲ-7～9。背鳍、臀鳍鳍条及尾鳍边缘为灰黑色。体长可达102厘米。海鲈鱼性情凶猛，属肉食性，以鱼类及甲壳类为食。

鲈鱼具有一定的净水功能，对消减池塘湖库野杂鱼、病患鱼有作用，经过驯食，可以用植物性饲料养殖，净水养鱼中少量套养可清除水体中的非养殖鱼类。国家“十三五”增殖放流指导意见将松江鲈鱼列入珍稀濒危物种，可在长江中下游的江河中放流；将河鲈列入区域性增殖放流物种中，可在西北区的江河湖泊中增殖放流。另有鲤形目、鲤科、鲈鲤属肉食性鱼类金沙鲈鲤，专门猎食小型鱼类，“十三五”增殖放流指导意见中将其作为西南区长江流域金沙江水系的江河、水库增殖放流物种。金沙鲈鲤也是一种珍稀濒危物种，与鲈鱼不是一个科属的物种，在增殖放流中应当注意区别。

在净水养鱼中，鲈鱼、金沙鲈鲤等，这些珍稀濒危物种也可以配合滤食性鱼类和草食性鱼类的增殖放流，配合广布物种或区域性物种净化水质，但鲈鱼、金沙鲈鲤不宜与小于自身规格的滤食性鱼类混养，可与同规格的草食性鱼类套养，比例不大于10%为宜，体长规格上不大于主养鱼类体长规格的60%。

七、翘嘴鲌

翘嘴鲌（*Culter alburnus*）俗称兴凯湖鲌，别称大白鱼、翘壳、翘嘴白鱼，为硬骨鱼纲、辐鳍亚纲、鲤形目、鲤科、鲌亚科、鲌属的被鳞鱼类，与黄河鲤鱼、松江鲈鱼、松花江鳜鱼一起被称为我国的四大淡水名鱼，以黑龙江的兴凯湖所产最为著名，所以有的文献直接将其称之为兴凯湖鲌，四大淡水名鱼中的名称也用了“兴凯湖鲌”的称谓。

翘嘴鲌体长侧扁，头背面平直，头后背部为隆起，体背部接近平直。口上位，下颌很厚，且向上翘，口裂几乎成垂直。眼大，位于头的侧下方，下咽齿末端成钩状。腹鳍至肛门间有腹棱。背鳍具强大而光滑的硬刺，尾鳍分叉，下叶稍长于上叶。体背略呈青灰色，两侧银白，各鳍灰黑色。

平时多生活在流水及大水体的中上层，游泳迅速，善跳跃。以小鱼为食，是一种凶猛性鱼类。雌鱼3龄达性成熟，雄鱼2龄即达成熟。亲鱼于6～8月在水流缓慢的河湾或湖泊浅水区集群进行繁殖活动，产卵后大多进入湖泊摄食或在江湾缓流区肥育。幼鱼喜栖息于湖泊近岸水域和江河水流较缓的沿岸，以及支流、河道与港湾里。冬季大小鱼群皆在河床或湖槽中越冬。

翘嘴鲌分布甚广，产于黑龙江、辽河、黄河、长江、钱塘江、闽江、珠江等水系的干、支流及其附属湖泊中。翘嘴鲌生长快，个体大，最大个体可达10千克，江河、湖泊中天然产量不少。肉白而细嫩，味美而不腥，一直被视为上等经济鱼类。

鲌类鱼的耐低氧能力极差，有“出水即死”之说，池塘养殖对水质要求极高。国家“十三五”增殖放流指导意见将蒙古红鲌、翘嘴红鲌、青稍红鲌三个品种列入增殖放流广布品种，可配合草鱼、鲢鱼、鳙鱼等进行增殖放流，但在组群时鲌类鱼的规格应小于非肉食性鱼类的规格。从净水养鱼上说，套养的肉食性鲌鱼一般不大于整群比例的10%，在池塘养殖中，这个比例还需要降低，因为池塘水质的溶解氧含量降低较快，鲌类鱼需要一定的适应期，否则容易引起死亡。在增殖放流中，鲌类鱼很少作为增殖放流鱼类使用，主要由于该鱼的暂养、寄养和路途运输困难等，也有与小规格草鱼、鲢鱼、鳙鱼及鲤鱼一起增殖放流的做法，但需要做好套养比例、规格配比及路途溶解氧供给等工作，严防暂养死亡。

第五节　鱼病的生态防治

鱼病的生态防治就是利用鱼类生态学和养殖水体生态学的原理和方法，通过对养殖结构的调整、鱼类特异性抗病种质的选育、水体环境的调控和病原生物的控制达到预防疾病、控制疾病发展、直至消除疾病的目的。在已经患病群体的治疗上，采用低毒高效、无有害成分残留的药物治疗也是生态防治的内容。

一、鱼病生态防治措施

从生态角度上说，任何鱼病的发生，都是外界环境的各种致病因子的作用与鱼体自身反应特性在一定条件下相互作用的结果。鱼类所处的环境是一个液态溶剂系统，水域中的环境因子复杂，鱼类生态养殖既要适应生态系统的规律，也要考虑鱼体自身的生理机能。鱼病防治需要从调控养殖水环境、控制病原生物量等环节做起，同时需要提高鱼类的环境适应能力，增强抵抗疾病的能力。

养殖水体环境的控制：保持养殖水体的质量控制在渔业用水标准范围内，可以明显减少鱼病的发生。许多试验证明，水体 NH_4^+-H 和 NO_2^--N 含量高的池塘鱼群发病率显著高于含量低的池塘，同一池塘“三态氮”含量高的季节，鱼群发病率高于“三态氮”含量低的季节，高含量亚硝酸盐的养殖水体有诱发鱼群发病的作用。当一个种群的某一生态因子处在不适状态时，可直接导致鱼类生理机能对另外一些生态因子的耐受性降低。如草鱼出血病的暴发大多数发生在水温几次陡降后的回升过程，细菌性烂鳃病多发生在天气再转晴气温回升过程中，显示水温的陡变是病原菌发作的环境因素。因此，控制环境条件的平稳变化是防控草鱼疾病的重要手段，创造鱼类舒适的水域生态环境是减少疾病的有效途径。秦贵泉（1993）以石灰水进行防病试验，试验组的成活率高出对照组 20%以上。

病原生物量的控制：病原生物是疾病发生的根本因子，病原生物只有达到致病量才引起机体的病理反应，利用生态方法将病原生物的量控制在非致病量范围内，也是鱼病生态防治的手段。一种方法是减少或者消除养殖水体病原生物的来源，这需要在养殖水域的管理中及时清除病原生物的繁殖基质，如及时清理池塘的底泥、残饵、死鱼等，不断更新水体，施用厌氧发酵的粪肥等。二是对病原生物赖以生存的各种理化因子进行控制，将病原生物环境因子中任何一种因子控制到病原生物的耐受性阈值范围内，都会导致病原生物的难以繁殖甚至衰减，如在池塘中突然改变水体的 pH，就可有效抑制甲藻、微囊藻等的繁殖。三是利用生物物种间关系调控病原生物量，如罗非鱼能够大量采食蓝绿藻类，对于池塘出现几种蓝藻大量繁殖而形成的“湖靛”，可采用在池塘中套养一定比例的罗非鱼的方法清除。

鱼类养殖结构的调控：由于鱼类的食性和采食特点不同，不同鱼类食性、栖息环境不同，合理混养既可以充分利用水体空间和饵料资源，又可以防治某些疾病。可根据不同鱼类的生态习性，合理搭养和混养鱼类，利用杂食性鱼类清除残饵的功能、滤食性鱼类净化水质的作用，合理调整吃食性、杂食性和滤食性鱼类的品种和比例，就可以减少氨氮等排泄物的累计和污染，预防相关疾病的发生。同时，利用鱼类种间免疫的特点，对养殖池塘进行适当的轮养，当年池塘养殖草鱼的，第二年可以养殖鲢鱼和鳙鱼，或者养殖吃食性鱼类，这样就可以避免草鱼出血病等疾病在该池塘的继续发生。其次，选择合适的鱼种放养季节也可以起到生态防病的目的，如鱼种放养改春季为冬季，可克服春季水温上升，病原生物开始繁殖，而越冬鱼体瘦弱、鳞片松散、极易受伤、病原生物易于侵入的弊端，防止鱼病发生。冬季放养，水温较低，病原生物繁殖困难，而鱼体经过秋季旺盛摄食期，体内能量蓄积充分，鳞片紧密，不易受伤，病原生物处于非活跃期，鱼类就有充分时间恢复创伤，到春季水温上升，提早开食进入生长，提高了鱼体的抗病能力。在王肇赣试验中，冬放草鱼的出塘率高出春放 30%多。

鱼类抗病种质的培育：一是根据不同养殖鱼类的生态特点，利用现代生物技术进行鱼类种质改良，选育抗逆性强和抗病力强的优良品种作为主要养殖品种，通过改变鱼类本身的抗病性能而达到预防鱼病的目的。如从已经发病的池塘选取健康个体留作亲本，这种亲本已经存在获得性抗体，可以起到抵抗疾病的作用。二是可杂交培育无特定病原体的种群，如用草鱼（雄）与团头鲂（雌）杂交所产杂交种（鲩鲂）抗草鱼三大病的能力较强；家养鲤鱼和野生鲤鱼的杂家后代对鲤鱼的赤斑病有特异的抵抗力。

日常管理中的疾病防控：一是在养殖夏花鱼苗和冬片鱼种中，除加强养殖管理，还要适时进行拉网锻炼。拉网锻炼可促进鱼体新陈代谢，排出体内废物，增强鱼苗体质，可以提高运输和分塘养殖的成活率，还可提高养殖鱼类的生长速度。二是放养鱼种的消毒。生产实践证明，即使健壮的鱼种也难免带有病原体。在鱼种落塘、分塘、转塘等放养前，应有针对性地对鱼体进行药浴消毒。三是鱼种放养规格，可改放小规格鱼种为放大规格鱼种；还可采用稀放快速养鱼法，将夏花当年育成斤两鱼种或商品鱼等。这些方法都有效地阻止鱼病发生，提高了养殖鱼类的成活率。四要适应鱼类的生态要求，加强投饲管理措施，在按常规“四定”投饲的同时，应根据鱼类营养要求和摄食规律，尤其是在饲养草鱼时，一定要精粗结合，以防草鱼肠炎病和猝死的发生和蔓延；根据季节和水温的变化，灵活掌握投饲；另外坚持巡塘、及时清除残饵杂物等。五是高产鱼池有必要每年清淤消毒，具体可在冬季干塘捕捞后，排干塘水，结合维修塘堤，清淤、铲除塘边杂草，进行晒塘处理。在投放鱼苗前一周，用生石灰（每亩150～200千克）清塘消毒。六是采用物理、化学和生物方法科学调节养殖水体的水质，精养池塘采用水泵等适时抽取老水、更换新水，每次换水量应在20％～30％。用增氧机增加水中溶氧及改善溶氧的分布状况，并排除有害气体等。对集约养殖，养殖鱼类发病率在不同水温下有明显不同的特点，采用升高或降低水温的办法来减少疾病的发生。主要的养殖鱼类都适宜生长在中性或微碱性水体中，偏酸性的水对养鱼有害处。利用生石灰可以达到清塘、消毒和调节水体酸碱度的目的。适当采用水质改良剂如沸石粉、麦饭石也可改善水质，有去除有害气体、有害离子的作用。还可以利用光合细菌、硝化细菌及复合微生物在水中的增氧及分解有机物的作用调节水质。水体透明度过小时，可采用水生植物净化或用明矾沉淀有机物。

其他鱼病防治措施：养鱼的各种工具、网具往往成为传播疾病的媒介，往往又易于被人们忽视。一般网具可用每升含10～15毫克硫酸铜的溶液浸洗20～30分钟，晒干后用于生产；木制或塑料用具可用5％～10％漂白粉溶液消毒后，在清水中洗净再用。

另外，针对某些鱼病，在放养鱼种前先对鱼种进行疫苗处理，如草鱼可注射草鱼出血病活疫苗等，使养殖鱼类获得免疫保护作用，达到防治鱼病的目的。

二、鱼病防治的国定药物

规范用药既是生态养殖的内容，也是水产健康养殖、生产绿色产品的重要措施。原国家农业部2010年后通过农业部公告1435号、1560号、1759号等文件，陆续公布《水产养殖用药品名录（国家渔药标准）》，构建了抗微生物药、杀虫驱虫药、消毒制剂、中药、调节水生动物代谢或生长的药物、环境改良剂、水产用疫苗的水产动物病害生态防治药物体系，本书分类摘录如下：

1. 抗微生物药

抗微生物药包括抗生素类和合成抗菌药2类，其中抗生素类包括氨基糖苷类1种（硫酸新霉素粉）；四环素类 1 种（盐酸多西环素粉）；酰胺醇类 4 种［甲砜霉素粉、氟苯尼考粉、氟苯尼考预混剂（50%）、氟苯尼考注射液］。合成抗菌药包括磺胺类药物、喹诺酮类药，其中磺胺类药物 5 种（复方磺胺嘧啶粉、复方磺胺甲噁唑粉、复方磺胺二甲嘧啶粉、磺胺间甲氧嘧啶钠粉、复方磺胺嘧啶混悬液）；喹诺酮类药 14 种（恩诺沙星粉、乳酸诺氟沙星可溶性粉、诺氟沙星粉、烟酸诺氟沙星预混剂、诺氟沙星盐酸小檗碱预混剂、噁喹酸、噁喹酸散、噁喹酸混悬溶液、噁喹酸溶液、盐酸环丙沙星、盐酸小檗碱预混剂、维生素 C 磷酸酯镁、盐酸环丙沙星预混剂、氟甲喹粉）。

2. 杀虫驱虫药

杀虫驱虫药包括抗原虫药、驱杀蠕虫药、杀寄生甲壳动物药三类，其中抗原虫药 7 种（硫酸锌粉、硫酸锌、三氯异氰脲酸粉、硫酸铜、硫酸亚铁粉、盐酸氯苯胍粉、地克珠利预混剂）；驱杀蠕虫药 6 种（阿苯达唑粉、吡喹酮预混剂、甲苯咪唑溶液、精制敌百虫粉、敌百虫溶液、复方甲苯咪唑粉）；杀寄生甲壳动物药 4 种（高效氯氰菊酯溶液、氰戊菊酯溶液、辛硫磷溶液、溴氰菊酯溶液）。

3. 消毒制剂

消毒制剂包括醛类、卤素类、季铵盐类及其他，其中醛类 2 种（浓戊二醛溶液、稀戊二醛溶液）；卤素类 12 种［含氯石灰、石灰、碘（I）、高碘酸钠溶液、聚维酮碘溶液、三氯异氰脲酸粉、溴氯海因粉、复合碘溶液、次氯酸钠溶液、蛋氨酸碘、蛋氨酸碘粉、蛋氨酸碘溶液］；季铵盐类 1 种（苯扎溴铵溶液）；其他 2 种（戊二醛、苯扎溴铵溶液）。

4. 中药

中药包括药材和饮片、成方制剂与单味制剂两类，其中药材和饮片 24 种（十大功劳、大黄、大蒜、山银花、马齿苋、五倍子、筋骨草、石榴皮、白头翁、半边莲、地锦草、关黄柏、苦参、板蓝根、虎杖、金银花、穿心莲、黄芩、黄连、黄柏、绵马贯众、槟榔、辣蓼、墨旱莲）；成方制剂与单味制剂 46 种（虾蟹脱壳促长散、蚌毒灵散、肝胆利康散、山青五黄散、双黄苦参散、双黄白头翁散、百部贯众散、青板黄柏散、板黄散、六味黄龙散、三黄散、柴黄益肝散、川楝陈皮散、六味地黄散、五倍子末、芪参散、龙胆泻肝散、板蓝根末、地锦草末、虎黄合剂、大黄末、大黄芩鱼散、苦参末、雷丸槟榔散、脱壳促长散、利胃散、根莲解毒散、扶正解毒散、黄连解毒散、加减消黄散、驱虫散、清热散、大黄五倍子散、穿梅三黄散、七味板蓝根散、青连白贯散、银翘板蓝根散、大黄芩蓝散、蒲甘散、青莲散、清健散、板蓝根大黄散、大黄解毒散、地锦鹤草散、连翘解毒散、石知散）。

5. 调节水生动物代谢或生长的药物

调节水生动物代谢或生长的药物包括维生素、激素、促生长剂三类，其中维生素 2 种（维生素 C 钠粉、亚硫酸氢钠甲萘醌粉）；激素 6 种［注射用促黄体素释放激素 A_2、注射用促黄体素释放激素 A_3、注射用复方绒促性素 A 型、注射用复方绒促性素 B 型、注射用复方鲑鱼促性腺激素释放激素类似物、注射用绒促性素（Ⅰ）］；促生长剂 1 种（盐酸甜菜碱预混剂）。

6. 环境改良剂

环境改良剂共 7 种：过硼酸钠粉、过碳酸钠、过氧化钙粉、过氧化氢溶液、硫代硫酸钠粉、硫酸铝钾粉、氯硝柳胺粉。

7. 水产用疫苗

水产用疫苗包括国内制品和进口制品2类，其中国内制品4种（草鱼出血病灭活疫苗、牙鲆鱼溶藻弧菌-鳗弧菌-迟缓爱德华菌病多联抗独特型抗体疫苗、鱼嗜水气单胞菌败血症灭活疫苗、草鱼出血病活疫苗）；进口制品2种［鱼虹彩病毒病灭活疫苗、鰤鱼格氏乳球菌灭活疫苗（BY_1 株）］。

三、国内禁用兽药（渔药）目录

原国家农业部公布了禁用兽药（渔药）31种、食品动物禁用的兽药及其他化合物清单21种（农业部公告193号）、废止地方标准兽药（农业部公告560号），为方便基层查阅，本书将该目录简要摘录，供参考使用（表10-1）。

为在生产实际中方便应用，将这三个目录分类列述如下：

表10-1　无公害食品　渔用药物使用准则（禁用渔药）

药物名称	化学名称（组成）	别名
地虫硫磷	O-乙基-S-苯基二硫代磷酸乙酯	大风雷
六六六 BHC（HCH）	1，2，3，4，5，6-六氯环已烷	
林丹	γ-1，2，3，4，5，6-六氯环已烷	丙体六六六
毒杀芬（ISO）	八氯莰烯	氯化莰烯
滴滴涕 DDT	2，2-双（对氯苯基）-1，1，1-三氯乙烷	
甘汞	二氯化汞	
硝酸亚汞	硝酸亚汞	
醋酸汞	醋酸汞	
呋喃丹	2，3-氢-2，2-二甲基-7-苯并呋喃—甲基氨基甲酸酯	克百威、大扶农
杀虫脒	N-（2-甲基-4-氯苯基）N'，N'-二甲基甲脒盐酸盐	克死螨
双甲脒	1，5-双-（2，4-二甲基苯基）-3-甲基1，3，5-三氮戊二烯-1，4	二甲苯胺脒
氟氯氰菊酯	（R，S）-α-氰基-3-苯氧苄基-（R，S）-2-（4-二氟甲氧基）-3-甲基丁酸酯	保好江乌、氟氰菊酯
五氯酚钠 PCP-Na	五氯酚钠	
孔雀石绿（孔雀绿）	$C_{23}H_{25}CLN_2$	碱性绿、盐基块绿
锥虫胂胺		
酒石酸锑钾	酒石酸锑钾	
磺胺噻唑	2-（对氨基苯碘酰胺）-噻唑	消治龙
磺胺脒	N_1-脒基磺胺	磺胺胍
呋喃西林	5-硝基呋喃醛缩氨基脲	呋喃新

（续）

药物名称	化学名称（组成）	别名
呋喃唑酮	3-（5-硝基糠叉胺基）-2-噁唑烷酮	痢特灵
呋喃那	6-羟甲基-2-[-5-硝基-2-呋喃基乙烯基] 吡啶	P-7138（实验名）
氯霉素（包括其盐、酯及制剂）	由委内瑞拉链霉素生产或合成法制成	
红霉素	属微生物合成抗生素	
杆菌肽锌	枯草杆菌所产抗生素，含有噻唑环的多肽化合物	枯草菌肽
泰乐菌素	*S. fradiae* 所产生的抗生素	
环丙沙星	第三代喹诺酮类抗菌药，常用盐酸盐水合物	环丙氟哌酸
阿伏帕星		阿伏霉素
喹乙醇	喹乙醇	喹酰胺醇羟乙喹氧
速达肥	5-苯硫基-2-苯并咪唑	苯硫哒唑氨甲基甲酯
己烯雌酚（包括雌二醇等其他类似合成等雌性激素）	人工合成的非甾体雌激素	乙烯雌酚、人造求偶素
甲基睾丸酮（包括丙酸睾丸素、去氢甲睾酮以及同化物等雄性激素）	睾丸素 C_{17} 的甲基衍生物	甲睾酮甲基睾酮

禁用于所有食品动物，所有用途的兽药共 11 类，包括①兴奋剂类（克仑特罗、沙丁胺醇、西马特罗及其盐、酯及制剂），②性激素类（己烯雌酚及其盐、酯及制剂），③具有雌激素样作用的物质（玉米赤霉醇、去甲雄三烯醇酮、醋酸甲羟孕酮及制剂），④氯霉素及其盐、酯（包括：琥珀氯霉素及制剂），⑤氨苯砜及制剂，⑥硝基呋喃类（呋喃西林和呋喃妥因及其盐、酯及制剂，呋喃唑酮、呋喃它酮、呋喃苯烯酸钠及制剂），⑦硝基化合物（硝基酚钠、硝呋烯腙及制剂），⑧催眠、镇静类（安眠酮及制剂），⑨硝基咪唑类（替硝唑及其盐、酯及制剂），⑩喹噁啉类（卡巴氧及其盐、酯及制剂），⑪抗生素类（万古霉素及其盐、酯及制剂）。

禁用于所有食品动物，用作杀虫剂、清塘剂、抗菌或杀螺剂的兽药共 10 类（表 10-2），包括①林丹（丙体六六六），②毒杀芬（氯化烯），③呋喃丹（克百威），④杀虫脒（克死螨），⑤双甲脒，⑥酒石酸锑钾，⑦锥虫胂胺，⑧孔雀石绿，⑨五氯酚酸钠，⑩各种汞制剂 [包括氯化亚汞（甘汞）、硝酸亚汞、醋酸汞、吡啶基醋酸汞]。

表 10-2　食品动物禁用的兽药及其他化合物清单

序号	兽药及其他化合物名称	禁止用途	禁用动物
1	β-兴奋剂类：克仑特罗、沙丁胺醇、西马特罗及其盐、酯及制剂	所有用途	所有食品动物
2	性激素类：已烯雌酚及其盐、酯及制剂	所有用途	所有食品动物
3	具有雌激素样作用的物质：玉米赤霉醇、去甲雄三烯醇酮、醋酸甲羟孕酮及制剂	所有用途	所有食品动物
4	氯霉素及其盐、酯（包括：琥珀氯霉素及制剂）	所有用途	所有食品动物

（续）

序号	兽药及其他化合物名称	禁止用途	禁用动物
5	氨苯砜及制剂	所有用途	所有食品动物
6	硝基呋喃类：呋喃唑酮、呋喃它酮、呋喃苯烯酸钠及制剂	所有用途	所有食品动物
7	硝基化合物：硝基酚钠、硝呋烯胺及制剂	所有用途	所有食品动物
8	催眠、镇静类：安眠酮及制剂	所有用途	所有食品动物
9	林丹（丙体六六六）	杀虫剂	水生食品动物
10	毒杀芬（氯化烯）	杀虫剂清塘剂	水生食品动物
11	呋喃丹（克百威）	杀虫剂	水生食品动物
12	杀虫脒（克死螨）	杀虫剂	水生食品动物
13	双甲脒	杀虫剂	水生食品动物
14	酒石酸锑钾	杀虫剂	水生食品动物
15	锥虫胂胺	杀虫剂	水生食品动物
16	孔雀石绿	抗菌、杀虫剂	水生食品动物
17	五氯酚酸钠	杀螺剂	水生食品动物
18	各种汞制剂，包括：氯化亚汞（甘汞）、硝酸亚汞、醋酸汞、吡啶基醋酸汞	杀虫剂	动物
19	性激素类：甲基睾丸酮、丙酸睾酮苯丙酸诺龙、苯甲酸雌二醇及其盐、酯及制剂	促生长	所有食品动物
20	催眠、镇静类：氯丙嗪、地西泮（安定）及其盐、酯及制剂	促生长	所有食品动物
21	硝基咪唑类：甲硝唑、地美硝唑及其盐、酯及制剂	促生长	所有食品动物

禁用于所有食品动物用作促生长的兽药共3类，包括①性激素类（甲基睾丸酮、丙酸睾酮、苯丙酸诺龙、苯甲酸雌二醇及其盐、酯及制剂），②催眠、镇静类［氯丙嗪、地西泮（安定）及其盐、酯及其制剂］，③硝基咪唑类（甲硝唑、地美硝唑及其盐、酯及制剂）。

同时废止了部分批准的地方标准兽药生产，包括广谱兽药、抗病毒类、抗生素类、解热镇痛类及复方制剂（表10-3）。

表10-3　兽药地方标准废止目录

序号	类别	名称/组方
1	禁用兽药	β-兴奋剂类：沙丁胺醇及其盐、酯及制剂。硝基呋喃类：呋喃西林、呋喃妥因及其盐、酯及制剂。硝基咪唑类：替硝唑及其盐、酯及制剂。喹噁啉类：卡巴氧及其盐、酯及制剂。抗生素类：万古霉素及其盐、酯及制剂
2	抗病毒药物	金刚烷胺、金刚乙胺、阿昔洛韦、吗啉（双）胍（病毒灵）、利巴韦林等及其盐、酯及单、复方制剂
3	抗生素、合成抗菌药及农药	抗生素、合成抗菌药：头孢哌酮、头孢噻肟、头孢曲松（头孢三嗪）、头孢噻吩、头孢拉啶、头孢唑啉、头孢噻啶、罗红霉素、克拉霉素、阿奇霉素、磷霉素、硫酸奈替米星（netilmicin）、氟罗沙星、司帕沙星、甲替沙星、克林霉素（氯林可霉素、氯洁霉素）、妥布霉素、胍哌甲基四环素、盐酸甲烯土霉素（美他环素）、两性霉素、利福霉素等及其盐、酯及单、复方制剂 农药：井冈霉素、浏阳霉素、赤霉素及其盐、酯及单、复方制剂

（续）

序号	类别	名称/组方
4	解热镇痛类等其他药物	双嘧达莫（dipyridamole 预防血栓栓塞性疾病）、聚肌胞、氟胞嘧啶、代森铵（农用杀虫菌剂）、磷酸伯氨喹、磷酸氯喹（抗疟药）、异噻唑啉酮（防腐杀菌）、盐酸地酚诺酯（解热镇痛）、盐酸溴己新（祛痰）、西咪替丁（抑制人胃酸分泌）、盐酸甲氧氯普胺、甲氧氯普胺（盐酸胃复安）、比沙可啶（bisacodyl 泻药）、二羟丙茶碱（平喘药）、白细胞介素-2、别嘌醇、多抗甲素（α-甘露聚糖肽）等及其盐、酯及制剂
5	复方制剂	1. 注射用的抗生素与安乃近、氟喹诺酮类等化学合成药物的复方制剂； 2. 镇静类药物与解热镇痛药等治疗药物组成的复方制剂

禁止在饲料和动物饮用水中使用的其他违禁药物和非法添加物共有 5 类 40 种，另有增加的 4 种，分别是①肾上腺素受体激动剂（盐酸克仑特罗、沙丁胺醇、硫酸沙丁胺醇、莱克多巴胺、盐酸多巴胺、西巴特罗、硫酸特布他林），②性激素［己烯雌酚、雌二醇、戊酸雌二醇、苯甲酸雌二醇、氯烯雌醚、炔诺醇、炔诺醚、醋酸氯地孕酮、左炔诺孕酮、炔诺酮、绒毛膜促性腺激素（绒促性素）、促卵泡生长激素（尿促性素主要含卵泡刺激 FSHT 和黄体生成素 LH）］，③蛋白同化激素（碘化酷蛋白、苯丙酸诺龙及苯丙酸诺龙注射液），④精神药品［（盐酸）氯丙嗪、盐酸异丙嗪、安定（地西泮）、苯巴比妥、苯巴比妥钠、巴比妥、异戊巴比妥、异戊巴比妥钠、利血平、艾司唑仑、甲丙氨脂、咪达唑仑、硝西泮、奥沙西泮、匹莫林、三唑仑、唑吡旦、其他国家管制的精神药品］，⑤各种抗生素滤渣（该类物质是抗生素类产品生产过程中产生的工业三废，因含有微量抗生素成分，在饲料和饲养过程中使用后对动物有一定的促生长作用。但对养殖业的危害很大，一是容易引起耐药性，二是由于未做安全性试验，存在各种安全隐患）。增添的 4 种禁止在食品动物中使用的药物和原料是，洛美沙星、培氟沙星、氧氟沙星、诺氟沙星等原料药的各种盐、脂及其各种制剂。

四、兽药管理条例及水产养殖质量安全管理规定节选

（1）使用药物的养殖水产品在休药期内不得用于人类食品消费。

（2）禁止使用假、劣兽药；禁止在饲料中添加激素类药品；不得在饲料中长期添加抗菌药物；严禁直接向养殖水域泼洒抗菌素；禁止将人用药品用于动物。严禁将新近开发的人用新药作为渔药的主要或次要成分。

（3）原料药不得直接用于水产养殖。禁止将原料药直接添加到饲料或者直接饲喂动物。经批准可以在饲料中添加的兽药，应当由兽药生产企业制成药物饲料添加剂后方可添加。

（4）水产养殖单位和个人应当按照水产养殖用药使用说明书的要求或在水生生物病害防治员的指导下科学用药。

（5）病害发生时应对症用药，防止滥用渔药与盲目增大用药量或增加用药次数、延长用药时间。

主要参考文献

陈月英，钱冬，沈智华，等，1998. 鱼类细菌性败血症菌苗浸浴免疫技术及其预防效果［J］. 中国水产科学，5（2）：114－117.

贾志君，2012. 鱼病生态防治技术探析［J］. 北京农业（6月下旬刊）：103－104.

李明锋，1997. 生态防治鱼病的初步研究［J］. 江西水产科技（3）：15－18.

李明锋，1995. 我国鱼病生态防治研究情况简述［J］. 水产科技情报，22（3）：121－124.

刘冉，崔龙波，2014. 藻类在水产养殖中的作用［J］. 水产养殖，35（10）：11－15.

钱华鑫，1990. 草鱼传染性疾病的生态防治［J］. 淡水渔业，20（5）：38－39.

秦贵泉，1993. 浅论池塘养鱼中的生态防病［J］. 水产科技情报，20（4）：180－181.

王肇赣，徐伯亥，1985. 尼罗罗非鱼腐皮病致病菌的研究［J］. 水产学报，9（3）：217－221.

赵玉宝，袁宝山，江喜鸿，1994. 生态管理与暴发性鱼病［J］. 淡水渔业，24（1）：23－25.

左文功，1980. 草鱼出血病发病与水温的关系［J］. 淡水渔业，11（1）：21－23.

MAGNHAGEN C，HEIBO E，2004. Growth in lwngth and in body depth in yong－of－the－year perch with different predation rick［J］. Journal of Fish Biology，3（63）：612－624.

PERIAGO M J，AYALA M D，LOPEZ－ALBORS O，et al，2005. Muscle cellularity and flesh quality of wild and farmed sea bass，*Dicentrachus labrax* L.［J］. Aquaclture，47（2）：175－188.

第十一章

集约养殖与生态技术

现代渔业生产要素结构不断变化，传统的依靠增加养殖面积和劳动力以提高产量的生产方式正在发生变化，社会劳动力机会成本的不断上升，以资源投入为主要增长方式的经营模式，正在被以技术进步为主体的内涵扩大再生产模式取代。现代渔业生产的经营结构变化，要求渔业劳动力的生产产值量不断提升，渔业再生产的不变成本提高，迫使经营者采用集约生产方式，增加单位面积的投入、提高单位面积的产出，应对市场成本的上升，这是集约养殖的显著特征。渔业生产需要将生态技术与集约养殖有机结合，降低边际成本，利用集约养殖时空可控的特点，在生产各环节引入生态技术，从渔业养殖的边际规模、养殖品种结构、饲料生产供给等方面有机结合生态技术，使渔业生产过程生态化，产品消费绿色化。

渔业集约养殖与生态技术的联结点是特定水域的生态载鱼量。生态载鱼量是指在特定水体质量限定下，养殖水域单位体积内的最大产鱼量，不同的水域、水系及流域，由于水体条件及其用途的差异，能够承载的养鱼量并不相同，从而形成不同水域的生态载鱼量。

第一节　集约养殖生态技术与生态载鱼量

集约生产原意是指农业上在同一面积投入较多的生产资料和劳动进行精耕细作，用提高单位面积产量的方法来增加产品总量的经营方式。现代意义的集约生产，是指在社会经济活动中，在同一经济范围内，通过生产经营要素质量的提高、要素含量的增加、要素投入的集中以及要素组合方式的调整来增进效益的生产经营方式。渔业生产的集约经营是指在单位面积的水域上，增加生产要素投入、提高单位面积渔业产量的一种方式，它的特征可概括为“高投高产”，但高投增加风险，高产容易引起养殖水域的污染，需要生态技术在生产过程中控制污染源的产生、降解产生的污染物质，构建渔业集约养殖生态技术体系。

一、集约养殖生态技术要点

集约养殖生态技术要点是，缜密估算整个库区的生态载鱼量，在生态载鱼量基础上，合理布局养殖区域和养殖规模，宜渔水域承担集约养殖任务，非渔水域承担湖库水体净化任务，保障出库水体的质量指标控制在限定的地表水水质标准内。严格控制宜渔水域养殖单元的滤食性鱼类与非滤食性鱼类套养比例，非滤食性鱼类人工投饵养殖量不得超过滤食性鱼类养殖量的 3 倍，即网箱投饵养殖中滤食性鱼类比例不得低于 25%，非滤食性鱼类的套养以名贵鱼类为主，提高集约养殖的经济效益。在渔业发展过程中积极采用生态技术控制水体污染，建立集约养殖生态技术体系（表 11-1），通过"单元集约、整体净化、面控规模、点调结构"将生态技术贯穿于渔业生产的整个过程。陕南某市的具体做法是：

表 11-1　陕南某市集约养殖生态技术体系

子系统	网箱养殖	池塘养殖
生态载鱼量	控制产量和养殖量：$G=(P_i-P_o)\times H\times K/(r\times P_1-P_2)$ G 为投饵网箱最大年产量；P_i 为标准水质含磷量限制值；P_o 为磷含量实测值；H 为水域平均深度；r 为网箱养鱼的饵料系数；P_1 为饵料中磷含量；P_2 为所产鱼体磷含量；K 为与磷的利用率有关的系数，由养殖水域水体年交换次数 R 决定，一般 $K=1.338\,6R^{0.493}+R$	控制水体磷含量： $[P]=L(1-R)/Za$。式中 $[P]$ 为总磷浓度，L 是总磷负载，R 为水体沉积物中总磷滞留百分率，Z 是平均深度（m），a 是年水体交换次数。其中 $R=1/(1+0.744\,7p^{0.507})$
集约养殖	干流水库：养殖面/水面≤2‰，净水鱼≥60% 一级支流水库：养殖面/水面≤1.5‰，净水鱼≥50% 二级支流水库：养殖面/水面≤1‰，净水鱼≥40%	干流池塘：净水鱼类≥50% 一级支流池塘：滤食性鱼类≥40% 二级支流池塘：滤食性鱼类≥30%
生态技术	增殖放流：产卵场、索饵场，辛普森指数 吊袋防病：分层预防，中草药应用 单元集约、整体净化、面控规模、点调结构	水质微生物调控：温度、DO 和 pH 生物浮床：陕南挺水植物为主 增殖放流：打孔赋值标记法
增效技术	提高饲料消化率：鱼类瘘管收粪法测定饲料消化率，配制易消化鱼类饲料 灯光诱饵：点状光源、线状排列、白炽光 套养（尾数）：净水名贵鱼类套养≥40 测定饲料消化率：配制高消化率的饲料，可采用瘘管收粪法	种草养鱼：饵料系数=33.87 生物絮团应用：养鲢鱼套鲤鱼 套养：名贵鱼类套养≥60% 野杂鱼净化：过滤法、生物净化
生态限定	水质监测：标识污染功能指数，内梅罗污染指数等	BOD_5/COD_{Cr}监测：0.15～0.27

注：养殖比例按尾数计算。

单元集约：就是在大水面的养殖单元内采用集约养殖模式，以高产为目标，网箱养殖进行轮捕轮养，提高网箱单位面积的年产量。渔业生产企业在山地川道建设苗种繁育基地，在库区建设网箱养殖基地。在池塘培育的苗种，一般经过 2 个多月的培育即进入网箱养殖，开始进入网箱的苗种进行高密度养殖，随着苗种体重和体长的增大，逐步分散到刚刚出售了成鱼的网箱。这样，保持在库区的网箱一年四季均衡养殖，除了病害预防需要将网箱空置一段时间外，其余时间网箱都在养鱼，提高湖库网箱养殖利用率，降低网箱闲置率。

在规划网箱单元集约养殖计划时，实际调查的库区网箱单产小于 100 千克/米^2，规划网箱单产按 125 千克/米^2 控制，为保养水体留出安全养殖阈值，确保水体质量等级稳定维持在地表水标准要求的水质范围内。

整体净化：整体净化的涵义是，一是保持库区水面均匀布点采样时，水体的平均质量等级保持在地表水Ⅱ类水质标准，不排除规划的养殖区水体部分水域质量指标超标；二是库区出水断面的水质理化指标平均值控制在限定的质量等级内，这个出水断面主要是指规划的养殖区水库湖泊出水断面。对水源地涵养区的水体可以延伸到出境断面，但库区水体整体应维持在饮用水水体质量标准内，即地表水质量标准的Ⅰ～Ⅲ类，库区各处不得出现Ⅳ类以下的水体。

面控规模：面控规模的涵义是，在测算了库区生态载鱼量的基础上，以网箱单产为基数，按照养殖面积＝湖库生态载鱼量/网箱单产的计算方法，所得的面积与湖库总面积之比为网箱养殖控制面积。例如，计算所得的网箱养殖面积/湖库总面积≈2‰，则这个2‰为该湖库的网箱养殖控制面积，网箱养殖面积达到这个基数以后不再审批该湖库的网箱养殖项目。

这个控制目标与网箱单位面积产量呈反比，过高的网箱单产会使这个控制比例降低，应当对该湖库现有网箱单位面积产量进行调查，在调查数据的基础上，增加5%～10%的安全裕量，计算控制网箱养殖面积的产量是调查产量的90%～95%，以增加过安全裕量的网箱单位面积产量，计算该湖库的网箱养殖控制面积。

点调结构：点调结构的基本涵义是，在湖库的养殖单元内，规范养殖种群的品种结构，滤食性鱼类养殖比例不小于25%（尾数），在此基础上，网箱内可套养名贵鱼类，增加经济效益。它的另一层涵义是，开展增殖放流的湖库，为调整网养品种的结构，在放流品种中，滤食性鱼类的比例不低于75%，并增放吃食性鱼类等，对湖库的底泥、浮游植物进行清理。

这个系统在子系统部分，归纳出江河干流支流生态养殖规模和净水鱼类（主要是滤食性鱼类）最小养殖量，提出了生态净水技术和提高饲料利用率增效技术措施。在生态限定上，子系统提供了网箱养殖和池塘养殖水体质量监测指标和方法，集中体现了“单元集约、整体净化”思想，达到“面控规模、点调结构”的目的。

在断江截流形成的湖库，应充分考虑支流水量小、流速低、自净能力差的实际，支流的池塘网箱养殖应提高滤食性鱼类的养殖比例，一般要求参照干流比例提高10%～20%，并按照一级支流、二级支流、三级支流逐步提高这个比例，这样才能保障干流湖库的水质净化效果。有条件的库区池塘和网箱养殖基地，可采取生物浮床、水质微生物调控、微生态制剂等生态技术措施，辅助灯光诱饵、生物絮团等增效技术，提高湖库淡水养鱼的经济和生态效益。

利用生态技术进行淡水湖库的集约养殖，要经常监测水质，特别是水源涵养地的湖库，对氨氮、总磷等指标进行经常性监测，采取生态养殖措施，在生产的各个环节控制污染，对当地养殖湖库和非养殖湖库的水质进行对比分析，以地表水标准、渔业用水标准、灌溉用水等标准控制养殖量，保障水体质量安全。

二、集约养殖生态技术的控制点

集约养殖在生产过程中表现出时空可控的特点，由于要素的投入是一个量变过程，通过生物转化和能量转换等，可以预测生产性能，控制单位面积产量和养殖单元的总产量，设计生产单元的经济规模，还可以根据鱼类的生长发育规律，通过人工室温控制鱼类繁殖时间、通过增减饵料控制鱼类的上市时间。在空间上，通过漂卵孵化（鱼类受精卵异地孵化）可以进行受精卵的异地孵化，通过网箱迁徙可以选择合适的养殖场舍。集约养殖的这些特点，对控制渔业生产过程的养殖水体污染有重要意义。

生态技术是一种生产环节的控制技术，如在投饵阶段，提高了饵料利用率，就减少了产品的饲料成本，也降低了鱼类的粪便排泄，减少了水体的氨氮存留。在养殖阶段采用生物浮床技术可以增加企业的营业外收入，也可以减少养殖水体的氮磷残留。采用灯光诱饵技术，可以减少鱼类的人工饵料投饲，降低养殖水体的粪便残留和湖库水体不溶性氨氮的累积。生物絮团技术既能降低饵料投饲、也能以絮团内微生物降解养殖水体中的氮磷，减少养殖水体中污染物的残留。

在技术管理上，有机运用生态技术、提高集约养殖技术水平，既可以增加经济效益，也可以提高生态效益。陕南某市在推广大水面网箱集约养殖的同时，将生态技术运用其中，按照“单元集约、整体净化、面控规模、点调结构”的方针，经过十多年实践，产量由原来的0.78万吨提高到4.25万吨，产值由1.08亿元提高到17.86亿元。在渔业生产得到发展的同时，由于总体产量控制在生态载鱼量范围内，库区水体质量维持渔业大发展前的水平，稳定在地表水Ⅱ类水体质量标准范围内。除了从集约养殖时空上运用生态技术防控养殖水体污染外，缜密估算水域的生态载鱼量，以生态载鱼量测算水域养殖面积，控制养殖面积的扩增，对发展生态渔业、保障养殖水体质量安全也起到了重要作用。

三、生态载鱼量的概念

在渔业生产集约养殖方式中，生态技术的作用是调整水体中营养元素的动态平衡，使污染物的生成与消亡在数量上基本相同。从事渔业生产的江河湖库，养殖水体污染的实质是水体中氮、磷等矿物质元素的利用失衡，或者说这些元素由有机态转化为无机态、再由无机态转化为有机态的速率并不一致，导致水体中污染物质的累积，生物共生互补链断裂，有害物质富集，形成污染。生态技术净化水体的核心是保持水体中营养物质的动态平衡，而不是控制污染物质在水体中的零存量。养殖水域犹如冰水共融的恒定零摄氏度水体，一方面是鱼类排泄带入水体的机体代谢产物不断累积，一方面是水体中的浮游生物和微生物不断利用这些代谢产物合成自身的蛋白质，从而不断降解养殖水体中的这些污染物，使水体回复到人工养殖前的理化状态，这就是水体自净的基本原理。

江河湖库水体的自净是生态载鱼量的物质基础。实践中常常看到，自然河流的天然鱼产力是一个客观存在，但在这些自然河流中，适当进行拦网、围栏、网箱等形式的渔业养殖并不改变水体的质量等级。这显示，江河湖库水体在天然鱼产力的基础上，存在一个生态养殖量的实际空间，这种空间的大小表示水体自净能力的优劣。不同水体浮游生物和微生物的含量及其种类都有差异，构成水体不同的生态结构和营养链，产生水体不同的载鱼量。简单地说，生态载鱼量就是指在特定地表水质量等级限定下的年径流水体单位容积最大产鱼量。

早期的负载量、容纳量、携带力、养殖容量、负荷量、鱼产力、鱼载力等，多来源于种群增长逻辑斯谛方程的水体养殖量（Carrying capacity），或者译作水体的承载能力，Hepher认为其实质是某一种群生产量接近于零时的丰度或现存量，Carver和Ferchette分别将其定义为不影响生长速度所得最大产量放养密度和瞬时生长率为零时水体最高现存量。金刚等认为这个概念应包含对水生植被生长无显著影响，李德尚等明确为既定水质标准内水库投饵网箱负荷力。如果按水体最大承载力、最大放养量、最高现存量测算显然越过了天然状况下水体的鱼产力，对养殖过后的水体增加地表水质量标准等级限制，养殖量不降低水体质量等级的最大产鱼量就是生态载鱼量。

四、生态载鱼量的测算原则

江河湖库大水面网箱养殖和池塘养殖是我国淡水渔业集约养殖的基本形式，由于池塘养殖一般采用不断更新水体的养殖方式，补充的新水体其溶氧量、氨氮含量、总磷含量等指标，符合渔业养殖用水标准和地表水水质要求，养殖规模多是根据生产要素的客观条件和养殖人员的技术水平确定。在增氧设备、供水条件较好的养殖场，池塘养殖密度以水体最大承受量为标准，以不发生泛塘和出现浮头为原则。池塘养殖是一个典型的高投高产集约养殖方式，养殖规模的确定，以排出的养殖废水能够通过废水收集河道得到自净、不引起生态事故为原则，将池塘养殖规模和养殖密度控制在安全生产容许的范围内。

大水面网箱养殖由于集约化程度高、生产要素投入较少，生产成本较低，成为渔业生产的主要集约养殖方式，大水面网箱养殖的规模直接影响水源地的水质状况。并且，这种湖库往往是地表水的集聚地，集纳池塘养殖废水、沿岸工业废水、沿岸居民生活废水、沿岸农业灌溉用水等，对进入湖库的水体有收集、沉淀、净化、再利用的作用。对于饮用水水源地的湖库，生态养殖规模应当以地表水标准为基础，将养殖规模控制在水质限定范围内，即养殖利用过的水质保持在地表水饮用水质量标准范围内。养殖规模的估算应当以地表水标准的基本参数为基础，限定投饵网箱养殖量和养殖面积，并通过网箱内养殖品种的合理搭配调整水体利用结构，以滤食性鱼类消减吃食性鱼类的排泄物和残饵带来的污染物，控制污染物质在水体中的累积增长。

第二节　生态载鱼量及养殖规模的计算

淡水湖库，特别是饮用水水源地湖库的养殖量是生态养殖的重要参数。这个参数是制定养殖规划、保护水源地水质及生态环境安全的重要参数，也是确定湖库养殖鱼类品种结构的基础数据。生态养殖规模的确定，需要测定现行水体的基础指标，如总磷、氨氮等，对不同水域采用不同的基本参数。我国各大水系、重要江河湖库的主要污染物质，国家环境保护部门每年都有公布，如 2017 年的各大水系主要污染物为化学需氧量、氨氮和总磷等。根据国家环境保护部门的检测结果，以养殖水域、水系或者江河湖库的主要污染物为指标，确定本地区水域的生态载鱼量，是生态载鱼量估算的基础。多年的环境状况公报显示，我国湖库主要污染物为总磷，在湖库从事网箱养殖的，应当以总磷的国家地表水质量等级限定标准为基础，测算湖库的生态载鱼量，以生态载鱼量为基础，规划湖库的生态养殖规模。

一、以水体磷含量计算生态载鱼量

在大水面网箱养殖中，投饵养鱼网箱对水体中磷含量的变化影响显著。水体磷含量的高低，可作为水体营养状况的重要标志。因此，可根据不同水域磷含量的限定标准以及网箱单位面积产量对水体的磷输入值，估算水域对网箱养鱼的负荷能力，陈昌齐等提出我国江河湖泊投饵网箱生态载鱼量计算公式是：

$$G=(P_i-P_o)\times H\times K/(r\times P_1-P_2) \quad (11-1)$$

上式中 G 为总磷限制条件下的水体投饵网箱生态载鱼量，它标识的是，在特定磷含量（地表水质量类别）条件限制下，该水域最大年产量，单位为千克/(公顷·年)，或者克/(米^3·年)。

P_i 为水体标准质量的磷含量限定值（以磷计）。如按照国家《地表水环境质量标准》(GB 3838—2002) Ⅱ类水体磷含量限定值是 0.10 克/米^3，则 P_i=0.10 克/米^3，如果按照Ⅰ类水体设计生态载鱼量，则 P_i=0.02 克/米^3。对于湖库，这两个标准值分别是Ⅰ类取 0.01 克/米^3，Ⅱ类取 0.025 克/米^3。

P_o 为规划养鱼水域水体磷含量实测值，一般要求采用《水质　总磷的测定钼酸铵分光光度法》(GB 11893—1989) 测定，它的单位应该与 P_i 一致。

H 为养殖水域水体深度。在池塘养殖区域，一般我国北方 H 取 2 米，在南方养殖池塘 H 一般按 2.5 米计算。在湖库进行网箱养殖，这个深度按网衣的深度计算，一般在 2～3 米。在围栏养殖的湖库，这个深度以湖库主要品种的栖息习性确定，湖库主要养殖鱼类为中上层品种的，一般按 2.5 米计算，主养中下层鱼类的一般按 3 米计算，3 米以下的水层，温度及其溶解氧含量都不适合中上层鱼类的栖息和觅食，一般不作为适宜养殖水体计算。

K 为与磷的利用率有关的系数，由水域水体年交换次数 R 值决定，一般按 $K=1.338\,6R^{0.493}+R$ 计算。表 11－2 列出了水体每年不同交换次数的 K 值，可参考使用。

表 11－2　湖库池塘水体年交次数（R）与磷的利用系数（K）值

R	1.00	1.25	1.50	1.75	2.00	2.50	3.00	3.50	4.00
$R^{0.493}$	1.00	1.12	1.22	1.32	1.41	1.57	1.72	1.85	1.98
$1.338\,6\times R^{0.493}$	1.34	1.50	1.63	1.77	1.89	2.10	2.30	2.48	2.65
K	2.34	2.75	3.13	3.52	3.89	4.60	5.30	5.98	6.65

湖库水体年交换次数也称作水体年交换率，一般按照断面年均径流量/年均库容计算，如某断江截流水库的设计库容 46.6 万立方米，常年库容保持量 90%，该库集水面积的断面多年平均径流量为 187.2 万立方米，则该库的年交换次数为 R=187.2 万米^3/46.6 万米^3×90%=4.463 5，$K=1.338\,6\times4.463\,5^{0.493}+4.463\,5=7.262\,1$。

r 为网箱养鱼饵料系数，一般按所投饲料标定的饵料系数乘以 1.1 计算（扣除残饵剩余），如某厂家的鲤鱼饲料标签注明的饵料系数为 1.3，则 r 按 $r=1.3\times1.1=1.43$ 计算。当然，还可以通过湖库池塘实际养殖状况调查确定，如某湖库养殖状况调查，养殖户的多年（点）平均饵料系数为 1.6，则这个 r 取值为 1.6×1.1=1.76。

P_1 为总磷在所投饲料中所占的比重（%），可由所投饲料的饲料标签中查得，一般鱼类饲料的磷含量为 0.7%～1.1%。湖库大面积所投饲料各不相同，可取湖库养殖区域内各养殖单元所用饲料的平均值作为 P_1 的取值。饲料中的有效磷是根据植物性饲料中的磷乘以 30%，动物性和矿物性饲料中的磷乘以 100%来加和计算的。如果饲料标签中所标示的是总磷，可直接应用于计算，如果标示的是有效磷，则应按照上述方法反向进行换算，将有效磷换算成总磷。

P_2 为鱼体磷含量，一般按全脂鱼粉的含量计算，取值范围为 0.28%～0.30%，实际应用中按 0.30%计算。

示例：某饮用水水源地水库的设计库容为 5 000 万立方米，常年库容保持 65%的水量，水库截流断面年均径流量 12 000 万立方米。用钼酸铵分光光度法测定，该水库的水体磷含量为 0.015 克/米^3，现拟采用网箱养殖吃食性广温性中上层鱼类，选用饲料的总磷含量为 0.8%，这种饲料在该水库多年多点投饲，饵料系数为 1.6。试计算该水库在地表水Ⅰ类水质和Ⅱ类水质限定下的生态载鱼量。

分析：该水库是一个生活用水水源地中型水库。对照公式（11 - 1），P_i 采用地表水质量标准的湖库Ⅰ类或者Ⅱ类限定值（0.01 克/米^3 或者 0.025 克/米^3），P_o 经钼酸铵分光光度法测定为 0.015 克/米^3，该水库拟网箱养殖温水性鱼类，网箱的网衣深度一般 2～3 米，即 $H=2.5$ 米，该水库的 K 值需要计算，题中所提供的设计库容和常年库容保存率以及水库断面径流量等参数，可以计算出 K 值。题中提供了水库多年多点投喂饲料的饵料系数，$r=1.6$，饲料中总磷的含量 $P_1=0.8\%$，鱼体的磷含量可按常数处理，取 $P_2=0.30\%$。计算步骤如下：

第一步，计算该水库的年交换次数（年水体交换频率）：

$R=12\ 000/5\ 000\times65\%=3.69$

第二步，计算与磷的利用率有关的 K 值：

$K=1.338\ 6\times3.69^{0.493}+3.69=6.238\ 0$

第三步，计算该水库的生态载鱼量 G，用 G_1、G_2 分别代表Ⅰ类水质和Ⅱ类水质的生态载鱼量，则：

$G_1=(0.01-0.015)\times2.5\times6.238\ 0/(1.6\times0.008-0.003)\ =-7.96$ 克/(米^3・年)

$G_2=(0.025-0.015)\times2.5\times6.238\ 0/(1.6\times0.008-0.003)=15.91$ 克/(米^3・年)

计算结果，$G_1=-7.96$ 克/(米^3・年)，$G_2=15.91$ 克/(米^3・年)。由于计算结果所得的载鱼量是在水库现有鱼类负荷量的基础上产生的，所以，按照Ⅰ类地表水水质的质量标准，库区现有的负荷量（包括人工养殖量和自然繁殖量）已经超出Ⅰ类水质的负荷量，应当在现有养殖量基础上，每年减少产量 7.96 克/米^3。如果按照地表水Ⅱ类质量标准，在现有库区养殖量基础上，每年增加 15.91 克/米^3 产量，库区的水体磷含量仍然保持在Ⅱ类地表水质量控制范围内。值得注意的是，上述计算结果是以水库中上层水体（2.5 米）的水容量计算的，它的单位是容积单位，实际中常以库区水体面积的生态载鱼量表述，在不进行分层网箱养殖的水体，这二者是一致的。立体利用水体、分层进行网箱养殖的，需要进行换算。

养殖容量应与环境（生态）资源、养殖方式、养殖条件、养殖品种、养殖技术相适应，以水体生产潜力计算养殖容量未考虑水体生态承载力，即忽略了人工因素对湖库能量等物质输入的影响。磷作为水体养殖容量限定因子，在确定水质标准磷含量后，可通过计算磷生态容量反应，动态估算水面养殖规模。估算磷的生态反应有动态模型和统计模型两种，动态模型法是指支配藻类生长最关键的物理化学和生物数学表达式，统计模型是根据对湖泊和水库急性大规模调查后所得。动态模型因变量变化大、影响藻类生长因素多、预测功能有限而较少使用。统计模型有 Dillon 模型和 OECD 模型两种，OECD 模型是基于水体中总磷浓度是流入总磷浓度和滞留时间函数关系测算的，不能解释网箱养鱼中磷的输出来源而难以使用。

Dillon 模型由磷负载、水体大小（面积和深度）、水体交换量以及磷长期沉积量决定，即 $[P]=L(1-R)/(Z\times a)$。式中 $[P]$ 为总磷浓度（克/米^3），L 是总磷负载克/（米^3·年），R 为水体沉积物中总磷滞留百分率，Z 是水体平均深度（米），a 是水体年交换次数即交换率，其中 $R=1/(1+0.744\,7p^{0.507})$。Beveridge 通过 Dillon 模型估算了湖泊虹鳟载鱼量，我国科技工作者以此法估算，水库网箱单位面积产量在 100 千克/米^2 时，网箱养殖面积应控制在水体总面积的 0.78‰～4.0‰（表 11－3）。

表 11－3　养殖水域网箱养殖面积推荐表

网箱/水域面积	参数基准	作　者	文献出处	时间及卷期
0.28%	总磷≤150 毫克/米^3	熊邦喜，等	湖泊科学	1994，6（1）：78～84
0.1%	灌溉用水	姜世忠	水利渔业	1999，19（1）：37～39
0.03%	生活（TP≤0.2 毫克/米^3）	姜世忠	水利渔业	1999，19（1）：37～39
0.16%～0.50%	科研成果	陈义煊	四川环境	1993，15（4）：6～7
0.078%	总磷≤100 毫克/米^3	林永泰，等	水利渔业	1995，15（6）：6～10
0.25%～0.33%	池塘负荷≤250 千克/亩	李德尚，等	水利渔业	1989（4）：8～11
0.4%	渔业用水	李德尚，等	水生生物学报	1994，18（3）：223～229
<0.25%	文献归纳	张兆琪	水利渔业	1997，17（1）：18～20
<0.39%	地表水，单产≤125 千克/米^3	刘超，等	中国农学通报	2017，32（30）：153～157

二、以实验结果估算湖库生态养殖量

用实验结果推算湖库水体的生态载鱼量，首先要在同一湖库的不同部位，用不透水的围隔材料构建若干个围隔的水团，每一个水团即为一个独立的生态系，称之为围隔生态系。将全部围隔生态系划分成若干个组，每组至少 2 个重复，其中一组围隔生态系为对照组，其余按照不同的放养量投饵养鱼，定期观察各围隔生态系的水化因子和生物条件变化，定期采样测定水质标准中要求的各项指标变化，以各项指标符合水质标准而负荷量最大的一组主要指标基本稳定后，测定养殖效果，如鱼的生长率、单位面积产量和饵料系数等。围隔水体中水质符合地表水质量标准而载鱼量最大的一组载鱼量即为该条件下的水体生态载鱼量。

三、根据氮平衡试验估算湖库的生态载鱼量

当投饵网箱养殖强度超过水体负荷能力时，最显著的变化是设箱水域溶解氧锐减，

进而导致养殖效果的变差甚至导致养殖鱼类的大量死亡。因此，根据网箱养殖水域溶解氧的产出与消耗的平衡性测定分析，可对该水域的负荷能力做出估算。水域溶解氧的产出主要来源于气体交换、大气溶解、浮游植物光合作用及底栖硝化菌的硝化反硝化作用等。消耗水体溶解氧的是饲料、粪便的分解及水生生物的呼吸作用。

以水体氮平衡变化测估生态载鱼量的困难在于，水体中的氮素循环复杂。除了植物光合作用、大气溶解、气体交换外，湖库中微生物的产氮和耗氮过程复杂，计算困难，特别是底泥中硝化反硝化作用增加了氮素循环的复杂性。

四、根据湖库滤食性鱼类天然产力估算生态载鱼量

湖库天然鱼产力是指鱼类将湖库水体中各种生物和无机有机营养物质转化为鱼产品的能力。鱼产力可分为潜在鱼产力（产鱼潜力）和实际鱼产力。产鱼潜力是指在理想的自然条件下，水体中的天然饵料生物可能提供的最大鱼产力的能力。因此，鱼产力是一种潜力，实际鱼产力是指水体当前条件下的最大鱼产量。

鱼产力包含湖库的滤食性鱼类鱼产力、底层鱼类鱼产力、草食性鱼类鱼产力三类。在测算上，有机碎屑形成的鱼产力按照能量转换法估算，其他饵料生物形成的鱼产力采用生物量转化法估算（表 11－4）。能量转换法的基本原理是，以鲢鱼、鳙鱼对有机碎屑中的能量转换率为基础，分别测定有机碎屑和鲢鱼、鳙鱼鱼肉的热值，按照能量转换效率等量转换的原则，计算有机碎屑中的能量可以转换成多少鲢鱼或鳙鱼的鱼肉（重量），即湖库年均有机碎屑能够生产多少鲢鱼或鳙鱼，当然，这需要测定有机碎屑中的能量转化换成鲢、鳙鱼肉能量的转化率。我国行业标准《水库鱼产力评价标准》（SL 563—2011）提供的数据是，鲢鱼对有机碎屑中的能量转换率为 19.58%，鲢鱼的鱼肉热值是 3 560千焦/千克，鳙鱼对有机碎屑中的能量转换率为 22.60%，鳙鱼的鱼肉热值是 3 350 千焦/千克。

表 11－4 湖库天然鱼产力的构成及计算方法

鱼产力构成	1	2	3
滤食性鱼类鱼产力	浮游植物	浮游动物	有机碎屑
底层鱼类鱼产力	底栖动物	着生藻类	
草食性鱼类鱼产力	水生维管束植物		
测算方法	生物量转化法		能量转换法

生物量转化法是指水体中的浮游植物、浮游动物、底栖动物、着生藻类、水生维管束植物等 5 种鱼类饵料物质，在一定饵料系数、转化率、现存量与生成量等因素的影响下，能够转化成鱼产量的计算值，它表示水体中这些现存的营养物质能够生产的鱼产量。根据《水库鱼产力评价标准》（SL 563—2011）提供的计算参数（表 11－5），最大利用率在 20%～40%，其中浮游动物的利用率 40%为最高，着生藻类的利用率 20%为最低，对测定结果用利用率校正，其饵料系数为 5～110，以水生维管束植物最高，饵料系数为 110，表示 110 个单位的水生维管束植物可以生产 1 个单位的鱼产量；底栖动物的最低，

饵料系数为 5，表示 5 个单位的底栖动物就可以生产 1 个单位的鱼产量。

表 11-5 最大利用率、饵料系数和 *P/B* 系数等主要参数的取值

饵料生物	最大利用率（%）	饵料系数 k	P/B 系数
浮游植物	30	100	见表 11-6
浮游动物	40	10	20
底栖动物	25	5	3
着生藻类	20	100	100
水生维管束植物	25	110	1.25

按照上述方法计算的水库鱼产力，还需要用生物现存量与生产量（P/B）进行矫正，该值为单位时间内某种生物的生产量与该段时间内该生物的平均生物量的比值，表示单位生物量的生产能力，其中浮游植物的在 40～130（表 11-6），浮游动物为 20，底栖动物为 3，着生藻类为 100，水生维管束为 1.25。

表 11-6 不同区域水库浮游植物 *P/B* 系数

区　域	P/B 系数	区域	P/B 系数
华南地区	80～100	汉江地区	80～130
内蒙古地区	40～80	华北地区	60～90
黄淮地区	80～100	东北地区	40～80
江淮地区	70～100	西南地区	50～90
江南地区	80～130	西北地区	40～60

测定了水库的这些基本参数后，就可以根据《水库鱼产力评价标准》（SL 563—2011）提供的公式计算水库的天然鱼产力。这种测算方法是基于天然水体的基础指标，在湖库既没有投饵养殖，也没有人工施肥条件下，湖库自然生产的饵料可以承载的鱼类产出量，即湖库的天然载鱼量。在湖库进行网箱投饵养殖条件下，如果外来生产要素加入，湖库的养殖量发生变化，生态载鱼量的测算，则是指在湖库网箱投饵养殖条件下，保持养殖水体质量指标在限定的地表水质量标准内所能承载的最大产鱼量。

测算江河湖库生态载鱼量是一个复杂的课题，在一定的养殖限额内，江河湖库加载人工养鱼量，并未改变这些水域的水体质量等级，说明在湖库天然鱼产力的基础上客观存在着一个生态载鱼量，在这个生态载鱼量限定范围内，人工养殖并不改变养殖水域的质量等级。熊邦喜用水库围隔试验研究证实，湖库加载网箱人工养殖中，以鲢鱼鲤鱼 1∶3的养殖模式投饵养殖，养殖水体的质量指标与人工养殖加载前的湖库水体质量等级相同，且 1∶3 养殖模式的养殖水体质量指标优于 1∶2 的养殖模式。这表明，在湖库大水面网箱投饵养殖情况下，滤食性鱼类套养吃食性鱼类（如鲤鱼）按照 1∶3 的尾数比例，可保持水体质量的天然状态。依据这个结果，对陕南某市水域面积的生态载鱼量按照“地表水Ⅱ类水质标准限定下，年径流水体单位体积产鱼量”定义测算，并以“水体滤食类天然鱼产力→1∶3 吃食性鱼类→4×滤食类天然鱼产力＝生态载鱼量”的基本思路测算陕南某市水域的生态载鱼量。

首先按照SL 563—2011测算滤食性鱼类天然鱼产力，鲢鳙鱼套养比按7∶3计，浮游植物鱼产力按$F_{鱼产力}=K \cdot M \cdot h \cdot f/E$计算，式中$F_{鱼产力}$为水体单位体积产鱼量（克/米^3），$K$为鲢鳙饵料利用率（%），$M$为饵料的库区水体生物量（克/米^3），$h$为鲢鳙鱼套养比例，$f$为该种饵料的$P/B$，即生产量与现存量比值，$E$为饵料系数，即鱼体单位增重的饵料需要量。经测定，该市水域的浮游植物量为1.90克/米^3，有机碎屑现存量34.56克/米^3，浮游动物量为1.76克/米^3，浮游生物总量为3.66克/米^3，占浮游物总量的10.59%，有机碎屑碳含量为4.8%。根据公式：

$F_{有机碎屑}=C_s \cdot V$ $(0.195\,8A+0.226\,0B)\times 3\,900\,000/(3\,560A+3\,350B)$

$=237.136\,0C_s$（此处$V=1$）

$C_s=C_t-(B_G+B_{Zp})\times 0.4=C_t-3.66\times 0.4=C_t-1.464\,0$

式中C_s为有机碎屑有机碳含量（克/米^3），V为水库表层10米以下的库容，0.4为浮游生物碳含量，A、B为鲢鱼鳙鱼各占的比例，C_t为浮游物有机碳含量（克/米^3），B_G、B_{Zp}为浮游植物和浮游动物生物量（克/米^3），3 900 000为能量转换常数。将有关数据带入，则：

$C_t=34.56\times 4.8\%=1.658\,9$ 克/米^3

$C_s=1.658\,9$ 克/米$^3-1.464\,0$ 克/米$^3=0.194\,9$ 克/米^3

$F_{有机碎屑}=237.136\,0\times 0.194\,9=46.217\,8$（克/米^3）

将有关数据填入表11-7，可得浮游生物总产力为2.14克/米^3，有机碎屑鱼产力为46.217 8克/米^3，合计该市水域的滤食性鱼类天然鱼产力为48.357 8克/米^3。

表11-7　陕南某市水域滤食性鱼类天然鱼产力

天然饵料	生物量（克/米^3）	P/B	饵料利用率（%）	饵料系数		鲢　鱼	鳙　鱼	总产力（克/米^3）
				鲢鱼	鳙鱼	产力（克/米^3）	产力（克/米^3）	
浮游植物	1.90	105[1]	30[1]	81.77[2]	47.35[2]	0.512 4	0.219 6	0.732 0
浮游动物	1.76	20[1]	40[1]	10[1]	10[1]	0.985 6	0.422 4	1.408 0
有机碎屑	—	—	—	—	—	32.352 5	13.865 3	46.217 8
合　计	3.66	—	—	—	—	33.850 5	14.507 3	48.357 8

注：1）摘自SL 563—2011，105为汉江地区80～130的P/B均值。2）数据源于王骥等（1981）。

假设该市湖库单位面积天然载鱼量为M，湖库的总面积为S，生态规模的单位面积载鱼量为m，投饵网箱的养殖面积为s，在特定水质限定条件下，为保持水体的天然状态，则$M\times S=m\times s$，即$s/S=M/m$。也就是说，湖库生态载鱼量的单位面积产量与网箱养殖面积（规模）呈反比，单位面积产量越高，允许网箱养殖的面积越小，确定了网箱单位面积的产量，也就限定了网箱养殖的面积规模。同样的方法可以水体磷含量限制计算网箱的生态养殖规模。

该市水域总养殖产量与天然鱼产力产量相等，为$M\times S$，网箱养殖产量为$m\times s$，要将网箱养殖总量控制在天然产力范围内，即$m\times s=M\times S$。已知该市的水域天然载鱼量$M=$

48.36 克/米^3，网箱单产（m）按 125 千克/米^3（125 000 克/米^3）计算，则 s/S=48.36/125 000=0.39‰，表明网箱单产达到 125 千克/米^3 时，要保持水体的天然状态，网箱养殖面积不得大于库区总水面的 0.39‰。

滤食性/吃食性按 1/3 计算，生态载鱼量为 48.36×3+48.36=193.44 克/米^3，即网箱养鱼产量控制为 193.44 克/米^3，若网箱单位面积产量按 125 千克/米^3 计算，则网箱养殖控制面积为 193.44/12 500=1.55‰。

该市的渔业资源调查表明，全市江河湖库宜渔水面 1.8 万公顷，鱼类 5 目 12 科 57 属 79 种，主要为鲤形目鲤科 37 属 48 种（占鱼类种类的 60.76%）、鲇形目鲿科 4 属 12 种（占鱼类种类的 15.19%），这 2 个科的鱼类为温水鱼类，占鱼类总种类的 75.95%。有研究表明，该市水湖库水域的水体温跃层在水面下 3.5～4.0 米，总水域面积为 3.604 万公顷，因此，当网箱养殖的单位面积产量达到 125 千克/米^3 时，该市的网箱养殖总控制面积为 3.604 万公顷×1.55‰=55.86 万公顷=55.86×10^4 米^2。如果按网箱单位容积产量每立方米 125 千克，宜渔水体按水面下 2 米计算，宜渔水面按 1.8 万公顷计算（这时的网箱控制面积为 27.9 万米^2），则生态养鱼年产量控制为 125 千克/米^3×27.9×10^4 米^2×2 米=6.975×10^4 吨。

第三节　养殖水体质量等级的定性评价

养殖水体评价的目的是对养殖用水的后续质量和功能做出评判，特别是在淡水养鱼水域，这种水体一般在养殖过后承担生活用水和农业灌溉用水的功能，直接或间接与人们的饮水安全和日常生活相关联。养殖水体的质量测评可以指导水产养殖的安全生产，通过养殖规模的控制、养殖品种结构的调整，使养殖水体的后续利用功能得到安全应用。1965 年 Horton 提出将农产品的质量指标法用于水质评价，1970 年 Brownd 提出了水体质量指数（WQI），1974 年 Nemerrow 提出了内梅罗污染指数，1977 年 Ross 提出了利用生化需氧量、氨氮、悬浮物及溶解氧等指标评分赋权加和，构建综合水质参数比较水体优劣。20 世纪 70 年代，苏联和东欧开始河流环境评估，并与美国、西欧、日本开展学术交流。我国的水体环境质量评价始于 1973 年，先期在官厅水库等地开展，后在松花江、白洋淀、太湖等开展江河湖库水域环境质量评价。20 世纪 90 年代后期，水域及水体环境质量评价得到迅速发展，各类评价方法的研究交织进行，使水体环境质量评价成为与土壤、大气同等重要的环境状况评价内容。

一、水体质量监测项目

淡水湖库生态养鱼的目的是保持水域环境的生态平衡，保障水体质量限定在可控制范围内，为水体的二次利用创造条件。淡水湖库的水体在养鱼后即成为地表水应用，一般作为饮用水的水源地或者农田灌溉用水等。作为饮用水的水源地，按照地表水的质量标准进行评价。淡水养鱼流域的养殖“废水”，水体质量一般要求保持国标《地表水环境质量标准》（GB 3838—2002）所规定的Ⅰ～Ⅲ类水质标准，这是在 1988 年标准的基础上修订的。1998 年，我国颁布了《渔业水质标准》（GB 11607—1998），之后又颁布了《无

公害食品　淡水养殖用水水质》（NY 5052—2001），进一步规范养殖用水的质量监测，控制渔业用水的排放质量。

我国的地表水监测期初隶属卫生防疫部门，1974 年成为独立建制单位，当时的监测项目以无机污染物和重金属为主，颁布了《环境监测技术规范》，主要对河流的理化指标和污染物进行监测，分为必测项目和选测项目，GB 3838—2002 颁布后，检测项目分为河流和湖库两部分（表 11－8），与 1988 标准比较，取消了河流悬浮物、总硬度 2 个必测项目和硫化物、氟化物、有机氯农药、有机磷农药、铜、锌、大肠杆菌等 13 个选测项目，将这些项目调整到集中供水项目中检测。GB 3838—2002 标准增加了流量测定项目，用于水质变化趋势分析。在水质理化指标中，增加了总氮检测项目，取消了亚硝酸盐、非离子氨及凯氏氮三个项目的检测。

表 11－8　地表水河流湖库检测指标

序号	检测项目	河流	湖库	序号	检测项目	河流	湖库
1	水温	√	√	10	总磷		√
2	pH	√	√	11	挥发酚	√	√
3	电导率	√	√	12	汞	√	√
4	透明度		√	13	铅	√	√
5	溶解氧	√	√	14	石油类	√	√
6	高锰酸盐指数	√	√	15	流量	√	
7	5 日生化需氧量	√	√	16	叶绿素 a		√
8	氨氮	√	√	17	水位		√
9	总氮		√				
备注	1. 流量用于分析水质变化趋势。 2. 透明度及叶绿素 a 不参与水质类别的评判，参加湖库富营养化的评价，水位用于水质变化趋势分析						

由表 11－8 可见，河流的检测项目调整为 12 个，分别是水温、pH、电导率、溶解氧、高锰酸盐指数、5 日生化需氧量、氨氮、挥发酚、汞、铅、石油类和流量；湖库的检测项目调整为 16 个，与河流检测项目比较，减少了流量监测，增加了透明度、总氮、总磷、叶绿素 a 和水位 5 个指标。本书附录了这些标准，可在实际应用中检索相应的指标值。

二、地表水质量等级的定性评价

地表水质量等级评价包括断面水质定性评价和流域水质定性评价两部分，在江河湖库的水系断面质量检测中，对断面的水体质量检测结果，按照表 11－9 的标准判断该断面的水体质量优劣。各类质量等级的水体，在实际中承担的功能不同，其表达功能类别的表征也不尽相同，其中Ⅰ～Ⅲ类水体都可以作为饮用水源地水体，有所区别的是，Ⅰ～Ⅱ类水体属于饮用水源地的一级保护区，也是珍惜水生动物的栖息地，一般用作鱼类的产卵场和仔稚幼鱼的索饵场，而Ⅲ类水体属于水源地二级保护区，是常规的水产养殖区，也是鱼虾的越冬场和洄游通道。Ⅳ类水质及Ⅳ类以下质量等级的水体一般呈黄色甚至红色，已经不适宜于鱼类养殖，可作为工业用水和农业灌溉用水等。

表 11-9 断面水质定性评价方法

水质类别	水质状况	表征颜色	水质功能类别
Ⅰ～Ⅱ类水质	优	蓝色	饮用水源地一级保护区、珍稀水生生物栖息地、鱼虾类产卵场、仔稚幼鱼的索饵场
Ⅲ类水质	良好	绿色	饮用水源地二级保护区、鱼虾类越冬场、洄游通道、水产养殖区、游泳区
Ⅳ类水质	轻度污染	黄色	一般工业用水和人体非直接接触的娱乐用水
Ⅴ类水质	中度污染	橙色	农业用水及一般景观用水
劣Ⅴ类水质	重度污染	红色	除调节局部气候外，使用功能较差

对于河流、流域整体水质的判定，当河流、流域的检测断面总数少于5个时，以各断面测定结果，计算河流、流域所有断面各评价指标浓度的算术平均值，然后按照“断面水质定性评价方法”方法评价，并指出每个断面的水质类别和水质状况。一般要求表明各个断面超过判定标准上一级标准的指标个数，如某断面水体判定为Ⅲ类，是因为其中的氨氮、总磷2个指标超过Ⅱ类，其他指标达到Ⅱ类标准，该断面水体可表示为Ⅲ（2），或者直接表明超标的指标名称，如Ⅲ（氨氮、总磷），一般要求直接注明超标指标名称。

当河流、流域的断面总数在5个（含5个）以上时，不做平均水质类别的评价，采用“断面水质类别比例法”，即根据评价河流、流域中水质类别的断面数占河流、流域所有评价断面总数的百分比来评价其水质状况。

例如，某河流共有10个检测断面，其中Ⅰ类1个，Ⅱ类2个，Ⅲ类5个，Ⅳ类1个，Ⅴ类1个，劣Ⅴ类为0，则Ⅰ～Ⅲ类为1＋2＋5＝8，Ⅰ～Ⅲ类所占的比例为8/10×100％＝80％，可以说，该流域功能区饮用水类别Ⅲ类以上水体占80％。按照“河流、流域（水系）水质定性评价分级办法”（表11-10），可得出该河流或者水域水质“良好”的结论。如果该河流10个断面中Ⅰ类2个，Ⅱ类3个，Ⅲ类4个，它的Ⅰ～Ⅲ类水质比例为90％，该河流为优质水体，表示为“优”。

表 11-10 河流、流域（水系）水质定性评价分级办法

水质类别	水质状况	表征颜色
Ⅰ～Ⅲ类水质比例≥90％	优	蓝色
75％≤Ⅰ～Ⅲ类水质比例＜90％	良好	绿色
Ⅰ～Ⅲ类水质比例＜75％，且劣Ⅴ类比例＜20％	轻度污染	黄色
Ⅰ～Ⅲ类水质比例＜75％，且20％≤劣Ⅴ类比例＜40％	中度污染	橙色
Ⅰ～Ⅲ类水质比例＜60％，且劣Ⅴ类比例≥40％	重度污染	红色

三、养殖水体质量等级的定性评价及调节

池塘湖库养殖水体，一般经河流渠道排入江河或者湖库，质量评价多采用断面水体的质量评价方法。如美国采用水质模型法，取pH、氨氮、总磷、溶解氧等测定指标，确定养殖水体转为地表水后的质量等级；加拿大按照百分制指数法，取生态脆弱性的指标，

按照水体生态脆弱性的高和低评价养殖水体；新西兰按照污染物的最大可接受值和指导值将水体分为很好、中等、及格、差等；欧盟按照污染物限值和指导值将水体分为物理处理和消毒、常规处理和消毒、集约化处理和消毒三个等级。我国按照单因子法（一票否决法），将水体划分为Ⅰ～Ⅴ类，差于Ⅴ类的判定为劣Ⅴ类，Ⅰ～Ⅲ类水体为可饮用水源，Ⅳ类及其以下为非饮用水源，各级类别分别制定了相应的污染物含量最高指标，取水体实际检测值中与最高指标值相差最大的指标所在类别，代表该水体的质量等级。

（一）池塘湖库养殖水体的感官评价

在生产实际中，根据经验对养殖水体的质量定性评判，用“肥、活、嫩、爽”四个字表示养殖水体的质量。“肥”是指肥水，这种水体中的溶解氮、磷、碳等营养物质丰富，浮游生物是营养丰富、易消化、个体大的种类。“活”是指养殖水体的水色、水华形状、水体透明度不停变化，每天不一样，甚至每天的早、中、晚不一样，浮游生物的优势种 2～3 天就发生变换，是浮游生物处于生命旺盛生长期的表现。“嫩”是指水肥而不老，浮游生物处于旺盛的生长期，颜色鲜艳，肥水经过一段时间后，如不调节或者调节不当，就会老化，成为老水，老水经过适当的调节，也会转化为肥水、嫩水。“爽”是指水质看起来清爽，水色不淡也不过浓，透明度不高也不低，水中营养物质丰富，鱼类饵料充足，生长速度快，无病或者病害少，是鱼类的最适生长环境。

养殖水体“肥、活、嫩、爽”定性判断的生物指标有一个大体的含量范围（表 11 - 11）。这种水体的基本特点是，已有植物是隐藻、硅藻、甲藻、金藻等易消化、个体大、营养价值高的优势种，蓝藻少；生物量在每升 20～120 毫克，细胞处于旺盛的生长期，未老化；透明度池塘为 20～40 厘米，湖泊、水库为 30～60 厘米。

表 11 - 11　池塘湖库水质肥度判定范围（池塘/湖泊水库）

等级	生物量（克/米^3）	水色	水华	透明度（厘米）	藻类优势种
清水	5 以下/2 以下	清淡/无	无/无	大于 100/150 以上	固氮蓝藻/无
瘦水	5～10/2～6	浅/清淡	无/无	60～100/90～150	绿球藻目/固氮蓝藻
轻度肥水	10～20/6～10	明显/浅	有/无	40～60/70～90	团藻目、隐藻、甲藻/绿球藻目
中度肥水	10～20	明显	有	60～80	团藻目、隐藻、甲藻
肥水	20～80/20～80	浓	强烈明显	25～40/40～60	硅藻、甲藻、隐藻
顶级肥水	80～120	很浓	下风有丝状蓝藻水膜	20～30/30～45	硅藻、丝状蓝藻
劣质肥水	120 以上	极浓	下风有微囊藻水膜	小于 20/小于 30	微囊藻、球藻/微囊藻、黏球藻

（二）老水形成的原因及处理方法

养殖水体中的溶解氮、磷、碳等营养物质和有机质耗尽或严重过量，浮游生物处于衰老或者死亡期，颜色发黄或者大量出现微囊藻和黏球藻水华，藻类是不易消化、个体小、营养价值低的种类，这种养殖水体称之为“老水”或者“老化水”。生产中将这种水体在长期养殖之后或者在极端高密度养殖下，水体生产性能下降，养殖动物疾病频发、产量质量下降，甚至出现养殖动物大量死亡的现象称之为水体老化。

老水的浮游植物生物量很少或者每升含量超过120毫克，浮游植物生物量很少的老水有的低于每升1毫克。老水的透明度在池塘小于20厘米，在湖泊及水库小于30厘米，每升的有效氮在2毫克以上，有效磷在0.01毫克以下，颜色表现为黄绿、蓝绿、铜绿、酱色、黑色、灰白、雾白。老水的浮游植物以裸藻门、绿球藻目、团藻目衰老期种类，或者微囊藻属、黏球藻属、隐球藻属种类为优势种群，浮游动物只有原生动物的纤毛虫。

养殖水体老化的原因，一是水体溶氧不足。养殖水体中的溶氧不足限制鱼类的正常生理活动，使鱼类的生长、繁殖受到限制，也引起水体中厌氧微生物的繁殖过量，产生许多有毒有害物质，危害鱼类生产和产品质量。二是有机物质积累过多。厌氧分解旺盛导致底质和底层水体积累大量有毒物质，如低级脂肪酸、低级胺类、硫醇、吲哚、粪臭素等大量积累。三是氮磷比例不当。就养殖水体而言，适当的氮磷比例是5∶1～12∶1，水体中浮游植物光合作用需要的氮磷比是7.2∶1。当水体氮磷比例低于或者高于这个范围，少的一方成为营养限制因子，多的一方不能全部利用，在养殖水体累积残留，成为污染物质，限制水体生产力。四是代谢物质特别是氨氮积累过多。这些代谢物质对鱼类产生毒害作用，降低水体生产能力，有时也会引起鱼类死亡。五是水体的pH不正常。鱼类养殖水体的正常pH为6.5～8.5，水体偏碱或者偏酸，都会引起营养物质的沉淀、吸收，使水体正常的物质循环速度降低甚至停止，既降低水体生产力也限制鱼类的正常生理活动，减缓生长速度甚至使生长停滞。六是营养元素缺乏。鱼类养殖水体中一种或者几种营养元素不足，就像构成木桶的木条上部短了一段一样，限制了木桶的盛水量，成为营养限制因子而降低水体生产性能。

水的分子式是H_2O，分子内的氧原子靠共价键连着两个氢原子，水分子之间可以通过氢键连接，手拉手形成更长的链状结构。这种链状结构会不断延伸扩大，形成更大水分子团聚体异常结构，使水分子丧失活性成为“死水”。这种失去活性的水不但容易腐败，而且饮用后会加速动物体衰老。有研究显示，食道癌、胃癌发病率与过多饮用储存较长时间的“衰老”水有关。经常流动、受强烈撞击的水体，团聚体内部氢键结构得到破坏，才能保持新鲜状态。

“老水”的处理是渔业生产的日常工作，常规的处理办法包括，第一是清整池塘。塘口经过一年的养殖，底部会存积含有大量的有机物和细菌的淤泥。因此，每次养殖结束后，需进行清淤、消毒等，去除氨氮、亚硝酸盐等有害物质，达到改善水质的目的。第二是禁用生石灰。当鱼池的水质呈现老水状态时，要禁止施用生石灰改善水质。因为生石灰能使池水pH进一步增高，从而加速蓝藻的过度繁殖。第三是加换新水。换水是解决池水老化的一条有效途径，加注的新水必须水质良好、无污染、溶氧丰富。加换水的次数按照看天、看水色、看透明度的原则灵活掌握。第四是开增氧机。按照“三开两不开”的原则合理使用增氧机，增加水体溶氧，促进物质循环，转化分解池底有害物质。第五是科学投饲。降低鱼的饵料系数，减轻饲料对水质的污染程度，宜选用正规厂家的配合颗粒饲料或者漂浮型饲料。不施有机肥、少施氮肥，根据池塘水质情况适当增施磷肥。

第六是移植水生植物。在鱼池中移植水葫芦、水花生等水生植物能够降低水中氨氮等有害物质，还能吸收水中的氮、磷，淡化池水肥度，改善池水水质。第七是施用水质改良剂或微生态制剂。水源条件不好或加换水困难的池塘，在养殖过程中要定期施用水质改良剂或微生态制剂等，可增加池底溶氧，降解有害物质，改良水环境。第八是套养滤食鱼类。投放适量的滤食性鲢鱼、鳙鱼和异育银鲫等，能够有效控制蓝藻等浮游植物过快增长，减少池塘有机碎屑的含量。

池塘增氧机“三开两不开”的原则为，根据静水池塘溶氧量的昼夜变化规律，晴天中午或下午 2:00～3:00 开机 30～60 分钟，使溶氧过饱和的上层水转移到下层，减少氧气外逸，补充水面下层溶氧，并进行夜间水体内溶解氧的储备。阴天次日清晨 3:00～53:00 开机至日出，预防浮头。阴雨连绵或由于水肥、鱼多等原因容易出现浮头时，一般在半夜前后、鱼出现浮头征兆时开机至日出。两不开就是傍晚池水溶氧高时不开机，避免延长耗氧的时间，造成鱼池提前浮头；阴雨天中午不开机，因为池中溶氧足够，不需要开机。

早期观察池塘出现浮头症状的方法是，先观察池塘塘埂边缘的小型野杂鱼，这些野杂鱼在水体缺氧或者氧溶量低时，首先到水体与塘埂接界处觅氧，缓解自身的缺氧，这是池塘水体溶解氧不足的最早症候。这时要及时开启增氧机，增加水体溶氧量。

（三）水华（藻华）现象及危害

水华或者藻华（Water blooms 或者 Algal blooms）是指淡水水体中藻类大量繁殖的一种自然生态现象，是水体富营养化的一种特征，在淡水养殖中的学术名称叫做“水体富营养化”，主要由氮、磷等废污物进入水体后，蓝藻（又叫蓝细菌，包括颤藻、念珠藻、蓝球藻、发菜等）、绿藻、硅藻等大量繁殖后，造成水体的富营养化，使水体呈现蓝色或绿色的一种现象，由于江河湖库中蓝藻的大量繁殖，在水面形成一层膜，阻断了阳光和空气的进入，使水质变坏甚至发臭，称之为“水华”。也有部分的水华现象是由浮游动物如腰鞭毛虫引起的。淡水中蓝藻“水华”造成的最大危害是，通过产生异味物质和蓝藻毒素，影响水质和水产品安全，特别是蓝藻次生代谢产物微囊藻毒素（Microcystin，简称 MC）能损害肝脏，具有促癌效应。水华水体产生臭味，对鱼类产生危害。在海洋中的“水华”多呈红色，称之为赤潮现象。

导致水华发生的重要的因素之一就是水体的富营养化，当水域沿线大量施用化肥，居民生活污水和工业废水大量排入江河湖泊，将致使江河湖泊中氮、磷、钾等元素含量上升，富营养化引起藻类大量繁殖生长时。这些藻类常在下风头水面漂浮着一层蓝绿色或红黄色的水华或薄膜，称之为湖靛。虽然藻类生长很快，但因水中的营养盐被用尽，它们也很快死亡。藻类大量死亡后，在腐败、被分解的过程中，也要消耗水中大量的溶解氧，并会上升至水面而形成一层绿色的黏性物质，使水体严重恶臭，影响鱼类生长。

蓝藻水华的“暴发”是表观现象，其前提是藻类逐渐繁殖生长达到了一定的生物量。在四季分明、扰动剧烈的区域浅水湖库中，蓝藻的生长与水华的形成可以分为休眠、复苏、生物量增加（生长）、上浮及聚集等 4 个阶段，每个阶段中蓝藻的生理特性及主导环境影响因子有所不同。在冬季，水华蓝藻的休眠主要受低温及黑暗环境所影响，春季的复苏过程主要受湖库沉积物表面的温度和溶解氧控制，而光合作用和细胞分裂所需要的物质与能量则决定了水华蓝藻在春季和夏季的生长状况。一旦有合适的气象与水文条件，已经在水体中积累的大量水华蓝藻群体将上浮到水体表面积聚，形成可见的水华。除了水体的富营养化之外，水温、洋流、水体的pH、光照强度等均会对藻类等水华生物的大爆发产生影响，在个别时候甚至是诱发因素。

池塘养殖鱼类较少发生水华，但投饵量长期过大、水体长期得不到更换、化肥或有机肥施用过多等因素也可发生水华，长期将水华湖库的水体引入池塘养殖，也将引起池塘水体水华。

水华现象在渔业上的主要危害，一是破坏渔场的饵料基础，造成渔业减产；二是水华现象中的藻类异常繁殖引起鱼、虾、贝等在水体游泳困难、有的被藻类缠绕不能移动而窒息死亡；三是水华现象后期生物大量死亡，在细菌分解作用下，造成水域环境严重缺氧或者产生硫化氢等有害物质，造成鱼类等水生动物缺氧或中毒死亡；四是有些水华现象的体内或代谢产物中含有生物毒素，能直接毒死鱼、虾、贝类等生物。

水华现象在生态平衡上具有破坏作用。正常的养殖水体是一个鱼类与环境、鱼类与水体中其他生物之间相互依存、相互制约的复杂生态系统。在这个系统中，物质循环、能量流动都是处于相对稳定、动态平衡的过程，当水华现象发生时，这种平衡遭到干扰和破坏。在植物性水华现象发生初期，由于植物的光合作用，水体会出现叶绿素a和溶解氧含量增高、化学耗氧量上升的变化，这种变化会使鱼类正常的生长、发育、繁殖发生改变，导致生物多样性变迁，种群结构被动重组。

水华现象在鱼产品上具有毒素累积效应，有些水华现象是生物分泌水华毒素现象，当鱼、贝类处于有毒水华现象区域内，摄食这些有毒生物，虽不能被毒死，但生物毒素可在体内积累，其含量大大超过食用时人体可接受的水平。这些鱼、虾、贝类如果不慎被人食用，就引起人体中毒，严重时可导致死亡。由水华现象引发的水华毒素统称贝毒，目前确定有10余种贝毒毒素比眼镜蛇毒素高80倍，比一般的麻醉剂，如普鲁卡因、可卡因还强10万多倍。贝毒中毒症状为，初期唇舌麻木，发展到四肢麻木，并伴有头晕、恶心、胸闷、站立不稳、腹痛、呕吐等，严重者出现昏迷，呼吸困难。

（四）养殖水体质量的感官评判

在生产实际中，常常通过养殖水体的颜色估计养殖水体的质量，养殖水体中指示生物的种类及数量变化，在水体表观上显示不同的颜色（表11-12）。从颜色上说，对养鱼有利的水色有二类，一类是绿色，包括黄绿、褐绿、油绿三种；另一类是褐色，包括黄褐、红褐、绿褐三种。这两类水体中的浮游生物数量多，鱼类容易吸收消化的也多，此类水可称为“肥水”。如果水色呈浅绿、暗绿或灰蓝色，只能反映浮游植物数量多，而不能说明其质量好，这种水体一般视为瘦水，用来养鱼营养物质含量不足，鱼类生长速度变慢。如果水色呈乌黑、棕黑或铜绿色，甚至带有腥臭味，这是水质变坏的预兆，是老水或恶水，将会造成泛塘死鱼。

一般“水肥”指水色浓，浮游植物生物量高并形成水华，但不一定是适宜养鱼的好水。反之水色淡不一定是“水瘦”，如果形成这种水色的浮游生物能被鱼类利用，应当还是适宜养鱼的好水体。

表 11-12　水体呈现的颜色与质量定性评判

质量等级	水体颜色	指示生物	定性评判	最适宜养殖鱼类品种
瘦水	清（淡色或无色）	固氮蓝藻	较适宜水体	投饵型肉食、草食鱼类
轻度肥水	淡绿色（黄绿色）	绿球藻目	适宜水体	投饵型吃食、草食鱼类
中等肥水	茶绿色（褐绿色）	窄直链藻、尖头藻	适宜水体	投饵型杂食、滤食鱼类
肥水	褐青色、棕绿色	颗粒直链藻、甲藻等	适宜水体	投饵型滤食套养杂食鱼类
顶级肥水	深棕绿色（绿褐色）	颗粒直链藻、颤藻等	可适宜水体	不投饵杂食、滤食鱼类
过肥水	绿豆绿色、蓝绿色	鱼腥藻、黏球藻等	改良后适宜水体	杂食性鱼类、草食性鱼类
劣质肥水	铜绿色	微囊藻	不适宜水体	不宜养鱼

水体颜色呈黄绿色且清爽，表示水色浓淡适中，水体中的藻类以硅藻为主，绿藻、裸藻次之；水体颜色呈草绿色且清爽，表示水色较浓，水体中的藻类以绿藻、裸藻为主；水体颜色呈油绿色，表示水质肥瘦程度适中，在施用有机肥的水体中该种水色较为常见，水体中的藻类主要是硅藻、绿藻、甲藻、蓝藻，且数量比较均衡；水体颜色呈茶褐色，表示水质肥瘦程度适中，在施用有机肥的水体中该种水色较好，水体中腐殖质浓度较大，藻类以硅藻、隐藻为主，裸藻、绿藻、甲藻次之。这四种颜色的水体为适宜养殖水体或者较适宜养殖水体，可根据水体颜色的不同类型选择投饵或者不投饵养殖技术策略。

水体颜色呈蓝绿、灰绿而浑浊，天热时常在池塘下风的一边水体表面出现灰黄绿色浮膜，表示水体的水质老化，水体中的藻类以蓝藻为主，而且数量占绝对优势。水体颜色呈灰黄、橙黄而浑浊，在水表有同样颜色的浮膜，表示水体的水色过浓，水质恶化，水体中的藻类以蓝藻为主，且已开始大量死亡。水体颜色呈灰白色，表示水体中大量的浮游生物刚刚死亡，水质已经恶化，水体严重缺氧，往往有泛塘的危险。水体颜色呈黑褐色表示水体较老且接近恶化，可能是施用过多的有机肥所致，水体中腐殖质含量过多，水体中的藻类以隐藻为主，蓝藻、裸藻次之。水体颜色呈淡红色，且颜色往往浓淡分布不匀，表示水体中的水蚤繁殖过多，藻类很少，水体溶氧量很低，已发生转水现象，水质较瘦。这五种颜色的水体为质量较差的水体，也称之为坏水，不适宜鱼类养殖。

对于褐色水来说，施用有机肥或者化肥的湖库池塘，初期形成的褐色水体，经过3～5天就会转变颜色为绿色或者褐色，是水体颜色转变的一个正常过程，这种水体适宜于鱼类养殖，是质量较好的水体。中后期从其他水色（非褐色）转变为褐色的水则是坏水。

看水养鱼是生产实际中养鱼的基本功夫，需要在实践中不断学习探索和总结。水体颜色因水中溶解物质、悬浮颗粒及浮游生物的存在形成，其中浮游生物的种类和数量是反映水色的主要原因。由于浮游生物中的诸多浮游植物，其体内含有不同的色素细胞，当其种类和数量发生变化时，池水就呈现不同的颜色与浓度。随着时间的推移和天气的变化，以及水生浮游植物存活时间及世代交替，水生浮游植物的种群和数量也发生变化，水体颜色也随之发生变化。

（五）养殖水体的质量调节

水产养殖过程中，水体的载鱼量随着鱼类体重的增加、繁殖季节的种群数量扩大处在不断变化中，水体的质量也在变化中，需要不断地观察检测水体营养物质，特别是有害污染物质的变化，根据观察检测结果调节水体质量，调整养殖对象的种群结构，使养殖水体适应鱼类生长繁殖的质量需要。养殖水体质量调节的基本方法是，加水换水、增氧、施用无机肥、生物方法、调整养殖模式及化学方法等。

加水换水是调整养殖水体质量的最常用方法，也是最简便的方法之一。新鲜的水不仅可以将营养物质和溶解氧带进养殖水体，还可以稀释原水，使水质好转。当养殖水体的基础水量较大时，换水量一般按照基础水量的三分之一补充，至少每周坚持换水一次。在水体很肥，或者水体有老化趋势时，可通过加大新水补充量或者连续补水的方法改善水体质量。

增氧也是改善养殖水体质量的常用方法，这种方法包括物理增氧方法和化学增氧方法两种。物理的增氧方法是指依靠机械增加空气和水体的接触面，加速氧溶解于水中，通常使用水泵、增氧机、气泵等向水体中充气。化学增氧方法是通过向水体中添加能释放氧气的化学物质，如氧化钙、过氧化氢、二硫酸铵、高锰酸钾等，水体通过溶解作用将这些物质中的氧释放出来，增加水体中的氧溶量。化学增氧能迅速增加水中溶解氧，但作用时间短，通常用在养殖水体发生重浮头、需要紧急抢救的时候。

施用无机肥改善水质。在投饵养殖和使用有机肥为主要饲养方式的养鱼水体中，经过一段时间的投饵施肥，有机质积累过多，部分营养元素有效成分不足，营养要素失衡，物质循环速度减慢，水体老化。这类水体通常需要使用速效的无机化肥（主要是磷肥）和微量元素肥料补充缺乏的营养物质，使水体营养物质达到均衡，加速物质循环速度，将老化水体转化为活水。

用生物方法改善水质。当水体中有机质积累过多，水质有老化趋势或者已经老化，可以向水体中泼洒生物制剂，如光合菌、芽孢菌、玉垒菌、EM复合生物制剂等，加速矿化分解有机质，消耗水体中积累的过量物质（主要是氨氮），加速物质良性循环，调整水体质量。

调整养殖模式，改善水体利用结构。这种方法主要是增加鲢鱼、鳙鱼等滤食性鱼类的套养量，将水体利用结构由吃食性向滤食性、吃食性均衡利用的方向转变。一般的养殖水体利用结构为，滤食性鱼类与吃食性鱼类的套养比例1∶3，当养殖水体有老化趋势时，将这种水体利用结构调整为1∶1，水质得到改善后再调整为1∶3。投饵旺季结束后（8月以后），可增加滤食性鱼的套养比例，使养殖水体的滤食性鱼类存鱼量不少于每亩100千克。

化学方法调整水质。化学方法也是调整水质的常用方法之一，这种方法作用效果迅速、明显，但作用时间有限，不能从根本上解决水质问题。除了前面提到的化学增氧方法外，其他的化学方法还有：①施用生石灰，这是水产养殖中调整水质使用最广泛的方法，主要作用是调节水体的pH、硬度、碱度，增加钙离子。用量为每亩5～30千克，应当在晴天的上午9点施用，不宜在阴雨天及晴天的下午施用。②施用络合剂、螯合剂。将这些络合剂、螯合剂泼洒到养殖水体中，与水体中的一些物质发生化学反应，形成络合物和螯合物，一方面缓冲pH，减少营养元素（如磷等）的沉淀，另一方面降低水体中毒物如重金属离子的浓度和毒性，达到调节改良水质的作用。常用的络合剂、螯合剂有活性腐殖酸、黏土、膨润土等。③沉淀剂。一些化学物质的溶液泼洒入水体后，絮凝、沉淀有机质和毒物，从而达到在一段时间内改良水质的作用。常用的沉淀剂有石膏和明矾等。④除毒剂。有些物质能中和水体中产生的毒物（如硫化氢等），从而改良水质，常用的有硫酸亚铁。⑤杀藻剂。当养殖水体中出现大量的蓝藻时，用杀藻剂杀灭蓝藻，净化水体。常用的杀藻剂有硫酸铜＋硫酸亚铁、次氯酸钙、季铵盐（双季铵盐）、高锰酸钾、二氧化氯、异噻唑啉酮等。

（六）养殖水体不同颜色的水质调节

养殖水体的不同颜色代表着水体的水质差异，有的颜色代表着水质质量已不适宜养鱼。据此可根据养殖水体的颜色变化调节养殖水体的质量，使养殖水体向着适宜养鱼的方向发展。不同的水体颜色采用不同的处理办法（表 11－13），臭水、死水一般需要用改良剂进行调节；严重污染的臭水和死水，应当将鱼及时捕捞入备用池塘，排出污染水体，整理消毒池塘后重新加水，再放养鱼类；活水的水质变差要根据表中提供的方法及时调节，老水或者趋于老化的水体要采取补水加水、施肥、放菌等措施处理。

表 11－13　不同养殖水体颜色的调节方法

类型	颜色	水华形状	水温（℃）	月份	透明度（厘米）	肥度	原因分析	处理方法
瘦水	清	无	≤10	1～2	≥80	极瘦	无养分，无藻	足量施肥
	泥黄	无	≥15	4～10	≤40	极瘦	底色多，缺肥藻	投喂施肥
棕色	淡棕色	条状	≥15	12～3	≥50	瘦水	低温	少量喂食
				3～11			缺肥	足量施肥
	棕色*	条状	≤20	早春	30～50	中等	低温	适量施肥
		云状	≥20	晚秋			肥份不足	
	棕红色*	片状	≥20	5～10	≥50	中等	肥份不足	适量施肥
	深棕色*	云状片状	≥20	5～10	20～30	肥水	肥适，有机质多	适施磷肥
黑色	褐色*	大面片状	≥25	5～10	约 20	极肥	有机质含量高	芽孢菌，加水
	酱色**	全池	≥25	6～9	≤20	过肥	有机质含量过高	芽孢菌，加水
	黑色	全池	≥25	6～9	≤15	死水	有机质含量很高	石灰，换水改良
绿色	黄绿	无	≥15	4～11	≥40	瘦水	悬浮物多，缺氧	足量施氮肥
	淡绿*	无	≥15	4～11	≥50	偏瘦	氮肥不足	足量施氮、磷肥
	草绿*	片状水膜	≥20	5～10	≤40	中等	氮磷不足	追肥保水
	嫩绿*	片状水膜	≥20	5～10	≤30	肥水	氮磷肥合适	多磷少氮，控水
绿色	亮绿*	大面片状	≥25	5～10	约 20	极肥	氮肥过剩	单施磷肥，降水
	浓绿**	大面片状	≥25	5～10	≤20	过肥	氮多磷少	施磷肥和改良剂
蓝色	豆绿**	大面片状	≥25	5～10	≤20	过肥	氮过多，磷不足	施磷肥和改良剂
	蓝绿**	大面片状	≥25	5～10	≤15	过肥	氮超量，缺磷	施改良剂和磷肥
	铜绿	下风片膜	≥25	5～10	≤10	死水	肥份积累太多	杀藻后施改良剂

（续）

类型	颜色	水华形状	水温（℃）	月份	透明度（厘米）	肥度	原因分析	处理方法
白色	白清	白或红片	≥15	4～9	≥80	肥水	肥份不足	均衡足量施肥
	雾白	无	≥25	6～9	约 50	瘦水	缺碳和磷	多施碳肥磷肥
	灰白	白色云雾	≥25	6～9	≤20	臭水	污染物太多	加清水，改良剂

注：* 活水，** 老化水。

（七）蓝藻对鱼类养殖的影响

蓝藻形成于 31 亿～34 亿年前，是最早的能够进行光合作用的原核生物，通过光合作用为地球提供了最早的氧气。蓝藻呈蓝色或者淡绿色，是养鱼水体常见的一个藻类种群，从群体外形上可分为丝状体（定形群体）、不规则体（不定形群体）。与鱼类养殖关系密切的定形群体包括颤藻目的颤藻、螺旋藻、席藻、林氏藻，和念珠藻目的鱼腥藻、项圈藻、尖头藻、束丝藻、念珠藻，细胞排列成串，形成丝状群体，外无胶质被或胶质被很薄。不定形群体有篮球藻目的蓝纤维藻、色球藻（篮球藻）、平裂藻、腔球藻、微囊藻、隐球藻、隐杆藻，细胞包裹在厚厚的胶质被中，形成群体。除固氮种类外，其他蓝藻喜欢生活在有机质含量高的水体中，在温暖季节大量快速繁殖，形成大面积水华，对养鱼带来不利。

蓝藻的有益作用是可以作为鱼类的饵料，它的营养成分含量高，其中的丝状蓝藻不但能被鱼类消化而且消化吸收率很高，丝状蓝藻丰富的水体（占浮游植物生物量的 30%左右，最多不超过 50%）鳙鱼、鲢鱼生长速度很快。危害鱼类养殖的是蓝藻中的不定形群体种类，特别是微囊藻。蓝藻的另一个有益作用就是可以作为水质肥瘦的指示生物，由于不同种类蓝藻适宜生活在不同肥度的水体中，可以作为水质肥瘦的指示生物，检测水体的质量，判断水体的优劣。

蓝藻对鱼类养殖的危害，一是产生有毒物质，危害鱼类和人体健康。蓝藻（主要是微囊球藻）会产生藻毒素（MC），对鱼类的肝脏有毒害作用，会使胆囊石化变硬，使高等动物（包括人类）肝脏癌变。二是难消化。蓝藻中的不定形群体有厚厚的胶质被，鱼类不易消化吸收。鱼类摄食这种蓝藻后，会产生破坏鱼类消化道消化酶的物质，使鱼类不但不能消化蓝藻，而且对其他物质也无法消化。在微囊藻大量滋生的水体中，鳙鱼、鲢鱼不但停滞生长而且还会消瘦。三是抑制其他饵料生物的生长。微囊藻既产生有毒物质也产生抑制其他生物生长和繁殖的物质，在微囊藻大量滋生的水体中，其他藻类和浮游动物很少甚至没有，鱼类没有天然饵料而处于饥饿状态，不能生长。四是恶化水质，极易泛塘。微囊藻无限繁殖或者死亡后会消耗水体大量的溶解氧，夜间或者阴雨天极易引起泛塘死鱼。五是降低鱼类养殖的产品质量。

四、养殖水体质量的生物学评估

生物评价（Biological assessment）也称作生物学评价，是用生物学方法按一定的标准对特定范围的养殖水体，进行质量现状和未来变化趋势的预测。主要方法有：指示生物法、生物指数法、生物多样性指数法等。

（一）指示生物法

水生生物终身或某一发育阶段生活在水中，水体环境中各种因素变化，必引起生物个体、群落结构乃至生理、生化特征的改变，成为水体质量或者污染程度的指示生物。如鱼类回避反应、咳嗽反应和胆碱酯酶活性变化等，是对水体环境变化的反应。石蝇稚虫、蜉蝣稚虫等多的地方表明水域清洁，颤蚓类、蜂蝇稚虫和污水菌等多的地方表明水域受到有机物严重污染。河流被污染后，不同河段会出现不同的生物种群，根据生物种群所在的位置就可判断该河段是否污染。利用指示生物的这种特性，通过指示生物个体重量、生物比重、毒性试验、生物体残毒等方法，可对养殖水体的综合质量做出评估，并对变化趋势进行综合预测。

指示生物法还可通过鱼类自体行为、生理生化反应等，综合评估养殖水体质量，这种方法涉及细胞学、生化学、生理学、毒理学方面的试验测定。养殖水体中硫化氢含量超标，鱼类的游泳速度明显减缓，精神沉郁，体色发黑。养殖水体中氨氮超标，鱼类摄食行为显著减弱。有机氯农药提高鱼类血清转氨酶活力，有机磷农药使鱼类骨骼变形，抑制鱼脑胆碱酯酶活力，可通过检测鱼类转氨酶活性的方法分析有机氯农药的残留。用赤麂（*Muntiacus muntjak*）离体细胞姐妹染色单体交换率为指标，结合艾姆斯实验等，可快速测评养殖水体污染物对鱼类产生的致畸和基因突变作用。此外，许多污染物能引起鱼类血液学特征的改变，通过样本鱼血液检测，可以评估养殖水体的综合质量。

科尔克维茨和马松将污水生物分为细菌、藻类、原生动物和大型底栖动物等，根据这些指示生物的组成特点，相应将水质分成寡污带、β-中污带、α-中污带和多污带四级，用蓝、绿、黄、红四种颜色做代表，定性评价养殖水体质量。

各种生物对环境因素的变化都有一定的适应范围和反应特点，生物的适应范围越小，反应越典型，对养殖水体质量变化的指示意义越大。

（二）生物指数法

生物学方法常用的是生物指数法（Biotic index），基本原理是根据某类或几类生物数量及其所占比例的多少，用简单的数学形式代表水体质量等级，以表达生物种群数量或群落结构的变化对不同水质的指示作用。最早的生物指数法有贝克生物指数、特伦特生物指数、钱德勒记分系统等。

贝克生物指数法主要依据生物对养殖水体中污染物的耐性，将采集到的底栖大型无脊椎动物分成2类，Ⅰ类是缺乏耐性的种类，Ⅱ类是有中等程度耐性的种类。这两类的种类数目分别以 N_{I} 和 N_{II} 表示，则生物指数 $[BI]=2N_{\mathrm{I}}+N_{\mathrm{II}}$。当指数值为0时，表示水体严重污染；为1～6时表示中等污染；若指数大于10，则属清洁水体。

特伦特生物指数是用简单数字表示河流污染的一种方法，是根据英国特伦特河不同河段生物品种中，有指示作用的几类无脊椎动物出现的种类数及个体数，分别记分，以分值的大小表示河流污染的程度。在其他山区河流也得到广泛应用，但在平原地区河流不太适用。特伦特生物指数值的范围从10（指示为清洁水）随污染程度的增加而下降，直到0（指示水质严重污染）。

钱德勒记分制生物指数也叫做钱德勒记分系统，是根据河流各类无脊椎动物种类及数量多少，分别记分，以分值表示河流污染程度。由英国人钱德勒（Chandler）在特伦特生物指数的基础上，增加无脊椎动物类别指标（计25类）和分值而成的。分值0～45为严重污染，45～300为中度污染，>300为轻度污染或清洁。大体与特伦特生物指数类似，适于山区河川，不用于平原河流。

（三）生物多样性指数法

20世纪60年代以后，在研究各种环境质量参数的基础上，发展了一类以群落优势种为重点，通过群落结构变化的数理统计，求得表示生物群落的种类和个体数量的数值，运用信息理论的多样性指数进行分析，评价水体中生物多样性，以生物多样性指数表达水体的综合质量。生物多样性是生物与生物、生物与环境形成的生态复合体，以及与此相关的各种生态过程的总和，是指地球上所有生物（动物、植物、微生物等）所包含的基因以及由这些生物与环境相互作用所构成的生态系统的多样化程度。

生物多样性理论认为，在水体生态平衡时，生物的种类多，个体数相对稳定。水生生物在食物链和食物网的控制下，种群的数量和物种间的相互比例上处在平衡状态，此消彼长的结构性变化表示水体生态失衡。这种失衡是由于水体在平衡状态时的质量发生改变，改变的大小代表平衡水体质量改变的程度。

在养殖水体清洁条件下，水生生物种类较多，但个体数量一般不大。水体质量改变后，对这种改变敏感的种类消失，适应这种改变的种类（一般指耐污种类）在没有竞争和天敌的有利条件下，可能大量发展，使群落结构发生改变。根据这个原理，20世纪60年代开始利用群落结构的变化，测算水体生物多样性指数，以指数值的大小表达水生生物群落结构的改变程度，借以评价水体质量。如马加利夫（Margalef）生物多样性指数、辛普森（Simoson）生物多样性指数、香农-威纳（Shannon - Wiener）生物多样性指数、凯恩斯（Cairns）生物多样性指数等，都是基于这种理论构建生物多样性指数，评价鱼类养殖水体的环境质量，其中香农-威纳多样性指数应用比较广泛。

1. 马加利夫生物多样性指数

马加利夫多样性指数的计算公式是：$D=(S-1)/\ln N$。式中D为马加利夫多样性指数，S为指示生物的种类数，N为指示生物的总个数。在养殖水体质量测评中，D值在0～1为重污染，在1～3时为中污染，>3时为轻污染或者无污染。

2. 辛普森生物多样性指数

辛普森多样性指数的计算公式是：

$$D = 1 - \sum_{i=1}^{s} (N_i/N)^2 \quad (11-2)$$

式中D为多样性指数；N为所有物种的个体总数；N_i为第i个物种（指示生物）的个体数；S为物种的数目（种数）。当D值越接近1，物种多样性程度越高。各物种生物个体数量的均匀程度越高，D值越大；一个群落中生物种类越丰富，D值就越大；当D值为0时，则表示某一地区仅有一种生物。

3. 香农-威纳生物多样性指数

香农-威纳生物多样性指数是用于指示植物群落局域生境内多样性（α-多样性）的指数，常与辛普森生物多样性指数共同使用，评估有相似植物群落的植物生境，测算这一生境内的植物多样性。香农-威纳生物多样性指数计算公式为：

$$H = -\sum_{i=1}^{s}(P_i)(\ln P_i) \qquad (11-3)$$

也有将该公式换作：

$$H = -\sum_{i=1}^{s}(P_i)(\log_2 P_i) \qquad (11-4)$$

式中 H 为样品的信息含量（拜特/个体），即群落的多样性指数，S 为种数，P_i 是样品中属于第 i 种的个体的比例，如样品总个体数为 N，第 i 种个体数为 N_i，则 $P_i = N_i/N$。

用模拟资料说明香农-威纳生物多样性指数的含义。设有A、B、C三个群落，各由两个种所组成，调查结果见表11-14。按照公式（11-4）计算，香农-威纳生物多样性指数计算结果是0～1。显然，H 值的大小与直觉是相符的：群落B的多样性较群落C大，而群落A的多样性等于零。在香农-威纳指数中，包含着种数和各种间个体分配的均匀性（Equability或Evenness）两个成分。各种之间，个体分配越均匀，H 值就越大。如果每一个体都属于不同的种，多样性指数就最大；如果每一个体都属于同一种，则其多样性指数就最小。

表11-14　模拟物种群落的香农-威纳指数

群落	物种总数	甲物种	乙物种	计算公式	指数值（H）
群落A	100	100	0	$-(1.0\log_2 1.0)+0$	0
群落B	100	50	50	$-[0.50(\log_2 0.50)+0.50(\log_2 0.50)]$	1
群落C	100	99	1	$-[0.99(\log_2 0.99)+0.01(\log_2 0.01)]$	0.081

4. 凯恩斯生物多样性指数

水生生物的物种鉴定是专业性极强的工作，即便具有专业知识的人员，对浩瀚的种类做出准确的鉴定也十分困难。1968年凯恩斯设计了一种顺序连续比较指数（Sequential continuous comparison index，简称SCI），用于水质测评时可省略物种鉴定环节，这种指数实际上是一种概率统计方法，1980年Buikema等将此法进行了完善。这种指数的基本原理与其他生物多样性指数一样，认为水体质量一旦发生改变或者污染，群落中的生物多样性就会降低。

该方法把采集到的检测水域大型底栖无脊椎动物定量后，按常规方法检出动物并装入瓶中固定，分析时将瓶中的标本充分摇匀，迅速倒在事先划有若干平行线的瓷盘中。瓷盘中的平行线宽窄不限，但以大于样品中最大的标本为宜。倒出的标本要求能任意散布在瓷盘中，有些标本重叠堆积在一起的要用水冲散，不宜人为用工具将他们分开，以免影响测评结果。

将倒出散开后必然是杂乱无章的样本，用工具移动至最靠近的平行线上排列起来（图11-1），按顺序自左至右，组合比较标本的异同，用仅限的两种符号表示记数结果，如将第一个标本用"+"表示，相同的标本也记数为"+"，用"−"表示不同，从第二

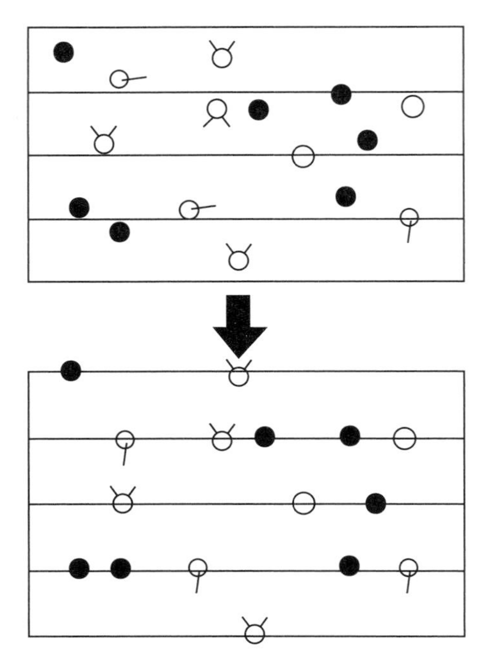

图 11-1　凯恩斯指数的样本处理

个标本开始，与第一个标本不同的记为“−”，按此原则标记到最后一个样本，总符号数必须与标本个体数相等。顺序比较的结果见图 11-2。

+−+−++−++++−+−+−

图 11-2　凯恩斯多样性指数记数结果

第二步，将相同符号归类，并在相同符号下画一横杠，画线结果见图 11-3。

+− + − + + −+ + + + −+− +−

图 11-3　凯恩斯多样性指数画线结果

由图 11-3 可见，16 个标本被分成 13 个组，在这 13 个组中仅有 4 个“种”（图 11-1），这就是 SCI 法中的“种”数，SCI 的计算公式是：SCI＝组数/总样本数×“种”数＝13/16×4＝3.25。

显然，一个样品中的“种”数是不会改变的，但样品每倒出一次，各个标本所构成的排列次序就会变更一次，故做完一次顺序排列而获得一个 SCI 后，需要将标本收回瓶中，重复一次上述的工作。有时候一个样品中标本的数量很大，不便于做一次性处理，则第一次可先处理 50 个标本，得出一个指数，在这种情况下称之为 DI_1，DI_1＝组数/50，然后再处理第二次的 50 个标本，又得出一个 DI_1 值。根据实践结果，当达到第五次时，即 250 个标本时，DI_1 值就趋于稳定。凯恩斯还研究了重复次数与 DI_1 的函数关系，若 DI_1 平均值要求落在真值 20%之内且可信度达 95%，则记数需要重复一次，落在 10%之内而可信度同样为 95%，则需要重复七次左右。

由 SCI 的公式可见，若样品的全部标本均为不同的“种”，则 SCI＝组数＝总样本数＝

“种”数，则 SCI=1/总样本数。尽管这是一种极端的情况，但却反映出 SCI 符合这样的生态学基本规律，当群落在稳定且不受外界干扰，种类多且每种的数量分配较均匀时，多样性就较高；反之，当群落受到干扰，如受到污染，种类数将减少，而仅有的少数种类其数量就会增加，多样性降低。

SCI 是一个相对概念，单独的 SCI 值并不表明任何实际意义，只有通过比较，如比较同一群落在不同时间的 SCI，或者同一时间内不同群落的 SCI，才能从一系列不同的 SCI 中获得有用的信息，从而对环境做出评价。同时，由于 SCI 仅能区别两个标本的异同，从而丧失了许多有价值的物种信息；在操作过程中，倒出的样品标本很难获得随机分布，一个样品所需的重复次数也不容易达到。

（四）生物学评估方法存在的问题

生物学评价养殖水体质量具有连续、累积、灵敏和综合性等特点，一般不需要贵重的仪器和设备，比较经济、简便。同时可以反映出环境中各种污染物综合作用的结果，甚至可以追溯过去，进行回顾评价。还可对大型水利工程、工矿企业的建设进行生态效应的预测评价。但是，生物学评价方法依赖的指示生物存在着地域类别、适应性等问题，对评价结果产生偏差。

一般指示生物对养殖水体质量的改变，有忍耐性和适应范围，只有当污染物的水体含量达到一定的阈值，指示生物才能出现反应。所以，以指示生物的有无估计污染及其程度并不确切。况且，指示生物的分布也有明显的地理差异，敏感和耐污种类不易划分，测试到的污染结果，难以确定污染物的种类和浓度，需要与理化监测方法配合使用。

影响指示生物群落结构和物种数量大小的因素较多，污染只是一个方面，数学公式不能反映指示生物的基本特征。用不同指示生物所测算的生物多样性指数，相互之间既不能比较也不能反映指示生物的地理位置。用同一指示生物，在不同地理位置所测算的多样性指数也不能相互比较。

生物的生命过程是一个非线性过程，水体的污染程度与耐污指示生物种群之间的定量关系难以用数量表达，如水生植物与有机污染之间、水生动物与重金属污染之间，以及湖泊藻类与营养物质之间。当污染物达到一定的数量级时，非耐污物种开始出现大量消亡，并非随着污染物的增加，耐污物种在指数中的比例同步增长。因此仅能表达耐污物种大量繁殖时水体污染较严重。

生物种类繁多，生态系统多种多样，适应能力各不相同，因而生物学评价方法难以用作水体质量评价技术规程，不易统一而难以广泛推广，但它作为表达水体质量的间接指标，可为以物理、化学直接检测水体污染物质含量的评价方法做重要的补充和说明。

第四节　养殖水体质量的定量评价

养殖水体质量的定性评价是以水体滋养的生物为参照系，间接表达水体的质量，对水体内部的自身质量指标未做检测。表达养殖水体质量的直接指标是构成水体的水分子状况和水体中所含有的要素指标，新鲜水体的水分子处于不断运动的过程，老化水体由于水分子团聚体的形成，逐步成为“死水”。水体中所含的质量要素指标，可用来直接检测水体质量，是表达水体质量最客观的指标。一般水体的溶解氧表达着水体的新鲜程度，pH 表达水体的碱盐酸盐含量状况，氨氮含量表达水体中有机物或者无机物的代谢进展，也可用于表达水体中浮游动物的多少，磷含量代表水体中浮游植物的生长情况等。依据水体中标志物质的定量测定结果评价水体质量就叫做定量评价，是一种以物理检测、化学检测为主的水质评价方法，可以直接表达水体的质量状况。

养殖水体质量的定量评价以数学方法居多，如单因子法、指数法、模糊评价法、灰色理论法、人工神经元法等。20 世纪 80 年代后期，水体质量的指数评价法日趋成熟，形成了不同的评价体系，表现了各自的技术特点（表 11－15）。这些评价方法既能表达水体的质量状态，也能比较不同水体的质量差别。按照水体质量等级的确定原则，可以分为确定性方法和不确定性方法。其中确定性方法包括国标规定的单因子水质评价法（一票否决法）和指数法。

表 11－15　断面水体质量评价主要方法

评价方法	简　介	特　点	优缺点
单因子评价法	选取水质最差的检测项目作为评价依据	检测值最差的水质级别作为结果	计算简便；评估结果过保护，不能区分水质相近水体
指数法	综合污染指数法、内梅罗污染指数法、综合水质标识指数法、标识污染功能指数法等	将检测值与标准值运用数学公式进行计算	计算相对简便；无权重；凭经验选取参评指标
主成分分析法	把原来多个变量化为少数几个综合指标的一种统计分析方法	将多个变量化为几个综合指标	理论研究较完善；计算过程复杂，人为加入权重值，参评指标主观因素多
模糊评价法	选取水质参评指标，用模糊数学的隶属度理论把定性评价转化为定量评价	多因子评价法	运用矩阵及权重思想，选取隶属程度最大参数对应的类别；凭经验选取参评指标
灰色关联度	列出样本，利用内插公式进行归一，并计算与标准值的隶属度	关联度的级别	运用矩阵，加入权重，与各水质级别的标准进行关联，关联度较大的即为水质类别

一、确定性评价方法

确定性评价方法可以根据有关标准，确定水体质量的类别和用途，如Ⅰ～Ⅲ类水质水体可以用作饮用水的水源，Ⅳ类水体可以用做一般工业用水和人体非直接接触的娱乐水体等，Ⅴ类可以用做农业灌溉用水等。确定性评价方法原理清晰、计算简便，测评结果可以直观阅读水体的基本用途，记录水体的质量等级，但评价结果偏于概括。确定性评价方法主要有单因子法、综合指数法等。

（一）单因子评价法

单因子评价法的基本做法是，在所有参与综合水质评价的因子中，将评价因子测定值与该因子的水质类别标准值比较，选择水质最差的单项指标所属质量类别，代表该指标所在水域水体的质量类别，我国水质监测公报、GB 3838—2002 标准使用了这种方法标识水质。以汉江某断面测定资料为例（表 11－16），该断面监测了 7 项指标，其中 pH、溶解氧（DO）、5日生化需氧量（BOD_5）三项指标达地表水Ⅰ类水质指标，高锰酸钾指数（COD_{Mn}）、氨氮（NH_3-N）、总磷（TP）三项指标达地表水Ⅱ类水质指标，总氮（TN）一项指标为地表水Ⅲ类水质指标，由于7项指标中有1项为地表水Ⅲ水质指标，结论性评价以质量指标最差项所在的类别为该断面的水质类别，故该断面的整体水质评价为Ⅲ类（总氮超标）。

表11-16　汉江某断面水体质量理化指标单因子评价

检测项目	pH	DO	COD_{Mn}	BOD_5	NH_3-N	TP	TN
测定结果	7.51	7.37	2.03	2.20	0.292	0.030	0.508
GB 3838—2002 标准值	Ⅰ类	Ⅰ类	Ⅱ类	Ⅰ类	Ⅱ类	Ⅱ类	Ⅲ类
	6～9	≥6	≤4	≤3	≤0.5	≤0.1	≤1.0
与标准比较	在Ⅰ类范围	大于Ⅰ类	小于Ⅱ类	小于Ⅰ类	小于Ⅱ类	小于Ⅱ类	小于Ⅲ类
单项质量等级	Ⅰ	Ⅰ	Ⅱ	Ⅰ	Ⅱ	Ⅱ	Ⅲ
断面水体质量	Ⅲ类（总氮）						

单因子评价法可确定水体中的主要污染因子，它的特征值包含各评价因子的达标率、超标率和超标倍数，能够明确指出养殖水体的主要污染因子，直接掌握水质状况与评价标准之间的关系，有利于提出保护性措施，是一种操作简便、评价结果偏于保护的综合评价方法。由于它是按照污染最严重的单项指标标识水体综合质量，所以被称作“一票否决法”。但单一因子评价法无法将参评指标有机结合起来，否决了各参评指标间的关联性，不能反映养殖水体的综合质量状况。同时，它的过保护性使养殖水体之间难以相互比较。例如，甲水体的7项参评指标中6项为Ⅰ类，1项为Ⅱ类或者Ⅲ类，乙水体的7项参评指标全部为Ⅱ类，甲水体的质量等级与乙水体质量等级相同甚至低于乙水体的质量等级，这增加甲水体误判的可能，使该法评价的灵敏度降低。在区域水质考评中，单因子评级法会对水体环境保护的效果产生误判。

单因子方法测算水体污染指数的计算公式是：

$$I = C_i / S_i \tag{11-5}$$

式中 I 是第 i 项单因子测评指标的指数，C_i 是第 i 项单因子测评指标的实测值，S_i 是第 i 项单因子测评指标的标准值。这个公式表明，当水体中单因子指标测定值小于标准值时，水体的质量应当在选用标准等级的上一级等级上；当这个比值为1时，表明水体的该指标质量等级与标准等级相符；这个比值大于1时，表明该水体的测定指标的单因子质量等级在该标准等级的下一级等级。

（二）综合指数法

综合指数法比较典型的有指数模式、内梅罗模式和标识模式。综合指数法具有计算简便、概念清晰的特点。各类指数的基本原理是，将拟评价水体的污染物代表值与标准值比较，得到各污染物的指数，再通过数学方法计算所得到的综合指数。从这个基本原理出发，指数法衍生出叠加指数法、算术平均值指数法等。

1. 霍顿（Horton）水质指数法

1965年美国人霍顿选取水体的10个参评指标评价水质，用（11-6）公式计算水体污染指数（也叫做霍顿水质指数或德尔菲法）。

$$I_q = \left[\sum_{i=1}^{m} C_i W_i / \sum_{i=1}^{m} W_i\right] M_1 M_2 \qquad (11-6)$$

式中 I_q 为霍顿污染指数，C_i 是各实测浓度查得的水质评分（0～100，需要另行人为制定污染物浓度值与百分值之间的对应关系表），W_i 是各参数权重，M_1 为温度系数（1 或者 0.5），M_2 为感官明显污染系数（1 或者 0.5）。其中实测值与百分制分数的对应关系以及参数权重需要人为重新制定。

2. 布朗（Brown）水质指数

1970 年美国人布朗选取溶解氧、浑浊度、硝酸盐、总固体、磷酸盐、温度、pH、大肠菌群、杀虫剂、有毒元素共 10 个参数测评水质，确定每个参数的质量评分和权重，计算公式如下（11-7）：

$$WQI = \sum_{i=1}^{n} W_i P_i \qquad (11-7)$$

式中 WQI 为布朗污染指数，W_i 为参数权重（0～1），P_i 为参数的质量评分（0～100），参数权重和对应分值关系人为制定，其中 n 为参数的个数，这个公式要求：

$$\sum_{i=1}^{n} W_i = 1 \qquad (11-8)$$

3. 内梅罗（Memrow）污染指数法

1974 年内梅罗污染指数由美国人 Memrow 提出，最早应用于土壤的重金属污染测评中，这种指数重点考虑了污染最严重的因子。它要求先求出各污染因子与标准的分指数（超标倍数），然后求出参评分指数的平均值，取最大分指数值和平均值计算综合指数。分指数值的计算公式与单因子指数计算公式相同，即实测值与标准值之比。每个分指数值计算以后，选择其中比值最大的值用 $\mathrm{max_i}$ 表示，再计算出分指数的平均值 $\mathrm{avx_i}$，其中的 $\mathrm{avx_i}$ 计算公式如下：

$$\mathrm{avx_i} = \sum_{i=1}^{n} (C_i / S_i) \qquad (11-9)$$

式中 C_i 是单项参评指标的实测值，S_i 是对应的参评指标的标准值。

完成上述计算后，按照公式（11-10）计算水体的综合污染指数（内梅罗污染指数）值，用 $I_{综}$ 代表内梅罗污染指数：

$$I_{综} = [(\mathrm{max_i^2} + \mathrm{avx_i^2})/2]^{1/2} \qquad (11-10)$$

该法对于在水体中污染的单因子可以进行加权，方法是在公式（11-9）中增加权重系数（W_i），按公式（11-11）计算。

$$\mathrm{avx_i} = 1/n \sum_{i=1}^{n} (W_i C_i / S_i) \qquad (11-11)$$

公式（11-11）中的 W_i 为单因子污染物质的加权系数，与布朗指数一样，加权系数之和等于 1，见公式（11-8）。

内梅罗污染指数评价水体污染程度和污染水平的分级标准见表 11-17。内梅罗指数特别考虑了污染最严重的因子，如果不对单因子污染指数进行加权，可以避免计算结果的主观因素影响，是养殖水体质量评价中应用较多的一种环境质量指数。但是，内梅罗综合指数最大分指数项重复计算（以指数的平方值参与计算），过分突出污染指数最大因子的影响，在评价时会人为地夸大或缩小一些因子的影响作用。有学者从数学方法上分析证明，内梅罗污染指数值的大小，是由水体污染物的相对污染值中最大值所决定的，实质上仍然属于单因子评价法。同时，它也使污染指数对养殖水体质量评价的灵敏性降低，在某些情况下，它的计算结果难以区分养殖水体污染程度的差别。

表 11-17　内梅罗污染指数评价水体污染的分级

污染等级	内梅罗污染指数	污染程度	污染水平
1	$I_{综} \leq 0.7$	安　全	清洁
2	$0.7 < I_{综} \leq 1.0$	警戒线	尚清洁
3	$1.0 < I_{综} \leq 2.0$	轻污染	污染物超过期初污染值，养殖水体指示生物出现反应
4	$2.0 < I_{综} \leq 3.0$	中污染	指示生物污染损害症状明显，开始出现死亡
5	$I_{综} > 3.0$	重污染	鱼类反应症状明显，开始出现死鱼，24 小时内泛塘死亡

4. 叠加指数法

叠加指数是指将参评指标的分指数所得值进行加和，构成综合表征水体质量的指数。这种指数计算简便，在不同水体的参评指标一致情况下，可以进行水体间质量的相互比较，忽略不同污染物对水体污染程度和加害性的不同。它的计算公式如下：

$$I = \sum_{i=1}^{n} C_i / S_i \tag{11-12}$$

5. 算术平均污染指数法

算术平均污染指数法又称综合污染指数，就是将叠加指数的计算结果进行均分，用叠加指数除以参评指标的数目，这个指数解决了因参评指标不同而不能比较问题。算术平均污染指数的计算公式如下：

$$I = 1/n \sum_{i=1}^{n} C_i / S_i \tag{11-13}$$

6. 加权平均污染指数法

加权平均污染指数法可以赋予污染指标不同的权值，这种赋值加权可以调整不同指标对水体污染的权重，突出重要污染物质在指数构成中的比重。如针对我国江河污染的区域性进行加权，西南诸河的主要污染物质为氨氮，则在计算污染指数时赋予该指标较大的权重，在东北则可突出石油类指标的权重。参评指标的加权方法仍然按照公式（11-8）的要求，总的加权值之和为 1。加权平均污染指数的计算公式与公式（11-11）相同。

加权平均污染指数具有较强的适应性，但不同的权重确定方法和赋值大小，可能会降低加权指数法的可比性。

7. 水质标识指数法

水质标识指数法由徐祖信等（2005）提出，该法也称作综合水质标识指数评价法，它是以单因子水质标识指数为基础，以一组有机污染指标和富营养化指标综合评价河流水质。综合水质标识指数的组成是，WQI=$X_1 \cdot X_2X_3X_4$，式中 X_1 为河流总体的综合水质级别，X_2 为综合水质在 X_1 类与高一类水质指标变化区间内所处的位置，X_3 为参与综合水质评价的水质指标中，劣于水体环境功能区目标的单项指标个数，X_4 为综合水质类别与水体功能区类别的比较结果。如果综合水质类别好于或者达到功能区水质类别级，则 $X_4=0$，如果 $X_4=1$，说明综合水质劣于功能区要求类别 1 个类别，以此类推。

水质标识指数是一种基于代数运算的水质连续刻画评价方法，这种方法考虑了污染指标单因子的影响力，也整合了所有参与评价指标的整体相似性，基于单因子水质指数，按照下列公式计算 $X_1 \cdot X_2$ 及综合污染指数 $C_1 \cdot C_2$：

$$X_1 \cdot X_2 = 1/m\sum_{i=1}^{m}(P_1 + P_2 + \cdots + P_m) \tag{11-14}$$

$$C_1 \cdot C_2 = 1/(m+1)\left(\sum_{i=1}^{m}P_i + 1/\mathrm{n}\sum_{j=1}^{n}P_j\right) \tag{11-15}$$

上式中 $X_1 \cdot X_2$ 是水质标识指数的前两位计算值；P_1、P_2、$\cdots P_m$ 为参评指标的分指数；$C_1 \cdot C_2$ 为水质标识指数；P_i 为主要污染指标的单因子水质指数；P_j 为除主要污染指标外，其他参与综合水质评价水质指标的单因子水质指数，所有非污染指标共计 1 个权重；m 为主要污染指标的数目；n 为非主要污染指标的数目。

运用水质标识指数可单独判定水体的质量等级，在与 2002 标准水体质量等级相同的情况下，水质标识指数的判定值标准见表 11－18。

表 11－18　水质标识污染功能指数评价水体质量综合标准

水质标识指数值	综合水质类别	水质标识指数值	综合水质类别
$1.0 \leqslant C_1 \cdot C_2 \leqslant 2.0$	Ⅰ类	$5.0 < C_1 \cdot C_2 \leqslant 6.0$	Ⅴ类
$2.0 < C_1 \cdot C_2 \leqslant 3.0$	Ⅱ类	$6.0 < C_1 \cdot C_2 \leqslant 7.0$	劣Ⅴ类，不黑臭
$3.0 < C_1 \cdot C_2 \leqslant 4.0$	Ⅲ类	$C_1 \cdot C_2 > 7.0$	劣Ⅴ类，黑臭
$4.0 < C_1 \cdot C_2 \leqslant 5.0$	Ⅳ类		

以表 11－16 的资料为例，计算水质的标识指数。从表 11－16 可以看出，该断面总氮（TN）含量超过地表水Ⅱ类，该水体质量为地表水Ⅲ类，故标识指数的首位为 3，小数部分的第 2、第 3 位按照下面的方法计算而得：

7.51/7.0+7.37/6+2.03/4+2.20/3+0.292/0.5+0.030、0.1+0.508/1.0=4.93

取该计算所得值的小数部分为 0.93，故标识指数的前 3 位为 3.93，其中的首位 3 来自该水体断面的质量类别，因为该水体的总氮超标Ⅱ类，水质标准判定为Ⅲ类，所以指数首位取 3。指数第 4 位（也就是小数部分的第 3 位）根据超标指标的个数确定，本例中超过地表水Ⅱ类标准的仅有总氮 1 项，故标识指数的第 4 位为 1，标识指数的最终值为 3.931，第一位代表该断面水质为Ⅲ类，小数部分的第 1、第 2 位表示该断面水体的指标超标程度，接近 1 倍的超标值，最末位 1 表示超过地表水Ⅱ类水质的指标有 1 项。

（三）分级评分法

分级评分法是将评价指标的代表值与各类水体分级标准分别进行对照比较，确定其单项的污染分级，然后进行等级指标的综合叠加，综合评价水体的类别或者等级。比较典型的分级评分法包括布朗水质指数法、罗斯（Ross）水质指数、W 值水质指数以及百分制分级法等。

布朗等人选取 9 项评价指标，采用德尔菲法（公式 11－6）赋予权重，计算水质污染指数。在此基础上，罗斯剔除受地球化学影响的指标，选取生化需氧量、溶解氧、氨氮、悬浮物等 4 项直接具体地反映水体污染状况的指标，并分别赋予权重。由于在评分尺度上具有很大的随意性，罗斯水质指数一般仅适用于水体质量的初步评价。

W 值水质指数是以水体各项指标实测值对照水质类别进行评分，Ⅰ、Ⅱ、Ⅲ、Ⅳ、Ⅴ类水体分别得 10 分、8 分、6 分、4 分、2 分，结果写成数学模式：

$SN_{10}^{n}N_{8}^{n}N_{6}^{n}N_{4}^{n}N_{2}^{n}$，其中 S 为监测总项数，N_{10}^{n}、N_{8}^{n}、N_{6}^{n}、N_{4}^{n}、N_{2}^{n} 分别为检测值得 10 分、8 分、6 分、4 分、2 分的项数，以最低 2 项得分之和确定该水体的水质类别，其中Ⅰ类最低 2 项之和为 20 分或者 18 分，Ⅱ类最低 2 项之和为 16 分或者 14 分，以此类推，Ⅴ类最低 2 项之和为 4 分。

以溶解氧评价为例，Ⅰ类水体的标准含量为每升 7.5 毫克，Ⅱ类水体的标准含量为每升 6.0 毫克，溶解氧含量大于每升 7.5 毫克的单项评为Ⅰ类，得 10 分；溶解氧每升含量在 6.0～7.5 毫克的单项评为Ⅱ类，得 8 分。以此类推，5 日生化需氧量、高锰酸盐指数、氨氮、总磷等参评指标也能得到 10 分、8 分等的分值。如果水体参评的指标项数为 7 项，其中 2 项得 10 分、3 项得 8 分，1 项得 6 分，1 项得 2 分，则该水体的质量评价结果写为 723 101，中间的“0”代表该水体得 4 分的指标是没有的。该结果的读取是，参评 7 项指标中，2 项得 10 分，3 项得 8 分，1 项得 6 分，0 项得 4 分，1 项得 2 分，也就说，7 后面的数字按顺序代表 7 项参评指标中得 10 分、8 分、6 分、4 分、2 分的项目数量。由于该水体有 2 项得 10 分，这 2 项合计为 20 分（≥18 分），该水体质量为Ⅰ类。

多因子养殖水体环境质量指数的综合评价方法很多，除了上述方法外还可以采用向量模法或幂指数法进行综合评价。用环境质量指数评价法可以判断环境质量与评价标准之间的关系；一般说来，$i>1$，说明环境质量已不能满足评价标准的要求；$i=1$，说明环境质量处于临界状态；$i<1$，说明环境质量较评价标准的要求为好。

二、不确定性评价方法

水体质量类别是养殖水体质量的标识，它的界定具有一定的区间范围，指标浓度包含在同一级别内的不同水体，污染情况可能有所不同，如测得的浓度值靠近类别上限和下限的两类水体，仅以一个确定性指标归类，并不能反映两种水体的差异。为解决这个问题，20 世纪 80 年代以来，一些不确定性理论的研究和测评方法出现，试图达到准确表征养殖水体的质量级别。

（一）模糊评价法

模糊评价法是一种基于矩阵运算的方法，用模糊数学中隶属函数来描述水体分级的界限。由于它是一种范围描述，评价结果比较接近实际。养殖水体水质变化具有连续性状的特点，是一个数量性状的连续变化过程，也就是说，在Ⅰ类水质和Ⅱ水质之间，用数学方法表示水体质量时，可以有无数个质量性状，如水体的氨氮含量在每升0.5毫克到每升0.6毫克之间有无数个含量值的变化，因此，分级标准只是这种连续性状的间断描述。应用模糊数学描述这种性状，可以合理体现水体污染程度不宜点状描述的特点，通过构造隶属函数和模糊关系矩阵描述水体污染状况更为合理。

模糊数学主要适用于各个评价因子超标情况接近，不存在单因子否决的情况，评价的出发点是为了体现不同评价因子对水体质量的综合影响。但是，模糊数学的计算十分复杂，不易操作，不能确定主要污染因子，还可能掩盖有毒有机物质、重金属等对人体健康和生态环境威胁较大的污染物的影响，实际应用价值不大，特别是在基层推广应用困难较大。这种评价方法主要有模糊聚类法、模糊贴近度法、模糊距离法等，评价结果可表示为：

$$P = \{a_1, a_2, a_3, a_4, a_5\} \qquad (11-16)$$

上式中 P 为综合水质评价结果，a_i（i=1，2，3，4，5）为综合水质对第 i 类水质类别的隶属程度，最大隶属度对应的水质类别即为综合水质类别。如计算结果 P= {0.156，0.141，0.375，0.303，0.026} 矩阵中最大隶属度是处在第3位的0.375，则该水体的综合水体质量类别为Ⅲ类。

（二）灰色评价法

灰色评价法以灰色理论分析方法为基础，把水质评价指标视为灰色系统的灰色离散函数进行分析。这种理论认为，水体系统可以看做是一个灰色系统，部分信息已经知道，还有部分信息未知或者不确定，这就需要首先计算出水体中各因子的实测浓度与各级水质标准的关联度，然后根据关联度大小确定水体级别。对处于同类水质的不同水体，可通过其与该类标准水体的关联度大小进行优劣比较。这种评价方法主要有灰色聚类法、灰色关联评价法、灰色聚类关联法、灰色模式识别法。

灰色评价法体现了水体质量变化的不确定性，可根据关联度的数值对同类水体的数值进行比较，具有排序明确和可比性强等优点，但其缺点是计算复杂，也存在信息丢失和分辨率低等问题。

三、其他定量评价方法

（一）主成分分析法

主成分分析法是一种成熟的按数据降维或者特征根提取的方法，属于数理统计的应用范畴。它把给定的一组相关变量通过线性变换转化成领域组不相关的变量，且保持总方差不变，所以这些新的变量可以按照方差依次递减的顺序排列，形成所谓的主成分，使第一主成分具有最大的方差，第二主成分的方差次之，并且和第一变量不相关，以此类推。由于每个主成分都是原始变量的线性组合，而且各个主成分之间又互不相关，这使得主成分比原始变量具有一些更优越的性能。这样，在研究复杂问题时，就可以只考虑少数几个主成分而不至于损失太多信息，使问题得到简化，提高分析和处理的效率。

由于主成分分析的基本思想是通过线性变换来构造原始变量的一系列线性组合，因此，用主成分分析的前提是，各指标之间具有较好的线性关系。在提取主成分时，各因子（主成分）方差的累积贡献率大于85%，特征根大于1，是确定主成分的标准条件。主成分分析法能够较为合理地对评价因子进行赋值，在水质评价因子赋值中具有良好的应用前景。

主成分分析法是一种数学变换方法，它把给定的一组相关变量通过线性变换，转化为一组不相关的变量，也就是将原始变量经过主成分分析后得到新变量（综合变量）。以渭河流域陕西段干流的13个监测断面和10条主要支流（金陵河、灞河、黑河、沣河、皂河、涝河、临河、沈河、漆水河和北洛河）的12个监测断面为例，选取水质评价中的常用10项指标（溶解氧、高锰酸盐指数、5日生化需氧量、氨氮、化学需氧量、挥发酚、氰化物、汞、六价铬、油类）作为评价数据，对数据进行统计整理后（表11－19），进行标准化处理并计算10项指标之间的相关系数（表11－20）。结果显示，化学需氧量标准差最大，说明化学需氧量的极大值与极小值相差最大，反映出化学需氧量在10项指标中的不同断面差别较大；汞的标准差最小，说明汞在10项指标中的不同断面差别最小。指标间的相关系数以5日生化需氧量与氨氮之间的相关系数最大（0.972），其次是高锰酸盐指数与挥发酚（0.949），相关系数绝对值最小的是氰化物和油类（0.006），溶解氧和高锰酸盐指数也有较强的负相关（－0.697）。

表11－19　25个断面10项指标的统计资料整理结果

水质指标	极小值	极大值	平均值	标准差	水质指标	极小值	极大值	平均值	标准差
溶解氧	1.11	9.67	6.056 80	2.243 44	挥发酚	0.00	0.13	0.011 39	0.027 54
COD_{Mn}	1.80	50.20	9.268 00	9.417 17	氰化物	0.00	0.00	0.002 38	0.000 90
BOD_5	1.00	43.50	8.088 00	9.436 91	汞	0.00	0.00	0.000 03	0.000 04
氨氮	0.22	28.51	4.249 40	6.465 02	六价铬	0.00	0.04	0.007 24	0.010 19
COD	10.00	129.00	35.360 0	25.519 40	油类	0.01	2.27	0.345 20	0.454 96

表11－20　各断面水质主要污染指标相关系数

水质指标	溶解氧	COD_{Mn}	BOD_5	氨氮	COD	挥发酚	氰化物	汞	六价铬	油类
溶解氧	1.00									
COD_{Mn}	−0.697	1.00								
BOD_5	−0.683	0.911	1.00							
氨氮	−0.636	0.892	0.972	1.00						
COD	−0.619	0.925	0.910	0.883	1.00					
挥发酚	−0.605	0.949	0.811	0.805	0.824	1.00				
氰化物	−0.290	0.009	−0.055	−0.138	−0.083	−0.064	1.00			
汞	−0.384	0.807	0.709	0.739	0.771	0.844	−0.281	1.00		
六价铬	0.124	0.036	0.212	0.224	0.225	−0.126	0.090	0.152	1.00	
油类	−0.533	0.928	0.780	0.812	0.832	0.934	0.006	0.879	0.104	1.00

进行水质指标方差分解，分析主成分构成，通过SPSS（统计产品与服务解决方案）软件提取主成分特征值（表11－21）。特征值是表示主成分影响力度大小的指标，如果特

征值小于1，说明该主成分的代表性不强，解释力度不够。表11-21显示，特征值大于1的3个主成分的累积贡献率达到90.101%，根据累积贡献率大于85%的原则，前3个主成分为本例的特征值。然后用3个新变量代替原来的10个变量，各水质指标与主成分之间的载荷矩阵关系见表11-22。由该表可以看出，第一主成分主要反映的是溶解氧（绝对值高）、高锰酸盐指数、5日生化需氧量、氨氮、化学需氧量、挥发酚、汞、油类8项指标，第二主成分与氰化物呈现较高负相关（−0.889），第三主成分和六价铬呈现很高正相关（0.958）。

表11-21　水质指标方差分解主成分提取分析

主成分	初始特征值			主成分	初始特征值			提取特征值		
	特征值	贡献率（%）	累积（%）		特征值	贡献率（%）	累积（%）	特征值	贡献率（%）	累积（%）
1	6.587	65.866	65.866	6	0.124	1.236	98.784	6.587	65.866	65.866
2	1.275	12.752	78.618	7	0.064	0.639	99.423	1.275	12.752	78.618
3	1.148	11.483	90.101	8	0.037	0.373	99.797	1.148	11.483	90.101
4	0.543	5.432	95.533	9	0.014	0.138	99.935			
5	0.202	2.016	97.549	10	0.007	0.065	100.00			

表11-22　各水质指标主成分载荷矩阵

水质指标	成分			水质指标	成分		
	1	2	3		1	2	3
溶解氧	−0.692	0.554	0.113	挥发酚	0.935	−0.017	−0.249
COD_{Mn}	0.983	−0.082	−0.063	氰化物	−0.060	−0.889	0.328
BOD_5	0.941	−0.017	0.124	汞	0.857	0.327	−0.044
氨氮	0.938	0.075	0.113	六价铬	0.121	0.233	0.958
COD	0.941	0.048	0.117	油类	0.930	0.021	−0.019

完成上面的计算步骤后，在SPSS软件中调出各断面的得分值和综合得分，就可以对断面进行定量化的污染程度描述，得分越大污染程度越高。

（二）人工神经网络法

人工神经网络法是一种基于样本训练的评价方法，由具有适应性的简单单元组成广泛的互联网。它的组织能够模拟生物神经系统，对养殖水体的质量变化做出交互反应，这种评价方法最典型的是基于BP（Back propagation）计算的神经网络，由Rumelhart和McClelland等提出，是一种按照误差逆向传播算法训练的多层前馈神经网络，也是目前应用比较广泛的神经网络水质评价系统。基本思想是，对选定的水质测定样本，通过不断地正向和反向调控反馈，对BP正径网络进行训练，直到得出满意的与样本预期输出相符合的计算结果。在得到训练并能赋值运算的BP网络中进行水体质量评价，所选样本通常为国家标准标准指标浓度值，评价结果是一个连续性的水质类别，当$\alpha \leqslant P < \alpha + 1$时，

表示被评价的水质综合类别是 α 类。P 代表水体质量类别，α 代表计算结果。

水体质量评价的神经网络一般具有三层结构或者三层以上的结构，包括输入层、中间层、隐含层和输出层，有的将中间层包含在隐含层内。每层由若干个节点构成，每一个结点表示一个神经元，上下层之间依靠权重连接，同一层之间没有联系（图 11-4）。它利用最陡坡降法，把误差函数最小化，将网络输出的误差层逆向传播，同时分摊给各层单元获得各层单元的参考误差，进而调整人工神经元网络相应的连接权，直到整个网络的误差达到最小化。

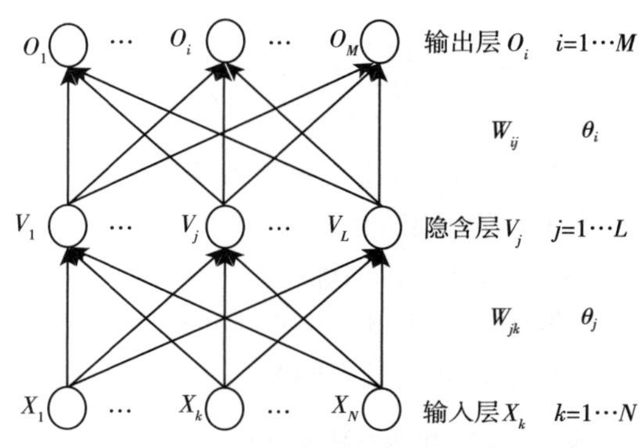

图 11-4　BP 神经网络拓扑结构图（三层结构）

BP 神经网络计算步骤是：设输入层神经元为 m 个，隐含层神经元为 6 个，输出神经元为 n，W_{ij} 和 V_{ji} 分别表示输入层到隐含层、隐含层到输出层的链接权值，$Q1_j$ 和 $V1_j$ 分别表示隐含层、输出层神经元的阈值。

首先给予连接权值及阈值赋值，按照随机赋值范围（−1，+1）数量赋值，将 k（k=1）的样本输入到网络中，计算隐含层第 j 神经元输入 S_j 和输出 b_j，其计算式如下：

$$S_j = \sum_{i=1}^{m} W_{ij} x_{jk} - Q1_j \quad (j = 1, 2, \cdots, l)$$

$$b_j = f(S_j) \quad (j = 1, 2, \cdots, l)$$

式中 $f(x)$ 为网络响应函数，取 $f(x)$ 为 Sigmoid 函数，即：

$$f(x) = 1/(1 + \mathrm{e}^{-x})$$

完成上述计算后，计算第 i 个神经元的输入和输出 $C_t = f(L_t)$：

$$f(L_t) = \sum_{j=1}^{l} V_{ji} b_j - V1_j \quad (t = 1, 2, \cdots, n)$$

计算出输出层各神经元的一般化误差 d_t：

$$d_t = (Y_t - C_t) C_t (1 - C_t) \quad (t = 1, 2, \cdots, n)$$

式中 Y_t 为第 t 神经元的希望输出值。最后的步骤是计算隐含层第 j 神经元的一般化误差 E_j：

$$E_j = \sum_{j=1}^{l} (d_t V_{jt}) b_j (1 - b_j) \quad (j = 1, 2, \cdots, l; \ t = 1, 2, \cdots, n)$$

反馈调整权值和阈值：

$$\Delta V_{jt} = \eta d_t b_j \quad (j = 1, 2, \cdots, l; t = 1, 2, \cdots, n)$$
$$\Delta V1_t = -\eta d_t \quad (t = 1, 2, \cdots, n)$$
$$\Delta W_{ij} = \eta E_j x_{ik} \quad (i = 1,2,\cdots m; j = 1, 2, \cdots, l)$$
$$\Delta Q1_j = -\eta E_j \quad (j = 1, 2, \cdots, l)$$

上面这些算式中 η 为学习速率，$0<\eta<1$。

在完成上述计算后，选取下一个训练样本对（$k=2$），重复上面的计算过程，直到所有样本对（$k=1，2，\cdots k$）训练完毕，即完成了训练样本集的一轮训练。最后计算全局误差 SSE：

$$SSE = \sum_{k=1}^{M}\sum_{t=1}^{n}(Y_t^k - C_t^k)^2/2$$

上式中 M 为学习样本的对数，Y_t^k 为第 k 对学习样本的希望输出，C_t^k 为第 k 对学习样本的计算输出。如果 SSE 小于预先设定的一个误差值，则网络停止学习，否则将从隐含层开始重复计算，进行学习样本的下一轮训练。

以表 11－23 资料为例，按照 GB 3838—2002（补充该标准部分项目，表 11－24），用 BP 神经网络的方法评价水体质量，并比较不同断面水质相对的优劣。

表 11－23　地表水环境质量监测统计资料

单位：毫克/升

采样点	溶解氧	悬浮物	总硬度	高锰酸盐指数	5 日生化需氧量	氨氮	挥发酚	六价铬	总磷	氟化物	大肠杆菌
黄　河	6.98	3 596.04	138.94	4.80	3.48	0.744	0.005	0.021	1.48	0.706	357
清水河	6.72	119.73	202.58	65.92	34.47	0.363	0.005	0.002	0.00	1.065	18 425
茹　河	7.69	786.52	220.85	3.06	1.37	0.224	0.001	0.012	0.00	1.042	20 217
四二干沟	3.43	541.86	140.40	14.74	17.89	18.600	0.040	0.013	0.61	0.962	369.25
银新干沟	4.40	872.97	156.10	34.61	41.23	15.260	0.023	0.019	0.88	1.671	181.67
第二排水沟	4.20	273.09	261.07	20.60	9.84	8.418	0.059	0.021	0.00	1.702	0.00
第五排水沟	5.15	429.00	256.15	19.64	9.33	0.710	0.012	0.015	0.00	0.700	0.00
吴忠清水沟	2.17	7 008.83	295.20	1 032.00	123.96	4.648	0.458	0.211	0.00	0.000	0.00
武灵人黄口	4.38	3 753.11	274.03	184.50	50.53	2.168	0.065	0.047	0.00	0.000	0.00

表 11－24　地表水环境质量标准（补充版）

单位：毫克/升

水质类别	Ⅰ	Ⅱ	Ⅲ	Ⅳ	Ⅴ	水质类别	Ⅰ	Ⅱ	Ⅲ	Ⅳ	Ⅴ
溶解氧	8	6	5	3	2	挥发酚	0.001	0.002	0.005	0.01	0.1
悬浮物	30	40	70	100	150	六价铬	0.01	0.02	0.03	0.05	0.1
总硬度	120	150	180	220	250	总磷	0.02	0.05	0.1	0.15	0.2
化学需氧量	2	4	6	8	10	氟化物	0.6	0.8	1.0	1.4	1.5
生化需氧量	2	3	4	6	10	大肠杆菌	0.0	10	100	1 000	10 000
氨氮	0.4	0.5	0.6	0.8	1.0						

本例将污染指标数作为输入层神经元的个数，将不同水质等级各污染指标下的水质标准浓度作为训练 BP 网络的学习样本，然后确定隐含层及隐含层单元数。本例将隐含层确定为 1，隐含层单元数按照表 11－23 的数据个数确定。最后，输出层神经元数及期望输出，单元数取为水质分级数，期望输出结果见表 11－25。

表 11－25　BP 神经网络法示例的非线性规划后的原始数据及期望输出

水质类别	Ⅰ	Ⅱ	Ⅲ	Ⅳ	Ⅴ	水质类别	Ⅰ	Ⅱ	Ⅲ	Ⅳ	Ⅴ
溶解氧	0.800 1	0.504 1	0.400 1	0.252 1	0.200 1	总　磷	0.800 1	0.635 1	0.432 1	0.294 1	0.200 1
悬浮物	0.800 1	0.712 8	0.504 1	0.356 5	0.200 1	氟化物	0.800 1	0.588 0	0.432 1	0.233 4	0.200 1
总硬度	0.800 1	0.581 1	0.422 1	0.275 5	0.200 1	大肠杆菌	0.800 1	0.799 0	0.789 1	0.696 6	0.200 1
化学需氧量	0.800 1	0.565 8	0.400 1	0.282 9	0.200 1	期望输出	0.800 1	0	0	0	0
生化需氧量	0.800 1	0.672 8	0.565 8	0.400 1	0.200 1		0	0.650 1	0	0	0
氨氮	0.800 1	0.635 1	0.504 1	0.317 6	0.200 1		0	0	0.500 1	0	0
挥发酚	0.800 1	0.789 0	0.756 5	0.705 4	0.200 1		0	0	0	0.250 1	0
六价铬	0.800 1	0.685 9	0.588 0	0.432 1	0.200 1		0	0	0	0	0.200 1

在将原始数据的非线性规格化后，进行网络训练，将表 11－25 中的非线性规格化后的 5 个学习样本以此输入图 11－4 所示的网络中。按上述 BP 网络学习算法的步骤反复训练，反复训练后的均方差 $SSE<0.000\ 01$ 时结束训练，并输出此时经调整后各层之间的连接权值和各层阈值。用输出后的权值和各层阈值对应计算表 11－23 中的 9 个采样点的水质指标输出值，计算结果见表 11－26。

表 11－26　地表水水环境质量评价输出结果

采样点	输出值				
黄　河	0.009 1	0.020 3	0.000 8	0.000 1	0.065 8
清水河	0.000 0	0.281 4	0.000 4	0.000 1	0.685 8
茹　河	0.000 0	0.358 7	0.000 1	0.000 0	0.888 9
四二干沟	0.000 0	0.000 1	0.003 4	0.009 3	0.000 9
银新干沟	0.000 0	0.001 3	0.000 7	0.015 7	0.041 7
第二排水沟	0.000 8	0.000 0	0.000 8	0.002 8	0.085 3
第五排水沟	0.009 0	0.000 0	0.000 3	0.896 1	0.000 3
吴忠清水沟	0.000 1	0.000 2	0.000 9	0.000 7	0.018 8
武灵入黄口	0.012 0	0.000 1	0.002 0	0.000 0	0.152 8

将各采样点的输出结果和学习样本的实际输出（表 11－25）相比较，可给出 9 个采样点的水质评价结果（表 11－27）。同时可列出模糊综合判断评价法的评价结果，发现神经网络评价结果与模糊评价法基本相同。

表 11-27　地表水水质环境质量评价结果

采样点	神经网络	模糊评价	采样点	神经网络	模糊评价
黄　河	Ⅴ	Ⅴ	第三排水沟	Ⅴ	Ⅴ
清水河	Ⅴ	Ⅴ	第五排水沟	Ⅳ	Ⅴ
茹　河	Ⅴ	Ⅴ	吴忠清水沟	Ⅴ	Ⅴ
四二干沟	Ⅳ	Ⅴ	灵武入黄口	Ⅴ	Ⅴ
银新干沟	Ⅴ	Ⅴ			

（三）层次分析法

层次分析法（Analytic hierarchy process，AHP）是将与决策总是有关的元素分解成目标、准则、方案等层次，进行定性和定量分析的一种层次权重决策方法，为美国匹茨堡大学萨蒂（Saaty）于 20 世纪 70 年代提出。这种方法将复杂的多目标决策问题分解为多个目标或准则，进而分解为多指标（或准则、约束）的若干层次，通过定性指标模糊量化方法计算出层次单排序（权数）和总排序，以此作为目标（多指标）、多方案优化决策的系统方法。

1. 层次分析法的基本做法

层次分析法是将决策问题按总目标、各层子目标、评价准则直至具体的备择方案的顺序分解为不同的层次结构，然后再用求解判断矩阵特征向量的办法，求得每一层次的各元素对上一层次某元素的优先权重，再用加权方法递阶归并各备择方案对总目标的最终权重，最终权重最大者即为最优方案。这里所谓"优先权重"是一种相对量度，它表明各备择方案在某一特点的评价准则，或子目标下优越程度的相对量度，以及各子目标对上一层目标而言重要程度的相对量度。

层次分析法比较适合于具有分层交错评价指标的目标系统，且目标值又难于定量描述的决策问题。其用法是构造判断矩阵，求出其最大特征值及其所对应的特征向量 W，归一化后，即为某一层次指标对于上一层次某相关指标的相对重要性权值。归一化就是要把需要处理的数据经过处理后（通过某种算法）限制在所需要的数值范围内。首先归一化是为了后面数据处理的方便，其次是保证程序运行时快速收敛，归一化的具体作用是归纳统一样本的统计分布性。归一化在 0～1 是统计的概率分布，归一化在某个区间上是统计的坐标分布。

2. 层次分析法在水体质量测评中的应用步骤

在水体质量测评中，AHP 首先要确定目标层、准则层和指标层。目标层表示所需要达到的目的，准则层进一步刻画评价目标水平和内部协调性，每个准则层包括若干指标，指标选取要结合实际状况，能综合反映实际状况的特殊性。其次，筛选评价指标，这是评价水体质量的重要程序，选择的指标要正确反映水质状况和水域功能区目标用途。养殖用水除渔业用水标准外，主要针对养殖过后的排放水体做质量评估，确定该水体的后续用途。第三，确定评价指标体系。一般通过指标相关性来确定评价指标体系，这需要四个过程完成，一是评价指标的标准化处理，二是各个评价指标之间简单相关系数的计算，三是规定临界值 M（$0<M\leqslant1$），四是确定评价指标体系。在实际应用中，具体可以按照以下四个步骤进行：

一是建立递阶层次结构模型，这需要将问题条理化、层次化，构造出一个有层次的结构模型，一般将这些层次分为最高层（目的层），中间层（准则层），最底层（方案层）。递阶层次结构中的层次数与问题的复杂程度及需要分析的详尽程度有关，一般低层次不受限制。每一层次中各元素所支配的元素一般不超过 9 个。

二是构造出各层次中的所有判断矩阵，如准则层的各准则在目标衡量中所占的比重并不一定相同，在决策者的心目中，它们各占有一定的比例。引用数字 1～9 及其倒数作为标准来判断矩阵 $A=(\alpha_{ij})_{nxn}$（表 11－28）。

表 11－28　判断矩阵标度定义

标度	含　义	标度	含　义
1	表示两个因素相比，具有相同重要性	7	表示两个因素相比，前者比后者强烈重要
3	表示两个因素相比，前者比后者稍重要	9	表示两个因素相比，前者比后者极端重要
5	表示两个因素相比，前者比后者明显重要	2，4，6，8	表示上述相邻判断的中间
倒数	若因素 i 与因素 j 的重要性之比为 α_{ij}，则因素 j 与因素 i 重要性之比为 $\alpha_{ji}=1/\alpha_{ij}$		

三是进行层次单排序及一致性检验。一致性指标（Consistency index，CI）的计算公式是：

$$CI=(\lambda_{max}-n)/(n-1) \tag{11-17}$$

其中 λ_{max} 为判断矩阵的最大特征值，查找一致性指标（RI）需要在给定的标准表中寻找（表 11－29）。

表 11－29　矩阵平均随机一致性指标

n	1	2	3	4	5	6	7	8	9	10	11	12	13	14
RI	0	0	0.52	0.89	1.12	1.24	1.36	1.41	1.46	1.49	1.52	1.54	1.56	1.58

计算一致性比例 CR（Consistenev ratio），CR 的计算公式是：

$$CR=CI/RI \tag{11-18}$$

当 $CR<0.1$ 时，就可以认为判断矩阵的一致性是可以接受的，否则应对判断矩阵做适当修正。

四是进行层次总排序和一致性检验。最终要得到各元素，特别是最低层次中各方案对目标的排序权重，从而进行方案选择。对层次总排序也需要作出一致性检验，计算各层次要素对系统总目标的合成权重，并对各备选方案排序。

3. 层次分析法的基本运算

运用层次分析法测评养殖水体水质，需要计算层次分析法中的权重向量 W，权重向量 W 的计算方法有以下几种：

一是几何平均法，也叫做方根法，计算公式是：

$$W_i = \left[(\prod_{j=1}^{n} \alpha_{ij})^{1/n}\right] \Big/ \left[\sum_{i=1}^{n} (\prod_{j=1}^{n} \alpha_{ij})^{1/n}\right] \quad (i = 1, 2, \cdots, n)$$

上式中 α_{ij} 为元素代号，$\prod$ 表示连续乘积的意思，n 为矩阵中元素的个数，j 表示矩阵中元素的行数，i 表示矩阵中元素的列数。

计算步骤是，A 的元素按行相乘得一新变量，将新变量的每一个分量开 n 次方，将所有向量归一化即为权重向量。

二是算数平均法（求合法），由于判断矩阵的每一列都近似地反映了权值的分配情形，故可采用全部列向量的算术平均值来估计权向量，即：

$$W_i = 1/n\left[\sum_{j=1}^{n} (\alpha_{ij} \Big/ \sum_{k=1}^{n} \alpha_{kj})\right] \quad (j = 1, 2, \cdots, n)$$

这种方法的计算步骤是先将 A 的元素归一化处理，即求出（$\sum_{k=1}^{n} \alpha_{kj}$），将归一化后的各列相加，再将相加后的向量除以 n 即得权重向量。

第三种方法是特征向量法，将权重向量 W 右乘权重比矩阵 A，有 $AW=\lambda_{max}W$，λ_{max} 表示的意义仍然是判断矩阵的最大特征值，存在且唯一，W 的分量均为正分量。最后，将求得的权重向量作归一化处理即为所求。

第四种方法是最小二乘法，用拟合方法确定权重向量，使残差平方和为最小，即求解如下模型：

$$\min Z = \sum_{i=1}^{n} \sum_{j=1}^{n} (\alpha_{ij} w_j - w_i)^2$$

$$\text{s. t.} \sum_{i=1}^{n} w_i = 1 \quad w_i > 1, i = 1, 2, \cdots n$$

4. 矩阵判断的最大特征值计算

特征值是指在 A 是 n 阶方阵的数列中，如果存在数 m 和非零 n 维列向量 x，使得 $Ax=mx$ 成立，则称 m 是 A 的一个特征值（Characteristic value）或本征值（Eigenvalue）。非零 n 维列向量 x 称为矩阵 A 的属于（对应于）特征值 m 的特征向量或本征向量，简称 A 的特征向量或 A 的本征向量。

求 n 阶矩阵 A 的特征值的基本方法是根据定义式计算，可以根据定义式改写成关系式（$\lambda E-A$）x=0，E 为单位矩阵（其形式为主对角线元素）$\lambda-\alpha_{ii}$，其余元素乘以－1。要求向量 x 具有非零解，即求齐次线性方程组（$\lambda E-A$）$x=0$ 有非零解的值 λ，使行列式 det（$\lambda E-A$）=0。解此行列式获得的 λ 值即为矩阵 A 的特征值。将此值回代入原式求得相应的 x，即为输入这个行列式的特征向量。计算矩阵的全部特征值和特征向量的过程是，先列出特征多项式，求出特征方程的全部根即为全部特征值；对每一个特征值求出齐次线性方程组的一个基础解系，属于特征值的全部特征向量是不全为零的任意实数。

假设某一规划决策目标 U，其影响因素有 P_i（$i=1, 2, \cdots, n$），且 P_i 权重系数分别为 W_i（$i=1, 2, \cdots, n$），而 W_i 的所有数之和等于 1，其中 $W_i>0$，即

$$U = \sum_{i=1}^{n} W_i P_i$$

由于影响因素 P_i 对目标 U 的影响程度即权重系数 W_i 不同，因此，将 P_i 两两比较，可得到 P_i 个因素对目标 U 权重系数的比值构成的判断矩阵 A，即：

$$A=\begin{vmatrix} W_1/W_1 & W_1/W_2 & \cdots & W_1/W_n \\ \cdots & \cdots & \cdots & \cdots \\ W_i/W_1 & W_i/W_2 & \cdots & W_i/W_n \end{vmatrix}$$

利用方根法计算判断矩阵的特征向量，把判断矩阵中的第 n 行元素连乘，再开 n 次方得：

$$\left|\prod_{j=1}^{n} P_{ij}\right|^{1/n}=\left|\prod_{j=1}^{n}(W_i/W_j)\right|^{1/n}=\left|\prod_{j=1}^{n} W_i^n/W_1\times W_2\ \ \times\cdots\times W_n\right|^{1/n}$$
$$=W_i/(W_1\times W_2\ \ \times\cdots\times W_n)^{1/n}$$

式中 $i=1$，2，…，n。

然后进行标准化即可得 W_1，W_2，…，W_n。计算步骤是：

$R_i=\prod_{j=1}^{n} P_{ij}$；令 $\overline{W}_i\ =R_i^{1/n}$，得 $T=\sum_{i=1}^{n}\overline{W}_i$，$i=1$，2，…，$n$；权数 $\overline{W}_i=W_i/T$；最大特征值 $\lambda_{max}=(1/n)\times\sum_{j=1}^{n}[(\sum_{i=1}^{n}P_{ij}W_i)/W_i]$，$i$，$j=1$，2，…，$n$。

判断矩阵满足的 3 个条件：$P_{ij}=1$，$P_{ji}=1/P_{ij}$，$P_{ji}=P_{ik}=P_{jk}$ 时，说明矩阵具有完全一致性，即 $\lambda_{max}=n$。但在实际应用中不可能满足完全一致性条件，一般 $\lambda_{max}>n$。

为检验一致性，需要计算一致性指标 CI，$CI=(\lambda_{max}-n)/(n-1)$。显然，当判断矩阵满足完全一致性条件时 $CI=0$。CI 越大，判断矩阵的一致性越差。

将 CI 与平均随机一致性指标进行比较，其比值称之为判断矩阵的一致性比例，记作 $CR=CI/\mathrm{RI}$，当 $CR<0.1$ 时，认为判断矩阵具有满意的一致性，否则需要把矩阵表进行调整。

叶耀军等提出了用和法近似求解矩阵最大特征值的方法，它的思路是，将 A（α_{ij}）为 n 阶的方阵的每一列向量归一化得 B，对 B 按行求和得到 C，再将 C 归一化得到 W，这个 W 即为近似的特征向量，按照下列公式计算最大特征值的近似值，式中 $(AW)_i$ 表示 AW 的第 i 个分量：

$$\lambda_{max}=1/n\times\sum_{i=1}^{n}[(AW)_i]/W_i \qquad (11-19)$$

以下面 3 阶矩阵为例计算该方阵的最大特征值和特征向量。

$$A=\begin{vmatrix} 1 & 2 & 6 \\ \frac{1}{2} & 1 & 4 \\ \frac{1}{6} & \frac{1}{4} & 1 \end{vmatrix}\xrightarrow[\text{归一化}]{\text{列向量}}\begin{vmatrix} 0.6 & 0.615 & 0.545 \\ 0.3 & 0.308 & 0.364 \\ 0.1 & 0.077 & 0.091 \end{vmatrix}\xrightarrow[\text{求和}]{\text{按行}}\begin{vmatrix} 1.760 \\ 0.972 \\ 0.268 \end{vmatrix}\xrightarrow[\text{处理}]{\text{归一化}}\begin{vmatrix} 0.587 \\ 0.324 \\ 0.089 \end{vmatrix}=W$$

然后运用矩阵乘法计算 A 矩阵与 W 矩阵的乘积，可以运用矩阵乘法运算规则进行人工计算，也可在计算机“云算子”软件中点击“矩阵乘法”，输入两个矩阵的数据，设置“输出精度”为 4 位，再点击“云算一下”，计算机显示（计算机显示三个方框，为节省篇幅，本书将三个方框合并，下同）：

您输入的问题如下：				您输入问题的解 C=A * B 如下：
矩阵 A：			矩阵 B：	
第 1 列	第 2 列	第 3 列	第 1 列	第 1 列
1.000 0	2.000 0	6.000 0	0.587 0	1.769 0
0.500 0	1.000 0	4.000 0	0.324 0	0.973 5
0.166 7	0.250 0	1.000 0	0.089 0	0.267 8

将运算结果取 3 位小数（也可在“云算子”中直接设置输出精度为 3 位，结果与 4 位小数人工取舍相同），得到 AW 矩阵：

$$AW=\begin{vmatrix}1.769\\0.974\\0.268\end{vmatrix}$$

计算 A 的最大特征值，$\lambda_{max}=1/3$（$1.769/0.587+0.974/0.324+0.268/0.089$）$=3.009$。对 A 进行精确计算可得到 $\lambda_{max}=3.010$，$W=$（0.588，0.322，0.090）^{T}，二者比较，差异不大。

矩阵最大特征值简单的计算办法是利用计算机软件，输入数据就可调出计算结果，这种软件在百度等检索工具中已有安装，直接调用即可使用。具体方法是，在百度中搜索“云算子”并进入该界面，可以看到，该界面中有矩阵计算、信号处理、数学规则、数据挖掘 4 个功能界面，点击“矩阵计算界面”，进入该界面后再点击新界面左侧的“特征值和特征向量”下面的“在线计算”，出现一个“要分解的矩阵”方框，在该方框中按规定输入需要计算的矩阵，在该方框的下面点击“定点格式”，在“定点格式”右侧的方框确定“输出精度”为 4 位或者 3 位等，然后点击“云算一下”即可得到需要的计算结果。如将上例在“云算子”中输入进行最大特征值计算（定点格式输出，输出精度为 4 位），操作完成后界面会出现三个方框：

您输入的矩阵如下：			您所输入问题的解如下：		特征向量：		
第 1 列	第 2 列	第 3 列	特征值：		向量 1	向量 2	向量 3
1.000 0	2.000 0	6.000 0	特征值 1：	3.009 2	0.868 5	0.868 5	0.868 5
0.500 0	1.000 0	4.000 0	特征值 2：	−0.004 6 +0.166 3i	0.477 9	−0.239 0 +0.413 9i	−0.239 0 −0.413 9i
0.166 7	0.250 0	1.000 0	特征值 3：	−0.004 6 −0.166 3i	0.131 5	−0.065 8 −0.113 9i	−0.065 8 +0.113 9i

可以看到，计算的结果有 5 个特征值，其中 2 个为虚数，最大的特征值是 3.009 2，与近似计算法和精确计算法所得结果基本相同。其中，“云算子”中的最大值求解时只有当每行的元素数与行数相等时才能进行计算。

5. 层次分析法应用示例

现在以汉江安康段某年水体质量指标测定值（表 11－30）为例，采用层次分析法测评各断面水体的相对质量，进行水体断面质量的优劣顺序排列。

表 11-30 汉江安康段水体断面实测值（标准化值）

单位：毫克/升

河流		监测点	COD_{Cr}（Ⅱ类标准值 15）	NH_3-N（Ⅱ类标准值 0.5）	COD_{Mn}（Ⅱ类标准值 4）
汉江干流	1	石泉小刚桥	8.81（0.587 3）	0.275（0.550）	1.9（0.475）
	2	石泉高桥	9.05（0.696 0）	0.348（0.580）	2.0（0.500）
	3	紫阳洞河口	9.66（0.644 0）	0.290（0.580）	2.0（0.500）
	4	汉滨七里沟	8.09（0.539 3）	0.365（0.730）	1.7（0.425）
	5	汉滨老君观	9.07（0.604 7）	0.275（0.550）	2.0（0.500）
	6	白河前坡	7.58（0.505 3）	0.330（0.660）	1.9（0.475）
	7	白河下卡子	7.68（0.512 0）	0.366（0.732）	2.0（0.500）
汉江支流	8	石泉饶峰河	7.31（0.487 3）	0.434（0.868）	1.9（0.475）
	9	宁陕长安河	6.52（0.434 7）	0.459（0.918）	1.8（0.450）
	10	紫阳任河口	8.51（0.567 3）	0.216（0.432）	2.1（0.525）
	11	岚皋岚河	8.71（0.580 7）	0.302（0.604）	2.1（0.525）
	12	汉滨吉河	7.92（0.528 0）	0.391（0.782）	1.9（0.475）
	13	汉滨月河	11.6（0.773 3）	0.851（1.702）	2.5（0.625）
	14	汉阴月河	11.9（0.793 3）	0.823（1.646）	2.7（0.675）
	15	平利坝河	10.0（0.666 7）	0.279（0.558）	2.0（0.500）
	16	镇坪南江河	7.26（0.484 0）	0.275（0.550）	1.8（0.450）
	17	旬阳旬河口	9.57（0.638 0）	0.735（1.470）	2.1（0.525）
	18	旬阳蜀河口	10.30（0.686 7）	0.439（0.878）	2.1（0.525）
	19	白河白石河	8.00（0.533 3）	0.385（0.770）	2.1（0.525）
实际测定值（标准化值）合计			167.54（11.169 3）	7.838（15.676）	38.6（9.65）

注：安康市环境保护局资料；括号内数据为标准化值，标准化值=实际测定值/Ⅱ类标准值。

在本例中，将目标层设为水体断面质量排列、水质污染指标（重铬酸盐指标、氨氮指标、高锰酸盐指标）和污染来源指标（监测点，共 19 个）三个层次，按照水质污染指标的重要性建立下列矩阵：

$$A=\begin{vmatrix} \text{重铬酸盐/重铬酸盐} & \text{重铬酸盐/氨氮} & \text{重铬酸盐/高锰酸盐} \\ \text{氨氮/重铬酸盐} & \text{氨氮/氨氮} & \text{氨氮/高锰酸盐} \\ \text{高锰酸盐/重铬酸盐} & \text{高锰酸盐/氨氮} & \text{高锰酸盐/高锰酸盐} \end{vmatrix}=\begin{vmatrix} 1 & 1/3 & 3/2 \\ 3 & 1 & 4 \\ 2/3 & 1/4 & 1 \end{vmatrix}$$

计算上述矩阵的特征值和特征向量，将上述矩阵输入“云算子”的矩阵特征向量和特征值计算中，得到下面一组数据：

您输入的矩阵如下：			您所输入问题的解如下：		特征向量：		
第1列	第2列	第3列	特征值：		向量1	向量2	向量3
1.000 0	0.333 3	1.500 0	特征值1：	3.001 5	0.319 4	−0.159 7 +0.276 6i	−0.159 7 −0.276 6i
3.000 0	1.000 0	4.000 0	特征值2：	−0.000 8 +0.068 0i	0.921 4	+0.921 4 −0.000 0i	+0.921 4 −0.000 0i
0.666 7	0.250 0	1.000 0	特征值3：	−0.000 8 −0.068 0	0.221 6	−0.110 7 −0.191 8i	−0.110 7 +0.191 8i

计算结果显示，该矩阵最大特征值为3.001 5，最大特征向量为0.921 4，特征向量对应的指标项为氨氮。检验矩阵一致性，$CI=(\lambda_{max}-n)/(n-1)=(3.001\ 5-3)/(3-1)=0.000\ 75$。计算随机一致性指数，$CR=CI/RI$，由表11－29查知，3阶矩阵的$RI$为0.52，本例的$CR=0.000\ 75/0.52=0.001\ 4<0.1$，可以判断，该矩阵具有高度一致性。这些特征向量本身代表列元素的权重，表示重铬酸盐、氨氮和高锰酸盐的权重系数分别是0.319 4、0.921 4和0.221 6。

下面计算行元素的权重系数。将各测定点（行元素）的重铬酸盐值、氨氮值和高锰酸盐值连乘，所得之积开n（与列数数量相同，本例为3）次方，然后归一化处理，所得结果就是行元素的权重系数（表11－31）。如石泉小刚桥点的重铬酸盐测值、氨氮测值和高锰酸盐测值连乘之积是4.603 2，开3次方后的根值1.663 5，同样计算，石泉高桥的开3次方的值为1.846 8，紫阳洞河口为1.776 1，汉滨七里沟为1.712 2……旬阳蜀河口为2.117 6，白河白石河为1.863 2，将这些3次开方的根值合计为36.517 8。然后进行归一化（行权重）的计算，如石泉小刚桥的归一化（行权重）计算是：1.663 5/36.517 8＝0.456，这个0.456就是第一行（第一个测定点）的权重系数，同样可以计算出第二行（第二个测定点）的权重系数为0.050 6，第三行的权重系数为0.048 7……第十九行（第十九个测定点）的权重系数为0.051 0。

表11－31　汉江安康段水体断面实测值及行权重（归一化值）

河　流		监测点	COD_{Cr}	NH_3-N	COD_{Mn}	按行连乘	开3次方	归一化（行权重）
汉江干流	1	石泉小刚桥	8.81	0.275	1.9	4.603 2	1.663 5	0.045 6
	2	石泉高桥	9.05	0.348	2.0	6.298 8	1.846 8	0.050 6
	3	紫阳洞河口	9.66	0.290	2.0	5.602 8	1.776 1	0.048 7
	4	汉滨七里沟	8.09	0.365	1.7	5.019 8	1.712 2	0.046 9
	5	汉滨老君观	9.07	0.275	2.0	4.988 5	1.708 7	0.046 8
	6	白河前坡	7.58	0.330	1.9	4.752 7	1.681 3	0.046 1
	7	白河下卡子	7.68	0.366	2.0	5.621 8	1.778 1	0.048 7
汉江支流	8	石泉饶峰河	7.31	0.434	1.9	6.027 9	1.819 9	0.049 8
	9	宁陕长安河	6.52	0.459	1.8	5.386 9	1.753 0	0.048 0

（续）

河　流		监测点	COD_{Cr}	NH_3-N	COD_{Mn}	按行连乘	开3次方	归一化（行权重）
汉江支流	10	紫阳任河口	8.51	0.216	2.1	3.860 1	1.568 7	0.043 0
	11	岚皋岚河	8.71	0.302	2.1	5.523 9	1.767 7	0.048 4
	12	汉滨吉河	7.92	0.391	1.9	5.883 8	1.805 3	0.049 4
	13	汉滨月河	11.6	0.851	2.5	24.679 0	2.911 5	0.079 7
	14	汉阴月河	11.9	0.823	2.7	26.443 0	2.979 2	0.081 6
	15	平利坝河	10.0	0.279	2.0	5.580 0	1.773 7	0.048 6
	16	镇坪南江河	7.26	0.275	1.8	3.593 7	1.531 7	0.042 0
	17	旬阳旬河口	9.57	0.735	2.1	14.771 3	2.453 6	0.067 2
	18	旬阳蜀河口	10.30	0.439	2.1	9.495 6	2.117 6	0.058 0
	19	白河白石河	8.00	0.385	2.1	6.468 0	1.863 2	0.051 0
实际测定值（归一化值）合计			167.54	7.838	38.6		36.517 8	1.000 1

在完成上述行权重的计算后，可以列出各测定点污染综合指数计算表，计算出各测定点的列综合权重。各测定点元素的综合权重＝行权重×列权重，如石泉小刚桥的重铬酸盐列的综合权重＝行权重0.045 6×列权重0.319 4＝0.014 6，用同样的计算方法，可计算出石泉高桥重铬酸盐列的综合权重＝0.050 6×0.319 7＝0.016 2……白河白石河重铬酸盐列的综合系数为0.051 0×0.319 4＝0.016 3。

按照同样的计算办法，可以计算出氨氮列和高锰酸钾列的各测定点综合权重，如氨氮列的石泉小刚桥测定点的综合权重＝0.045 6×0.921 4＝0.042 0，高锰酸盐列的石泉小刚桥测定点的综合权重为0.045 6×0.221 6＝0.010 1，以此类推，可计算出全部测定点的元素综合权重（表11-32）。

表11-32　汉江安康段水体断面行列权重及测定点综合权重

河　流		监测点	行权重	列权重及元素权重		
				COD_{Cr}	NH_3-N	COD_{Mn}
				0.319 4	0.921 4	0.221 6
汉江干流	1	石泉小刚桥	0.045 6	0.014 6	0.042 0	0.010 1
	2	石泉高桥	0.050 6	0.016 2	0.046 6	0.011 2
	3	紫阳洞河口	0.048 7	0.015 6	0.044 9	0.010 8
	4	汉滨七里沟	0.046 9	0.015 0	0.043 2	0.010 4
	5	汉滨老君观	0.046 8	0.014 9	0.043 1	0.010 4
	6	白河前坡	0.046 1	0.014 7	0.042 5	0.010 2
	7	白河下卡子	0.048 7	0.015 6	0.044 9	0.010 8

（续）

河流		监测点	行权重	列权重及元素权重		
				COD_{Cr}	NH_3-N	COD_{Mn}
				0.319 4	0.921 4	0.221 6
汉江支流	8	石泉饶峰河	0.049 8	0.015 9	0.045 9	0.011 0
	9	宁陕长安河	0.048 0	0.015 3	0.044 2	0.010 6
	10	紫阳任河口	0.043 0	0.013 7	0.039 6	0.009 5
	11	岚皋岚河	0.048 4	0.015 5	0.044 6	0.010 7
	12	汉滨吉河	0.049 4	0.014 6	0.045 5	0.010 9
	13	汉滨月河	0.079 7	0.025 5	0.073 4	0.017 7
	14	汉阴月河	0.081 6	0.026 1	0.075 2	0.018 1
	15	平利坝河	0.048 6	0.015 5	0.044 8	0.010 8
	16	镇坪南江河	0.042 0	0.013 4	0.038 7	0.009 3
	17	旬阳旬河口	0.067 2	0.021 5	0.061 9	0.014 9
	18	旬阳蜀河口	0.058 0	0.018 5	0.053 4	0.012 9
	19	白河白石河	0.051 0	0.016 3	0.047 0	0.011 3

计算各测定点的综合污染指数。方法是，用每个测定点的元素综合权重乘以该点的实际测定值，如石泉小刚桥重铬酸盐的实际测定值为 8.81，查表 11－32 知，该测定点重铬酸盐的综合权重为 0.014 6，则该监测点重铬酸盐分项污染指数为 8.81×0.014 6＝0.128 6；石泉小刚桥氨氮的实际测定值为 0.275，查表 11－32 知，该测定点氨氮的综合权重为 0.042 0，则该监测点氨氮分项污染指数为 0.275×0.042 0＝0.011 6；石泉小刚桥高锰酸盐的实际测定值为 1.9，查表 11－32 知，该测定点高锰酸盐的综合权重为0.010 1，则该监测点高锰酸盐分项污染指数为 1.9×0.010 1＝0.019 2。计算出分项指数值后，将石泉小刚桥的分项指数值相加即为该监测点的综合污染指数（表 11－33）。同样的计算方法，可以计算出石泉高桥的综合污染指数为 0.185 2，紫阳洞河的综合污染指数为 0.185 3……白河白石河的综合污染指数为 0.172 2。

表 11－33　汉江安康段水体断面综合污染指数

河流		监测点	实际测定值			分项指数值			综合污染指数
			COD_{Cr}	NH_3-N	COD_{Mn}	COD_{Cr}	NH_3-N	COD_{Mn}	
汉江干流	1	石泉小刚桥	8.81	0.275	1.9	0.128 6	0.011 6	0.019 2	0.159 4
	2	石泉高桥	9.05	0.348	2.0	0.146 6	0.016 2	0.022 4	0.185 2
	3	紫阳洞河口	9.66	0.290	2.0	0.150 7	0.013 0	0.021 6	0.185 3
	4	汉滨七里沟	8.09	0.365	1.7	0.121 4	0.015 8	0.017 7	0.154 8
	5	汉滨老君观	9.07	0.275	2.0	0.135 1	0.011 9	0.020 8	0.167 8
	6	白河前坡	7.58	0.330	1.9	0.111 4	0.014 0	0.019 4	0.144 8
	7	白河下卡子	7.68	0.366	2.0	0.119 8	0.016 4	0.021 6	0.157 8

（续）

河流		监测点	实际测定值			分项指数值			综合污染指数
			COD_{Cr}	NH_3-N	COD_{Mn}	COD_{Cr}	NH_3-N	COD_{Mn}	
汉江支流	8	石泉饶峰河	7.31	0.434	1.9	0.116 2	0.019 9	0.020 9	0.157 1
	9	宁陕长安河	6.52	0.459	1.8	0.099 8	0.020 3	0.019 1	0.139 1
	10	紫阳任河口	8.51	0.216	2.1	0.116 6	0.008 6	0.020 0	0.145 1
	11	岚皋岚河	8.71	0.302	2.1	0.135 0	0.013 5	0.022 5	0.170 9
	12	汉滨吉河	7.92	0.391	1.9	0.115 6	0.017 8	0.020 7	0.154 1
	13	汉滨月河	11.6	0.851	2.5	0.295 8	0.062 5	0.044 3	0.402 5
	14	汉阴月河	11.9	0.823	2.7	0.310 6	0.061 9	0.048 9	0.421 3
	15	平利坝河	10.0	0.279	2.0	0.155 0	0.012 5	0.021 6	0.189 0
	16	镇坪南江河	7.26	0.275	1.8	0.097 3	0.010 6	0.016 7	0.124 7
	17	旬阳旬河口	9.57	0.735	2.1	0.205 8	0.045 5	0.031 3	0.282 5
	18	旬阳蜀河口	10.30	0.439	2.1	0.190 6	0.023 4	0.027 1	0.241 1
	19	白河白石河	8.00	0.385	2.1	0.130 4	0.018 1	0.023 7	0.172 2

计算出各个监测点的综合污染指数后，就可以按照综合污染指数的大小比较各个监测点的水质优劣，综合污染指数越大断面的污染程度越高，可以与氨氮含量的大小比较（表 11－34），将各个监测点的氨氮含量按照高低顺序排列，可以看到，汉滨月河的氨氮含量最高，紫阳任河含量最低，如果按照各个监测点断面水质的综合污染指数排列，则汉阴月河的污染指数最高，镇平南江河的污染指数最低，相差最大的是宁陕长安河，由氨氮含量的第 4 位降低到第 18 位，说明该监测点（断面）除了氨氮含量较高外，重铬酸盐指数和高锰酸钾指数较低，其次是平利坝河，该断面的氨氮含量较高，但综合污染指数较低。旬阳旬河口和白河白石河的氨氮含量排序与综合污染指数的排序结果相同，相差最小，为零。

表 11－34　汉江安康段水体断面综合污染指数与氨氮含量排序的比较

监测点（断面）	氨氮含量（毫克/升）	氨氮排序	综合污染指数值	指数排序	排序相差	监测点（断面）	氨氮含量（毫克/升）	氨氮排序	综合污染指数值	指数排序	排序相差
汉滨月河	0.851	1	0.402 5	2	－1	石泉高桥	0.348	11	0.185 2	7	＋4
汉阴月河	0.823	2	0.421 3	1	＋1	白河前坡	0.33	12	0.144 8	17	－5
旬阳旬河口	0.735	3	0.282 5	3	0	岚皋岚河	0.302	13	0.170 9	9	－4
宁陕长安河	0.459	4	0.139 1	18	－14	紫阳洞河口	0.29	14	0.185 3	6	＋8
旬阳蜀河口	0.439	5	0.241 1	4	＋1	平利坝河	0.279	15	0.189 0	5	＋10
石泉饶峰河	0.434	6	0.157 1	13	－7	石泉小刚桥	0.275	16	0.159 4	11	＋5
汉滨吉河	0.391	7	0.154 1	15	－8	汉滨老君观	0.275	17	0.167 8	10	＋7
白河白石河	0.385	8	0.172 2	8	0	镇坪南江河	0.275	18	0.124 7	19	－1
白河下卡子	0.366	9	0.157 8	12	－3	紫阳任河口	0.216	19	0.145 1	16	＋3
汉滨七里沟	0.365	10	0.154 8	14	－4						

根据综合污染指数的计算结果，以重铬酸盐指数、氨氮含量和高锰酸盐指数评价水体断面质量，汉江安康段水体质量（断面）由优向劣的排列顺序是：镇平南江河、宁陕长安河、白河前坡、紫阳任河、汉滨吉河、汉滨七里沟、石泉饶峰河、白河下卡子、石泉小刚桥、汉滨老君观、岚皋岚河、白河白石河、石泉高桥、紫阳洞河口、平利坝河、旬阳蜀河口、旬阳旬河口、汉滨月河、汉阴月河。

汉江干流7个断面的层次分析综合污染指数平均值（0.159 4＋0.185 2＋0.185 3＋0.154 8＋0.167 8＋0.144 8＋0.157 8)/7＝0.165 0，同理可计算出汉江支流的12个断面的层次分析综合污染指数平均值为0.216 6，显然，汉江安康段支流的污染程度高于汉江安康段干流。

求解综合污染指数对应的水体质量类别，可将实际测定值标准化处理，方法是，用Ⅱ类地表水质量指标值去除实际测定值，大于1的得值所对应的断面即为超过Ⅱ类水质的污染断面。从表11－30可见，在实际测定值标准化后，汉江支流的氨氮含量有3个断面超过1，分别是汉滨月河（1.702）、汉阴月河（1.646）和旬阳旬河口（1.470），从表11－33看出，这三个断面对应的综合污染指数分别是0.402 5、0.421 3、0.282 5，说明当以重铬酸盐指数、氨氮含量、高锰酸钾指数建立汉江安康段的综合污染指数时，指数值大于或者等于0.282 5后，该指数所代表的断面水体水质为地表水Ⅲ类质量。与旬阳旬河口相邻的旬阳蜀河口综合污染指数为0.241 1，它的断面水质为Ⅱ类，指数的Ⅱ类值与Ⅲ类值的分界点处在0.282 5～0.241 1。

6. 层次分析法简评

AHP是一种系统性的分析方法，它没有割舍各个指标对水体质量的影响，每一层的权重设置都会直接或者间接对评价结果产生影响，并且每个指标对水质评价结果的影响，都是明确清晰和量化的，对解决多目标、无结构，并且多准则、多时期的水体系统质量评价提供了简洁实用的评价方法。这种方法结合了人脑的思维过程，可以根据实际中所掌握的指标要素相对重要程度，进行权重赋值计算，对从何处入手解决多目标评价问题提供了思路。

AHP是一种从水体质量指标的存在变量中优选组合方案的方法，不能提供新的组合方案，同时它的定量数据应用分析较少，定性成分较多，如同人脑模糊思维一样，主观因素较重。同时，水质的污染指标很大程度上是一种数量级别的影响，而不是两两因素之间的比较，如氨氮与总磷的比较，首先是含量多少的影响，而不是孰轻孰重的问题，在国标范围内的总磷超标，对水质的影响远远超过国标范围内的氨氮对水质的影响；溶解氧的严重不足，对鱼类等水生动物植物的伤害也远远超过轻微的硫化氢超标。两两指标比较中的1～9级分类的人为权重赋值随意性较大，对最终的决策结果产生影响。在实际应用中，当目标函数所涉及的条件函数较多时，数据的统计量庞大，各函数的权重和两两比较困难较大。如GB 3838—2002中，地表水环境质量标准基本项目24项，评价某一区域内的地表水环境质量，涉及24个条件函数的权重分配和两两指标之间的重要性判断、5类水质类别的目标函数的对应测算，统计和计算工作量很大，这种条件函数的增多，也使矩阵的特征值和特征向量精确计算更为复杂。

层次分析法的综合污染指数仅能应用于水体断面之间的相互比较，并不能准确判断水体断面的质量等级，由此产生的以指数值判断水体质量等级的标准各不相同，特别是在参评元素不尽相同的情况下，判断水体质量等级的指数值差异很大，如庞振凌等以水温、pH、溶解氧、透明度、总氮、总磷、化学耗氧量、生化需氧量、叶绿素含量等参评指标建立的综合污染指数的Ⅰ～Ⅶ类值为0.10～0.90。利用层次分析法计算所得的综合污染指数，需要根据所选用的参评向量和计算结果设置不同的地表水质量等级，不能与国家标准的质量等级相结合，就是说，计算结果不能直接表述水体的国标质量等级。

由于层次分析法没有考虑同层次（如指标层）之间的相互影响关系，在水质测评中往往出现分离单因子效应，如在影响水质因素中，高锰酸盐指数与氨氮浓度存在显著负相关，一方的赋权过高会显著影响最终测评结果。为此，萨蒂于20世纪90年代改进了层次分析法，提出了网络层次分析法（Analytic Network Process，ANP），增加了同层之间相互影响的向量参数，成为适用于复杂结构决策的新方法，不仅适用于递阶式层次结构的决策，而且适用于存在内部依赖性和反馈性的层次结构的分析和决策，但这种方法的计算更为复杂，基层难以推广。

第五节　水体标识污染功能指数评价法

一、标识污染功能指数的基本涵义

养殖水体的质量状况是生态养殖效果的最终考核指标之一，按照水体特性，水质评价方法可分为以生物种群与水质关系进行评价的生物学方法，和以物理、化学监测为主的污染物质评价方法。前者是一种间接表征水体质量的定性方法，当水体的污染达到一定浓度后，指示生物对污染水体做出反应，对特定污染物质敏感的指示生物能够表达污染的进程。利用水生生物指数法和生物多样性指数评估水体质量，是用有机生命过程的非线性化评估无机污染物质与水体质量的线性变化过程。

以物理、化学检测为主的污染物质评价方法，以水体污染物质检测值的数学计算居多，但是模糊评价和灰色评价参评指标的权重确定中主观因素较重，主成分分析法低估了非主体成分的影响，内梅罗污染指数人为加大最大项指标参评额度，使非最大项指标失去参评价值，人工神经网络分析法和AHP的每个经络和各个指标权重系数确定，加重人为因素对最终结果的影响，且计算复杂，推广应用困难。客观评价养殖水体质量，需要对参评指标、参照标准和指数的计算方法进行研究，并对每个参评指标的特性作出判断，使每个参评指标对污染指数的贡献方向一致，这样测算出的污染指数才能客观表达水体质量。

与其他指数的数学涵义相同，标识污染功能指数的数值大小代表污染程度的轻重，经过水体质量指标的实测值与标准值之比计算，得标识污染功能指数，数值越大，显示该水体的污染程度越严重，数值越小，表示该水体的污染程度越轻微。标识污染功能指数的基本定义是，水体各个指标实测值与相应标准值之比的集合，计算公式是：

$$C_1 \cdot C_2 = (\sum_{i=1}^{n} C_i / S_i) / n \tag{11-20}$$

上式中 $C_1 \cdot C_2$ 是标识污染功能指数，C_i 是第 i 项参评指标的实测值，S_i 是第 i 项参评指标的标准值，n 为参评指标的个数。其中的 S_i 可根据被评价水体的功能用途，选择不同的标准值，如果该指数用于地表径流江河的水体质量评价，以使用地表水标准为好；用于渔业养殖水体的质量评价，以使用渔业用水标准为好；被评价的水体用途是农业灌溉用水，该值可选用农田灌溉水质标准值等。

标识污染功能指数是水体质量定量评价的一种，通过对参评指标的选择和定量化处理，选用参评指标的实际测定值参加污染指数的计算，使指数的代表性更趋客观，同时考虑了基层单位的实际情况，便于指数的普及应用。

二、标识污染功能指数参评指标的选择

标识污染功能指数选用 pH、溶解氧、高锰酸盐指数、5 日生化需氧量、氨氮浓度、总氮浓度、总磷浓度 7 项指标作为计算内容，这 7 项指标参照标准的选择是指数计算的基础。由于养殖水体的过后用途多为饮用水源地的补给水体，常规的参数引用是地表水水质标准，要求养殖水体的“废水”保持在饮用水质量标准范围，在地表水体的 5 个类别中，Ⅰ～Ⅲ类是饮用水的质量要求标准，用这个标准评价养殖“废水”，是检验鱼类集约养殖生态技术成效的基本要求。

与鱼类养殖有关的国家标准，除了渔业水质标准（表 11－35）和地表水环境质量标准外，生活饮用水水源水质标准与养殖水体有关的涉及项目是 pH，氨氮、高锰酸盐指数 3 项指标。饮用水水质要求这三项指标与地表水水质要求基本相同，多处在地表水环境质量类别的Ⅰ类与Ⅱ类之间。

表 11－35　渔业用水（BG 11067—89）与地表水（GB 3838—2002）部分理化指标标准

单位：除 pH 外，其他为毫克/升

项　目		渔业用水	地表水				
			Ⅰ类	Ⅱ类	Ⅲ类	Ⅳ类	Ⅴ类
pH		淡水 6.5～8.5，海水 7.0～8.5	6～9				
溶解氧，⩾		每日中 16 小时＞5，其余⩾3；鲑⩾4	7.5*	6	5	3	2
BOD_5（20℃）		不超过 5，冰封期不超过 3	3	3	4	6	10
非离子氨，⩽		0.02					
氨氮（NH_3-N），⩽			0.15	0.5	1.0	1.5	2.0
凯氏氮，⩽		0.05					
总氮（湖库以 N 计），⩽			0.2	0.5	1.0	1.5	2.0
总磷（以 P 计）	地表水，⩽		0.02	0.1	0.2	0.3	0.4
	湖、库，⩽		0.01	0.025	0.05	0.10	0.20
高锰酸盐指数（COD_{Mn}），⩽			2	4	6	8	10
化学需氧量（COD_{Cr}），⩽			15	15	20	30	40

注：*或饱和率⩾90%。

对于水体的色、臭、味要求是，渔业用水要求不使鱼、虾、贝、藻类带有异色、异臭、异味，水面漂浮物无明显的油膜或浮沫，水体中人为的悬浮物每立方米不超过10毫克，这些悬浮物沉入水体底部后对水生动植物不产生有害作用。地表水要求不应有非自然原因所致的能沉淀且产生令人厌恶的气味，不得产生引起感官不快的颜色，不能产生令人厌恶的色、臭、味或浑浊度，不产生对动植物有损害、毒性或不良的生理反应，水体不滋生厌恶水生生物。地表水的水温限制是，人为造成的环境水温变化应限制在每周平均最大温升小于等于1℃，每周平均最大降温小于等于2℃。

GB 3838—2002标准中设计感官及检测项目109项，其中基本项目24项，集中式生活饮用水地表水源地补充项目5项，集中式生活饮用水地表水源地特定项目80项。在24项基本项目中，重金属和有害化学物质项目13项，水温、粪大肠菌群和阴离子表面活性剂各1项，其余的8项指标为pH、溶解氧、高锰酸盐指数、化学需氧量、5日生化需氧量、氨氮、总磷、总氮。这8项水质指标是水体质量检测的常规指标，也是构成水质污染指数的主要参数，其中高锰酸盐指数和以重铬酸盐测定的化学需氧量是同时表示水体还原物质含量的指标。

三、参评指标的理化性状与指数性状

（一）pH

氢离子活度指数（Hydrogen ion concentration）是指溶液中氢离子的总数和总物质量的比，一般称为“pH”。pH是反映水体水质状况的一个综合指标，与碱度和投喂量一起，是影响养殖水体质量的第一主导因子，也是影响鱼类活动的综合因素。pH过高或过低，都会直接危害鱼类健康，导致生理功能紊乱，影响其生长或引起其他疾病，甚至死亡。大洋海水的pH相当稳定，大都在8.15～8.25，纯淡水在7.0附近，养殖鱼类的淡水水体pH变化较大，多在7.5～9.0，在特殊情况下，可低于2或高于11。

由于淡水养殖水体是由浮游生物、细菌、有机物质、无机物质、养殖对象等组成的整体，生命活动时刻在进行，水质指标也跟着在变化。养殖用水在一般情况下，日出时随着光合作用的加强，pH开始逐渐上升，到下午16：30～17：30达最大值；太阳落山后，光合作用减弱，呼吸作用加强，pH开始下降，直至翌日日出前至最小值，如此循环往复。pH的每日正常变化幅度为0.3～0.5，若超出此范围，则水体有异常情况。池塘中pH是左右水化学状态及生物生理活动的一个重要水质因子，是养殖水域生态环境的重要因素。

pH首先通过对水中物质存在形式及转化过程的影响改变水质。pH的改变不仅会引起水中一些化学物质含量的变化，同时还会引起许多物质形态的改变，特别是一些有毒物质存在形式的改变，导致毒性的改变而间接影响到鱼类的生命活动。例如：pH升高，可使无毒的NH_4^+向NH_3转化，氨氮含量增加，毒性增强；pH降低，可使无毒的HS^-生成有毒的H_2S。pH的变化，通过对影响水中悬浮粒子、胶体及蛋白质等的带电状态，导致吸附、解吸、沉聚等，还会破坏磷酸盐和无机氮合物的供应以及铁、碳等元素的吸收，导致光合作用及各类微生物活动受到影响，最终引起鱼产量下降。

pH的变化也会影响鱼类的生产性能。水体呈酸性，一般pH小于6，水体中常有许多死藻或濒死的藻细胞，鱼类体色明显发白，水生植物呈现褐色或白色，水体透明度明显增加。在养殖中后期，特别是高密度养殖的高位池塘或精养鱼塘，由于有机物的含量较高，水中的藻类老化较严重，在这种水体中，易出现低氧或缺氧的情况，鱼虾在这个时候容易被细菌病毒攻击而出现各种疾病。酸性水体中，鱼虾血液的 pH 下降，减低其载氧能力，即便是在较高溶解氧环境也会发生浮头，表现为生理性缺氧，鱼虾不爱活动，新陈代谢慢，摄食量减少，消化率下降，生长受抑制，成活率降低。因此，在生产过程中，为了使鱼虾用水的 pH 稳定在一定范围，常添加水质改良剂或菌类等，强化养殖水体缓冲系统。

在淡水养殖中，pH 是表征养殖水体酸碱程度的点集聚标量性状（没有单位的性状）。鱼类养殖由于投饵饲喂的存在，养殖水体的过度偏酸或者过度偏碱都会对鱼类产生不适影响。有试验表明，当 pH 超过 9.5 时就会引起鲤鱼等杂食鱼类泛塘。鱼类饲料属于高蛋白质饲料，饲喂以后蛋白质体内代谢不完全，容易产生酸性粪便，引起水体的 pH 污染。

一般认为，pH 处于 7.0 水平时是水体的最好状况，偏离 7.0 或高或低都会造成水体污染，引起水体酸碱平衡的失调，对水体生物产生危害。在污染指数中，实际测定的 pH 处于分子式的上方，当 pH 低于 7.0 时，以 7.0 标准计算所得的单因子污染指数值降低，但这种降低并不减少水体的污染程度，同样对水体产生危害，pH 越小这种危害越大，污染指数越小，污染程度越高，指数反向表达污染状况。当 pH 大于 7.0 时，计算所得的污染指数值也越大，污染指数值正向表征污染程度。但是，这种表征与 pH 的增高一致而不同步，并不能代表实际测定的 pH 偏离 7.0 点的程度。pH 的这种点集聚性状性质，要求水体的酸碱度向平衡状态靠拢，也就是说，水体 pH 值与 7.0 的离散程度越小，水体质量越好。

（二）溶解氧（DO）

溶解在水体中分子态的氧称为溶解氧。水中溶解氧的含量与空气中氧的分压、水的温度等都有密切关系。在自然情况下，空气中的含氧量变动不大，故水温是主要的影响因素，水温越低，水中溶解氧的含量越高。溶解于水中的分子态氧通常记作 DO，用每升水里氧气的毫克数表示。水中溶解氧的多少是衡量水体自净能力的一个指标。

养殖水体中的溶解氧跟空气中氧的分压、大气压、水温和水质有密切的关系，在 20℃、100 千帕下，纯水里大约每升含溶解氧 9 毫克。部分有机化合物在好氧菌作用下发生生物降解，消耗水体溶解氧。如果有机物以碳来计算，每 12 克碳要消耗 32 克氧气。当水中的溶解氧值降到每升 5 毫克时，肉食性鱼类的呼吸就发生困难，降到 3 毫克时杂食性鱼类呼吸困难。

溶解氧通常有两个来源，一个来源是水中溶解氧未饱和时，大气中的氧气向水体渗入；另一个来源是水中植物通过光合作用释放出的氧。因此，水中的溶解氧会由于空气里氧气的溶入及绿色水生植物的光合作用而得到不断补充。当水体受到有机物污染，耗氧严重，溶解氧得不到及时补充，水体中的厌氧菌就会很快繁殖，有机物因腐败而使水体变黑、发臭。因此，溶解氧值是研究水体自净能力的一种依据，水里的溶解氧被消耗，要恢复到初始状态，所需时间短，说明该水体的自净能力强，或者说水体污染不严重，否则说明水体污染严重，自净能力弱，甚至失去自净能力。

溶解氧的测定原理是，水样中加入硫酸锰和碱性碘化钾，水中溶解氧将低价锰氧化成高价锰，生成四价锰的氢氧化物棕色沉淀。加酸后，氢氧化物沉淀溶解，并与碘离子反应而释放出游离碘。以淀粉为指示剂，用硫代硫酸钠标准溶液滴定释放出的碘，根据滴定溶液消耗量计算溶解氧含量。溶解氧的测定步骤是，首先固定溶解氧，将吸液管插入溶解氧瓶的液面下，加入 1 毫升硫酸锰溶液，2 毫升碱性碘化钾溶液，盖好瓶塞，颠倒混合数次静置固定，一般要求在取样现场固定。然后打开瓶塞，立即用吸管插入液面下加入 2.0 毫升硫酸。盖好瓶塞，颠倒混合摇匀，至沉淀物全部溶解，放于暗处静置 5 分钟，最后吸取 100 毫升上述溶液置于 250 毫升锥形瓶中，用硫代硫酸钠标准溶液滴定至溶液呈淡黄色，加入 1 毫升淀粉溶液，继续滴定至蓝色刚好退去，记录硫代硫酸钠溶液用量。其次按照溶解氧（O_2，毫克/升）$=M\times V\times 8\ 000/100$ 计算溶解氧含量，式中 M 是硫代硫酸钠标准溶液的浓度（摩尔/升），V 是滴定消耗硫代硫酸钠标准溶液体积（毫升）。

溶解氧含量是水体综合质量表征的矢量性状，溶解氧含量越高水体的质量愈好。但在污染指数中，溶解氧实际测定含量处于指数计算式的分子上，溶解氧测定值越高，计算所得的单因子污染指数值愈高，污染指数表征的水体质量愈差。这显示出溶解氧是污染指数计算值的反向矢量性状。

（三）5 日生化需氧量（BOD_5）

生化需氧量（Biochemical oxygen demand，简写为 BOD），是好氧微生物在一定温度下将水体中有机物分解成无机质，在这一特定时间内的氧化过程中所需要的溶解氧量。其值越高，说明水中有机污染物质越多，污染也就越严重。以悬浮或溶解状态存在于生活污水和制糖、食品、造纸、纤维等工业废水中的碳氢化合物、蛋白质、油脂、木质素等均为有机污染物，可经好氧菌的生物化学作用而分解。由于在分解过程中消耗氧气，故亦称之为需氧污染物质。若这类污染物质排入水体过多，将造成水中溶解氧缺乏，同时，有机物又通过水中厌氧菌的分解引起腐败现象，产生甲烷、硫化氢、硫醇和氨等厌恶气味，使水体变质发臭。

水中有机物质的分解是分两个阶段进行的，第一阶段为碳氧化阶段，第二阶段为硝化阶段。碳氧化阶段所消耗的氧化量称为碳化生化需氧量（CBOD）。污水中各种有机物得到完全氧化分解，大约需要一百天，为了缩短检测时间，一般生化需氧量以被检验的水样在 20℃下，五天内的耗氧量为代表，称其为五日生化需氧量，简称 BOD_5。对生活污水，它相当于完全氧化分解耗氧量的 70%，相应也有 BOD_{10}、BOD_{20}、BOD_{25} 等，都是反映水体有机污染物含量的一个综合指标。

虽然生化需氧量并非一项精确的定量检测，但是由于其间接反映了水体中有机物质的相对含量，故 BOD 长期以来作为一项水体环境监测常规指标被广泛使用。在水环境模拟中，由于对水中每种化合物分别考虑并不现实，所以使用 BOD 来模拟水中有机物的变化。对于一般生活污水类的有机废水，硝化过程在 5～7 天以后才显著进行，因此不会影响有机物 BOD_5 的测量；对于特殊的有机废水，为了避免硝化过程耗氧所带来的干扰，在采用 5 日生化需氧量的时候，可以在样本中添加抑制剂硝化过程的抑制剂。

一般清净河流的五日生化需氧量不超过 2 毫克/升，若高于 10 毫克/升，就会散发出恶臭味。工业、农业、水产用水等要求水体生化需氧量应小于 5 毫克/升，而生活饮用水应小于1毫克/升。我国污水综合排放标准规定，在工厂排污出口，废水的生化需氧量二级标准的最高容许浓度为60毫克/升，地表水的生化需氧量不得超过4毫克/升。城镇污水处理厂一级标准是（A标准）10～（B标准）20毫克/升，二级标准是30毫克/升，三级标准是60毫克/升。

生化需氧量（BOD）与化学需氧量（Chemical oxygen demand，COD）的区别是，化学需氧量是以化学方法测量水样中需要被氧化的还原性物质的量。水样在一定条件下，以氧化1升水样中还原性物质所消耗的氧化剂的量为指标，折算成每升水样全部还原物质被氧化后，需要的氧的毫克数，以毫克/升表示。它反映了水中受还原性物质污染的程度，该指标也作为有机物相对含量的综合指标之一。而生化需氧量采用的试剂是好氧性微生物，不是化学试剂。所以，BOD和COD都是反应水体有机污染物质含量的指标，但是，测定结果并不相同。

生化需氧量（BOD）和化学需氧量（COD）的比值（B/C）大小，可以说明水中的难以生化分解的有机物占比，或者有机污染物有多少是微生物所难以分解的。微生物难以分解的有机污染物对水体的危害更大，通常认为废水中这一比值大于0.3时适合使用生化处理，即水体的有机污染物大部分可以被微生物降解。在计算B/C时，一般生化需氧量采用5日生化需氧量，而化学需氧量应采用以重铬酸盐法测定的化学需氧量。

生化需氧量是养殖水体质量指标的矢量性状，生化需氧量越高，表明水体中有机污染物的污染程度愈大，它在污染指数计算中是一个正向矢量性状。

（四）氨氮

1. 养殖水体氨氮的来源

氨氮是指水中以游离氨（NH_3）和铵离子（NH_4^+）形式存在的氮。动物性有机物含氮量一般较植物性有机物高，同时，动物粪便中含氮有机物很不稳定，容易分解成氨。

自然地表水体中主要以硝酸盐氮（NO_3^-）为主，以游离氨和铵离子形式存在于受污染水体的氨氮叫水合氨，也称非离子氨。非离子氨是引起水生生物毒害的主要因子，而其中的铵离子基本无毒，因此通常将游离氨称作非离子氨。由于二者在水溶液中可以相互转化，故将二者合称氨氮。所以，氨氮引起鱼类中毒的主要是其中的游离氨。在池塘养殖中，硝态氮（硝酸根形式，NO_3^-）、亚硝态氮（亚硝酸根形式，NO_2^-）、铵态氮（NH_4^+）合称“三态氮”。其中的亚硝态氮对鱼类的毒性较大，有的文献将铵态氮也列入鱼类的毒性物质，主要是因为铵态氮在水体中容易转化成非离子氨的缘故，因此也有将水合氨专门称做非离子氨，真正离子态铵毒性很小。

渔业用水和地表水标准中采用的涉氮指标并不同，渔业用水指标是非离子氮、凯氏氮，而地表水的用氨氮、总氮。各类形态的氮的关系是，凯氏氮＝有机氮＋氨氮（凯氏氮不包括叠氮化合物，如硝基化合物等），氨氮＝非离子氨氮（即NH_3，一般称作氨）＋离子氨氮（即铵态氮，NH_4^+，有时也称作铵），总氮＝有机氮＋无机氮，三态氮＝硝态氮＋亚硝态氮＋铵态氮。氨氮有的文献也称作总氨，总氮不等于总氨，也就是说，氨氮不等于总氮。总无机氮＝总氨氮＋硝酸态氮＋亚硝酸态盐氮。

养殖水体中氨氮的构成主要有两大类，一类是氨水形成的氨氮，如水合氨等；另一类是氨离子形成的氨氮，主要是硫酸铵，氯化铵等。一般分为分四种类型，有机氮、氨氮、亚硝酸氮和硝酸氮。而自然地表水体和地下水体中主要以硝酸盐氮为主。高氨氮废水的形成一般是由于氨水和无机氨共同存在所造成的，pH 中性以上（碱性）水体氨氮的主要来源是无机氨和氨水共同的作用，pH 在酸性的条件下废水中的氨氮主要由于无机氨。

氨氮通常是由于含氮有机物在氧气不足时分解而产生，或者是由于氮化合物被反硝化细菌还原而生成。水中的氨氮主要来源于生活污水中含氮有机物的初始污染，如焦化废水和合成氨化肥厂废水等。其他来源有饵料（饲料）、水生动物的排泄物、肥料及动物尸体分解等。

2. 氨氮的存在形式

在化合物中以离子键形式存在的 NH_4^+（铵根离子）更多地表现出无机物特征，被认为是无机物，其中所含的氮被称为铵氮。如在 NH_4NO_3 中、$(NH_4)_2SO_4$ 中、$NH_4H_2PO_4$ 中的铵离子都属于铵根离子。而在化合物中以共价键形式存在的氨基 NH_2^-、—NH—在化合物中更多地表现出有机物特征，被认为是有机物，其中所含的氮被称为氨氮。如在 $(NH_2)_2CO$（尿素）中的 NH_2^- 即属于此类。铵氮以铵离子形态存在于土壤、植物和肥料中的氮素，常用符号 NH_4^+ 表示。

氨氮以游离氨或铵盐形式存在于水中，两者的组成比例取决于水的 pH 和水温。当 pH 偏高时，游离氨的比例较高，反之，则铵盐的比例高。水温则相反，当水温过高时，铵盐的比例升高，水温过低时，游离氨的比例升高。因此，当养殖水体 pH 和温度一定的情况下，可以通过测定水体的总氨或氨氮测算对鱼类有毒性的非离子氮浓度。

氨氮是水体中的营养元素（无机营养盐），可导致水富营养化现象产生，也是水体中的主要耗氧污染物，对鱼类及某些水生生物有毒害。实际应用中常以氨态氮表示，多呈游离态（游离态都是无机的），可以由有机物中氨基酸或动物性有机含氮物生成，或者由动物粪便中很不稳定的含氮有机物生成，容易分解成氨。化肥中的氯化铵可认为是一种氨氮，浓度过高，水中植物疯长，疯长增加水体中溶解氧的消耗，易导致水体腐败。水中氮磷过高，易发生水华、蓝藻事件。

3. 养殖水体氨氮含量的快速测定（电极法）

氨氮的电极法测定原理是，在 pH 大于 11 的环境下，铵根离子向氨转变，氨通过氨敏电极的疏水膜转移，造成氨敏电极电动势的变化，仪器根据电动势的变化测量出氨氮的浓度。化学测定法的原理是，碘化汞和碘化钾的碱性溶液与氨反映生成淡红棕色胶态化合物，其色度与氨氮含量成正比，通常可在波长 410～425 微米测其吸光度，计算其含量。化学测定法（光度法）最低检出浓度为每升 0.025 毫克，测定上限为每升 2 毫克。还可采用目视比色法，最低检出浓度为每升 0.02 毫克，水样做适当的预处理后，目视比色法可用于地表水、地下水、工业废水和生活污水中氨氮的测定。

4. 养殖水体氨氮的降解方法

养殖水体氨氮的去除方法可分为物化法、生物脱氮法两类，其中的物化法包括吹脱法、沸石脱氨法、膜分离技术、沉淀法、化学氧化法等，生物脱氮法包括短程硝化法和反硝化法等。

物化法中的吹脱法是利用氨氮的气相浓度和液相浓度之间的气相平衡关系进行分离

的一种方法，去除效果与温度、pH、气液比有关。沸石脱氨法是利用沸石中的阳离子与废水中的 NH_4^+ 进行交换以达到脱氮的目的。这两种方法是渔业生产中常用的方法。膜分离技术是利用膜的选择透过性进行氨氮脱除，该法操作方便，氨氮回收率高，无二次污染，如气水分离膜脱除氨氮就属于膜分离技术的一种，氨氮在水中存在着离解平衡，随着 pH 升高，氨在水中 NH_3 形态比例升高，在一定温度和压力下，NH_3 的气态和液态两项达到平衡，改变平衡条件，废水中的游离氨 NH_4^+ 就变为氨分子 NH_3，经原料液侧介面扩散至膜表面，在膜表面分压差的作用下，穿越膜孔，进入吸收液，迅速与酸性溶液中的 H^+ 反应生成铵盐，这种方法在池塘养殖中已有使用。沉淀法是利用磷酸盐和镁盐进行化学反应：$Mg^{2+} + NH_4^+ + PO_4^{3-} = MgNH_4PO_4$，将游离的氨氮反应生成磷酸铵镁(MAP，该法也叫做 MAP 沉淀法)，解除游离氨氮的毒性。化学氧化法是利用强氧化剂(如氯盐等)，将氨氮直接氧化成氮气进行脱除的一种方法，但产生的余氯对鱼类有害，应附设剔除余氯设施，在渔业生产中不常用。

生物脱氮法中传统和新开发的脱氮法有 A/O 工艺法、两段活性污泥法、强氧化好氧生物处理、短程硝化反硝化、厌氧氨氧化法、超声吹脱处理氨氮法等。

A/O 工艺法是将前段缺氧段和后段好氧段串联在一起，A 段 DO 不大于每升 0.2 毫克，O 段 DO 含量每升 2～4 毫克。在养殖水体缺氧段，异养菌将污水中的淀粉、纤维、碳水化合物等悬浮污染物和可溶性有机物水解为有机酸，使大分子有机物分解为小分子有机物，不溶性的有机物转化成可溶性有机物。当这些经缺氧水解的产物，在养殖水体注入新鲜水体后进入好氧处理阶段，缺氧阶段游离出的氨（NH_3、NH_4^+）被好氧阶段的自养菌硝化，将氨态氮氧化为 NO_3^-。再次进入缺氧阶段后，异氧菌的反硝化作用将 NO_3^- 还原为分子态氮（N_2），完成碳（C）、氮（N）、氧（O）在生态系统中的循环，实现污染物的降解。其特点是缺氧池阶段有机碳被反硝化菌所利用，减少了好氧阶段的有机物负荷，反硝化反应产生的碱度可以补偿好氧阶段硝化反应对碱度的需求，好氧阶段可使反硝化残留有机物得到进一步降解，BOD_5 也是利用生物硝化反硝化原理进行污染物质含量的测定。这种方法对有机物的去除率可达 90%～95%，但脱氮除磷效果稍差，脱氮效率 70%～80%，除磷只有 20%～30%。A/O 工艺法操作简单，特点突出，目前采用比较普遍。

活性污泥法是一种污水的好氧生物处理法。活性污泥能从污水中去除溶解性和胶体状态的可生化有机物，以及能被活性污泥吸附的悬浮固体和其他一些物质，同时也能去除一部分磷素和氮素。典型的活性污泥法是由曝气池、沉淀池、污泥回流系统和剩余污泥排除系统组成。污水和回流的活性污泥一起进入曝气池形成混合液。从空气压缩机站送来的压缩空气，通过铺设在曝气池底部的空气扩散装置，以细小气泡的形式进入污水中，目的是增加污水中的溶解氧含量，使池塘的水气混合液处于剧烈搅动的悬浮状态，溶解氧、活性污泥与污水互相混合、充分接触，使活性污泥反应正常进行。第一阶段，污水中的有机污染物被活性污泥颗粒吸附在菌胶团的表面上，由于污泥比表面积巨大，且含有多糖类黏性物质，所以吸附能力极强，一些大分子有机物在细菌胞外酶作用下分解为小分子有机物，附着在污泥团的表面。第二阶段，微生物在氧气充足的条件下，吸收这些有机物，并氧化分解，形成二氧化碳和水，一部分供给自身的增殖繁衍，其余成为无害物质存在于水体中。活性污泥反应进行的结果是，污水中有机污染物得到降解而去除，活性污泥本身得以繁衍增长，污水则得以净化处理，也就是说，微生物“吃掉”了污水中的有机物，这本质上与自然界水体自净过程相似，只是经过人工强化，污水净化的效果更好。

强氧化好氧生物处理法的典型代表是粉末活性炭法（PACT 工艺），主要特点是向曝气池中投加粉末活性炭（PAC），利用其中的微孔结构和更大的吸附能力，使溶解氧和营养物质在其表面富集。为吸附在 PAC 上的微生物提供良好的生活环境，从而提高有机物的降解速率。

短程硝化反硝化法的原理是模拟自然生态环境中氮的循环，利用硝化菌和反硝化菌的联合作用，将水中氨氮转化为氮气以达到脱氮目的。由于氨氮氧化过程中需要大量的氧气，曝气费用成为这种脱氮方式的主要开支。短程硝化反硝化是将氨氮氧化控制在亚硝化阶段，然后进行反硝化，省去了传统生物脱氮中由亚硝酸盐氧化成硝酸盐，再还原成亚硝酸盐两个环节（即将氨氮氧化至亚硝酸盐氮再进行反硝化）。该技术的优势在于，一是节省 25%氧供应量，降低能耗；二是减少 40%的碳源，在 C/N 较低的情况下实现反硝化脱氮；三是缩短反应历程，节省 50%的反硝化池容积；四是降低污泥产量，硝化过程可少产污泥 33%～35%，反硝化阶段少产污泥 55%左右。短程硝化反硝化生物脱氮技术的关键就是将硝化控制在亚硝酸阶段，阻止亚硝酸盐的进一步氧化。该法是目前比较常用的方法，除了在水产养殖上应用外，在地表水处理、工业废水处理等方面也有广泛应用。

厌氧氨氧化是指在厌氧条件下氨氮以亚硝酸盐为电子受体直接被氧化成氮气的过程，微生物直接以 NH_4^+ 为电子供体，以 NO_2^- 或 NO_3^- 为电子受体，将 NH_4^+、NO_2^- 或 NO_3^- 转变成 N_2 的生物氧化过程。该过程利用独特的生物机体以硝酸盐作为电子供体把氨氮转化为 N_2，最大限度实现 N 循环厌氧硝化。推测厌氧氨氧化有多种途径，其中一种是羟氨和亚硝酸盐生成 N_2O 的反应，而 N_2O 再转化为氮气，氨被氧化为羟氨。另一种是氨和羟氨反应生成联氨，联氨被转化成氮气并生成 4 个还原性［H］，还原性［H］被传递到亚硝酸还原系统形成羟氨。第三种是，一方面亚硝酸被还原为 NO，NO 被还原为 N_2O，N_2O 再被还原成 N_2；另一方面，NH_4^+ 被氧化为 NH_2OH，NH_2OH 经 N_2H_4 脱氢被转化为 N_2。这种方法可以降低硝化反应的向反应池充氧能耗，免去反硝化反应外源电子供体，节省传统硝化反硝化反应过程所需的中和试剂，产生污泥量极少。该法的反应机理、参与菌种和各项操作参数还不明确。

好氧反硝化与传统脱氮理论认为的反硝化菌为兼性厌氧菌，反硝化必须在缺氧状况下进行的理论不同。近年发现反硝化在好氧状况下也可以进行，一些好氧反硝化菌已经被分离出来，有些可以同时进行好氧反硝化和异养硝化，其呼吸链在有氧条件下也可以进行，这样就可以在同一个反应器中实现真正意义上的同步硝化反硝化，简化了工艺流程，节省了能量。

超声吹脱法去除氨氮是一种新型、高效的高浓度氨氮废水处理技术，它是在传统的吹脱方法的基础上，引入超声波辐射废水处理技术，将超声波和吹脱技术联用而衍生出来的一种处理氨氮的方法。它的技术特点在于，采用超声波脱氮技术，其总脱氮效率在

70%～90%，不需要加投化学药剂，不需要加温，处理费用低，处理效果稳定。生化处理采用周期性活性污泥法（CASS）工艺，建设费用低，具有独特的生物脱氮功能，处理费用低，处理效果稳定，耐负荷冲击能力强，不产生污泥膨胀现象，脱氮效率大于90%，可以确保氨氮达标。

5. 水体中过量氨氮的危害

水中的氨氮可以在一定条件下转化成亚硝酸盐，如果长期饮用，水中的亚硝酸盐将和蛋白质结合形成亚硝胺，这是一种强致癌物质，对人体健康极为不利。

氨氮对水生生物起危害作用的主要是游离氨（非离子氨），其毒性比铵盐大几十倍，并随碱性的增强而增大。氨氮毒性与池水的pH及水温有密切关系，一般情况，pH及水温愈高，毒性愈强，对鱼的危害类似于亚硝酸盐。

氨氮对水生生物的危害有急性和慢性之分。慢性氨氮中的毒危害是，摄食降低，生长减慢，组织损伤，降低氧在组织间的输送。鱼类对水中氨氮比较敏感，当氨氮含量高时会导致鱼类死亡。急性氨氮中毒的危害是，水生生物表现亢奋、在水中丧失平衡、抽搐，严重者甚至死亡。

6. 养殖水体氨氮的相互转换及指数性状

从鱼类排泄系统排出的氨溶于水后，一部分与水反应建立起非离子氨（NH_3）、铵离子（NH_4^+）和氢氧离子（OH^-）的化学平衡，即：$NH_3+H_2O \rightleftharpoons NH_3 \cdot H_2O$ 和 $NH_3+H_2O \rightleftharpoons (NH_4^+ + OH^-)$。在这两个反应式中，$NH_3$ 为与水反应的气态氨，$NH_3 \cdot H_2O$ 为与水松散结合的非离子化氨分子，NH_4^+ 为铵离子。一般将 $NH_3 \cdot H_2O$ 称之为非离子氨，铵和氨之和（$NH_3+NH_4^+$）称之为总氨（即氨氮）。总氨的测定方法有纳氏比色法、苯酚—次氯酸盐（或水杨酸-次氯酸盐）比色法和电极法等，渔业用水的测定方法规定，用GB 7479—1987或GB 7481—1987（即纳氏试剂比色法/水杨酸分光光度法）测定出总氮含量后，根据标准附录的表A1（氨的水溶液中非离子氨的百分比）和表A2［总氮（$NH_4^-+NH_3$）浓度，其中非离子氨浓度0.02毫克/升（NH_3）］换算成非离子氨浓度。渔业用水中的另一项涉氮指标凯氏氮，规定用GB 11891—1989（水质凯氏氮的测定）方法测定。在GB 3838—2002（地表水环境质量标准）中，涉氮指标用总氮、氨氮表示，总氮的测定方法规定用GB 11894—1989（碱性过硫酸钾消解紫外分光光度法），氨氮的测定方法规定与渔业用水的方法相同，即GB 7479—1987或GB 7481—1987。这样，渔业用水中对鱼类毒性较大的非离子氨含量可通过下式计算：

$$\text{非离子氨浓度} = \text{总氨浓度} \times x/100 \quad (11-21)$$

上式中的 x 为《渔业用水标准》（GB 11607—1989）附录中的"表A1 氨的水溶液中非离子氨的百分比"所查得。由于标准规定的测定方法所得的总氨是以氮的形式表示的总氨的浓度（即氨氮），计算非离子氨时，需要将氨氮换算成以氨的形式表示的浓度（即氨的总浓度），这种换算需要进行氮与非离子氨（NH_3）和离子氨（NH_4^+）之间的原子量的比值换算，如何进行原子量的换算就决定了非离子氨计算的精确性。

因为总氨浓度$=[NH_3]+[NH_4^+]$，因此，非离子氨浓度$=([NH_3]+[NH_4^+])\times x/100$，又因为氨氮 $[NH_3-N]_{总}=[NH_3-N]+[NH_4^+-N]$，若氢的原子量取1.008，氮的原子量取14.007，则有下列计算过程：

$$[NH_3-N]=(14.007/17.031)\times[NH_3]=0.8824\times[NH_3]$$

$$[NH_4^+-N]=(14.007/18.039)\times[NH_4^+]=0.7765\times[NH_4^+]$$

$$[NH_3-N]_{总}=0.8824\times[NH_3]+0.7765\times[NH_4^+]$$

由于非离子氨浓度=（$[NH_3]+[NH_4^+]$）$\times x/100$，联解这两个方程可得到：

$$[NH_3]=[NH_3-N]_{总}/[0.7765\times(100-x)/x+0.8224] \quad (11-22)$$

例如，某水体测得的断面总氨（氨氮）含量为每升 0.303 毫克，假设该断面水体的 pH 为 7.5，水体温度为 20℃。查表知，当水体 pH 为 7.5，水温为 20℃时，氨的水溶液中非离子氨的百分比为 1.2，该断面水体的非离子氨浓度为：

$$0.303\times[0.7765\times(100-1.2)/1.2+0.8224]=0.0047\text{（毫克/升）}$$

为了省去查表的麻烦，可根据非离子氨含量与水温、气压、水体 pH 有关的原理，通过建立幂指数方程直接计算氨氮水溶液中非离子氨氮的含量。张全东根据氨在水体中的电离平衡原理，结合氮、氢元素的原子量，推导出直接计算非离子氨的计算公式：

$$非离子氨浓度=[0.8224+0.7765\times10^{(10.05-0.03246t-pH)}]^{-1}\times氨氮浓度 \quad (11-23)$$

上式中 t 为水温（℃），氨氮浓度为实测值，单位取毫克/升。

如水温 20℃、pH 为 7.5、氨氮浓度为 0.303 毫克/升时，非离子氨的浓度为：$[0.8224+0.7765\times10^{(10.05-0.03246\times20-7.5)}]^{-1}\times0.303=[0.8224+0.7765\times10^{1.9008}]^{-1}\times0.303=0.0048$（毫克/升），与上述计算结果接近。

GB 11606—1989 也附录了每升含 0.02 毫克非离子氨时的总氨浓度［表 A2 总氨（$NH_4^-+NH_3$）浓度，其中非离子氨浓度 0.02 毫克/升（NH_3）］，可直接查用。

氨氮是养殖水体质量指标的矢量性状，氨氮含量的测定值越高，表明水体中有机物或者无机物的污染程度愈大。它在污染指数计算中是一个正向矢量性状，测定的结果值越高，计算所得的污染指数越大，水体的污染程度愈高。

（五）总氮

总氮（TN）是水体中各种形态无机氮和有机氮的总量，是衡量水质的重要指标之一。总氮的定义是，水体中所包括 NO_3^-、NO_2^- 和 NH_4^+ 等无机氮和蛋白质、氨基酸和有机胺等有机氮的总和，以每升水含氮毫克数计算，是表示水体受营养物质污染程度的常用指标。

总氮=有机氮+氨氮+硝酸盐氮+亚硝酸盐氮等。氨氮既是无机氮的一部分，也是总氮的一部分，用 NH_3-N 表示。有机氮是指植物、土壤和肥料中与碳结合的含氮物质的总称，如蛋白质、氨基酸、酰胺、尿素等。无机氮是指植物、土壤和肥料中未与碳结合的含氮物质的总称，主要有铵态氮、硝态氮和亚硝态氮等。铵态氮是以铵盐形式存在的含氮物质，氨态氮是指氨气中存在的氮元素。总氨则是指把水体中的氮元素都集合起来，折合成氨来表示，就叫作总氨。

地表水中氮、磷物质超标时，微生物大量繁殖，浮游生物生长旺盛，出现富营养化状态。养殖水体中的总氮超标，表示水体污染严重。在污染指数中，总氮是一个正向矢量性状，在待评价水体中的含量越高，计算的污染指数越高，表示水体的污染程度越严重。

（六）总磷

总磷（Total phosphorus，简称 TP）是养殖水体中以无机态和有机态存在的磷的总和。总磷是水样经消解后将各种形态的磷转变成正磷酸盐后测定的结果，以每升水样含磷毫克数计量。

正磷酸盐的常用测定方法有四种，一是钒钼磷酸比色法，此法灵敏度较低，但干扰物质较少；二是钼-锑-钪比色法，该法灵敏度高，颜色稳定，重复性好；三是氯化亚锡法，此法虽灵敏但稳定性差，受氯离子、硫酸盐等干扰；四是钼酸铵分光光度法。GB 3838—2002 规定，地表水中总磷含量的测定方法采用 GB 11893—1989 钼酸铵分光光度法，而饲料中总磷的测定采用 GB/T 6437 钒钼磷酸比色法。

水体中的磷，以元素磷、正磷酸盐、缩合磷酸盐、焦磷酸盐、偏磷酸盐和有机团结合的磷酸盐等形式存在，其主要来源为生活污水、化肥、有机磷农药及近代洗涤剂所用的磷酸盐增洁剂等，动物粪便中也含有未降解的植酸磷。水体中的磷是藻类生长需要的一种关键元素，植物光合作用所需的氮磷比是 7.2∶1。但是，养殖水体中磷含量过高，易造成水体污秽异臭，并能使淡水湖泊发生富营养化、海湾出现赤潮。地表水中氮、磷物质超标时，微生物大量繁殖，浮游生物生长旺盛，出现富营养化状态。

在污染指数中，总磷是一个正向矢量性状，在待评价水体中的含量越高，计算的污染指数越高，表示水体的污染程度越严重。

（七）高锰酸盐指数与重铬酸盐指数

在一定条件下，以高锰酸钾（$KMnO_4$）为氧化剂，处理水样时所消耗的氧化剂的量，称为高锰酸盐指数，表示单位为氧的毫克/升。

高锰酸盐指数在以往的水质监测分析中，也有被称为高锰酸钾法，所测得的结果一般称为化学耗氧量。由于高锰酸盐指数法是在规定条件下测定的结果，水体中有机物只能部分被氧化，并不是理论上的需氧量，也不是反映水体中总有机物含量的尺度。因此，用高锰酸盐指数这一术语作为水质的一项指标，以有别于重铬酸钾法的化学需氧量。以高锰酸钾溶液为氧化剂测得的化学耗氧量（也有称之为化学需氧量）以前称之为锰法化学耗氧量，GB 3838—2002 中已把该值改称高锰酸盐指数，测定试剂用高锰酸钾，而仅将酸性重铬酸钾法测得的值称为化学需氧量。国际标准化组织（ISO）建议高锰酸钾法仅限于测定地表水、饮用水和生活污水，不适用于工业废水，工业废水应当使用重铬酸钾法测定化学需氧量，原因是工业废水中的还原性物质含量较高。

高锰酸盐与重铬酸盐两种方法的区别是，高锰酸盐指数（COD_{Mn}）反映的是水体受有机污染物和还原性无机物质污染程度的综合指标。由于在规定的条件下，水中的有机物只能部分被氧化，并不是理论上的需氧量，一般用于污染比较轻微的水体或者清洁地表水，其值超过每升 10 毫克时需要稀释后再测定。重铬酸盐法（COD_{Cr}）反映的是水体受还原性物质污染的程度，由于只反映能被氧化的有机物污染，主要应用于工业废水的测定，其值低于每升 10 毫克时，测量的准确度较差。所以，前者测得的 COD_{Mn} 数值远小于由后者测得的 COD_{Cr}，一般重铬酸盐指数是高锰酸盐指数的 3～15 倍。

高锰酸钾和重铬酸钾的氧化能力以酸性重铬酸钾氧化能力更强，它可以氧化大部分有机物。两方法测定结果不同，而且测定对象也不同，COD_{Cr} 主要针对废水，COD_{Mn} 主要针对河流水和地表水。具体原因是，一般说来，酸性重铬酸钾法的氧化率在80%左右，而酸性高锰酸钾法的氧化率在50%以下。因为两者反应条件不一样，前者是146℃下加热2小时，后者是100℃沸水浴加热30分钟，所以前者反应更充分，而后者测得的高锰酸盐指数比前者测得的重铬酸盐指数低得多。同时，重铬酸钾与高锰酸钾相比，前者更不稳定，也就更具有了反应能力，即氧化能力。

高锰酸盐法与重铬酸盐法都是应用强氧化剂氧化水体中的有机污染物，通过计算氧化剂的消耗量，推导水体中有机物污染物质的多少。二者的区别是，一个用的是重铬酸钾，一个用的是高锰酸钾，测定时间不一样，适用范围也不一样，氧化程度也不一样。高锰酸盐指数主要用来测定低浓度的化学耗氧量，多用于淡水养鱼的水源地水质、给水、中水（也叫做再生水，是指废水或雨水经过适当处理后，达到一定的水质指标，满足某种使用要求，可以进行有益使用的水）的测试，他们的COD较低，常小于每升5毫克，这样的化学需氧量用重铬酸盐法无法准确测定。高浓度的COD大多用重铬酸盐法测定。淡水养鱼的水体，由于COD常小于每升10毫克，一般用高锰酸盐指数作为测评指标。

高锰酸盐指数与BOD_5比较，测定养殖水体生化需氧量的有5天、10天、20天、25天四种反应时间，当反应进行25天后，一般认为有机物的降解率为100%，20天可降解99%，5日生化需氧量（生物氧化）降解了有机污染物的70%。高锰酸盐一般只能降解（化学氧化）有机物的50%，小于5日生化需氧量的70%。所以，5日生化需氧量（BOD_5）一般略大于高锰酸盐指数（COD_{Mn}）。

在污染指数中，高锰酸盐指数和重铬酸盐是一个正向矢量性状，在待评价水体中的高锰酸盐指数越高，计算的污染指数值越高，表示水体的污染程度越严重。

四、参评指标的性状处理与指数测算

（一）标量性状的处理

在标识污染指数选取的7项指标中，pH是唯一具有点集聚特征的标量性状。pH＝7.0是这个指标的点集聚中心，偏离了这个中心，无论高于该点还是低于该点都是水体被污染的指证，并且离散程度越高的水体，污染程度越重。

该性状的处理按离散程度参加污染指数的测算和评价，处理的办法是，将pH的测定值进行离散程度集合计算，用实际测定值减去标准值之后的绝对值加上标准值，再除以标准值。这实际上是将pH的单因子污染指数提高到“1＋污染部分的指数”，当水体的pH实测值为7.0时，计算单因子污染指数是1，而7.0是水体的酸碱平衡状态，污染应当为零，所以，应当在计算结果上再减去1，这才是水体的实际污染状态，单因子pH矫正污染指数P（pH）的计算公式是：

$$P(\mathrm{pH}) = (|C_i - S_i| + S_i)/ S_i \qquad (11-24)$$

上式中P（pH）是pH单因子污染指数矫正指数，C_i是某水体实际测定的pH，S_i是指数计算时所选用的水体质量标准值，一般取7.0。

例如，某地区水体测定的6个水体断面中的pH分别是4.4、6.2、8.4、9.6、10.8、7.0。该区域的水体功能为地表水饮用水水源地，质量要求为地表水Ⅱ类水质区，pH标准取 7.0。按照公式（11－24）计算这 5 种水体的 pH 单因子污染指数矫正指数，计算结果见表 11－36。

表 11－36　单因子 pH 矫正污染指数的计算

水体序号	实测（C_i）	单因子指数（C_i/7.0）	离散距离 $\lvert C_i-7.0\rvert$	矫正离散距离（$\lvert C_i-7.0\rvert+7.0$）	矫正污染指数（$\lvert C_i-7.0\rvert+7.0$）/7.0
1	4.4	0.63	2.6	9.6	1.37
2	6.2	0.89	0.8	7.8	1.11
3	8.4	1.20	1.4	8.4	1.20
4	9.6	1.37	2.6	9.6	1.37
5	10.8	1.54	3.8	10.8	1.54
6	7.0	1.0	0	7.0	1

由表 11－36 可见，当水体的实测 pH 大于标准值时，矫正污染指数的计算结果与单因子指数的计算结果相同，如 3 号、4 号、5 号水体的单因子指数与矫正污染指数同是 1.20、1.37、1.54；当水体的实测 pH 小于标准值时，单因子指数与矫正污染指数的计算结果不同，如 1 号水体的单因子指数是 0.63，矫正污染指数是 1.37，2 号水体的单因子指数是 0.89，矫正指数是 1.11。从实际引起的污染效果上看，1 号水体属于酸性水体，4 号水体属于碱性水体，二者偏离酸碱平衡的 7.0 点的距离是相同的，离散距离都是 2.6，但他们的单因子指数是不同的，一个是 0.63，一个是 1.37，显示同样的污染程度却没有同样的污染指数。按照二者离散程度矫正后，二者的偏离程度（矫正离散距离）是相同的，都是 9.6，从而矫正的污染指数计算结果是一致的，都是 1.37，这就可以表达 1 号水体与 4 号水体的污染程度是一样的，在综合污染指数值的计算中会提供同样的贡献份额。也就是说，当水体的 pH 为 4.4 或 9.6 时，对水体的污染程度是一样的。当水体的 pH 为 7.0 时（如 6 号水体），矫正污染指数为 1，表示水体酸碱处于平衡状态。

进行 pH 单项因子评价时需要减去 1，表示当水体的 pH 实际测定值为 7 时，水体为零污染，这是的水体污染指数为 0，计算公式为 11－25。计算标识污染功能指数时不需要减去 1，因为 pH 的污染程度是超过或者低于 7.0 时产生的偏差量相对值，不是实测数据与标准值之间的绝对差。

$$P'(\mathrm{pH})=(\lvert C_i-S_i\rvert+S_i)/\ S_i-1 \qquad (11-25)$$

（二）反向矢量性状的处理

溶解氧是一项反方向的矢量性状，水体的溶解氧越高，水体中的活化水分子越多，水体抵抗病害微生物的能力愈强；也表明水体中的水分子团聚体较少，水体的老化速率较慢，水体的质量较好。GB 3838—2002 中的Ⅰ类水体要求每升含溶解氧 7.5 毫克，饮用水水源地范围的Ⅰ～Ⅲ类水体的溶解氧含量要求在每升 5 毫克以上。国标渔业水质标准要求养殖水体中连续 24 小时中，16 小时以上必须大于 5，其余任何时候不得低于 3，对于鲑科鱼类栖息水域冰封期其余任何时侯不得低于 4。

从单因子污染指数的计算公式（11－5）看，水体溶解氧与污染指数的方向相反，溶解氧含量越高，计算所得的污染指数越大，这与水体溶解氧所指证的水体质量是相反的，将溶解氧的实际测定值反向应用于污染指数，更符合溶解氧的性状特征和污染指数指证。

（三）正向矢量性状的应用

标识污染功能指数选用的7项指标中，高锰酸盐指数、5日生化需氧量、氨氮浓度、总氮浓度、总磷浓度等5项指标是正向矢量性状。也就是说，这些指标的含量浓度越高，水体的污染程度越严重，这些指标的浓度变化方向与水体污染程度的变化方向是一致的，可以直接应用单因子污染指数的方法，按公式（11－5）计算，与综合污染指数矢量方向一致，可直接参与综合污染指数的计算。

（四）标识污染功能指数标准值的选择

在标识污染功能指数选用的7项指标中，正向的矢量性状标准值可以直接应用于指数中，反方向的矢量性状只有一个溶解氧，在该指标进入指数计算时，将实测值加以负号，就可直接用于指数值的测算。

标量性状的pH，国标地表水标准仅提供了Ⅰ～Ⅴ类水体处在6～9的范围，没有划分具体类别所对应的pH数值，为划分水体类别所对应的pH，按照以7.0为Ⅰ类水体对应的pH，9.0为Ⅴ类水体对用的pH，7.0是pH集聚点，按此设定分配水体类别的对应pH。首先计算国标中Ⅴ类水体对应的pH为9的离散距离（离散距），pH的离散距离为9－7＝2，等级离散距为5（Ⅴ类）－1（Ⅰ类）＝4。第二步计算单位离散距对应的pH数量，单位离散距$m=2/4=0.5$。由于偏离pH集聚点的测定值，或高或低都是水体污染程度的表达，因此地表水质量类别的对应pH标准值矫正计算公式是：

$$B = C_i \pm mn \qquad (11-26)$$

上式中B是地表水特定类别对应的pH矫正值，计算结果应当有一高一低两个结果，C_i是水体酸碱平衡最好时的Ⅰ类水体pH标准值，一般取7.0；±表示其后的计算结果进行两次运算，一次是在C_i的基础上加上其后的计算结果，另一次是在C_i的基础上减去其后的计算结果；m是单位离散距离，$m=0.5$；n是离散距，$n=h_i-h_0$，h_i为B对应的水质类别数，也就是需要计算的pH矫正标准值的水体类别数，h_0是Ⅰ类水质的类别数，$h_0=1$。将已知的数据带入（11－26）可得到计算水体类别的矫正标准pH计算简式（11－26）：

$$B = 7.0 \pm 0.5 \times (h_i - 1) \qquad (11-27)$$

例如，为计算某Ⅳ类水体的pH单因子污染指数，需要计算Ⅳ类水体对应的矫正标准pH，则$B=7.0\pm0.5\times(4-1)=[8.5;5.5]$。如果为Ⅴ类水体，则$B=7.0\pm0.5\times(5-1)=[9.0;5.0]$。如果为Ⅱ类水体，则$B=7.0\pm0.5\times(2-1)=[7.5;6.5]$，同理可计算其他类别水体的矫正标准pH（表11－37）。

在计算pH的单因子污染指数时，需要考虑以实测值/碱侧pH还是以实测值/酸侧pH作为pH的单因子污染指数，为缩小pH对指数的缩减影响，可以取二者的均值作为水体pH单因子污染指数。如某Ⅱ类目标水体水质检测的pH为7.2，该水体的碱侧单因子染指数为7.2/7.5＝0.96，酸侧单因子染指数为7.2/6.5＝1.11，则该水体的pH单因子污染指数为（0.96＋1.11)/2＝1.04，所得指数比较接近水体的实际污染状况，对指数的计算结果影响较小。

表 11－37　地表水水质类别对应的矫正标准 pH

水体水质类别		Ⅰ类	Ⅱ类	Ⅲ类	Ⅳ类	Ⅴ类	劣Ⅴ类	黑臭Ⅴ类
GB 3838—2002				6～9			—	—
解释性国标标准		7.0±0.0	7.0±0.5	7.0±1.0	7.0±1.5	7.0±2.0	7.0±2.5	7.0±3.0
矫正标准（4.5～10.0）	碱侧 pH	7.0	7.5	8.0	8.5	9.0	9.5	10.0
	酸侧 pH	7.0	6.5	6.0	5.5	5.0	4.5	4.0
实测 pH＝3.0	碱侧指数	0.43	0.400	0.375	0.353	0.333	0.316	0.300
	酸侧指数	0.43	0.462	0.500	0.545	0.600	0.667	0.750
	平均指数	0.43	0.431	0.438	0.449	0.467	0.491	0.525
实测 pH＝5.0	碱侧指数	0.71	0.67	0.625	0.588	0.56	0.526	0.500
	酸侧指数	0.71	0.77	0.833	0.909	1.00	1.111	1.250
	平均指数	0.71	0.72	0.729	0.749	0.78	0.819	0.875
实测 pH＝7.0	碱侧指数	1	0.933	0.875	0.824	0.778	0.737	0.700
	酸侧指数	1	1.077	1.167	1.273	1.400	1.556	1.750
	平均指数	1	1.005	1.021	1.048	1.089	1.146	1.225
实测 pH＝8.0	碱侧指数	1.143	1.067	1.000	0.941	0.889	0.842	0.800
	酸侧指数	1.143	1.231	1.333	1.455	1.600	1.778	2.000
	平均指数	1.143	1.149	1.170	1.198	1.245	1.310	1.400
实测 pH＝10.0	碱侧指数	1.429	1.333	1.250	1.176	1.111	1.053	1.000
	酸侧指数	1.429	1.538	1.667	1.818	2.000	2.222	2.500
	平均指数	1.429	1.436	1.458	1.497	1.556	1.638	1.750
实测 pH＝11	碱侧指数	1.571	1.467	1.375	1.294	1.222	1.158	1.100
	酸侧指数	1.571	1.692	1.833	2.000	2.200	2.444	2.750
	平均指数	1.571	1.579	1.604	1.647	1.711	1.801	1.925
实测 pH＝13	碱侧指数	1.857	1.733	1.625	1.529	1.444	1.368	1.300
	酸侧指数	1.857	2.000	2.167	2.634	2.300	2.889	3.250
	平均指数	1.857	1.867	1.896	1.946	2.022	2.128	2.275

在数学中，当分数的分子一定时，分母越大，分数的值越小；分母越小，分数的值越大。将这个原理应用到水体的污染指数中，一般标准值处在分母上。由于地表水等水体的质量标准值是对应等级的限定值，而同一水体中，不同指标的测定值有质的区别，如表 11－38 的资料显示，该水体断面的 pH、溶解氧、5 日生化需氧量含量属于Ⅰ类水体范围，而总氮含量属于Ⅲ类水体范围。在测算该断面水体综合污染指数时，常规的做法是按该江河的目标水体质量标准确定指数的应用标准和计算值，如果应用实测结果的就近水体质量类别标准，则计算的综合污染指数值差异是明显的（表 11－38)。

表 11-38 以地表水及渔业水质标准计算水体综合污染指数

检测项目	pH	DO	COD_{Mn}	BOD_5	NH_3-N	TP	TN	综合指数
测定结果	7.51	7.37	2.03	2.20	0.292	0.030	0.508	
按国标单因子判定	Ⅰ类	Ⅰ类	Ⅱ类	Ⅰ类	Ⅱ类	Ⅱ类	Ⅲ类	
Ⅱ类地表水标准	7.5	6	4	3	0.5	0.1	0.5	
渔业水质标准	7.5	4.75^{A}	4^{B}	5^{C}	1.6^{D}	0.1^{E}	1.6^{D}	
Ⅱ类地表水指数	1.001 3	1.228 3	0.507 5	0.733 3	0.584 0	0.300 0	1.016 0	5.370 4
渔业标准指数	1.001 3	1.551 6	0.507 5	0.440 0	0.182 5	0.300 0	0.317 5	4.300 4

注：按Ⅰ类 7.0，Ⅱ～Ⅴ类以 7.0±0.5×m 计算。A：取渔业水质标准的日均值（5×16+3×8）/24；B：取地表水Ⅱ类标准；C：取渔业用水非冰封期标准；D：取渔业水质标准的非离子氨浓度 0.02 毫克/升、水温 20℃、pH 为 7.5 时的总氮浓度；E：取地表水Ⅱ类标准的江河值。

上述计算结果显示，该水体的污染综合指数为在 4.30（渔业用水）～5.37（地表水），可判断为严重污染。根据标识污染功能指数的首位可以代表该水体地表水质量等级的特点，从表 11-38 可以看到，该水体的等级在Ⅴ类以上，以渔业用水标准指数说，该水体质量等级在Ⅳ类以上。但是，即便是按照单因子标准判断，该水体为Ⅲ类水体，因为该水体的总氮处在Ⅲ类水质区，尽管其他指标处在Ⅰ～Ⅱ类区，但按照一票否决法，水质指标最差的为水体质量评价级别，该水体应该为Ⅲ类，而指数计算为 5.37，超过Ⅲ类。

如果按照标识污染功能指数的方法计算，第一步先计算矢量性状的综合污染指数，将其中的溶解氧按照反向矢量性状计算，并将标量性状的 pH 按照公式（11-25）计算，则可得到不同的计算结果（表 11-39）。可以看到，以地表水质量标准测定该水体的标识污染功能指数，质量等级超过Ⅱ类接近Ⅲ类，以渔业用水标准测算，该水体的质量等级超过Ⅰ类接近Ⅱ类。

表 11-39 矫正后 pH 的标识污染功能指数

检测项目	矫正 pH	DO	COD_{Mn}	BOD_5	NH_3-N	TP	TN	综合指数
测定结果	7.51	7.37	2.03	2.20	0.292	0.030	0.508	
Ⅱ类地表水指数	1.001 3	−1.228 3	0.507 5	0.733 3	0.584 0	0.300 0	1.016	2.913 8
渔业标准指数	1.001 3	−1.551 6	0.507 5	0.440 0	0.182 5	0.300 0	0.317 5	1.747 5

计算结果中，pH 对该水体的综合污染指数贡献为 1.001 3，表明 pH 为 7.51 时（即接近 7.0 时），对水体的污染轻微，计算所得的污染指数较小，而溶解氧在高于分母中所选用的标准值时（本例取Ⅱ类地表水标准值 6）对指数的贡献是负值，表明可以冲减指数最终计算结果值，提高水体质量评级。将矢量性状和标量性状的污染指数相加，就是该水体的标识污染功能指数，如表 11-39 中以Ⅱ类地表水标准计算该水体标识污染功能指数为：

$$I_{综合} = I_{矢量} + I_{标量} = 1.912\ 5 + 1.001\ 3 = 2.913\ 8$$

五、标识污染功能指数与其他指数的比较

在水体质量测评中，基于地表水标准水质确定型评价方法的许多研究，比较了不同

指数对水体污染程度的表达，但对参评指标 pH 点集聚性状和 DO 反向影响研究甚少。质量相近水体难以区别，指数的污染程度指征意义多限于不同水体污染程度的相互比较，致使污染指数对不同程度的污染水体都要制定不同的污染程度判定标准，如内梅罗污染指数的判断标准以 2 为基数，国内学者提出的综合污染指数以 4 为基数，指数不能直接读取水体的地表水标准的水体质量等级。其次，测算出的水体质量等级不能直接代表水体的地表水质量等级，而是在一定的数量区间内的质量类别分布。

国内外学者对一票否决法的过保护性质提出了质疑，从表 11－38 的测定资料看，在水体质量 7 项常规检测指标中，就单因子分析，pH、溶解氧含量和 5 日生化需氧量 3 项指标达到Ⅰ类水质标准，高锰酸盐指数和总磷含量 2 项达到Ⅱ类水质标准，仅氨氮 1 项指标为Ⅲ类水质标准，就定性该水体为Ⅲ水质水体，过保护的意味十分明显。

在综合指数中，内梅罗污染指数因人为加大最大项的计算值，使计算结果主观因素重、灵敏度低，与单因子法耦合性差。国内的标识污染综合指数等，也没有考虑与国标的单一因子耦合问题，各种指数的污染轻重判断标准并不相同，且对溶解氧对指数的反向矢量问题未能考虑，对 pH 的标量和点集聚性质没有处理，计算出的指数值相互之间难以比较和引用。标识污染功能指数提出了以区域水体用途功能标准评价地表水质量的命题，基本排除了各种测定方法和评价指数的人为因素影响，可定量客观表达水体质量，描述同一江河的水体质量差异。小数第一位四舍五入，与单因子法评价结果相同，所得指数排除了主观因素对测评结果的干扰，该指数灵敏度高，与单因子法拟合性好。现以汉江安康段某年水质的测定资料为例，测算汉江的标识污染功能指数，并与单一因子的判定结果和其他综合指数比较，汉江安康段某年的 7 项理化指标测定资料见表 11－40。

表 11－40　汉江安康段某年水质理化指标测定结果

采样点	月份	pH	DO	COD_{Mn}	BOD_5	NH_3-N	TP	TN
石泉小刚桥	3	7.63	7.62	1.9	2.2	0.371	0.010	0.389
	7	8.11	6.87	1.9	2.1	0.220	0.023	0.389
	10	7.26	7.91	2.1	1.7	0.132	0.022	0.620
	均数	7.67	7.47	1.97	2.0	0.241（Ⅱ）	0.018[A]	0.466（Ⅱ）
紫阳汉王镇	3	7.60	7.60	1.8	2.2	0.351	0.030	0.366
	7	8.00	6.88	1.9	2.0	0.250	0.043	0.339
	10	7.23	7.90	2.0	1.8	0.130	0.030	0.420
	均数	7.61	7.46	1.90	2.0	0.244（Ⅱ）	0.034（Ⅱ）	0.375（Ⅱ）
紫阳汉江	3	7.82	7.90	1.9	2.2	0.155	0.030	0.303
	7	7.72	7.04	2.0	1.8	0.257	0.024	0.361
	10	7.33	7.98	2.0	1.7	0.153	0.034	0.630
	均数	7.62	7.98	1.97	1.9	0.188[a]（Ⅱ）	0.029（Ⅱ）	0.431（Ⅱ）
瀛湖翠屏岛	3	7.50	7.40	1.6	2.0	0.355	0.031	0.336
	7	7.40	6.80	1.8	2.2	0.255	0.044	0.369
	10	7.63	7.41	2.1	2.0	0.160	0.036	0.408
	均数	7.51	7.20	1.83	2.07	0.257（Ⅱ）	0.037（Ⅱ）	0.371[a]（Ⅱ）

（续）

采样点	月份	pH	DO	COD_{Mn}	BOD_5	NH_3-N	TP	TN
白河出陕断面	3	7.42	7.42	2.0	2.3	0.360	0.019	0.418
	7	7.29	7.00	2.0	2.3	0.283	0.039	0.418
	10	7.82	7.68	2.1	2.0	0.233	0.031	0.688
	均数	7.51	7.37	2.03（Ⅱ）	2.20	0.292（Ⅱ）	0.030（Ⅱ）	0.508（Ⅲ）
年均数		7.58	7.50	1.94	2.03	0.244（Ⅱ）	0.030（Ⅱ）	0.430（Ⅱ）

注：同列肩标小写字母不同者表示差异显著（$P<0.05$），大写字母不同者表示差异极显著（$P<0.01$）。均数后的（Ⅱ）表示按GB 3838—2002单因子判定的类别，未表注字母者为Ⅰ类。总磷按江河标准评级。

按照表11-40资料的均数计算汉江安康段某年的水体质量污染指数，依照单因子一票否决法和综合污染指数的计算方法，分别计算该年度汉江安康段的标识污染功能指数、叠加污染指数、算数平均污染指数以及内梅罗污染指数，并将内梅罗污染指数按照内梅罗和标识污染功能指数的计算办法，分别计算出内梅罗污染指数1（*SI*-1）和内梅罗污染指数2（*SI*-2）列入，参加比较（表11-41）。

表11-41　汉江安康段某年水质按均数值测评结果

监测采样点	单因子评价法	综合指数法				
	一票否决法（国标）	标识污染功能指数	叠加污染指数	算术平均污染指数	内梅罗污染指数	
					SI-1	*SI*-2
入康点（石泉）	Ⅱ（NH_3-N、TP）	1.603 9	4.756 8	0.679 5	0.868 2	0.898 3
紫阳汉王镇	Ⅱ（NH_3-N、TP、TN）	1.563 5	4.729 0	0.675 5	0.862 0	0.892 0
紫阳汉江	Ⅱ（NH_3-N、TP、TN）	1.412 4	4.733 8	0.676 4	0.891 5	0.950 1
瀛湖翠屏岛	Ⅱ（NH_3-N、TP、TN）	1.646 4	4.734 8	0.676 4	0.854 5	0.863 3
出康点（白河）	Ⅲ（TN）	1.985 4	5.124 8	0.732 1	0.885 5	0.889 8
3月份均数	Ⅱ（NH_3-N、TP、TN）	1.608 5	4.812 5	0.687 5	0.865 4	0.907 6
7月份均数	Ⅱ（NH_3-N、TP、TN）	1.723 3	4.725 3	0.675 0	0.869 1	0.832 2
10月份均数	Ⅲ（TN）	1.632 8	4.894 6	0.699 2	0.925 5	0.929 9
全年平均	Ⅱ（NH_3-N、TP、TN）	1.642 5	4.820 3	0.688 6	0.864 8	0.898 0

从表11-40和表11-41可以看出，以单因子评价，汉江安康段在出康点（白河）断面的7项测定指标中，pH、溶解氧含量和5日生化需氧量3项指标达到地表水Ⅰ类水质标准，高锰酸盐指数、氨氮含量和总磷含量处在Ⅱ类水质范围内，但总氮含量1项指标超出Ⅱ类水质标准，该断面被判定为Ⅲ类水质区，从而导致汉江安康段水体质量呈现Ⅲ类水质。在全年时间内，仅有10月的氨氮含量超过Ⅱ类水质标准，也可导致判断全年水质为Ⅲ类区，显示了单因子法的过保护性。

以标识污染功能指数等综合指数测定该段水体质量，水体断面污染最严重的是出康点（白河），这与其他综合污染指数的测评结果相同；污染最轻的是紫阳汉江断面，而其他污染综合指数测定的最轻污染区是紫阳汉王镇断面或瀛湖翠屏岛。在季节测评上，标识污染功能指数测定的最重污染点是7月，主要原因是7月溶解氧含量显著降低（表11-42），对指数计算值的冲减作用减弱，而其他综合指数测定的最重污染点是10月，主要原因是10月总氮的浓度显著增高；最轻污染点标识污染功能指数测定的是3月，主要原因是3月总磷含量显著低于7月和10月，而叠加污染指数、算数平均污染指数和内梅罗污染指数2测定的结果是7月，内梅罗污染指数1测定的结果与标识污染功能指数相同。

表11-42　汉江安康段某年水质理化指标季节性变化分析

月份	pH	DO	COD_{Mn}	BOD_5	NH_3-N	TP	TN
3	7.63	7.62	1.9	2.2	0.371	0.010	0.389
	7.60	7.60	1.8	2.2	0.351	0.030	0.366
	7.82	7.90	1.9	2.2	0.155	0.030	0.303
	7.50	7.40	1.6	2.0	0.355	0.031	0.336
	7.42	7.42	2.0	2.3	0.360	0.019	0.418
3月均值	7.594	7.588	1.84	2.18	0.318 4	0.024	0.362 4
7	8.11	6.87	1.9	2.1	0.220	0.023	0.389
	8.00	6.88	1.9	2.0	0.250	0.043	0.339
	7.72	7.04	2.0	1.8	0.257	0.024	0.361
	7.40	6.80	1.8	2.2	0.255	0.044	0.369
	7.29	7.00	2.0	2.3	0.283	0.039	0.418
7月均值	7.704	6.918	1.92	2.08	0.253	0.034 6	0.375 2
10	7.26	7.91	2.1	1.7	0.132	0.022	0.620
	7.23	7.90	2.0	1.8	0.130	0.030	0.420
	7.33	7.98	2.0	1.7	0.153	0.034	0.630
	7.63	7.41	2.1	2.0	0.160	0.036	0.408
	7.82	7.68	2.1	2.0	0.233	0.031	0.688
10月均值	7.454	7.776	2.06	1.84	0.161 6	0.030 6	0.553 2

标识污染功能指数对参与指数计算的pH和溶解氧等无量纲性状和反向矢量性状进行了处理，计算所得指数可客观准确反映水体的综合质量状况，消除了单因子方法的过保护性，同时可灵敏测评水体的综合质量状况，区别同一江河相邻水体的质量差异。如在汉江水体中，安康段的紫阳汉王镇和相邻的紫阳汉江断面水质在指数小数部分的第一位出现差异。利用标识污染功能指数的第一位数据在四舍五入后可以直接代表水体的质量等级，从计算结果看，汉江安康段水体的标识污染功能指数处在1.41～1.99，其中单因子判定出康点（白河）水体为Ⅲ类水质，标识污染功能指数为1.99，该点的全年水体质量指标平均值仍然处在Ⅱ类水质范围，引起该断面水体质量变化的主要是10月份氨氮超标Ⅱ类。在汉江安康段，紫阳汉江的水体质量受到任河、岚河来水的稀释，污染物含量

降低，标识污染功能指数值为1.412 4，虽然为Ⅱ类水体，但优于相邻的紫阳汉王镇和瀛湖翠屏岛。其次，标识污染功能指数的计算结果与单因子一票否决法的结果接近，在小数部分四舍五入后可以用作为被测水体的质量代码，读取水质等级，Ⅱ类以上断面为100%，汉江安康段的水体质量为优，与实际基本相符。

标识污染功能指数的标准值改用渔业水质标准后，计算出的该水体的标识污染功能指数为负值，说明该水体对于鱼类养殖是无污染状态，主要原因是，汉江安康段的水体溶解氧含量较高，大幅冲减降低了水体的污染指数。同时，7项指标中没有超过渔业用水标准的测定值，说明该水体是渔业养殖的优质水体，溶解氧含量的高水平也说明该水体适宜于高耗氧鱼类养殖。

以标识污染功能指数与其他指数的拟合度检验指数的综合性，计算结果见表11-43。可以看出，标识污染功能指数与叠加指数和算数平均污染指数有较高的拟合度，与内梅罗污染指数的拟合度较低，指数的综合性和精确度与叠加污染指数和算数平均污染指数结果相同，可以用作水体质量的评价指数。

表11-43 标识污染功能指数与其他综合指数法的拟合度（R^2）

污染指数	标识污染功能指数	叠加指数法	算术平均污染指数法	内梅罗污染指数1
叠加指数法	0.633 5			
算术平均污染指数法	0.631 6	1.000 0		
内梅罗污染指数1	0.000 2	0.181 2	0.181 4	
内梅罗污染指数2	0.236 5	0.019 2	0.182 0	0.342 8

六、标识污染功能指数对水体污染程度的判断

水体标识指数曾提出了指数与国标单因子标准的对应关系，这种标准是在对水体质量进行了单因子判定的基础上形成的。其中的指数第一位直接取自水体的单因子测评值，不是指数本身直接计算出的数据，实质是水体的质量代码。标识污染功能指数是根据实际测定的数据计算出的水体质量指数，基本数量级与单因子测评的数量级相当，当指数值小于1时，表示水体质量为地表水Ⅰ类水体，当指数值大于2小于3时，表示水体质量为地表水Ⅱ类水体，以此类推，水体的质量等级见表11-44。

表11-44 标识污染功能指数水体污染判定标准

单因子水体类别	Ⅰ	Ⅱ	Ⅲ	Ⅳ	Ⅴ	劣Ⅴ（不黑臭）	劣Ⅴ（黑臭）
标识污染功能指数（α）	α≤1	2≥α>1	3≥α>2	4≥α>3	5≥α>4	6≥α>5	α>6
污染程度	安全	污染警戒	轻污染	中污染	高污染	重污染	劣质水体
备注	直饮水	清洁水体	指示生物出现反应	指示生物出现死亡	鱼类浮头，24小时内泛塘	大型水生生物全部死亡	水生生物全部死亡

试以表 11-38 的资料计算水体的模拟质量等级。假设水体的质量指标测定结果见表 11-45，单因子评价列于表中，然后计算该水体的标识污染功能指数，计算结果也列于表中。计算结果中，该水体的标识污染功能指数为 3.410 9，这个值大于 3 而小于 4，而单因子中总磷含量处于Ⅳ类区，同时 5 日生化需氧量和总氮已经达到Ⅲ类，该水体的质量等级应评定为Ⅳ类。

表 11-45 以地表水及渔业用水标准计算水体综合污染指数

检测项目	实测 pH 及矫正 pH	DO	COD_{Mn}	BOD_5	NH_3-N	TP	TN	综合指数
实际测定结果	5.81	7.85	3.53	3.20	0.402	0.230	0.508	
按国标单因子计算	pH′=(｜5.81−7.0｜+7.0)=8.19	Ⅰ类	Ⅱ类	Ⅲ类	Ⅱ类	Ⅳ类	Ⅲ类	
地表水标准	7.0	6	4	4	0.5	0.3	0.5	
标识污染功能指数	矫正 pH 指数=pH′/7=1.170 0	−1.308	0.883	0.080	0.804	0.767	1.016	3.410 9

本例 7 项指标中，有 2 项为Ⅳ类［含 pH，矫正后的 pH 为 8.19，处于国标Ⅰ～Ⅳ类要求的 6～9，按公式 11-27 计算，$h_i=(B-7.0)/0.5+1=(8.19-7.0)/0.5+1=3.38$，超过 3，按Ⅳ类处理］，2 项为Ⅲ类，2 项为Ⅱ类，1 项为Ⅰ类，标识污染功能指数评定为Ⅳ类水体。在汉江安康段出康点（白河）的测定资料中，7 项指标中有 1 项为Ⅲ类，3 项指标为Ⅱ类，3 项指标为Ⅰ类，该断面标识污染功能指数评定为Ⅱ类，与该断面全年平均值的单因子测评结果一致。

主要参考文献

陈昌齐，叶元土，1998. 集约化水产养殖技术［M］. 1 版 . 北京：中国农业出版社：142-144.

邓雪，李家铭，曾浩健，等，2012. 层次分析法权重计算方法分析及其应用研究［J］. 数学的实践与认识，42（7）：93-100.

范维端，1974. 关于水库宜渔水面的计算方法［J］. 淡水渔业（3）：14.

关伯仁，1979. 评内梅罗的污染指数［J］. 环境科学（4）：67-71.

关镜辉，1992. 非离子氨计算方法的验证［J］. 中国环境监测，8（5）：40-42.

贺纯纯，王应明，2014. 网络层次分析法研究述评［J］. 科技管理研究（3）：204-208.

蓝琳，谢洪章，陈兴伟，2007. W 值水质评价法的改进与应用［J］. 福建师范大学学报，23（4）：83-86.

李恺，2009. 层次分析法在生态环境综合评价中的应用［J］. 环境科学与技术，32（2）：183-185.

李磊，贾磊，赵晓雪，等，2014. 层次分析-熵值定权法在城市水环境承载力评价中的应用［J］. 长江流域资源与环境，23（4）：456-460.

刘超，成定北，李寒松，等，2016. 标识污染功能指数的创建及在汉江水质测评中的应用［J］. 环境工程技术学报，6（1）：57-64.

刘超，李寒松，成定北，等，2014. 安康库区现代生态渔业的历史与发展现状［J］. 畜牧兽医杂志，33（6）：43-50.

刘超，李寒松，成定北，等，2014. 生态限定条件下的安康库区渔业集约养殖技术［J］. 安徽农学通报，20（20）：82-85.

刘超，李寒松，成定北，等，2016. 基于滤食鱼类天然产力的安康库区生态负荷量测定［J］. 中国农学通报，32（30）：153－157.
刘成，袁琳，余明星，等，2012. 河流水质评价方法综述［J］. 吉林农业（7）：226－227.
刘光明，苏永慧，1999. 非离子氨浓度换算方法的改进［J］. 环境保护科学，25（1）：44－46.
卢文喜，李迪，张蕾，等，2011. 基于层次分析法的模糊综合评价在水质评价中的应用［J］. 节水灌溉（3）：43－46.
陆卫军，张涛，2009. 几种河流水质评价方法的比较分析［J］. 环境科学与管理，34（6）：174－176.
庞振凌，常红军，李玉英，等，2008. 层次分析法对南水北调中线水源区的水质评价［J］. 生态学报，28（4）：1810—1819.
杞桑，1989. 顺序连续比较指数（SCI）法简介［J］. 环境科学，10（5）：90－91.
乔倩倩，许鑫，骆素娜，2013. 水功能区水质达标评价方法分析［J］. 东北水利水电（8）：5－7.
孙铭忆，2014. 层次分析法（AHP）与网络层次分析法（ANP）的比较［J］. 中外企业家（4月刊）：67－68.
滕恩江，1994. 非离子氨的计算［J］. 中国环境监测，10（3）：47－51.
王海波，2011. 几种河流水质评价方法的比较分析［J］. 科学技术创新（27）：197－198.
王维，纪枚，苏亚楠，2012. 水质评价研究进展及水质评价方法综述［J］. 科技情报开发与经济，22（13）：29－131.
王晓明，许玉，王秀珍，等，2005. 运用层次分析法的水质指标和环境保护措施研究［J］. 黑龙江水专学报，32（4）：130－133.
王秀芹，张玲，王娟娟，等，2011. 高锰酸盐指数与化学需氧量（重铬酸盐法）国标测定方法的比较［J］. 现代渔业信息，26（7）：19－20.
吴佳宁，陈明，袁润权，等，2017. 河流水质评价综述［J］. 广东水利水电（2）：1－5.
吴文强，陈求稳，李基明，等，2010. 江河水质监测断面优化布设方法［J］. 环境科学学报，30（8）：1537－1542.
徐祖信，2005. 我国河流单因子水质标识指数评价方法研究［J］. 同济大学学报，33（3）：321－325.
徐祖信，2005. 我国河流综合水质标识指数评价方法研究［J］. 同济大学学报，33（4）：482－488.
徐淑碧，1981. 水质评价方法的探讨［J］. 环境科学，2（5）：65－68.
叶耀军，王首军，魏磊，等，2001. 矩阵最大特征值的近似求法［J］. 河南农业大学学报，35（1）：69－71.
尹海龙，徐祖信，2008. 河流综合水质评价方法比较研究［J］. 长江流域资源与环境，17（5）：729－733.
张凤娥，马登军，吴泊人，2002. 应用霍顿水质指数法评价官厅水库水质［J］. 江苏石油化工学院学报，14（4）：28－31.
张全东，1994. 地面水非离子氨的直接计算法［J］. 陕西环境，1（1）：7－8.
张文鸽，李会安，蔡大应，2004. 水质评价的人工神经网络方法［J］. 东北水利水电，22（10）：42－45.
张亚娟，牛姗姗，孙亚乔，等，2012. SPSS软件在渭河流域（陕西段）水质主成分分析评价中的运用［J］. 安徽农业科学，40（29）：14414－14416.
张岩祥，肖长来，刘弘志，等，2015. 模糊综合评价法和层次分析法在白城市水质评价中的应用［J］. 节水灌溉（3）：31－34.
JIANG Y P，XU Z X，YIN H L，2006. Study on improved BP artificial neural networks in eutrophication assessment of China eastern lakes［J］. Journal of Hydrodynamics，18（3）：528－532.
JIMENZ B，RAMOS J，QUEZADA L，1999. Analysis of water quality critera in Mexico［J］. Water Science and Technology，40（10）：169－175.

附录

中华人民共和国渔业法

第一章　总　　则

第一条　为了加强渔业资源的保护、增殖、开发和合理利用，发展人工养殖，保障渔业生产者的合法权益，促进渔业生产的发展，适应社会主义建设和人民生活的需要，特制定本法。

第二条　在中华人民共和国的内水、滩涂、领海、专属经济区以及中华人民共和国管辖的一切其他海域从事养殖和捕捞水生动物、水生植物等渔业生产活动，都必须遵守本法。

第三条　国家对渔业生产实行以养殖为主，养殖、捕捞、加工并举，因地制宜，各有侧重的方针。各级人民政府应当把渔业生产纳入国民经济发展计划，采取措施，加强水域的统一规划和综合利用。

第四条　国家鼓励渔业科学技术研究，推广先进技术，提高渔业科学技术水平。

第五条　在增殖和保护渔业资源、发展渔业生产、进行渔业科学技术研究等方面成绩显著的单位和个人，由各级人民政府给予精神的或者物质的奖励。

第六条　国务院渔业行政主管部门主管全国的渔业工作。县级以上地方人民政府渔业行政主管部门主管本行政区域内的渔业工作。县级以上人民政府渔业行政主管部门可以在重要渔业水域、渔港设渔政监督管理机构。

县级以上人民政府渔业行政主管部门及其所属的渔政监督管理机构可以设渔政检查人员。渔政检查人员执行渔业行政主管部门及其所属的渔政监督管理机构交付的任务。

第七条　国家对渔业的监督管理，实行统一领导、分级管理。

海洋渔业，除国务院划定由国务院渔业行政主管部门及其所属的渔政监督管理机构监督管理的海域和特定渔业资源渔场外，由毗邻海域的省、自治区、直辖市人民政府渔业行政主管部门监督管理。

江河、湖泊等水域的渔业，按照行政区划由有关县级以上人民政府渔业行政主管部门监督管理；跨行政区域的，由有关县级以上地方人民政府协商制定管理办法，或者由上一级人民政府渔业行政主管部门及其所属的渔政监督管理机构监督管理。

第八条　外国人、外国渔业船舶进入中华人民共和国管辖水域，从事渔业生产或者渔业资源调查活动，必须经国务院有关主管部门批准，并遵守本法和中华人民共和国其他有关法律、法规的规定；同中华人民共和国订有条约、协定的，按照条约、协定办理。

国家渔政渔港监督管理机构对外行使渔政渔港监督管理权。

第九条　渔业行政主管部门和其所属的渔政监督管理机构及其工作人员不得参与和

从事渔业生产经营活动。

第二章　养 殖 业

第十条　国家鼓励全民所有制单位、集体所有制的单位和个人充分利用适于养殖的水域、滩涂，发展养殖业。

第十一条　国家对水域利用进行统一规划，确定可以用于养殖业的水域和滩涂。单位和个人使用国家规划确定用于养殖业的全民所有的水域、滩涂的，使用者应当向县级以上地方人民政府渔业行政主管部门提出申请，由本级人民政府核发养殖证，许可其使用该水域、滩涂从事养殖生产。核发养殖证的具体办法由国务院规定。

集体所有的或者全民所有由农业集体经济组织使用的水域、滩涂，可以由个人或者集体承包，从事养殖生产。

第十二条　县级以上地方人民政府在核发养殖证时，应当优先安排当地的渔业生产者。

第十三条　当事人因使用国家规划确定用于养殖业的水域、滩涂从事养殖生产发生争议的，按照有关法律规定的程序处理。在争议解决以前，任何一方不得破坏养殖生产。

第十四条　国家建设征用集体所有的水域、滩涂，按照《中华人民共和国土地管理法》有关征地的规定办理。

第十五条　县级以上地方人民政府应当采取措施，加强对商品鱼生产基地和城市郊区重要养殖水域的保护。

第十六条　国家鼓励和支持水产优良品种的选育、培育和推广。水产新品种必须经全国水产原种和良种审定委员会审定，由国务院渔业行政主管部门批准后方可推广。水产苗种的进口、出口由国务院渔业行政主管部门或者省、自治区、直辖市人民政府渔业行政主管部门审批。水产苗种的生产由县级以上地方人民政府渔业行政主管部门审批。但是，渔业生产者自育、自用水产苗种的除外。

第十七条　水产苗种的进口、出口必须实施检疫，防止病害传入境内和传出境外，具体检疫工作按照有关动植物进出境检疫法律、行政法规的规定执行。引进转基因水产苗种必须进行安全性评价，具体管理工作按照国务院有关规定执行。

第十八条　县级以上人民政府渔业行政主管部门应当加强对养殖生产的技术指导和病害防治工作。

第十九条　从事养殖生产不得使用含有毒有害物质的饵料、饲料。

第二十条　从事养殖生产应当保护水域生态环境，科学确定养殖密度，合理投饵、施肥、使用药物，不得造成水域的环境污染。

第三章　捕 捞 业

第二十一条　国家在财政、信贷和税收等方面采取措施，鼓励、扶持远洋捕捞业的发展，并根据渔业资源的可捕捞量，安排内水和近海捕捞力量。

第二十二条　国家根据捕捞量低于渔业资源增长量的原则，确定渔业资源的总可捕捞量，实行捕捞限额制度。国务院渔业行政主管部门负责组织渔业资源的调查和评估，为实行捕捞限额制度提供科学依据。中华人民共和国内海、领海、专属经济区和其他管辖海域的捕捞限额总量由国务院渔业行政主管部门确定，报国务院批准后逐级分解下达；国家确定的重要江河、湖泊的捕捞限额总量由有关省、自治区、直辖市人民政府确定或者协商确定，逐级分解下达。捕捞限额总量分配应当体现公平、公正的原则，分配办法和分配结果必须向社会公开，并接受监督。国务院渔业行政主管部门和省、自治区、直辖市人民政府渔业行政主管部门应当加强对捕捞限额制度实施情况的监督检查，对超过上级下达的捕捞限额指标的，应当在其次年捕捞限额指标中予以核减。

第二十三条 国家对捕捞业实行捕捞许可证制度。海洋大型拖网、围网作业以及到中华人民共和国与有关国家缔结的协定确定的共同管理的渔区或者公海从事捕捞作业的捕捞许可证，由国务院渔业行政主管部门批准发放。其他作业的捕捞许可证，由县级以上地方人民政府渔业行政主管部门批准发放；但是，批准发放海洋作业的捕捞许可证不得超过国家下达的船网工具控制指标，具体办法由省、自治区、直辖市人民政府规定。捕捞许可证不得买卖、出租和以其他形式转让，不得涂改、伪造、变造。

到他国管辖海域从事捕捞作业的，应当经国务院渔业行政主管部门批准，并遵守中华人民共和国缔结的或者参加的有关条约、协定和有关国家的法律。

第二十四条 具备下列条件的，方可发给捕捞许可证：

（一）有渔业船舶检验证书；

（二）有渔业船舶登记证书；

（三）符合国务院渔业行政主管部门规定的其他条件。

县级以上地方人民政府渔业行政主管部门批准发放的捕捞许可证，应当与上级人民政府渔业行政主管部门下达的捕捞限额指标相适应。

第二十五条 从事捕捞作业的单位和个人，必须按照捕捞许可证关于作业类型、场所、时限、渔具数量和捕捞限额的规定进行作业，并遵守国家有关保护渔业资源的规定，大中型渔船应当填写渔捞日志。

第二十六条 制造、更新改造、购置、进口的从事捕捞作业的船舶必须经渔业船舶检验部门检验合格后，方可下水作业。具体管理办法由国务院规定。

第二十七条 渔港建设应当遵守国家的统一规划，实行谁投资谁受益的原则。县级以上地方人民政府应当对位于本行政区域内的渔港加强监督管理，维护渔港的正常秩序。

第四章　渔业资源的增殖和保护

第二十八条 县级以上人民政府渔业行政主管部门应当对其管理的渔业水域统一规划，采取措施，增殖渔业资源。县级以上人民政府渔业行政主管部门可以向受益的单位和个人征收渔业资源增殖保护费，专门用于增殖和保护渔业资源。渔业资源增殖保护费的征收办法由国务院渔业行政主管部门会同财政部门制定，报国务院批准后施行。

第二十九条 国家保护水产种质资源及其生存环境，并在具有较高经济价值和遗传育种价值的水产种质资源的主要生长繁育区域建立水产种质资源保护区。未经国务院渔业行政主管部门批准，任何单位或者个人不得在水产种质资源保护区内从事捕捞活动。

第三十条 禁止使用炸鱼、毒鱼、电鱼等破坏渔业资源的方法进行捕捞。禁止制造、销售、使用禁用的渔具。禁止在禁渔区、禁渔期进行捕捞。禁止使用小于最小网目尺寸的网具进行捕捞。捕捞的渔获物中幼鱼不得超过规定的比例。在禁渔区或者禁渔期内禁止销售非法捕捞的渔获物。

重点保护的渔业资源品种及其可捕捞标准，禁渔区和禁渔期，禁止使用或者限制使用的渔具和捕捞方法，最小网目尺寸以及其他保护渔业资源的措施，由国务院渔业行政主管部门或者省、自治区、直辖市人民政府渔业行政主管部门规定。

第三十一条　禁止捕捞有重要经济价值的水生动物苗种。因养殖或者其他特殊需要，捕捞有重要经济价值的苗种或者禁捕的怀卵亲体的，必须经国务院渔业行政主管部门或者省、自治区、直辖市人民政府渔业行政主管部门批准，在指定的区域和时间内，按照限额捕捞。在水生动物苗种重点产区引水用水时，应当采取措施，保护苗种。

第三十二条　在鱼、虾、蟹洄游通道建闸、筑坝，对渔业资源有严重影响的，建设单位应当建造过鱼设施或者采取其他补救措施。

第三十三条　用于渔业并兼有调蓄、灌溉等功能的水体，有关主管部门应当确定渔业生产所需的最低水位线。

第三十四条　禁止围湖造田。沿海滩涂未经县级以上人民政府批准，不得围垦；重要的苗种基地和养殖场所不得围垦。

第三十五条　进行水下爆破、勘探、施工作业，对渔业资源有严重影响的，作业单位应当事先同有关县级以上人民政府渔业行政主管部门协商，采取措施，防止或者减少对渔业资源的损害；造成渔业资源损失的，由有关县级以上人民政府责令赔偿。

第三十六条　各级人民政府应当采取措施，保护和改善渔业水域的生态环境，防治污染。

渔业水域生态环境的监督管理和渔业污染事故的调查处理，依照《中华人民共和国海洋环境保护法》和《中华人民共和国水污染防治法》的有关规定执行。

第三十七条　国家对白鳍豚等珍贵、濒危水生野生动物实行重点保护，防止其灭绝。禁止捕杀、伤害国家重点保护的水生野生动物。因科学研究、驯养繁殖、展览或者其他特殊情况，需要捕捞国家重点保护的水生野生动物的，依照《中华人民共和国野生动物保护法》的规定执行。

第五章　法律责任

第三十八条　使用炸鱼、毒鱼、电鱼等破坏渔业资源方法进行捕捞的，违反关于禁渔区、禁渔期的规定进行捕捞的，或者使用禁用的渔具、捕捞方法和小于最小网目尺寸的网具进行捕捞或者渔获物中幼鱼超过规定比例的，没收渔获物和违法所得，处五万元以下的罚款；情节严重的，没收渔具，吊销捕捞许可证；情节特别严重的，可以没收渔船；构成犯罪的，依法追究刑事责任。在禁渔区或者禁渔期内销售非法捕捞的渔获物的，县级以上地方人民政府渔业行政主管部门应当及时进行调查处理。

制造、销售禁用的渔具的，没收非法制造、销售的渔具和违法所得，并处一万元以下的罚款。

第三十九条　偷捕、抢夺他人养殖的水产品的，或者破坏他人养殖水体、养殖设施的，责令改正，可以处二万元以下的罚款；造成他人损失的，依法承担赔偿责任；构成犯罪的，依法追究刑事责任。

第四十条 使用全民所有的水域、滩涂从事养殖生产，无正当理由使水域、滩涂荒芜满一年的，由发放养殖证的机关责令限期开发利用；逾期未开发利用的，吊销养殖证，可以并处一万元以下的罚款。

未依法取得养殖证擅自在全民所有的水域从事养殖生产的，责令改正，补办养殖证或者限期拆除养殖设施。未依法取得养殖证或者超越养殖证许可范围在全民所有的水域从事养殖生产，妨碍航运、行洪的，责令限期拆除养殖设施，可以并处一万元以下的罚款。

第四十一条 未依法取得捕捞许可证擅自进行捕捞的，没收渔获物和违法所得，并处十万元以下的罚款；情节严重的，并可以没收渔具和渔船。

第四十二条 违反捕捞许可证关于作业类型、场所、时限和渔具数量的规定进行捕捞的，没收渔获物和违法所得，可以并处五万元以下的罚款；情节严重的，并可以没收渔具，吊销捕捞许可证。

第四十三条 涂改、买卖、出租或者以其他形式转让捕捞许可证的，没收违法所得，吊销捕捞许可证，可以并处一万元以下的罚款；伪造、变造、买卖捕捞许可证，构成犯罪的，依法追究刑事责任。

第四十四条 非法生产、进口、出口水产苗种的，没收苗种和违法所得，并处五万元以下的罚款。经营未经审定批准的水产苗种的，责令立即停止经营，没收违法所得，可以并处五万元以下的罚款。

第四十五条 未经批准在水产种质资源保护区内从事捕捞活动的，责令立即停止捕捞，没收渔获物和渔具，可以并处一万元以下的罚款。

第四十六条 外国人、外国渔船违反本法规定，擅自进入中华人民共和国管辖水域从事渔业生产和渔业资源调查活动的，责令其离开或者将其驱逐，可以没收渔获物、渔具，并处五十万元以下的罚款；情节严重的，可以没收渔船；构成犯罪的，依法追究刑事责任。

第四十七条 造成渔业水域生态环境破坏或者渔业污染事故的，依照《中华人民共和国海洋环境保护法》和《中华人民共和国水污染防治法》的规定追究法律责任。

第四十八条 本法规定的行政处罚，由县级以上人民政府渔业行政主管部门或者其所属的渔政监督管理机构决定。但是，本法已对处罚机关作出规定的除外。在海上执法时，对违反禁渔区、禁渔期的规定或者使用禁用的渔具、捕捞方法进行捕捞，以及未取得捕捞许可证进行捕捞的，事实清楚、证据充分，但是当场不能按照法定程序作出和执行行政处罚决定的，可以先暂时扣押捕捞许可证、渔具或者渔船，回港后依法作出和执行行政处罚决定。

第四十九条 渔业行政主管部门和其所属的渔政监督管理机构及其工作人员违反本法规定核发许可证、分配捕捞限额或者从事渔业生产经营活动的，或者有其他玩忽职守不履行法定义务、滥用职权、徇私舞弊的行为的，依法给予行政处分；构成犯罪的，依法追究刑事责任。

第六章　附　　则

第五十条 本法自 1986 年 7 月 1 日起施行。

地表水环境质量标准

（GB 3838—2002）

前　言

为贯彻《中华人民共和国环境保护法》和《中华人民共和国水污染防治法》，防治水污染，保护地表水水质，保障人体健康，维护良好的生态系统，制定本标准。

本标准将标准项目分为：地表水环境质量标准基本项目、集中式生活饮用水地表水源地补充项目和集中式生活饮用水地表水源地特定项目。地表水环境质量标准基本项目适用于全国江河、湖泊、运河、渠道、水库等具有使用功能的地表水水域；集中式生活饮用水地表水源地补充项目和特定项目适用于集中式生活饮用水地表水源地一级保护区和二级保护区。集中式生活饮用水地表水源地特定项目由县级以上人民政府环境保护行政主管部门根据本地区地表水水质特点和环境管理的需要进行选择，集中式生活饮用水地表水源地补充项目和选择确定的特定项目作为基本项目的补充指标。

本标准项目共计 109 项，其中地表水环境质量标准基本项目 24 项，集中式生活饮用水地表水源地补充项目 5 项，集中式生活饮用水地表水源地特定项目 80 项。

与 GHZB l—1999 相比，本标准在地表水环境质量标准基本项目中增加了总氮一项指标，删除了基本要求和亚硝酸盐、非离子氨及凯氏氮三项指标，将硫酸盐、氯化物、硝酸盐、铁、锰调整为集中式生活饮用水地表水源地补充项目，修订了 pH、溶解氧、氨氮、总磷、高锰酸盐指数、铅、粪大肠菌群七个项目的标准值，增加了集中式生活饮用水地表水源地特定项目 40 项。本标准删除了湖泊水库特定项目标准值。

县级以上人民政府环境保护行政主管部门及相关部门根据职责分工，按本标准对地表水各类水域进行监督管理。

与近海水域相连的地表水河口水域根据水环境功能按本标准相应类别标准值进行管理，近海水功能区水域根据使用功能按《海水水质标准》相应类别标准值进行管理。批准划定的单一渔业水域按《渔业水质标准》进行管理；处理后的城市污水及与城市污水水质相近的工业废水用于农田灌溉用水的水质按《农田灌溉水质标准》进行管理。

《地面水环境质量标准》（GB 3838—83）为首次发布，1988 年为第一次修订，1999 年为第二次修订，本次为第三次修订。本标准自 2002 年 6 月 1 日起实施，《地面水环境质量标准》（GB 3838—88）和《地表水环境质量标准》（GHZB l—1999）同时废止。

本标准由国家环境保护总局科技标准司提出并归口。本标准由中国环境科学研究院负责修订。本标准由国家环境保护总局 2002 年 4 月 26 日批准。本标准由国家环境保护总局负责解释。

1　范围

1.1　本标准按照地表水环境功能分类和保护目标，规定了水环境质量应控制的项目及限值，以及水质评价、水质项目的分析方法和标准的实施与监督。

1.2 本标准适用于中华人民共和国领域内江河、湖泊、运河、渠道、水库等具有使用功能的地表水水域。具有特定功能的水域，执行相应的专业用水水质标准。

2 引用标准

《生活饮用水卫生规范》（卫生部，2001 年）和本标准表 4～表 6 所列分析方法标准及规范中所含条文在本标准中被引用即构成为本标准条文，与本标准同效。当上述标准和规范被修订时，应使用其最新版本。

3 水域功能和标准分类

依据地表水水域环境功能和保护目标，按功能高低依次划分为五类：

Ⅰ类 主要适用于源头水、国家自然保护区；

Ⅱ类 主要适用于集中式生活饮用水地表水源地一级保护区、珍稀水生生物栖息地、鱼虾类产卵场、仔稚幼鱼的索饵场等；

Ⅲ类 主要适用于集中式生活饮用水地表水源地二级保护区、鱼虾类越冬场、洄游通道、水产养殖区等渔业水域及游泳区；

Ⅳ类 主要适用于一般工业用水区及人体非直接接触的娱乐用水区；

Ⅴ类 主要适用于农业用水区及一般景观要求水域。

对应地表水上述五类水域功能，将地表水环境质量标准基本项目标准值分为五类，不同功能类别分别执行相应类别的标准值。水域功能类别高的标准值严于水域功能类别低的标准值。同一水域兼有多类使用功能的，执行最高功能类别对应的标准值。实现水域功能与达功能类别标准为同一含义。

4 标准值

4.1 地表水环境质量标准基本项目标准限值见表 1。

表 1 地表水环境质量标准基本项目标准限值

单位：毫克/升

序号	分类 项目及标准值	Ⅰ类	Ⅱ类	Ⅲ类	Ⅳ类	Ⅴ类
1	水温（℃）	人为造成的环境水温变化应限制在：周平均最大温升≤1；周平均最大温降≤2				
2	pH（无量纲）	6～9				
3	溶解氧，≥	饱和率 90%（7.5）	6	5	3	2
4	高锰酸盐指数，≤	2	4	6	10	15

（续）

序号	分类 项目及标准值	Ⅰ类	Ⅱ类	Ⅲ类	Ⅳ类	Ⅴ类
5	化学需氧量（COD），≤	15	15	20	30	40
6	五日生化需氧量（BOD_5），≤	3	3	4	6	10
7	氨氮（NH_3-N），≤	0.15	0.5	1.0	1.5	2.0
8	总磷（以 P 计），≤	0.02 （湖、库 0.01）	0.1 （湖、库 0.025）	0.2 （湖、库 0.05）	0.3 （湖、库 0.1）	0.4 （湖、库 0.2）
9	总氮（湖、库，以 N 计），≤	0.2	0.5	1.0	1.5	2.0
10	铜，≤	0.01	1.0	1.0	1.0	1.0
11	锌，≤	0.05	1.0	1.0	2.0	2.0
12	氟化物（以 F^- 计），≤	1.0	1.0	1.0	1.5	1.5
13	硒，≤	0.01	0.01	0.01	0.02	0.02
14	砷，≤	0.05	0.05	0.05	0.1	0.1
15	汞，≤	0.000 05	0.000 05	0.000 1	0.001	0.001
16	镉，≤	0.001	0.005	0.005	0.005	0.01
17	铬（六价），≤	0.01	0.05	0.05	0.05	0.1
18	铅，≤	0.01	0.01	0.05	0.05	0.1
19	氰化物，≤	0.005	0.05	0.2	0.2	0.2
20	挥发酚，≤	0.002	0.002	0.005	0.01	0.1
21	石油类，≤	0.05	0.05	0.05	0.5	1.0
22	阴离子表面活性剂，≤	0.2	0.2	0.2	0.3	0.3
23	硫化物，≤	0.05	0.1	0.2	0.5	1.0
24	粪大肠菌群（个/L），≤	200	2 000	10 000	20 000	40 000

4.2　集中式生活饮用水地表水源地补充项目标准限值见表 2。

表 2　集中式生活饮用水地表水源地补充项目标准限值

单位：毫克/升

序号	项目	标准值
1	硫酸盐（以 SO_4^{2-} 计）	250
2	氯化物（以 Cl^- 计）	250
3	硝酸盐（以 N 计）	10
4	铁	0.3
5	锰	0.1

4.3　集中式生活饮用水地表水源地特定项目标准限值见表 3。

表 3　集中式生活饮用水地表水源地特定项目标准限值

单位：毫克/升

序号	项　目	标准值	序号	项　目	标准值	序号	项　目	标准值
1	三氯甲烷	0.06	29	六氯苯	0.05	56	甲基对硫磷	0.002
2	四氯化碳	0.002	30	硝基苯	0.017	57	马拉硫磷	0.05
3	三溴甲烷	0.1	31	二硝基苯④	0.5	58	乐果	0.08
4	二氯甲烷	0.02	32	2，4-二硝基甲苯	0.000 3	59	敌敌畏	0.05
5	1，2-二氯乙烷	0.03	33	2，4，6-三硝基甲苯	0.5	60	敌百虫	0.05
6	环氧氯丙烷	0.02	34	硝基氯苯⑤	0.05	61	内吸磷	0.03
7	氯乙烯	0.005	35	2，4-二硝基氯苯	0.5	62	百菌清	0.01
8	1，1-二氯乙烯	0.03	36	2，4-氯苯酚	0.093	63	甲萘威	0.05
9	1，2-二氯乙烯	0.05	37	2，4，6-三氯苯酚	0.2	64	溴氰菊酯	0.02
10	三氯乙烯	0.07	38	五氯酚	0.009	65	阿特拉津	0.003
11	四氯乙烯	0.04	39	苯胺	0.1	66	苯并（a）芘	2.8×10^{-6}
12	氯丁二烯	0.002	40	联苯胺	0.000 2	67	甲基汞	1.0×10^{-6}
13	六氯丁二烯	0.000 6	41	丙烯酰胺	0.000 5	68	多氯联苯⑥	2.0×10^{-5}
14	苯乙烯	0.02	42	丙烯腈	0.1	69	微囊藻毒素-LR	0.001
15	甲醛	0.9	43	邻苯二甲酸二丁酯	0.003	70	黄磷	0.003
16	乙醛	0.05	44	邻苯二甲酸二（2-乙基己基）酯	0.008	71	钼	0.07
17	丙烯醛	0.1	45	水合肼	0.01	72	钴	1.0
18	三氯乙醛	0.01	46	四乙基铅	0.000 1	73	铍	0.002
19	苯	0.01	47	吡啶	0.2	74	硼	0.5
20	甲苯	0.7	48	松节油	0.2	75	锑	0.005
21	乙苯	0.3	49	苦味酸	0.5	76	镍	0.02
22	二甲苯①	0.5	50	丁基黄原酸	0.005	77	钡	0.7
23	异丙苯	0.25	51	活性氯	0.01	78	钒	0.05
24	氯苯	0.3	52	滴滴涕	0.001	79	钛	0.1
25	1，2-二氯苯[2]	1.0	53	林丹	0.002	80	铊	0.000 1
26	1，4-二氯苯	0.3	54	环氧七氯	0.000 2			
27	三氯苯②	0.02	55	对硫磷	0.003			
28	四氯苯③	0.02						

注：①二甲苯：指对-二甲苯、间-二甲苯、邻-二甲苯。②三氯苯：指1，2，3-三氯苯、1，2，4-三氯苯、1，3，5-三氯苯。③四氯苯：指1，2，3，4-四氯苯、1，2，3，5-四氯苯、1，2，4，5-四氯苯。④二硝基苯：指对-二硝基苯、间-二硝基苯、邻-二硝基苯。⑤硝基氯苯：指对-硝基氯苯、间-硝基氯苯、邻-硝基氯苯。⑥多氯联苯：指PCB-1016、PCB-1221、PCB-1232、PCB-1242、PCB-1248、PCB-1254、PCB-1260。

5　水质评价

5.1　地表水环境质量评价应根据应实现的水域功能类别，选取相应类别标准，进行单因子评价，评价结果应说明水质达标情况，超标的应说明超标项目和超标倍数。

5.2　丰、平、枯水期特征明显的水域，应分水期进行水质评价。

5.3 集中式生活饮用水地表水源地水质评价的项目应包括表1中的基本项目、表2中的补充项目以及由县级以上人民政府环境保护行政主管部门从表3中选择确定的特定项目。

6 水质监测

6.1 本标准规定的项目标准值，要求水样采集后自然沉降30分钟，取上层非沉降部分按规定方法进行分析。

6.2 地表水水质监测的采样布点、监测频率应符合国家地表水环境监测技术规范的要求。

6.3 本标准水质项目的分析方法应优先选用表4～表6规定的方法，也可采用ISO方法体系等其他等效分析方法，但须进行适用性检验。

表4　地表水环境质量标准基本项目分析方法

序号	基本项目	分析方法	测定下限（毫克/升）	方法来源
1	水温	温度计法		GB 13195—91
2	pH	玻璃电极法		GB 6920—86
3	溶解氧	碘量法 电化学探头法	0.2 —	GB 7489—89 GB 11913—89
4	高锰酸盐指数		0.5	GB 11892—89
5	化学需氧量	重铬酸盐法	5	CB 11914—89
6	五日生化需氧量	稀释与接种法	2	GB 7488—87
7	氨氮	纳氏试剂比色法 水杨酸分光光度法	0.05 0.01	GB 7479—87 GB 7481—87
8	总磷	钼酸铵分光光度法	0.01	GB 11893—89
9	总氮	碱性过硫酸钾消解紫外分光光度法	0.05	GB 11894—89
10	铜	2，9-二甲基-1，10-菲啰啉分光光度法 二乙基二硫代氨基甲酸钠分光光度法 原子吸收分光光度法（整合萃取法）	0.06 0.010 0.001	GB 7473—87 GB 7474—87 GB 7475—87
11	锌	原子吸收分光光度法	0.05	GB 7475—87
12	氟化物	氟试剂分光光度法	0.05	GB 7483—87
		离子选择电极法	0.05	GB 7484—87
		离子色谱法	0.02	HJ/T 84—2001
13	硒	2，3-二氨基萘荧光法	0.000 25	GB 11902—89
		石墨炉原子吸收分光光度法	0.003	GB/T 15505—1995
14	砷	二乙基二硫代氨基甲酸银分光光度法	0.007	GB 7485—87
		冷原子荧光法	0.000 06	1)

（续）

序号	基本项目	分析方法	测定下限（毫克/升）	方法来源
15	汞	冷原子吸收分光光度法	0.000 05	GB 7468—87
		冷原子荧光法	0.000 05	1）
16	镉	原子吸收分光光度法（螯合萃取法）	0.001	GB 7475—87
17	铬（六价）	二苯碳酰二肼分光光度法	0.004	GB 7467—87
18	铅	原子吸收分光光度法螯合萃取法	0.01	GB 7475—87
19	总氰化物	异烟酸-吡唑啉酮比色法 吡啶-巴比妥酸比色法	0.004 0.002	GB 7487—87 —
20	挥发酚	蒸馏后4-氨基安替比林分光光度法	0.002	GB 7490—87
21	石油类	红外分光光度法	0.01	GB/T 16488—1996
22	阴离子表面活性剂	亚甲蓝分光光度法	0.05	GB 7494—87
23	硫化物	亚甲基蓝分光光度法 直接显色分光光度法	0.005 0.004	GB/T 16489—1996 GB/T 17133—1997
24	粪大肠菌群	多管发酵法、滤膜法		1）

注：暂采用下列分析方法，待国家方法标准发布后，执行国家标准。
1）《水和废水监测分析方法（第三版）》，中国环境科学出版社，1989年。

表5　集中式生活饮用水地表水源地补充项目分析方法

序号	项目	分析方法	最低检出限（毫克/升）	方法来源
1	硫酸盐	重量法	10	GB 11899—89
		火焰原子吸收分光光度法	0.4	GB 13196—91
		铬酸钡光度法	8	1）
		离子色谱法	0.09	HJ/T 84—2001
2	氯化物	硝酸银滴定法	10	GB 11896—89
		硝酸汞滴定法	2.5	1）
		离子色谱法	0.02	HJ/T 84—2001
3	硝酸盐	酚二磺酸分光光度法	0.02	GB7 480—87
		紫外分光光度法	0.08	1）
		离子色谱法	0.08	HJ/T 84—2001
4	铁	火焰原子吸收分光光度法	0.03	GB 11911—89
		邻菲罗啉分光光度法	0.03	1）
5	锰	高碘酸钾分光光度法	0.02	GB 11906—89
		火焰原子吸收分光光度法	0.01	GB 11911—89
		甲醛肟光度法	0.01	1）

注：暂采用下列分析方法，待国家方法标准发布后，执行国家标准。
1）《水和废水监测分析方法（第三版）》，中国环境科学出版社，1989年。

表 6　集中式生活饮用水地表水源地特定项目分析方法

序号	项目	分析方法	最低检出限（毫克/升）	方法来源
1	三氯甲烷	顶空气相色谱法	0.000 3	GB/T 17130—1997
		气相色谱法	0.000 6	2）
2	四氯化碳	顶空气相色谱法	0.000 05	GB/T 17130—1997
		气相色谱法	0.000 3	2）
3	三溴甲烷	顶空气相色谱法	0.001	GB/T 17130—1997
		气相色谱法	0.006	2）
4	二氯甲烷	顶空气相色谱法	0.008 7	2）
5	1，2-二氯乙烷	顶空气相色谱法	0.012 5	2）
6	环氧氯丙烷	气相色谱法	0.02	2）
7	氯乙烯	气相色谱法	0.001	2）
8	1，1-二氯乙烯	吹出捕集气相色谱法	0.000 018	2）
9	1，2-二氯乙烯	吹出捕集气相色谱法	0.000 012	2）
10	三氯乙烯	顶空气相色谱法（气相色谱法）	0.000 5（0.003）	GB/T 17130—1997；2）
11	四氯乙烯	顶空气相色谱法（气相色谱法）	0.000 2（0.001 2）	GB/T 17130—1997；2）
12	氯丁二烯	顶空气相色谱法	0.002	2）
13	六氯丁二烯	气相色谱法	0.000 02	2）
14	苯乙烯	气相色谱法	0.01	2）
15	甲醛	乙酰丙酮分光光度法	0.05	GB 13197—91
		4-氨基-3-联氨-5-巯基-1，2，4-三氮杂茂（AHMT）分光光度法	0.05	2）
16	乙醛	气相色谱法	0.24	2）
17	丙烯醛	气相色谱法	0.019	2）
18	三氯乙醛	气相色谱法	0.001	2）
19	苯	液上气相色谱法	0.005	GB 11890—89
		顶空气相色谱法	0.000 42	2）
20	甲苯	液上气相色谱法	0.005	GB 11890—89
		二硫化碳萃取气相色谱法	0.05	
		气相色谱法	0.05	2）
21	乙苯	液上气相色谱法	0.005	GB 11890—89
		二硫化碳萃取气相色谱法	0.05	
		气相色谱法	0.01	2）
22	二甲苯	液上气相色谱法	0.005	GB 11890—89
		二硫化碳萃取气相色谱法	0.05	
		气相色谱法	0.01	2）

（续）

序号	项目	分析方法	最低检出限（毫克/升）	方法来源
23	异丙苯	顶空气相色谱法	0.003 2	2）
24	氯苯	气相色谱法	0.01	HJ/T 74—2001
25	1，2-二氯苯	气相色谱法	0.002	GB/T 17131—1997
26	1，4-二氯苯	气相色谱法	0.005	GB/T 17131—1997
27	三氯苯	气相色谱法	0.000 04	2）
28	四氯苯	气相色谱法	0.000 02	2）
29	六氯苯	气相色谱法	0.000 02	2）
30	硝基苯	气相色谱法	0.000 2	GB 13194—91
31	二硝基苯	气相色谱法	0.2	2）
32	2，4-二硝基甲苯	气相色谱法	0.000 3	GB 13194—91
33	2，4，6-三硝基甲苯	气相色谱法	0.1	2）
34	硝基氯苯	气相色谱法	0.000 2	GB 13194—91
35	2，4-二硝基氯苯	气相色谱法	0.1	2）
36	2，4-二氯苯酚	电子捕获-毛细色谱法	0.000 4	2）
37	2，4，6-三氯苯酚	电子捕获-毛细色谱法	0.000 04	2）
38	五氯酚	气相色谱法	0.000 04	GB 8972—88
		电子捕获-毛细色谱法	0.000 024	2）
39	苯胺	气相色谱法	0.002	2）
40	联苯胺	气相色谱法	0.000 2	3）
41	丙烯酰胺	气相色谱法	0.000 15	2）
42	丙烯腊	气相色谱法	0.10	2）
43	邻苯二甲酸二丁酯	液相色谱法	0.000 1	HJ/T 72—2001
44	邻苯二甲酸二（2-乙基已基）酯	气相色谱法	0.000 4	2）
45	水合肼	对二甲氨基苯甲醛直接分光光度法	0.005	2）
46	四乙基铅	双硫腙比色法	0.000 1	2）
47	吡啶	气相色谱法	0.031	GB/T 14672—93
		巴比土酸分光光度法	0.05	2）
48	松节油	气相色谱法	0.02	2）
49	苦味酸	气相色谱法	0.001	2）
50	丁基黄原酸	铜试剂亚铜分光光度法	0.002	2）
51	活性氯	N，N-二乙基对苯二胺（DPD）分光光度法	0.01	2）
		3，3’，5，5，-四甲基联苯胺比色法	0.005	2）
52	滴滴涕	气相色谱法	0.000 2	GB 7492—87
53	林丹	气相色谱法	4×10^{-6}	GB 7492—87
54	环氧七氯	液液萃取气相色谱法	0.000 083	2）
55	对硫磷	气相色谱法	0.000 54	GB 13192—91

（续）

序号	项目	分析方法	最低检出限（毫克/升）	方法来源
56	甲基对硫磷	气相色谱法	0.000 42	GB 13192—91
57	马拉硫磷	气相色谱法	0.000 64	GB 13192—91
58	乐果	气相色谱法	0.000 57	GB 13192—91
59	敌敌畏	气相色谱法	0.000 06	GB 13192—91
60	敌百虫	气相色谱法	0.000 051	GB 13192—91
61	内吸磷	气相色谱法	0.002 5	2)
62	百菌清	气相色谱法	0.000 4	2)
63	甲萘威	高效液相色谱法	0.01	2)
64	溴氰菊酯	气相色谱法	0.000 2	2)
		高效液相色谱法	0.002	2)
65	阿特拉律	气相色谱法		3)
66	苯并（a）芘	乙酰化滤纸层析荧光分光光度法	4×10^{-6}	GB 11895—89
		高效液相色谱法	1×10^{-6}	GB 3198—91
67	甲基汞	气相色谱法	1×10^{-8}	GB/T 17132—1997
68	多氯联苯	气相色谱法		3)
69	微囊藻毒素-LR	高效液相色谱法	0.000 01	2)
70	黄磷	钼-锑-抗分光光度法	0.002 5	2)
71	钼	无火焰原子吸收分光光度法	0.002 31	2)
72	钴	无火焰原子吸收分头光度法	0.001 91	2)
73	铍	铬菁 R 分光光度法	0.000 2	HJ/T 58—2000
		石墨炉原子吸收分光光度法	0.000 02	HJ/T 59—2000
		桑色素荧光分光光度法	0.000 2	2)
74	硼	姜黄素分光光度法	0.02	HJ/T 49—1999
		甲亚胺-H 分光光度法	0.2	2)
75	锑	氢化原子吸收分光光度法	0.000 25	2)
76	镍	无火焰原于吸收分光光度法	0.002 48	2)
77	钡	无火焰原子吸收分光光度法	0.006 18	2)
78	钒	钽试剂（BPHA）萃取分光光度法	0.018	GB/T 15503—1995
		无火焰原子吸收分光光度法	0.006 98	2)
79	钛	催化示波极谱法	0.000 4	2)
		水杨基荧光酮分光光度法	0.02	2)
80	铊	无火焰原子吸收分光光度法	1×10^{-6}	2)

注：暂采用下列分析方法，待国家方法标准发布后，执行国家标准。

1）《水和废水监测分析方法（第三版）》，中国环境科学出版社，1989 年。2）《生活饮用水卫生规范》，中华人民共和国卫生部，2001 年。3）《水和废水标准检验法（第 15 版）》，中国建筑工业出版社，1985 年。

7 标准的实施与监督

7.1 本标准由县级以上人民政府环境保护行政主管部门及相关部门按职责分工监督实施。

7.2 集中式生活饮用水地表水源地水质超标项目经自来水厂净化处理后，必须达到《生活饮用水卫生规范》的要求。

7.3 省、自治区、直辖市人民政府可以对本标准中未作规定的项目，制定地方补充标准，并报国务院环境保护行政主管部门备案。

渔业水质标准

（GB 11607—1989）

为贯彻执行中华人民共和国《环境保护法》《水污染防治法》和《海洋环境保护法》《渔业法》，防止和控制渔业水域水质污染，保证鱼、虾、贝、藻类正常生长、繁殖和水产品的质量，特制订本标准。

1 主题内容与适用范围

本标准适用鱼虾类的产卵场、索饵场、越冬场、洄游通道和水产增养殖区等海、淡水的渔业水域。

2 引用标准

GB 5750 生活饮用水标准检验法
GB 6920 水质 pH 值的测定 玻璃电极法
GB 7467 水质 六价铬的测定 二碳酰二肼分光光度法
GB 7468 水质 总汞测定 冷原子吸收分光光度法
GB 7469 水质 总汞测定 高锰酸钾—过硫酸钾消除法 双硫腙分光光度法
GB 7470 水质 铅的测定 双硫腙分光光度法
GB 7471 水质 镉的测定 双硫腙分光光度法
GB 7472 水质 锌的测定 双硫腙分光光度法
GB 7474 水质 铜的测定 二乙基二硫代氨基甲酸钠分光光度法
GB 7475 水质 铜、锌、铅、镉的测定 原子吸收分光光度法
GB 7479 水质 铵的测定 纳氏试剂比色法
GB 7481 水质 氨的测定 水杨酸分光光度法
GB 7482 水质 氟化物的测定 茜素磺酸锆目视比色法
GB 7484 水质 氟化物的测定 离子选择电极法
GB 7485 水质 总砷的测定 二乙基二硫代氨基甲酸银分光光度法
GB 7486 水质 氰化物的测定 第一部分：总氰化物的测定
GB 7488 水质 五日生化需氧量（BOD_5） 稀释与接种法
GB 7489 水质 溶解氧的测定 碘量法
GB 7490 水质 挥发酚的测定 蒸馏后 4-氨基安替比林分光光度法
GB 7492 水质 六六六、滴滴涕的测定 气相色谱法
GB 8972 水质 五氯酚的测定 气相色谱法
GB 9803 水质 五氯酚钠的测定 藏红 T 分光光度法
GB 11891 水质 凯氏氮的测定
GB 11901 水质 悬浮物的测定 重量法

GB 11910　水质　镍的测定　丁二铜肟分光光度法
GB 11911　水质　铁、锰的测定　火焰原子吸收分光光度法
GB 11912　水质　镍的测定　火焰原子吸收分光光度法

3　渔业水质要求

3.1　渔业水域的水质，应符合渔业水质标准（表1）。

表1　渔业水质标准

单位：毫克/升

项目序号	项　目	标　准　值
1	色、臭、味	不得使鱼、虾、贝、藻类带有异色、异臭、异味
2	漂浮物质	水面不得出现明显油膜或浮沫
3	悬浮物质	人为增加的量不得超过10，而且悬浮物质沉积于底部后，不得对鱼、虾、贝类产生有害的影响
4	pH	淡水6.5～8.5，海水7.0～8.5
5	溶解氧	连续24小时中，16小时以上必须大于5，其余任何时候不得低于3，对于鲑科鱼类栖息水域冰封期其余任何时候不得低于4
6	生化需氧量（五天、20℃）	不超过5，冰封期不超过3
7	总大肠菌群	不超过5 000个/升（贝类养殖水质不超过500个/升）

项目序号	项　目	标准值	项目序号	项　目	标准值	项目序号	项　目	标准值
8	汞	⩽0.000 5	17	硫化物	⩽0.2	26	六六六（丙体）	⩽0.002
9	镉	⩽0.005	18	氟化物（以 F^- 计）	⩽1	27	滴滴涕	⩽0.001
10	铅	⩽0.05	19	非离子氨	⩽0.02	28	马拉硫磷	⩽0.005
11	铬	⩽0.1	20	凯氏氮	⩽0.05	29	五氯酚钠	⩽0.01
12	铜	⩽0.01	21	挥发性酚	⩽0.005	30	乐果	⩽0.1
13	锌	⩽0.1	22	黄磷	⩽0.001	31	甲胺磷	⩽1
14	镍	⩽0.05	23	石油类	⩽0.05	32	甲基对硫磷	⩽0.000 5
15	砷	⩽0.05	24	丙烯腈	⩽0.5	33	呋喃丹	⩽0.01
16	氰化物	⩽0.005	25	丙烯醛	⩽0.02			

3.2　各项标准数值系指单项测定最高允许值。
3.3　标准值单项超标，即表明不能保证鱼、虾、贝正常生长繁殖，并产生危害，危害程度应参考背景值、渔业环境的调查数据及有关渔业水质基准资料进行综合评价。

4　渔业水质保护

4.1　任何企、事业单位和个体经营者排放的工业废水、生活污水和有害废弃物，必须采取有效措施，保证最近渔业水域的水质符合本标准

4.2　未经处理的工业废水、生活污水和有害废弃物严禁直接排入鱼、虾类的产卵场、索饵场、越冬场和鱼、虾、贝、藻类的养殖场及珍贵水生动物保护区。
4.3　严禁向渔业水域排放含病原体的污水；如需排放此类污水，必须经过处理和严格消毒。

5　标准实施

5.1　本标准由各级渔政监督管理部门负责监督与实施，监督实施情况，定期报告同级人民政府环境保护部门。
5.2　在执行国家有关污染物排放标准中，如不能满足地方渔业水质要求时，省、自治区、直辖市人民政府可制定严于国家有关污染排放标准的地方污染物排放标准，以保证渔业水质的要求，并报国务院环境保护部门和渔业行政主管部门备案。
5.3　本标准以外的项目，若对渔业构成明显危害时，省级渔政监督管理部门应组织有关单位制订地方补充渔业水质标准，报省级人民政府批准，并报国务院环境保护部门和渔业行政主管部门备案。
5.4　排污口所在水域形成的混合区不得影响鱼类洄游通道。

6　水质监测

6.1　本标准各项目的监测要求，按规定分析方法（见表2）进行监测。

表2　渔业水质分析方法

序号	项　目	测定方法	试验方法/标准编号
1	悬浮物质	重量法	GB 11901
2	pH	玻璃电极法	GB 6920
3	溶解氧	碘量法	GB 7489
4	生化需氧量	稀释与接种法	GB 7488
5	总大肠菌群	多管发酵法滤膜法	GB 5750
6	汞	冷原子吸收分光光度法 高锰酸钾-过硫酸钾消解　双硫腙分光光度法	GB 7468 GB 7469
7	镉	原子吸收分光光度法 双硫腙分光光度法	GB 7475 GB 7471
8	铅	原子吸收分光光度法 双硫腙分光光度法	GB 7475 GB 7470
9	铬	二苯碳酰二肼分光光度法（高锰酸盐氧化）	GB 7467
10	铜	原子吸收分光光度法 二乙基二硫代氨基甲酸钠分光光度法	GB 7475 GB 7474
11	锌	原子吸收分光光度法 双硫腙分光光度法	GB 7475 GB 7472

（续）

序号	项　目	测定方法	试验方法/标准编号
12	镍	火焰原子吸收分光光度法 丁二铜肟分光光度法	GB 11912 GB 11910
13	砷	二乙基二硫代氨基甲酸银分光光度法	GB 7485
14	氰化物	异烟酸-吡啶啉酮比色法 吡啶-巴比妥酸比色法	GB 7486
15	硫化物	对二甲氨基苯胺分光光度法[1]	
16	氟化物	茜素磺酸锆目视比色法 离子选择电极法	GB 7482 GB 7484
17	非离子氨[2]	纳氏试剂比色法 水杨酸分光光度法	GB 7479 GB 7481
18	凯氏氮		GB 11891
19	挥发性酚	蒸馏后 4-氨基安替比林分光光度法	GB 7490
20	黄磷		
21	石油类	紫外分光光度法[1]	
22	丙烯腈	高锰酸钾转化法[1]	
23	丙烯醛	4-乙基间苯二酚分光光度法[1]	
24	六六六（丙体）	气相色谱法	GB 7492
25	滴滴涕	气相色谱法	GB 7492
26	马拉硫磷	气相色谱法[1]	
27	五氯酚钠	气相色谱法 藏红剂分光光度法	GB 8972 GB 9803
28	乐果	气相色谱法[3]	
29	甲胺磷		
30	甲基对硫磷	气相色谱法[3]	
31	呋喃丹		

注：暂时采用下列方法，待国家标准发布后，执行国家标准。

1）渔业水质检验方法为农牧渔业部 1983 年颁布。

2）测得结果为总氨浓度，然后按表 A1、表 A2 换算为非离子浓度。

3）地面水水质监测检验方法为中国医学科学院卫生研究所 1978 年颁布。

6.2 渔业水域的水质监测工作，由各级渔政监督管理部门组织渔业环境监测站负责执行。

附　录　A
总氨换算法
（补充件）

表 A1　氨的水溶液中非离子氨的百分比

单位：%

温度 ℃	pH								
	6.0	6.5	7.0	7.5	8.0	8.5	9.0	9.5	10.0
5	0.013	0.040	0.12	0.39	1.2	3.8	11	28	56
10	0.019	0.059	0.19	0.59	1.8	5.6	16	37	65
15	0.027	0.087	0.27	0.86	2.7	8.0	21	46	73
20	0.040	0.13	1.10	1.2	3.8	11	28	56	80
25	0.057	0.18	1.57	1.8	5.4	15	36	64	85
30	0.080	0.25	2.80	2.5	7.5	20	45	72	89

表 A2　总氨（$NH_4^- + NH_3$）浓度，其中非离子氨浓度 0.02 毫克/升（NH_3）

单位：毫克/升

温度 ℃	pH								
	6.0	6.5	7.0	7.5	8.0	8.5	9.0	9.5	10.0
5	160	51	16	5.1	1.6	0.53	0.18	0.071	0.036
10	110	34	11	3.4	1.1	0.36	0.13	0.054	0.031
15	73	23	7.3	2.3	0.76	0.25	0.093	0.043	0.027
20	50	16	5.1	1.6	0.52	0.18	0.070	0.036	0.025
25	35	11	3.5	1.1	0.37	0.13	0.055	0.031	0.024
30	25	7.6	2.5	0.81	0.27	0.099	0.045	0.028	0.022

附加说明：

本标准有国家环境保护局标准处提出。

本标准由渔业水质标准修订组负责起草。

本标准委托农业部渔政渔港监督管理局负责解释。

无公害食品　淡水养殖用水水质

（NY 5051—2001）

1　范围

本标准规定了淡水养殖用水水质要求、测定方法、检验规则和结果判定。

本标准适用于淡水养殖用水。

2　规范性引用文件

下列文件中的条款通过本标准的引用而成为本标准的条款。凡是注日期的引用文件，其随后所有的修改单（不包括勘误的内容）或修订版均不适用于本标准，然而，鼓励根据本标准达成协议的各方研究是否可使用这些文件的最新版本。

凡是不注日期的引用文件，其最新版本适用于本标准。

GB/T 5750　生活饮用水标准检验法

GB/T 7466　水质　总铬的测定

GB/T 7468　水质　总汞的测定　冷原子吸收分光光度法

GB/T 7469　水质　总汞的测定　高锰酸钾-过硫酸钾消解法　双硫腙分光光度法

GB/T 7470　水质　铅的测定　双硫腙分光光度法

GB/T 7471　水质　镉的测定　双硫腙分光光度法

GB/T 7472　水质　锌的测定　双硫腙分光光度法

GB/T 7473　水质　铜的测定　2，9-二甲基-1，10-菲啰啉分光光度法

GB/T 7474　水质　铜的测定　二乙基二硫代氨基甲酸钠分光光度法

GB/T 7475　水质　铜、锌、铅、镉的测定　原子吸收分光光度法

GB/T 7482　水质　氟化物的测定　茜素磺酸锆目视比色法

GB/T 7483　水质　氟化物的测定　氟试剂分光光度法

GB/T 7484　水质　氟化物的测定　离子选择电极法

GB/T 7485　水质　总砷的测定　二乙基二硫代氨基甲酸银分光光度法

GB/T 7490　水质　挥发酚的测定　蒸馏后4-氨基安替比林分光光度法

GB/T 7491　水质　挥发酚的测定　蒸馏后溴化容量法

GB/T 7492　水质　六六六、滴滴涕的测定　气相色谱法

GB/T 8538　饮用天然矿泉水检验方法

GB/T 1607　渔业水质标准

GB/T 12997　水质　采样方案设计技术规定

GB/T 12998　水质　采样技术指导

GB/T 12999　水质采样　样品的保存和管理技术规定

GB/T 13192　水质　有机磷农药的测定　气相色谱法

GB/T 16488　水质　石油类和动植物油的测定　红外光度法
水和废水监测分析方法

3　要求

3.1　淡水养殖水源应符合 GB 11607 规定。

3.2　淡水养殖用水水质应符合表 1 要求。

表 1　淡水养殖用水水质要求

序　号	项　目	标准值
1	色、臭、味	不得使养殖水体带有异色、异臭、异味
2	总大肠菌群，个/升	≤5 000
3	汞，毫克/升	≤0.000 5
4	镉，毫克/升	≤0.005
5	铅，毫克/升	≤0.05
6	铬，毫克/升	≤0.1
7	铜，毫克/升	≤0.01
8	锌，毫克/升	≤0.1
9	砷，毫克/升	≤0.05
10	氟化物，毫克/升	≤1
11	石油类，毫克/升	≤0.05
12	挥发性酚，毫克/升	≤0.005
13	甲基对硫磷，毫克/升	≤0.000 5
14	马拉硫磷，毫克/升	≤0.005
15	乐果，毫克/升	≤0.1
16	六六六（丙体），毫克/升	≤0.002
17	DDT，毫克/升	0.001

4　测定方法

淡水养殖用水水质测定方法见表 2。

表 2　淡水养殖用水水质测定方法

序号	项　目	测定方法	测试方法，标准编号	检测下限，毫克/升
1	色、臭、味	感官法	GB/T 5750	
2	总大肠菌群	（1）多管发酵法	GB/T 5750	—
		（2）滤膜法		

（续）

序号	项　目	测定方法		测试方法，标准编号	检测下限，毫克/升
3	汞	（1）原子荧光光度法		GB/T 8538	0.000 05
		（2）冷原子吸收分光光度法		GB/T 7468	0.000 05
		（3）高锰酸钾—过硫酸钾消解 双硫腙分光光度		GB/T 7469	0.002
4	镉	（1）原子吸收分光光度法		GB/T 7475	0.001
		（2）双硫腙分光光度法		GB/T 7471	0.001
5	铅	（1）原子吸收分光光度法	螯合萃取法	GB/T 7475	0.01
			直接法		0.2
		（2）双硫腙分光光度法		GB/T 7470	0.01
6	铬	二苯碳二肼分光光度法（高锰酸盐氧化法）		GB/T 7466	0.004
7	砷	（1）原子荧光光度法		GB/T 8538	0.000 04
		（2）二乙基二硫代氨基甲酸银分光光度法		GB/T 7485	0.007
8	铜	（1）原子吸收分光光度法	螯合萃取法	GB/T 7475	0.001
			直接法		0.05
		（2）二乙基二硫代氨基甲酸钠分光光度法		GB/T 7474	0.010
		（3）2，9-二甲基-1，10-菲啰啉分光光度法		GB/T 7473	0.06
9	锌	（1）原子吸收分光光度法		GB/T 7475	0.05
		（2）双硫腙分光光度法		GB/T 7472	0.005
10	氟化物	（1）茜素磺酸锆目视比色法		GB/T 7483	0.05
		（2）氟试剂分光光度法		GB/T 7484	0.05
		（3）离子选择电极法		GB/T 7482	0.05
11	石油类	（1）红外分光光度法		GB/T 16488	0.01
		（2）非分散红外光度法			0.02
		（3）紫外分光光度法		《水和废水监测分析方法》	0.05
12	挥发酚	（1）蒸馏后4-氨基安替比林分光光度法		GB/T 7490	0.002
		（2）蒸馏后溴化容量法		GB/T 7491	—
13	甲基对硫磷	气相色谱法		GB/T 13192	0.000 42
14	马拉硫磷	气相色谱法		GB/T 13192	0.000 64
15	乐果	气相色谱法		GB/T 13192	0.000 57
16	六六六	气相色谱法		GB/T 7492	0.000 04
17	DDT	气相色谱法		GB/T 7492	0.000 2

注：对同一项目有两个或两个以上测定方法的，当对测定结果有异议时，方法（1）为仲裁测定执行。

5　检验规则

检测样品的采集、贮存、运输和处理按 GB/T 12997、GB/T 12998 和 GB/T 12999 的规定执行。

6　结果判定

本标准采用单项判定法，所列指标单项超标，判定为不合格。

水库鱼产力评价标准

（SL 563—2011）

1　范围

本标准规定了水库鱼产力评价的内容及方法。

本标准适用于我国大中型水库鱼产力评价，小型水库及其他类似水体可参照使用。

2　规范性引用文件

下列文件对于本标准的应用是必不可少的。凡是注日期的引用文件，仅注日期的版本适用于本标准。凡是不注日期的引用文件，其最新版本（包括所有的修改单）适用于本文件。

SL 95　水库渔业设施配套规范

SL 167　水库渔业资源调查规范

SL 252—2000　水利水电工程等级划分及洪水标准

3　术语和定义

下列术语和定义适用于本文件。

3.1

鱼产力 fish productivity

在不投饵和不施肥条件下，单位时间内单位水库面积中饵料基础转化为鱼产品的能力。

3.2

生物量 biomass

某一时刻，单位水面或单位水体中所存在的生物活体总重量。

3.3

生产量 production

单位时间、单位水体内产生新的有机物质的总量。

3.4

***P/B* 系数 *P/B* ratio**

单位时间内某种生物的生产量与该段时间内该生物的平均生物量的比值，表示单位生物量的生产能力。

3.5

饵料系数 food conversion ratio

鱼体增重单位重量所消耗的饵料量。

3.6

饵料利用率 food utilization ratio

某种饵料生物可被鱼类利用的比例。

3.7

渔业资源 fisheries resouerces

天然水域中具有渔业开发利用价值的生物资源。

4 水库渔业资源调查

4.1 水库形态与自然环境调查

4.1.1 调查内容

调查的内容主要包括：

a）工程位置、建成时间、水库地形图、平面位置图、水库类型、水位、面积、库容等水库形态特征。

b）集雨区、淹没区和消落区概况。包括集雨区面积与植被、自然环境、工农业生产和污染情况、淹没区城镇、村庄、农田、植被及清库情况、消落区植被等。

c）流域气候、光照强度、日照时数、降水量、气温、水温、霜冻等气候资料；水库年交换率、透明度、径流量等水文特征。

4.1.2 资料数据的获取

水库形态与自然环境的资料、数据，可从水库工程管理单位和当地水利、农业、林业、水产、气象、环保等部门取得，也可通过独立观测方式取得。

4.2 生物因子与生产力测定

4.2.1 生物因子调查内容

生物因子调查内容主要包括：

a）浮游植物的种类组成、数量和生物量。

b）浮游动物的种类组成、数量和生物量。

c）底栖动物的种类组成、数量和生物量。

d）着生藻类的种类组成、数量和生物量。

e）水生维管束植物的种类组成、数量和生物量。

f）有机碎屑数量和有机碳含量。

4.2.2 水库生物生产力测定

浮游植物、浮游动物、底栖动物、着生藻类和水生维管束植物的生产力测定，按照SL 167的规定进行。

4.2.3 有机碎屑数量和有机碳含量

4.2.3.1 采集浮游生物的同时采集有机碎屑水样。水样采集按照SL 167规定进行，水样中加入浓盐酸，充分搅拌，使其pH＝1～2。

4.2.3.2 将酸化后的水样用预先煅烧（450℃，1h）并称重的玻璃纤维滤膜（Whatman GF/C）过滤，再将滤膜放入烘箱（75～80℃）烘干24h，称重后得到单位体积水样浮游物干重。滤膜在550℃马福炉中煅烧2h，测定浮游物灰分及无灰重。用硝化纤维膜（孔径0.45μm）抽滤水样，将截留物刮下，于60～80℃烘至恒重并研碎，用总有机酸分析仪或PE240CHN元素分析仪测定有机碳，得到浮游物有机碳。浮游生物干/湿重比取0.2，按0.4的系数将浮游生物干重转换成碳量。

4.2.3.3 有机碎屑有机碳含量的计算按（1）计算。

$$C_s = C_t - (B_G + B_{Zp}) \times 0.2 \times 0.4 \quad (1)$$

式中：

C_s——有机碎屑有机碳年平均含量，毫克/升；

C_t——浮游物有机碳年平均含量，毫克/升；

B_G——浮游植物年平均生物量，毫克/升；

B_{Zp}——浮游动物年平均生物量，毫克/升。

5 评价指标与参数

5.1 指标

选取水库基础饵料生物，即浮游植物、浮游动物、着生藻类、底栖动物、水生维管束植物的年生产量以及有机碎屑有机碳年均含量作为鱼产力评价指标。

5.2 参数取值

饵料生物的最大利用率、饵料系数 P/B 系数等主要参数的取值参考表 1；不同区域浮游植物 P/B 系数取值依据 4.1 调查的水库形态与自然环境具体情况而定，取值范围参考表 2；区域划分依据《中国气象地理区划手册》（2006 年）。

表 1 最大利用率、饵料系数和 *P/B* 系数等主要参数的取值

饵料生物	最大利用率（%）	饵料系数 k	P/B 系数
浮游植物	30	100	见表 2
浮游动物	40	10	20
底栖动物	25	5	3
着生藻类	20	100	100
水生维管束植物	25	110	1.25

表 2 不同区域水库浮游植物 *P/B* 系数

区 域	P/B 系数	区域	P/B 系数
华南地区	80～100	江汉地区	80～130
内蒙古地区	40～80	华北地区	60～90
黄淮地区	80～100	东北地区	40～80
江淮地区	70～100	西南地区	50～90
江南地区	80～130	西北地区	40～60

6 鱼产力评价模型

6.1 评价方法

6.1.1 有机碎屑以外的饵料生物与产力估算

有机碎屑以外的饵料生物采用生物量转化法估算鱼产力。饵料生物量根据 4.2.1 的调查结果进行取值；饵料最大利用率、P/B 系数及饵料系数根据 5.2 进行取值；按照 SL 95

确定养殖面积。

6.1.2　有机碎屑鱼产力估算

有机碎屑采用能量转换法估算鱼产力。鲢、鳙对有机碎屑的能量转换率分别为19.58%和22.60%，鲢、鳙鱼肉的热值分别为3 560kJ/kg和3 350kJ/kg。有机碎屑有机碳含量根据4.2.1调查结果进行取值。

6.2　鱼产力计算

6.2.1　主要基础饵料生物鱼产力

浮游植物、浮游动物、着生藻类、底栖动物、水生维管束植物和有机碎屑鱼产力的计算分别式（2）～式（7）进行。

$$F_{浮游植物} = B_G(P/B)aV \times 100/k \tag{2}$$

$$F_{浮游动物} = B_{Zp}(P/B)aV \times 100/k \tag{3}$$

$$F_{底栖动物} = B_{Zb}(P/B)aS/k \tag{4}$$

$$F_{着生藻类} = B_A(P/B)aS/k \tag{5}$$

$$F_{水生维管束植物} = Pa/k \tag{6}$$

$$F_{有机碎屑} = C_S V(19.58\%A + 22.60\%B) \times 3\ 900\ 000/(3\ 560A + 3\ 350B) \tag{7}$$

式中：

$F_{浮游植物}$——浮游植物提供的鱼产力，t；

B_G——浮游植物年平均生物量，mg/L；

P/B——该类饵料生物年生产量与年平均生物量之比；

a——鱼类对该类饵料生物最大利用率；

V——水库表层10cm以内的库容，$10^8 m^3$；

S——养殖面积，km^2；

k——鱼类对该类饵料生物的饵料系数；

$F_{浮游动物}$——浮游动物提供的鱼产力，t；

B_{Zp}——浮游动物年平均生物量，mg/L；

$F_{底栖动物}$——底栖动物提供的鱼产力，t；

B_{Zb}——底栖动物年平均生物量，g/m^2；

$F_{着生藻类}$——着生藻类提供的鱼产力，t；

B_A——着生藻类年平均生物量，g/m^2；

$F_{水生维管束植物}$——水生维管束植物提供的鱼产力，t；

P——水生维管束植物年净产量，t；

$F_{有机碎屑}$——有机碎屑提供的鲢鱼、鳙鱼产力，t；

C_S——有机碎屑有机碳含量，mg/L；

A——水体中鲢鱼占鲢鱼、鳙鱼的数量比例；

B——水体中鳙鱼占鲢鱼、鳙鱼的数量比例。

6.2.2　总鱼产力

总鱼产力和单位鱼产力的计算分别按式（8）和式（9）进行；滤食性鱼类、底栖鱼类和草食性鱼类鱼产力的计算分别按式（10）～式（12）进行。

$$F_{总} = F_{滤食} + F_{底层} + F_{草食} \tag{8}$$

$$F_{单} = F_{总} / S \tag{9}$$

$$F_{滤食} = F_{浮游植物} + F_{浮游动物} + F_{有机碎屑} \tag{10}$$

$$F_{底层} = F_{底栖动物} + F_{着生藻类} \tag{11}$$

$$F_{草食} = F_{水生维管束植物} \tag{12}$$

式中：

$F_{总}$——总鱼产力，t；

$F_{单}$——单位鱼产力，t/km^2；

$F_{滤食}$——滤食性鱼类鱼产力，t；

$F_{底层}$——底层鱼类鱼产力，t；

$F_{草食}$——草食性鱼类鱼产力，t；

S——养殖面积，km^2；

$F_{浮游植物}$——浮游植物提供的鱼产力，t；

$F_{浮游动物}$——浮游动物提供的鱼产力，t；

$F_{有机碎屑}$——有机碎屑提供的鲢鱼、鳙鱼产力，t；

$F_{底栖动物}$——底栖动物提供的鱼产力，t；

$F_{着生藻类}$——着生藻类提供的鱼产力，t；

$F_{水生维管束植物}$——水生维管束植物提供的鱼产力，t。

7 鱼产力等级划分

水库鱼产力等级划分标准见表3。将评价水库总的单位鱼产力与表3对照，进行鱼产力等级判定。

表3 水库鱼产力等级划分

鱼产力等级	低产	中产	高产
单位鱼产力（t/km^2）	<9	9～36	>36

水生生物增殖放流技术规程

（SC/T 9401—2010）

1　范围

本标准规定了水生生物增殖放流的水域条件、本底调查，放流物种的质量、检验、包装、计数、运输、投放，放流资源保护与监测，效果评价等技术要求。

本标准适用于公共水域的水生生物增殖放流。

2　规范性引用文件

下列文件对于本文件的应用是必不可少的。凡是注日期的引用文件，仅注日期的版本适用于本文件。凡是不注日期的引用文件，其最新版本（包括所有的修改单）适用于本文件。

GB 11607　渔业水质标准

GB/T 12763　海洋调查规范

NY 5051　无公害食品　淡水养殖用水水质

NY 5052　无公害食品　海水养殖用水水质

NY 5070　无公害食品　水产品中渔药残留限量

NY 5071　无公害食品　渔用药物使用准则

NY 5072　无公害食品　渔用配合饲料安全限量

SC/T 2039　海水鱼类鱼卵、苗种计数方法

SC/T 9102　渔业生态环境监测规范

3　术语和定义

下列术语和定义适用于本文件。

3.1

苗种　offspring

用于增殖放流的水生生物的幼体、稚体、受精卵、种子及孢子等。

3.2

亲体　parents

已发育成熟且具备繁殖子代能力的水生生物个体。

3.3

增殖放流　the stock enhancement

采用放流、底播、移植等人工方式，向海洋、江河、湖泊、水库等公共水域投放亲体、苗种等活体水生生物的活动。

3.4

规格合格率　size qualified rate

符合规格要求的个体数占水生生物总数的百分比。

3.5

死亡率　death rate

死亡个体数占水生生物总数的百分比。

3.6

伤残率　wound and deformity rate

发育畸形或肢体残缺、损坏的个体数占水生生物总数的百分比。

3.7

体色异常率　abnormal body - colour rate

体色异常的个体数占水生生物总数的百分比。

3.8

挂脏率　viscera hanging rate

体表挂有附着性纤毛虫以外的附着物的个体数占水生生物总数的百分比。

3.9

伞径　unbrella diameter

海蜇类个体自然伸展时伞部边缘间的最大直径。

3.10

资源监测　fishery resources monitoring

对增殖放流资源状况（包括数量和质量）进行连续或定期的观测和分析。

4　水域条件

4.1　放流水域

4.1.1　系增殖放流对象的产卵场、索饵场或洄游通道。

4.1.2　非倾废区，非盐场、电厂、养殖场等进、排水区。

4.2　基本条件

4.2.1　水域生态环境良好，水流畅通，温度、盐度、硬度等水质因子适宜。

4.2.2　水质符合 GB 11607 的规定。

4.2.3　底质适宜，底质表层为非还原层污泥。

4.2.4　增殖放流对象的饵料生物丰富，敌害生物较少。

5　本底调查

增殖放流前，按照 GB/T 12763 和 SC/T 9102 的方法，对拟增殖放流水域进行生物资源与环境因子状况调查，并据此选划适宜增殖放流水域，筛选适宜增殖放流种类，确定适宜增殖放流物种的生态放流量及放流数量比例等。

6　放流物种质量

6.1　苗种来源

增殖放流苗种应当是本地种的原种或 F_1 代，人工繁育的增殖放流苗种应由具备资质的生产单位提供。其中，水生经济生物苗种供应单位需持有《水产苗种生产许可证》；珍稀、濒危生物苗种供应单位需持有《水生野生动物驯养繁殖许可证》。禁止增殖放流外来种、杂交种、转基因种以及其他不符合生态要求的水生生物物种。

6.2　亲体来源

直接用于增殖放流的水生生物亲体由原种场提供；用于繁育增殖放流苗种的亲体应为本地野生原种或原种场保育的原种。

6.3　苗种培育

6.3.1　人工繁育增殖放流苗种按照有关苗种繁育技术规范进行。其中，引用的水源水质符合GB 11607的规定，苗种培育用水的水质符合NY 5051或NY 5052的规定。苗种培育中，投喂配合饲料符合NY 5072的规定，使用渔药符合NY 5071的规定，禁止使用国家、行业颁布的禁用药物。

6.3.2　人工繁育水生动物苗种，在放流前15d开始投喂活饵进行野性驯化，在放流前1d视自残行为和程度酌情安排停食时间。

6.4　物种质量

增殖放流物种质量符合表1的要求。

表1　增殖放流物种质量要求

项目	类别		
	水生动物	水生植物	种子、受精卵等
感官质量	规格整齐、活力强、外观完整、体表光洁	规格整齐、外观完整、叶片平滑舒展、色泽鲜亮纯正	规格整齐、外观完整
可数指标	规格合格率≥85%，死亡率、伤残率、体色异常率、挂脏率之和＜5%	规格合格率≥80%，死亡率、伤残率、体色异常率之和＜5%	死亡率、伤残率等之和＜10%，受精卵受精率≥85%
疫病	农业部公告第1125号规定的水生动物疫病病种（见附录A）不得检出	—	受精卵适应水生动物
药物残留	国家、行业颁布的禁用药物不得检出，其他药物残留符合NY 5070的要求		

6.5　规格分类

主要增殖放流种类规格分类见表2。

表2　主要增殖放流种类规格分类

增殖放流种类	规格分类	
	大规格	小规格
鱼　类	平均代表长度≥80mm	80mm＞平均代表长度≥20mm
虾　类	平均体长≥25mm	25mm＞平均体长≥10mm
蟹　类	平均头胸甲宽≥20mm	20mm＞平均头胸甲宽≥6mm
贝　类	平均壳长≥20mm	20mm＞平均壳长≥5mm

（续）

增殖放流种类	规格分类	
	大规格	小规格
海蜇类	平均伞径≥15mm	15mm>平均伞径≥5mm
海参类	平均体重≥5g	5g>平均体重≥1g
头足类	平均胴长≥30mm	30mm>平均胴长≥10mm
龟鳖类	平均背甲长≥30mm	30mm>平均背甲长≥10mm
大型水生植物	平均全长≥20mm	20mm>平均全长≥5mm

注：鱼类代表长度按鱼种选测，执行 GB/T 12763 有关规定。

6.6 规格测定

增殖放流物种的规格以放流现场测量为准。增殖放流物种出池前，逐池均量随机取样，取样总数量不少于50尾（粒、只、头、株），测量规格，计算规格合格率。规格合格率达到表1要求，准许出池放流。测量规格时，一并测量培育用水的温度、盐度、pH、溶解氧等参数，并填写增殖放流记录表（见附录B）。

7 检验

7.1 检验资质

增殖放流物种须经具备资质的水产品质量检验机构检验合格，由检验机构出具检验合格文件。

7.2 检验内容

执行6.4规定的项目。

7.3 检验时限

增殖放流物种须在增殖放流前7d内组织检验。

7.4 检验组批

以一个增殖放流批次作为一个检验组批。

8 包装

8.1 包装工具

主要增殖放流种类包装工具符合表3的要求。

表3 主要增殖放流种类包装工具

增殖放流种类	游泳动物		贝 类	水生植物	种子、受精卵等
	小规格	大规格			
包装工具	内包装为双层无毒塑料袋，外包装为泡沫箱或纸箱等	活水车、帆布桶或塑料桶等	塑料编织袋或麻袋等	泡沫箱等	内包装为双层无毒塑料袋，外包装为泡沫箱或纸箱等

8.2　包装措施

8.2.1　根据增殖放流水域的温度、盐度提前调节培育用水的温度、盐度：温差≤2℃；盐差≤3。

8.2.2　根据增殖放流物种的耐氧性、规格、放流日气温及运输时间、运输方式等因素，合理确定包装密度，采取必要的充氧和控温措施。

8.2.3　除外包装工具，其他包装工具应在使用前消毒处理。

8.2.4　对于自残严重的物种，包装袋内须填充无毒隔离材料。

9　计数

9.1　计数方法

9.1.1　全部重量法

适用于贝类、海参及大规格水生生物的增殖放流计数。对增殖放流生物全部称重，通过随机抽样计算单位重量的个体数量，折算增殖放流生物总数量。

9.1.2　抽样重量法

适用于小规格鱼类、虾类、蟹类、贝类、海蜇类、种子等需塑料袋包装运输的增殖放流生物计数。将每计量批次放流生物全部均匀装袋后，通过随机抽袋，对袋中样品沥水（蟹类、海蜇类除外，其他种类不连续滴水为止）称重，按 9.1.1 的方法求出平均每袋生物数量，进而求得本计量批次增殖放流生物总数量。

9.1.3　抽样数量法

适用于小规格鱼类、头足类、龟鳖类、水生植物等需塑料袋包装运输的增殖放流生物计数。将每计量批次放流生物全部均匀装袋后，通过随机抽袋，对袋中样品逐个计数求出平均每袋生物数量，进而求得本计量批次增殖放流生物的总数量。

9.1.4　抽样面积或长度法

适用于固着于附着基上的水生植物增殖放流计数。抽样计数方法按 9.1.3 的方法进行。

9.1.5　受精卵计数法

按照 SC/T 2039 的方法计数。

9.1.6　逐个计数法

适用于大型濒危动物放流计数。对所有增殖放流生物逐个计数，求得总的放流数量。

9.2　抽样规则

9.2.1　计算单位重量生物数量时，大规格生物抽样重量（精度 5g）不低于生物总重量的 0.1%，小规格生物抽样重量（精度 1g）不低于生物总重量的 0.03%，小规格虾类抽样重量（精度 0.1g）不低于生物总重量的 0.003%。最低抽样重量符合表 4 要求。

表 4　主要增殖放流种类最低抽样重量

单位：克

增殖放流种类	大规格	小规格	备注
鱼　类	2 500	250～500	净重
虾　类	200	5	净重

（续）

增殖放流种类	大规格	小规格	备注
蟹　类	500	20（100）	净重（毛重）
贝　类	500	10	净重
海蜇类	1 000	500	含水重
龟鳖类	500	50	净重
海参类	500	100	净重

9.2.2 抽样重量法和抽样数量法计数时，每个计量批次分别按总袋数的0.5%和1%随机抽袋，最低不少于三袋。

9.2.3 若一次性放流生物数量较多，应分成多个计量批次抽样计数。

10　运输

根据不同增殖放流种类选择不同的运输工具、运输方法和运输时间。运输过程中，避免剧烈颠簸、阳光暴晒和雨淋。运输成活率达到90%以上。

11　投放

11.1　投放时间

根据增殖放流对象的生物学特性和增殖放流水域环境条件确定适宜的投放时间。

11.2　气象条件

选择晴朗、多云或阴天进行增殖放流，其中内陆水域最大风力五级以下，海洋最大风力七级以下。

11.3　投放方法

11.3.1　常规投放

人工将水生生物尽可能贴近水面（距水面不超过1m）顺风缓慢放入增殖放流水域。在船上投放时，船速小于0.5m/s。

11.3.2　滑道投放

适用于大规格鱼类、龟鳖类等水生生物增殖放流。将滑道置于船舷或岸堤，要求滑道表面光滑，与水平面夹角小于60°，且其末端接近水面。在船上投放时，船速小于1m/s。

11.3.3　潜水撒播

适用于海参、鲍、贝类等珍贵水生生物增殖放流。由潜水员将增殖放流生物均匀撒播到预定水域。

11.3.4　移植栽培

适用于水生植物增殖放流。将水生生物直接或通过人工附着基间接移栽至水下附着物上。

11.4　投放记录

水生生物投放过程中，观测并记录投放水域的底质、水深、水温、盐度、流速、流向等水文参数及天气、风向和风力等气象参数。

12　放流资源保护与监测

12.1　资源保护

增殖放流资源保护措施主要包括：

——增殖放流前，对损害增殖放流生物的作业网具进行清理；在增殖放流水域周围的盐场、大型养殖场等纳水口设置防护网；

——增殖放流后，对增殖放流水域组织巡查，防止非法捕捞增殖放流生物资源；

——需特别保护的放流生物，在增殖放流水域设立特别保护区或规定特别保护期。

12.2　资源监测

增殖放流后，根据 GB/T 12763 和 SC/T 9102 的方法，定期监测增殖放流对象的生长、洄游分布及其环境因子状况。提倡进行标志放流。

13　效果评价

增殖放流后，进行增殖放流效果评价，编写增殖放流效果评价报告。效果评价内容包括生态效果、经济效果和社会效果等。其中，生态效果评价中的生态安全评价前后间隔不超过五年。

附　录　A

（资料性附录）

一、二、三类动物疫病病种目录

（水生动物部分）

一类动物疫病（3 种）

蓝舌病、鲤春病毒血症、白斑综合征

二类动物疫病（21 种）

多种动物共患病（4 种）：布鲁氏菌病、弓形虫病、棘球蚴病、钩端螺旋体病

鱼类病（11 种）：草鱼出血病、传染性脾肾坏死病、锦鲤疱疹病毒病、刺激隐核虫病、淡水鱼细菌性败血症、病毒性神经坏死病、流行性造血器官坏死病、斑点叉尾鮰病毒病、传染性造血器官坏死病、病毒性出血性败血症、流行性溃疡综合征

甲壳类病（6 种）：桃拉综合征、黄头病、罗氏沼虾白尾病、对虾杆状病毒病、传染性皮下和造血器官坏死病、传染性肌肉坏死病

三类动物疫病（24 种）

多种动物共患病（7 种）：大肠杆菌病、李氏杆菌病、放线菌病、肝片吸虫病、丝虫病、附红细胞体病、Q 热

鱼类病（7 种）：鮰类肠败血症、迟缓爱德华氏菌病、小瓜虫病、黏孢子虫病、三代虫病、指环虫病、链球菌病

甲壳类病（2 种）：河蟹颤抖病、斑节对虾杆状病毒病

贝类病（6 种）：鲍脓疱病、鲍立克次体病、鲍病毒性死亡病、包纳米虫病、折光马尔太虫病、奥尔森派琴虫病

两栖与爬行类病（2 种）：鳖腮腺炎病、蛙脑膜炎败血金黄杆菌病

附　录　B
（规范性附录）
（品种）增殖放流现场记录表

放流生物供应单位：　　　　　　　　　　　放流日期：　　年　月　日　　　　　供应地点：
检验检疫合格日期：　　年　　月　　日　　检验检疫证书文号：
药物检测合格日期：　　年　　月　　日　　药物检测证书文号：
亲体来源：　　　　　　　　　　　　　　　生物生产（驯养繁殖）许可证编号：

<table>
<tr><td colspan="8">规　格　及　参　数　测　量</td></tr>
<tr><td colspan="3">随机取样生物数量（尾）</td><td colspan="2"></td><td colspan="2">生物培育池数量（个）</td><td></td></tr>
<tr><td colspan="3">规格合格生物数量（尾）</td><td colspan="2"></td><td colspan="2">培育水体（m³）或水面（m²）</td><td></td></tr>
<tr><td colspan="3">规格合格率（%）</td><td colspan="2"></td><td colspan="2">水温（℃）</td><td></td></tr>
<tr><td colspan="3">平均规格（mm）</td><td colspan="2"></td><td colspan="2">盐度</td><td></td></tr>
<tr><td colspan="3">规格分类</td><td colspan="2">□大规格　□小规格</td><td colspan="2">溶解氧（毫克/升）</td><td></td></tr>
<tr><td colspan="3">单位水体（或水面）生物生产量（尾/m³ 或尾/m²）</td><td colspan="2"></td><td colspan="2">pH</td><td></td></tr>
<tr><td colspan="8">包　装</td></tr>
<tr><td colspan="8">包装方式：□袋装　□桶装　□干装　□水装　包装时间：　　时　　分至　　时　　分</td></tr>
<tr><td colspan="8">包装措施：（1）包装密度（尾/袋）：　（2）控温措施：　（3）工具消毒：□是　□否　（4）隔离材料：</td></tr>
<tr><td colspan="8">计　数</td></tr>
<tr><td>计数方法</td><td colspan="7">计 数 参 数</td></tr>
<tr><td>全部称重法</td><td>A</td><td></td><td>B</td><td></td><td>C</td><td colspan="2"></td></tr>
<tr><td>抽样重量法</td><td>A</td><td></td><td>B</td><td></td><td>D</td><td></td><td>E　　F</td></tr>
<tr><td>抽样数量法</td><td>D</td><td></td><td>E</td><td></td><td>F</td><td colspan="2"></td></tr>
<tr><td>抽样面积或长度法</td><td>G</td><td></td><td>H</td><td></td><td>I</td><td colspan="2"></td></tr>
<tr><td>受精卵计数法</td><td colspan="7"></td></tr>
<tr><td>逐个计数法</td><td colspan="7"></td></tr>
<tr><td colspan="8">计算生物数量（万单位）：　　　　　　　　　　　　计数时间：　　时　　分至　　时　　分</td></tr>
<tr><td colspan="8">运　输</td></tr>
<tr><td colspan="8">运输方式：□车运　□船运　□其他　　　　　　　　运输时间：　　时　　分至　　时　　分</td></tr>
<tr><td colspan="8">投　放</td></tr>
<tr><td colspan="8">投放水域：　　　　　　　　　　　　　　　　　　投放时间：　　时　　分至　　时　　分</td></tr>
<tr><td colspan="8">投放方式：□常规投放　□滑道投放　□潜水撒播　□移植栽培</td></tr>
<tr><td colspan="8">底质：　水深（m）：　水温（℃）：　盐度：　流向：　流速（m/s）：　风向：　风力（级）：　天气：</td></tr>
<tr><td colspan="8">注：A：抽样生物重量（g），B：单位重量生物数量（尾/g），C：生物总重量（g），D：抽样器具数量（袋），E：平均每袋生物数量（尾/袋），F：总袋数（袋），G：抽样面积或长度（m² 或 m），H：单位面积或长度生物数量（尾/m² 或尾/m），I：总面积或总长度（m² 或 m）。</td></tr>
<tr><td colspan="8">组织放流（验收）单位：________________________现场负责人：__________
抽样人：__________测量人：__________计数人：__________记录人：__________
放流监督单位：________________________监督人：__________</td></tr>
</table>

图书在版编目（CIP）数据

淡水养鱼生态技术 / 刘超著. —北京：中国农业出版社，2020.3（2022.5 重印）
ISBN 978-7-109-26318-5

Ⅰ.①淡… Ⅱ.①刘… Ⅲ.①淡水鱼类—鱼类养殖—生态养殖 Ⅳ.①S964.1

中国版本图书馆 CIP 数据核字（2019）第 276630 号

中国农业出版社出版
地址：北京市朝阳区麦子店街 18 号楼
邮编：100125
责任编辑：张　丽　王庆宁
责任校对：刘飏雨
印刷：中农印务有限公司
版次：2020 年 3 月第 1 版
印次：2022 年 5 月北京第 3 次印刷
发行：新华书店北京发行所
开本：787mm×1092mm　1/16
印张：25　　插页：1
字数：600 千字
定价：80.00 元

彩图 1　打孔标记所留标记孔

彩图 2　美人蕉（红色品种）

彩图 3　黄菖蒲

彩图 4　墨西哥玉米

彩图 5　紫花苜蓿

彩图 6　高丹草

彩图 7　皇竹草

彩图 8　葛藤

彩图 9　麻柳树

彩图 10　狗颈藤